Uni-Taschenbücher 300

UTB
FÜR WISSEN
SCHAFT

Eine Arbeitsgemeinschaft der Verlage

Birkhäuser Verlag Basel · Boston · Stuttgart
Wilhelm Fink Verlag München
Gustav Fischer Verlag Stuttgart
Francke Verlag Tübingen
Harper & Row New York
Paul Haupt Verlag Bern und Stuttgart
Dr. Alfred Hüthig Verlag Heidelberg
Leske Verlag + Budrich GmbH Opladen
J. C. B. Mohr (Paul Siebeck) Tübingen
R. v. Decker & C. F. Müller Verlagsgesellschaft m. b. H. Heidelberg
Quelle & Meyer, Heidelberg · Wiesbaden
Ernst Reinhardt Verlag München und Basel
K. G. Saur München · New York · London · Paris
F. K. Schattauer Verlag Stuttgart · New York
Ferdinand Schöningh Verlag Paderborn · München · Wien · Zürich
Eugen Ulmer Verlag Stuttgart
Vandenhoeck & Ruprecht in Göttingen und Zürich

Theodor Lewandowski

Linguistisches Wörterbuch 3

4., neu bearbeitete Auflage

Quelle & Meyer Heidelberg · Wiesbaden

Dr. Theodor Lewandowski, o. Professor an der Universität zu Köln

CIP-Kurztitelaufnahme der Deutschen Bibliothek

Lewandowski, Theodor:
Linguistisches Wörterbuch/Theodor Lewandowski. –
Heidelberg · Wiesbaden: Quelle und Meyer
NE: HST

3.–4., neu bearb. Aufl. – 1985.
(UTB für Wissenschaft: Uni-Taschenbücher; 300)
ISBN 3-494-02050-7
NE: UTB für Wissenschaft/Uni-Taschenbücher

4., neu bearbeitete Auflage 1985

Printed in Germany.
Satz: Janß, Pfungstadt
Druck und Einband: May + Co, Darmstadt
Einbandgestaltung: Alfred Krugmann, Stuttgart

Vorwort zur 4. Auflage

Die 4. Auflage des Linguistischen Wörterbuchs mußte als Neubearbeitung ausgeführt werden, denn es waren nicht nur weitere Stichwörter aufzunehmen. In vielen Bereichen der Linguistik ist eine rasche Entwicklung vor sich gegangen, die zu neuen Ergebnissen, neuen Standpunkten und anderen Betrachtungsweisen geführt hat. Beachtlich ist auch die Menge der in den letzten Jahren erschienenen Literatur, in der in sorgfältiger Detailarbeit grammatische und pragmatische Fragestellungen gebrauchsbezogen und praxisnah behandelt werden.

Bei der Neubearbeitung habe ich mich bemüht, die wissenschaftstheoretische Fundierung und den Anteil an methodologischer Reflexion auszubauen. Die angewachsene Fülle des notwendigen linguistischen Wissens und die gestiegene Anzahl interdisziplinärer Bezüge ließen es sinnvoll erscheinen, viele Artikel im Eingangsteil explikativer zu gestalten, mehr Beispiele anzuführen sowie hier und da graphische Darstellungen zu nutzen.

Die Erweiterung des Umfangs erforderte auch eine neue Gliederung der drei Bände. Die rund 2000 Stichwörter sind anders als bisher auf 3 Bände verteilt: Band 1 enthält die Stichwörter A bis H; Band 2 die Einträge I bis R; Band 3 die Einträge S bis Z.

Theodor Lewandowski

Sabir (lat. *sapere (sapio)*: verständig sein, verstehen, wissen). Auch: *Lingua Franca* als Verkehrs- oder Handelssprache in den Häfen des Mittelmeers, eine Mischsprache aus frz., provenç., span., ital., griech. u. a. Elementen; eine *Pidgin*-Sprache. Im weiteren Sinne ist S. jede Sprache, die das Kommunikationsmedium zwischen Menschen bildet, die sonst über keine gemeinsame Sprache verfügen.
Vgl. →Pidgin, Kreolsprachen.

Hall R. A., Pidgin and creole languages. 1966. Stein P., Kreolisch und Französisch. 1984. Whinnom K., The context and origins of Lingua Franca. In: Meisel J. M., Hrsg., Langues en contact – pidgins – creoles. 1977.

Sachverhalt [state of affairs]. Begriff von C. Stumpf: der Gehalt eines Urteils. Das Objekt des Urteils, der Gehalt oder der behauptete Inhalt eines Satzes, die Proposition (als Funktion möglicher Weltzustände in Wahrheitswerte – Stalnaker 1970, S. 373) bzw. der *propositionale Gehalt*. Durch propositionale Akte werden S. sprachlich dargestellt, indem *Inhalte* in eine Beziehung zueinander gesetzt werden, z. B. *Hans verehrt Monika*. Im Sinne Wittgensteins ist der S. etwas, das möglicherweise der Fall ist, im Gegensatz zur *Tatsache* als etwas, das wirklich der Fall ist. Die Dimension des S. ist ein wichtiger Aspekt der →Satzbedeutung.
Im S. werden Aussagen/Sätze auf die Wirklichkeit bezogen. Der S. ist keine Kategorie der Wirklichkeit, sondern eine Kategorie der Verarbeitung (Analyse und Synthese) der Wirklichkeit durch Denken und Sprache (Gegenständen werden Eigenschaften oder Beziehungen zugesprochen usw.). S. gehören dem Denken an; sie sind relationale Einheiten, die durch begrifflich-kategoriale Synthese gefaßt und in einem Satz zum Ausdruck gebracht werden; das Denken kann jedem S. einen diesem widersprechenden entgegenstellen. S. werden bejaht oder verneint, d. h., daß einer Aussage oder Proposition, die einen S. ausdrückt, Wahrheit zugesprochen werden kann. Eine Aussage ist wahr, wenn der ausgedrückte S. besteht. Sofern der S. besteht, weist er über sich hinaus auf die Sache selbst, er macht die Sache offenbar. Der S., d. h. das Ausgesagte, erscheint als Sache, wie sie gemeint ist (vgl. Puntel 1974, S. 1656f.).
Bei Heidolph u. a. (1981, S. 59ff.) ist ein S. ein Ausschnitt aus der Wirklichkeit, der in einem rationalen Abbild erfaßt ist (Eigenschaften von Gegenständen, Beziehungen in Mengen von Gegenständen). Die Aussage oder das *S.-sabbild* setzt sich zusammen aus dem Abbild des Gegenstandes und dem Abbild einer Eigenschaft oder Beziehung. S. sind untereinander durch Beziehungen verbunden.

Vgl. →Proposition, propositionaler Gehalt, Satzbegriff; →wahrheitskonditionale Semantik.

Chisholm R. M., Erkenntnistheorie. 1979. Church A., dt. Propositionen und Sätze. In: Stegmüller W., Hrsg., Das Universalien-Problem. 1978. Essler W. K., Wissenschaftstheorie. III. 1973. Heidolph K. E. u. a., Grundzüge einer deutschen Grammatik. 1981. Petöfi J., Hrsg., Sprache und Sachverhalte. 1983. Puntel L. B., Wahrheit. In: Krings H. u. a., Hrsg., Handbuch philosophischer Grundbegriffe. Bd. 6. 1974. Stalnaker R. C., Pragmatics. Synthese 22; 1970.

Sagen und Meinen. Die wörtliche Bedeutung einer Äußerung einerseits und ihre intendierte oder pragmatische Bedeutung andererseits, die Diskrepanz zwischen der syntaktisch und lexikalisch zu bestimmenden wörtlichen Bedeutung und der vom Hörer in einem Situations- und Gesprächszusammenhang zu erschließenden Bedeutung einer Äußerung (vgl. etwa *Es ist kalt hier, Es fehlt noch etwas Brot, Hast du noch was im Kühlschrank?*).
Vgl. →Äußerungsbedeutung, indirekter Sprechakt, Bedeutung und Gebrauch, Meinen.

Sainsbury M., Saying and conveying. Linguistics and Philosophy 7; 4, 1984.

Sandhi (altind. *samdhi*: Verbindung, Zusammenfügung, Zusammentreffen zweier Wörter im Satz). Lautliche Erscheinungen bzw. Veränderungen, die an Wortgrenzen auftreten, die sich aus der Kontiguität mit anderen Wörtern ergeben und der Ausspracheerleichterung dienen (Vermeidung des *Hiatus*), eine über Wortgrenzen wirksame →Assimilation, z. B. frz. *grand homme* [grãdɔm] im Gegensatz zu *grand malheur*; *six oiseaux*; *vous êtes* vs. *vous venez* (Liaison bzw. Bindung).
Notker (10. Jh.) schrieb nach Vokalen und l, m, n, r statt obdt. zu erwartenden p, t, k stets b, d, g, z. B. *unde des prûoder – ter bruoder, erdpûwo – himilbûwo, tes koldes – unde demo golde* (= Notkers Auslautgesetz; vgl. Dieth, S. 304).
Fakultativer externer S. (gegenüber internem S. in Wörtern an Morphemgrenzen) liegt vor in *John's going, Jack's going, Rose's going* ([z], [s], [əz]) (Hockett 1958, S. 277 ff.).
Vgl. →Satzphonologie.

Allen W. S., Sandhi: The theoretical, phonetic and historical bases of word-junction in Sanscrit. 1962. Bloomfield L., Language (1933). 1973. Dieth E., Vademekum der Phonetik. ²1969. Hockett Ch. F., A course in modern linguistics. 1958. Clayton M. L., Word boundaries and sandhi rules in Natural Generative Phonology. Lg 57; 1981.

Sanskrit (sãskṛtam: zurechtgemacht, geregelt). Altindisch als indischer (oder indoarischer) Zweig des Indoiranischen; standardisierte altindische Literatursprache. Unterschieden werden das vedische und das klassische S.; letzteres wurde durch Pāṇini u. a. Grammatiker im 4. Jh. v. Chr. kodifiziert und normativ im Sinne ursprünglicher Reinheit bzw. sprachlicher und ritual-sakraler Richtigkeit geregelt. Das S. ist die Sprache der Veden; es wurde zur Zeit der Aufzeichnung nicht mehr gesprochen. Die kanonischen Schriften des Buddhismus sind in *Pali* verfaßt *(Pali-Kanon)*. Daneben entwickelten sich literarische *Prakrit*-Sprachen.

U. a. erkannte W. Jones (1746–1794) das S. als eng verwandt mit dem klassischen Griechisch und Latein; alle drei waren, wie auch das Germanische, auf eine gemeinsame Quelle zurückzuführen. Das S. sei vollkommener als das Griechische und reichhaltiger als das Lateinische; an erlesener Verfeinerung übertreffe es beide (1788). – Die Entdeckung des S. wurde eine der Quellen und Anregungen der historisch-vgl. Sprachwissenschaft des 19. Jh.

Vgl. →Indogermanistik, Komparatistik.

Bynon Th., Historische Linguistik. 1981. Robins R. H., dt. Ideen- und Problemgeschichte der Sprachwissenschaft. 1973. Bopp F., Über das Conjugationssystem der Sanscritsprache in Vergleichung mit jenem der griechischen, lateinischen, persischen und germanischen Sprache. 1816. Ders., Vergleichende Grammatik des Sanscrit, Zend, Armenischen, Griechischen, Lateinischen, Litauischen, Altslavischen, Gothischen und Deutschen. 1–3. 1833–1852. [3]1868–1871. v. Schlegel F., Über die Sprache und Weisheit der Indier. 1808. Whitney W. D., Oriental and linguistic studies. 1873. Mayrhofer M., Sanskrit und die Sprachen Alteuropas. 1983.

Sanskrit-Grammatik. Der aus 8 Teilen oder *Büchern* bestehende Kodex Pāṇinis (um 350 v. Chr.), der rund 4000 Regeln oder Merksätze (zum Auswendiglernen) enthält, die sich auf die orthoepische und die orthographische Form, die Bildung von Wörtern aus Morphemen und den Bau von Sätzen aus Wörtern beziehen.

Angeführt werden 14 sich nicht überschneidende Grundklassen von Lauten/Buchstaben, u. zw. Klassen von Vokalen, Halbvokalen; Nasale, aspirierte und nichtaspirierte Explosive, Sibilanten (die indische Schrift ist eine Phonem-Graphem-Schrift mit Markierung der Wort- und Silbengrenze). Die Lautklassen werden in 41 Paradigmen (pratyāhāras) zusammengeordnet, die die orthoepischen und morphonologischen Regelmäßigkeiten des S. beschreiben. Behandelt sind kombinatorische Lautveränderungen, Affigierungen verbaler *Wurzeln*

usw.; Systematik wird u. a. durch Einführung von ∅-Elementen erreicht.
Die S. Pāṇinis ist von seinen Nachfolgern auf die *Prakrit*-Sprachen ausgedehnt worden. Eine Überarbeitung führte die Neugrammatische Schule des 17. Jh. durch. Vorbildhaft für die europäische Sprachwissenschaft des 19. Jh. wurde die morphologische Analyse der S.
L. Bloomfield (1933, S. 10ff.) bezeichnete die S. als eines der größten Denkmäler menschlicher Intelligenz. Keine andere Sprache sei bislang so minuziös und kunstvoll beschrieben worden. Die mit Hilfe von Beobachtung und Beschreibung hergestellte grammatische Kodifizierung habe das Sanskrit zum klassischen Medium religiöser und wissenschaftlicher Schriftlichkeit gemacht.
Vgl. →Komparatistik.

Amirova T. A. u. a., dt. Abriß der Geschichte der Linguistik. 1980. Astadyayi of Pāṇini. 1.–2. Hrsg. von Sitsa Chandra Vasu. 1962. Bloomfield L., Language (1933). 1973. Böthling O., Hrsg., Pāṇinis Grammatik. 1887. Burrow T., The problem of shwa in Sanskrit. 1979. Miśra V. N., The descriptive technique of Pāṇini. 1966.

Sapir-Whorf-Hypothese. Die These von der die Erfahrung, das Denken und Handeln ihrer Sprecher organisierenden Kraft der Sprache, Humboldts neu formulierte These von den in den Sprachen liegenden Verschiedenheiten der Weltansicht.
Nach Sapir definiert die Sprache unsere Erfahrungen. Bestimmte Bedeutungen werden von uns nicht so sehr entdeckt; sie werden uns eher aufgezwungen durch den Einfluß, den die sprachliche Form auf unsere Orientierung in der Welt ausübt. Für Whorf sind Wortschatz und Grammatik einer Sprache nicht nur Mittel zur Formung von Gedanken. Die Sprache formt die Gedanken. Sie bildet ein Schema für die geistige Aktivität – für die Analyse der Eindrücke und für die Synthese der Vorstellungen (1971, S. 12).
Wie weit eine Sprache mit ihrem Wortschatz und ihrer spezifischen Grammatik die Weltsicht und das Verhalten ihrer Sprecher wirklich beeinflußt oder gar determiniert, wird kontrovers diskutiert.
Vgl. →linguistisches Relativitätsprinzip, linguistischer Determinismus, sprachliche Weltansicht, sprachliches Weltbild.

Carnes R. L., The Sapir-Whorf hypothesis. An analysis. 1965. Dürbeck H., Neuere Untersuchungen zur Sapir-Whorf-Hypothese. Linguistics 145; 1975. Fishman J. A., A systematization of the Whorfian hypothesis. Behavioral Science 5; 1960. Gipper H., Gibt es ein sprachliches Relativitätsprinzip? 1972. Guchmann M. M., E. Sepir i ėtnografičeskaja lingvistika. VJa 1, 1954. Lenneberg E. H., dt. Biologische Grundlagen der Sprache. 1972. Neubert A., Kulturanthropologische Metalinguistik und semantischer Positivismus. ZPSK 3/4;

1962. Sapir E., dt. Die Sprache. 1961. Schaff A., dt. Sprache und Erkenntnis. 1969. Whorf B. L., Collected papers on metalinguistics. 1952. Ders., dt. Sprache, Denken, Wirklichkeit. 1971. Zvegincev V. A., Teoretiko-lingvističeskie predposylki gipotezy Sepira-Uorfa. In: Novoe v lingvistike. 1. 1960.

Satellit. Komplementärbegriff zu →Nukleus. 1) Bei Hockett bilden die als *cluster* interpretierten phonetischen Verbindungen [ij, aj, oj, uw, ow, aw] *complex peaks*, deren erste Konstituenten Nuklei, die zweiten S. genannt werden. 2) Ein Attribut oder ein →Modifikator. Syntaktische Einheit, die einen *Nukleus* näher bestimmt und von ihm abhängig ist.
Vgl. →endozentrische Konstruktion, Nukleus, Modifikator.

Hockett Ch. F., A course in modern linguistics. [3]1960. Seiler H., Relativsatz, Attribut und Apposition. 1969.

Satellitenphonem. Komplementärbegriff zu *Kernphonem* zur Beschreibung der Silbe: Kernphoneme bilden im Dt. in der Regel als Vokale (aber auch als Nasalkonsonanten und [l]) Silbenkerne. Diese werden meist durch einen oder mehrere Konsonanten oder S. voneinander getrennt, z. B. Scha*l*e, Ke*rn*e, Schri*ftb*ild, im Gegensatz zu seltenerem Aneinanderstoßen (Ch*ao*s, R*ea*lismus). Hauptkennzeichen für die Silbe als phonetische Einheit ist der Wechsel von relativen Sonoritätsmaxima bei Silbenkernen und relativen Sonoritätsminima bei den Silbengrenzen (Meinhold/Stock 1982, S. 173 ff.).
Vgl. →Silbe.

Meinhold G. Stock E., Phonologie der dt. Gegenwartssprache. [2]1982.

Satz [sentence/clause, phrase/proposition, predloženie]. Grammatisch, intonatorisch und inhaltlich nach den Regularitäten der jeweiligen Sprache linear und hierarchisch organisierte Einheit als Mittel zu Ausdruck, Darstellung und Appell, zur Kommunikation von Vorstellungen oder Gedanken über *Sachverhalte*; die Realisierung der Prädikation. Der S. wird in neueren Arbeiten als abstrakte Entität, als kontextunabhängige Einheit des Sprachsystems betrachtet, die ein Schema oder Muster für kleinste, potentiell selbständige Äußerungen darstellt (Heringer 1972, S. 11 ff.), die als je aktuelle, strukturell und inhaltlich relativ abgeschlossene Einheiten des Textes oder der Rede dem Sprachgebrauch bzw. der *parole* angehören. Der Begriff des S. wird so einerseits abstraktiv gegenüber der Äußerung als einem ›S. in Funktion‹ und andererseits gegenüber noch nicht satzwertigen Konstruktionen, aber auch gegenüber dem *Text* abgegrenzt; neben syntaktischen Kriterien werden (implizit) semantische in Anspruch genommen.

S.-definitionen (vgl. Ries 1931 mit einer Sammlung von 140 Definitionen, Seidel 1935 mit weiteren 83 Definitionen und einer kritischen Systematik, s. auch die Analyse bei Heringer 1970) vermögen nicht zu befriedigen, weil sie von unterschiedlichen Ebenen aus erfolgen (formal-strukturell, semantisch, semantisch-referentiell usw.) und weil in unterschiedlichem Maße philosophisch-logische, psychologisch-kognitive, kommunikative, sprechhandlungsbezogene o. a. Gesichtspunkte beachtet werden. Der S.-begriff ist ein vortheoretischer Begriff der Alltagssprache; seine Bestimmung geschieht in einem Bezugsnetz von Ausdrücken, zu denen meist Wort und Text, Gedanke, Vorstellung und Inhalt, Absicht und Mitteilung gehören.

Die linguistische Bestimmung des S.-begriffs ist aspektgebunden: Vom Text her erscheint der S. als primäres Segment oder grammatisch oberste Einheit (Lindgren); unter dem Aspekt der Satzkonstitution ist er eine zweigliedrige Einheit, die durch Subjekt und Prädikat gebildet wird; von seiner inneren Struktur her ist er eine Einheit, die durch ein Verb/Prädikat begründet wird; in formalgrammatischer Sicht ist er ein Konstitut, das selbst nicht Konstituente eines umfassenderen Konstituts ist usw. Eine präzisierende bzw. hinreichend strenge Explikation eines S.-begriffs ist nur vor dem Hintergrund einer Syntax-Theorie möglich, die anzugeben hätte, wie bzw. nach welchen Prinzipien Sätze sich aus elementaren Bausteinen zusammensetzen.

Der S. erweist sich als zentrales Phänomen einer Reihe von Disziplinen. Für Chomsky (dt. 1981, S. 125f.) wäre es nicht sonderlich irritierend, wenn sich herausstellen sollte, »daß die Grammatik Parameter hat, die im Rahmen anderer Systeme (etwa des konzeptuellen Systems) festgelegt werden müssen, damit vollständige Repräsentationen von Sätzen erzeugt werden können«.

K. Bühler betrachtete den *Voll-Satz* (gegenüber dem elliptischen) als ein von der je konkreten Situation abgelöstes, geschlossenes und besetztes Symbolfeld bzw. als besetzte Leerstellen-Struktur. Bei H. Brinkmann ist der S. eine für Sprecher und Hörer simultane Einheit, ein Nebeneinander als Miteinander, das durch zeitliche Folge, grammatische Struktur und Intonation charakterisiert werden kann. Der Aufbau des S. erfolgt durch die Operationen: Konstituierung der prädikativen Beziehung (S-P), Festlegung der Leerstellen durch die Valenz des Verbs und Entscheidung über deren Besetzung, Ausbau des Stellenplans des S. – Als umfassendste Einheit des Sprachsystems gilt der S. bei Heidolph u. a. (1981, S. 30). Er wird, als konstituiert durch die *Satzintention* und die *Satzbasis*, vor dem Hintergrund des Begriffs der Äußerung gesehen (S. 154ff.).

Vgl. →Satzbedeutung, Satz und Äußerung, Äußerung, Äußerungsbedeutung; Satzmodell; Syntax; Satzverbindung, Satzgefüge, Hauptsatz, Gliedsatz; Satzverflechtung, Text.

Bloomfield L., Language (1933). 1973. Boost K., Neue Untersuchungen zum Wesen und zur Struktur des dt. Satzes. 1959. Brinkmann H., Die dt. Sprache. ²1971. Bühler K., Sprachtheorie. ²1965. Heidolph K. E. u. a., Grundzüge einer dt. Grammatik. 1981. Heinze H., Gesprochenes und geschriebenes Deutsch. 1979 (Sprache der Geg., Bd. 47). Heringer H. J., Deutsche Syntax. ²1972. Ders., Theorie der dt. Syntax. ²1973. Heringer H. J. u. a., Syntax. 1980. Kasher A., Sentences and utterances reconsidered. FL 8; 1972. Lindgren K. B., Zur Klärung des Begriffes ›Satz‹. In: Sitta H. Brinker K., Hrsg., Studien zur Texttheorie und zur dt. Grammatik. 1973 (Sprache der Geg., Bd. 30). Müller B. L., Geschichte der Satzdefinition. ZGL 13. 1, 1985. Ries J., Was ist ein Satz? 1931. Seidel E., Geschichte und Kritik der wichtigsten Satzdefinitionen. 1935. Zemb J. M., Satz, Wort, Rede. 1972. Zvegincev V. A., Predloženie i ego otnošenie k jazyku i reči. 1976. Ziegler J., Satz und Urteil. 1984.

Satz und Äußerung. Der S. als Einheit der Grammatik, des Sprachsystems oder der *langue* (bzw. der Kompetenz), die Ä. als Einheit der Pragmatik, des Sprachgebrauchs oder der *parole* (bzw. der Performanz). Der S. ist eine Abstraktion, ein Konstrukt der Grammatik(theorie). Ein S., z. B. *Das Fenster ist offen*, kann mit unterschiedlichen Funktionen (Intentionen, Bedeutungen) gebraucht werden. Eine Ä. braucht nicht aus einem vollständigen Satz zu bestehen; sie kann, vor allem in Alltagsdialogen, elliptisch sein, z. B. Wohin gehst du? – *Nach Hause.*
Vgl. →Satzbedeutung, Äußerungsbedeutung.

Heidolph K. E. u. a., Grundzüge einer dt. Grammatik. 1981. Lyons J., dt. Die Sprache. 1983. Vennemann Th. Jacobs J., Sprache und Grammatik. 1982.

Satz und Text. Der S. als hierarchisch oberste Kategorie der Grammatik im herkömmlichen Sinne (Satzgrammatik), der T. als Gegenstand der Textgrammatik/Textlinguistik, die die Bildung von Texten als regelgeleitet und durch Regeln erfaßbar betrachtet. Ein T. kann, im Ausnahmefall, aus einem S. bestehen; ein inhaltlicher (Text)Zusammenhang kann sowohl durch mehrere aufeinanderfolgende Einzelsätze als auch durch einen komplexen Satz zum Ausdruck gebracht werden. Im Prinzip jedoch sind S. u. T. nicht gleichzusetzen. Der T. ist, vor allem im Hinblick auf seine kommunikativen und thematisch-semantischen Charakteristika, als Kategorie eigener Art zu bewerten. Die Unterschiede zwischen einer S.-grammatik und einer T.-grammatik erweisen sich als erheblich. Probleme wirft eine befriedigende Antwort auf die Frage auf, was genau eine Satzfolge zu einem Text macht. Die Möglichkeit einer solchen Antwort scheint im Rahmen einer (erweiterten) S.-grammatik nicht gegeben zu sein. Vgl. →Text und Satz.

de Beaugrande R. Dressler W. U., Einführung in die Textlinguistik. 1981. Dascal M. Margalit A., A new revolution in linguistics? Text-grammars vs. sentence-grammars. Theoretical Linguistics 1; 1/2, 1974. Pike K. L., Language in relation to a unified theory of the structure of human behavior. [2]1971. Raible W., Satz und Text. 1972. Sowinski B., Textlinguistik. 1983.

Satzabbruch →Aposiopese

Satzadverb [sentential adverb]. Untergruppe des Adverbs. Auch: Modaladverb, Satzadverbial, das sich als (subjektive) Einstellung oder Beurteilung des Sprechers auf den im Satz ausgedrückten Sachverhalt bezieht, z. B. *vielleicht, vermutlich, wahrscheinlich* (mit hoher Wahrscheinlichkeit), *zweifellos, glücklicherweise* (*Glücklicherweise* arbeitet er wieder →Es ist ein Glück, daß er wieder arbeitet). S. können als Antwort auf eine Entscheidungsfrage stehen; sie können durch Akzent hervorgehoben werden. Nach I. Rosengren ermöglichen evaluative S. den gleichzeitigen Vollzug von zwei Illokutionen, u. zw. den einer dominierenden und einer subsidiären. Bei (1) *Ich bedaure, daß p* und (2) *Leider p* sind die Propositionen dieselben. Semantisch sind die Äußerungen gleich, nicht jedoch pragmatisch (1984, S. 166f.).
S. auch →Modalpartikel; Abtönungspartikeln.

Bellert I., On semantic and distributional properties of sentential adverbs. Linguistic Inquiry 8; 2, 1977. Engelen B., Einführung in die Syntax der dt. Sprache. 1. 1984. Henne H., Gibt es hyponyme Satzadverbien des Gewißheitsgrades? In: Mentrup W., Hrsg., Konzepte zur Lexikographie. 1982. Lang E., Einstellungsausdrücke und ausgedrückte Einstellungen. In: Růžička R. Motsch W., Hrsg., Untersuchungen zur Semantik. 1983 (Studia Grammatica XXII). Rosengren I., Die Einstellungsbekundung im Sprachsystem und in der Grammatik. In: Stickel G., Hrsg., Pragmatik in der Grammatik. 1984 (Sprache der Gegenwart, Bd. 60). Wiegand H. E., Zur Bedeutungserklärung von Satzadverbien in einsprachigen Wörterbüchern. In: Mentrup W., Hrsg., 1982. Zifonun G., Satzadverbien und mögliche Umstände. DS 10; 1982.

Satzakzent. Hervorhebung einer Silbe, eines Wortes oder einer Wortgruppe durch Tonhöhenbewegung, Intensität und Dauer gegenüber dem Lautkontinuum des Satzes; Hervorhebung einer Wortakzentstelle durch auffällige Tonhöhen-, Lautheits- und Dauerkontraste gegenüber anderen Silben des Wortes und der Äußerung mit bedeutungsdistinktiver oder nichtdistinktiver, aber kommunikativ-pragmatischer Relevanz (normaler S., emphatischer bzw. kontrastierender S. – Meinhold/Stock 1982, S. 230ff.). Bei der Hervorhebung bzw. *Pro-*

minenz durch akzentuierende Tonhöhenbewegungen, die beim S. die dominierenden Signale sind, werden die ›reinen‹ Intonationskonturen modifiziert (Lötscher 1981, 1983). Durch Ausdrücke mit S. wird die Aufmerksamkeit des Hörers auf die durch rhematische Ausdrücke denotierten Phänomene gelenkt, z. B. *Péter kommt* (Bartsch/Vennemann 1983, S. 48f.). S. auch →Wortakzent, Akzent; Satzintonation.

Bartsch R. Vennemann Th., Grundzüge der Sprachtheorie. 1983. Höhle T. N., Explikationen für ›normale Betonung‹ und ›normale Wortstellung‹. In: Abraham W., Hrsg., Satzglieder im Dt. 1982. Kohler K. J., Einführung in die Phonetik des Dt. 1977. Lötscher A., Satzakzentuierung und Tonhöhenbewegung im Dt. LB 74; 1981. Ders., Satzakzent und Funktionale Satzperspektive im Dt. 1983. Meinhold G. Stock E., Phonologie der dt. Gegenwartssprache. ²1982. Gibbon D. Richter H., Hrsg., Intonation, accent, rhythm. 1984.

Satzanalyse [sentence analysis, analyse de la phrase, analiz predloženija]. Die Zerlegung des Satzes in seine konstitutiven Bestandteile, die meist durch Ersatzproben u. a. Operationen gestützte Ermittlung seiner Bestandteile oder Glieder, die Aufdeckung und Darstellung von Beziehungen zwischen den Bestandteilen und dem Satz als ganzem. Das Ziel der S. ist das Erkennen einer bestimmten Art und Weise der Zusammensetzung des Satzes, die Identifikation einer bestimmten Struktur oder eines Kompositionsprinzips. Bei der S. sind als Ebenen zu unterscheiden: Satz, Satzglieder, Wörter bzw. Wortarten.
Das Resultat der S., aber auch die jeweiligen Methoden sowie die entsprechenden Darstellungsformen sind an syntaktische Konzeptionen gebunden (satzkonstitutive Einheiten, syntaktische Grundrelationen usw.), d. h., daß Methoden der S. nur durch eine syntaktische Theorie begründet werden können.
Von Bedeutung sind als Verfahren der S. bzw. als Möglichkeiten der Strukturbeschreibung oder Erzeugung des Satzes

- die Analyse nach dem (zweigliedrigen) Subjekt-Prädikat-Schema der traditionellen Grammatik, für die der einfache Satz durch die Hauptglieder Subjekt und Prädikat und die *prädikative Beziehung* entsteht. Erweiterungen des Satzes erfolgen über die Rektion des Verbs durch Objekte/Ergänzungen und adverbiale Bestimmungen (Gruppe des Verbs) sowie durch adnominale Attribute (Gruppe des Substantivs);
- die binär oder zweiteilend fortschreitende *Konstituentenanalyse* des Satzes (Nominalphrase, Verbalphrase usw.), die zu einer hierarchisch geordneten Strukturdarstellung des Satzes bei Erhalt seiner linearen Ordnung führt (s. auch →Baumgraph);
- die Analyse aufgrund der durch das Verb begründeten Dependenz- oder Abhängigkeitsrelation: das *Verb als Zentralknoten des Satzes,* das aufgrund seiner Valenz Leerstellen eröffnet bzw. Ergänzungen oder Mitspieler fordert;

- die *operationale Satzgliedanalyse,* die mit Hilfe von Verschiebe- oder Umstellproben (ausgehend von der Zweitstellung des finiten Verbs) Satzglieder als umstellbare Blöcke identifiziert und mit Hilfe von Ersatzproben zur Aufstellung von Paradigmen gelangt;
- die explizite *generativ-transformationelle* Darstellung des Satzes mit Hilfe seiner Erzeugungsregeln;
- die *kategorialgrammatische* Analyse;
- die semantisch und pragmatisch orientierte Analyse durch den Ansatz von Tiefenkasus, die durch das Verb determiniert werden (Kasusgrammatik, *Kasusrahmen*).

Vgl. →Satz, Satzbedeutung, Syntax; Schulgrammatik.

Admoni W., Der deutsche Sprachbau. [4]1982. Bartsch R. u. a., Einführung in die Syntax. 1977. Brinker K., Modelle und Methoden der strukturalistischen Syntax. 1977. Bünting K.-D., Einführung in die Linguistik. [9]1981. Eichler W. Bünting K.-D., Deutsche Grammatik. [2]1978. Engel U., Syntax der dt. Gegenwartssprache. [2]1982. Engelen B., Einführung in die Syntax der dt. Sprache. 1. 1984. Gleason H. A., dt. Linguistische Aspekte der engl. Grammatik. 1970. Glinz H., Der dt. Satz. [4]1965. Ders., Deutsche Syntax. [2]1967. Heringer H. J., Wort für Wort. Interpretation und Grammatik. 1978. Heringer H. J. u. a., Syntax. Fragen, Lösungen, Alternativen. 1980. Lamprecht A., Relationale Satzanalyse. Theorie und Praxis einer konsistenten Analyse englischer Satzstrukturen. 1983. Schüler-Duden: Grammatik. [2]1981.

Satzart. Auch: Satz*typ*, Strukturtyp des Satzes. Traditionelle grammatische Unterscheidung auf formaler und inhaltlicher Grundlage in *Aussagesatz* (mit Zweitstellung des finiten Verbs), *Aufforderungssatz* und *Fragesatz* (Wort- oder Ergänzungsfrage, Satzfrage) mit bestimmten syntaktisch-morphologischen und phonologischen Eigenschaften. (Im Bereich des Nebensatzes werden als S. auch Lokalsatz, Temporalsatz, Modalsatz usw. unterschieden.) Ein Zuordnungsverhältnis zwischen Form und Inhalt/Funktion bzw. Form und Sprechabsicht/Sprechhandlung ist bei den S. nur eingeschränkt gegeben, da z. B. die Funktion der →Aufforderung auch mit Hilfe von Aussage- und Fragesätzen realisiert werden kann.
Für eine Grammatik ergibt sich methodisch die Frage, wieweit auch die kommunikative Verwendung einer S. beschrieben werden kann. Vgl. →Satz und Äußerung, Äußerungsbedeutung; Aufforderung, illokutiver Akt.

Duden. Grammatik der dt. Gegenwartssprache. [4]1984. Heidolph K. E. u. a., Grundzüge einer dt. Grammatik. 1981. Nöf A., Satzarten und Äußerungsarten im Dt. ZGL 12.1, 1984.

Satzbasis [sentence base/clause base]. 1) Das Grundgerüst des Satzes aus Subjekt, Verb und direktem Objekt als primären Satzteilen, z. B.

Ladies own dog. Weitere Elemente des Satzes sind modifizierende bzw. grammatisch abhängige Teile, z. B. *The three old* ladies *upstairs* own *a boxer* dog *with a mean temper* (base-and-modifier technique – Gleason 1970, S. 74f.). 2) Der syntaktische Repräsentant der semantischen Struktur des Satzes; der Rahmen, in dem Abwandlungsbeziehungen auf einen festen Bestand an Grundstrukturen und – über diese – auf die Bedeutungen beziehbar sind; der propositionale Kernbestand des Satzes (J. Erben). Ein Satz besteht aus S. und →Satzintention.

Erben J., Dt. Syntax. 1984. Gleason H. A., dt. Linguistische Aspekte der engl. Grammatik. 1970. Heidolph K. E. u. a., Grundzüge einer dt. Grammatik. 1981.

Satzbauplan. Satzschema, Satzmuster, z. B. Subj. + Präd. + Dativobj. oder $E_1 - V - E_3$ *(Er folgte ihr)*. Bei L. Weisgerber eine muttersprachliche Grundform, die den Sprechern geläufig und den Hörern verständlich ist – ein muttersprachlicher *Zugriff*. S. wirken als Strukturen in Denk- und Sprechakten, »als Interpretationsrichtung für Erlebnisse und Ausbaurichtung für Gedanken«; S. sind sinnlich-geistige Ganzheiten. Es ist eine Frage, ob S. nicht auch einen *Inhalt* bzw. einen Gehalt haben (Grundzüge 1971, S. 374, 385).
J. Erben charakterisiert den S. als Strukturmuster, Satzform und Rahmen, in den immer wieder Satzmittel (Wörter) eingefügt werden (die Variablen wechseln, der Rahmen bleibt), als kategoriales Schema, das mit passenden Wortgestalten gefüllt wird. Beim S. zeigt sich das Zusammenwirken von Lexikon und Syntax (1980, S. 242). Die Sprachbeschreibung wird aber einfacher, wenn man zwischen S. und *Stellenbauplan* unterscheidet und eine begrenzte Anzahl einfacher Grundmuster oder Grundstrukturen nach der Valenz von Verbklassen annimmt, denn diese konstituieren Grundmodelle als Satzbau-Muster für unbegrenzt große Klassen sprachüblicher Sätze (1980, S. 256ff.).
Bei U. Engel werden durch die Valenz des Verbs Satzmuster konstituiert, bei denen er zwischen obligatorischen und fakultativen →Ergänzungen nicht unterscheidet. Wenn man die fakultativen Ergänzungen einklammert (z. B. *essen* ⟨0 (1)⟩), erhält man abstrakte Satzmuster oder S. als Strukturmodelle für Sätze, die lediglich das Verb und seine Ergänzungen festlegen. Solche Strukturmodelle ermöglichen Variationen hinsichtlich Erweiterungen durch Angaben, Satzgliedfolge usw. (1982, S. 193ff.). Nicht möglich scheint es, jedem S. im Sinne Weisgerbers eine spezifische Bedeutung zuzuschreiben, denn S. sind

primär morphosyntaktische Strukturen. Die →Satzbedeutungen hängen von den Wortbedeutungen und vor allem vom jeweiligen Verb ab (s. auch → Valenz, Ergänzung, semantische Kongruenz).
S. als in der Anzahl begrenzte syntaktische Muster zur Produktion unbegrenzt vieler Sätze/Äußerungen gelten als unentbehrlich für den Grammatikunterricht (bzw. für eine →Schulgrammatik). Nach E. Drach besteht das Ziel der deutschen Satzlehre im Verstehen der Baupläne von Sätzen als »konkrete Anleitung zu zweckmäßigen Sprechhandlungen« (1963, S. 12; s. auch →Satzplan).
Vgl. →Satzmodell, Satzmuster, Satztyp, Satzform, Kernsatz, syntaktisches Schema.

Braun P., Geläufige Satzbaupläne in Aufsätzen der Sieben- bis Zehnjährigen. In: Helmers H., Hrsg., Zur Sprache des Kindes. 1969. Duden. Grammatik der dt. Gegenwartssprache. [4]1984. Engel U., Die dt. Satzbaupläne. WW 20; 6, 1970. Ders., Syntax der dt. Gegenwartssprache. [2]1982. Engelen B., Die Satzbaupläne II, 8 und II,2. In: Studien zur Syntax des heutigen Deutsch. 1970 (Sprache der Geg., Bd. 6). Ders., Untersuchungen zu Satzbauplan und Wortfeld in der geschriebenen dt. Sprache der Gegenwart. 1/2. 1975. Erben J., Dt. Grammatik. Ein Abriß. [12]1980. Ders., Deutsche Syntax. 1984. Erk H., Satzpläne in wiss. Texten. WW 28; 3, 1978. Heringer H. J., Theorie der dt. Syntax. [2]1973. Weisgerber L., Das Verstehen der Baupläne von Sätzen. 1939. Ders., Grundzüge der inhaltbezogenen Grammatik. [4]1971. Die ganzheitliche Behandlung eines Satzbauplans. 1962 (WW, Beih. 1).

Satzbedeutung [sentence meaning]. Die Bedeutung, die ein Satz unabhängig von besonderen Kontexten und Gebrauchsweisen hat, die Bedeutung, die ihm aufgrund seiner lexikalischen Bedeutungen und seiner grammatischen Struktur zukommt; die *wörtliche* Bedeutung des Satzes, seine Bedeutung im sog. neutralen Kontext oder Null-Kontext, die Bedeutung des Satzes ›an sich‹, seine isolierte oder pragmatikfreie Bedeutung. (In normaler Kommunikation spielen situative Bezüge der Referenz, das sprachlich-kommunikative und textliche sowie das allgemeine Wissen von der Welt eine wichtige Rolle; vgl. →Äußerungsbedeutung.)
Auf die Frage nach der Bedeutung eines Satzes antwortet man mit der Angabe

- eines synonymen Satzes bzw. einer (einsetzbaren) Paraphrase;
- einer Übersetzung;
- der Gebrauchsbedingungen des Satzes;
- der Wahrheitsbedingungen des Satzes.

Allgemein vertreten wird die (kompositionelle) Auffassung, daß die S. durch die Art und Weise bestimmt wird, wie sie sich aus elementaren Bedeutungen bzw. natürlichen Bausteinen und deren Beziehungen zueinander aufbaut. Es handelt sich um eine Kombination der Bedeutungen der Lexeme, ihrer grammatisch-morphologischen Bedeutungen und um die syntaktischen Relationen zwischen den Satzgliedern. Die S. ist nicht als einfache Summe ihrer Teilbedeutungen zu betrachten: Die S. ergibt sich aus der Bedeutung der einzelnen Morpheme und der Bedeutung der zwischen ihnen bestehenden syntaktischen Beziehungen (Bierwisch 1966); sie ist das Produkt der lexikalischen und grammatischen Bedeutungen der satzbildenden Lexeme und Strukturen (Lyons 1983); sie ist eine Funktion der Bedeutungen ihrer Bestandteile (Katz/Fodor u. a.). In der logisch orientierten Semantik geht es um den systematischen Beitrag der einzelnen Ausdrücke für die S., dessen Rekonstruktion mit Hilfe des →Kompositionalitätsprinzips versucht wird, im Idealfall mit parallelem Aufbau von Syntax und Semantik, bei dem dargestellt werden kann, wie die Form des Satzes mit seiner Bedeutung zusammenhängt.

In der traditionellen Grammatik wurde versucht, die S. durch die semantische Deutung bzw. eine grammatisch verallgemeinerte und semantische Interpretation von Wortarten und Satzgliedern zu erklären; die S. ist wesentlich das Resultat der prädikativen Beziehung zwischen Subjekt und Prädikat. In Valenz- oder Verbgrammatiken erscheint das Verb mit seiner je spezifischen Bedeutung als satzkonstitutive Einheit; die S. ist das Ergebnis der satzbildenden Wirkung von Valenzen als *ungesättigten* Funktionen bzw. *ergänzungsbedürftigen* Ausdrücken. In der →interpretativen Semantik wird der Aufbau der S. als Vereinigung oder Verschmelzung von Formativen oder Merkmalbündeln dargestellt, die die grammatischen Funktionen berücksichtigen; in der →generativen Semantik wird die S. mit Hilfe logischer Prädikat-Argument-Strukturen erzeugt. – Bestimmend für Vorstellungen solcher Art sind das Prinzip der Zusammensetzung der S. aus elementaren Bedeutungen einerseits und das Prinzip der Konvergenz lexikalischer und semantischer Bezüge (Lexikon und Grammatik) andererseits.

Einfluß gewonnen hat das Bemühen, die S. durch die Angabe der Wahrheitsbedingungen zu explizieren: Wenn man die Syntax eines Satzes kennt und die Bedeutungen seiner Teile, weiß man, unter welchen Umständen der Satz wahr ist, bzw. wenn man die Bedeutung eines Satzes kennt, dann kennt man auch seine Wahrheitsbedingungen und umgekehrt; man kennt auch seine Konsequenzen/Folgerungen. Die Bedeutungstheorie einer Sprache zeigt dann, wie die Bedeutung (Wahrheit) eines Satzes von der Bedeutung (Wahrheit) seiner Teile abhängt (s. auch →Intension). Nicht alle Sätze haben Wahrheitsbe-

dingungen. S. enthalten auch mehr, als mit Wahrheitsbedingungen erfaßbar ist (vgl. →wahrheitskonditionale Semantik).
In der neueren Psycholinguistik und in Arbeiten zur →künstlichen Intelligenz werden S. aufgefaßt als *Gedanken* bzw. kognitive oder begriffliche Strukturen: S. sind Entitäten nichtsprachlicher Art; sie bilden konzeptuelle Prädikat-Argument-Strukturen oder Propositionen, die selbst nicht sprachlich sind, jedoch mit Hilfe sprachlicher Mittel (Wortbedeutungen, syntaktische Indikatoren) zum Ausdruck gelangen. Propositionen (Basis-P. und Propositionen höherer Ordnung) sind intern repräsentiert durch Prädikate mit Argumenten. Die Struktur unseres Wissens scheint durch Prädikate organisiert zu sein. Beim Sprachverstehen wird die Lautgestalt des Satzes rasch vergessen; behalten wird die S. Nicht alles propositional Gespeicherte muß (z. B. in einer bestimmten Situation) sprachlich ausgedrückt werden. Der Hörer/Leser kann mehr Information aktivieren bzw. mehr verstehen, als *expressis verbis* geboten wird, d. h. daß beim Verstehen einer S. die Information durch schon vorhandenes Wissen und durch Folgerungen/Inferenzen vervollständigt wird (s. auch →Satzverarbeitung, Textverarbeitung, Sprachrezeption).
Vgl. →Tiefenstruktur; Bedeutung, Semantik, Satzsemantik; syntagmatische Anschließbarkeit, semantische Kongruenz.

Arutjunova N. D., Predloženie i ego smysl. 1976. Bogdanov V. V., Semantiko-sintaksičeskaja organizacija predloženija. 1977. Chafe W., dt. Bedeutung und Sprachstruktur. 1976. Davidson D., Truth and meaning. Synthese 17; 1967. Dt. Wahrheit und Bedeutung. In: Sukale M., Hrsg., Moderne Sprachphilosophie. 1976. Engelkamp J., Satz und Bedeutung. 1976. Herrmann Th., Sprechen und Situation. 1982. Kempson R. M., Presupposition and the delimitation of semantics. 1975. Dies., Semantic theory. 1977. Kintsch W., The representation of meaning in memory. 1974. Ders., dt. Gedächtnis und Kognition. 1982. v. Kutschera F., Sprachphilosophie. [2]1975. Lyons J., dt. Die Sprache. 1983. Ol'šanskij I. G., Vzaimodejstvie semantiki slova i predloženija. VJa 3, 1983. Fischer B.-J., Satzstruktur und Satzbedeutung. 1981.

Satzbegriff [propositional concept, concept propositionnel]. Bei Brekle der semantische Kern eines Satzes, der durch modale Relationen (Assertion, Quantifikation, Negation, Interrogation, Tempus) in Beziehung zu bestimmten Ebenen der Kommunikation gebracht bzw. aktualisiert wird; der nicht-aktualisierte Satz, die voraktuale Struktur des Satzes, z. B. *man sings aria* →*some man sings an aria* (1970, S. 57; vgl. Fillmore 1967).
S. auch →Proposition, Satzradikal.

Bartsch R., Zum Problem pseudo-logischer Notationen in der generativen Semantik. BLI 21; 1971. Brekle H. E., Generative Satzsemantik und transformationelle Syntax im System der engl. Nominalkomposition. 1970. ²1976. Fillmore Ch. J., The case for case. 1967. Dt. Plädoyer für Kasus. In: Abraham W., Hrsg., Kasustheorie. 1971.

Satzbruch →Anakoluth

Satzfolge. Bei H. Brinkmann ein sinnvoll zusammenhängendes Nacheinander von Sätzen, das durch *Satzkonstanz, Wiederaufnahme,* durch syntaktischen Parallelismus und inhaltliche Aufgliederung eines Ganzen (Konkretisierung) konstituiert wird. Arten der S. sind die *lineare* und die *alternierende* bzw. die einseitige und die wechselseitige Rede (Vortrag, Erzählung usw. einerseits und Gespräch, Interview usw. andererseits). Das Problem der →Textkonstitution besteht darin, »wie in einer S. Stetigkeit und Veränderung zusammenwirken« (S. 834).
S. auch →Satzkonstanz, Wiederaufnahme; Satzverflechtung, Satzzusammenhang, Satz und Text.

Brinkmann H., Die dt. Sprache. ²1971. Petöfi J. S., Zu einer grammatischen Theorie sprachlicher Texte. Lili 2; 5, 1972.

Satzform. 1) Im Sinne von Satzmuster, Satzfunktion. 2) Oberbegriff für die Unterscheidung von Sätzen (neben Satzart): einfache S., zusammengesetzte S. (Satzverbindung oder Parataxe, Satzgefüge oder Hypotaxe) in der Duden-Grammatik (⁴1984).

Satzfunktion. Ein »Ausdruck, der Variablen enthält und nach Ersetzung dieser Variablen durch bestimmte Konstanten zu einem Satz wird« (Tarski 1966, S. 19), z. B. *x ist eine ganze Zahl.* Aus der S. *x ist ein Philosoph* erhält man einen wahren Satz, wenn man *x* durch *Sokrates* ersetzt. Auch: Aussagenfunktion.
Vgl. →Satzmuster, Satztyp, Satzbauplan.

Heringer H.-J., Formale Logik und Grammatik. 1972. Næs O., Versuch einer allgemeinen Syntax der Aussagen. In: Moser H., Hrsg., Das Ringen um eine neue dt. Grammatik. ²1969. Tarski A., Einführung in die mathematische Logik. ²1966.

Satzgefüge [complex sentence, složnopodčinennoe predloženie]. Form des komplexen Satzes mit syntaktischer Ungleichwertigkeit der konstitutiven Teilsätze. Der *Glied-* oder *Neben*satz ist formal vom *Haupt*satz abhängig bzw. diesem untergeordnet (auch mehrfache Unterordnung: Gliedsätze/Nebensätze 1., 2. usw. Grades). Es scheint, daß es auf hist. frühen Sprachstufen nur einfache (aneinandergereihte) Sätze gegeben hat und daß die *Hypotaxe* aus der *Parataxe* entstanden

ist, indem der sprachliche Kontext selbst zum Zeigfeld wurde (K. Bühler).
S. auch →Hypotaxe, Gliedsatz (Relativsatz, Objektsatz); Satzverbindung.

Bühler K., Sprachtheorie. [2]1965. Hartung W., Die zusammengesetzten Sätze des Dt. [4]1970. Paul H., Prinzipien der Sprachgeschichte (1880). [6]1960.

Satzgemeinschaft. Bei K. Boost der nur *relativ selbständige* einzelne Satz und der Satz-Kontext, in den dieser eingebettet ist, u. zw. die Vorgänger- und Nachfolgesätze, die mit ihm zusammen ein kommunikativ-semantisches und satzmelodisches Ganzes bilden (Pausen, Phrasierung usw.). Vgl. →Satzverflechtung, Satzzusammenhang; Satz und Text.

Satzglied [~ sentence component, ~ composante de la phrase, člen predloženija]. Satzkomponente oder Satzkonstituente, Aufbau- und Gliederungseinheit des Satzes. Der Begriff des S. deutet eine besondere Ebene im Aufbau der Satzstruktur an, die (hierarchisch) über der Ebene der Wörter bzw. Wortarten und unterhalb der Ebene des Satzes (als ganzem) liegt; die S. erweisen sich als grammatisch und semantisch bestimmt.
Anzahl und Art der S. sind abhängig von der syntaktischen Konzeption (Satzstruktur, konstitutive Relationen) und der Methode ihrer Bestimmung. Als allgemein akzeptiert gilt die Bestimmung von S. durch operative Verfahren, u. zw. mit Hilfe der Permutation oder Verschiebeprobe und der Substitution oder Ersatzprobe (Kriterien der Verschiebbarkeit und der geschlossenen Ersetzbarkeit). Danach ist ein S. ein Wort, das im Satz wenigstens eine andere Position einnehmen kann, ohne daß der Satz einen anderen Sinn annimmt oder unsinnig wird, oder eine Wortgruppe, die als ganze im Satz verschiebbar ist, z. B. *Müller berichtete im Lokalteil ausführlich über die Demonstration* →*Über die Demonstration berichtete* ... (Engelen 1984, S. 15f.). Zusätzlich soll die Bedingung der Ersetzbarkeit (oder Anaphorisierung) von S. als ganzen erfüllt sein, z. B. *Er* berichtete *dort ausführlich darüber* (vgl. *der strebsame und engagierte Student/er*). Zur Präzisierung wird auch der Spitzenstellungstext (Positionierung des S. vor das finite Verb) angegeben. Nach Suchsland (1978, S. 251) ist ein S. eine Teilkette des Satzes, die nur als ganze im Satz umgestellt bzw. vor das finite Verb gestellt und nur als ganze durch ein syntaktisch äquivalentes Wort ersetzt werden kann (vgl. dazu auch Heidolph u. a. 1981, S. 182).

Im einzelnen lassen sich unterscheiden

- die S.-typologie der traditionellen Grammatik mit Subjekt, Prädikat, Objekt, adverbiale Bestimmung, Attribut, die sich z. T. auf die traditionelle Logik stützt;
- die funktionale oder relationale Bestimmung der S. auf der Grundlage der Konstituenten-Struktur als grammatische Funktionen (Subj. *von*, Obj. *von* usw., bzw. Subj., Obj., Adverbial, Prädikativ und Attribut (als Gliedteil));
- die valenzorientierte Bestimmung der S. als Ergänzungen und Angaben zum Prädikatsverb (Engel 1982, Duden 1984). – Die Valenz des Prädikatverbs bestimmt die Ergänzungen und *baut* die Struktur des Satzes *auf*; Angaben *bauen* diese weiter *aus* (Nikula 1982, S. 305).

Von Interesse sind Bemühungen, die dependentiell oder konstitutionell bestimmten S. in Beziehung mit den semantischen (Tiefen)Kasus Fillmores zu bringen. Einerseits sind S. primär oberflächenstrukturelle Funktionen; andererseits jedoch können sie ohne Einbeziehung tieferliegender syntaktischer, semantischer und pragmatischer Beziehungen nicht hinreichend charakterisiert werden (Helbig 1978, Heidolph u. a. 1981, Nikula 1982).

Die S.-begriffe haben sich seit dem Spätmittelalter herausgebildet. Die Grammatik des Dionysios Thrax enthält nur Wortartkategorien, ebenso die des Apollonios Dyskolos und die Priscians. Boethius führte *subiectum* und *praedicatum* ein (vgl. →Subjekt und Prädikat), die dann neben *suppositum* und *appositum* als S.-begriffe auftreten. In der dt. Grammatik wurde noch um 1750 von *Nominativ, Verb, Kasus* gehandelt. Die Notwendigkeit, die S. vom Satzganzen her zu erfassen, erkannte G. Girard (Les vrais principes de la langue française, 1747). Er nannte als »membres de la phrase« *subjectif, attributif, objectiv, terminatif, circonstantiel, conjonctif, adjonctif;* unterschieden wurde zwischen *subjectif* und *sujet,* d. h. zwischen Sprachlichem und Sachlichem. Ein System, das sich auf die Verhältnisse der Satzteile zueinander und nicht auf Wortformen stützte, stellte K. F. Becker (1827, 1831) vor. Er unterschied das prädikative, attributive und objektive Satzverhältnis und entwickelte als System von S.: Subj., Prädikat, Attribut, Obj., Adverbiale.

Für eine →Schulgrammatik ist ein überschaubares und nachvollziehbares System von S. notwendig.

Vgl. →Subjekt, Subjekt und Prädikat, Ergänzung, Ergänzung und Angabe; Satzanalyse.

Abraham W., Hrsg., Satzglieder im Deutschen. 1982. Admoni W., Der dt. Sprachbau. [4]1982. Duden. Grammatik der dt. Gegenwartssprache. [4]1984. Engel U., Die dt. Satzbaupläne. WW 20; 6, 1970. Ders., Syntax der dt. Gegenwartssprache. [2]1982. Engelen B., Einführung in die Syntax der dt. Sprache. 1.

1984. Glinz H., Geschichte und Kritik der Lehre von den Satzgliedern in der dt. Grammatik. 1947. Ders., Der dt. Satz (1957). [6]1972. Heidolph K. E. u. a., Grundzüge einer dt. Grammatik. 1981. Helbig G., Zur semantischen Charakteristik der Argumente des Prädikats. In: Helbig G. u. a., Probleme der Bedeutung und Kombinierbarkeit im Dt. 1977. Helbig G., Hrsg., Beiträge zu Problemen der Satzglieder. 1978. Hiersche R., Zur dt. Satzgliedlehre. Sprachwissenschaft 4; 1979. Jespersen O., Analytic syntax. [9]1969. Philosophy of grammar. 1924. Kaneko T., Wozu Satzglieder? In: Helbig G., Hrsg., 1978. Nikula H., Satzglieder und Verbvalenz. In: Abraham W., Hrsg., 1982. Paul H., Prinzipien der Sprachgeschichte. [6]1960. Schmidt W., Grundfragen der dt. Grammatik. [4]1973. Suchsland P., Zur Definitionsgrundlage für dt. Satzglieder. Versuch eines Überblicks. In: Helbig G., Hrsg., 1978.

Satzgliedstellung. Auch: Satzgliedfolge. Abfolge, lineare Anordnung oder topologische Ordnung der Satzglieder im Satz nach syntaktischen, semantischen und pragmatischen Regularitäten. Prinzipien der S. ergeben sich im Dt. aufgrund der Stellungsregeln des finiten Verbs: Zweitstellung im Aussage- oder *Kernsatz*, Spitzenstellung im *Stirnsatz* und Endstellung im *Spannsatz*. Mit Hilfe des durch die → Satzklammer gebildeten Stellungsrahmens lassen sich Stellungsfelder mit der Grundfolge Vorfeld, Mittelfeld, Nachfeld angeben. Die Besetzung der Felder ist dann beschreibbar unter den Gesichtspunkten, welche Änderungen der Grundfolge unter welchen Bedingungen möglich sind, welche Satzglieder bestimmte Felder besetzen können (vorfeldfähig sind z. B. alle Ergänzungen) und welche Abfolgeregeln bzw. Restriktionen gelten, wenn mehrere Elemente (Ergänzungen, Angaben) ein Feld besetzen (Engel 1982, S. 204ff.). Im Mittelfeld stehen z. B. Satzglieder mit niedrigerem vor Elementen mit höherem Mitteilungswert; in das Vorfeld treten u. a. Satzglieder, die den Anschluß an den voraufgehenden Text herstellen.
Vgl. →Satzklammer, Stellungsfelder, Thema und Rhema, Topikalisierung; Wortstellung.

Admoni W., Über die Wortstellung im Dt. In: Moser H., Hrsg., Das Ringen um eine neue dt. Grammatik. [2]1969. Duden. Grammatik der dt. Gegenwartssprache. [4]1984. Engel U., Regeln zur Wortstellung. 1970. Ders., Regeln zur Satzgliedfolge: Zur Stellung der Elemente im einfachen Verbalsatz. In: Linguistische Studien 1. 1972 (Sprache der Gegenwart, Bd. 19). Ders., Syntax der dt. Gegenwartssprache. [2]1982. Etzensberger J., Die Wortstellung der dt. Gegenwartssprache als Forschungsobjekt (mit einer kritisch referierenden Bibliographie). 1979. Gadler H., Zur Serialisierung nominaler Satzglieder im Mittelfeld und zur Topikalisierung. In: Abraham W., Hrsg., Satzglieder im Dt. 1982. Lenerz J., Zur Abfolge nominaler Satzglieder im Dt. 1977. Ders., Zum gegenwärtigen Stand der Wortstellungsforschung. PBB (T) 103; 1980. Lötscher A., Abfolgeregeln für Ergänzungen im Mittelfeld. DS 9; 1981. Ders., Satzgliedstellung und funktionale Satzperspektive. In: Stickel G., Hrsg., Pragmatik in der Grammatik. 1984 (Sprache der Gegenwart, Bd. 60).

Satzgrammatik. Eine Grammatik (eine Grammatiktheorie, ein Grammatikmodell), deren Domäne der Satz bzw. deren Untersuchungsbereich auf isolierte Sätze beschränkt ist. Bereich und Methoden der S. werden im Zusammenhang mit der Ausweitung linguistischer Analysen auf Dialoge und Texte relativiert. Dabei erscheint es als fraglich, ob eine den Sprachgebrauch erfassende (kommunikative) Grammatik einerseits und eine Textgrammatik andererseits durch Erweiterung von S.en möglich sind oder ob allgemeinere Grundlagen notwendig werden (Handlungstheorie, Sprechakttheorie). Ungeklärt ist die Art und Weise des Übergangs von der Kategorie des Satzes zur Kategorie des Textes.
Vgl. →Satz und Text, Satzzusammenhang, Satzverflechtung, Transphrastik; Textkonstitution, Kohärenz; Textgrammatik; Satz und Äußerung.

de Beaugrande R.-A. Dressler W. U., Einführung in die Textlinguistik. 1981. Posner R., Die Kommentierung – oder: Ein Weg von der Satzgrammatik zur Textlinguistik. Lili 5, 1972.

Satzintention. 1) Bei H. Brinkmann (1971) die durch die Personalform des Verbs aktualisierten Satzmomente, u. zw. Rolle (1./2. Pers.), Aktiv/Passiv, Tempus und Modus. 2) Bei Heidolph u. a. (1981) die abstrakte Repräsentation der kommunikativ-pragmatischen Struktur des Satzes. In eine Matrix sind aufzunehmen Bedingungen der Situation, Beziehungen zwischen Sachverhalt und Situation, die Art der Verarbeitung der Satzbedeutung als kommunikative Intention u. a. Faktoren (s. auch →Satzbasis).

Brinkmann H., Die dt. Sprache. [2]1971. Erben J., Deutsche Syntax. Eine Einführung. 1984. Heidolph K. E. u. a., Grundzüge einer dt. Grammatik. 1981.

Satzintonation. Die Tonhöhenbewegung im Funktionsrahmen des Satzes, das Melodiemuster des Satzes, die Intonationsmuster oder Intoneme, aber auch der Gesamtbereich der intonatorischen Phänome, die üblicherweise für Sätze/Äußerungen beschrieben werden. S. auch →Satzmelodie, Satzakzent, Intonation, Intonationsmuster.

Halliday M. A. K., The tones of English. Archivum Linguisticum 15; 1963. Hirst D., Intonative features: a syntactic approach to English intonation. 1977. Stock E., Untersuchungen zu Form, Bedeutung und Funktion der Intonation im Deutschen. 1980. Stock E. Zacharias Chr., Deutsche Satzintonation. [3]1973.Nikolaeva T. M., Sintaksičeskaja akcentologija i/ili frazovaja intonacija. Fonetika 83; 1983.

Satzklammer. Auch: prädikative Klammer, Satzrahmen, verbaler Rahmen, Einklammerung, Rahmenkonstruktion. Besonderheit und wichtiges Strukturmerkmal des dt. Satzbaus. Die S. dient als Positionsschema zur Charakterisierung der →Satzgliedstellung im Dt.; sie wird im Hauptsatz durch die Zweiteilung des verbalen Prädikats, u. zw. aus dem finiten Verb und seinen infiniten Teilen gebildet (z. B. Er *hatte* seiner Frau regelmäßig bei der Hausarbeit *geholfen*), im Nebensatz durch Konjunktion/Einleitung und Subjekt am Anfang und finitem Verb am Ende des Satzes (z. B. *weil* er seiner Frau . . . geholfen *hatte*). Der innere Bau der S. läßt sich durch das *Gesetz von Fourquet* charakterisieren: Je enger die semantische Beziehung eines Satzglieds zum finiten Verb, desto entfernter steht es (vgl. Brinkmann 1971, S. 491 ff.). Die syntaktische Position in der S. wird als →Mittelfeld bezeichnet; entsprechend ergeben sich Vorfeld und Nachfeld.
Vgl. →Ausklammerung, Stellungsfelder, Satzgliedstellung, Herausstellung; Satzplan.

Admoni W., Der dt. Sprachbau. [4]1982. Brinkmann H., Die dt. Sprache. [2]1971. Duden. Grammatik der dt. Gegenwartssprache. [4]1984. Engel U., Syntax der dt. Gegenwartssprache. [2]1982.

Satzkonstanz. Bei H. Brinkmann die Beobachtung, daß ein Satz im Rahmen eines Textes über sich hinaus wirken kann durch die Beziehungen, die er impliziert, die grammatische Struktur und das gewählte Satzmodell. Sätze können miteinander verbunden sein durch Ursächlichkeit und Gegensatz, durch Frage und Antwort und durch inhaltliche Konstanten. Es gibt syntaktische Einheiten, die mehr als den Satz im herkömmlichen Sinne umfassen. Der Satz ist nicht immer die hierarchisch höchste Einheit der Sprache (s. auch →offener Satz, Nachtrag).
Vgl. →Satzverflechtung, Satzzusammenhang, Vertextungstypen; Rede.

Brinkmann H., Die deutsche Sprache. [2]1971.

Satzmelodie. Der Tonhöhenverlauf oder die Tonhöhenbewegung im gesprochenen Satz. Vgl. →Intonation, Satzintonation, Intonationsmuster, Sprechmelodie.

Helfrich H., Satzmelodie und Sprachwahrnehmung. Psycholinguistische Untersuchungen zur Grundfrequenz. 1984.

Satzmodell. Ein Satzschema, eine syntaktische Grundform, nach der Sätze gebildet und verstanden werden, ein Rahmen, der konstant

bleibt trotz der Variation der eingesetzten Repräsentanten und ihrer Kombination (Brinkmann 1971, S. 522ff.). Aktuell geäußerte Sätze gehören der *parole* an, die S. und ihre Varianten der *langue*. Die S. mit ihren Variationen bilden ein geschlossenes System.
Unterschieden wird zwischen Verbalsätzen und Nominalsätzen; die Verbalsätze werden in Vorgangs- und Handlungssätze bzw. in *einseitige* und *zweiseitige* Sätze unterteilt, die Nominalsätze in Adjektiv- und Substantivsätze: (1) Ich lese (gern). (2) Ich habe das Buch (gern) gelesen. (3) Das Buch ist lesenswert. (4) Das Buch ist ein Gesellschaftsroman. Die vier Modelle bilden das Grundinventar. Schichtungen innerhalb der Wortarten und Kombinationsmöglichkeiten führen zu Varianten. Bestimmte sprachliche Elemente dienen dem Ausbau der S. je nach der Gesprächssituation.
Kritik wurde an der interpretativen Vermischung formaler und inhaltlicher Kriterien sowie am Versuch geübt, formale Kriterien (Satzposition, Wortart) und (interpretierende) referenzsemantische Begriffe unmittelbar aufeinander zu beziehen.
Vgl. →Satztyp, Satzbauplan, Satzmuster.

Brinkmann H., Die deutsche Sprache. [2]1971. Helbig G., Zur Theorie der Satzmodelle. Biuletyn Fonograficzny XI; 1971. Schmidt W., Grundfragen der dt. Grammatik. [4]1973.

Satzmuster [sentence pattern]. Das Form-Muster eines Satzes, sein Struktur-Plan (Sapir 1961, S. 84f.). Bei Eichler/Bünting (1976, S. 154ff.) sind S. Grundmuster, grammatische Standardnormen oder »immer wiederkehrende Typen deutscher Sätze«, die alle Subjekt und Prädikat enthalten, sich aber im Prädikat bzw. in der Ausgestaltung der Verbalgruppe unterscheiden. Neben objektlosen Sätzen *(Mein Opa schnarcht, Es schneit)* werden als Grundstrukturen 15 S. aufgestellt. Engel (1982, S. 191ff.) geht es bei den S. um einen Überblick über die Kombinationsmöglichkeiten von Ergänzungen aufgrund der Valenz von Verben. Aufgelistet werden die 29 mutmaßlich wichtigsten S. (s. auch →Satzbauplan).
Vgl. →Satzmodell, Satztyp, Kernsatz.

Eichler W. Bünting K.-D., Deutsche Grammatik. [2]1978. Engel U., Syntax der dt. Gegenwartssprache. [2]1982. Sapir E., dt. Die Sprache. 1961.

Satznegation. Negierung des ganzen Satzes (bzw. der ganzen Aussage) durch Verneinung des finiten Verbs, z. B. *Er brauchte gestern abend den Regenschirm nicht,* im Geg. zu *Nicht ich habe das gesagt* – Satzgliednegation (Eichler/Bünting 1976). Nach Heringer (1978) sind die

Bezugsmöglichkeiten der Negation nicht durch die traditionelle Unterscheidung von S. und Wortnegation/Satzgliednegation zu erfassen. Vgl. →Negation.

Eichler W. Bünting K.-D., Deutsche Grammatik. ²1978. Heringer H. J., Wort für Wort. Interpretation und Grammatik. 1978.

Satzoperatoren. Wörter oder Wortgruppen der Umgangssprache oder Zeichen der logischen Symbolik, mit denen aus Sätzen neue Sätze gebildet werden können, deren Wahrheitswerte von den Wahrheitswerten der Teilsätze abhängen (v. Kutschera/Breitkopf ²1971, S. 29), u. zw. Negation, Konjunktion, Adjunktion, Äquivalenz, Kontravalenz, Implikation ($\neg$, $\wedge$, $\vee$, $\equiv$, $\succ\!\!\prec$ $\rightarrow$). Die Aussagenlogik ist die Theorie der S.
Vgl. →Junktor, Operator, Aussagenlogik.

v. Kutschera F. Breitkopf A., Einführung in die moderne Logik. 1971.

Satzphonetik. Die Untersuchung der phonetischen Erscheinungen an Wörtern im Zusammenhang des Satzes (auch: segmentelle S.). Neben von Sprechstil und Sprechtempo abhängigen Graden der Artikulationsreduktion, die physiologischen, linguistischen und situativen Bedingungen folgt, werden berücksichtigt die *Assimilation* (Angleichung an benachbarte Segmente), die *Elision* (Ausfall eines oder mehrerer benachbarter Segmente), die *schwachen Formen* (Lautreduktion bei fehlendem Akzent). Nach Schank (1976) kann der Einfluß der S. z. B. je nach dem Auslaut des flektierten Wortes zur vollständigen Reduktion des Pluralmorphems *-en* führen. Grundsätzlich sind bei schnellerem Sprechtempo mehr Angleichungen und Abschwächungen zu beobachten.
Vgl. →Assimilation, Koartikulation; Sprechtempo.

Bohmeier G., Satzphonetische Erscheinungen im Deutschen. 1972 (Institut für Phonetik, Kiel). Hirst D., Intonative features. A syntactic approach to English intonation. 1977. Kohler K. J., Einführung in die Phonetik des Dt. 1977. Schank G., Morphologie und Satzphonetik. Beobachtungen und Überlegungen zur Untersuchung der Morphologie in gesprochener Sprache. WW 6, 1975. Wodarz H.-W., Satzphonetik des Westlachischen. 1963.

Satzphonologie. Die Untersuchung satzphonetischer, intonatorischer u. a. suprasegmentaler Erscheinungen (s. auch →Sandhi), soweit sie linguistisch relevant sind bzw. an der Bedeutungserschließung Anteil haben (im Gegensatz zur traditionellen Phonologie, die man auch als *Wortphonologie* bezeichnen kann). Vgl. →Intonation, Intonationsmuster.

Meinhold G. Stock E., Phonologie der dt. Gegenwartssprache. [2]1982. Vennemann Th. Jacobs J., Sprache und Grammatik. 1982.

Satzplan. Bei E. Drach (1937) der Grundplan des dt. Aussagesatzes, das syntaktische Grundschema, das immer wieder anwendbar ist, indem es mit einmaligen Wortinhalten gefüllt wird. Entscheidend ist nach Drach die Erkenntnis, daß im Aussage-Hauptsatz das finite Verb den Angelpunkt bildet, um den herum sich der Satz aufbaut und gliedert: Mitte (Geschehen, finites Verb/Personalform des Verbs), *Vorfeld, Nachfeld.* Das Kind baut beim Spracherwerb nicht irgendwie Satzgebilde aus Wörtern zusammen, sondern es »erwirbt einen Bestand von Worten ... und einen Bestand von Satzplänen, die zur Auffüllung mit Worten, und damit zur Darstellung von Denkakten geeignet sind« (S. 14).
Vgl. →Vorfeld des Satzes, Nachfeld des Satzes, Ausdrucksstellung, Eindruckstelle; Satzklammer, Stellungsfelder; Zweitstellung des fin. Verbs.

Drach E., Grundgedanken der dt. Satzlehre. [4]1963. Eggers H., Stimmführung und Satzplan. WW 6; 1955/1956. Bindung und Freiheit im dt. Satzplan. 1969 (Festschr. H. Moser).

Satzproduktion [sentence production]. Die Satzbildung oder Satzerzeugung aus sprachpsychologischer Sicht. Der sprachliche Ausdruck eines Gedankens; die Übersetzung einer Mitteilung aus dem internen nichtsprachlichen (kognitiven, mentalen) Kode in einen sprachlichen Kode. Die S. hat einen motivationalen Aspekt (determinierende Faktoren) sowie einen intentionalen und einen sprachstrukturellen Aspekt (die (kommunikative) Absicht des Sprechers und seine Wahl der sprachlichen Mittel). Bei der Planung einer Äußerung berücksichtigt der Sprecher das (angenommene) *Wissen* des Hörers; er befolgt bestimmte Maximen oder Regeln der Kommunikation (vgl. →Konversationsmaximen).
Über den Verlauf der S. sind Modelle entwickelt worden, die die Teilprozesse darstellen von der Konzeption eines Gedankens und seiner mentalen Repräsentation (im Sinne einer Intention des Sprechers *of saying a thing before he has said it* – W. James 1890) bis zu seiner sprachlichen Planung und seinem Ausdruck; der in Stufen oder Phasen gegliederte Modellprozeß soll explizieren, wie der Inhalt des Satzes, seine syntaktische Struktur und die spezifische lexikalische Auswahl erzeugt werden. Angenommen wird, daß das (nichtsprachliche und sprachliche) Wissen des Sprechers in der Form von *Propositionen* mit begrifflichen und relationalen Vernetzungen im Langzeitgedächt-

nis repräsentiert wird. Ältere Modelle waren an der Konstituentenstruktur des Satzes orientiert (S. ›von links nach rechts‹ und ›von oben nach unten‹ – *left-to-right models, top-to-bottom models*); neuere Modelle berücksichtigen stärker die semantisch-kognitiven Aspekte.
In einem von Schlesinger (1977) vorgeschlagenen Modell hat eine sprachliche Äußerung ihren Ursprung in der kognitiven Struktur des Sprechers (sein systematisiertes Wissen von der Welt). Die kognitive Struktur wird auf eine semantische Tiefenstruktur abgebildet (semantische Formel, Proposition). Aufgrund kommunikativer Überlegungen erfolgen syntaktische Strukturierung, Lexikalisierung, die prosodische Konturierung und Phonologisierung sowie die Artikulation. Gestützt wird das Modell u. a. durch Beobachtungen aus der gestörten S. (Verzögerungspausen, Selbstkorrekturen, Satzbrüche/Anakoluthe, Versprecher, Paraphrasen). – W. Wundt (1912) hatte sich die S. als Erzeugungsprozeß mit vier Stufen vorgestellt (Erzeugung einer simultan existenten Gedankenkonfiguration, logisch-grammatische Organisation, sprachliche Transformation, Artikulation).
Vgl. →Sprachproduktion, Satzverarbeitung, kognitive Psychologie.

Bock K. J., Towards a cognitive psychology of syntax. Information processing contributions to sentence formulation. Psych. Rev. 89; 1, 1982. Foss D. J. Hakes D. T., Psycholinguistics. 1978. Fromkin V. A., Hrsg., Errors in linguistic performance. 1980. Garret M. F., Levels of processing in sentence production. In: Butterworth B., Hrsg., Language production. 1980. Schlesinger I. M., Components of a production model. In: Rosenberg Sh., Hrsg., Sentence production. Developments in research and theory. 1977.

Satzradikal. Bei Wittgenstein der (gemeinsame) deskriptive Gehalt von Sätzen (z. B. ein Sachverhalt, der in einer Aussage, Frage oder Aufforderung gegeben ist) bzw. ihre abbildende Funktion, die sich am einfachsten durch Daß-Sätze realisieren läßt. Trotzdem haben die verschiedenen Aussagen einen je unterschiedlichen Sinn, der durch den indikativischen, den interrogativen oder den imperativen Modus angegeben wird. Das S. hat keinen Modus. Ein S. kann in verschiedener Weise gebraucht werden, wie z. B. »ein Bild, einen Boxer in bestimmter Kampfstellung darstellend. Dieses Bild kann nun dazu gebraucht werden, um jemand mitzuteilen, wie er stehen, sich halten soll; oder wie er sich nicht halten soll; oder wie ein bestimmter Mann dort und dort gestanden hat; oder etc. etc.« (Phil. U., S. 23).

Wittgenstein L., Philosophische Untersuchungen. 1967. Stegmüller W., Hauptströmungen der Gegenwartsphilosophie. Bd. 1. [6]1976.

Satzschema. Bei Næs die leere Form, zu der wir bei der Analyse des Satzbaus kommen, z. B. *Die Blume ist rot* – P (x), *Ich habe sie dann gesehen* P (xyz).
Vgl. →Satzfunktion, Relationsurteil, Prädikat-Argument-Struktur.

Bühler K., Sprachtheorie. [2]1965. Næs O., Versuch einer allgemeinen Syntax der Aussagen. In: Moser H., Hrsg., Das Ringen um eine neue dt. Grammatik. [2]1969.

Satzsemantik. Syntagmatische Semantik, kombinatorische Semantik, die – im Gegensatz zur Wortsemantik (bzw. der *lexikalischen* Semantik) – die inhaltliche Struktur von Sätzen untersucht. Dabei geht es um die Art und Weise der Zusammensetzung oder *Ableitung* der Satzbedeutung aus den Bedeutungen der satzkonstitutiven Teile (Satzglieder, Wörter) und den syntaktisch-semantischen Relationen zwischen ihnen sowie, ganz allgemein, um den Zusammenhang von syntaktischer und semantischer Struktur. Bei der Beschreibung und Darstellung der S. haben formalgrammatische und logische Ansätze Bedeutung erlangt. Andererseits können Verben mit ihren (syntaktischen und semantischen) *Valenzen* als konstitutiv für die S. betrachtet werden.
Vgl. →Kompositionalitätsprinzip der Bedeutung, Satzbedeutung, wahrheitskonditionale Semantik; Semantik; Verb, Verbgrammatik; Kollokation, syntagmatische Anschließbarkeit.

Brekle H. E., Semantik. [3]1982. Döpke W., Kasus, Sachverhalte und Quantoren. 1985. Heringer H. J. u. a., Syntax. Fragen, Lösungen, Alternativen. 1980. Kempson R. M., Semantic theory. 1980. Wildgen W., Archetypensemantik. 1985. v. Polenz P., Deutsche Satzsemantik. 1985. Seuren P., Discourse semantics. 1985.

Satzspannung. 1) Der intonatorische Verlauf, der Bogen, der den Satz als Sprecheinheit bzw. als Einheit der Rede charakterisiert. 2) Die durch die Zweiteilung des Prädikats (Er *wird* wahrscheinlich erst morgen gegen Abend *zurückkommen*) entstehende strukturelle und inhaltliche Spannung, der *Spannungsbogen*, der durch die finite Verbform eröffnet und durch den zweiten Prädikatsteil geschlossen wird (im Nebensatz durch die Stellung des Subjekts unmittelbar hinter der einleitenden Konjunktion und des finiten Verbs am Ende des Satzes) – das für den dt. Satz charakteristische Kompositionsprinzip.
Vgl. →Satzklammer, Ausklammerung.

Boost K., Neue Untersuchungen zum Wesen und zur Struktur des dt. Satzes. Der Satz als Spannungsfeld. 1955. Schmidt W., Grundfragen der dt. Grammatik. 1966.

Satzstruktur →Dependenzstruktur, Konstituentenstruktur, Prädikat-Argument-Struktur; Satzanalyse; Sprachstruktur

Satztiefe. Auch: Tiefenhypothese (*depth hypothesis* – Yngve). Die zur Produktion eines Satzes nach dem Modell des Konstituentenstrukturbaums notwendige Gedächtnisbelastung; die maximale Anzahl von Symbolen, die bei der Erzeugung eines Satzes ›von links nach rechts und von oben nach unten‹ im Kurzzeitgedächtnis *aufbewahrt* werden muß (das Wort mit der höchsten Indexzahl bzw. *Worttiefe* gibt die S. an). Da es sich immer um Wörter handelt, die (beim Blick auf den →Baumgraphen) rechts von der jeweils realisierten Einheit stehen, muß die Speicherbelastung durch linksverzweigende und mehrfachverzweigende Konstruktionen sowie durch Einschachtelungen und Selbst-Einbettungen zunehmen (vgl. Chomsky 1965, dt. 1969). Es ergeben sich Analogien zur psychologischen Komplexität eines Satzes: Das menschliche Kurzzeitgedächtnis kann etwa 7 ± 2 Informationseinheiten oder *chunks* zur simultanen Verarbeitung speichern.
Die Hypothese Yngves konnte nicht zufriedenstellend bestätigt werden. Nach Engelkamp (1974) muß die Bedeutung der Sätze berücksichtigt werden, denn die Satzverarbeitung hängt von der Bedeutung des Satzes und seiner Teile ab (S. 40f.); die Schwäche der Tiefenhypothese liegt in der Schwäche des benutzten Syntax-Modells (1976, S. 15f.).
Vgl. →chunk, Satzverarbeitung, Satzproduktion.

Engelkamp J., Psycholinguistik. 1974. Ders., Satz und Bedeutung. 1976. Forster K. J., Left-to-right processes in the construction of sentences. JVLVB 6; 6, 1967. Luščichina I. M., Ispol'zovanie gipotezy Ingve o strukture frazy pri izučenii vospritjatija reči. Voprosy Psichologii 2, 1965. Miller G. A., The magical number seven, plus or minus two: Some limits on our capacity for processing information. Psych. Rev. 63; 1956. Teigeler P., Satzstruktur und Lernverhalten. 1972. Yngve V. H., A model and a hypothesis for language structure. Proc. of the Amer. Philos. Soc. 104; 5, 1960.

Satztyp [sentence type, tip predloženija]. 1) Im Sinne von →Satzart (Aussage-, Aufforderungs- und Fragesatz bzw. Deklarativ-, Imperativ- und Interrogativsatz).
2) Bei Saussure regelmäßiges syntaktisches Muster, das nach feststehenden Regeln gebildet ist und nicht der *parole,* sondern der *langue* angehört. Nach solchen Typen werden die aktuellen Sätze gebildet (1967, S. 148f.). Nach Sapir liegt dem fertigen Satz ›ein an ganz bestimmte formale Charakteristiken gebundener *Satz-Typus* zugrunde‹; diese *Satzgrundlage* ist ›starr und traditionsgebunden wie die aus dem

fertigen Wort abstrahierten Wurzelelemente und grammatischen Elemente‹ (1961, S. 41).

Bei Admoni ([4]1982) wird ›S.‹ im Sinne von *Satzschema, Satzmodell* u. a. gebraucht. 12 *logisch-grammatische* S., die sich durch bestimmte Formeigenschaften auszeichnen, bilden einen Aspekt der multidimensionalen Analyse des Satzes (neben sechs weiteren Aspekten).

Nach Helbig (1977, S. 71f.) führt die doppelte Ausgangsbasis *(logisch-grammatisch)*, die form- und sachbezogen zugleich sein möchte, zu einer eklektischen Klassifizierung mit Überlappungen; sie setze überdies eine →Isomorphie zwischen syntaktischer Oberfläche und Semantik voraus. Formorientierte Strukturmodelle, allgemeine Bedeutungsgehalte und Sachverhalte werden einander mechanisch zugeordnet (vgl. dazu auch Moskal'skaja 1974). Bedeutung könne man nicht einfach an die Syntax anhängen, denn Laute und Bedeutungen werden über ein mehrstufiges Zuordnungssystem aufeinander abgebildet. Die Semantik der S. ist nicht von der syntaktischen Oberfläche aus zu beschreiben, sondern eher von den Argumenten des Prädikats her, die, als zunächst syntaxunabhängige, außersprachliche *Sachverhalte* abbilden.

Schumacher (1975) hält es bei der Einbeziehung der Semantik von S. für angemessen, von der Form her gewonnene Modelle mehr oder weniger indirekt auf semantisch gewonnene zu beziehen.

Vgl. →Satzmodell, Satzbauplan, Kernsatz; Syntax und Semantik.

Admoni W., Der dt. Sprachbau. [4]1982. Ders., Die Satzmodelle und die logisch-grammatischen Typen des Satzes. DaF 11; 1974. Helbig G., Zur Theorie der Satzmodelle. Biuletyn Fonograficzny XI; 1971. Ders., Zur semantischen Charakteristik der Argumente des Prädikats. In: Helbig G. u. a., Probleme der Bedeutung und Kombinierbarkeit im Dt. 1977. Moskal'skaja O. I., Problemy semantičeskogo modelirovanija v sintaksise. VJa 6, 1973. Dies., Problemy sistemnogo opisanija sintaksisa. 1974. Sapir E., dt. Die Sprache (1921). 1961. de Saussure F., Grundfragen der allgemeinen Sprachwissenschaft. [2]1967. Schumacher H., Zum Problem der Satzmodelle. In: Sprachsystem und Sprachgebrauch. Festschr. H. Moser, Teil 2. 1975 (Sprache der Geg., Bd. 34).

Satzverarbeitung [sentence processing]. Das Verstehen eines Satzes im Sinne eines aktiven syntaktisch-semantischen Konstruktionsprozesses, die Konstruktion und Repräsentation der Satzbedeutung im Langzeitgedächtnis mit Hilfe kognitiv-semantischer Operationen, ihr Behalten und Erinnern. Beim Prozeß der S. scheint es sich wesentlich um die Konstruktion und das Speichern von Propositionen als Darstellungen der Satzbedeutung zu handeln (s. →internes Lexikon, semantisches Gedächtnis, Satzbedeutung).

Vgl. →Textverarbeitung, Sprachrezeption, Sprachverstehen; kognitive Psychologie.

Bock M., Wort-, Satz- und Textverarbeitung. 1978. Clark H. H., Semantics and comprehension. 1976. Clark H. H. und E. V., Psychology and language. 1977. Cermak L. S. Craik F. I. M., Hrsg., Levels of processing in human memory. 1979. Cooper W. E. Walker E. C. T., Hrsg., Sentence processing. 1979. Kintsch W., dt. Gedächtnis und Kognition. 1982. Marslen-Wilson W. D., Sentence perception as an interactive parallel process. Science 189; 1975. Singer M., Processes of inference during sentence encoding. Memory and Cognition 7; 1979. Wiese R., Remarks on modularity in cognitive theories of language. LB 80; 1982.

Satzverbindung [compound sentence, složnosočinennoe predloženie]. Auch: Satzverknüpfung (als *asyndetische* oder konjunktionslose und *syndetische* mit koordinativen, disjunktiven, adversativen u. a. Konjunktionen). Ein komplexer bzw. zusammengesetzter Satz mit syntaktischer Gleichwertigkeit bzw. Unabhängigkeit der Teilsätze. Im Gegensatz zur strukturell-grammatischen Unabhängigkeit der Teilsätze liegt semantisch-kommunikativ in der Regel lose bis enge Verflechtung vor.
Vgl. →Koordination, Parataxe, komplexer Satz.

Levickij J. A., Zur Semantik der syntaktischen Verbindung. ZPSK 35; 5, 1982.

Satzverflechtung. Verknüpfung von Einzelsätzen zu einem Satzkomplex, einem übersatzmäßigen Ganzen oder einer *Satzgemeinschaft* (K. Boost). Der Satz kann im Rahmen des Textes nicht als eine strukturell und semantisch abgeschlossene Einheit der Sprache betrachtet werden; er stellt nur eine relativ vollständige und unabhängige Äußerung dar (Jespersen 1924).
Nach K. Boost können Beziehungen zwischen Sätzen an allen Stellen des Einzelsatzes manifest werden, u. zw. durch den Wechsel zwischen unbestimmtem und bestimmtem Artikel (*Ein* Mann trat hinzu. *Der* Mann/Er . . .), durch →Pronominalisierung und durch →Wiederaufnahme in verschiedenen Variationen, Tempusfolge, Komparation, Konjunktionen und Adverbien sowie durch logische Beziehungen (Grund, Folge, Zeit, Bedingung usw.). Die *Fäden* zwischen Sätzen sind oft so zahlreich und so dicht, daß man von einer *Einflechtung des Einzelsatzes* in ein *Satzgeflecht* sprechen kann. (Boost hatte Anregungen E. Drachs und K. Bühlers aufgenommen; s. →Text, auch →Satzzusammenhang.)
Vgl. →Satz und Text, Textkonstitution; Vertextungstypen.

Boost K., Der deutsche Satz. Die Satzverflechtung. DU (Ost) 2; 3, 1949. Bühler K., Sprachtheorie. [2]1965 (S. 385 ff). Drach E., Grundgedanken der dt. Satzlehre. [4]1963. Meyer P. G., Satzverknüpfungsrelationen. Ein Interpretationsmodell für situationsunabhängige Sätze. 1975. Peškovskij A. M., Russkij sintaksis v naučnom osveščenii (1914). [6]1968. Pfütze M., Probleme der Satz- und Kontextverflechtung. 1970. Silman T., dt. Probleme der Textlinguistik (1967). 1974.

Satzverstehen → Satzverarbeitung, Sprachverstehen, Sprachrezeption

Satzvoraussetzungen →Präsuppositionen

Satzwort. 1) Im Sinne von Einwortsatz in der Kindersprache (vgl. →Spracherwerb, Einwortsatz). 2) Äußerungen vom Typ *Ja, Nein.* 3) Äußerungen vom Typ *Feuer! Hilfe! Geduld!* (vgl. →Ellipse). 4) Nominalisierung von Verbal- oder Adjektivabstrakta als Verdichtung und Vergegenständlichung eines Satzinhalts u. a. bei (anaphorischer) Wiederaufnahme (Porzig, Brinkmann), z. B. *Der Bundestag erhöhte die Gehälter – Die Erhöhung der Gehälter durch den Bundestag* (Erben 1980).

Satzzusammenhang. Vertextung von Sätzen durch »gelungene Anknüpfung eines Satzsinngehalts an einen anderen«; ein Aufeinanderfolgen von Sätzen als Ganzes im Werden oder schon Fertiges, bei dem die Sätze als Glieder eines höheren Ganzen zu betrachten sind (Ingarden [3]1965, S. 152ff.).
Die satzbildende Operation ist zwar die ursprünglich sprachbildende; im ganzen jedoch ist sie nur eine relativ unselbständige Operation eines umfangreicheren Vorgangs, der zu S. bzw. *Texten* führt (Beweis, Entwicklung eines Themas, Erzählung usw.), in denen der Sinn des Einzelsatzes sich durch die vorangehenden und folgenden Sätze vervollkommnet. Ein S. wird statuiert, wenn der Sinngehalt eines Satzes »an ein Bedeutungselement oder an den gesamten Sinngehalt eines anderen Satzes ... anknüpft und über den eigenen Sachverhalt in einen anderen Sachverhalt ... hinübergreift«, z. B. *Mein Sohn hat ein gutes Schulzeugnis bekommen. Er ist sehr vergnügt und spielt lustig im Garten.* Dabei modifizieren die Sätze ihre Sinngehalte; sie hören jedoch nicht auf, besondere funktional-intentionale Sinneinheiten zu sein (Ingarden, S. 157f.).
Formalsprachlich wird S. konstituiert durch

- unmittelbares Aufeinanderfolgen zweier Sätze, das zwar als Bedingung nicht immer ausreicht, jedoch dazu beiträgt, potentielle intentionale Richtungsfaktoren zu stabilisieren;
- Funktionswörter wie *und, also, somit, weil, deswegen, dagegen* usw.;

– Wiederaufnahme desselben Subjekts durch beliebige (synonymische u. a.) Pro-Formen bei identischem Richtungsfaktor;
– Frage- und Antwortformen sowie Rede und Gegenrede.

Die im Zusammenhang stehenden Sätze bilden ein neues Ganzes mit eigener kompositioneller Struktur. Die Zusammenhänge zwischen den Sätzen können lose oder eng, mittelbar oder unmittelbar, explizit oder implizit sein – Unterschiede, die für den Typus des sich konstituierenden Ganzen von Bedeutung sind.
Vgl. →Satz und Text, Satzverflechtung, Kohärenz, Kohäsion; Textkonstitution.

de Beaugrande R.-A. Dressler W. U., Einführung in die Textlinguistik. 1981. Ingarden R., Das literarische Kunstwerk (1931). [3]1965. Scherner M., Sprache als Text. 1984.

Schall. Auch: Hörschall, Sprachschall, Schallsignal. Eigenschaft der gesprochenen Sprache: Produkt des Phonations- und Artikulationsvorgangs; materieller Träger der Signalübermittlung.
Dem S. der Lautsprache kommen als Merkmale zu a) zeitliche Ausdehnung oder *Dauer* (z. B. lange und kurze Vokale), b) *Lautheits-* oder Stärkegrad (s. auch →Intensität), c) *Tonhöhe* (mit Unterschieden nach Alter und Geschlecht: Frauenstimmen liegen gegenüber männlichen Stimmen in der Regel um eine Oktave höher), d) *Färbung* aufgrund spezifischer spektraler Zusammensetzung (z. B. individueller Stimmklang).
Die S.-eigenschaften des Lautstroms werden durch emotionale Zustände modifiziert (Freude, Erregung, Verärgerung u. a. Gefühlslagen mit ihren überindividuellen kommunikativen Merkmalen). Auf der Grundlage der konstitutiven Merkmale des S. nehmen Hörer die für bestimmte Laute/Phoneme charakteristischen oder distinktiven Merkmale wahr; diese begründen die orthoepischen Normen und sichern die Verständlichkeit.
Beim S. handelt es sich um Schwingungen der Luft im hörbaren Bereich von 16 bis 20 000 Hz. Schwingungen sind Bewegungen von Luftteilchen um ihre Ruhelage. Die Bewegung eines Luftmoleküls regt die Bewegung weiterer Moleküle an, so daß die Erregung sich als Schwingung der Teilchen um ihre Ruhelage im Raum ausbreitet (mit etwa 340 m/s).
Vgl. →Phonetik.

Heike G., Phonologie. [2]1982. Lindner G., Einführung in die experimentelle Phonetik. 1969. Meinhold G. Stock E., Phonologie der dt. Gegenwartssprache. [2]1982. Ungeheuer G., Hrsg., Materialien zur Phonetik des Dt. 1977.

Schallanalyse [sound analysis, analyse phonétique, analiz zvukov]. 1) Im Sinne von Spektralanalyse in der akustischen Phonetik zur Ermittlung der Komponenten von Schallsignalen (Amplitude, Phase und Frequenz – Heike ²1982, S. 67ff.; s. auch →visible speech).
2) Ein von E. Sievers im Anschluß an O. Rutz ausgearbeitetes Verfahren, bei dem davon ausgegangen wird, daß jedem geistigen Sprechvorgang ein körperlicher eindeutig zuzuordnen ist; der Abstufung von Klangqualitäten entsprechen in körperliche Begleitkurven projizierbare Bewegungen. Die Textwiedergabe eines bestimmten Autors verlangt die Nachzeichnung seiner Personalkurve. Nach Sievers sollte die S. ein Hilfsmittel philologischer →Textkritik werden: Aus Störungen des (sprech)melodischen Verlaufs bei geübten Interpreten dürfe man auf Störungen der Einheitlichkeit des Textes, u. U. auf Hinzufügungen von anderer Hand schließen. Nach v. Essen (1979, S. 208ff.) ist aufgrund experimentalphonetischer Prüfung eine solche Anwendung unter den Bedingungen möglich, daß

- vom zu prüfenden Werk ein melodisch strenger Bau angenommen werden kann,
- der dem Autor eigene melodische Stil bereits bekannt ist,
- die Melodik des Textes über eine charakteristische, rekurrente Tendenz verfügt.

Bei sporadischen Abweichungen müssen zunächst inhaltliche Ursachen ausgeschlossen sein, ehe urheberfremde Einfügung vermutet werden darf. S. auch →Sprechmelodie.

v. Essen O., Allgemeine und angewandte Phonetik. ⁵1979. Heike G., Phonologie. ²1982. Ipsen G. Karg F., Schallanalytische Versuche. 1928. Meyer-Eppler W., Grundlagen und Anwendungen der Informationstheorie. ²1969 (neub. von G. Heike, K. Löhn). Rutz O., Neue Entdeckungen von der menschlichen Stimme. 1908. Sievers E., Ziele und Wege der Schallanalyse. 1924 (Festschr. E. Streitberg). Ungeheuer G., Die Schallanalyse von Sievers. ZMF 31; 1964.

Schallnachahmung →Onomatopöie, Lautsymbolik

Schema. Gliederungseinheit zur Repräsentation von Ereignissen und Ereigniskonfigurationen der alltäglichen Erfahrung in Modellen des Langzeitgedächtnisses. S. →Rahmen, Skript.

Bobrow D. G. Norman D. A., Some principles of memory schemata. In: Bobrow D. G. Collins A., Hrsg., Representation and understanding. 1975. Thorndyke P. W. Hayes-Roth B., The use of schemata in the acquisition and transfer of knowledge. Cognitive Psychology 11; 1979.

Schicht →soziale Schicht

schichtenspezifische Kodes. Schichtenspezifischer Sprachgebrauch oder s. Sprachverhalten, wegen der mehrdeutigen Unschärfe des Bernsteinschen Kodebegriffs auch →Sprechkodes *(speech codes)*, Sprechweisen, Arten des Sprachgebrauchs, Formen gesprochener Sprache usw. Die dichotomische Kode-Einteilung in →elaborierten und →restringierten Kode, die Konzeption Bernsteins und in z. T. kritisch abgewandelter Form Oevermanns, Lawtons, Reichweins u. a., nach der die Subkodes bzw. spezifischen Sprechweisen innerhalb einer Sprache Funktionen des Systems sozialer Beziehungen sind, d. h. daß sie als eindeutig und einseitig gerichtete Abhängigkeiten betrachtet werden in dem Sinne, daß unterschiedliche soziale Strukturen unterschiedliche Systeme des Sprachgebrauchs erzeugen bzw. sich in diesen widerspiegeln: Im Laufe von Sozialisation und Spracherwerb erlernt das Kind die Erfordernisse seiner Sozialstruktur, die durch jedes Sprechen verstärkt, seine psychische oder internalisierte soziale Realität wird.

Die Benennung, die ansatzweise Definition und der Versuch des empirischen Nachweises der s. K. hat bei Bernstein von etwa 1958 bis 1972 verschiedene Phasen durchgemacht, in denen die s. K. als *öffentliche* und *formale* Sprache, als mehr oder weniger vorhersagbare Sprache, als kontextabhängig-implizite und kontextunabhängig-explizite, d. h. als *partikularistische* und *universalistische* Sprache/Sprechweise charakterisiert wurden. Bei verändertem soziologischen Ansatz sahen sich linguistische Kriterien zunehmend durch psychologische und semantisch-pragmatische Kategorien bis zu spekulativer Unschärfe ersetzt (u. a. Verzögerungsphänomene beim Sprechen, höherer Grad an *Redundanz* und Kontextabhängigkeit, Familienstruktur und Familientyp). Nach Coulthard (1972) konnte Bernstein nicht beweisen, daß ein Kode aus einer bestimmten sozialen Umgebung eine bestimmte grammatische Struktur und eine bestimmte kognitive Wirkung hat.

Eine Untersuchung, die alle naiven Vorstellungen von schichtenspezifischem Sprachgebrauch relativiert, hat Auwärter (1982) vorgelegt. Andererseits jedoch kann die Konzeption der s. K. nicht schon durch den Aufweis von Situationsabhängigkeiten des Sprechens invalidiert werden. Die Frage ist, ob Schichteffekte systematisch von Strukturmerkmalen soziolinguistischer Regelsysteme abgeleitet werden können (a.a.O., S. 311).

Vgl. →Sprachbarrieren, Soziolinguistik.

Auwärter M., Sprachgebrauch in Abhängigkeit von Merkmalen der Sprecher und der Sprechsituation. Eine soziolinguistische Untersuchung. 1982 (Max-

Planck-Institut für Bildungsforschung, Studien und Berichte 42). Bernstein B., dt. Studien zur sprachlichen Sozialisation. 1972. Ders., Sprache, Kodes und soziale Kontrolle. 1975. Bock I., Das Phänomen der schichtenspezifischen Sprache als pädagogisches Problem. ²1975. Coulthard M., Eine Diskussion der Begriffe ›restringierter‹ und ›elaborierter‹ Kode. In: Klein W. Wunderlich D., Hrsg., Aspekte der Soziolinguistik. 1972. Dittmar N., Soziolinguistik. ⁴1980. Jäger S. u. a., Vom Nutzen der Soziolinguistik. Schichtenspezifischer Sprachgebrauch von Schülern. Bd. 1. 1977. Klann G., Aspekte und Probleme der linguistischen Analyse schichtenspezifischen Sprachgebrauchs. 1975. Niepold W., Sprache und soziale Schicht. ⁸1981. Krappmann L. u. a., Was kommt nach der schichtenspezifischen Sozialisationsforschung? In: Lepsius M. R., Hrsg., Zwischenbilanz der Soziologie. Verhandlungen des 17. Soziologentages. 1976. Oevermann U., Sprache und soziale Herkunft. ³1973. Ziegler J., Die verewigte ›Mittelschicht‹. Zur Ideologiekritik der Code-Theorie. In: Jäger S., Hrsg., Probleme der Soziolinguistik. 1975.

Schlagwort [catchword/slogan, slogan, lozungovoe vyraženie]. (Paul, Dt. Wb., ⁶1966: eigentlich ein Wort, mit dem man schlägt, das man im Wortgefecht anwendet; »gefühlsbetonte, schillernde Zweckprägung«). Öffentlichkeitswirksame bzw. gesellschaftlich bedeutende politische Wortprägung, die »in der Regel über den rein begrifflichen Gehalt des Wortes hinaus eine deutlich ausgeprägte wertende Bedeutungskomponente ent[hält], an die meist eine emotionale und auch eine voluntative Komponente gebunden sind« (Schmidt W. ⁷1972, S. 87), z. B. *Sozialdemokratismus, Rechtsstaat, Polizeistaat, demokratischer Sozialismus, Meinungsfreiheit, Sozialpartner, freie Marktwirtschaft, soziale Marktwirtschaft, Emanzipation, Entspannungspolitik.* Es handelt sich um Wörter mit unscharfer lexikalischer Bedeutung, unspezifischer Verwendung und emotiven Bestandteilen, die als Auslöser von Gefühlsregungen wirken. Die mangelnde Konkretion legt den Redner/Schreiber nicht fest. Nach Zimmermann (1970/71) sind S. durch allgemeinen, unbestimmten Wortinhalt, positive oder negative emotionale Implikationen und häufigen Gebrauch charakterisiert (vgl. →persuasive Definition). S. können auch aus dem Kontext herausgelöst sein, da sie durch Kondensation starken Eigenwert erhalten (Dieckmann 1969, S. 103).
Nach Klaus (1971) sind S.

- Worte, die den Gegner treffen sollen,
- Wörter, bei denen die emotionale Komponente stärker als deren logische und designative ist,
- Wörter, die an weitverbreitete, positive oder negative Emotionen anknüpfen und damit positive oder negative Bewerter (Appraisoren) und Verhaltensregulatoren (Preskriptoren) mobilisieren,
- Mittel der Beeinflussung, d. h. Wörter, die zu bestimmten Handlungen und Verhaltensweisen führen sollen.

Im System einer →Propagandasprache können S. Knotenpunkte eines sprachlichen Argumentationsnetzes sein, das ein geschlossenes System bildet. S. haben strategischen Charakter; sie provozieren Einstellungen und Bewertungen. S. können nicht widerlegt werden; sie kommen in *Mode*. Von großer Wirkung können logisch widersprüchliche S. sein. Akzeptierte S. ziehen nicht selten die implizierten Konsequenzen nach sich.
S. des (politischen) Gegners können durch Ausrufungszeichen, Fragezeichen, Anführungszeichen und Vorsetzen von *sogenannt* relativiert bzw. entwertet werden. Die logisch-semantische Analyse betrachtet das S. als (logisches) Prädikat bzw. als Funktor und fragt nach den notwendigen *Leerstellen* bzw. *Argumenten*. Das S. *Emanzipation* z. B. bedarf mindestens zweier Argumente (x R y – *wer* emanzipiert sich *wovon?*).
Das politische S. hat Beziehungen zum meist kurzlebigen journalistischen S. oder Modewort, das oft metaphorisch gebunden ist (z. B. ... *-Welle, ... -Flut, ... -Berg [Butterberg]*).
Vgl. →Stereotyp, Leerformel, Sprachmanipulation; Propagandasprache.

Bahner W., Zum Charakter des Schlagwortes in Sprache und Gesellschaft. Beitr. zur Rom. Phil. 1. 1963. Betz W., Verändert Sprache die Welt? Semantik, Politik und Manipulation. 1977. Dieckmann W., Sprache in der Politik. 1969. Dovifat E., Zeitungslehre I. [5]1967. Dovring K., Road of propaganda. The semantics of biased communication. 1959. Hannappel H. Melenk H., Alltagssprache. 1979. Klaus G., Sprache der Politik. 1971. Ladendorf O., Historisches Schlagwörterbuch. 1968 (Neudruck). Morris Ch. W., dt. Zeichen, Sprache und Verhalten. 1973/1981. Zimmermann H. D., Elemente zeitgenössischer Rhetorik. Diskussion Deutsch, Sb 1970/1971.

Schlagzeile [headline, manchette, krupnyi zagolovok]. Sprachlicher Ausdruck, der rein grammatisch meist nicht als (vollständiger) Satz gelten kann, der aber in seiner Bindung an die jeweils gegebene aktuelle Mitteilungssituation für den Leser die Informationsfunktion eines Satzes mit sprachökonomischen Mitteln erfüllt.
Die Funktion der S. besteht in der Gliederung des Zeitungsmaterials und im Leseanreiz (Blickfang). Von einer sprachlichen Sparform kann man insofern sprechen, als bei elliptischer Ausdrucksform die fehlende Komponente impliziert ist bzw. immer mitverstanden wird, z. B. *Brandt nach Abidjan* (FAZ 20. 3. 68). Der Einsparung des finiten Verbs oder anderer Konstituenten liegen Implikationen zugrunde, die auf den Leser eine suggestive Wirkung ausüben. Nach B. Sandig (1971) wird der kommunikative Satzwert einer S. dadurch erreicht,

daß die syntaktisch-inhaltliche Kombination der Lexeme in der jeweiligen Situation (d. h. am Erscheinungstag der Zeitung) *neu* ist.
Die für die Funktion von S. typische Kommunikationssituation enthält nach Sandig (1971, S. 54) als charakteristische Züge

- Schriftlichkeit mit notwendiger Kürze und Überschaubarkeit,
- Reduktion des Kommunikationsmodells,
- Periodizität der Zeitung bzw. Nachrichtenkontinuität,
- Beseitigung von sprachlicher Redundanz mit Hilfe selbstverständlicher grammatischer Regeln und grammatisch-semantischer Gebrauchsbedingungen,
- Inanspruchnahme der sprachlichen Umgebung (z. B. Ortsnennung durch eine nachgetragene Angabe am Textanfang usw.),
- Ausnutzung von Position und Schriftart,
- Adressatenspezifik,
- Implikationsbildung beim Rezipienten.

Die Bedeutung einer S. ergibt sich aus der Kombination sprachlicher Elemente innerhalb besonderer situativer Bedingungen.
Vgl. →Zeitungssprache.

Dovifat E., Zeitungslehre. Bde 1. u. 2. 51967. Friedel H., Überschriften, die funktionieren. In: Praktischer Journalismus 84; 1965. Grosse S., Mitteilungen ohne Verb. In: Besch W. u. a., Hrsg., Festgabe F. Maurer. 1968. Kniffka H., Soziolinguistik und empirische Textanalyse. Schlagzeilen- und Leadformulierungen in amerikanischen Tageszeitungen. 1980. Koller W., Redensarten in Schlagzeilen. Muttersprache 85; 1975. Krah W. u. a., Zum Problem der Konzentrierbarkeit von Texten. ZPSK 18; 1965. Ortner H., Textsortenspezifische Kurzsatztypen. DS 10; 1982. Richter E., Zur Syntax der Inschriften und Aufschriften. Vox Romanica 2, 1937. Sandig B., Syntaktische Typologie der Schlagzeile. Möglichkeiten und Grenzen der Sprachökonomie im Zeitungsdeutsch. 1971. Straumann H., Newspaper headlines. A study in linguistic method. 1935.

Schreiben [writing, écriture, pis'mo/pisanie]. Eine Form des sprachlichen Handelns, die sich auf das von der Lautsprache abgeleitete graphische System der Sprache stützt; eine (phylo)genetisch sekundäre und ontogenetisch (als Fortsetzung des Spracherwerbs) besonders zu erlernende Form des Sprachgebrauchs; das Umsetzen von innersprachlich konzipierten Gedankengängen in sichtbare Zeichen, »eine Art Sprechen mit graphischen Zeichen« (Kainz 1956, S. 3); die Umkodierung kognitiv-vorsprachlicher und innersprachlicher Pläne/Programme in graphomotorische Innervationsmuster und entsprechende Bewegungsabfolgen (Weigl 1974, 1976). – S. ist ein komplexer und mehrere Leistungsebenen beanspruchender kognitiv-sprachlicher Prozeß. Die Erlernung des S. in entwickelter Form ermöglicht den Übergang zu abstrakteren kognitiven Prozessen.

Die zielgerichtete Tätigkeit bzw. der absichtsgelenkte Vorgang des S. wird konstituiert durch das Zusammenspiel von kognitiven (bzw. logisch-intellektuellen), semantischen, sprachkonventionellen, körpermotorischen und technisch-materialen Komponenten. Die Grundlage des freien Schreibens bilden kognitive Entwürfe (Ideen, Gedanken) und deren Repräsentation im inneren (semantischen bzw. kognitiv-sprachlichen) Kode bzw. deren innere Programmierung; diese *eilt* der Umkodierung in sprachliche Strukturen *voraus.* Gesteuert wird der Prozeß durch überwachende Rückkopplung (auch: kybernetische oder informationsverarbeitende R. bzw. *monitoring*). Die Untersuchung des S. ist Gegenstand interdisziplinärer Bemühungen *(cognitive science).*
Der Schulanfänger erlernt einen Komplex auditiver und optischer, akustischer und artikulatorischer sowie graphomotorischer Funktionen. In frühen Phasen des S. spielen lautes und leises Mitsprechen, aber auch →inneres Sprechen (innere Artikulation, *covert speech*) eine wichtige Rolle. Beim Rechtschreiben handelt es sich um die Aneignung der sprachtypischen orthographischen Wahrscheinlichkeitsstrukturen. Das Diktatschreiben ist ein Prozeß, »bei dem auditiv perzipierte und sinngemäß erfaßte sprachliche Informationen in die entsprechenden graphomotorischen Stereotype umgesetzt werden ... eine Art Selbstdiktat nach Vollzug eines Fremddiktats« (Weigl 1974, S. 159). Beim Abschreiben – einer Reproduktion der Vorlage, die in der Regel auch inhaltlich nachvollzogen wird, können graphemisch-phonologische Regularitäten erworben und automatisiert werden. Beim S. erleichtert die Automatisierung von Fertigkeiten niedriger Ebenen die Entwicklung und den Vollzug von Fähigkeiten höherer Ebenen.
S. ist kein bloßes Fixieren gesprochener Sprache und kein *Aufschreiben* des Sprechens, sondern eine Form des Sprachgebrauchs mit eigenen Gesetzmäßigkeiten und eigenen Funktionen. Gegenüber der lautsprachlichen Basis des Sprechens kann das S. relative Autonomie erlangen; es kann auf das Sprechen hinsichtlich Aussprache, Sprech- und Denkstil zurückwirken. Vom Sprechen unterscheidet sich das S. durch eine andersartige kognitive und kommunikative Einstellung zu Sprache und Text bzw. durch ein abstrakteres Sprachbewußtsein (Fehlen eines Situations- und Dialogpartners, Notwendigkeit grammatisch vollständiger bzw. ausgebauter Sätze; Möglichkeit sorgfältigeren Planens, Überprüfens und Vergleichens, längeres Präsenthalten des zu formulierenden Gedankens). Die Befreiung vom raschen und z. T. reaktiven sprachlichen Handeln in Situationen mit den Zwängen

des nahezu synchron ablaufenden Sprech-Denkprozesses ermöglicht die eingehendere Berücksichtigung der kognitiven und stilistischen Aspekte des zu produzierenden Textes. Durch S. kann man Wissen speichern; man kann seine Argumente überprüfen und modifizieren, man kann die Formulierung mit seiner Absicht vergleichen und sie im Hinblick auf ihre Wirkung optimieren.

Aus prozeßorientierter Sicht ist S. ein Vorgang, der mit der Entstehung eines Motivs oder Schreibanlasses beginnt und mit der Durchsicht und Korrektur des Manuskripts endet. Aus kognitiver Sicht erscheint S. als Akt der Evokation von Wissen und strukturbildendem Nachdenken im Sinne einer Problemlösungsstrategie (Veranlassung, Gedankenbildung, Themenformulierung, Konzeptions- und Strukturbildung, sprachliche Realisierung, Lesen/Bewertung). Vom Standpunkt der geforderten (und zu entwickelnden) Leistung ist S. ein konzentrativer Prozeß mit integrierter Dynamik, der drei Komplexe gewissermaßen gleichzeitig zu berücksichtigen hat: Gedankentätigkeit, sprachliche Gestaltung, Wirkung auf den Leser. Um die Komplexität des S. einer systematischen Analyse zugänglich zu machen, sind informationsverarbeitende Mechanismen in Form von Modellen vorgeschlagen worden, die u. a. die begrenzte Kapazität des Kurzzeitgedächtnisses abbilden.

Ein zielgerichtetes und rekursiv operierendes Modell des S. mit heuristisch zu verstehender Phasenbildung haben Hayes/Flower (1980) für die Planung und Auswertung der empirischen Protokollanalyse verwendet: 1) Planen, 2) Transkodieren, 3) Überprüfen/Korrigieren. Der Prozeß wird von einem Monitor überwacht. Aufgrund von Aktivationen kommt es zum Abruf von Wissen aus dem Langzeitgedächtnis, zur Erzeugung von Ideen, zur Auswahl und Strukturierung von Ideen, zur Bildung von Zielvorstellungen, zur Entwicklung eines Schreibplans als eines (hierarchischen) Netzes von Propositionen und imaginalen bzw. ikonischen Komplexen. Die Transkodierung oder *Übersetzung* führt zur Spracherzeugung nach dem Schreibplan, d. h. zur Satzerzeugung mit lexikalischer Selektion, zur Bildung von Satzzusammenhängen und zur Gestaltung von Absatzstrukturen. Die Überprüfung/Korrektur erfaßt orthographische und grammatische, lexikalische und stilistische Elemente. Sie vergleicht den entstandenen Text mit den Zielvorstellungen des Schreibplans. Ein solches Modell ermöglicht die Untersuchung der Teilphasen und die Entwicklung genauerer Vorstellungen über den Gesamtprozeß des S.

An der entwickelten Fähigkeit des S. (schriftsprachliche Kompetenz) sind als kognitive und sprachliche Teilsysteme beteiligt: Erzeugung von Gedanken, Produktion geschriebener Sprache, Beherrschung der Schreibkonventionen, kommunikative Einstellung auf den Adressatenkreis, bewertendes (evaluatives) Denken, reflexives Denken. Die Entwicklung des S. vollzieht sich als zunehmende Elaboration und Integration der Teilsysteme. Stufen in der Entwicklung des S. sind nach Bereiter (1980):

- *Assoziatives* S. (auch expressives, spontanes S.: Hinschreiben, was einem einfällt, in der Reihenfolge, wie es einem einfällt, was einem auffällt usw.).
- *Kommunikatives* S., bei dem die Wirkung auf den Leser mitkalkuliert wird (Funktion der *sozialen Kognition*).
- *Kontrollierendes* S., bei dem kritisches (evaluatives) Lesen auf den eigenen Text angewandt werden kann. Die Anwendung führt zur Entstehung einer Schreib-Lese-Rückkopplungsschleife.
- *Reflektierendes* S. mit der Thematisierung und Verarbeitung eigener Erfahrung, der Modifikation von Wissensbeständen, der Entstehung neuer Sehweisen und neuer Modi des Verstehens.

Pragmatische Ziele des S. (bzw. der Textproduktion) sind, daß der Text interessant oder fesselnd, verständlich und einprägsam, wirksam oder überzeugend sein sollte. Den Zielen dienen Struktur- oder Aufbauformen des Textes, wie z. B. die Pyramidenform oder die umgekehrte Pyramidenform der Informationsdarbietung, die Verwendung überschaubarer Anordnungen (Baumstrukturen, Listen, Tabellen), die expositorische Form der Sach- oder Problemdarstellung, die Gestaltung kohärenter Absatzstrukturen, der Gebrauch narrativer Elemente zur Spannungserzeugung. Nützlich sind erläuternde Beispiele, Vergleiche, erklärende Metaphern, der Bezug auf Erfahrungen. Überzeugend wirken argumentierende und eigene Schlußfolgerungen ermöglichende Darstellungen, die modifizierende Wiederholung von Grundgedanken, aber auch *griffige* Namen/Benennungen für komplexe Sachverhalte.

Vgl. →Sprachproduktion, Textproduktion; →geschriebene Sprache, gesprochene und geschriebene Sprache.

Augst G., Der Erwerb/die Entwicklung der schriftsprachlichen Fähigkeiten. Fragen und Probleme. WW 34; 6, 1984. Bayer K., Veränderungen im Sprachverhalten von Jugendlichen. WW 34; 6, 1984. de Beaugrande R., Writing step by step. 1984. Bereiter C., Development in writing. In: Gregg/Steinberg, Hrsg., 1980. Britton J., Learning to use language in two modes. In: Smith N. R. Franklin M. B., Hrsg., Symbolic functioning in childhood. 1981. Coulmas F. Ehlich K., Hrsg., Writing in focus. 1983. Flower L., Problem-solving strategies for writing. 1981. Flower L. S. Hayes J. R., The dynamics of composing: Making plans and juggling constraints. In: Gregg/Steinberg, Hrsg., 1980. Frederiksen C. H. Dominic J. F., Hrsg., Writing: The nature, development and teaching of written communication. Bd. 2. Writing: Process, development and communication. 1981. Frith U., Hrsg., Cognitive processes in spelling. 1980.

Gregg L. W. Steinberg E. R., Hrsg., Cognitive processes in writing. 1980. Grosse S., Hrsg., Schriftsprachlichkeit. 1983 (Sprache der Geg., Bd. 59). Günther K. B. Günther H., Hrsg., Schrift, Schreiben, Schriftlichkeit. 1983. Hayes J. R. Flower L. S., Identifying the organization of writing processes. In: Gregg/Steinberg, Hrsg., 1980. Kainz F., Psychologie der Sprache. Bd. 4. 1956. 1967. Kress G., Learning to write. 1982. Martlew M., Hrsg., The psychology of writing. A developmental approach. 1983. Miller G. A. u. a., dt. Strategien des Handelns. Pläne und Strukturen des Verhaltens. 1973. Sokolow A. N., Untersuchungen zum Problem der sprachlichen Mechanismen des Denkens. In: Hiebsch H., Hrsg., Ergebnisse der sowjetischen Psychologie. 1967. Ders., Inner speech and thought. [2]1972. Ueding G., Rhetorik des Schreibens. 1985. Wallesch C., Schreiben, seine Anatomie und Physiologie. Zs für Semiotik 1983. Weigl E., Zur Schriftsprache und ihrem Erwerb. Probleme und Ergebnisse der Psychologie 43; 1972. Abgedr. in: Eichler W. Hofer A., Hrsg., Spracherwerb und linguistische Theorien. 1974. Ders., Schriftsprache als besondere Form des Sprachverhaltens. In: Hofer A., Hrsg., Lesenlernen. 1976. Boueke D. Hopster N., Hrsg., Schreiben – Schreiben lernen. 1984 (Festschr. R. Sanner).

Schreien [crying, prelinguistic vocalization]. Undifferenzierte Vokalisation. Die unartikulierten Lautäußerungen des Kindes, die seit seiner Geburt vorhanden sind, im Verlauf der Kindheit modifiziert werden und dann das ganze Leben hindurch unverändert bleiben (Lenneberg, dt. 1972, S. 337ff.). Lenneberg unterscheidet Lautbildungen, die unmittelbar mit vegetativen Funktionen zusammenhängen, und zunächst schwache, reflexartige Gurrlaute, die später mit den akustischen Erscheinungen der Sprache verschmelzen. Spektrogramme von Schreilauten zeigen das Fehlen jeglicher Artikulation; Modulationen ergeben sich durch Veränderungen des Kehlkopfs und des subglottalen Drucks. Gurrlaute werden dagegen durch Bewegungen von Artikulationsorganen erzeugt; sie sind vokal*ähnlich,* d. h., sie unterscheiden sich von den Vokallauten Erwachsener durch Unregelmäßigkeiten und Diskoordinationen. Um den 6. Monat differenzieren die Gurrlaute sich in noch relativ diffuse vokalische und konsonantische Bestandteile.

Die primäre Funktion der frühen Lautäußerungen des Kindes besteht nach Beilin (1975) im Ausdruck affektiver Zustände, denen physiologische und allgemeine körperliche Bedürfnisse zugrunde liegen. Im Gegensatz zu älteren Ansichten kann gezeigt werden, daß das Kind sich schon früh stark für visuellen, auditiven und taktilen Kontakt mit seiner Umgebung interessiert. Wolff (1969) konnte aufgrund von spektrographischen Analysen einen Grundschrei *(basic cry),* ein ärgerliches Schreien, einen Schmerzensschrei, ein Schreien bei Magen- und Verdauungsbeschwerden und einen Enttäuschungsschrei unterscheiden. Nach Ricks (1975) können Eltern von 7–8monatigen Kin-

dern Schreie als Signale von Begrüßung, Bedürfnis/Aufforderung, Überraschung oder Hunger unterscheiden. Imitationen erweisen sich oft nicht nur als affektiv oder reaktiv; sie scheinen appellative oder conative Funktion in dem Sinne zu haben, daß das Kind seinen Willen *ausprobieren* will. Nach Dore (1973) sind die unartikulierten Vokalisationen des Kindes nicht zufällig und nicht ausdruckslos; sie sind Indikatoren für affektive und voluntative Zustände. Zum Ende des 1. Lebensjahres bringen sie die Intentionen des Kindes zum Ausdruck; diesen scheinen kognitive Strukturen zugrunde zu liegen.
S. wird weder phylogenetisch noch ontogenetisch als Wurzel bzw. Quelle der Symbolsprache betrachtet.

Beilin H., Studies in the cognitive basis of language development. 1975. Bullowa M. u. a., Infant vocalization: Communication before speech. In: McCormack W. C. Wurm S. A., Hrsg., Language and man. Anthropological issues. 1976. Oksaar E., Spracherwerb im Vorschulalter. Einführung in die Pädolinguistik. 1977. Ricks D. M., Vocal communication in preverbal normal and autistic children. In: O'Connor N., Hrsg., Language, cognitive deficits and retardation. 1975. Wolff P. H., The natural history of crying and other vocalizations in early infancy. In: Foss B., Hrsg., Determinants of infant behavior. Bd. 4. 1969.

Schrift [writing, écriture, pis'mo]. Mit dem Ziel einer Mitteilung bzw. mit einer kommunikativen Absicht erzeugte visuell wahrnehmbare Zeichen; die Repräsentation der gesprochenen Sprache oder Lautsprache mit Hilfe graphischer Zeichen – ein gegenüber der Lautsprache sekundäres, aber relativ autonomes Kommunikationsmittel; die Abbildung lautsprachlicher Phänomene in ein visuell-graphisches Medium.
Im allgemeineren Sinne wird unter ›S.‹ die Menge der in einem System vorhandenen graphischen Zeichen (der *Buchstaben* oder Symbole) verstanden, die die Laute, Wörter, Sätze bzw. *Texte* einer Sprache lesbar fixieren. In speziellerem Sinne spricht man auch von lat., griech., kyrillischer, aber auch von chin. Schrift.
Die Anfänge der S. reichen bis etwa 50 000 v. Chr. zurück. Es lassen sich unterscheiden *piktographische* oder ikonisch konstituierte und *ideographische* oder begrifflich zu interpretierende S., *logographische* oder am Wort orientierte S., *Silben*-S., *Laut*- oder *Alphabet*-S. (auch *phonographisch* orientierte S.).
Vgl. →Schriftsysteme, Alphabet, Buchstabenschrift; Transkription.

Alleton V., L'écriture chinoise. 1970. Bereiter C., Development of writing. In: Gregg L. W. Steinberg E. R., Hrsg., Cognitive processes in writing. 1980. Bischoff B., Paläographie des römischen Altertums und des abendländischen Mittelalters. 1979. Cohen M., La grande intention de l'écriture et son évolution. [3]1958. Coulmas F., Über Schrift. 1981. Cross F. M., The origin and early evolution of the alphabet. Ersetz-Israel 8; 1967. Friedrich J., Entzifferung verschollener Schriften und Sprachen. 1954. Ders., Geschichte der Schrift. 1966. Holenstein E., Doppelte Artikulation in der Schrift. Zs für Semiotik 2, 1980. Jensen H., Die Schrift in Vergangenheit und Gegenwart. 31969. Leroi-Gourhan A., Le geste et la parole. 1/2. 1964/1965. Schmandt-Besserat D., The earliest precursor of writing. Scientific American 240; 6, 1978. Weigl E., Lehren aus der Schriftgeschichte für den Erwerb der Schriftsprache. OBST 11; 1979. (S. auch →Schriftsysteme.)

Schriftsprache. Nicht eindeutig gebrauchter Ausdruck: 1) Im Sinne von →geschriebener Sprache als Ausdrucksform mit struktureller Komplexität durch Verwendung von Hypotaxen, Nominalisierungen, mehrfachen Attributen usw. 2) In der Bedeutung von →Literatursprache. 3) Im Sinne von →Standardsprache oder Hochsprache (mit überregionaler Geltung).

Bernt A., Die Entstehung unserer Schriftsprache. 1934. Giesecke M., Schriftsprache als Entwicklungsfaktor in Sprach- und Begriffsgeschichte. In: Koselleck R., Hrsg., Historische Semantik und Begriffsgeschichte. 1979. Mattheier K. J., Wege und Umwege zur nhd. Schriftsprache. ZGL 9.3, 1981. Tannen D., Hrsg., Spoken and written language. Exploring orality and literacy. 1982.

Schriftsysteme [writing systems]. Zeichen- oder Symbolsysteme zur Aufzeichnung und zur visuellen Übermittlung von Botschaften. Die Anfänge von S. sind in der Übersendung von Gegenständen mit symbolischem Wert und kommunikativer Intention zu sehen. Es handelt sich meist um Zeichnungen und Kombinationen von Zeichnungen, die schon früh schematisiert und teilweise konventionalisiert erscheinen. Allgemein wird unterschieden in

1) Synthetische *piktographische* Schriften *(Piktographie),* bei denen durch ein schematisiertes Bildzeichen eine oder mehrere zusammenhängende Aussagen bzw. Mitteilungen ohne Unterteilung in Worte gemacht werden (z. B. Darstellung von Tausch- oder Handelsbedingungen, Darstellung kriegerischer Ereignisse, Rechtsprechungen, Jagdbedingungen). Die Bildzeichen und Sequenzen von Bildzeichen erfüllten magische, mnemotechnische, memorielle und kommunikative Funktionen. Im Bereich der Piktographie finden sich auch konventionalisierte Symboldarstellungen für abstrakte Begriffe. Zum Beispiel bedeutete bei den Indianern Nordamerikas eine schematisierte Schlange ›Leben‹, ein umgekehrtes tierisches oder menschliches Wesen ›Tod‹; im weiteren gab es Zeichen für Glück und Erfolg, Geschicklichkeit, Krieg, Frieden, Frieden schließen, Freundschaft, Liebe, Zuhören, Gefahr, Wachsamkeit und Beten.

2) *Ideographische* und *logographische* Schriften mit Zeichen für Wör-

ter bzw. bedeutungstragende Einheiten (Morpheme), die in entwikkelteren Formen schon syntaktisch geordnet erscheinen. Die *Ideogramme* bzw. semantischen *Logogramme* erfassen im Prinzip den Wortschatz einer Sprache, wobei der Inhalt bzw. der begriffliche Gehalt der Worte unabhängig von unterschiedlicher oder modifizierter Aussprache gültig dargestellt und verstanden wird (Babylon, Assyrien, Altpersien, China). Als gravierende Mängel logographischer S. sind Schwierigkeiten bei der Bezeichnung abstrakter Begriffe und bei der Angabe von Eigennamen, die hohe Anzahl der Zeichen, die Schwierigkeit grammatischer Markierungen und die konservative Starrheit der Schrift gegenüber der sich entwickelnden Sprache zu nennen. Reine logographische S. haben nie existiert. Sie treten entweder als entwickeltere Übergangsformen der Piktographie auf (Azteken), oder sie werden mit Elementen einer Morphemschrift, einer Silbenschrift oder einer Lautschrift kombiniert. Im modernen Chinesisch lassen sich sechs Arten der Erzeugung von Schriftzeichen unterscheiden, u. zw. die sinnbildlichen Darstellungen (Sonne, Mond, Vogel usw.), Zeichen für Handlungen, abstrakte Begriffe, phonetische Bildungen, eine Art Wortabwandlungsverfahren und phonetische Entlehnungen.

3) *Silbische* oder *syllabische* S. *(Syllabographie),* bei denen ein Schriftzeichen einer Silbe entspricht. Silbische S. sind im Gegensatz zu logographischen und morphemographischen S. leichter zu erlernen und zu gebrauchen, zumal die Anzahl der Silben einer Sprache erheblich geringer ist als die Anzahl der Wörter und Morpheme; in orthographischer Hinsicht verursachen sie weniger Schwierigkeiten als die Buchstabenschrift. Die Anzahl der silbischen Grundzeichen schwankt von 35 bis etwa 300. Die Anzahl der unterschiedlichen Silben einer Sprache ist also bedeutend größer als die Anzahl der unterschiedlichen Laute oder Lauttypen (Systeme der alphabetischen oder phonographischen Schrift enthalten 20 bis 40 Buchstaben).

4) *Alphabetische* Schriften oder *Buchstaben-Laut-Schriftsysteme,* die historisch später entstanden sind als die silbischen S. Zuerst entwickelten sich Systeme, die nur die für die Struktur wesentlichen Konsonantenkombinationen wiedergaben; die ersten vokalischen Zeichen finden sich im griechischen S. des vorchristlichen 1. Jahrtausends.

Vgl. →Schrift, Alphabet, Buchstabenschrift.

Chao Y. R., Language and symbolic systems. 1968. Coulmas F., Writing and literacy in China. In: Coulmas/Ehlich, Hrsg., 1983. Coulmas F. Ehlich K., Hrsg., Writing in focus. 1983. Diringer O., The alphabet: A key to the history of mankind. I/II. [3]1968. Fishman J., Hrsg., Advances in the creation and revision of writing systems. 1977. Gelb I. J., A study of writing. [2]1963. Istrin V. A., Vozniknovenie i razvitie pis'ma. 1965. Pope M., The story of decipherment: From Egyptian hieroglyphic to linear B. 1975. Pulgram E., The typologies of writing systems. In: Haas W., Hrsg., Writing without letters. 1976. Röllig W., Die Alphabetschrift. In: Hausmann U., Hrsg., Allgemeine Grundlagen der Archäologie. 1969. Segert St., Decipherment of forgotten writing systems: two different approaches. In: Coulmas/Ehlich, Hrsg., 1983. Yang Ling, Reforming written Chinese. Beijing Review 33; 1980. Zs für Semiotik 4, 1980: Vom Piktogramm zum Alphabet. Semiotik der Schrift.

Schülersprache →Unterrichtssprache; Jugendsprache

Schulgrammatik. Eine dem Sprachunterricht zugrunde zu legende Grammatik, die nach allgemeiner Auffassung keine vereinfachte bzw. reduzierte Version einer wissenschaftlichen Grammatik sein sollte. Jede linguistische Theorie müßte für ihre Anwendung im Sprachunterricht sinnvoll verändert werden (Heringer/Öhlschläger, in Nickel 1973). Andererseits soll eine ausgewählte linguistische Grammatik immer nur ein *Mittel* sein, mit Hilfe dessen bestimmte Lernziele realisiert werden, d. h., daß für unterschiedliche Ziele Elemente unterschiedlicher Theorien nützlich sein können (Kühlwein 1973). Neben Lernzielen hat eine S. die psychologischen und soziokulturellen Voraussetzungen der Lerner zu berücksichtigen (Lerner- oder Adressatenorientierung).
Oft genannte (aber offensichtlich zu allgemein formulierte) Lernziele im Zusammenhang mit einer S. sind Befähigung zu besserem Gebrauch der Sprache, vor allem im Sinne einer differenzierteren Sprachproduktion, Durchschauen oder Bewußtwerden sprachlicher und kommunikativer Regularitäten (auch: Sprachbewußtsein), Ermöglichen von Sprachkritik. Den Forderungen steht die Meinung gegenüber, daß keine zur Zeit existierende linguistische Grammatik allein zu einer (solch allgemeinen) Verbesserung der sprachlichen Leistungen führen kann.
Im Kontext kommunikativer und pragmatischer Orientierung wird angenommen, daß der Aufbau einer funktionsgerechten S. den Prozessen der Sprachproduktion und Sprachrezeption zu entsprechen hat, d. h., daß eine S. Züge psychologischer Realität aufweisen müßte. Es geht nicht nur um sprachliche Strukturen, sondern um den absichtsvollen Gebrauch grammatischer Mittel in verschiedenartigen Situationen. Schließlich soll die Erarbeitung der S. selbst von operativen, heuristischen und kognitiven Prinzipien geleitet sein. Für eine deutsche S. wären als Komponenten wünschenswert

- die bekannten syntaktischen Operationen oder Proben, vor allem die Ersatzprobe und die Umstellprobe;
- grammatische und lexikalische Strukturen als syntagmatische Kollokations- oder Vereinbarkeitsbeziehungen und paradigmatische Austauschbeziehungen, d. h. die satzkonstitutiven Valenzen/Fügungspotenzen der Wortarten einerseits und die Wortfelder/Synonymenfelder andererseits;
- ein überschaubares Inventar von Satzmustern/Satzmodellen;
- die Aufbauprinzipien von Valenz- und Konstituentenstrukturgrammatiken;
- die Eigentümlichkeiten bzw. Hauptschwierigkeiten des Deutschen (Satzklammer und trennbare Verben, Satzgliedstellung usw.);
- sprachproduktive (oder auch *funktionale*) Ansätze als Realisierungen kommunikativer Intentionen durch den Gebrauch geeigneter (und stufenweise differenzierterer) Strukturen (Fragen, Auffordern, Mitteilen, Problematisieren usw.).

Für bestimmte Bedingungen, z. B. beim gesteuerten Zweitsprachenerwerb, sind Anteile einer →kontrastiven Grammatik zu fordern; hinzu kommen ein Grund- und Aufbauwortschatz, ein phraseologischer Kernbestand sowie Modelle der Wortbildung. (Bei klaren Zielvorstellungen scheint es wenig problematisch, ein Minimum zur S. anzugeben und dieses zu praktizieren.) Zu unterscheiden ist der *Stoff* einer S. und sein Aufbau von der Reihenfolge seiner Erarbeitung je nach Schwierigkeitsgrad, Altersstufe usw. (vgl. Engelen 1979) und von der Methode der Organisation des Lernprozesses (Darbietung/Erarbeitung, Reflexion/Kognition, Analyse und Synthese).
Für eine S. bieten sich Subjekt-Prädikat-Grammatiken mit Konstituentendarstellung und nicht-lineare, aber auch linearisierte Dependenzgrammatiken an. Eine transformationelle S. hatte Hundsnurscher (1970) vorgeschlagen. Deren Vorzüge schienen ihm u. a. zu liegen in ihrer exakten und explizit hierarchisierenden Darstellungsweise mit Hilfe moderner Schemata, in ihrer Hinwendung zur *Erzeugung* von Sätzen sowie in der Möglichkeit zur Entwicklung des systematisierenden Denkens. Es ist anzunehmen, daß die Bemühungen um eine ›pragmatische Grammatik‹ der S. fruchtbare Anregungen geben werden. Das dürfte der Fall sein, wenn es gelingt, (unbewußtes) sprachliches Wissen mit allgemeiner Lebenserfahrung zu verbinden. Eine solche Grammatik brauchte nicht nur Mittel, sie könnte (Lern) Ziel und Anweisung zum Handeln sein.
Ein Problem der S. liegt darin, daß es als *aufgeklärt* gilt, von S. und Grammatikunterricht nicht viel zu halten (Engelen 1979, S. 127). Die Gründe dafür sind vielfältig (hybride Konzeptionen von *Kommunikation,* einseitige Diskussion um *Normen,* Erwartungen gegenüber einer *Rechtschreibreform* u. a.). Es scheint, daß eine Vernachlässigung der S. der mündlichen Sprachkompetenz nicht viel anhaben kann, daß

aber die schriftsprachliche Kompetenz störungsanfälliger und unterstützungsbedürftiger ist.

Vgl. →Grammatikunterricht, didaktische Grammatik, pädagogische Grammatik, kommunikative Grammatik; Kommunikationsverfahren.

Aßheuer J. Hartig M., Aufbau einer Schulgrammatik auf der Primar- und Sekundarstufe. 1976. Becker K. F., Schulgrammatik der deutschen Sprache. 1831. [9]1870. Ders., Organism der Sprache (1827) [2]1841; Nachdr. 1970. Ausführliche dt. Grammatik. 1./2. [2]1870; Nachdr. 1969. Eichler W. Bünting K.-D., Schulgrammatik der dt. Gegenwartssprache. 1978. Engel U. Grosse S., Hrsg., Grammatik und Deutschunterricht. 1978. (Sprache der Gegenwart, Bd. 44). Engelen B., Überlegungen zum Syntaxunterricht auf der Grundlage eines Dependenzmodells. DU 27; 6, 1975. Ders., Aufbauprinzipien wissenschaftlicher Grammatiken und der Aufbau des Grammatikunterrichts. In: Gewehr W., Hrsg., Sprachdidaktik. 1979. Erlinger H. D., Sprachwissenschaft und Schulgrammatik. Strukturen und Ergebnisse von 1900 bis zur Gegenwart. 1969. Gewehr W., Brauchen wir eine neue Grammatikkonzeption? In: Ders., Hrsg., Sprachdidaktik. 1979. Glinz H., Geschichte und Kritik der Lehre von den Satzgliedern in der dt. Grammatik. 1947. Ders., Der dt. Satz. [6]1972. Heringer H. J., Wort für Wort. Interpretation und Grammatik. 1978. Ders., Neues von der Verbszene. In: Stickel G., Hrsg., Pragmatik in der Grammatik. 1984. Heringer H. J. Keller-Bauer F., Probleme einer gebrauchsgrammatischen Terminologie (Ein Beitrag zu einer durch die KMK-Empfehlung wieder entfachten Diskussion). SuL 1, 1984. Menzel W., Die dt. Schulgrammatik. [3]1975. Nickel G., Hrsg., Angewandte Sprachwissenschaft und Deutschunterricht. 1973. Raasch A., Hrsg., Grammatische Terminologie. Vorschläge für den Sprachunterricht. 1983 (Forum Angewandte Linguistik, Bd. 1). Schüler-Duden. Grammatik. [2]1981. Vesper W., Deutsche Schulgrammatik im 19. Jh. 1980. Wunderlich D., Dt. Grammatik in der Schule. Studium Linguistik 8/9. 1980. Wunderlich D. Conrady P., Von der Schulgrammatik zur Grammatik der Sprechhandlung. In: Born W. Otto G., Hrsg., Didaktische Trends. 1978.

Schweigen [silence]. Nichtreden, Schweige*verhalten;* Verhaltensweise im Gespräch, Ausbleiben oder Unterlassung einer Sprechhandlung. Das S. ist ein informations- oder bedeutungshaltiges Element der (nonverbalen) Kommunikation. Vom Standpunkt des *Senders* kann S. intentional oder nichtintentional sein; S. kann als kommunikative Strategie eingesetzt werden. Die Interpretation des (normengerechten bzw. angemessenen oder abweichenden und u. U. verletzenden) S. ist situations- und personenabhängig. Nach Jensen (1973) kann S. Zustimmung oder Ablehnung bedeuten, es kann wohltun oder verletzen, verbinden oder isolieren, etwas offenbaren oder verbergen. A. Stedje (1983) unterscheidet *rollenbedingtes* S., S. als negative oder positive *Rückkopplung* und S. als *Evokation* bzw. Angebot (an den Partner) zum Sprechen.

Vgl. →Rückmeldeverhalten, nonverbale Kommunikation.

Bergmann J. R., Schweigephasen im Gespräch. Aspekte einer interaktiven Organisation. In: Soeffner H.-G., Hrsg., Beiträge zu einer empirischen Soziologie. 1982. Bruneau T. J., Communicative silences: forms and functions. The Journal of Communication 23; 1973. Jensen J. V., Communicative functions of silence. ETC (A Review of General semantics) 3, 1973. Stedje A., ›Brechen Sie dies rätselhafte Schweigen‹. Über kulturbedingtes, kommunikatives und strategisches Schweigen. In: Rosengren I., Hrsg., Sprache und Pragmatik. 1983. Verschueren J., What people say they do with words. 1984.

Segment. Abschnitt der linearen Redekette bzw. des Sprechkontinuums, Ergebnis der Segmentierung. Resultat linguistischer Datengewinnung auf phonetischer, phonologischer, morphologischer, syntaktischer und textueller Ebene. Intuitiv lassen sich Texte in Texteinheiten und Sätze, Sätze in Wörter, Wörter in Silben/Morpheme und Laute/Phoneme zerlegen. *Laute* sind dann S., in die sich Äußerungen auditiv bzw. nach dem Gehörseindruck segmentieren lassen; *Phoneme* sind S. des Sprechkontinuums, die durch *Substitution* und durch bestimmte *Merkmal*kombinationen bestimmt werden.
Der Eindruck, Laute/Phoneme seien diskrete und zeitlich aufeinander folgende Elemente bzw. klar voneinander abgrenzbare Einheiten, entsteht durch unsere Buchstaben- oder Segmentschrift. Die experimentalphonetische Aufzeichnung zeigt ein akustisches Kontinuum oder artikulatorische Fließbewegungen; der einzelne Laut ist kein natürliches S. Bei Berücksichtigung mehrerer artikulatorischer Parameter oder Signale ist dennoch eine Segmentierung (allerdings mit fließenden Übergängen) möglich (Kohler 1977, S. 20ff.). Phonologische S. sind keine konkreten, sondern abstrakte Einheiten; sie sind das Ergebnis struktur- bzw. einzelsprachenspezifischer Abstraktionsverfahren (Pilch 1974, S. 88ff.).
Vgl. →Segmentierung; Laut, Koartikulation, Phonetik.

segmentale Merkmale. Phonologische Merkmale, die sich auf bestimmte Segmente bzw. Phoneme beziehen, im Gegensatz zu den →suprasegmentalen (übersegmentalen) oder prosodischen Merkmalen, die die einzelnen Segmente überlagern (s. auch →Intonation).

Segmentierung. Zerlegung der Äußerungen eines Korpus in Bestandteile oder Segmente auf verschiedenen Beschreibungsebenen (z. B. *Laut, Morphem, Satzglied*); Zergliederung eines (gesprochenen oder geschriebenen) Zeichenkontinuums in seine konstitutiven Einheiten.
Die S. (und Identifizierung) ist eine grundlegende Analyseoperation des Strukturalismus; als Kriterium für die gültige Erarbeitung von

Segmenten gilt die *Kommutation* oder *Substitution* (und/oder die *Distribution*), mit Hilfe derer auch Klassen gebildet werden (s. →Klassifikation). Kommutierbar sind Wortgruppen, Wörter, Morpheme usw. Die Kommutation wird fortgesetzt, bis die kleinsten Segmente erreicht sind, deren Austausch noch Veränderungen der Bedeutung bewirkt, z. B. *w*as : *d*as (Meinhold/Stock 1982, S. 67 ff.). Bei der Einführung des Lautes und des Phonems mit zusätzlichen Realisierungsregeln wird von den empirischen Fakten abstrahiert, um Verallgemeinerungen zu erhalten. Sequentielle Transkriptionen wie [bl-], [gl-] täuschen je zwei getrennte Laute vor, obwohl diese koartikulatorisch verzahnt sind. Dennoch erlaubt diese S. eine ökonomische Verschriftung (Kohler 1977, S. 212).
Vgl. →Segment, Entdeckungsprozedur; Minimalpaar, Phonemanalyse, Morphemanalyse, Konstituentenanalyse.

Bünting K.-D., Einführung in die Linguistik. [9]1981. Harris Z. S., Methods in structural linguistics. [7]1966. Heike G., Phonologie. [2]1982. Kohler K. J., Einführung in die Phonetik des Dt. 1977. Martinet A., dt. Grundzüge der allg. Sprachwissenschaft. 1963. Meinhold G. Stock E., Phonologie der dt. Gegenwartssprache. [2]1982. Pilch H., Phonemtheorie. [3]1974. Zwirner E. und K., Grundfragen der phonometrischen Linguistik. [3]1982.

Selbstkorrektur [self-correction]. Eine Strategie des Sprechers beim Sprechen im kommunikativen Zusammenhang, eine an den Hörer gerichtete Anweisung, bereits Gesprochenes ganz oder teilweise außer Kraft zu setzen (Rath 1979, S. 209 ff.), z. B. Ich meine grundsätzlich *die Ehe also das Christentum oder die Bibel,* können wir sagen, gibt einen Kommentar, wie die Ehe sein soll, ja? – S. können ohne oder mit Korrektursignal erfolgen (z. B. *Ich muß besser sagen, Oder sagen wir*). Die S. annulliert; die →Paraphrase erweitert. S. können →Anakoluthe zur Folge haben.
Vgl. →gesprochene Sprache, Gesprächsanalyse, Konversationsanalyse.

Laver J., Monitoring systems in the neurolinguistic control of speech production. In: Fromkin V. A., Hrsg., Errors in linguistic performance. 1980. Levelt W. J. M., Monitoring and self-repair in speech. Cognition 13; 1983. Rath R., Kommunikationspraxis. 1979. Ramge H., Spontane Selbstkorrekturen im Sprechen von Schulanfängern. DD 12; 1973. Schegloff E. A. u. a., The preference for self-correction in the organization of repair in conversation. Lg 53; 1977.

Selektion. Die Auswahl lexikalischer Einheiten aus der Paradigmatik zu ihrer Kombination in der Syntagmatik. Für die Besetzung der Positionen/Leerstellen im Satz gilt das Prinzip der S. in der Weise, daß die

Kombinierbarkeit lexikalischer Einheiten nur im Rahmen bestimmter → Selektionsbeschränkungen möglich ist.
Vgl. →Kollokation, Kompatibilität, syntagmatische Anschließbarkeit.

Selektionsbeschränkungen [selection restrictions]. Beschränkungen, die festlegen, welche Wörter mit anderen Wörtern sinnvoll in Sätzen kombiniert werden können. Im Rahmen einer syntaktisch dominierten Theorie (autonome Syntax) sind S. Beschränkungen der syntagmatischen Verbindbarkeit/Anschließbarkeit lexikalischer Einheiten im Satz, insbesondere die von Nomen und Verb. Z. B. sind Verben wie *lesen, schreiben, denken, wissen* normalerweise nur mit einem Nomen/Subjekt zu kombinieren, das das Merkmal [+ Menschlich] besitzt. S. auch →Subkategorisierung.
Die S. von Verben werden auch als Bestandteile ihrer Bedeutungsstruktur aufgefaßt (vgl. →Valenz, Prädikat-Argument-Struktur).
S. →Kompatibilität, semantische Kongruenz.

Bierwisch M., Eine Hierarchie syntaktisch-semantischer Merkmale. 1965 (Studia Grammatica V). Ders., Aufgaben und Form der Grammatik. In: Steger H., Hrsg., Vorschläge für eine strukturale Grammatik des Dt. 1970. Chomsky N., dt. Aspekte. 1969. Katz J. J. Fodor J. A., The structure of semantic theory. Lg 39; 1963. Radford A., Transformational syntax. 1982. Seyfert G., Zur Theorie der Verbgrammatik. 1976.

Sem (griech. σῆμα : Zeichen). Mikrokomponente der Wortbedeutung, Konstrukt einer semantischen Theorie; der kleinste unterscheidende Zug eines Wortinhalts; semantisches Merkmal, das zusammen mit anderen Merkmalen (Merkmalbündel) die Bedeutung von Lexemen oder Sememen konstituiert. – Problematisch ist der Status des S. Greimas z. B. faßt das S. als unabhängig von seiner einzelsprachlichen Realisierung auf (s. auch →Noem).
Vgl. →semantisches Merkmal, Inhaltsfigur, Komponentenanalyse.

Coseriu E., Einführung in die strukturelle Betrachtung des Wortschatzes. 1970. Gauger H.-M., Bedeutung als Semstruktur? Vox Romanica 31; 1972. Greimas A. J., Sémantique structurale. 1966; dt. 1971. Hilty G., Bedeutung als Semstruktur. Vox Romanica 30; 1971. Nida E. A., A system for the description of semantic elements. Word 7; 1951. Pottier B., Vers une sémantique moderne. TLL 2; 1, 1964.

Semantem. Auf die Wortbedeutung bezogener Begriff (im Sinne von *Semem*). Im Zusammenhang der Unterscheidung von *Morphosyntax* und *Nomosyntax* der zur Nomostruktur/Inhaltsstruktur gehörende Informationsträger. Bei Brinker (1972) ist ein S. der feste semantische

Wert, den ein Wort in Verbindung mit Ergänzungen zum Ausdruck bringt – ein nomosyntaktischer Valenzbegriff, der sich auf den semantischen Wert des Gesamtsatzes bezieht.
Vgl. →Valenz.

Brinker K., Konstituentenstrukturgrammatik und operationale Satzgliedanalyse. 1972. Fourquet J., Strukturelle Syntax und inhaltbezogene Grammatik. In: Sprache, Schlüssel zur Welt. Festschr. L. Weisgerber. 1959. Noreen A., Einführung in die wiss. Betrachtung der Sprache. 1923. Sitta H., Semanteme und Relationen. Zur Systematik der Inhaltsgefüge im Dt. 1971. Vendryes J., Le langage. Introduction linguistique à l'histoire. 1921. ³1950. Zierer E., Minimum linguistic units. ZPSK 18; 1965.

Semantik (griech. σῆμα, σημεῖον: Zeichen; Begriff von Bréal (1883), der unter S. die Gesamtheit der Gesetze verstand, die die Umwandlungen des Sinns, die Wahl neuer Ausdrücke, die Geburt und den Tod der Redewendungen regeln). Teildisziplin der Semiotik und Aspekt der Sprachforschung oder Sprachanalyse, unter dem die Beziehungen von sprachlichen Einheiten zu den von ihnen bezeichneten ›Gegenständen‹ untersucht werden; die empirische Analyse der Bedeutungen sprachlicher Zeichen und Zeichenkombinationen, die Beschreibung der (komplexen) Beziehungen zwischen Ausdruck und Inhalt, die Beschreibung der Konstitution von Bedeutungen, der Kombination von Bedeutungen und der Funktion von Bedeutungen vor dem Hintergrund einer semantischen Theorie (vgl. →Bedeutung, Bedeutungstheorien). Eine grobe Einteilung der S. ist durch die Unterscheidung von Wort-S. und Satz-S., von linguistischer S. und von logischer S. gegeben, für die der Begriff der Wahrheit konstitutiv ist.
Als selbständige Disziplin ist die S. von K. Chr. Reisig 1825 begründet worden (vgl. →Semasiologie). Die erste und die zweite Phase in der Entwicklung der S. (1825–1880, 1883–1930) waren vorwiegend diachronisch orientiert; im Mittelpunkt des Interesses standen →Bedeutungswandel und →Etymologie. Den Beginn einer dritten, sowohl deskriptiv als auch synchronisch vorgehenden, systemorientierten und strukturalistischen S., die die innere Struktur des Wortschatzes von Einzelsprachen in paradigmatischen und syntagmatischen Feldern erforschte (vgl. →Feld, Feldtheorie, Wortfeld, lexikalische Solidarität, wesenhafte Bedeutungsbeziehungen), kann man um 1930 ansetzen (vgl. Ullmann, dt. 1973, S. 8ff.). Eine weitere Phase in der Entwicklung der S. dürfte durch die satzsemantischen Konzeptionen im Rahmen der →generativen Transformationsgrammatik eingeleitet worden sein, die von der engen Verflechtung von Syntax und Semantik ausgehen. Hinzu kommen Bemühungen, die S. von ganzen Texten zu

beschreiben bzw. zu modellieren. Bei der Entwicklung der Satzsemantik und bei der Textsemantik lassen sich philosophische, semiotische und verschiedenartige logische sowie modelltheoretische Einflüsse beobachten; wichtige Anstöße sind von der →Sprechakttheorie ausgegangen. Eine durchgehende Tendenz in neueren Forschungen ist das Arbeiten mit semantischen Merkmalen (bzw. →Semen oder Noemen), die als bedeutungsdeterminierende Mikroelemente von universalem Charakter gesehen werden.

Für die strukturelle lexikalische S. (oder Wortsemantik) sind die Arbeiten von Saussure und Hjelmslev grundlegend geworden, die auf die Beziehungen zwischen Ausdruck und Inhalt (Zeichenbegriff) und die systemhafte Strukturiertheit der Inhaltsseite der Sprache hingewiesen haben. Besondere Bedeutung erlangten der Aufweis paradigmatischer und syntagmatischer Beziehungen im System der Sprache und die Unterscheidung von Bedeutung und (Beziehungs)Wert *(valeur)* sprachlicher Einheiten, die die (Wort)Feldforschung intensivierten und z. B. in der Wortschatz-Semantik E. Coserius zur Erarbeitung einer Vielzahl paradigmatischer und syntagmatischer Strukturen führten.

Wichtige Probleme der lexikalischen S. sind der Bedeutungsaufbau und die Motivation der Wörter (durchsichtige und undurchsichtige Wörter), die rationalen und die emotionalen Komponenten der Wortbedeutung und (in diachronischer Sicht) der Bedeutungswandel der Wörter hinsichtlich seiner Ursachen und Folgen. Die Phänomene der Synonymie oder Bedeutungsverwandtschaft und der Polysemie oder Mehrdeutigkeit verweisen auf die nicht-symmetrischen Beziehungen zwischen Ausdrucksseite und Inhaltsseite.

Jedes Wort erhält seinen spezifischen Inhaltswert durch seine Position in einem →Wortfeld, die sich durch →Austauschproben oder Kommutationen nachweisen läßt (z. B. *spazieren* im Gegensatz zu *gehen* oder *marschieren, in Empfang nehmen* im Gegensatz zu *bekommen* oder *erhalten* usw.). Wörter sind im Satz nicht beliebig kombinierbar; sie stehen auch in syntagmatischer Hinsicht miteinander in Beziehungen, z. B. *Der Hund bellt, der Wind pfeift (*Der Wind bellt).* Von hier aus ergeben sich Übergänge zur Semantik des ganzen Satzes, u. zw. besonders dann, wenn man von der Verbindbarkeit oder Valenz des Verbs ausgeht. Die lexikalische S. wird in die Satz-S. vor allem auch vor dem Hintergrund der Merkmalanalyse von Wortbedeutungen integrierbar. Die Wort-S. kann so als die Grundlage der Satz-S. und auch der Text-S. betrachtet werden, denn die Analyse der Textbedeutung zeigt die *kohärenz*stiftende Funktion der Wortbedeutungen.

Eine Textsemantik läßt sich auf der Grundlage von Satzzusammenhängen und →Satzverflechtungen verschiedener Art und bei Beachtung semantischer Kohärenzen (vgl. auch →semantische Isotopie) und/oder auf textthematischer bzw. texttiefenstruktureller Basis konzipieren. Dabei zeigt sich, daß neben textinternen auch textexterne Faktoren hinreichend berücksichtigt werden müssen; letztere bedingen die Anwendung logisch-referentieller und kommunikativ-handlungstheoretischer Gesichtspunkte (vgl. dazu Kegel G. Saile G., Analyseverfahren zur Textsemantik. 1975; Gülich E. Raible W., Linguistische Textmodelle. 1977).

Die S. erweist sich als komplexes und schwieriges Forschungsanliegen, wenn es darum geht, die Bedeutung sprachlicher Äußerungen in sozialen Situationen zu analysieren und zu erklären: Die Gesamtbedeutung bzw. der Inhalt einer sprachlichen Äußerung wird als Bündel von Teilfunktionen und Teilkomponenten erkennbar, die gegeben sind durch die lexikalische und die grammatische sowie die funktional-stilistische Bedeutung der sprachlichen Äußerung, durch die Beziehung der Äußerung zu einem Empfänger, durch die Beziehung der Äußerung zu einer wirklichen oder vorgestellten (bzw. möglichen) Welt, durch ihre sozial-situative Einbettung und durch das Zusammenspiel der sprachlichen Mittel mit prosodischen Komponenten und bedeutungshaltigen nonverbalen Mitteln (vgl. →nonverbale Kommunikation).

Ch. C. Fries (1958, ²1964) unterschied innerhalb der Gesamtsemantik einer Äußerung als Teilaspekte die innersprachliche bzw. systemhaft gegebene sprachliche Bedeutung, die beim Empfänger ausgelöste Vorstellung, die aufgrund der Äußerung möglichen Ableitungen oder Deduktionen, die Beziehungen zwischen den durch Sprache vermittelten Begriffen, die Totalreaktion des Empfängers und die vom Empfänger aufgenommenen Denotationen, Konnotationen und Haltungen/Einstellungen. G. Blanke setzt in Anlehnung an Fries und unter Beachtung des Modells der →Sprachfunktionen von R. Jakobson als Komponenten einer komplexen Gesamtbedeutung an–

1) die innersprachlich-paradigmatische Bedeutung,
2) die referentielle oder denotative Bedeutung (Bezug zu einer Wirklichkeit),
3) die affektiv-emotive oder konnotative Bedeutung,
4) die situative oder pragmatische Bedeutung,
5) die psychisch-imaginative oder assoziative Bedeutung,
6) die rhetorisch-stilistische und poetische Bedeutung.

Für das Zustandekommen von Bedeutung werden außersprachliche und innersprachliche Bedingungen als konstitutiv angenommen.

Spätestens seit den Arbeiten Searles zur Sprechakttheorie ist deutlich geworden, daß es zu einer semantischen Erfassung aktueller sprachlicher Handlungen nicht ausreicht zu beschreiben, was ein Satz bedeutet oder potentiell bedeuten kann; in kommunikativen Sprechakten muß der Hörer nicht nur verstehen, was der Sprecher *sagt,* sondern vor allem, was der Sprecher mit seiner Äußerung *meint* und *beabsichtigt* (vgl. →illokutiver Akt). Für den Sprecher ist dagegen wichtig, was er beim Hörer erreicht oder bewirkt (vgl. →perlokutiver Akt). Berücksichtigt man ferner, daß in Sprechhandlungen situative Faktoren (Sachbezug, Rolle, Ort, Zeit usw.) wirksam werden und daß bei jeder Sprechhandlung bestimmte Voraussetzungen angenommen werden müssen, so ist damit der Umfang der semantischen Problematik angedeutet.

Intensive linguistische Bemühungen gelten dem Ziel, Phänomene der sprachlichen Bedeutung aus dem sie gewissermaßen konstituierenden pragmatischen Kontext im Rahmen kommunikativen sprachlichen Handelns abzuleiten. Nach M. Bierwisch (1979) haben solche Zielsetzungen bislang wenig zur Klärung der Frage beigetragen, was die sprachliche Bedeutung einer Äußerung ist; es werde, im Gegenteil, dabei nur verschleiert, daß von der Klärung dieser Frage die Analyse des sprachlichen Handelns abhängt. Die sprachliche Bedeutung gehe als ein eigenes Determinationsgefüge in das sprachliche Handeln ein; es ist auf dieses nicht reduzierbar. Lexikalische und syntaktische Mittel nehmen mit ihren Bedeutungen auf die Bedingungen sprachlicher Kommunikation Bezug; ihre Struktur und ihre Funktionsweise können nicht durch ihre je aktuellen kommunikativen Bedingungen erklärt werden.

Nach Bierwisch ist, im Gegensatz zu Grice, weder eine kommunikative Absicht notwendig, damit eine Äußerung eine Äußerungsbedeutung erlangt, noch läßt sich die Äußerungsbedeutung oder gar die wörtliche Bedeutung einer Äußerung aufgrund ihres kommunikativen Sinns allein bestimmen. Die Qualifizierungen bei Grice setzen voraus, was sie zu erklären beabsichtigen, nämlich die Kenntnis der wörtlichen Bedeutung bzw. komplexe Sprachkenntnisse überhaupt. Den Vertretern der kommunikativen Begründung der Bedeutung bzw. den Verfechtern der These, daß Sprachkenntnis auf Kommunikation zurückgeführt werden könne, in dem Sinne, daß die wörtliche Bedeutung einer Äußerung entweder über ihren kommunikativen Sinn erworben werden kann oder mit Hilfe von Regeln erwerbbar ist, die ihrerseits irgendwie im Rahmen der Aneignung der wörtlichen Bedeutung erworben werden und die die wörtliche Bedeutung auf ihren kommunikati-

ven Sinn zurückführen, wird entgegengehalten, daß kommunikative Erfahrungen in Standardkontexten nicht hinreichen, um eine kommunikative Äußerung mit einer sprachlichen Bedeutung zu versehen; dazu müsse eine Vielzahl perzeptiver und kognitiver Voraussetzungen angenommen werden, die von nicht-kommunikativer Art sind.
Bierwisch, der im Zusammenhang mit Arbeiten zur →Sprechakttheorie zwischen der sprachlich determinierten und der wörtlichen Bedeutung einerseits und zwischen der Äußerungsbedeutung und dem kommunikativen Sinn einer Äußerung andererseits unterscheidet, zeigt, daß die wörtliche Bedeutung einer Äußerung mit der sprachlichen Bedeutung des zugrunde liegenden Ausdrucks nicht identisch ist. Zur Begründung der wörtlichen Bedeutung bedarf es des Zusammenwirkens von sprachlich determinierter Bedeutung und Alltagswissen; eine Äußerung erlangt eine wörtliche Bedeutung, wenn sie in einem Kontext aktualisiert wird, der mit der sprachlichen Bedeutung des Ausdrucks verträglich ist. – Die Gesamtbedeutung des kommunikativen sprachlichen Handelns ist nach Bierwisch durch das Zusammenspiel von Sprachtheorie, Theorie des Alltagswissens und Theorie der sozialen Interaktion angemessener zu erfassen als durch die semiotische Gliederung nach Pragmatik, Semantik und Syntax. Bestimmte Komponenten bzw. Aspekte der Semantik sprachlichen Handelns seien in einer Sprachtheorie überhaupt nicht zu behandeln (vgl. dazu die Argumentation von Katz und Fodor (1963) zur Begründung ihrer semantischen Theorie).
Auffassungen, nach denen ein Wort Bedeutung erhält, indem dem Lautkörper des Wortes ein Begriff oder ein wirklicher (u. U. auch ein möglicher) Gegenstand bzw. eine Klasse von Gegenständen oder Entitäten zugeordnet wird (vgl. auch →Zeichenmodelle), werden als von ontologischen Voraussetzungen belastet dargestellt und einer realistischen bzw. konzeptualistischen S. zugerechnet (z. B. v. Kutschera, Sprachphilosophie. ²1975). Im Gegensatz zu einer realistischen oder substanzorientierten Semantiktheorie steht die (als operationalistisch zu bezeichnende) Auffassung Wittgensteins, daß Sprache grundsätzlich in ihrem Gebrauch in konkreten Situationen zu analysieren ist und daß ein Wort bedeutungsvoll wird, indem es in einem Sprachspiel eine Funktion hat bzw. in einem bestimmten Sinne gebraucht wird. Man müsse also nicht annehmen, daß es etwas gibt, das die Bedeutung eines Wortes ist, denn der Gebrauch *ist* die Bedeutung; der Gebrauch macht ein Zeichen bedeutungsvoll (s. →Gebrauchstheorie der Bedeutung).
Wittgensteins Bestimmung der Bedeutung als Gebrauch ist für v. Kutschera *einfach*, »weil der ganze Kosmos von Propositionen, Begriffen

und dergleichen, der in seinem ontologischen Status zweifelhaft blieb, nun entbehrlich wird« (S. 140). Dadurch werde auch eine Rückbeziehung der Semantik auf die Pragmatik möglich, und der Blick richte sich auf die Bedeutungsvielfalt sprachlicher Ausdrücke. Die Bestimmung der Bedeutung als Gebrauch sei schließlich auch erkenntnistheoretisch befriedigender, da auf diese Weise das Problem verschwinde, wie Begriffe und Propositionen als sprachunabhängige Entitäten erkannt werden können, und sich zugleich die Möglichkeit ergebe, die Abhängigkeit des Denkens und der Erfahrung von der Sprache zu belegen. Damit erweist Wittgensteins Semantik sich als sprachphilosophische und pragmatische Begründung der sprachdeterministischen Auffassungen von Humboldts, Sapirs, Whorfs u. a. (vgl. →Sapir-Whorf-Hypothese). v. Kutschera unterstreicht, daß gegenüber dem für das übliche Sprachverständnis so natürlichen semantischen Realismus durch die Semantik Wittgensteins und die linguistische Relativitätsthese betont werde, wie eng Sprechen, Begreifen, Beschreiben, Begründen usw. miteinander verbunden sind ([2]1975, S. 338). Die Sprache ist Teil unseres Handelns und Lebens, und jenseits der Sprache gibt es keine Erkenntnis. Zwischen Sprachgebrauch und Ontologie besteht Identität; Sprachbildung und Erkenntnisprozeß bilden eine Einheit.

Als *Konventionen* faßt sprachliche Regeln Lewis (1969, dt. 1975) auf (vgl. →Konventionalität der Sprache); er nimmt Bezug auf D. Shwayder (1965), der Regelverhalten als Konformitätsverhalten analysiert und Regeln als diejenigen wechselseitigen Verhaltenserwartungen definiert, die bei Konformitätsverhalten als Handlungsgründe auftreten. Lewis analysiert die Klasse von Konventionen, durch die Handlungen der Status von Signalen verliehen wird, ohne Rekurs auf den Begriff der Bedeutung, in dem Sinne, daß Regularitäten bzw. Konventionen entstehen, wenn koordinative Strategien von Sender und Empfänger wiederholt verwendet werden, ohne daß jedes Mal eine neue Abmachung getroffen werden muß (z. B. Internationaler Schiffahrtskode für die Beflaggung, (informeller) Kode zum Einmanövrieren von Lastwagen, Pfadmarkierungen, automatische Signalanlagen). Ein verbales Signal ist eine Handlung, die im Äußern oder Hinschreiben eines Verbalausdrucks besteht; solche verbalen Signalisierungskonventionen treffen zumindest für einen Teil unserer Sprachverwendung zu (S. 146). In einer sogenannten möglichen Sprache ist die Bedeutung eines Satzes gegeben durch »die Funktion, die bestimmt, wie die Menge seiner Interpretationen von den Merkmalen seiner Äußerungssituation abhängt« (S. 168).

Sprechaktkonventionen haben jeweils eine Sprecher- und eine Hörerkomponente, die zusammen Strategien für Sprechakte bilden, die in Sprachgemeinschaften befolgt werden. Sprechakte sind konventionelle Akte, die allein aufgrund von Konventionen Bedeutung haben: Ein Hörer *versteht* eine Äußerung nur aufgrund der Kenntnis von Konventionen für Äußerungen; dabei begreift er die *Absicht* des Sprechers, er erkennt seine Erwartungen, Präferenzen usw.

Bar-Hillel hat wiederholt darauf hingewiesen, daß erfolgversprechende Entwicklungen der S. durch die Zusammenarbeit von Linguistik und Logik möglich werden könnten. Selbst neuere Arbeiten hätten die Aufgabe der S. vor allem in der Lexikologie gesehen und weitgehend außer acht gelassen, daß die Bedeutungsbeziehungen zwischen sprachlichen Einheiten wesentlich Folgerungsbeziehungen und damit logische Beziehungen sind und daß z. B. zwischen Synonymie und wechselseitiger Deduzierbarkeit eine enge Beziehung besteht (vgl. Bar-Hillel, dt. 1972). Es hat sich aber gezeigt, daß die in das Alltagswissen eingebetteten Systeme der sprachlichen Bedeutung durch eine Semantik der Wahrheitsbedingungen und der Referenz nur unzureichend beschrieben werden können.

Das Bild einer mehrdimensionalen S., mit Hilfe derer eine Explikation des Bedeutungsbegriffs möglich sein könnte, zeichnen Vennemann/Jacobs (1982, S. 115ff.). Das Konstrukt der Bedeutung besteht aus 1) der Menge seiner Wahrheitsbedingungen, 2) seinem kommunikativen Handlungspotential und 3) der Menge seiner Gebrauchsbedingungen/Gebrauchssituationen. Als Prüfstein einer Explikation des Bedeutungsbegriffs müsse seine Erklärungspotenz im Hinblick darauf gelten, was es heißt, die Bedeutung eines Ausdrucks zu *kennen* bzw. ein bestimmtes *Bedeutungswissen* zu haben.

Vgl. →Bedeutung, Bedeutungstheorien; Wortbedeutung, Satzbedeutung; wahrheitskonditionale Semantik; Semasiologie, lexikalische Semantik, Satzsemantik.

Adrados F. R., dt. Sprache und Bedeutung. 1977. Antal L., Hrsg., Aspekte der Semantik. 1972. Baldinger K., Semantic theory. Toward a modern semantics. 1980. Bar-Hillel Y., Universale Semantik und Sprachphilosophie. In: Antal L., Hrsg., 1972. Baumgärtner K., Zur strukturellen Semantik. ZDS 20; 1964. Bierwisch M., Wörtliche Bedeutung – eine pragmatische Gretchenfrage. In: Grewendorf G., Hrsg., Sprechakttheorie und Semantik. 1979. Ders., Formal and lexical semantics. LB 80; 1982. Blanke G., Einführung in die semantische Analyse. 1973. Bréal M., Essai de sémantique. 1897. [5]1921. Brekle H., Semantik. [3]1982. Chafe W., dt. Bedeutung und Sprachstruktur. 1976. Coseriu E., Probleme der strukturellen Semantik. 1973. De Mauro T., Einführung in die Semantik. 1982. Geckeler H., Strukturelle Semantik und Wortfeldtheorie. 1971. Gordon T., Semantics: a bibliography (1965–1978). 1980. Greimas

A. J., dt. Strukturale Semantik. 1971. Heringer H. J., Praktische Semantik. 1974. Heringer H. J. u. a., Einführung in die Praktische Semantik. 1977. Hörmann H., Meinen und Verstehen. 1976. Hundsnurscher F., Neuere Methoden der Semantik. 1970. Jackendoff R., Semantics and cognition. 1983. Kanngießer S. Lingrün G., Hrsg., Studien zur Semantik. 1974. v. Kutschera F., Sprachphilosophie. [2]1975. Ders., Einführung in die intensionale Semantik. 1976. Lewis D., dt. Konventionen. 1975. Lyons J., dt. Semantik. 1/2. 1980/1982. Margalit A., Hrsg., Meaning and use. 1979. Meggle G., Handlungstheoretische Semantik. 1985. Nida E., dt. Einführung in semantische Strukturen. 1976. Petöfi J. S. u. a., Einführung in die linguistische und logische Semantik. 1976. Pinborg J., Logik und Semantik im Mittelalter. 1972. v. Savigny E., Hrsg., Probleme der sprachlichen Bedeutung. 1976. Schaff A., dt. Einführung in die Semantik. 1969. Schmidt B., Malinowskis Pragmasemantik. 1984. Solncev V. M., Hrsg., Problemy semantiki. 1974. Steinberg D. D. Jakobovits L. A., Hrsg., Semantics. 1971. Ullmann St., dt. Grundzüge der Semantik. 1967. Ders., dt. Semantik. Eine Einführung in die Bedeutungslehre. 1973. Vennemann Th. Jacobs J., Sprache und Grammatik. 1982. Wiegand H. E. Wolski W., Arbeitsbibliographie zur Semantik in der Sprachphilosophie, Logik, Linguistik und Psycholinguistik. GermL 1975. Wunderlich D., Arbeitsbuch Semantik. 1980.

Semantik und Pragmatik. Die Abgrenzung zwischen semantischer und pragmatischer Bedeutung, die Festsetzung, welche Komponenten des kommunikativen Sinns einer Äußerung bzw. der →Äußerungsbedeutung jeweils der Semantik oder der Pragmatik zugewiesen werden sollen. Beim aktuellen Gebrauch der Sprache sind mehrere Kenntnissysteme beteiligt, u. zw. das sprachliche (Bedeutungs-)Wissen, das enzyklopädische (Alltags)Wissen sowie das Handlungs- und Interaktionswissen. Die Gesamtbedeutung einer Äußerung im Kontext erweist sich als ein komplexes Phänomen, das nur unter Berücksichtigung ihrer Pragmatik, d. h. nicht von einer Linguistik im engeren Sinne beschrieben werden kann.

Abgesehen davon, daß Inhalt und Umfang von *Pragmatik* genauer festzulegen sind, wirft die Bestimmung des Umfangs von *Semantik* Probleme auf. Im Anschluß an Posner (1979) lassen sich unterscheiden bedeutungsminimalistische Positionen (Semantik = Wahrheitsbedingungen mit einer sprachlichen Bedeutung als wörtlicher Bedeutung) und bedeutungsmaximalistische Positionen (sprachliche Bedeutung im weiten Sinne mit Berücksichtigung von Sprechsituationen und sprachlichen Handlungen).

Abgrenzungs- oder Lösungsvorschläge zur Frage von S. u. P. sind

- der semiotische Ansatz (Sachverhalte vs. Ziele des Sprechers und Wirkungen beim Hörer);
- der logische Ansatz (Semantik als wahrheitskonditionale Semantik, die alles das berücksichtigt, was zu den Wahrheitsbedingungen eines Ausdrucks beiträgt, z. B. auch eine Reihe von Kontextmerkmalen vs. je aktueller Ge-

brauch von Äußerungen mit ihren spezifischen okkasionellen Funktionen);
- der sprechakttheoretische Ansatz (sprachliches Bedeutungswissen und intentional orientiertes Gebrauchswissen als integrativer Komplex mit einem notwendig weiten, d. h. semantischen und pragmatischen Bedeutungsbegriff);
- der gebrauchstheoretische Ansatz (grundsätzlich pragmatisch begründete Semantik: *meaning as use*).

Daneben gibt es Grenzziehungen und Bestimmungen, die methodischen Charakter haben, sowie heuristische Annahmen von Wechselbeziehungen zwischen S. u. P. Chomsky dagegen empfiehlt, Syntax und Pragmatik als relativ selbständige (Teil)-Systeme oder *Module* zu behandeln.
Einigkeit scheint darüber zu bestehen, an der Existenz von Grenzen zwischen S. u. P. festzuhalten. Nach Helbig (1983, S. 93) können die Grenzen von S. u. P. nicht aufgehoben werden, weil
1) Sätze Bedeutung im Sinne der *langue* haben und als Äußerungen ihre pragmatische Bedeutung oder einen kommunikativen Sinn erhalten;
2) Erscheinungen wie →indirekte Sprechakte bestimmte Differenzierungen erfordern;
3) Wörterbücher mit ihren Lexikoneinträgen die Möglichkeit einer Unterscheidung von S. u. P. voraussetzen.

Als natürliche Einheit der Semantik bezeichnet Nikula (1983) den *Satz,* als natürliche Einheit der Pragmatik den *Text.*
Vgl. →Äußerungsbedeutung, Sprachgebrauch, Semantik, Pragmatik.

Bartsch R. Vennemann Th., Grundzüge der Sprachtheorie. 1983. Berg W., Uneigentliches Sprechen. Zur Pragmatik und Semantik von Metapher, Metonymie, Ironie, Litotes und rhetorischer Frage. 1978. Bierwisch M., Wörtliche Bedeutung – eine pragmatische Gretchenfrage. In: Grewendorf G., Hrsg., Sprechakttheorie und Semantik. 1979. Helbig G., Bemerkungen zur semantischen und/oder pragmatischen Interpretation von Reihenfolgebeziehungen. In: Rosengren I., Hrsg., Sprache und Pragmatik. 1983 (Lunder germ. Forschungen, Bd. 52). Katz J. J., Propositional structure and illocutionary force. 1977. Kratzer A., Semantik der Rede. 1979. Motsch W. Viehweger D., Hrsg., Richtungen der modernen Semantikforschung. 1983. Posner R., Bedeutungsmaximalismus und Bedeutungsminimalismus in der Beschreibung von Satzverknüpfern. In: Weydt H., Hrsg., Die Partikeln der deutschen Sprache. 1979. Wunderlich D., Studien zur Sprechakttheorie. ²1978.

semantische Achse [axe sémantique]. Bei Greimas (1966) der gemeinsame Nenner zweier (oder mehrerer) Terme *(weiß – schwarz, groß – klein),* der Hintergrund, vor dem die Artikulation der Bedeutung vor sich geht. Die s. A. »hat die Funktion, die ihr inhärenten Artikulationen zu subsumieren, zu addieren« (dt. 1971, S. 15). Eine s. A. fungiert als übergeordnete Einheit für zwei Elemente und für deren unterscheidende Inhaltsmerkmale (Grosse, in: Kallmeyer u. a. 2. 1974, S. 89).

Greimas A. J., dt. Strukturale Semantik. 1971. Grosse E. U., Zur Neuorientierung der Semantik bei Greimas. ZRPh 87; 1971; abgedr. bei Kallmeyer u. a., Lektürekolleg. 2. 1974.

semantische Antinomie. Widersprüchlichkeit hinsichtlich der Wahrheit bzw. des Wahrheitswertes einer Aussage, Paradoxie; auch *kretische A.* (wenn ein Kreter (= Lügner) sagt: *Alle Kreter sind Lügner* oder *Das, was ich jetzt sage, ist falsch*). Russell *(Russellsche Antinomie)* entdeckte eine grundsätzliche Antinomie in der Mengenlehre: Bei der Einteilung von Mengen in disjunkte Klassen (1) anomale Mengen oder solche, die sich selbst als Element enthalten, 2) Normalmengen oder solche, die sich selbst nicht als Element enthalten) muß M als die Menge aller Normalmengen entweder zu 1) oder zu 2) gehören. Oder:

In einer Kompanie erhält ein dort dienender Friseur den Auftrag, alle diejenigen zu rasieren, die sich nicht selbst rasieren. Was ist mit ihm selbst? Rasiert er sich selbst, so darf er sich nicht rasieren – rasiert er sich nicht selbst, so muß er sich selbst rasieren.

Der fünfte Satz dieses Absatzes ist falsch. Dieser Satz sagt also von sich selbst, daß er falsch sei. Ein Satz ist genau dann wahr, wenn der in ihm ausgesagte Sachverhalt zutrifft. Dieser wäre die Nicht-Wahrheit des fünften Satzes. Der Satz ist also genau dann wahr, wenn er falsch ist (Nach v. Kempski, S. 282f.).

Die s. A. läßt sich auflösen, wenn die Unterscheidung von →Objektsprache und →Metasprache eingeführt wird. Eine Aussage über den Wahrheitswert einer Aussage/eines Satzes kann nur auf der Ebene der Metasprache zur Sprache dieser Aussage/dieses Satzes gemacht werden, d. h., daß »ist wahr« bzw. »ist falsch« Prädikate der Metasprache sind. Verboten sind dann Ausdrücke, mit denen Aussagen in S *über* S gemacht werden (Verbot der semantischen Geschlossenheit). In der logischen Typentheorie erscheinen Gegenstände und Mengen in einer Hierarchie von Stufen, so daß der Begriff der Menge, die sich selbst enthält, nicht mehr gebildet werden kann. Denn Ausdrücke wie $\neg (a \in b)$ sind nur dann wohlgeformt, wenn b einer höheren Kategorie angehört.

Egli (1974, S. 37) weist darauf hin, daß dies für die Philosophie der natürlichen Sprache keine befriedigende Lösung ist, da die semantische Geschlossenheit der natürlichen Sprache intuitiv einleuchtend sei. Die philosophische Logik ist bemüht, die semantische Geschlossenheit zu rekonstruieren. Nach v. Kutschera (1976, S. 166ff.) läßt sich eine Wahrheitsregel-Semantik für eine typenfreie Sprache entwickeln, die

semantisch geschlossen sein kann. Im Sinne einer nicht-realistischen Semantik ergibt die Bedeutung von Prädikaten sich aus ihrem Gebrauch, und der Gebrauch von Prädikaten wird (im Kontext von Sätzen) durch Wahrheitsbedingungen angegeben. Eine Interpretation von S wird durch die Wahrheitsbedingungen von Sätzen gegeben, und ein Satz ist wahr oder falsch, wenn bestimmte andere Sätze wahr oder falsch sind.
Vgl. →Objektsprache, Metasprache, natürliche Sprache; wahrheitskonditionale Semantik.

Bar-Hillel Y., Do natural languages contain paradoxes? In: Ders., Aspects of language. 1970. Cargile J., Paradoxes. A study in form and predication. 1979. Egli U., Ansätze zur Integration der Semantik in die Grammatik. 1974. Grodziński E., Paradoksy semantyczne. 1983. v. Kempski J., Brechungen. 1964. Kindt W., Über Sprachen mit Wahrheitsprädikat. In: Habel Chr. Kanngießer S., Hrsg., Sprachdynamik und Sprachstruktur. 1978. Kripke S., Outline of a theory of truth. The Journ. of Philosophy 72; 1975. v. Kutschera F., Die Antinomien der Logik. Semantische Untersuchungen. 1964. Ders., Einführung in die intensionale Semantik. 1976. Martin R. L., The paradox of the liar. 1970. Stegmüller W., Hauptströmungen der Gegenwartsphilosophie. 1. ^{6}1976. Unvollständigkeit und Unentscheidbarkeit. Die metamathematischen Resultate von Gödel, Church, Kleene, Rosser und ihre erkenntnistheoretische Bedeutung. 1959. Das Wahrheitsproblem und die Idee der Semantik. 1968.

semantische Generalisation. Das Auftreten auf bestimmte Wörter konditionierter, physiologisch meßbarer (Speichelfluß, Lidschlag, Motorik) und anderer Reaktionen auch bei Nennung inhaltlich bzw. im →Wortfeld benachbarter Wörter, z. B. *Doktor – Arzt – Mediziner; Violine – Geige – Bogen – Mandoline.* Generalisationsleistungen variieren nach Alter und Intelligenz. Debile reagieren auf lautliche Ähnlichkeiten, gleichaltrige normal entwickelte Kinder auf Sinnverwandtschaft. Je ähnlicher die Bedeutungen der Stimuluswörter sind, in desto stärkerem Maße wird die Response ausgelöst, wobei die semantische Nähe immer wirkungsvoller ist als die phonetische. Vgl. →Mediation, Assoziation.

Feather B. W., Semantic generalization of classical conditioned responses: A review. Psych. Bull. 63; 1965. Luria A. R. Winogradowa O. S., An objective investigation of the dynamics of semantic systems. Brit. Journ. Psych. 50; 1959. Razran G., Semantic and phonetographic generalizations of salivary conditioning to verbal stimuli. Journ. Exper. Psych. 39; 1949. Maltzmann I., Theoretical conceptions of semantic conditioning and generalization. In: Dixon/Horton, Hrsg., Verbal behavior and general behavior theory. 1968. Švarc L. A., Uslovnye refleksy na slovesnye razdražiteli. Voprosy psichologii 1, 1960.

semantische Interpretation. 1) Die Interpretation eines Kalküls bzw. einer quantorenlogischen Sprache über einen endlichen Gegenstandsbereich mit Hilfe semantischer Regeln, die wohlgeformten Ausdrücken Bedeutungen bzw. Wahrheitswerte zuordnen (s. auch →Kalkülsprache, modelltheoretische Semantik). 2) In der *interpretativen Semantik* (gTG) das Resultat der Anwendung von Projektionsregeln, die Menge der semantisch interpretierten Phrasenmarker, die Ausgabe *(output)* einer semantischen Theorie (bzw. Komponente). Dabei werden Sätzen und ihren Bestandteilen Kombinationen von »semantischen Markierungen« zugeordnet; die s. I. stellt sich als Übersetzung aus der Objektsprache in die Markierungssprache dar (Lewis 1971, S. 169f.). In neueren Versionen (vgl. Chomsky 1981, S. 158f.) werden nicht *D-Strukturen,* sondern *S-Strukturen* interpretiert, und auch die Oberflächenstruktur hat daran Anteil. 3) Bei Bellert (1972) ist die s. I. einer Äußerung die Menge der Folgerungen oder Schlüsse, die aus der Äußerung abgeleitet werden können, wenn die Kenntnisse von Sprache, Kontext und Welt sowie die Fähigkeit zu folgern gegeben sind (s. auch →Folgerung, Inferenz).

Bellert I., Über eine Bedingung für die Kohärenz von Texten. In: Kiefer F., Hrsg., Semantik und generative Grammatik. 1. 1972. Abgedr. in: Kallmeyer W. u. a., Lektürekolleg zur Textlinguistik. 2. ³1980. Bierwisch M., Semantik. In: Lyons J., Hrsg., dt. Neue Perspektiven in der Linguistik. 1975. Chomsky N., Topics in the theory of generative grammar. In: Sebeok Th. A., Hrsg., Current trends in linguistics. 1966. Ders., dt. Regeln und Repräsentationen. 1981. Church A., dt. Intensionale Semantik. In: Stegmüller W., Hrsg., Das Universalien-Problem. 1978. Katz J. J. Fodor J. A. (1963), dt. Die Struktur einer semantischen Theorie. In: Steger H., Hrsg., Vorschläge für eine strukturale Grammatik des Dt. 1970. Reinhart T., Anaphora and semantic interpretation. 1984.

semantische Isotopie [isotopie du discours]. Die gegenseitige Verträglichkeit (→Kompatibilität) semantischer Einheiten, die von der semantischen Identität, Kontiguität oder Äquivalenz abhängt (vgl. →Texterwartung); das rekurrente (= wiederholte) Auftreten →semantischer Merkmale in einem Text, die Rekurrenz von →Semen. Vgl. →Textisotopie, Isotopie; semantische Kohärenz.

van Dijk T. A., Neuere Entwicklungen in der literarischen Semantik. In: Schmidt S. J., Hrsg., Text, Bedeutung, Ästhetik. 1970. Greimas A. J. (1966), dt. Strukturale Semantik. 1971. Grosse E. U., Zur Neuorientierung der Semantik bei Greimas. ZRPH 87; 1971. Rastier F. (1972), dt. Systematik der Isotopien. In: Kallmeyer W. u. a., Lektürekolleg zur Textlinguistik. 2. 1974. ³1980.

semantische Kohärenz. Inhaltlicher oder sachlicher Zusammenhang von Äußerungen und Äußerungsfolgen, der textkonstitutiv ist. Die s. K. ist eine notwendige, jedoch keine hinreichende Bedingung für

Textualität, da Textthema und pragmatische Bedingungen oft die wesentliche Rolle spielen. Eine Unterbrechung der s. K. im Textverlauf kann ein Signal für eine Gliederung des Textes z. B. in *Absätze* sein, da diese sich als Mikroeinheiten oder Mikrothemen durch stärkere (innere) s. K. auszeichnen.
Vgl. →Textkohärenz, Kohärenz.

semantische Kompatibilität. Die semantische (oder auch syntagmatische) Verträglichkeit vor allem von Substantiv und Verb, die sich aus den durch diese bezeichneten Sachverhalten ergeben kann.
Vgl. →Kompatibilität, wesenhafte Bedeutungsbeziehungen, semantische Kongruenz.

semantische Kompetenz. Bei Searle die Fähigkeit eines Sprechers, Sätze zum Vollzug von Sprechakten zu verwenden bzw. Sprechakte zu vollziehen; die Kenntnis des Beziehungskomplexes zwischen semantischen Intentionen, Regeln und den von diesen spezifizierten Bedeutungen. Chomskys Beschreibung der →Kompetenz liefere in semantischer Hinsicht einen sterilen Formalismus oder Paraphrasen, die nichts erklären. Im Gegensatz zu Chomsky bestehe die Bedeutung von Sätzen wesentlich darin, daß man in der Lage ist, Sätze zu verwenden, um Feststellungen zu treffen, Fragen zu stellen, Forderungen aufzustellen usw. Solche Sprechakte sind regelgeleitet und intentional; eine entscheidende Rolle spielen bei ihnen die semantischen Intentionen des Sprechers (1974, S. 429ff.).
Vgl. →Sprechakt, indirekter Sprechakt.

Searle J. R., dt. Sprechakte. 1971. Ders., dt. Chomskys Revolution in der Linguistik. In: Grewendorf G. Meggle G., Hrsg., Linguistik und Philosophie. 1974.

semantische Komponente. In Chomskys →generativer Transformationsgrammatik (1965) eine rein interpretative Komponente, die die →semantische Interpretation eines Satzes determiniert, indem sie die von der syntaktischen Komponente erzeugte Struktur mit einer bestimmten semantischen Repräsentation verbindet. Die Hypothese, die der Konzeption der s. K. zugrunde liegt, besteht in der Annahme, daß der Prozeß der semantischen Interpretation beim natürlichen Sprecher ein kompositioneller Prozeß ist, in dem die Bedeutung komplexer Konstituenten sich als Funktion ihrer Teilkonstituenten ergibt (vgl. →Satzbedeutung). Die Regeln der s. K. sollen die Wirkungsweise dieser Prinzipien nachvollziehen.

Vgl. →interpretative Semantik, semantische Interpretation.

Katz J. J. Fodor J. A., The structure of a semantic theory. Lg 39; 1963. Dt. in: Steger H., Hrsg., Vorschläge für eine strukturale Grammatik des Deutschen. 1970. Katz J. J., dt. Philosophie der Sprache. 1970. Semantic theory. 1972.

semantische Komponenten →Komponentenanalyse, semantisches Merkmal

semantische Kongruenz. Semantische Bindung, Bedeutungsbeziehung. Bei Leisi in Anlehnung an den Begriff der grammatischen →Kongruenz die notwendige inhaltliche Übereinstimmung von Subjekt und Verb, Verb und Objekt, die »Übereinstimmung in den Klassifikationen durch Substantiv und Verb« (S. 71). In *Der Bach fließt* wird das »Bezeichnete« doppelt, durch Substantiv und Verb klassifiziert; die beiden Klassifikationen des »Gegenstandes« dürfen sich nicht widersprechen (z. B. **Das Wasser weht*). *Schießen* klassifiziert im Gegensatz zu engl. *shoot* das Objekt als jagdbares Wild *(Er schießt Hasen, Rehe, *Menschen).* Zerrissen wird die s. K. in der →Metapher. Vgl. →wesenhafte Bedeutungsbeziehungen, syntagmatische Anschließbarkeit; Satzsemantik.

Leisi E., Der Wortinhalt. ^{4}1971.

semantische Nische →Wortnische

semantische Relationen →Tiefenkasus

semantische Repräsentation. 1) Im Sinne der sogenannten Standard-Version der gTG (Chomsky, Katz, Postal u. a.) eine bestimmte Menge von Lesarten, ein semantisches System zur Spezifikation der Bedeutung, ein System, das die einem Satz inhärente Bedeutung zu charakterisieren hat. Die syntaktisch fundierte Standardtheorie spezifiziert für jeden Satz eine syntaktische Struktur, eine nach universalen Prinzipien organisierte s. R. und eine phonologisch-phonetische Repräsentation.
2) In der →generativen Semantik wird in einem ersten Schritt die semantische Struktur des Satzes in Form einer s. R. mit prädikatenlogischen Mitteln erzeugt. Die s. R. erhält durch Applikation des Wörterbuchs und bestimmter Transformationen eine syntaktische Interpretation. Im ganzen wird das Verhältnis zwischen Syntax und Semantik als sehr eng betrachtet; syntaktische Eigenschaften werden aus semantischen abgeleitet bzw. als semantisch motiviert aufgefaßt. Der

Gegensatz zwischen Wort-Semantik und Satz-Semantik erscheint aufgehoben, und s. R. und Tiefenstruktur können als prinzipiell identisch angesetzt werden.
Bei der Status- und Funktionszuweisung von s. R. werden unterschiedliche Auffassungen vom Verhältnis zwischen Syntax und Semantik evident. Intuitiv überzeugender scheint eine semantisch konzipierte Grammatiktheorie. In kategorialen Syntaxen wird versucht, die semantische Charakteristik von Ausdrücken im Zusammenhang mit der gegebenen Lexikoninformation im Hinblick auf die syntaktische Ableitung zu konstruieren (Verbindung von syntaktischer und semantischer Analyse im Sinne des Kompositionalitätsprinzips). Unter dem Aspekt des propositionalen Gehalts sind s. R. für einen Satz Symbolketten einer Logiksprache, denen Mengen von Wahrheitsbedingungen bzw. Wahrheitssituationen zugeordnet werden (s. auch →Montague-Grammatik).
3) In psycholinguistischen Arbeiten (kognitive Psychologie, künstliche Intelligenz) werden s. R. als propositionale Netzwerke aufgebaut. Vgl. →semantisches Netzwerk, Satzbedeutung, semantisches Gedächtnis.

Ballweg-Schramm A., Onomasiologie und generative Semantik. In: Ballweg-Schramm A. Lötscher A., Hrsg., Semantische Studien. 1977. Bierwisch M., Semantik. In: Lyons J., Hrsg., dt. Neue Perspektiven in der Linguistik. 1975. Bobrow D. G. Collins A., Hrsg., Representation and understanding. Studies in cognitive science. 1975. Fanselow G. Felix S., Noam Chomsky. SuL 15; 2, 1984. Hundsnurscher F., Überlegungen zur Generativen Semantik. In: Werner O. Fritz G., Deutsch als Fremdsprache und neuere Linguistik. 1975. Immler M., Generative Syntax – Generative Semantik. Darstellung und Kritik. 1974. Jakkendoff R., Semantic interpretation in generative grammar. 1972. McCawley J. D., Semantic representation. In: Garvin P., Hrsg., Cognition: A multiple view. 1970. Seuren P. A. M., Zwischen Sprache und Denken. 1977. Scholnick E. K., Hrsg., New trends in conceptual representation: challenges to Piaget's theory. 1983.

semantischer Kasus →Tiefenkasus

semantisches Differential [semantic differential, différential sémantique]. Verfahren bzw. Methode zur Erfassung der →konnotativen Bedeutung (s. auch →Konnotation), die fast gleichzeitig und unabhängig von Osgood u. a. (vgl. →Bedeutungsmessung) und Hofstätter (Polaritätsprofil, Profilmethode) ausgearbeitet wurde. Versuchspersonen ordnen Wörter/Begriffe auf mehreren Skalen ein, die sich jeweils zwischen polaren Adjektiven (*fröhlich – traurig, schnell – langsam, stark – schwach* usw.) befinden. Für einen beurteilten Begriff wird dann das arithmetische Mittel der Einordnungen gebildet, und der Vektor der Mittelwerte stellt das Polaritätsprofil dar. Bei Osgood werden die Korrelationskoeffizienten berechnet, und die Faktorenanalyse der Interkorrelationsmatrix führt zur Darstellung der Faktoren in einem semantischen Raum *(semantic space)*. Bei Hofstätter werden die Korrelationen zwischen den Profilen verschiedener Begriffsbewertungen analysiert und als Meßwerte der Ähnlichkeit interpretiert; der semantische Raum wird durch (mindestens) drei statistisch abgesicherte Dimensionen konstituiert. S. auch →Bedeutungsmessung.

Hoberg R., Die Lehre vom sprachlichen Feld. Sprache der Gegenwart 11. 1970, S. 130–137. Hofstätter P. R., Über Ähnlichkeit. Psyche 9. 1959. Hofstätter P. R. Lübbert H., Die Untersuchung von Stereotypen mit Hilfe des Polaritätsprofils. Zs f. Markt- und Meinungsforschung 1, 1958. Ders., Zur Problematik der Profilmethode, in: Diagnostica. Bd. 5, 1959. Micko H. Ch., Die Bestimmung subjektiver Ähnlichkeiten mit dem semantischen Differential. Zs f. experimentelle und angewandte Psychologie. Bd. 9, 1962. Osgood Ch. E., Probing subjective culture. Journ. of communication 24; 1974.

semantisches Dreieck. Auch: Zeichenmodell, semantisches Diagramm. Das Dreiecksschema von Ogden und Richards (1923, [10]1969, S. 11), das vor allem veranschaulichen soll, daß zwischen *Symbol/Signifikant/Lautform* und *Referent/Sache/Gegenstand/Denotat/Designat* grundsätzlich keine direkte und keine relevante Beziehung besteht und daß Zeichen und Dinge sich nur über die Interpretation bzw. den Begriff, die Bedeutung oder den Inhalt aufeinander beziehen lassen:

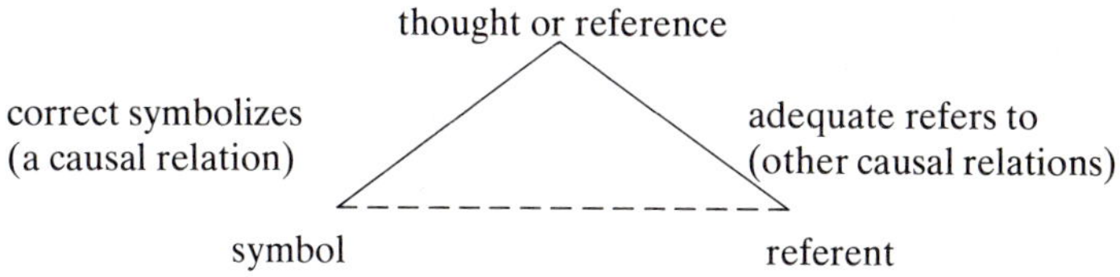

Ullmann versteht Bedeutung als reziproke Relation von *Lautform* bzw. Name und *Sinn* und beschränkt sich

> auf die linke Seite der Figur, da nur hier sprachliche Faktoren direkt beteiligt sind. Die Beziehung zwischen Sinn und Bezugspunkt (*thought* und *referent*) gehört in den Zuständigkeitsbereich der Psychologie, was aber nicht besagt, daß die Sprache nicht auch an der Formung des Vorstellungsinhaltes . . ., insbesondere wenn es sich um Abstraktionen handelt, entscheidend mitwirkt (S. 67).

Abgewandelte Dreiecksmodelle stellen Stern (1931), Zvegincev (1957) und Lyons (dt. [5]1980) vor. Heger und Baldinger differenzieren

an der Spitze des Dreiecks zwischen einzelsprachlichem *signifié* und universalem *concept* und erhalten damit ein Trapez (vgl. →quantitative Konsubstantialitätsrelation, Zeichen, Onomasiologie).
Vgl. →Zeichenmodelle, semiotisches Dreieck, Arbitrarität des sprachlichen Zeichens.

Henne H. Wiegand H. E., Geometrische Modelle und das Problem der Bedeutung. ZDL 36; 1969. Lyons J., dt. Einf. in die moderne Linguistik. [5]1980. Ogden C. K. Richards I. A., The meaning of meaning (1923). [10]1969. Reznikov L. O., Erkenntnistheoretische Fragen der Semiotik. 1968. Schmidt S. J., Bedeutung und Begriff. 1969. Stern G., Meaning and change of meaning. 1931. Ullmann St., dt. Grundzüge der Semantik. 1967. Ders., dt. Semantik. Eine Einführung in die Bedeutungslehre. 1973.

semantisches Feld [semantic field, semantičeskoe pole]. Gesamtheit von Wörtern/Ausdrücken, die einen bestimmten Bereich von Bedeutungen erfassen; eine Gruppe von Ausdrücken, die zusammen mit ihren →Wortbedeutungen bzw. →Inhalten dem gleichen Sprachsystem und der gleichen Wortklasse zugehören und mindestens ein →semantisches Merkmal gemeinsam haben (Funkkolleg Sprache. 2, 1973). Bei der strukturellen Beschreibung s. F. erfolgt die Zuordnung von Inhalten innerhalb eines bestimmten Kontextes, ebenso die Bestimmung der semantischen Relationen zwischen den Ausdrücken; die feldinternen Inhalte werden durch →semantische Merkmale definiert. Der Begriff des s. F. wird vor allem als Instrument zur Gliederung des Wortschatzes gebraucht. Es gibt aber auch funktionale bzw. funktional-kommunikative Anwendungen, z. B. als *Modalfeld, Temporalfeld* usw.
Vgl. →Wortfeld, Feld.

Brinkmann H., Die dt. Sprache. [2]1971. Funkkolleg Sprache 2. 1973. Schippan Th., Lexikologie der dt. Gegenwartssprache. 1984.

semantisches Gedächtnis [semantic memory]. (Langzeit)Speicher, der die für den Sprachgebrauch notwendige semantische und enzyklopädisch-konzeptuelle Information enthält. Das s. G. verfügt über Muster und Strukturen der Wissensorganisation, z. B. über episodisch-semantische Schemata oder *Rahmen* von wiederkehrenden (zeitlich und räumlich fixierbaren) Ereignissen der alltäglichen Erfahrung. Diese werden als Repräsentationen von ›Gegenständen‹, Begriffen und Relationen in Form semantischer Netzwerke modelliert. Das s. G. kann als generativ und kreativ bezeichnet werden, da durch Prozesse der →Inferenz neue Strukturen gebildet werden. Als Darstellungen des s. G. konkurrieren Merkmalsmodelle mit Netzwerkmodellen.

Vgl. →semantisches Netzwerk, internes Lexikon, Wissen, semantisches Merkmal.

Aebli H., Elemente zu einer post-Piagetschen Konzeption der Entwicklung in den Theorien des semantischen Gedächtnisses. In: Montada L., Hrsg., Brennpunkte der Entwicklungspsychologie. 1979. Arbinger R., Entwicklung und Veränderung kognitiver Strukturen. 1980. Ders., Gedächtnis. 1984. Foss D. J. Hakes D. T., Psycholinguistics. 1978. Gentner D., Der experimentelle Nachweis der psychologischen Realität semantischer Komponenten: Die Verben des Besitzens. In: Norman D. A. u. a., Strukturen des Wissens. 1978. Klatzky R. L., Human memory. Structures and processes. 1975. Klix F. u. a., Zur Frage der Unterscheidbarkeit von Klassen semantischer Relationen im menschlichen Gedächtnis. In: Bierwisch M., Hrsg., Psychologische Effekte sprachlicher Strukturkomponenten. 1979. Noordman-Vonk W., Retrieval from semantic memory. 1979. Rumelhart D. E. u. a., A process model für long-term memory. In: Tulving E. Donaldson W., Hrsg., Organization of memory. 1972. Smith E. E., Theories of semantic memory. In: Estes W. K., Hrsg., Handbook of learning and cognitive processes. Bd. 6. 1978.

semantisches Lernen. Der Erwerb von Bedeutungen und Begriffen im Rahmen des vorschulischen, schulischen und weiteren (sozialisatorischen) Spracherwerbs, der sich im semantisch-pragmatischen Bereich bis ins hohe Alter fortsetzen dürfte.
Die Frühphasen des Spracherwerbs beschreibt Halliday (1975) als Prozeß des s. L., der als semiotischer sowie sozialinteraktiver und akkulturativer Prozeß gesehen wird, vor dem Hintergrund seiner funktionalen Sprachauffassung, in dem das Kind die instrumentale, die regulatorische, die interaktionale, die heuristische und die imaginative Sprachfunktion erwirbt (vgl. →Sprachfunktionen).
Das s. L. ist nicht nur rein sprachliches Lernen. Die Aneignung von Bedeutungen und Begriffen ist eng verflochten mit der Aneignung der Wirklichkeit (bzw. der Strukturierung der Wirklichkeit) in sachlicher, sozialer und kognitiver Hinsicht.
Vgl. →Bedeutungserlernung.

Bruner J. S. u. a., Studien zur kognitiven Entwicklung. 1971. Ders., Child's talk: learning to use language. 1983. Halliday M. A. K., Learning how to mean. Explorations in the development of language. 1975. Keil F. C., Semantic and conceptual development. An ontological perspective. 1979.

semantisches Merkmal [semantic feature, trait (distinctif) sémantique, semantičeskij priznak]. Bedeutungsatom, Bedeutungskomponente, Element des Begriffs bzw. Inhalts, der als in sich (mikro) strukturiert aufgefaßt wird, Basis-Element und Konstrukt einer semantischen Theorie, das sich mit Konstrukten wie *Atom, Gen* usw. vergleichen läßt. Bei der Konzeption des s. M. handelt es sich um eine Übertra-

gung des Prinzips der →distinktiven Merkmale der Phonologie auf den Bereich der Semantik, z. B. ± Menschlich, ± Erwachsen, ± Männlich usw. Wortbedeutungen können als Bündel von s. M. beschrieben werden. Es lassen sich Gemeinsamkeiten und Unterschiede lexikalischer Einheiten z. B. in einem →Wortfeld genau angeben.
Nach Kühn 1979 (S. 78) müssen bei der Feststellung s. M. für eine lexikalische Einheit neben Merkmalen konstitutiver und distinktiver Art symbolfunktionale s. M. berücksichtigt werden, die sich auf die Darstellungsfunktion der Sprache beziehen, aber auch signal- und symptomfunktionale Merkmale, die einen Sprecher unter geographischen, sozialen, gruppenspezifischen, beruflichen u. a. Aspekten charakterisieren (vgl. dazu O. Reichmann, Germ. Lexikologie, 1976).
S. M. bzw. Bedeutungskomponenten sind keine sprachlichen Einheiten, sondern Bauelemente unserer Erkenntnis, Einheiten perzeptiver und kognitiver Art. Bei Bierwisch (1967, S. 3) sind s. M. »certain deep seated, innate properties which determine the way in which the universe is conceived, adapted, and worked on«. Bei Katz (1967, S. 129) ist ein s. M. das unseren individuellen Vorstellungen in bezug auf eine Wortbedeutung Gemeinsame, d. h. die Vorstellung, die wir haben und in der zum Ausdruck kommt, was die Bedeutungen einer Gruppe von Wörtern begrifflich von denen einer anderen Gruppe unterscheidet. – Im Gegensatz zum System der distinktiven Merkmale der Phonologie gibt es noch kein vollständiges System s. M. für das Lexikon einer Sprache; ein solches ist auch prinzipiell nicht möglich.
Das Konzept des s. M. hat sich sowohl für Assoziationsexperimente als auch in der Aphasieforschung als relevant erwiesen (E. Weigl). Vgl. →Merkmal, Merkmalbündel, Komponentenanalyse, Wortbedeutung.

Bierwisch M., Some semantic universals of German adjectivals. FL 3; 1967. Abgedr. in Steger H., Hrsg., Vorschläge für eine strukturale Grammatik des Dt. 1970. Engelkamp J., Psycholinguistik. 1974. Hundsnurscher F., Neuere Methoden der Semantik. 1970. Kühn P., Der Grundwortschatz. 1979. Schippan Th., Lexikologie der dt. Gegenwartssprache. 1984. Wotjak G., Semantische Merkmalanalysen und Valenzmodelle. Vox Romanica 34; 1975.

semantisches Netzwerk [*semantic network*]. Semantisch-kognitive Organisationsstruktur oder Beziehungsgefüge zwischen konzeptuellen, referentiellen und propositionalen Einheiten als Modellierung und Repräsentation des semantischen (Langzeit)Gedächtnisses. Aktive s. N. erfüllen die Funktionen eines sprachverstehenden Systems, das auch die Voraussetzungen (Präsuppositionen) und die Implikationen/Inferenzen sprachlicher Äußerungen berücksichtigt.
Ein s. N. repräsentiert eine Theorie des sprachlichen Wissens und eine

Theorie der kognitiven Prozesse bei der Sprachverwendung im interdisziplinären Bereich von kognitiver Psychologie, Logik und Linguistik (vgl. →künstliche Intelligenz). Sprache erscheint dabei als ein Aspekt der kognitiven Fähigkeiten. Neben dem sprachlichen Wissen, das sich auf Wortschatz, Grammatik, Dialog- und Textkonstitution bezieht, ist das Sach- und Weltwissen ausreichend zu berücksichtigen, denn dieses legt fest, worüber in einem System sinnvoll *gesprochen* werden kann. Eine Trennung von semantischem und sachlichem Wissen erweist sich als schwierig; es scheint, daß sprachliches Wissen sich vor dem Hintergrund des allgemeinen Wissens konstituiert.
Netzwerkmodelle des semantischen Gedächtnisses stellen als beschriftete Graphen, in denen primäre und sekundäre Knoten durch Relationen miteinander verbunden sind, gegenüber Merkmalsmodellen die bevorzugtere Auffassung dar. Sie speichern Daten und führen informationsverarbeitende Prozesse aus.
Vgl. →semantisches Gedächtnis, künstliche Intelligenz, Textverarbeitung.

Anderson J. R., Language, memory, and thought. 1976. Bobrow D. G. Collins A., Hrsg., Representation and understanding. 1975. Collins A. M. Loftus E. F., A spreading-activation theory of semantic processing. Psychol. Review 82; 1975. Figueroa J. G. u. a., An approach to the problem of meaning: semantic networks. Journ. of Psychol. Research 5; 1976. Hays D. G., Kognitive Netzwerke. Formen und Prozesse. In: Eisenberg P., Hrsg., Semantik und künstliche Intelligenz. 1977. Kluwe R., Wissen und Denken. 1979. Norman D. A. Rumelhart D. E. und LNR-Group, Strukturen des Wissens. Wege der Kognitionsforschung. 1978. Rumelhart D. E. Norman D. A., Das aktive strukturelle Netz. In: Norman D. A. u. a., 1978. Weizenbaum J., dt. Die Macht der Computer und die Ohnmacht der Vernunft. 1977. Wender K. F. u. a., Modelle des semantischen Gedächtnisses. 1980. (S. auch →semantisches Gedächtnis.)

semantische Stufen →semantische Antinomie, Metasprache, Objektsprache

semantische Syntax. In seiner Diskussion zwischen autonomer Syntax mit einer syntaktisch spezifizierten Tiefenstruktur und einer interpretativen semantischen Komponente einerseits und generativer Semantik andererseits (vgl. →semantische Repräsentation) plädiert P. Seuren für eine s. S., in der nur ein generatives System wirksam ist und in der semantische Repräsentation und Tiefenstruktur identisch sind. Dem Begriff ›s. S.‹ gibt Seuren gegenüber dem Terminus ›generative Semantik‹ den Vorzug, weil er weder der Syntax, noch der *grammatischen* Semantik die Eigenschaft der Generativität zuspricht (Beide sind nur transformationell); diese komme vielmehr der *kognitiven* Semantik zu. Die Konzeption der s. S. enthalte gegenüber der Konzeption einer autonomen Syntax eine gewagtere Behauptung; wenn diese richtig ist, bringe sie mehr Gewinn zu geringeren Kosten (1977, S. 86f.).

Chomsky N., Studies on semantics in generative grammar. 1972. Dirven R. Radden G., Semantische Syntax des Englischen. 1977. Seuren P. A. M., Hrsg., Generative Semantik: Semantische Syntax. 1973. Ders., Zwischen Sprache und Denken. 1977.

semantische Verträglichkeit →Kompatibilität, Kollokation, semantische Kongruenz

semantisch-syntaktischer Hof →wesenhafte Bedeutungsbeziehungen, semantische Kongruenz

Semasiologie (σῆμα, σημεῖον = Zeichen). Wortbedeutungslehre, lexikalische Semantik mit synchronem und diachronem Aspekt, Zweig der Linguistik, der (im Unterschied zur →Semantik, die die inhaltliche Seite aller sprachlichen Einheiten erforscht) die lexikalischen Bedeutungen und ihre (historischen) Veränderungen untersucht. Die S. geht im Gegensatz zur →Onomasiologie vom Wort (von seiner lautlichen Form) aus und untersucht alle mit diesem verbundenen →Wortbedeutungen. Die S. ist die Lehre vom Wort und vom Wortbestand, d. h. vom lexikalischen Teilsystem der Sprache und seinen Veränderungen; sie bildet das Kernstück der Lexikologie (Th. Schippan, [2]1975).
Die S. wurde um 1825 von Chr. K. Reisig in seinen Vorlesungen zur lateinischen Sprachwissenschaft begründet. Wichtige Beiträge stammen in seiner Nachfolge von F. Haase, F. Eckstein, F. Heerdegen, H. Lehmann, G. Franz.
Vgl. →Onomasiologie; lexikalische Semantik, Lexikologie; Wortforschung.

Baldinger K., Die Semasiologie. Versuch eines Überblicks. 1957. Sémasiologie et onomasiologie. RLR 28; 1964. Dt. in Geckeler H., Hrsg., Strukturelle Bedeutungslehre. 1978. Gipper H., Der Inhalt des Wortes und die Gliederung der Sprache. In: Duden. Grammatik der dt. Gegenwartssprache. [4]1984. Gomperz H., Über Sinn und Sinngebilde, Erklären und Verstehen. 1929. Heerdegen F., Untersuchungen zur lat. Semasiologie. 1875–1881. Heger K., Die Semantik und die Dichotomie von langue und parole. Neue Beiträge zur theoretischen Standortbestimmung von Semasiologie und Onomasiologie. ZRPh 85; 1969. Huber K., Der Systemgedanke in der S. und seine Voraussetzungen. 1957. Kronasser H., Handbuch der Semasiologie. 1952. Schippan Th., Einf. in die Semasiologie. [2]1975. Sperber H., Einf. in die Bedeutungslehre. 1923. [3]1965.

Weisgerber L., Die Bedeutungslehre – ein Irrweg der Sprachwissenschaft? GRM 15; 1927. Abgedr. in: Gipper H., Hrsg., Zur Grundlegung der ganzheitlichen Sprachauffassung. 1964. Wiegand H. E., Synchronische Onomasiologie und Semasiologie. 1970. Zvegincev V. A., Semasiologija. 1957. Reisig Chr. K., Vorlesungen über lateinische Sprachwissenschaft. Bde 1–3. 1881–1890. Nachdruck 1972.

Sematologie. Begriff bei K. Bühler (1934, ²1965) im Sinne von Sprach- und Zeichentheorie.

Bühler K., Sprachtheorie. ²1965.

Semem (griech. σῆμα: Zeichen). Bei Noreen (1908 ff.) die *inhaltliche Seite* des sprachlichen Zeichens (im Sinne von Saussures *signifié*), bei Bloomfield (1926, 1933) die *Bedeutung des Morphems;* die Inhaltsform des kleinsten bedeutungstragenden Sprachzeichens, dessen Ausdrucksform das →Monem ist; bei Greimas der *Inhalt eines Lexems* als Summe/Kombination von Sem-Kern *(noyau sémique)* auf semiologischer Ebene und den *sémes contextuels* auf semantischer Ebene; die einzelnen, durch den jeweiligen Kontext spezifizierten *Bedeutungen* eines Monems/Lexems, die sich als Bündel von →Noemen beschreiben lassen; eine monosemierte Einheit der Inhaltsebene (Heger); die Bedeutung des Lexems, dessen Ausdrucksseite das →Semantem bildet (Zierer). Den erkenntnistheoretischen Status des S. diskutiert Wotjak (1971, S. 42 ff.). Bei Neubert (1981) sind S. komplexe kognitiv-sprachliche Potentiale.
Vgl. →Sem; Wortbedeutung.

Greimas A. J., dt. Strukturale Semantik. 1971. Heger K., Die meth. Voraussetzungen von Onomasiologie und begrifflicher Gliederung. ZRPh 80; 1964. Lamb S., The sememic approach to structural semantics. AmA 66; 1964. Neubert A., Zu einigen aktuellen Problemen der lexikalischen Semantik. 1981. Scheler M., Das Semem und sein Verhältnis zum Lexem. LB 23; 1973. Trnka B., Words, semantemes and sememes. In: To honor R. Jakobson. 1967. Wotjak G., Untersuchungen zur Struktur der Bedeutung. 1971.

Semiologie [sémiologie]. Auch: Semeologie, Semologie. Bei Saussure »eine Wissenschaft, die das Leben der Zeichen im Rahmen des sozialen Lebens untersucht«; sie soll lehren, worin die Zeichen bestehen und welche Gesetze sie regieren. Die Sprachwissenschaft ist nur ein Teil der S., die ihrerseits einen Teil der Sozialpsychologie bildet (dt. ²1967, S. 19); andererseits kann die Sprachwissenschaft Musterbeispiel für die S. werden, da die Sprache das reichhaltigste und zugleich am meisten charakteristische Zeichensystem ist (S. 80).
Vgl. →Semiotik.

de Saussure F., dt. Grundfragen der allg. Sprachwissenschaft. ²1967.

Semion. (Als Analogon zu Elektron, Neutron) in Šaumjans →applikativem generativen Modell die elementaren Einheiten im abstrakten Generator, die einfachsten semiotischen Objekte, die Elementarteilchen, die jeder linguistischen Einheit zugrunde liegen, die mit den →distinktiven Merkmalen zu vergleichen sind. Das S. ist die Repräsentation des →Episemions, d. h. ein Operator oder ein Operand (S. 243f.).

Šaumjan S., dt. Strukturale Linguistik. 1971.

Semiose [semiosis]. Der Prozeß, bei dem ein Etwas als Zeichen fungiert. Bei Peirce das konstitutive Charakteristikum des →Zeichens, ein Prozeß, der eine triadische Zeichenbeziehung realisiert,

> eine Aktion oder ein Einfluß, der aus einer Kooperation dreier Objekte besteht oder diese einschließt, wie z. B. ein Zeichen, sein Objekt und sein Interpretant, wobei dieser tri-relative Einfluß auf keinerlei Weise in Aktionen zwischen je zwei Objekten aufgelöst werden kann (nach Ch. S. Peirce, Schriften II, 1970, S. 482, hrsg. von K.-O. Apel).

Bei Peirce handelt es sich um die drei Fundamentalkategorien der *Erstheit*, der *Zweitheit* und der *Drittheit*, deren relationslogische Herleitung er 1885 vorgenommen hat.
Bei Morris (1938, dt. ²1975) sind die drei Komponenten der S. jeweils Zeichenträger, Designat und Interpretant; hinzu kommt der Interpret. In der S. nimmt

> etwas von etwas anderem mittelbar, das heißt durch die Vermittlung von etwas Drittem Notiz. Eine Semiose ist also ein mittelbar-Notiz-Nehmen-von. Die Vermittler sind *Zeichenträger;* die Notiznahme sind *Interpretanten;* die Akteure in diesem Prozeß sind *Interpreten;* das, von dem Notiz genommen wird, sind *Designate* (S. 21, 92f.).

In bezug auf Gegenstände und Sachverhalte sind S. beliebigen Grades möglich; es kommt darauf an, von welchem Merkmal eines Gegenstandes oder Sachverhalts Notiz genommen wird. Innerhalb der S. als eines einheitlichen Prozesses lassen sich als Aspekte oder Ebenen die *semantische*, die *pragmatische* und die *syntaktische* Dimension unterscheiden.
Vgl. →Designat, Interpretant, Zeichen; semiotische Funktion.

Bense M., Semiotische Prozesse und Systeme. 1975. Eco U., dt. Einführung in die Semiotik. 1972. Koch W., Hrsg., Semiogenesis. 1981. Morris Ch. W., dt. Grundlagen der Zeichentheorie. Ästhetik und Zeichentheorie. ²1975. Ders., dt. Zeichen, Sprache und Verhalten. 1973/1981. Peirce Ch. S., Schriften II. 1970 (hrsg. von K.-O. Apel).

Semiotik (σῆμα, σημεῖον = Zeichen, Kennzeichen, Signal). Allgemeine Zeichentheorie, Wissenschaft von den allgemeinen Eigenschaften von Zeichensystemen, »the doctrine of the essential nature and fundamental varieties of semiosis« (Peirce 1934, S. 488), die sich nach Peirce und Morris in *Syntax, Semantik* und *Pragmatik* gliedert (bei G. Klaus auch →Sigmatik). Die S. ist bei langer Tradition (Stoa, Ockham, Leibniz, Locke) eine Wissenschaft des 20. Jh., nach Schaff (dt. 1969) hervorgegangen aus der Ehe von (logischem) Neopositivismus und →Pragmatismus (speziell dessen Untersuchungen zum Einfluß der Zeichen auf menschliches Verhalten). Von ihrer Grundintention her wollte die S. das Organon einer (methodologischen) Metasprache für Philosophie und Wissenschaftstheorie bereitstellen (K.-O. Apel). Nach Peirce sollte die logische Forschung vor allem die kommunikativen Zeichen untersuchen. Nach Morris bietet die S.

eine Grundlage für das Verstehen der hauptsächlichen Formen menschlicher Tätigkeit sowie deren gegenseitiger Abhängigkeit, da alle diese Tätigkeiten und Beziehungen in den Zeichen widergespiegelt werden, die die Tätigkeit vermitteln . . . Nach alter Tradition sollte es die Aufgabe der Philosophie sein, einen Einblick in die charakteristischen Formen der menschlichen Tätigkeit zu geben und nach der am meisten allgemeinen und am meisten systematischen Erkenntnis zu streben. Diese Tradition erscheint in moderner Gestalt als Identifizierung der Philosophie mit der Zeichentheorie (Foundations, S. 58 – nach Schaff 1969, S. 85f.).

Die S. wird trotz philosophischer Neutralität

nichtsdestoweniger den weiteren Weg der Philosophie tiefgreifend beeinflussen, da sie sich mit Themen befaßt, die für die philosophische Systematisierung besonders wichtig sind (Signs, language, and behavior, S. 238).

Einflußreich ist in der Linguistik geworden die von Peirce angeregte und durch Morris im Kontext des logischen Positivismus bündig formulierte Dreiteilung der S. in *Syntax, Semantik* und *Pragmatik*. Logische und linguistische Sprachanalysen befassen sich durchaus erfolgreich oft mit Ausdrücken, deren Sprecher und deren (außersprachliche) Denotate nicht berücksichtigt werden (obwohl diese als Faktum immer gegeben sind – Carnap 1942). Abstrahiert eine Untersuchung von den Sprachbenutzern und von den Designaten, wird also nur die Analyse der Beziehungen zwischen Ausdrücken betrieben, so gehört die Untersuchung in den Bereich der (logischen) Syntax. Wird der Zusammenhang zwischen Ausdruck und Denotat untersucht, so gehört die Analyse in den Bereich der (logischen) Semantik. Wird in einer Untersuchung auf die Benutzer der Sprache Bezug genommen und auf ihre situativen Bedingungen, so gehört sie in den Bereich der Pragmatik, den Bereich des Zeichengebrauchs unter bestimmten Bedingungen. Die Pragmatik befaßt sich also mit der unverkürzten triadischen Zeichenrelation (insbesondere auch mit dem Interpretanten/Interpreten), die Semantik mit der Relation zwischen Zeichen und bezeichnetem Objekt, die Syntaktik oder Syntax mit den Beziehungen der Zeichen untereinander. (Die Fruchtbarkeit der Dreiteilung für linguistische Zielsetzungen ist wiederholt problematisiert worden. Eine überzeugende Alternative liegt bisher nicht vor.)

Innerhalb der (neueren) S. lassen sich als Ansätze unterscheiden strukturalistische (im Anschluß an Saussure), behavioristische (Morris u. a.), marxistisch-materialistische (Klaus, Resnikow, Schaff, Panfilov u. a.), phänomenologische, handlungstheoretisch orientierte. Von besonderer Bedeutung sind die Rekonstruktion des Ansatzes von Ch. S. Peirce durch die Stuttgarter Schule (M. Bense, E. Walther) und die an Peirce anknüpfende transzendental-hermeneutische Sprachpragmatik von K.-O. Apel, aber auch die S. von U. Eco.

Vgl. →Zeichen, Zeichenmodelle; Semiose, Interpretant.

Arbeitsgruppe Semiotik, Aachen, Hrsg., Die Einheit der semiotischen Dimensionen. 1978. Bense M., Semiotik. Allgemeine Theorie der Zeichen. 1967. Ders., Axiomatik der Semiotik 1981. Das Universum der Zeichen. Essays über die Expansion der Semiotik. 1983. Brög H., Hrsg., Probleme der Semiotik unter schulischem Aspekt. 1977. Eco U., Einführung in die Semiotik. 1972. Semiotics and the philos. of lang. 1984. Zeichen. Einführung in einen Begriff und seine Geschichte. 1977. Eschbach A., Zeichen, Text, Bedeutung. Bibliographie zu Theorie und Praxis der Semiotik. 1974. Ders., Semiotik. In: Althaus H. P. u. a., Hrsg., Lexikon der Germ. Linguistik. ²1980. Greimas A. J. Courtés J., Semiotique. Dictionnaire raisonné de la theorie du langage. 1979. Ivanov V. V., Einführung in allgemeine Probleme der Semiotik. 1985. Klaus G., Semiotik und Erkenntnistheorie. 1973. Morris Ch. W., dt. Grundlagen der Zeichentheorie. ²1975. Ders., dt. Zeichen, Sprache und Verhalten. 1973/1981. Pragmatische Semiotik und Handlungstheorie. 1977. Nöth W., Semiotik. 1975. Peirce Ch. S., The collected papers of Ch. S. Peirce. 1–6. (hrsg. von Ch. Hartshorne und P. Weiss) 1931 ff.; 7.–8. (hrsg. von A. Burks) 1958. Ders., Schriften I. 1967. II. 1970 (hrsg. von K.-O. Apel). Posner R. Reinecke H. P., Hrsg., Zeichenprozesse. Semiotische Forschung in den Einzelwissenschaften. 1977. Resnikow L. O., Erkenntnistheoretische Fragen der Semiotik. 1968. Ders., Zeichen, Sprache, Abbild. 1977. Schaff A., Einführung in die Semantik. 1969. Sauerbier S. D., Wörter, Bilder und Sachen. Grundlegung einer Bildersprachlehre. 1985. Silverman K., The subject of semiotics. 1983. Stokkinger P., Semiotik: Beitrag zu einer Theorie der Bedeutung. 1983. Trabant J., Elemente der Semiotik. 1976. Walther E., Allgemeine Zeichenlehre. 1974. Die Haupteinteilung der Zeichen. Semiosis 3, 1976. Welby V. L., What is meaning? Studies in the development of significance (1903). Hrsg. von A. Eschbach. 1983.

semiotische Funktion. Auch: symbolische Funktion. Bei Piaget die Fähigkeit des sich entwickelnden Kindes, vom zweiten Lebensjahr an

etwas durch ein Zeichen (bzw. durch irgendein Objekt) zu repräsentieren. Die s. F. kann durch Sprache, durch Gesten u. a. Systeme realisiert werden (z. B. Taubstummensprache). Die s. F. entsteht auf der Grundlage der verschobenen Nachahmung, d. h. einer Nachahmung bei nicht mehr gegenwärtigem Vorbild; sie umfaßt die Tätigkeiten des Spielens, Zeichnens, Malens und Modellierens sowie die inneren Bilder. Dabei gibt es einen Signifikator oder ein *Bezeichnendes,* der ein Signifikat *(Bezeichnetes)* repräsentiert. Die Sprache ist nur ein (wenn auch der wichtigste) Aspekt der s. F.
Die Fähigkeit, ein Symbol zu konstruieren, um Erkenntnis zu repräsentieren, erweitert das Erkenntnisvermögen des Kindes, indem dadurch dem wachsenden operativen Denkvermögen von der zufälligen Wahrnehmung unabhängiger Stoff geliefert wird; dies führt zum Aufbau einer inneren symbolischen Welt. Das Zeichen bedarf des lebenden Subjekts, das die →Repräsentation konstruiert und – beim Prozeß des Verstehens – rekonstruiert.
Obwohl das Denken sich ohne die s. F. nicht formulieren und mitteilen ließe, ist die s. F. bzw. die Sprache für das operative Denken nicht konstitutiv: Der ›Begriff‹ liegt innerhalb der operativen Erkenntnistätigkeit; das ›Symbol‹ liegt außerhalb der Operativität. Der erkennende Organismus konstruiert das Symbol zum Zweck der Repräsentation; ein Zeichen ist so gut wie die Intelligenz, der es dient.
Vgl. →Interiorisation, Repräsentation, Bedeutungserlernung; Semiose.

Ausubel D. P., Neobehaviorism and Piaget's view on thought and symbolic functioning. Child Development 36; 1965. Furth H. G., dt. Intelligenz und Erkennen. Die Grundlagen der genetischen Erkenntnistheorie Piagets. 1976. Piaget J., dt. Nachahmung, Spiel und Traum. Die Entwicklung der Symbolfunktion beim Kinde. 1969. Ders., dt. Einführung in die genetische Erkenntnistheorie. 1973. Piaget J. Inhelder B., L'image mentale chez l'enfant. Étude sur le développement des représentations imagées. 1966. Sutton-Smith B., Piaget on play: A critique. Psychological Review 73; 1966.

semiotisches Dreieck. Auch: semiotisches Zeichenschema. Veranschaulichende Darstellung der Konstitutionsbedingungen des Zeichens. Als triadische Relation ist das Zeichen nach Ch. S. Peirce ein

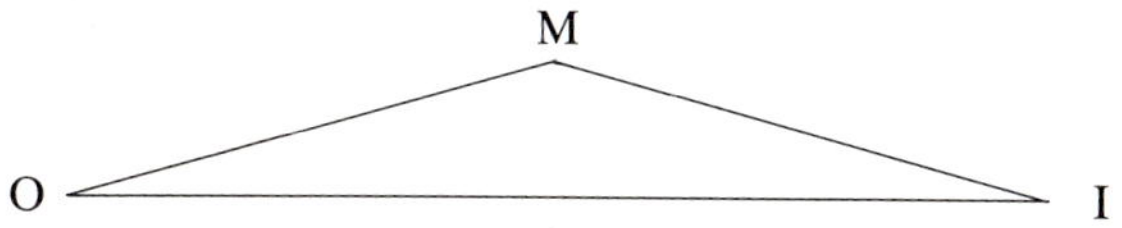

$Z = R\,(M, O, I)$

Etwas bzw. ein *Mittel* (M), das für ein anderes Etwas bzw. für ein *Objekt* (O) steht und für jemanden bzw. für einen *Interpretanten* (I) eine Bedeutung hat (s. Schema S. 921).
Vgl. →Semiose, Interpretant, Semiotik; Zeichenmodell, semantisches Dreieck.

Serialisierung. Lineare Anordnung der Satzglieder (von links nach rechts), die Herstellung ihrer Oberflächenstruktur.

Shannonsche Formel →bit

Sigmatik. Bei G. Klaus im Gegensatz zur *meaning*-Semantik die →Referenzsemantik *(theory of reference),* ein Aspekt bzw. eine Funktion des sprachlichen Zeichens, ein Teilgebiet der Semiotik, das die Beziehungen des Zeichens zu den bezeichneten Objekten erfaßt.
S. →Referenz, Referent (vgl. auch Freges Unterscheidung von →Sinn und Bedeutung).

Klaus G., Semiotik und Erkenntnistheorie. 1973.

Signal. Der Zeichenträger, Informationsträger, der Träger einer Nachricht (eine spezielle Schrift- oder Sprechform), der Zeichenkörper, der Lautkomplex als Träger der Bedeutung, der materielle Bestandteil des sprachlichen Zeichens. Bei der Kommunikation (s. auch →Kommunikationsprozeß) werden nicht *Informationen* übertragen, sondern S.: der Sender wählte eine Folge von S. aus, die seinen Inhalt manifestiert, er kodiert; der Empfänger ordnet den S. einen (seinem →Kode entsprechenden) Inhalt zu, er dekodiert. In der →Informationstheorie ist das S. ein physikalischer Zustand des Kanals, der zur Übertragung einer Nachricht dient. Unter formal-syntaktischem Aspekt ist eine Information die Abstraktionsklasse äquivalenter Signale bzw. »das, was bei beliebigen umkehrbar eindeutigen Kodierungen von Signalmengen invariant bleibt« (Klaus, in: Schaff 1969, S. 338); unter bestimmten Bedingungen ist die →Information mit dem S. gleichzusetzen.

Flechtner H.-J., Grundbegriffe der Kybernetik. [5]1970. Frank H. G., Kybernetische Grundlagen der Pädagogik. 1. [2]1969. Heike G., Sprachliche Kommunikation und linguistische Analyse. 1969. Schaff A., dt. Einführung in die Semantik. 1969. Steinbuch K., Automat und Mensch. [2]1963. Ungeheuer G., Sprache und Signal. 1977.

Signalphonetik →akustische Phonetik

Signem. Bei K. Heger, der die Dichotomie von *langue* und *parole* in Langue, ΣParole und Parole ausdifferenziert, eine sprachliche Einheit auf der Ebene der Langue, u. zw. ein *Linguem* als signifikative (inhaltliche oder semantische) Einheit. Damit wird im Sinne des Prinzips der →zweifachen Gliederung der Sprache *(double articulation)* das Linguem hinsichtlich seines signifikativen oder inhaltlichen Aspekts (= Signem) und seines distinktiven oder ausdrucksseitigen Aspekts (= Distingem) unterteilt. Die Minimaleinheit des S. ist das →Monem. Im Hegerschen Trapezmodell, das sowohl intensionale als auch extensionale Begriffsbestimmungen erfaßt, hat das S. seinen Ort im Mittelpunkt der linken Seite. S. auch → Zeichenmodelle.

Heger K., Monem, Wort, Satz und Text. [2]1976. Signemränge und Textanalyse. In: Gülich E. u. a., Linguistische Textanalyse. Überlegungen zur Gliederung von Texten. 1974. Gülich E. Raible W., Linguistische Textmodelle. 1977.

Signifikant [significant, signifiant, oboznačajuščee]. In Saussures bilateralem Zeichenmodell (Blattmetapher) die (lautliche) Manifestation des Zeichens, der morphonologische und morphosyntaktische Ausdruck des →Signifikats. S. →Bezeichnendes.

Signifikat [signified, signifié, oboznačaemoe]. In Saussures bilateralem Zeichenmodell die innere oder die semantische Seite des sprachlichen Zeichens, seine Bedeutung oder sein Inhalt, der durch den →Signifikanten manifestiert wird. S. →Bezeichnetes.

Silbe [syllable, syllabe, slog]. (συλλαβῆ ~ Zusammenfassung; Laut, Buchstabe, Ausdruck). Einheit des Redestroms bzw. Sprechkontinuums, Redeabschnitt, der sich durch Intensivierung (der Lautstärke) zwischen zwei Grenzen/Pausen als natürliche Einheit bei der Segmentierung der Rede ergibt – eine intuitiv erfaßte elementare Erscheinungsform der Sprache (offene Silbe: Konsonant + Vokal [KV], geschlossene S.: KVK, VK; Drucksilbe, Bewegungs-S., Strömungs-S., Schallsilbe). Nach v. Essen ([5]1979) ist die S. ein artikulatorisches Gestaltelement des Wortes, u. zw. die sprecherische Gestaltungseinheit des gesprochenen Satzes. Die spontane Rede kennt keine Gliederung in S. Wenn der Sprecher aber will, kann er silbisch gliedern und skandieren. Man nimmt in der Regel so viele S. wahr, wie Vokale bzw. Schalldruckgipfel oder Sonoritätsmaxima vorhanden sind.
S.-ngliederung und Morphemstruktur von Wörtern decken sich sehr oft nicht, z. B. *Hö-rer* vs *Hör-er, Spre-cher* vs *Sprech-er, Ta-ge* vs *Tag-e, Ach-tung* vs *Acht-ung,* so daß die Begriffe ›Präfix‹ und ›Suffix‹ nicht mit ›Vor-S.‹ und ›Nach-S.‹ zusammenfallen.

Eine experimentalphonetische Bestimmung der S. ist nicht möglich; das Bewußtsein einer S.-ngliederung scheint auf der artikulatorischen Ebene zu beruhen. Die S. ist ein prosodisches Gestaltungselement, dessen Umfang und Grenzen durch die phonologische Wort-Struktur der jeweiligen Sprache begründet werden; die S. ist eine Konstruktion zur Beschreibung von suprasegmentalen Merkmalen (Kohler 1977). Nach Kloster-Jensen (1963, S. 34) ist zu unterscheiden zwischen der *phonetischen* Bestimmbarkeit des S.-ngipfels und der *phonologischen* Bestimmbarkeit der S.-ngrenzen. Die S. hat einen phonetischen Kern und phonologisch zu bestimmende Grenzen. Die S. mit *Kopf, Nukleus* und *Koda* ist eine wortphonologische Beschreibungseinheit, mit Hilfe derer bestimmte Regularitäten angemessen formuliert werden können (Th. Vennemann). – Für Jakobson/Halle (²1971) bildet die S. den elementaren phonemischen Rahmen. Die universale S.-nstruktur ist KV.
Vgl. →Einsilbler, Phonotaktik.

Bell A. Hooper J. B., Hrsg., Syllables and segments. 1978. Catford J. C., Fundamental problems in phonetics. 1977. v. Essen O., Allgemeine und angewandte Phonetik. ⁵1979. Fallows D., Experimental evidence for English syllabification and syllable structure. JL 17; 1981. Hjelmslev L., dt. Die Sprache. 1968. Ders., dt. Die Silbe als strukturale Einheit. In: Aufsätze zur Sprachwissenschaft. 1974. Hooper J. B., The syllable in phonological theory. Lg 48; 1972. Kloster-Jensen M., Die Silbe in der Phonetik und Phonemik. Phonetica 9; 1963. Kohler K. J., Einführung in die Phonetik des Dt. 1977. Pilch H., Phonemtheorie. ³1974. Pulgram E., Syllable, word, nexus, cursus. 1970. Rosetti A., Sur la théorie de syllabe. ²1963. Vennemann Th., Universal syllabic phonology. TL 5; 1978. Ders., Hrsg., Silben, Segmente, Akzente. 1982. Cairns Ch. E. Feinstein M. H., Markedness and the theory of syllable structure. Linguistic Inquiry 13; 1982.

Singular →Numerus

Sinn [sense, sens, smysl]. Vielfältig und unterschiedlich gebrauchter Begriff, z. B.

- Zweck und Funktion (z. B. einer Handlung),
- Bedeutung oder Inhalt (auch eines umfangreicheren Textes, einer Geschichte),
- Bedeutung eines Wortes/Lexems in einem speziellen Kontext, in einer konkreten Redesituation,
- der Platz eines Wortes »in einem System von Beziehungen, die das Wort mit anderen Wörtern des Vokabulars eingeht« (Lyons, dt. 1971, S. 437),
- der S. einer Äußerung im Gegensatz zur Bedeutung eines Wortes (Ammer),
- die Bedeutung eines Satzes,
- die Inhaltsebene des Textes (Coseriu),
- das Ziel eines Sprechaktes (Prieto),

– die Bedeutung eines Textes, der mehr ist als ein Haufen von Bedeutungen. »Er gibt zur Summe der Bedeutungen die Determination hinzu, oder genauer gesagt: Er nimmt von der Summe der Bedeutungen einiges – das meiste – weg und setzt damit einen Sinn. Der S. ist das Resultat aus dem Plus der Bedeutungen und dem Minus der Determination« (Weinrich 1966, S. 24).

Nach Habermas (Zur Logik der Sozialwissenschaften, ²1971, S. 265f.) hängt der wirkliche S. eines Textes

eben nicht von dem Okkasionellen ab, das der Verfasser und sein ursprüngliches Publikum darstellen. Er geht zum mindesten nicht darin auf. Denn er ist immer auch durch die geschichtliche Situation des Interpreten mitbestimmt und damit durch das Ganze des objektiven Geschichtsganges.

Der S. eines Textes übertrifft seinen Autor. Verstehen ist nicht nur reproduktiv, sondern stets auch produktiv. Der S.

ist ein Aggregat von abgelagerten Bedeutungen, die sich fortwährend aus neuen Retrospektiven ergeben. Deshalb ist ein tradierter Sinn im Prinzip unvollständig, nämlich offen für Sedimente aus zukünftigen Retrospektiven (Unabschließbarkeit des Sinnhorizonts).

Luhmann versteht unter S. »eine bestimmte Strategie selektiven Verhaltens unter der Bedingung hoher Komplexität« (Theorie der Gesellschaft oder Sozialtechnologie – Was leistet die Systemforschung? 1971, S. 12).
Nach R. Bubner (1982, S. 16ff.) überlagert der S.-begriff sozialwissenschaftlicher Theorien deren Handlungsbegriff. Er erscheint immer wieder als ein den Handlungsbegriff substituierender Begriff. Die methodische Konzeption der verstehenden Soziologie ist am Schlüsselbegriff des S. orientiert.
Der S.-begriff Luhmanns ist sowohl phänomenologisch als auch kybernetisch geprägt. S. reduziert die Komplexität der Umwelt nicht endgültig, sondern erhält sie als Feld alternativer Möglichkeiten latent. S. als Zwecksetzung bedeutet Ausschaltung von Alternativen.
Auch bei J. Habermas ist S. der Schlüssel des Handelns, allerdings nicht als subjektiv *gemeinter* und objektiv zu *verstehender* (M. Weber), sondern als S. apriori und als grundsätzlich sozialer im Rahmen der →idealen Sprechsituation. S. wird in sozialer Interaktion bzw. im permanenten Dialog immer erst (sokratisch oder hermeneutisch) hergestellt. Er erscheint damit gegenüber zweckrationaler Arbeit abgedrängt in das Medium der Sprache.
Vgl. →Bedeutung, Intention, Meinen, Verstehen; Intension, Sinn und Bedeutung.

Bubner R., Handlung, Sprache und Vernunft. 1982. Gomperz H., Über Sinn und Sinngebilde. 1929. Keller W., Der Sinnbegriff als Kategorie der Geisteswissenschaften. 1937. Luhmann N., Sinn als Grundbegriff der Soziologie. In: Habermas J. Luhmann N., Theorie der Gesellschaft oder Sozialtechnologie. 1971. Schütz A., Der sinnhafte Aufbau der realen Welt (1932). 1974. Trabant J., Vom Sinn. In: Schlieben-Lange B., Hrsg., Sprachtheorie. 1975.

Sinn und Bedeutung. Bei Frege (1892) ist der bezeichnete Gegenstand (der →Referent) die Bedeutung des Zeichens, der Sinn des Zeichens ist die Art des Gegebenseins. Z. B. ist die Bedeutung von *Abendstern* und *Morgenstern* dieselbe, nicht aber ihr Sinn.

Die regelmäßige Verknüpfung zwischen dem Zeichen, dessen Sinn und dessen Bedeutung ist derart, daß dem Zeichen ein bestimmter Sinn und diesem wieder eine bestimmte Handlung entspricht, während zu einer Bedeutung (einem Gegenstande) nicht nur ein Zeichen gehört (^{2}1966, S. 42).

Es kommt nicht nur auf den Sinn eines Satzes an; es ist auch für ihn eine Bedeutung zu fordern. Der Wahrheitswert eines Satzes ist seine Bedeutung.
Vgl. →Intension, Proposition, Satzbedeutung.

Church A., Intensionale Semantik. In: Stegmüller W., Hrsg., Das Universalien-Problem. 1978. Davidson D., Wahrheit und Bedeutung. In: Sukale M., Hrsg., Moderne Sprachphilosophie. 1976. Frege G., Über Sinn und Bedeutung (1892). In: G. Frege, Funktion, Begriff, Bedeutung. Hrsg. Patzig G., ^{2}1966. Thiel Ch., Sinn und Bedeutung in der Logik Gottlob Freges. 1965. Tugendhat E., Die Bedeutung des Ausdrucks ›Bedeutung‹ bei Frege. In: Schirn M., Hrsg., Studien zu Frege. III: Logik und Semantik. 1976. Wiggins D., Frege's problem of the morning star and the evening star. In: Schirn M., Hrsg., II, 1976 (Logik und Sprachphilosophie). Baker G. P. Hacker P., Gottlob Frege: logical excavations. 1984. Eley L., Philosophie der Logik. 1985.

Sinnbezirk. Im Sinne von →Wortfeld als paradigmatischem Ordnungsprinzip des Wortschatzes einer Sprache (vgl. auch →Feld). Für J. Trier ist die Sprache nach den inhaltlichen Bezügen ihrer Elemente in S. gegliedert. Ein S. ist ein relativ selbständig erscheinender Ausschnitt aus dem sprachlichen Weltbild, »wobei außer- und innersprachliche Bedingungen bei der Umgrenzung zusammenwirken« (Die Erforschung der Sprachzugriffe 1. WW 7, 1956, S. 70). Bei Weisgerber ist S. der energetisch-leistungbezogene Aspekt des Wortfeldbegriffs als methodischer Hauptbegriff der leistungbezogenen Wortlehre, der in dieser Stellung den Begriff des Wortfeldes sowohl systematisch als auch hinsichtlich der Reichweite überbauen soll.
Vgl. auch →sprachliches Feld, Bedeutungsfeld.

Trier J., Der dt. Wortschatz im Sinnbezirk des Verstandes. Die Geschichte eines sprachlichen Feldes. Bd. 1: Von den Anfängen bis zum Beginn des 13. Jh. 1931. Teilabdr. in: Schmidt L., Hrsg., Wortfeldforschung. 1973. Weigerber L.,

Zum Sinnbezirk des Geschehens im heutigen Deutsch (1964). In: Schmidt L., Hrsg., 1973.

Situation. Im allgemeinen Sinne als kulturelle oder soziale S. alle zu einer bestimmten Zeit vorgegebenen Fakten, Eindrücke, Einstellungen, die sog. *Lage* als Komplex äußerer und innerer Bedingungen, die Gesamtheit der sozialen Bedingungen, die physikalischen und ökologischen Bedingungen usw.

Im engeren Sinne ist die S. des Sprechens durch die Bedingungen gegeben, unter denen Sprechakte geäußert und verstanden werden (Ort, Zeit, Rollenkonstellationen, Intentionen und Wirkungen des Sprechens usw.). Wahrnehmung und Interpretation der S., d. h., ein jeweils spezifisches S.-sverständnis führt zur Wahl angemessener sprachlicher Mittel. Nach H. Paul (1880) trägt die Situation zum Verstehen des Gesprochenen vieles bei. Der Sprecher kann manches unausgesprochen lassen, weil er mit Ergänzungen durch die S. rechnet. Hinzu kommen die Mienen und Gebärden von Sprecher und Hörer. Besondere sprachliche Mittel beziehen die Rede auf die S. (vgl. →deiktische Ausdrücke, Deixis).

Als objektive Umgebungsbedingungen, unter denen Menschen agieren, bestimmt den S.-sbegriff Herrmann (1982, S. 48ff.). Solche S. und sprecherspezifische Merkmale führen in ihrem Zusammenspiel zum jeweiligen subjektiven S.-sverständnis und zu einem bestimmten Verhalten. S. sind notwendige, nicht jedoch hinreichende Bedingungen für ein Verhalten. S.-seinflüsse auf das Sprechen sind von nichtpersonenbezogener, sprecherseitiger, hörerseitiger und wechselwirkender Art. – Scherer (1984) unterscheidet als Dimensionen der S. die soziale, physikalische und informatorische Dimension. In der sozialen Dimension scheinen ihm im Anschluß an Schank/Schoenthal (1976) bedeutsam: Teilnehmerzahl, Verhältnis der Teilnehmer zueinander, Kommunikationsort, Inszeniertheit der S., Öffentlichkeitsgrad, Situationsvertrautheit. Im ganzen ist die S. als offenes System zu betrachten. Zwischen S., Definition der S., Sozialsituation und *Lage* unterscheidet Bayer ([2]1984, S. 101).

Vgl. →Kommunikationssituation, Sprechsituation, Redekonstellation, Kontext; Situativität sprachlichen Handelns.

Barwise J. Perry J., Situations and attitudes. 1983. Bausch K.-H., Vorschlag zu einer Typik der Kommunikationssituationen in der gesprochenen dt. Standardsprache. 1973 (IDS 7). Bayer K., Sprechen und Situation. [2]1984. Ders., Plädoyer für eine situationstheoretische Pragmatik. ZGL 4; 1976. Brinkmann H., Die dt. Sprache. [2]1971. Germain C., La notion de situation en linguistique. 1973. Goffman, E., The neglected situation. AmA 66; 1964. Herrmann Th.,

Sprechen und Situation. 1982. Rehbein J., Komplexes Handeln. 1977. Schank G. Schoenthal G., Gesprochene Sprache. 1976. ²1983. Scherer H. S., Sprechen im situativen Kontext. 1984.

situative Grammatik [situational grammar, situativnaja grammatika]. (Begriff von Hornby 1950). Auch: Situationsgrammatik, situative Linguistik, Situationslinguistik. Ansätze zu einer pädagogischen bzw. didaktischen Grammatik für den Erst- und Zweitsprachenunterricht, die entweder situatives Sprachtraining im Sinne von Wittgensteins →Gebrauchstheorie der Bedeutung als notwendige und hinreichende Bedingung des Sprachlernens betrachten (Newmark/Reibel in IRAL 6, 1968) oder selektiv Elemente der traditionellen, dependentiellen, transformationellen Grammatik oder einer →kontrastiven Grammatik auf mündliche oder schriftliche, situativ gebundene Texte anwenden. Natürliche Situationen werden als Sprachlernsituationen modelliert; sprachliches Verhalten wird in behavioristischem Verständnis weitgehend als situativ konditioniert gesehen (West 1960, Billows 1962). Der situative Ansatz kann neben lebendiger Veranschaulichung von Wort- und Satzbedeutungen durch Thematisierung kommunikativer Problemstellungen zu rascherer und stärker motivierter Aneignung bzw. Elaborierung einer Sprache führen. Optimal wäre eine diesem Ansatz entsprechende systematische Grammatik, die situative Adäquatheit mit Komponenten einer zugrunde liegenden Grammatik verbinden könnte (Kirstein 1975); s. →Situativität sprachlichen Handelns, Schulgrammatik, didaktische Grammatik.
Vgl. →Situation, Sprechsituation, Situativität sprachlichen Handelns.

Apelt W., Situational grammar – ein elementares Anliegen des modernen Fremdsprachenunterrichts. Fremdsprachenunterricht 1965. Gak V. G., Vyskazyvanie i situacija. In: Šaumjan S. K., Hrsg., Problemy strukturnoj lingvistiki 1972. 1973. Kirstein B., Toward a situational grammar. LB 39; 1975. Maas U., Grammatische Kategorien und Sprechsituation. In: v. Stechow A., Hrsg., Beiträge zur generativen Grammatik. 1974. Silnickij G. G., Semantičeskie tipy situacij i semantičeskie klassy glagolov. In: Šaumjan S. K., Hrsg., 1973.

Situativität sprachlichen Handelns. Situationsgebundenheit bzw. Situationsbedingtheit s. H. 1) Prinzip jeder Kommunikation, das zu spezifischer Selektion der Kommunikationsabsicht angemessener sprachlicher und parasprachlicher Mittel und zu bestimmten Vertextungsstrategien führt. 2) Sprachdidaktisches Prinzip *(situational language teaching),* das zu neuen Prioritäten von Lernzielen und Lerninhalten im Erst- und Zweitsprachenunterricht angeregt hat. Es werden außersprachliche Gegebenheiten und in diese eingebettete Sprach- und

Sprechanlässe aufbereitet, um ein Optimum an kommunikativer Natürlichkeit und pragmatischer Effektivität, aber auch an pädagogischer Motivation zu erreichen; der Gebrauch von Sprache erscheint sinnvoll mit außersprachlicher sozialer Wirklichkeit verklammert. Nach Piepho (1967, S. 25) sind solche Situationen »methodische Verknüpfungen von anschaulichen, sprachlichen und kognitiven Faktoren, die bei den Schülern in bestimmter Weise Verhalten, Bewußtseinsabläufe und sprachliche Reaktionen auslösen, verstehbar machen oder festigen sollen«. Die Aufmerksamkeit des Situationsdidaktikers konzentriert sich auf den Stimulus der situativen Umgebung, in der bestimmte sprachliche Äußerungen erbracht werden sollen (Laitenberger 1974).

Typologien didaktisch möglicher Situationen zeigen, daß der Situationsbegriff sowohl lokal als auch funktional und intentional verstanden wird (*Auf der Post, Einkaufen von etwas, Zeitunglesen, Diskussion, Argumentieren* usw.). Für den Sprachunterricht ist das Prinzip der S. von Interesse, wenn ein relativ hoher Grad an Vorhersagbarkeit bzw. Rekurrenz besteht, d. h., wenn Redeabsichten, Situationen und sprachliche Mittel sich mehr oder weniger fest einander zuordnen lassen. Das ist nur in begrenztem Umfang zu erreichen (etwa im Rahmen des Tourismus); im allgemeinen ist die Anzahl solcher elementarer geschlossener Situationen, die sich zudem jederzeit durch mannigfaltige Einflüsse wandeln können, sehr gering (Hüllen 1976, S. 28f.). Die semantischen und grammatischen Kategorien einer Sprache sind notwendige Bestandteile situativer Sprechhandlungen, die bereitstehen müssen, wenn sprachlich kommuniziert wird; Kategorien der kommunikativen Funktion setzen Syntax und Phonologie voraus. Fremdsprachenunterricht solle schließlich befähigen, »sprachlich nicht vorhersehbare Abläufe zu meistern. Seine wesentliche Aufgabe sind also offene Situationen« (Hüllen 1976, S. 29).

Nach Wilkins (1972, dt. 1976, S. 187f.) stellt sprachliches Handeln ein Kontinuum dar, an dessen Ende Form und Inhalt von Äußerungen durch situative Kontexte determiniert scheinen (z. B. Kauf einer Fahrkarte, Bestellung einer Mahlzeit). Am anderen Ende dieses Kontinuums erweist der situative Kontext sich als irrelevant (z. B. Literatur, Unterhaltung zwischen Freunden). Ein situativ ansetzender Lehrplan stelle eine Alternative zum konventionellen, grammatisch und systematisch orientierten Lehrplan dar, »wenn es nützlich erscheint, nach den situativen Bedürfnissen zu fragen. Er wäre nicht unbedingt eine wertvolle Alternative für denjenigen, der eine Sprache lernt, ohne dabei ganz spezielle Ziele zu verfolgen« (dt. 1976, S. 188).

Nach Leont'ev (1969) sind auch die extralinguistischen Determinanten einer sprachlichen Äußerung bzw. die Komponenten didaktischer Sprechsituationen im Sinne von Piepho (1967) im Rahmen einer Theorie des sprachlichen Handelns zu reflektieren und auf ein Modell der →Sprachproduktion zu beziehen (s. auch →Sprechtätigkeit). – Daß Situationen die motivierende Anfangs- und Ausgangsphase von Sprachlernprozessen bilden sollten, hatte Hornby (1950) gefordert *(situational approach)*. Gurrey schlug vor, Unterrichtsstunden mit realen oder modellierten Situationen zu beginnen »and then so suggest or better have suggested the language that would be used in it« (1961, S. 75).

Im allgemeinen ist unser Sprachgebrauch situationsangemessen. Er ist jedoch nicht durch die Bedingungen der Situation determiniert. S. ist eine notwendige, aber keine hinreichende Bedingung sprachlichen Handelns.

Vgl. →Intentionalität sprachlichen Handelns, Situation, Sprechsituation, Kommunikationssituation.

Ager D. E., Language learning and sociolinguistics. IRAL 14; 3, 1976. Hornby A. S., The situational approach in language teaching. English Language Teaching 4; 1950. Hüllen W., Linguistik und Englischunterricht. Bd. 2. 1976. Piepho H. E., Kommunikative Kompetenz als übergeordnetes Ziel im Englischunterricht. 1974. Wilkins D. A., dt. Linguistik im Sprachunterricht. 1976.

Skript [*script*]. Internes, begrifflich repräsentiertes Schema oder Muster sich alltäglich wiederholender (stereotyper) Handlungs- oder Ereignisabfolgen situativer, instrumentaler oder personaler Art als erlerntes inneres Modell, das zur Verarbeitung gleichartiger oder ähnlicher Kontextzusammenhänge Sprechern/Hörern zur Verfügung steht. Solche S. oder Schemata ermöglichen das situationsangemessene Sprechen, Einordnen und Verstehen von Äußerungen durch Einbeziehen von Voraussetzungen, Folgerungen usw. Ein S. ist eine kognitive Struktur, die neben obligatorischen (routinemäßigen) Basisereignissen *(Szenen)* offene Stellen für (personale) Rollen, fakultative Ereignisse und Gegenstände (Abweichungen, Modifikationen) sowie Möglichkeiten zu implikativer Strukturbildung enthält (Ziehen von *Inferenzen*).

Vgl. →Rahmen, Kasusrahmen; kognitive Psychologie, Wissen.

Brown G. Yule G., Discourse analysis. 1983. Heringer H. J., Neues von der Verbszene. In: Stickel G., Hrsg., Pragmatik in der Grammatik. 1984 (Sprache der Geg., Bd. 60). Herrmann Th., Sprechen und Situation. 1982. Rumelhart D. Ortony A., The representation of knowledge in memory. In: Anderson R. C. u. a., Hrsg., Schooling and the acquisition of knowledge. 1977. Schank R. C.

Abelson R. P., Scripts, plans, goals and understanding. An inquiry into human knowledge structures. 1977. Dies., Scripts, plans and knowledge. In: Johnson-Laird P. N. Wason P. C., Hrsg., Thinking. 1977. Metzing D., Hrsg., Frame conceptions and text understanding. 1980.

Slang. 1) Im weitesten Sinn unkonventionelle Sprache mit neuer, lebendig-vitaler und kraftvoll-farbiger, manchmal exzentrisch-humorvoller Wortprägung bzw. Bedeutungsverleihung und Metaphorik (Wortschatz, Idiomatik). 2) Nach Leisi »ein einer bestimmten sozialen Gruppe gemeinsamer Wortschatz für diejenigen Dinge, zu denen die Gruppe in einem emotionalen Verhältnis steht« (1973, S. 177f.). 3) Der gruppenspezifische, burschikose, über-expressive und zugleich emotional unterkühlte Wortschatz großstädtischer Jugend, in dem die Bereiche Geld, Mädchen, Sexualität, Musik, Polizei, Angst, Drogen und Tod besondere Metaphorik zeigen (Leisi ^{5}1969, 1973). Vgl. →Sondersprachen, Jugendsprache.

Flexner S. B., Dictionary of American slang. 1967. Leisi E., Das heutige Englisch. ^{5}1969. Praxis der englischen Semantik. 1973. Partridge E., A dictionary of slang and unconventional English. ^{3}1949.

slot. In der →Tagmemik Pikes eine Position oder Funktionsstelle in einem Konstruktionsrahmen, die durch bestimmte Formklassen oder Füller ausgefüllt werden kann, eine grammatische Funktion oder Relation, z. B. Subjekt, Prädikat, Attribut. Ein s. ist definiert durch die Position, die Proportion, die strukturelle Bedeutung.
Vgl. →slot-and-filler-Technik, Tagmem.

Cook W. A., Introduction to tagmemic analysis. 1971.

slot-and-filler-Technik. Verfahren zur funktional-strukturellen Satzanalyse und tagmemischen Sprachbeschreibung. Vgl. →slot, Tagmem, Pattern-Praxis. Der Satz bzw. die Konstruktion (s. auch →Syntagmem) wird als Rahmen oder Raster mit Füllstellen/Leerstellen aufgefaßt, in den bestimmte Formklassen/Wortklassen eingeführt werden können.

Hüllen W., Linguistik und Englischunterricht. ^{2}1973.

Solidarität [solidarity, solidarité, solidarnost']. Auch: Solidaritätsrelation, Solidaritätsbeziehung. 1) Die Relation zwischen der Form des Ausdrucks und der Form des Inhalts als den zwei Funktionen der Sprach- bzw. Zeichenfunktion (vgl. auch →Ausdrucksseite und Inhaltsseite):

Die Zeichenfunktion ist in sich eine Solidarität. Ausdruck (expression) und Inhalt (content) sind solidarisch – sie setzen einander notwendig voraus. Ein Ausdruck ist Ausdruck nur dadurch, daß er Ausdruck eines Inhalts ist, und ein Inhalt ist Inhalt nur dadurch, daß er Inhalt eines Ausdrucks ist (Hjelmslev, Prolegomena, zit. nach Arens ^{2}1969, S. 549).

Ausdruck und Inhalt eines Zeichens, →Signifikant und Signifikat (→Bezeichnendes und Bezeichnetes) stehen zueinander in der Beziehung der S. In einem auch →Polysemie zulassenden Zeichenmodell können einem Ausdruck mehrere Inhalte zugeordnet sein; die S. wird jeweils durch den (syntagmatischen) Kontext hergestellt, z. B. Die *Bank* im Park war frisch lackiert (Funkkolleg Sprache, Bd. 2, 1973). 2) Bei E. Coseriu ist S. eine orientierende bzw. determinierende syntagmatische Beziehung zwischen Lexemen:

Bei einer Solidarität gibt es immer einen bestimmenden und einen bestimmten Begriff, der letztere impliziert als unterscheidender Zug die Anwendbarkeit auf die Klasse [→Wortklasse] oder auf das Feld [→ Wortfeld] des determinierenden Begriffs (1970, S. 122).

Vgl. →syntagmatische Anschließbarkeit, lexikalische Solidarität.

Arens H., Sprachwissenschaft. ^{2}1969. Coseriu E., Lexikalische Solidaritäten. Poetica 1; 1967. Einführung in die strukturelle Betrachtung des Wortschatzes. 1970. Henne H., Lexikographie. In: Lexikon der Germ. Linguistik. ^{2}1980. Hjelmslev L., dt. Prolegomena zu einer Sprachtheorie. 1974. Kallmeyer W. u. a., Lektürekolleg zur Textlinguistik. 1. 1974. ^{3}1980.

Sonagramm. Auch: Kurzzeitspektrogramm. Experimentelles Hilfsmittel der Phonetik. Aufzeichnung des Sprechstroms oder Sprachschalls mit seinen Frequenzen und seiner Intensität. Vokale erscheinen als Energiekonzentrationen mit spezifischen Formanten, Konsonanten als Formantenübergänge.
Vgl. →visible speech, Formant, Schall.

Kohler K. J., Einführung in die Phonetik des Dt. 1977. Lenneberg E. H., dt. Biologische Grundlagen der Sprache. 1972.

Sonant (lat. *sonare:* tönen). Laut mit der Funktion des Silbenträgers oder Silbengipfels.

Sondersprachen. 1) Im weiteren Sinne alle sprachlichen Sonderformen, die gruppenspezifischen, berufs- und fachspezifischen sowie altersspezifischen Sprachvarianten. 2) Im engeren Sinne die rein gruppenspezifischen bzw. sozial bedingten Sonderformen, z. B. die Sprache des Sports, die verschiedenen Arten des Jargons (Studenten, Schauspieler, Journalisten, Ärzte usw.), die verhüllenden S. (Argot,

Rotwelsch bzw. Gaunersprache [*rōt* = Bettler], Dirnensprache). Die sprachliche Sonderung erstreckt sich vor allem auf den Wortschatz *(Sonderwortschatz).*
S. sind gekennzeichnet durch die Merkmale: begrenzter Personenkreis, besonderer Wortschatz, esoterische Kommunikation und besonderes Ausdrucksbedürfnis.
Vgl. →Anti-Sprache, Argot, Jargon, Jugendsprache, Slang, Rotwelsch; Sprachvariation.

Badura B., Sprachbarrieren. [2]1973. Bausani A., Geheim- und Universalsprachen. 1970. Bausinger H., Deutsch für Deutsche. Dialekte, Sprachbarrieren, Sondersprachen. 1972. Möhn D., Sondersprachen. In: Althaus H. P. u. a., Hrsg., Lexikon der Germ. Linguistik. [2]1980. Ostwald H., Rinnsteinsprache. Lexikon der Gauner-, Dirnen- und Landstreichersprache. 1906. Riesel E., Der Stil der dt. Alltagsrede. 1970. Schirmer A., Die Erforschung der dt. Sondersprachen (1913). In: v. Hahn W., Hrsg., Fachsprachen. 1981.

Sonoritätsmerkmale [*sonority features*]. Die distinktiven Merkmale der Phoneme auf akustischer Basis, die sich auf die zeitlich-spektrale Energieverteilung beziehen: vokalisch/nichtvokalisch, konsonantisch/nichtkonsonantisch, kompakt/diffus, gespannt/ungespannt, stimmhaft/stimmlos, nasal/oral, abrupt/dauernd, scharf/mild.
Vgl. →distinktive Merkmale, akustische Phonetik.

Heike G., Phonologie. [2]1982. Meyer-Eppler W., Grundlagen und Anwendungen der Informationstheorie. [2]1969 (bearb. von G. Heike und K. Löhn).

soziale Gruppe. In für die →Soziolinguistik relevantem Sinne eine Anzahl von Personen, zwischen denen integrativer Zusammenhalt besteht; Vereinigung von Individuen mit gemeinsamen Interessen und Zielen, die durch gemeinsames bzw. abgestimmtes Handeln verfolgt werden; eine integrierte soziale (Teil-)Struktur mit variablem, aber im Prinzip bestimmbarem Umfang, innerhalb derer durch die Individuen beeinflußte, die s. G. im ganzen beeinflussende Beziehungen bestehen (Kommunikation, Norm, Funktion). S. G. bilden meist spezifische Gruppensprachen aus (vgl. →Soziolekt, Jugendsprache, Sondersprachen).

soziale Interaktion. Auf andere bezogenes und deren rückwirkendes soziales Verhalten, das grundsätzlich zeichengesteuertes und weitestgehend sprachliches Verhalten/Handeln ist; wechselseitige Beeinflussung von Personen und Gruppen durch Kommunikation, so daß gemeinsames Verhalten (z. B. in der Gruppe, in der Gesellschaft) als

Ergebnis s. I. erscheint; soziale Beziehungen, die durch menschliches Handeln entstehen. Vgl. →Interaktion, interaktionale Kompetenz.

Fawcett R. P., Cognitive linguistics and social interaction. 1980.

soziale Rolle. Als Elementarkategorie für die Analyse von Problemen des sozialen Handelns ein »Bündel von Erwartungen, die sich in einer gegebenen Gesellschaft an das Verhalten der Träger von Positionen knüpfen« (Dahrendorf 1958, S. 26); ein »Komplex von Verhaltenserwartungen . . ., die sich auf einen Relevanzbereich des sozialen Handelns beziehen« (Dreitzel 1972, S. 113). Der Begriff der s. R. gehört in den Bereich der Sozialwissenschaften, die ihren Gegenstand als kommunikatives Handlungssystem begreifen, das durch eine Handlungstheorie zu erfassen ist (Habermas). Da soziales Handeln wesentlich als sprachliches Handeln erscheint (→Sprachhandeln, Sprachverhalten), ist der Begriff der s. R. über die Soziolinguistik hinaus auch von allgemeinerer Bedeutung für das Gebiet der Sprachverwendung (vgl. →Pragmatik, Sprechakt).
Die Bestimmung des Begriffs der s. R. ist je nach funktionalistischen, interaktionistischen und phänomenologischen Ansätzen unterschiedlich. Vgl. →Soziolinguistik.

Claessens D., Rolle und Verantwortung. In: Soziale Welt 14; 1963. Rolle und Macht. ^{2}1970. Dahrendorf R., Homo sociologicus. ^{10}1971. Dreitzel H. P., Soziale Rolle und politische Emanzipation. 6 Thesen . . . In: Das Argument 71; 1972. Furth P., Nachträgliche Warnung vor dem Rollenbegriff. In: Das Argument 66; 1971. Goffman E., Wir alle spielen Theater. Die Selbstdarstellung im Alltag. 1969. Joas H., Die gegenwärtige Lage der soziologischen Rollentheorie. 1973. Joas H. Leist A., Performative Tiefenstruktur und interaktionistischer Rollenbegriff. Münchener Papiere zur Linguistik 1, 1971. Opp K.-D., Soziales Handeln, Rollen und soziale Systeme. 1970.

sozialer Topos (τόπος: Ort, Stelle; rhet. Gemeinplatz). Bei Negt Sprachformel, in der sich klassenspezifische kollektive gesellschaftliche Erfahrungen der Arbeiterschaft niedergeschlagen bzw. kristallisiert und verfestigt haben (soziale Zuordnung, Solidarisierung, Abgrenzung gegenüber anderen sozialen Schichten), z. B. *Ausbeutung, Arbeitslosigkeit, die da oben – wir da unten.* S. Topoi vermitteln rationale Bewältigung komplizierter ökonomischer und politischer Vorgänge, indem sie Erfahrung strukturieren; sie hemmen jedoch Erkenntnis, wenn sie als vorgegebene Deutungsmuster gesellschaftlicher Wirklichkeit fungieren und damit ›Erfahrung‹ steuern. Das Aufarbeiten s. T. im Sinne begrifflicher Reorganisation der Erfahrung führe zu ›soziologischer Phantasie‹, d. h. zur Möglichkeit, u. a. die individuelle

Biographie mit geschichtlichen Zusammenhängen in strukturelle Beziehung zu bringen (z. B. das persönliche Schicksal als gesellschaftlich bedingt zu sehen).
Vgl. →Stereotyp, Schlagwort, Propagandasprache, *Sprache und Politik, Sprache und Wahrnehmung.*

Ammon U., Probleme der Soziolinguistik. ²1977. Luria A. R., The role of speech in the regulation of normal and abnormal behavior. 1961. Negt O., Soziologische Phantasie und exemplarisches Lernen. Zur Theorie und Praxis der Arbeiterbildung (1968). 1972. Popitz H. u. a., Das Gesellschaftsbild des Arbeiters. 1957. Wygotski L. S., dt. Denken und Sprechen. ⁵1974. Ulman G., Sprache und Wahrnehmung. 1975.

soziale Semantik [social semantics]. Sozial determinierte, gruppenspezifische Semantik bzw. semantische Konvention, insbesondere die (oft schichtenspezifische) konnotative Bedeutung von Wörtern, die deren besondere Wirkung bestimmt (vgl. →Konnotation, Wortbedeutung).

Badura B., Sprachbarrieren. Zur Soziologie der Kommunikation. ²1973. Lewis M., Language in society. 1947.

Sozialisation. Auch: Sozialisierung bzw. Sozialisierungsprozeß, der durch Elternhaus, Schule und Massenkommunikationsmittel (›Propaganda‹, Werbung, Persuasion) gesteuert wird; Erlernen der Sozialstruktur; Internalisierung von Verhaltens- und Sprachstrukturen, ein Prozeß, in dem »der nur mit rudimentären Instinkten geborene Mensch allmählich die Verhaltenssicherheit eines Erwachsenen erwirbt und dabei psychisch wie sozial die Fähigkeit gewinnt, als Individuum zum arbeitsteiligen Reproduktionsprozeß der Gesellschaft beizutragen« (Pressel, S. 124). Die Sprache erweist sich dabei als wahrscheinlich größte Macht (Sapir 1949): indem Kinder →soziale Rollen erlernen, eignen sie sich auch die sozial geltenden Bedeutungen/Inhalte, die Strukturschemata der Personen- und Sachwelt an.
Unterschieden werden die Phasen der *primären* (Elternhaus), *sekundären* (Schule) und *tertiären* S. (Beruf).
Im Sinne Wittgensteins läßt S. sich als Internalisierung konkreten Verhaltens, d. h. von Sprechakten/Sprachspielen in konkreten Situationen betrachten. Nach Habermas (1968) handelt es sich um den »Vorgang der Integration in bestehende Rollensysteme«. Sprachverhalten, Leistungsverhalten, Bildungs- und Aufstiegsmotivation werden besonders durch soziale Position und familiäre Erziehungspraxis bestimmt; der Spracherwerb des Kindes ist in hohem Maße Reproduktion des Sprachverhaltens seiner Bezugspersonen.
Vgl. →Spracherwerb.

Göppner H.-J., Sozialisation durch Sprache. 1978. Griese H. M., Soziologische Anthropologie und Sozialisationstheorie. 1976. Habermas J., Thesen zur Theorie der Sozialisation. 1968. Mühlfeld C., Sprache und Sozialisation. 1975.

Soziolekt [sociolect/social dialect, sociolecte, social'nyi dialekt]. Gruppensprache. Konventioneller, für eine Gruppe von Individuen einer →Sprachgemeinschaft charakteristischer Gebrauch des überindividuellen Sprachsystems (→langue); phonetisch die Gesamtheit aller Merkmale, »die ein Individuum als zugehörig zu einer sozialen Gruppe erkennen lassen« (Heike 1969, S. 78). Vor allem lexikalisch spezifizierter Sprachbesitz einer Gruppe, soweit die Gruppenbildung nicht primär geographisch bedingt ist (Schülersprache, Studentensprache, Berufs- und Fachsprachen, Jugendsprache, Sportjargon, Jägersprache usw.). Dabei schafft die Gruppenzugehörigkeit sprachliche Übereinstimmung, die wiederum rückwirkend die Gruppenbildung festigt. S. oder soziale Sprachvarianten können der sozialen Diskriminierung (durch den »S.« der Herrschenden) unterliegen oder zu Konflikten führen (vgl. Dittmar 1973, S. 137).
Vgl. →Sprachvariation, Soziolinguistik.

Bausch K.-H., Soziolekt. In: Lexikon der Germ. Linguistik. [2]1980. Filin F. P., Problemy social'noj obuslovlennosti jazyka. Jazyk i obščestvo. 1966. Glinz H., Linguistische Grundbegriffe. 1970. Hammarström, G., Zur soziolektalen und dialektalen Funktion der Sprache. ZMF 34; 1967. Heike G., Sprachliche Kommunikation und linguistische Analyse. 1969. Kubczak H., Was ist ein Soziolekt? 1979. Reichmann O., Germanistische Lexikologie. 1976. Shuy R. E., Hrsg., Social dialects and language learning. 1965. A selective bibliography on social dialects. In: Ling. reporter 10; 3, 1968. Steinig W., Soziolekt und soziale Rolle. 1976 (Sprache der Geg. 40). Žirmunskij V. M., Nacional'nyi jazyk i socialn'nye dialekty. 1936.

Soziolinguistik. Teildisziplin der Linguistik, die sich mit den wechselseitigen Beziehungen zwischen Sozialstruktur und Sprachstruktur befaßt und als ihre Aufgabe betrachtet, die systematische Kovarianz der sprachlichen und sozialen Struktur zu explizieren und dabei auch kausale Beziehungen in der einen oder anderen Richtung aufzuzeigen (Bright [2]1971, S. 11). Die S. ist ein interdisziplinäres Projekt von Soziologen, Linguisten, Verhaltensforschern und Anthropologen, das einen einheitlichen Untersuchungsgegenstand konstituiert (Pride 1970, S. 288).
Der Untersuchungsgegenstand der S. wird durch das sprachlich-soziale Handeln gebildet (Hartig/Kurz 1971), im eigentlichen Sinne aber durch bestimmte Annahmen, z. B. der Art, daß Sozialstruktur und Sprachstruktur einen analogen Aufbau besitzen, daß sie isomorph

oder strukturell äquivalent sind. H. Steger (1971) geht davon aus, daß Sozialgefüge und Sozialverhalten das Sprachsystem und seine Verwendungsweisen steuern, daß diese aber, umgekehrt, auch vom Sprachsystem und seinen Verwendungsweisen gesteuert werden. Von Steger (1980) wird die Grundhypothese aufgestellt, daß zwischen geschichtlich-sozialen Bedingungen und sprachlicher Kommunikation ein interdependenter Zusammenhang nichtkausaler, gesellschaftlich zweckvermittelter Art besteht, der zu typisierenden Einwirkungen auf das Sprachverhalten und zur sozialspezifischen Ausgestaltung von Sprach- und Regelsystemen führt, die ihrerseits auf die Gesellschaft zurückwirken. Diese wechselseitige Bedingtheit bildet den Gegenstands- und Untersuchungsbereich der S.

Die konkrete Gestaltung des Untersuchungsbereichs der Disziplin erweist sich als abhängig von einer weiten oder engen Gesamtkonzeption. Wunderlich (1972) hatte einen *weitesten* Begriff von S. angedeutet, der allgemeine und individuelle Aspekte der Kommunikation umfaßte, auch eine *weite* Auffassung, bei der unterschiedliches Sprachverhalten in Form von rollen-, situations- und themenspezifischem Sprechen mit soziologischen Parametern korreliert wird. Dazu kommen auf Typen von Sprechkodes oder auf berufs- und situationsspezifische Parameter des Sprachverhaltens *verengte* Konzeptionen.

Berruto (1984) betrachtet als enge Auffassung von S. die Beschränkung auf die Analyse der sprachlichen Variation. Dittmar (1973) bezeichnete im Rahmen der Differenzkonzeption als relevant die Komplexe der sprachlichen Variation, des Sprachwandels, des Spracherwerbs. Für die germanistische S. formuliert Steger (1980) als Bereiche die Sprachbarrierenfrage, Probleme des Sprachkontakts, Sprachnorm, Sprachnormierung und Sprachplanung sowie Fragen des Sprachwandels; von Interesse sind situationsspezifische Erscheinungen. Dabei können sich Abgrenzungsprobleme etwa gegenüber der Psycholinguistik und der linguistischen Pragmatik ergeben.

Die Anfangsschwierigkeiten der S., deren Problem- und Aufgabenbereich in der Verschränkung von Sozialstruktur, Kultur und Sprache zu sehen ist, betont Schlieben-Lange (1973, ²1978). Die in der Bundesrepublik lange vorherrschende Erforschung des schichtenspezifischen Sprachverhaltens (vgl. →schichtenspezifische Kodes, Sprachbarrieren) war trotz ihrer Relevanz in ihrer absoluten Bedeutung zu relativieren und in einen weiteren Rahmen zu stellen, wie er z. B. durch die Entwicklung der S. in Nordamerika angedeutet wird; zugleich waren semantische und pragmatische Gesichtspunkte stärker zu berücksichtigen. Die anfängliche stark bildungspolitisch-pädagogisch orientierte, zugleich aber auch politisch-simplifizierende Motivation der S. ist zwar verloren gegangen; sie erscheint jedoch aufgehoben in der Konkretisierung der Fragestellungen, in ihrer Auswirkung auf neue Schulbücher für den Deutschunterricht und in der intensivierten Erforschung sprachlicher Probleme von Dialektsprechern und von Gastarbeitern. Ein allgemeiner (vor allem westeuropäischer) Trend der S. ist in der Erforschung von Dialekten und sprachlichen Minderheiten zu erkennen; dabei entstehen methodische und technische Probleme der Beschreibung sprachlicher Variation im Bereich einer geltenden Hochsprache.

Es ist einleuchtend, daß bei der Aufarbeitung des Verhältnisses von Sprach- und Sozialstruktur der marxistische Begriff der →Widerspiegelungsfunktion der Sprache auf seine Möglichkeiten hin befragt wird. Problematisch ist, von einer strukturellen Analogie bzw. von bestimmten Isomorphierelationen zwischen *objektiver Realität* und sprachlicher Struktur auszugehen. In neueren Arbeiten hat A. A. Leont'ev vor soziolinguistischen Kurzschlüssen gewarnt, die (vom Standpunkt des dialektischen Materialismus) zu Fehlern führen müssen, da Widerspiegelung als durch das je individuelle Bewußtsein vermittelter Prozeß aufzufassen ist (vgl. dazu auch S. L. Rubinstein, Das Denken und die Wege seiner Erforschung, ⁵1974). Die Sprache widerspiegelt die Entwicklung des menschlichen Denkens. Das Zeichen ist keine Widerspiegelung von Strukturen der objektiven Realität in sprachlichen Strukturen; zu unterscheiden ist zwischen den Objekten der gedanklichen Widerspiegelung, den gedanklichen Abbildern, den sprachlichen Zeichen und den Menschen, die die Zeichen hervorbringen (E. Albrecht, Sprache und Philosophie, 1975, S. 155f., 175). Einen diskussionswürdigen Vermittlungsversuch unternimmt F. Pasierbsky (in Quasthoff, Hrsg., 1978), wenn er zur linguistischen Untersuchung, gewissermaßen als kognitiv-sprachliche Kategorie, die Ebene der Tiefenstruktur bzw. die *latente* Sprachstruktur ansetzt.

Quasthoff (1978) unterstreicht, daß das Verhältnis von Sprachstruktur und Sozialstruktur zentrales Anliegen der linguistischen Theoriebildung im ganzen sein muß (u. a. unter dem Gesichtspunkt der Heterogenität von Sprachsystemen). Es erscheine als grundlegend die Auffassung, daß durch die Sozialstruktur gegebene Bedürfnisse mit Hilfe sprachlich-kommunikativer bzw. sprachlich-funktionaler Mittel erfüllt werden (Bedürfnis-Erfüllungs-Relation). Die Sprache bringt jedoch nicht nur das soziale System zum Ausdruck; Sprache konstituiert auch soziale Realität. In didaktischer Hinsicht ist die Erkenntnis von Bedeutung, daß sprachliches Handeln zwar von sozialen Variablen

abhängig ist; andererseits aber kann mangelhafte sprachliche Kompetenz die Möglichkeiten zu sozialer Interaktion und Kooperation einschneidend beschränken.
Die wissenschaftstheoretischen Probleme der S. liegen nach Schlieben-Lange in den unterschiedlichen Auffassungen von Soziologie und Linguistik im Hinblick auf Datengewinnung und Theoriebildung. Während sich bei der Datengewinnung die Möglichkeit abzeichnet, die Forderungen nach aktuellen Sprachproben, nach objektiven Angaben zur Person sowie zu den Modalitäten der Sprachverwendung und nach Ermittlung der jeweiligen Einstellung der Sprecher allgemein zu akzeptieren (vgl. dazu Schlieben-Lange, 1976), ist die Situation im Bereich der Theoriebildung komplex. Ein möglicher Ansatz könne in einem kategoriellen Rahmen mit der (hermeneutischen) Zentralkategorie des Sinns bzw. des Verstehens und den Bezugssystemen 1) gesellschaftliche Basis, 2) Norm- und Wertungszusammenhänge und 3) Sprache gesehen werden; dabei wäre vom Handlungscharakter des Sprechens und von der Verbindung sprachlicher mit nicht-sprachlichen Handlungen auszugehen.
H. Steger (1980) betont, daß bei der Verbindung von Sozialstruktur, kommunikativem Handeln und sprachlicher Struktur Bereiche von theoretisch unterschiedlichem Status miteinander in Beziehung gesetzt werden. Das deduktiv-nomologische Erklärungsmodell des kritischen Rationalismus, das sich auf Kausalität gründet, tritt neben einen hermeneutischen Ansatz, der sich an der Intentionalität des individuellen Handelns orientiert. Bei allem jedoch sei es praktikabel, getrennte soziale und sprachliche Faktorenbündel zu korrelieren, wobei interaktionstheoretische Fundierung und ein verbessertes methodisches Instrumentarium die besten Ergebnisse gebracht haben.
Korrelationsmodelle, die von Gruppenzugehörigkeiten, Gruppenstrukturen und Gruppennetzwerken ausgehen und nach linguistischen Variablen Ausschau halten bzw. die die Organisation, die Aufrechterhaltung und Veränderung sprachlicher Repertoires in Begriffen der Gruppenstruktur zu erklären versuchen, analysiert S. Romaine (1984). Von solcher Art sind z. B. die Arbeiten von Labov (1963), Gal (1978), Milroy (1980), Russell (1982). Die Frage ist, ob empirische bzw. statistische oder probabilistische Korrelationen als empirische Generalisierungen irgendeinen Erklärungsstatus erhalten können. Das Problem besteht insbesondere darin, daß selbst erweiterte bzw. erweiterungsfähige statistische Ergebnisse, die auf der Ebene der kollektiven sprachlichen Superstruktur (Sprache als abgelöstes System oder soziales Kollektivgebilde) gewonnen werden, nicht in das Para-

digma des individuellen Verstehens von Handlungen aufgrund von Intentionalität integriert werden können. Im Sinne von Winch handele es sich um *Gesetze* einerseits und um *Regeln* andererseits; im Sinne von Popper sind es verschiedene Welten.

Erhobene Beziehungen zwischen Gruppenstruktur und Sprache sagen uns nichts, wenn sie nicht in eine allgemeinere Theorie eingeordnet werden können. Diese aber sollte nicht von der kollektiven Ebene aus aufgebaut werden. Die Gemeinschaft existiert nicht ohne Sprache, und die Sprache existiert nicht ohne die sozial Handelnden und die Sprache Gebrauchenden.

Vgl. →Sprachvariation, Sprachbarrieren, schichtenspezifische Kodes, Sprachkompensatorik; Sprachkontakt, Pidgin, Kreolsprachen, Diglossie; Ethnolinguistik, Ethnomethodologie, Konversationsanalyse.

Ammon A., Probleme der Soziolinguistik. 1973. ²1977. Berruto G., The description of linguistic variation: Italian contributions to the sociolinguistic theory. LB 90; 1984. Bielefeld H. U. Hess-Lüttich E., Hrsg., Soziolinguistik und Empirie. 1977. Brang P. Züllig M., Kommentierte Bibliographie zur slavischen Soziolinguistik. 1982. Bright W., Hrsg., Sociolinguistics. 1966. Dittmar N., Soziolinguistik (mit komm. Bibliographie). ⁴1980. Fishman J. A., Soziologie der Sprache. 1975. Girke W. Jachnow H., Hrsg., Sprache und Gesellschaft in der Sowjetunion. 1975. Grosse R. Neubert A., Hrsg., Beiträge zur Soziolinguistik. 1974. Gumperz J. J. Hymes D., Hrsg., Directions in sociolinguistics: the ethnography of communication. 1972. Hager F. u. a., Soziologie und Linguistik. ³1975. Hartig M., Soziolinguistik für Anfänger. 1980. Ders., Hrsg., Angewandte Soziolinguistik. 1981. Perspektiven der Soziolinguistik. Fol. Ling. 16; 1–4, 1982. Hudson R. A., Sociolinguistics. 1980. Hymes D., dt. Soziolinguistik. Zur Ethnographie der Kommunikation. 1979. Ders., Foundations in sociolinguistics. 1974. Jäger S., Hrsg., Probleme der Soziolinguistik. 1975. Klein W. Wunderlich D., Aspekte der Soziolinguistik. ³1973. Labov W., dt. Sprache im sozialen Kontext. 1/2. 1976/1978. Ders., Sprache im sozialen Kontext. Eine Auswahl von Aufsätzen. 1980. Pasierbsky F., Zur Widerspiegelungsfunktion evidenter und latenter Grammatik am Beispiel des Dt. In: Quasthoff U., Hrsg., 1978. Pride J. B. Holmes J., Sociolinguistics. Selected writings. 1972. Quasthoff U., Hrsg., Sprachstruktur – Sozialstruktur. 1978. Romaine S., Socio-historical linguistics. Its status and methodology. 1982. Dies., The status of sociological models and categories in explaining language variation. LB 90; 1984. Schaff A., Hrsg., Soziolinguistik. 1976. Schlieben-Lange B., Soziolinguistik. Eine Einführung. ²1978. Dies., Zur Methodologie der soziolinguistischen Feldforschung. In: Schecker M., Hrsg., Methodologie der Sprachwissenschaft. 1976. Schütze F., Sprache soziologisch gesehen. 1/2. 1975. Švejcer A. D., Sovremennaja sociolingvistika. Teorii, problemy, metody. 1976. Simon G., Bibliographie zur Soziolinguistik. 1974. Steger H., Hrsg., Soziolinguistik. Ansätze zur soziolinguistischen Theoriebildung. 1982. Ders., Hrsg., Anwendungsbereiche der Soziolinguistik. 1982. Ders., Soziolinguistik. In: Lexikon der Germ. Linguistik. ²1980. Trudgil P., Hrsg., Applied sociolinguistics. 1984. Uesseler M., Soziolinguistik. 1982. Andersen E. S., Speaking with style: the sociolinguistic skills of children. 1985.

soziolinguistisches Differential. Die komplexe relationale Einheit von Sprachverhalten, Situation, Rolle des Sprechers und Rolle des Hörers: R (S (Ro_{Spr} (SV) Ro_H)) (Große/Neubert, Dittmar). Das s. D. liefert die Bezugseinheiten für soziolinguistische Analysen, mit denen sich Sprachnorm, soziale Schichtung und schichtenspezifischer Sprachgebrauch, Sprachwandel, Spracherwerb und extraverbales Verhalten erfassen lassen. Dabei kann ein Faktor isoliert werden, um seine Funktion gegenüber den anderen zu klären, oder von der Hypothese ausgegangen werden, daß bei einheitlichem Stimulus das sprachliche Verhalten je nach »Positionsträger« divergiert. Das s. D. soll die sprachliche Variation und ihre soziale Motivation in sprachlichen Interaktionen als Zusammenhang von Wissen, Handeln, kommunikativer Strategie und Sprechen erfassen und beschreiben; dabei wirken dialektale, soziolektale und stilistische Mittel miteinander zusammen.
Vgl. →soziolinguistisches Projekt.

Dittmar N., Möglichkeiten einer Soziolinguistik. STZ 38; 1971. Große R. Neubert A., Thesen zur marxistischen Soziolinguistik. Ling. Arbeitsberichte 1, 1970. Dies., Hrsg., Beiträge zur Soziolinguistik. 1974. Neumann W., Hrsg., Theoretische Probleme der Sprachwissenschaft. 1976.

soziolinguistisches Projekt. Ein interdisziplinäres Projekt von Soziologen, Linguisten, Verhaltensforschern und Anthropologen; empirische →Soziolinguistik mit dem Ziel, die sprachlichen Korrelate von Sozialstatus, Rolle und Situation und die Verhaltenskorrelate bei Sprachsteuerung durch Zeitung, Funk, Fernsehen und Werbung zu untersuchen. Als Untersuchungstechniken/Aufdeckungstechniken gelten mdl. und schriftl. Interview, Beobachtungen, Labortests, Skalierung, Einzelfallstudie, soziometrische Messung und Gruppenexperiment. Dabei sollten möglichst viele konstitutive Merkmale des Sozialstatus und die determinierenden Funktionen von Rolle und Situation isolierbar und kontrollierbar bleiben, um die sprachlichen Korrelate vergleichbar zu machen.
S. auch →soziolinguistisches Differential.

Dittmar N., Soziolinguistik. [4]1980. Funkkolleg Sprache. Bd. 2. 1973. Slama-Cazacu T., Die dynamisch-kontextuelle Methode in der Sprachsoziologie. In: Kjolseth/Sack, Hrsg., Zur Soziologie der Sprache. 1971. Steger H., Soziolinguistik. Grundlagen, Aufgaben und Ergebnisse für das Dt. In: Sprache und Gesellschaft. 1971 (Sprache der Gegenwart, Bd. 13).

Spektrogramm →Sonagramm, visible speech

sphärielle Analyse. Nach Heike (1969, S. 79) der Versuch, bei der Beschreibung gesprochener Sprache die komplexe phonetische Information in Sphären oder Ebenen zu zerlegen, in die α-Ebene mit den bedeutungsunterscheidenden Einheiten, die β-Ebene mit den expressiven Merkmalen und die γ-Ebene mit den idiolektalen, soziolektalen und dialektalen Merkmalen des Sprechers (Bühler, Meyer-Eppler, Hammarström).

Heike G., Sprachliche Kommunikation und linguistische Analyse. 1969. Ders., Phonologie. ²1982. Meyer-Eppler W., Zum Problem der sphäriellen Analyse in der lautsprachlichen Kommunikation. ZfPh 12; 1959.

Spirant. Reibelaut oder genauer *Frikativ,* z. B. [f, v].
Vgl. →artikulatorische Phonetik.

Sprachanalyse. 1) Linguistische Sprachanalyse auf verschiedenen Untersuchungsebenen und in den Untersuchungsbereichen von Syntax, Semantik und Pragmatik: Die Segmentierung der Redekette oder des Sprechstroms nach Lauten/Lautklassen/Phonemen, die Analyse des Phonems nach seinen distinktiven Merkmalen *(Phonemanalyse);* die Zerlegung des Wortes in seine Bestandteile oder Bauelemente *(Morphemanalyse);* die Analyse des Satzes hinsichtlich seiner Subjekt-Prädikat-Beziehung, seiner Prädikat-Argument-Struktur (Valenz- oder Dependenz-Struktur – *Satzanalyse*); die Analyse des Textes hinsichtlich seiner makro- und mikrostrukturellen Gliederung, seiner textkonstitutiven Faktoren, seines inhaltlichen Aufbaus und seiner Wirkung (vgl. →Textualität, Kohärenz, *Textanalyse*).
Die semantische Analyse untersucht die *Wortbedeutung* im Hinblick auf ihre (mikrosemantische) Merkmalstruktur und ihre makrosemantische Feldstruktur (s. auch →semantisches Merkmal, Wortfeld), die *Satzbedeutung* im Hinblick auf ihre konstitutiven Elemente und Prinzipien sowie die *Textbedeutung.*
Die pragmatische Analyse berücksichtigt die funktionale Kontextabhängigkeit von Äußerungen in konkreten Sprechakten, die Absichten von Sprechern und die Erwartungen von Hörern beim Verstehen sprachlicher Handlungen (s. u. a. →indirekter Sprechakt, Inferenz). – Eine allgemeine Analyse des Sprachbegriffs stellt die Analyse der Sprache nach ihren verschiedenen Funktionen dar (vgl. →Sprachfunktionen).
2) Logische und philosophische S. mit dem Ziel, die hinter den grammatischen Formen der natürlichen Sprache liegende *logische Form* als die für richtiges Schließen relevante Form freizulegen, um auf diese Weise die Grundlagen für eine exakte Sprache der Wissenschaft zu schaffen. Damit sollten u. a. Begriffsverwirrungen erkannt und meta-

physische Probleme als Scheinprobleme entlarvt werden können. Die Rekonstruktion der Umgangssprache mit formallogischen Mitteln dient der logischen Semantik. Vgl. →sprachanalytische Philosophie, Philosophie der idealen Sprache, ordinary language philosophy, wahrheitskonditionale Semantik, logische Semantik, Kalkülsprache.

Lit. 1) Blanke G., Einführung in die semantische Analyse. 1973. Brinkmann H., Kritische Sprachanalyse im Lichte der Zeichentheorie. WW 25; 5, 1975. Gadamer H. G., Hrsg., Das Problem der Sprache. 1967. Nowak R., Grenzen der Sprachanalyse. 1981. Schaff A., Einführung in die Semantik. 1969. Storz G., Sprachanalyse ohne Sprache. 1975.
2) Carnap R., Überwindung der Metaphysik durch logische Analyse der Sprache. Erkenntnis 2; 1931. Abgedr. in: Schleichert H., Hrsg., Logischer Empirismus. Der Wiener Kreis. 1975. Davidson D., dt. Wahrheit und Bedeutung. In: Sukale M., Hrsg., Moderne Sprachphilosophie. 1976. Freundlich R., Einführung in die Semantik. 1972. Klaus G., Semiotik und Erkenntnistheorie. 1973. Laserowitz M., The language of philosophy. Freud and Wittgenstein. 1971. Lorenz K., Elemente der Sprachkritik. Eine Alternative zum Dogmatismus und Skeptizismus in der analytischen Philosophie. 1970. Nowak R., Grenzen der Sprachanalyse. 1981. Quine W. v. O., Philosophie der Logik. 1973. Ryle G., dt. Der Begriff des Geistes. 1969. Schilpp P. A., Hrsg., The philosophy of Rudolf Carnap. 1963. Tugendhat E., Phänomenologie und Sprachanalyse. In: Festschr. H. Gadamer. II. 1970. Tarski A., Der Wahrheitsbegriff in den formalisierten Sprachen. Studia Philosophica 1; 1936. Abgedr. in: Berka K. Kreiser L., Logik-Texte. ³1983. Wuchterl K., Methoden der Gegenwartsphilosophie. 1977.

sprachanalytische Philosophie. Moderne analytische Philosophie, die davon ausgeht, daß die Analyse der Sprache bzw. das Eindringen in die konstitutive Rolle der Sprache beim Erkenntnisprozeß die Bedingung der Möglichkeit von Philosophie ist. Obwohl die Problematik der Sprache und die der grammatischen und logischen Form von Ausdrücken durch das Werk von Ch. S. Peirce und G. Frege in wesentlichen Zügen bereits erarbeitet war, enthielten erst B. Russells Darstellung der Leibnizschen Philosophie und G. E. Moores Analyse des Begriffs der Notwendigkeit die These, daß philosophische und wissenschaftliche Probleme allgemeiner Art nicht ohne eine logische Analyse der verwendeten sprachlichen Ausdrücke (wie z. B. *Geist, Materie, Bewußtsein, Erfahrung*) behandelt werden können. Dabei intendierte Russell die Konstruktion einer widerspruchsfreien Idealsprache auf syntaktischer Grundlage; Moore dagegen war an der semantischen Analyse der tragenden philosophischen Begriffe interessiert. Nach K. Lorenz kann als Geburtsjahr »der mittlerweile einflußreichsten, nicht allein der Tradition verpflichteten Philosophie« das Jahr 1900 betrachtet werden (1974, S. 55).
Der Grundgedanke, daß die Sprache als das Mittel zur Formulierung

philosophischer Gedanken selbst Gegenstand philosophischer Untersuchung werden müsse, folgt aus Wittgensteins These, daß alle Philosophie Sprachkritik sei (Tractatus 4.0031). Für die Entwicklung der s. P. ist das Werk Wittgensteins von besonderer Bedeutung geworden, weil in ihm der Versuch erkannt wurde, die logisch-empiristischen Bemühungen des Wiener Kreises und die sprachphänomenalistischen Tendenzen der Oxforder Schule mit ihren Einseitigkeiten durch den Rückbezug auf die sprachliche Praxis als Lebensform zu vereinen, indem Wissenschaftssprache aus der Umgangssprache konstruiert und philosophische Sprache an der Umgangssprache gemessen werden sollte. Der entscheidende Einfluß auf die in diesem Sinne zu verstehende s. P. dürfte von Wittgensteins Bedeutungskonzeption »Die Bedeutung des Wortes ist das, was die Erklärung der Bedeutung erklärt. D. h.: willst du den Gebrauch des Worts ›Bedeutung‹ verstehen, so sieh nach, was man ›Erklären der Bedeutung‹ nennt« (Phil. U., 560) ausgegangen sein.

Nach E. Tugendhat (1976) erlangt der Satz Wittgensteins »Die Bedeutung des Wortes ist das, was die Erklärung der Bedeutung erklärt« für die s. P. den Stellenwert, den die Frageformel nach dem »Seienden als Seienden« für die Ontologie hat. Man könne den Satz daher als Grundsatz der s. P. betrachten, die auf einer nicht mehr ontologisch orientierten Semantik aufbaut und sich als »Frage nach dem Verstehen unserer sprachlichen Ausdrücke versteht« (S. 199). Eine Philosophie, die glaubt, die ihr aufgegebenen Probleme auf dem Wege der Sprachanalyse lösen zu müssen und zu können, reflektiert im Hinblick darauf, wie ihre Gegenstände gegeben seien, nicht auf das Bewußtsein bzw. auf die Dimension der Vorstellungen, sondern auf den Bereich der Analyse und des Verstehens sprachlicher Ausdrücke; zu analytisch apriorischen Sätzen im Sinne Kants gelangt die s. P. durch die Bedeutungsanalyse sprachlicher Ausdrücke. In unserem Verstehen sind immer Voraussetzungen enthalten, die uns nicht bewußt sind (»Wenn niemand mich danach fragt, weiß ich es; wenn ich gefragt werde und es erklären soll, weiß ich es nicht.« – Augustinus, Confessiones XI, 14).

In der Sprache ist ein Bereich des Apriori vorgegeben, denn was die Ausdrücke bedeuten, wissen wir, ohne dieses Wissen artikulieren zu können. Wenn wir aber auf die Bedeutung der Ausdrücke näher eingehen wollen, ergeben sich Schwierigkeiten, weil unsere Aufmerksamkeit gegenständlich bzw. thematisch gerichtet ist und wir der hemmenden Reflexion bedürfen, um die Ebene der Bedeutung zu erreichen; aber auch dann noch sind wir der Gefahr ausgesetzt, diese zu

vergegenständlichen. Wenn man die für die traditionelle Philosophie konstitutive Orientierung an der Kategorie des Gegenstandes (bzw. der Vorstellung) aufgeben und anstelle der Ontologie eine formale Semantik konstruieren will, muß man die Fragestellung der Ontologie »Was ist das Seiende als Seiendes?« semantisch umformulieren in »Wie kann man mit sprachlichen Ausdrücken auf Gegenstände Bezug nehmen?«. Von da aus ergeben sich notwendig die Fragen »Worin besteht die Bedeutung eines singulären Terminus?« und »Was heißt es, einen singulären Terminus zu verstehen?« (1976, S. 53).
Mit der Frage nach der Struktur unseres sprachlichen Verstehens richten wir uns auf die Strukturen, die im Verstehen sprachlicher Ausdrücke vorausgesetzt und mitverstanden werden. Etwas zu verstehen geben kann man nur mit einem Satz. Es ergibt sich somit die Grundfrage, was es heißt, einen Satz zu verstehen.
Hauptangriffspunkte der Kritik der s. P. gegenüber der transzendental-philosophischen Position sind die Konzepte der Vorstellung und des Bewußtseins. Tugendhat zeigt mit Hilfe der sprachanalytischen Methode Wittgensteins, daß die phänomenologische Bewußtseinskonzeption Husserls bzw. die Frage nach dem Bewußtsein überhaupt aufgehen kann in der Frage nach dem Verstehen von Sätzen (S. 93 ff.). Die Grundlagenbildung der s. P. erscheint abgeschlossen mit der Hereinnahme der Bezugnahme auf Gegenstände in das Verstehen von Sätzen. Es ergibt sich dann die Frage, wie die Verwendungsweise oder der Gebrauch sprachlicher Ausdrücke zu verstehen ist und mit Bezug worauf der Gebrauch der Sprache geregelt wird, wenn es nicht mehr die Gegenstände bzw. die Vorstellungen von den Gegenständen sind. Die Verwendung von Zeichen erhält somit »einen fundamentalen bewußtseinstheoretischen Stellenwert« (S. 498); die Funktion von Zeichen ist durch nichts anderes zu ersetzen. Ein Zeichen (auch ein Zeichen, das für einen Gegenstand steht), hat man verstanden, wenn man seine Verwendungsweise erklären könnte.
Vgl. →Gebrauchstheorie der Bedeutung, Bedeutung, Philosophie der idealen Sprache, ordinary language philosophy; Sprachanalyse 2).

Apel K.-O., Die Entfaltung der sprachanalytischen Philosophie und das Problem der Geisteswissenschaften. Phil. Jahrbuch 72; 1965. Black M., Hrsg., Philosophical analysis. 1954. Finke P., Sprachanalytische Philosophie. In: Arnold H. L. Sinemus V., Hrsg., Grundzüge der Literatur- und Sprachwissenschaft. Bd. 2. 1974. Grewendorf G. Meggle G., Hrsg., Linguistik und Sprachphilosophie. 1974. Lorenz K., Elemente der Sprachkritik. Eine Alternative zum Dogmatismus und Skeptizismus der analytischen Philosophie. 1970. Der Beginn der sprachanalytischen Philosophie. Der Höhepunkt der sprachanalytischen Philosophie. Ludwig Wittgensteins Vermittlung von logischem Empirismus und linguistischem Phänomenalismus. In: Gerhardt M., Hrsg., Linguistik und Sprachphilosophie. 1974. Rorty M., Hrsg., The linguistic turn. 1967. v. Savigny E., Analytische Philosophie. 1970. Schirn M., Hrsg., Sprachhandlung – Existenz – Wahrheit. Hauptthemen der sprachanalytischen Philosophie. 1974. Tugendhat E., Vorlesungen zur Einführung in die sprachanalytische Philosophie. 1976.

Sprachatlas [linguistic atlas, atlas linguistique, jazykovoj/lingvističeskij atlas]. Die Sammlung oder die Gesamtheit dialektologischer Karten, die auf der Grundlage von →Isoglossen bzw. Isoglossenbündeln die Verbreitung verschiedener dialektaler Erscheinungen phonetischer, grammatischer, lexikalischer und syntaktischer Art auf dem Ausbreitungsgebiet oder Areal einer Sprache zeigen; die systematische Kartographierung dialektaler Unterschiede und Gemeinsamkeiten. – G. Wenker (1876) hatte mit Hilfe des S. die von den →Junggrammatikern postulierte →Ausnahmslosigkeit der Lautgesetze nachweisen wollen, indem er standardsprachliche Sätze in Ortsmundarten übertragen und kartographieren ließ (indirekte Methode neben Informantenbefragung als direkter Methode). Methodische Fortschritte ergaben sich u. a. durch die Einbeziehung kulturanthropologischer und sachkultureller Gesichtspunkte.
Vgl. →Sprachgeographie, Wortgeographie.

Deutscher Sprachatlas (G. Wenker, F. Wrede, W. Mitzka, B. Mertin). 1926–1956. Deutscher Wortatlas (hrsg. von W. Mitzka, L. E. Schmitt). 1–20. 1951–1972. Eichhoff J., Wortatlas der dt. Umgangssprache. 1/2. 1976/1978. Hotzenköcherle R., Sprachatlas der dt. Schweiz. Bd. 5. 1983. König W., dtv-Atlas zur dt. Sprache. 1978. Radtke W., Dt. Sprachatlas, Dt. Wortatlas. Rezeption, Wissenschaftsgeschichte, Applikation. Muttersprache 84; 1974. Veith W. H., Dialektkartographie. 1970. Ders., Der Kleine Deutsche Sprachatlas als Arbeitsmittel. 1982. Wiegand H. E. Harras G., Zur wissenschaftshist. Einordnung und ling. Beurteilung des Dt. Wortatlas. GermL 1–2; 1971.

Sprachbarrieren [language barrier, barrière linguistique, jazykova pregrada/otsutstvie obščego jazyka]. 1) Hypothese der »Begabungs«-Barrieren und Bildungsbarrieren durch eine schichtenspezifische Art des Spracherwerbs und der aus ihr resultierenden Sprechweise (vgl. →schichtenspezifische Kodes). Sprecher der Unterschicht nutzen die Möglichkeiten ihrer (Primär)Sprache nicht optimal, so daß Kinder in ihrer geistigen Entwicklung und kognitiven Kapazität beeinträchtigt werden, was schon gegeben sein kann, wenn dem eingeschränkten Sprachverhalten verhaftete Mütter auf das Neugierverhalten von Kindern unzulänglich reagieren, Sprachäußerungen nicht richtig aufnehmen, unterstützen und expandieren. Die restringierte (und restriktive) Sprechweise verfestigt sich und wirkt sich in der

durch das elaborierte Sprachverhalten der Mittelschicht bestimmten Schule für das Unterschichtkind ungünstig aus. Zunächst nur verbal bedingte Enttäuschungen können zu Resignation und Leistungsunwillen führen. Wie Schönbach (1972) ausführt, bringt die These der Existenz und der Rolle von S. einen Komplex von drei Problemen (Diagnose der schichtenspezifischen Kodes, der Sachregister oder Typen verbaler Planung = Diagnoseproblem; Intentionsproblem; Therapieproblem) ins Spiel, deren Bearbeitung dringend, deren Lösung jedoch nur mühsam und nur langfristig zu erreichen sein wird.
Die Diskussion um die S. hat durch die Verflechtung von Dateninterpretation und bildungspolitischen Konsequenzen (→Soziolinguistik, Sprachkompensatorik) zur Akzentuierung unterschiedlicher Standpunkte geführt. Allgemein wird für Untersuchungen die stärkere Beachtung situativen und interaktionalen Sprachhandelns und die Einbeziehung nichtverbaler Komponenten gefordert. Steger (1971) hält es für legitim, den hypothetischen und nicht befriedigend operationalisierten Begriff der S. »vorläufig einmal anzunehmen« (S. 41). Für Maas (STZ 41, 1972, S. 19f.) verschleiert die (sogenannte) Soziolinguistik soziale Barrieren als S. Die neuere Diskussion um die S.-forschung hat Mängel in empirisch-methodischer Hinsicht, aber auch in sprachtheoretischer Hinsicht aufgezeigt (u. a. Bühler 1974; Hoffmann 1978, Auwärter 1982; vgl. auch →schichtenspezifische Kodes).
2) S. im Sinne von Kommunikations- bzw. Verständigungsbehinderungen durch institutionalisierte/konventionalisierte Gruppensprachen (vgl. →Soziolekt): die sprachlichen Gründe dafür, daß Personen oder Gruppen sich nicht auf eine ›gemeinsame Sprache‹ einigen können (Nichtverstehen, Mißverstehen), auch Differenzen in der sprachlichen Kommunikationsintention. Diese Gründe können in differentem Vokabular bzw. unterschiedlicher Symbolkapazität, in semantischen Differenzen (vgl. →soziale Semantik), schließlich in Differenzen des Urteils zwischen Dialogpartnern gründen (Badura 1971, 1973). S. können auch durch verstärkten Gebrauch von Fachsprachen gebildet werden (sog. schwere Wörter).
Vgl. →Sprachkompensatorik.

Badura B. Gross P., Sprachbarrieren. In: Lexikon der Germ. Linguistik. [2]1980. Bühler H., Zum Forschungsstand der Sprachbarrierentheorie. In: Lehrgang Sprache. V: Soziolinguistik. 1974. Ermert K., Hrsg., Gibt es die ›Sprachbarriere‹ noch? 1979. Hartig M., Soziale Konflikte und Sprachbarrieren. WW 33; 5, 1983. Hoffmann L., Zur Sprache von Kindern im Vorschulalter. 1978. Jäger S., Sprachbarrieren? 21 Thesen zur Diskussion. LB 15; 1971. Neuland E., Sprachbarrieren oder Klassensprache? 1976. Schönbach P., Zur Problematik der Sprachbarrierenforschung. In: Engel/Schwencke, Hrsg., Gegenwartssprache und Gesellschaft. 1972. Steger H., Soziolinguistik. Grundlagen, Aufgaben und Ergebnisse für das Dt. In: Sprache und Gesellschaft. 1971 (Sprache der Gegenwart, Bd. 13). Wildgen W., Rekonstruktion der Sprachbarrierenproblematik im Rahmen einer Sprachverwendungstheorie. LB 53; 1978.

Sprachbesitz. ~ Kompetenz. Bei Weisgerber (1929, S. 10), das, was beim einzelnen Sprecher vor dem aktuellen Sprechen, der Sprachverwendung, vorhanden sein muß, denn: *Verwendung setzt Besitz voraus.* Jeder einzelne hat einen mehr oder weniger großen S., der dem Sprechen bzw. der Sprechleistung übergeordnet ist.

Weisgerber L., Muttersprache und Geistesbildung. 1929. Glinz H., Linguistische Grundbegriffe und Methodenüberblick. 1970.

Sprachbewußtsein [*linguistic awareness*]. Das Bewußtsein bzw. Wissen eines Sprechers von der Beherrschung der Regeln einer Sprache, das Wissen von der Gültigkeit ihrer Regeln und die Fähigkeit, konkrete Äußerungen/Sätze nach ihnen zu beurteilen, insbesondere die metakommunikative Fähigkeit von Kindern (in der Regel ab fünf Jahren), ihre eigene und die von anderen gehörte Sprache zu beurteilen (Grammatikalität, Semantik). Kinder um das 3. Lj. korrigieren Kinder und Erwachsene im Hinblick auf Wortformen und Wortwahl; noch früher sind →Selbstkorrekturen mit Signalen zu beobachten, die auf das Suchen nach der richtigen Form hinweisen, z. B. *Wir haben auch unser Auto mitgeneemt/genimmt/genommt* (Oksaar 1977, S. 103ff.). Nach G. Augst (1978) hat die Metakommunikation für den Spracherwerb quantitative und qualitative Bedeutung.
Vgl. →Metakommunikation.

Gleitman L. R. u. a., The emergence of the child as a grammarian. Cognition 1; 1972. Hakes D. T., The development of metalinguistic abilities in children. 1980. Oksaar E., Spracherwerb im Vorschulalter. 1977. Sinclair A. u. a., Hrsg., The child's conception of language. 1978. Andresen H., Schriftspracherwerb und die Entstehung von Sprachbewußtsein. 1985.

Sprachbund [*union linguistique*]. Gebiet mit gegenseitiger sprachlicher Beeinflussung. Konzept der Prager Schule zum Sprachvergleich, das geographische und strukturelle Gesichtspunkte berücksichtigt. Bei ausreichendem Sprachkontakt können sich Sprachen auch unterschiedlichen Typs und unterschiedlicher genetischer Verwandtschaft so weit beeinflussen, daß sich bei ihnen gemeinsame strukturell-typologische Merkmale aufweisen lassen. Bei intensiven S. sind morphologische, syntaktische und phraseologische Gemeinsamkeiten zu beobachten (z. B. Balkansprachen mit postponiertem Artikel).
Vgl. →Sprachgeographie.

Birnbaum H., Balkanslavisch und Südslavisch. Zur Reichweite der Balkanismen im südslavischen Sprachraum. Zs für Balkanologie 3; 1965. Haarmann H., Aspekte der Arealtypologie. Die Problematik der europäischen Sprachbünde. 1977. Ineichen G., Allgemeine Sprachtypologie. 1979. Trubetzkoy N. S., Phonologie und Sprachgeographie. TCLP 4; 1931. Weinreich U., dt. Sprachen im Kontakt. 1977.

Sprachdidaktik. Eine Fachdidaktik, die die allgemeine didaktische Fragestellung auf das Gebiet des →Sprachunterrichts (im weitesten Sinne) unter Berücksichtigung psychologischer, soziokultureller u. a. Faktoren hin spezifiziert. In diesem Sinne ist S. die Theorie von den Bedingungen, Lernzielen und Lerninhalten des Sprachunterrichts, die in engem wechselseitigem Verhältnis mit seiner Methodik, der Operationalisierung didaktischer Konzeptionen, steht. Nach Rötzer (1973, S. IXf.) vollzieht sich die Tätigkeit des Didaktikers in den Schritten 1) Wozu wird etwas gelehrt (Lernziel, Lerninhalt), 2) Organisation des Unterrichts, 3) Kriterien für die Erfolgskontrolle.
Der Sprachdidaktiker sollte, wenn er in der gegenwärtigen Situation unangemessene Vereinseitigungen vermeiden will, nie die komplexe Gegebenheit vernachlässigen, daß Sprache sowohl das Zeichensystem ist, das menschliche Kommunikation auf elementarer und höchst differenzierter Ebene ermöglicht, als auch das Mittel zum Ausdruck emotionaler, voluntativ-effektbezogener und intuitiv-kreativer Prozesse sowie die Grundlage kognitiv-rationaler Prozesse darstellt. Die Vielfalt der Ansätze zu Sprachmodellen und Grammatiktheorien mit sehr unterschiedlicher Terminologie erfordert sowohl Überblick als auch Selektion hinsichtlich der sprachdidaktischen Relevanz. Dabei ist es notwendig, den unumgänglichen Begriffsapparat theoretisch und operational zu verankern. Eine genuin sprachdidaktische Aufgabe wäre die Erarbeitung einer Morphologie von Sprach- und Grammatiktheorien nach linguistischen, didaktisch-pädagogischen und lerntheoretischen Aspekten (vgl. →Schulgrammatik). S. in diesem Sinne würde nicht nur einen vorgegebenen Wissensbestand auf dem jeweils erreichten Niveau fachwissenschaftlicher Kenntnis und Erkenntnis *umsetzen* oder *anwenden;* die Fachdidaktik erhält damit die Aufgabe, sowohl den Ergebnisstand als auch die kategoriale Struktur und die Methodologie des Faches zu praktizieren und zu vermitteln.
Sitta (1973) stellt einem negativen Verständnis von Fachdidaktik, das sich auf die schulische Vermittlung fachwissenschaftlicher Ergebnisse bei Anlehnung an die fachimmanente Systematik beschränkt (also zur reinen Methodik des Fachunterrichts degeneriert ist), die Möglichkeit gegenüber,

daß sich an Forschungs- und Lehrinstitutionen Fachdidaktik etabliert als die Wissenschaftsdidaktik eines Fachs mit allen möglichen Folgen für die Entwicklung dieses Fachs (S. 572).

Inhaltlich beachtet die S. »mehr und mehr den Rahmen des Kommunikationszusammenhangs« (S. 578) und zielt auf die Kommunikationskompetenz von Sprachteilhabern. Dabei geht es um die Auswahl adäquater Sprachverwendungsmuster, die Überprüfung von Normvorstellungen und die Beobachtung unterschiedlicher Weisen des Sprachgebrauchs, um die Berücksichtigung auch non-verbaler und situativer Faktoren.
Nach Weisgerber (1974) sieht die S. »den Menschen (als Individuum wie als Glied der Gesellschaft) unter dem Aspekt seiner Angewiesenheit auf Sprache« (S. 30). Die gegenwärtigen Probleme der S. liegen

– in ihrer linguistisch-sprachtheoretischen Fundierung,
– in ihrer Abgrenzung zu und Verbindung mit den Nachbardisziplinen,
– in der Entwicklung von spezifischen sprachdidaktischen Kategorien und Strategien (S. 10).

In der neueren sprachdidaktischen Literatur ist besonders im germanistischen Bereich die Forderung nach verstärkter empirischer Forschung und genuiner empirischer Verankerung erhoben worden. In der Didaktik der deutschen Sprache scheint es möglich, die in der Diskussion der letzten Jahre erarbeiteten Standpunkte von S. nach ihrer jeweiligen Nähe und Ferne, Abhängigkeit und relativen Unabhängigkeit von der (germanistischen) Linguistik zu unterscheiden und zu bestimmen. Es ergeben sich folgende Positionen (Lewandowski, 1978, S. 363):

1. Prinzipielle fachwissenschaftliche Orientierung
2. Orientierung an übergreifenden Konzepten (Kommunikation, Handeln)
3. Eigenständige Konzeptionen (Theorien sprachlichen Lernens)
4. Allgemein didaktische Orientierung (Gegenstände, Lernziele, Methoden)
5. Gesellschaftspolitische Orientierung

Vgl. →Sprachlehrforschung, Sprachunterricht, Schulgrammatik, Grammatikunterricht; empirische Sprachdidaktik, didaktische Grammatik.

Boueke D., Hrsg., Deutschunterricht in der Diskussion. 1/2. ²1979. Ders. u. a., Bibliographie Deutschunterricht. ³1978. Bibl. Deutschunterricht. Ergänzungsband. 1977–1984. 1984. Braun P. Krallmann D., Hrsg., Handbuch Deutschunterricht. Bd. 1: Sprachdidaktik. 1983. Gewehr W., Hrsg., Sprachdidaktik. 1979. Jäger S., Der desolate Zustand der Sprachdidaktik als Ausdruck des desolaten Zustands der Sprachwissenschaften, und was man dagegen tun kann. LB 82; 1982. Ders., Fehlt leider nur das geistige Band. LB 75; 1981. Helmers H., Didaktik der dt. Sprache. [10]1979. Ingendahl W., ›Verständigung‹ als Zentralbegriff der Spracherziehung. Muttersprache 95; 1/2, 1984/1985. van den Kerkhoff L., Zum Verhältnis von Sprachtheorie und Sprachdidaktik. 1983. Kreuder H.-D., Studienbibliographie Linguistik. [2]1982 (S. 104–110). Lewandowski Th., Didaktik der dt. Sprache. DS 4, 1978. Nündel E., Hrsg., Lexikon zum Deutschunterricht. 1979. Sitta H., Didaktik der Linguistik. In: Lexikon der Germ. Linguistik. 1973. [2]1980. Sowinski B., Hrsg., Fachdidaktik Deutsch. [2]1980. Stocker K., Hrsg., Taschenlexikon der Literatur- und Sprachdidaktik. 1/2. 1976. Weisgerber B., Theorie der Sprachdidaktik, 1974. Ders. u. a., Handbuch zum Sprachunterricht. 1983. Wolff G., Sprechen und Handeln. Pragmatik im Deutschunterricht. 1981. Zabel H., Hrsg., Studienbuch: Einführung in die Didaktik der deutschen Sprache und Literatur. 1981. Braunroth M., Zur Geschichte und Situation der Sprachdidaktik. Diskussion Deutsch 77; 1984.

Sprache [language, langue/langage, jazyk]. Die natürliche Sprache ist eine typisch menschliche und zugleich gesellschaftliche Erscheinung; sie ist das primäre System von Zeichen, ein Werkzeug des Denkens und Handelns und das wichtigste Kommunikationsmittel. Soziales Verhalten ist wesentlich zeichen- und sprachgebunden. Über Sprache können wir nur mit Sprache Aussagen machen (Die natürliche Sprache ist ihre eigene *Metasprache*); auch Kunstsprachen (Logiksprachen, Kalkülsprachen, Programmiersprachen) bedürfen der (pragmatischen) Erklärungsgrundlage der natürlichen Sprache. – Alle Bestimmungen von S. erweisen sich als gebunden an eine bestimmte Ebene, an einen bestimmten Aspekt und an eine bestimmte Auffassung oder Theorie. Das Phänomen S. erscheint als

- Funktion, die Laut und Bedeutung einander zuordnet,
- Organon oder Werkzeug des Denkens (Platon, Aristoteles) mit Ausdrucks-, Darstellungs- und Appellfunktion (K. Bühler),
- energetisch-dynamische Tätigkeit des menschlichen Geistes (Humboldt),
- Tat und Äußerung der theoretischen Intelligenz (Hegel),
- unmittelbare Wirklichkeit des Gedankens (Marx),
- Determinante menschlicher Seins-, Denk- und Verhaltensweise (Humboldt, Sapir, Whorf u. a.),
- konventionelles oder *willkürliches* System von Zeichen und soziales Objektivgebilde (Vierkandt, Saussure, Weisgerber),
- semiotisches System mit Syntax, Semantik und Pragmatik (Morris u. a.),
- Primärkode und Mittel der Kommunikation,
- Algebra von Zeichen, d. h. als System mit Laut- und Bedeutungs*form* und nicht als *Substanz* (Saussure, Hjelmslev u. a.),
- Mittel und Medium der Konstitution sozialer Wirklichkeit (Ethnotheorien),
- Form und Medium des sozialen Verhaltens (Bloomfield, Mead u. a.),
- artspezifisches, biologisch-genetisch determiniertes Phänomen und hierarchisch strukturiertes System von Regeln, das ohne bedeutsame Analogie in der Tierwelt ist (Chomsky, Lenneberg),

- Sprachgebrauch im Sinne eines Sprachspiels, dessen Regelstruktur nicht hintergehbar ist (Wittgenstein),
- Teilsystem sozialer Normen sowie Form und Mittel sozialer Schichtung,
- Form und Bedingung gesellschaftlichen Handelns (neuere Handlungskonzeptionen, Sprechakttheorie),
- historisch und kulturell geformtes, differenziertes und wandlungsfähiges Handlungsinstrument.

Definitionen von »S.« versuchen, mehrere Aspekte, verschiedene Ebenen oder Funktionen zu erfassen oder eine bestimmte Eigenschaft der S. hervorzuheben. Für L. Bloomfield z. B. war S. »the totality of utterances that can be made in a speech community« (vgl. auch →Sprachgemeinschaft). Carnap betrachtete eine S., z. B. die englische, als

> a system of activities or, rather, of habits, i. e. dispositions to certain activities, serving mainly for the purposes of communication of activities among the members of a group.

Bei G. Klaus u. a. ist S.

> ein System verbaler Zeichen, das dem Denk- und Erkenntnisprozeß dient, das Kommunikation, Fixierung und Tradierung von Erfahrung und Wissen ermöglicht.

A. Martinet sieht S. als

> Kommunikationsmittel, nach dem der Mensch, in jeder Gemeinschaft auf andere Weise, seine Erfahrung nach Einheiten analysiert, die einen semantischen Inhalt und einen lautlichen Ausdruck haben.

Schaff (dt. 1969) bemerkt an den von Révész (1946) zusammengestellten Definitionen von »S.«, daß der Zeichencharakter, die expressive und die bezeichnende Funktion der S. unter psychologistischen, intentionalen, behavioristischen u. a. Gesichtspunkten besonders herausgestellt werden. Eine umfassende Definition des Phänomens wäre auch von zweifelhaftem Nutzen, dazu schwerfällig und überladen. Eine Bestimmung bzw. Charakterisierung der S. sollte die mit dem jeweiligen Forschungserfordernis verbundenen Aspekte enthalten. Ein wichtiger Gesichtspunkt

> ist der gesellschaftliche Aspekt der Sprache als eines Instruments der Erkenntnis der Wirklichkeit . . . sowie zur gegenseitigen Kommunikation der in diesem Prozeß gewonnenen Informationen und der mit ihnen verbundenen emotionalen, ästhetischen, volitionalen Erlebnisse (1969, S. 287f.).

Jede nichttriviale Definition von »S.« wäre im Rahmen einer Sprachtheorie zu leisten, die eine (mehr oder weniger *autonome*) Gegenstandsbestimmung, ihr Erkenntnisinteresse und ihre Methoden zu explizieren hätte. Eine in solcher Weise nicht fundierte allgemeinere

Charakterisierung des Gegenstands S. wäre als Versuch einer Wesensbestimmung wenig sinnvoll. Als informativer sind zu betrachten Hinweise auf grundlegende Strukturen und konstitutive Prinzipien der S. (vgl. →Arbitrarität des sprachlichen Zeichens, Konventionalität der Sprache, Dualität/zweifache Gliederung der Sprache, Sprachvariation, Zeichen usw.) sowie die Analyse erfahrbarer Funktionen der S. (vgl. →Sprachfunktionen; auch →Widerspiegelungsfunktion der Sprache).

N. Chomsky sieht in der S. »einen *Spiegel des Geistes* . . ., ein System von bemerkenswerter Komplexität« (1977, S. 12, 19), eine »hoch entwickelte und komplexe Konstruktion«, die gegenüber der Grammatik ein Epiphänomen in dem Sinne darstellt, daß Sätze einer S. möglicherweise nur von einer Grammatik erzeugt werden können, deren Parameter im Rahmen etwa des konzeptuellen Systems festgelegt sind (1981, S. 88, 125, 129). In der Untersuchung der S. liege die Möglichkeit, mentale Prinzipien von universaler Gültigkeit zu entdecken; das Verstehen von Struktur und Gebrauch der natürlichen Sprache könne zu einem Verständnis der spezifischen Merkmale menschlicher Intelligenz verhelfen. Die Analyse der S. wäre dann ein Modell, an dem sich die Erforschung weiterer menschlicher Kompetenzbereiche und des menschlichen Handelns orientieren könnte, die einer Untersuchung weniger gut zugänglich sind (dt. 1981, S. 13; s. auch →universale Grammatik).

K.-O. Apel erkennt S. als Grundlagenproblem der modernen Wissenschaften und der neueren Philosophie. In besonderer Weise ist S. für die Philosophie unübergehbar, wenn es um den Gewinn und die Formulierung von Erkenntnis, um Begriffs- und Theorienbildung geht. Bei der S. handelt es sich um die Bedingung der Möglichkeit von Verständigung und Selbstverständigung, von gegenstandsbezogener Erkenntnis und intentionalem Handeln. In der pragmatisch-transzendentalhermeneutischen Auffassung von S. erscheint die *transzendentale Synthesis der Apperzeption* bei Kant ersetzt durch die transzendentale Synthesis der sprachvermittelten Interpretation und der Konsensbildung in einer idealen Kommunikationsgemeinschaft. – Apels Rekonstruktion und sprachpragmatisch orientierte Transformation der Transzendentalphilosophie Kants hat freilich zur Konsequenz (bzw. zur Voraussetzung), daß *Denken* sich als sprach- und kommunikationsabhängiges *internalisiertes Argumentieren* erweisen muß.

Vgl. →natürliche Sprache, Sprachfähigkeit, Sprachphilosophie, Sprachursprung, Sprachtheorie; Spracherwerb; Universalien, zweifache Gliederung der Sprache.

Albrecht E., Sprache und Philosophie. 1975. Ders., Weltanschauung, Methodologie, Sprache. 1979. Apel K.-O., Die Idee der Sprache in der Tradition des Humanismus. ^{2}1975. Ders., Transformation der Philosophie. 1. 2. 1972. Sprache. In: Krings H. u. a., Hrsg., Handbuch philosophischer Grundbegriffe. Bd. 5. 1974. Bloomfield M. Haugen E., Hrsg., Language as a human problem. 1975. Bolinger D., Aspects of language. 1975. Bühler K., Sprachtheorie. ^{2}1965. Cassirer E., Philosophie der symbolischen Formen. 1. Die Sprache (1923). ^{5}1972. Chomsky N., Problems and mysteries in the study of human language. 1974. Ders., dt. Reflexionen über Sprache. 1977. Regeln und Repräsentationen. 1981. Coseriu E., Sprache. Strukturen und Funktionen. ^{2}1971. Gadamer H.-G., Hrsg., Das Problem der Sprache. 1967. Hartmann P., Die Sprache als linguistisches Problem. In: Die deutsche Sprache im 20. Jahrhundert. ^{2}1969. Jakobson R., The framework of language. 1980. Jespersen O., Language. Its nature, development, and origin (1922). 1950. Lenneberg E. H., dt. Biologische Grundlagen der Sprache. 1972. Lipps H., Die Verbindlichkeit der Sprache. ^{2}1958. Lyons J., dt. Die Sprache. 1983. Migrin V. N., Jazyk kak sistema kategorij otobrazenija. 1973. Mittelstraß J. Lorenz K., Die Hintergehbarkeit der Sprache. Kantstudien 58; 1967. Mounin G., Definitions récentes du langage. Diogène 31; 1960. Panfilov V. Z., Ontologija jazyka kak obščestvennogo javlenija. 1983. Parret H., Discussing language. 1974. Popper K. R., Objective knowledge. An evolutionary approach. 1972. Dt. Objektive Erkenntnis. ^{2}1974. Révész G., Ursprung und Vorgeschichte der Sprache. 1946. Sampson G. R., Liberty and language. 1980. Schaff A., Einführung in die Semantik. 1969. Seiler H., Sprache und Sprachen. Gesammelte Aufsätze. 1977. Weinrich H., Die Zukunft der dt. Sprache. In: Die dt. Sprache der Gegenwart. 1984.

Sprache und Bewußtsein (s. auch →Sprachbewußtsein)

Albrecht E., Sprache und Philosophie. 1975. Frey G., Sprache – Ausdruck des Bewußtseins. 1965. Mittelstraß J. Lorenz K., Die Hintergehbarkeit der Sprache. Kantstudien 58; 1967. Ornstein R. E., Die Psychologie des Bewußtseins. 1974. Spivak D. L., Lingvistika izmenennych sostojanij soznanija: problemy i perspektivy. VJa 1, 1985.

Sprache und Denken (vgl. → Kognitionshypothese)

Albrecht E., Aktuelle Fragen in den Wechselbeziehungen zwischen Sprache und Denken. Deutsche Zs für Philosophie 11, 1981. Greene J., Thinking and language. 1975. Lange K.-P., Language and cognition. 1985. Seuren P., Zwischen Sprache und Denken. 1977. Seebaß G., Das Problem von Sprache und Denken. 1981. Slama-Cazacu T., Verhältnis von Denken und Sprache bei Vorschulkindern. 1984.

Sprache und Erfahrung (s. auch → Erfahrung)

Castañeda H.-N., Sprache und Erfahrung. Texte zu einer neuen Ontologie. 1/2. 1983. Cicourel A. V., dt. Sprache in der sozialen Interaktion. 1975. Lindesmith A. R. Strauss A. I., dt. Bedingungen der Sozialisation. 1/2. 1974.

Sprache und Erkenntnis

Albrecht E., Sprache und Erkenntnis. 1967. Hartmann P., Sprache und Erkenntnis. 1958. Klaus G., Semiotik und Erkenntnistheorie. 1973. v. Kutschera F., Grundfragen der Erkenntnistheorie. 1982.

Sprache und Gedächtnis (s. auch →semantisches Gedächtnis)

Bierwisch M., Hrsg., Psychologische Effekte sprachlicher Strukturkomponenten. 1979. Chafe W. L., Language and memory. Lg 49; 1963. Fodor J. A., The modularity of mind. 1983. Kintsch W., dt. Gedächtnis und Kognition. 1982.

Sprache und Gehirn

Ellis A. W., Hrsg., Normality and pathology in cognitive functions. 1982. Jakobson R., Brain and language: cerebral hemispheres and linguistic structure in mutual light. 1980. Peuser G., Sprache und Gehirn. Eine Bibliographie zur Neurolinguistik. 1977. Poeck K., Hrsg., Klinische Neuropsychologie. 1983. Schnelle H., Hrsg., Sprache und Gehirn. 1981. Segalowitz S. J., Hrsg., Language functions and brain organization. 1983. Studdert-Kennedy M., Hrsg., Psychobiology of language. 1983. Whitaker H. und H. A., Hrsg., Studies in neurolinguistics. 1/2. 1976, 3. 1977.

Sprache und Geschlecht (s. auch →feministische Linguistik)

Andersen H. u. a., Hrsg., Sprache und Geschlecht. 1–3. 1979/1980. Hoffmann U., Sprache und Emanzipation. Zur Begrifflichkeit der feministischen Bewegung. 1979. Thorne B. Henley N., Hrsg., Language and sex. 1975. Hellinger M., Hrsg., Sprachwandel und feministische Sprachpolitik. Internationale Perspektiven. 1985. Smith P. M., Language, the sexes and society. 1984.

Sprache und Gesellschaft

Eisenberg P. Haberland H., Das gegenwärtige Interesse an der Linguistik. In: Das Argument 3/4; 1972. Holzer H. Steinbacher K., Sprache und Gesellschaft. 1972. Rucktäschel A., Hrsg., Sprache und Gesellschaft. 1972. Bungarten Th., Hrsg., Wissenschaftssprache und Gesellschaft. 1985.

Sprache und Handeln (s. auch → Handeln, Handlung, Sprachhandeln)

Hager F. u. a., Hrsg., Die Sache der Sprache. 1977. Menne K. u. a., Sprache, Handlung und Unbewußtes. 1976.

Sprache und Logik (vgl. auch → Grammatik und Logik)

Ballmer Th. Kindt W., Hrsg., Zum Thema Sprache und Logik. Ergebnisse einer interdisziplinären Diskussion. 1980. Cresswell M. J., dt. Die Sprachen der Logik und die Logik der Sprache. 1979. Gadamer H. G., Sprache und Logik. 1970. Katz J. J., Logic and language: an examination of recent criticisms of intensionalism. In: Gunderson K., Hrsg., Language, mind, and knowledge. 1975. Kolšanskij G. V., Logika i struktura jazyka. 1965. Patzig G., Sprache und Logik. 1970.

Sprache und Politik

Bergsdorf W., Herrschaft und Sprache. 1983. Dieckmann W., Politische Sprache, politische Kommunikation. 1981. Fetscher I. Richter H. E., Hrsg., Worte machen keine Politik. 1976. Greiffenhagen M., Hrsg., Kampf um Wörter. Politische Begriffe im Meinungsstreit. 1980. Januschek F., Hrsg., Politische Sprachwissenschaft. 1984. Roche R., Demosprüche und Wandgesprühtes. Muttersprache 93; 1983. Welch D., Hrsg., Nazipropaganda. The power and the limitations. 1983.

Sprache und Raum

Downs R. M. Stea D, dt. Kognitive Karten. Die Welt in unseren Köpfen. 1982. Jarvella R. Klein W., Hrsg., Speech, place and action. 1982. König-Hartmann D. Schweizer H., Kommentierte Bibliographie zu psychologischen und linguistischen Arbeiten über die kognitive und sprachliche Verarbeitung räumlicher Beziehungen. LB 85/86; 1983 und 87; 1984. Paivio A., Imagery and verbal processes. 1971. Schweizer H., Hrsg., Sprache und Raum. 1985. Tanz C., Studies in the acquisition of deictic terms. 1980. Wunderlich D., Sprache und Raum. Studium Linguistik 12, 13; 1982.

Sprache und Religion

Kaempfert M., Hrsg., Probleme der religiösen Sprache. 1983. Knobloch J., Sprache und Religion. 1/2. 1979/1983. Steger H., Probleme der religiösen Sprache und des religiösen Sprechens. In: Mönig K., Hrsg., Sprechend nach Worten suchen. Probleme der philosophischen, dichterischen und religiösen Sprache der Gegenwart. 1984. Fenn R. K., The secularization of religious language. 1984.

Sprache und Sozialisation (vgl. →Sozialisation, Spracherwerb)

Göppner H.-J., Sozialisation durch Sprache. 1978. Mühlfeld K., Sprache und Sozialisation. 1975.

Sprache und Wahrnehmung (s. auch →Sprache und Raum, Sprache und Erkenntnis)

Hörmann H., Einführung in die Psycholinguistik. 1981. Ulmann G., Sprache und Wahrnehmung. 1975. Whorf B. L., dt. Sprache, Denken, Wirklichkeit. 1963.

Sprache und Wirklichkeit (s. auch →Abbildtheorien, Widerspiegelungstheorie der Sprache)

Dietrich R. A., Sprache und Wirklichkeit in Wittgensteins Tractatus. 1973. Ryle G., dt. Der Begriff des Geistes. 1969. Sukale M., Hrsg., Moderne Sprachphilosophie. 1976. Schmidt F., Zeichen und Wirklichkeit. 1966.

Spracherkennung →Sprachwahrnehmung

Spracherwerb [language acquisition/development, apprentissage/acquisition du langage, priobretenie jazyka]. Auch: Sprachentwicklung, Erstspracherwerb. Das Erlernen der Muttersprache oder Primärsprache, der Erwerb der Fähigkeit, sprachliche Äußerungen zu verstehen und situationsgerecht hervorzubringen; die sprachliche Ontogenese, d. h. die Entwicklung und zunehmende Beherrschung der den Gebrauch der Sprache ermöglichenden Prozesse innerhalb einer bis zu einem gewissen Grade biologisch determinierten Zeitspanne. Die S.sforschung der letzten 25–30 Jahre konzentrierte sich zunächst auf den Erwerb der Grammatik bzw. Syntax. Zunehmend wurden semantische Fragestellungen in den Mittelpunkt gerückt. Das Interesse wandte sich dann im Sinne einer ›pragmatischen Wende‹ dem sich entwickelnden Gebrauch der Sprache im sozialen Kontext (Gesprächs- oder Dialogfähigkeit) zu. In neueren Untersuchungen erscheint der S. eng verbunden mit der Struktur sozialer Interaktionen (s. auch →interaktionale Kompetenz, Mutter-Kind-Interaktion). Allgemein vertreten werden die Thesen, daß rezeptive Fähigkeiten sich vor produktiven entwickeln und daß die kognitive Entwicklung der sprachlichen vorausgeht (vgl. →Kognitionshypothese).
Der S. ist ein mit der kognitiven Entwicklung in Wechselbeziehung stehender bzw. ein von dieser abhängiger Prozeß der kommunikativen Bewältigung der dem Kind vorgegebenen sozialen Umwelt in expressiver, appellativer und referentieller Hinsicht (vgl. auch →Sprachfunktionen). S. vollzieht sich im Zusammenhang von Lautkomplexen, hinweisender Gestik und Hantieren mit (benannten) Gegenständen in bedürfnisbetonten Situationen. Im Bereich der Darstellungs- bzw. Referenzfunktion der Sprache entwickelt das Kind das Erleben der Identität der Gegenstände (Objektkonstanz oder Objektpermanenz); es erkennt unterschiedliche Eigenschaften von Gegenständen; durch Wahrnehmung, Konzeptualisierung und Sprache konturiert und stabilisiert sich seine Welt (s. auch →semiotische Funktion). Bei der Genese der Wortbedeutung sind die Gesamtatmosphäre und die diffuse Ganzheit der Situation, der Handlungszusammenhang und die Intonationsführung bestimmend (vgl. →Bedeutungserlernung). Die ersten Worte des Kindes sind funktional →Einwortsätze bzw. einfache und im Hinblick auf ihre kommunikativen Absichten nicht immer eindeutig interpretierbare →Prädikationen, bei denen nur ein Teil oberflächensyntaktisch verbalisiert ist; die anderen Teile werden deiktisch realisiert. Situation und Handlungskontext sind Mitträger der Bedeutung. Der syntaktische Ausbau der Sprache ermöglicht es dem Kind, sich in seinem Ausdruck von dieser Bindung zunehmend zu befreien (K. Bühler).

Die für den S. entscheidende Zeit liegt zwischen dem 2. und dem 6. Lj. Der eigentliche S. beginnt mit der Äußerung von Lautkomplexen, denen Bedeutungen mehr oder weniger fest zugeordnet sind (erste *Wörter*). Die Aneignung der syntaktischen Grundmuster mit Fragesätzen sowie verneinten Sätzen und der elementaren Grammatik (Konjugation, Deklination) ist bis 5;0 bzw. 6;0 abgeschlossen; syntaktische Komplexität, Wortschatz und Semantik entwickeln sich weit darüber hinaus. Es scheint, daß S. in subtiler Form (vor allem in semantisch-lexikalischer Hinsicht) das ganze Leben hindurch, in jedem Fall aber bis in die Pubertät hinein, stattfindet. Dabei ist der Zusammenhang von operativer und verbaler Intelligenz bedeutsam (s. auch →Begriffsbildung).

Phasen- oder Stadieneinteilung des S. erfassen dessen Verlauf nur grob; sie folgen meist der Gliederung Sterns in *Lallperiode, Einwortsatz,* Zweiwortsatz/Dreiwortsatz (vgl. →P/O-Grammatik), Entwicklung der Grammatik (Mehrwortsätze), Entwicklung von Hypotaxen. Modifizierte Einteilungen ergeben sich, wenn die Entstehung einzelner Sprachfunktionen nachgezeichnet wird (vgl. →Spracherwerbstheorien) oder wenn 5 Stufen nach der durchschnittlichen Länge bzw. Morphemzahl der vom Kind produzierten Äußerungen formuliert werden (*mean length of utterance* – MLU). Allgemein wird zwischen vorsprachlichen und sprachlichen Phasen des S. unterschieden. In der vorsprachlichen Phase sind neben der kommunikativen Funktion des →Schreiens und anderer Vokalisationen nonverbale Formen der Körpersprache von Bedeutung (von der nonverbalen Kommunkation zur Sprache).

Phonetik und Phonologie (Lautwahrnehmung und Lautproduktion): Mit 2 Mon. reagieren Kinder auf unfreundliche Stimmen mit Weinen, auf freundliche mit Lächeln und mit Gurrlauten; mit etwa 4 Mon. können sie männl. von weibl. Stimmen unterscheiden; um 6 Mon. beginnen sie auf Intonation und Sprechrhythmus zu achten. Nach und nach lernen Kinder, sprachliche Laute von anderen Lauten zu unterscheiden, Unterschiede bei Sprachlauten in quasi-kategorialer Weise wahrzunehmen (*b : p, ba : ga* usw.), gleiche Laute zu identifizieren, wichtige Laute von weniger wichtigen zu unterscheiden, Laute mit anderen Lauten in sprachspezifischer Weise zu kombinieren (vgl. Clark/Clark 1977).

Syntaktische Entwicklung beim S. beginnt, wenn um 1;6 neben Einwortsätzen oder Holophrasen zunächst durch Pausen getrennte aufeinander folgende Einwortsätze und dann intonatorisch geschlossene Zwei- und Dreiwortsätze auftreten, z. B. *da buch, milch heiß, wo ball,*

milk in there, papa weg. War die Interpretation des Einwortsatzes durch die Mutter auf die gemeinsame Situation angewiesen, so bietet die Zweiwortäußerung im gegebenen Kontext mehr Interpretationssicherheit, zumal bestimmte lexikalische Mittel konsequent ausgelassen werden (vgl. →telegraphische Sprache). Allgemein wird dem Kind dieser Stufe mehr semantisches als syntaktisches Wissen zugesprochen. Zweiwortkombinationen werden als Ausdruck semantischer Relationen oder Funktionen betrachtet, z. B. Benennung, nähere Bestimmung, Agens-Aktion *(bambi go, helping mommy),* Wünsche *(want milk),* Negation *(no hot, no meat, no Daddy hungry),* Frage (s. auch →P/O-Grammatik).
Um 2;0 setzt eine stärkere syntaktische Differenzierung mit schneller Vermehrung des Wortschatzes ein. In rascher Folge bzw. »sprunghaft« entwickeln sich Deklination, Konjugation und Komparation, räumliche und zeitliche Präpositionen sowie Regularitäten der Wortstellung/Verbstellung. Die Zeit von 1;6 bis 4;0/5;0 ist die am besten erforschte. Es scheint, daß das Kind Regeln in induktiv-generalisierender Weise erwirbt, deren Anwendung zunächst zu Übergeneralisierungen führt.
Dabei spielen Strategien des Kindes eine Rolle, aber auch der kognitive und der formalsprachliche Schwierigkeitsgrad grammatischer Strukturen. Nach Slobin (1972, dt. 1977) deutet sich das Prinzip an, daß neue Formen zuerst alte Funktionen ausdrücken, während neue Funktionen zunächst durch alte Formen zum Ausdruck gebracht werden.
Beim *Erwerb der Semantik* ist zu unterscheiden zwischen der Entwicklung des Wortschatzes (vgl. →Wortschatz, Wortschatzanalyse), der Entwicklung der Satz- oder Äußerungsbedeutung und dem Erlernen der Wortbedeutung. Die semantische Entwicklung beim S. erscheint als Überschneidungsbereich von kognitiver und sprachlicher Entwicklung. Als Annahmen werden vertreten, daß die kognitive und die semantische Entwicklung sich gegenseitig in der Weise bedingen, daß sie zwei Seiten einer einheitlichen Dynamik bilden oder daß die semantische Entwicklung sich auf die kognitive Entwicklung stützt bzw. von ihr abhängig ist (die semantische Entwicklung reflektiert die kognitive). Semantische Kategorien und Relationen entstehen dann durch kognitive Verarbeitung praktischer Erfahrung. Oft wird auch zwischen kognitiver und semantischer Entwicklung nicht unterschieden, und es wird gefragt, wie kognitive Strukturen sich mit *Wörtern* bzw. *Lauten* verbinden (Gleichsetzung von Bedeutung und Begriff). Eine Reduktion von Begriffen auf Bedeutungen (und umgekehrt) scheint anderen aus methodischen Gründen nicht vertretbar. Die Beschrei-

bung des Semantikerwerbs soll dann die Frage nach der Beziehung zwischen Begriff und Bedeutung beantworten. R. Cromer (1976) z. B. unterscheidet zwischen hierarchisch höheren kognitiven Strukturen und Kognitionen/Begriffen; erst letztere haben eine direkte Beziehung zu Bedeutungen.

Sowohl der Rahmen des S. als auch die Grundlage der sprachlichen Ontogenese sind von *pragmatischer* Art. Soziale Interaktionen mit konkreter Situationsbezogenheit bilden die notwendige Bedingung des S. Die Sprache des Kindes scheint sich auf der Grundlage vorsprachlicher kognitiv und perzeptiv fundierter Interaktion und nonverbaler Kommunikation zu entwickeln. Die Mutter-Kind-Dyade bzw. die kommunikativen Akte zwischen Kind und Erwachsenen bilden ein progressives System, das den Austausch von Affekten und Intentionen ermöglicht. Gemeinsames Handeln von Mutter und Kleinkind und Kommunikation mit Hilfe der Körpersprache (u. a. Synchronisierung der Bewegungsabläufe) führt zum Erkennen/Erlernen von zunächst noch diffusen Intentionen, zur Entstehung von Erwartungen beim Kind und zur Entwicklung von gemeinsamen Handlungsmustern, d. h. daß das Kind kommunizieren und sprechen in Handlungszusammenhängen lernt. Bevor die Sprache auftritt, entwickeln Kinder die Fähigkeit zu sozialen Handlungen. Handlungsmuster setzen kognitive und interaktive Fähigkeiten voraus. Wenn das Kind diese Muster kennt, lernt es auch die entsprechenden sprachlichen Formen, d. h. daß das Kind lernt, mit Wörtern das zu tun, was es bis dahin ohne Wörter getan hat. Die Sprache eröffnet dann weitere Möglichkeiten.

Der Erwerb der pragmatischen Kompetenz bzw. der *Dialogfähigkeit* (s. auch →interaktionale Kompetenz, kommunikative Kompetenz) wird durch sprachliche, kognitive und allgemeine soziale Fähigkeiten bestimmt. Es geht um das Formulieren von Intentionen, um die Fähigkeit zu dialogischem Sprachgebrauch, um die Möglichkeit, über vorausgesetztes bzw. erwartetes außersprachliches Wissen auch in der Form von Inferenzen/Schlußfolgerungen zu verfügen, sowie um die Fähigkeit zur sprachlichen Variation im Sinne einer Anpassung der Sprache an den Zuhörer (4jährige sprechen mit kleineren Kindern syntaktisch einfacher als mit Erwachsenen und mit Gleichaltrigen).

Metasprachliche Fähigkeiten entwickelt das Kind erst ab 6;0. Es muß dazu die Möglichkeit erwerben, (reflexiv) auf die Sprache selbst achten zu können (Beurteilung von Akzeptabilität, Synonymie, Wortstruktur, Lautstruktur, Durchschauen von Metaphorik, Erwerb der Schriftsprache; vgl. →Lesen, Schreiben).

Als methodisches Hauptverfahren der Datenerhebung zum S. wird die Beobachtung und die Aufzeichnung mit Tonband- und Videotechnik praktiziert. Ein Problem stellte die Segmentierung und Kodierung non-verbaler Sequenzen dar. Ein neues Notationssystem mit 104 Dimensionen scheint neue Möglichkeiten zu eröffnen (*Berner System* von G. Frey; vgl. →Körpersprache, Gesprächsanalyse). Zur Untersuchung der frühen Diskriminations- und Rezeptionsfähigkeit verwendet man die Saug- oder Schnuller-Technik (*non-nutritive sucking technique,* s. bei Clark/Clark 1977).
Der erste Versuch zur Beschreibung des S. scheint bei Tiedemann (1787) vorzuliegen; es folgten Taine (1877), Darwin (1877), Preyer (1822), Sully (1895), Sinn (1893), Stern u. Stern (1907). Eine zusammenfassende Darstellung und zugleich neue Grundlegung s. bei E. Oksaar (1977) (vgl. auch Clark/Clark 1977, Foss/Hakes 1978, Szagun [2]1983, Gleitman/Wanner 1982).
Vgl. →Spracherwerbstheorien, Spracherwerbsmechanismus, Kindersprache; s. auch →Zweitsprachenerwerb.

Abramsen A. A., Child language. An interdisciplinary guide to theory and research. 1977. Augst G., Hrsg., Spracherwerb von 6 bis 16. 1978. Ders., Metakommunikation als Element des Spracherwerbs. WW 28; 1978. Zur Ontogenese der metaphorischen Kompetenz. WW 31; 1981. Biere B. U., Kommunikation unter Kindern. 1978. Ders., Forschungsbericht: Kindersprache, kindliche Kommunikation und Spracherwerb. ZGL 8; 1980. Bierwisch M., Sprache und Gedächtnis. In: Ders., Hrsg., Psychologische Effekte sprachlicher Strukturkomponenten. 1979. Bowerman M., Early syntactic development. 1973. Bruner J. S., From communication to language. Cognition 3; 3, 1975; dt. in: Martens K., Hrsg., 1979. Clark E. V., The ontogenesis of meaning. 1979. Clark H. und E., Psychology and language. 1977. Clahsen H., Spracherwerb in der Kindheit. Eine Untersuchung zur Entwicklung der Syntax bei Kleinkindern. 1982. Cromer R., The cognition hypothesis of language acquisition and its implications for child language deficiency. In: Morehead D. und A., Hrsg., Normal and deficient child language. 1976. Dale Ph. S., Language development. Structure and function. 1976. Derrick J., The child's acquisition of language. 1977. Deutsch W., Hrsg., The child's construction of language. 1981. Gleitman L. R. Wanner E., Hrsg., Language acquisition: the state of the art. 1982. Hörmann H., Psychologie der Sprache. [2]1977. Hornstein N. Lightfoot D., Hrsg., Explanation in linguistics: The logical problem of language acquisition. 1981. Käsermann M. L., Spracherwerb und Interaktion. 1980. Lenneberg E. H., dt. Biologische Grundlagen der Sprache. 1972. Lenneberg E. H. und E., Hrsg., Foundations of language development. 1. 1975. Levelt W. J. M. u. a., Child language research in ESF countries. An inventory. 1981. Martens K., Hrsg., Kindliche Kommunikation. 1979. Miller M., Zur Logik der frühkindlichen Sprachentwicklung. 1976. Ders., Sprachliche Sozialisation. In: Hurrelmann K. Ulrich D., Handbuch der Sozialisation. 1980. Müller F., Erstspracherwerb: Theoretische Ansätze, Methoden, Untersuchungen. Studium Linguistik 4; 1977. Nabrings K. Schmitter P., Spracherwerbsforschung. Bibliographie. [2]1980. Oksaar E., Spracherwerb im Vorschulalter. 1977. Piaget J., dt. Denken und Sprechen des Kindes (1923). 1972. Ramge H., Spracherwerb. [2]1975. Ders., Spracherwerb und sprachliches Handeln. 1976. Sinclair A. u. a., Hrsg., The child's conception of language. 1978. Slobin D., dt. Sieben Fragen zur Sprachentwicklung. In: Wenzel U. Hartig M., Hrsg., Sprache, Persönlichkeit, Sozialstruktur. 1977. Snow C. E. Ferguson Ch. A., Talking to children. Language input and acquisition. 1977. Stern C. und W., Die Kindersprache (1907, [4]1928). 1965. Szagun G., Sprachentwicklung beim Kind. Eine Einführung. [2]1983. de Villiers J. und P., Early language. 1977. Wexler K. Cullicover P. W., Formal principles of language acquisition. 1983.

Spracherwerbsmechanismus [language acquisition device – LAD]. Bei N. Chomsky ein angeborener Mechanismus, den das Kind anwendet, um seine Muttersprache oder Erstsprache zu erwerben; ein System von Mechanismen und Prinzipien, das beim Erwerb von sprachlichem Wissen in Gang gesetzt wird und das zum Erwerb der *Grammatik* als einer spezifischen kognitiven Struktur führt. Der S. ist ein System intellektueller Organisation – eine artspezifische Anlage, aufgrund derer sich kognitive Strukturen von großer Komplexität in kurzer Zeit ohne bewußte Anstrengung entwickeln können (dt. 1977, S. 38).
Der S. enthält:

- Prinzipien für die Analyse von Sprachdaten bzw. einen Mechanismus zur Bildung von Hypothesen über die grammatischen Regeln der zu erlernenden Sprache.
- Eine universale Grammatik (UG) als ein System von Prinzipien, Bedingungen und Regeln, die (biologisch) notwendige Elemente bzw. Eigenschaften aller Sprachen sind. (Die UG ist der Ausdruck des Wesens der menschlichen Sprache; sie schränkt mit ihren substantiellen und formalen Universalien die mögliche Vielfalt von Sprachen ein; sie spezifiziert deren phonetische, semantische und strukturelle Organisation. Sie legt fest, was beim erfolgreichen Spracherwerb zu erwerben ist, d. h., daß die erworbene kognitive Struktur den Eigenschaften der UG entsprechen muß.)
- Weitere Prinzipien, die der Auswahl und Bewertung von Grammatiken (im Hinblick auf UG) dienen.

Das Kind kann die Regeln seiner Muttersprache mühelos und schnell aus der gesprochenen Sprache seiner Umgebung erlernen, weil sein Geist keine *unbeschriebene Tafel* ist. Im Anfangszustand des Spracherwerbs verfügt das Kind über ein System intellektueller Organisation im Sinne einer biologisch determinierten, angeborenen Eigenschaft, die durch bestimmte Auslöseerfahrungen in Funktion gesetzt wird. Interaktionen mit der Umwelt und Reifungsprozesse führen zum Endzustand des Spracherwerbs mit der internen Repräsentation kognitiver Strukturen.
Der S. als Initialstruktur des Geistes ermöglicht dem Kind nach

Chomsky die Konstruktion einer geeigneten internen Grammatik aus den Sinnesdaten. Schon Humboldt habe erkannt, daß man Sprache nicht wirklich lehren könne. Man kann nur die Bedingungen schaffen, unter denen sie sich in der Psyche auf ihre eigene Weise spontan entwickelt (1969, S. 73). Der S. ist auch unabhängig von der Intelligenz in dem Sinne, daß die Grammatiken, die von Sprechern einer Sprache konstruiert werden, untereinander nur leicht variieren – trotz der Unterschiedlichkeit der Intelligenz und der Bedingungen, unter denen Sprache jeweils erworben wird (1970, S. 130).
In der kritischen Diskussion um den S. bzw. die Hypothese der Angeborenheit hat Chomsky u. a. betont, daß Spracherwerb ein Erwerb von Regeln ist, daß erklärt werden muß, wie das Kind trotz unzureichender bzw. »hoffnungslos unterbestimmter« Eingabedaten zu den Regeln gelangt und daß die Grammatik gegenüber anderen Komponenten des Wissens (z. B. Mathematik, Physik) eine besondere Eigenart besitzt. – In rationalistischem Verständnis wird durch die Wahrnehmungsmodi unseres Verstandes bestimmt, was wir wissen können. Der Geist gibt uns die Mittel, Daten als Erfahrungen zu analysieren; er liefert uns das Schema, das die möglichen kognitiven Strukturen begrenzt. Man kann (nach Aristoteles) die These vertreten, daß die Welt auf eine bestimmte Art und Weise strukturiert ist und daß wir aufgrund von Wahrnehmung und induktiver Generalisierung zu einem Wissen über Universalien gelangen. Fruchtbarer jedoch sei es, die Hauptlast der Erklärung von der Struktur der Welt auf die Struktur des Geistes zu verschieben (1977, S. 14).
J. Katz (dt. 1969, S. 218ff.) hält die Hypothesen des Empirismus zum Spracherwerb für ungeeignet. Eine hinreichend starke Hypothese über den Spracherwerb müsse in der Weise rationalistisch sein, daß sie den S. als hypothetisches System zur Organisierung der Erfahrung mit Prinzipien einer Sprachtheorie ausstattet, u. zw. mit sprachlichen Universalien, mit der Form der phonologischen, der syntaktischen und der semantischen Komponente und dem formalen Charakter ihrer Regeln sowie mit einer Methodologie für die Wahl optimaler Sprachbeschreibungen.
Bei der Kontroverse zwischen Empirismus und Rationalismus über den Aufbau der begrifflichen Erkenntnis aus der Erfahrung geht es nach Katz keineswegs darum, daß der Empirismus angeborene Prinzipien grundsätzlich ablehnt (beide Richtungen postulieren angeborene Mechanismen), sondern darum, daß vom empiristischen Standpunkt keine wesentlichen formalen Beschränkungen für die assoziative Struktur solcher angeborenen »Ideen« gelten. Auf diese Weise kön-

nen sie als »rein kombinatorische Mittel zur Zusammenfassung von Erfahrungseinzelheiten«, als »Werkzeug zur Einrichtung assoziativer Verbindungen« erscheinen. Kausal effektiver Faktor ist dabei vor allem die Präsentationshäufigkeit räumlich-zeitlicher Konstellationen, auf deren Grundlage induktive Generalisierungen zu komplexen Ideen führen. Im Gegensatz dazu macht der Rationalismus begriffliche Erkenntnis als gemeinsames Produkt des Geistes und der Sinne erkennbar. Die sinnliche Erkenntnis ist nicht die alleinige Quelle der Erkenntnis; sie hilft nur, die angeborene Form zu realisieren. Einen gewissen Einfluß hat die Annahme Chomskys erlangt, daß die wesentlichen Prinzipien der natürlichen Sprache durch den *genetischen Kode* gegeben sind (vgl. → Kode 4).

Eine biologische Matrix mit bestimmten Merkmalen, die die Folgen der Bedingungen determiniert, denen der Organismus ausgesetzt wird, nimmt auch E. Lenneberg an (biologische Konzeption des Spracherwerbs: Sprache als artspezifische kognitive Funktion, Spracherwerb als interaktional angeregter und gestützter Reifungsprozeß innerhalb einer kritischen Zeitspanne mit Fixierung der Sprachfunktionen in der linken Hirnhälfte (Lateralisierung), Aufbau von Sprachstrukturen aus den Daten der Umgebung nach der genetischen Information des Organismus). Gegenwärtig seien jedoch nur indirekte Schlüssel wie Sprachuniversalien, übliches Alter des Spracherwerbs und seiner Phasen sowie eine universale Strategie bekannt. Man müßte genauer wissen, wie die biologische Matrix definiert ist. Das aber ist eine empirische Frage (dt. 1972, S. 480).

Eine soziologisch orientierte Sicht des Problems expliziert Seiffert ([3]1971, S. 136ff.) unter den Gesichtspunkten von *Information und Interesse* sowie *Ideologie und Klassengebundenheit* im Anschluß an M. Scheler.

Vgl. →Spracherwerb, Spracherwerbstheorien; →angeborene Ideen, nativistische Hypothese, universale Grammatik; →Kompetenz, Kerngrammatik.

Aitchison J., dt. Der Mensch – das sprechende Wesen. Eine Einführung in die Psycholinguistik. 1982. Baker L. L. McCarthy J. A., Hrsg., The logical problem of language acquisition. 1982. Chomsky N., Rezension zu Skinner (1957). Lg 35; 1, 1959. Abgedr. in: Fodor/Katz, Hrsg., The structure of language. 1964. Ders. (1965), dt. Aspekte der Syntax-Theorie. 1969. Recent contributions to the theory of innate ideas. Synthese 17; 1, 1967. Ders. (1968), dt. Sprache und Geist. 1970. Dt. Reflexionen über die Sprache. 1977. Cohen L. J., The diversity of meaning. [2]1966. Fodor J. A. u. a., The psychology of language. 1974. Goodman N., The epistemological argument. Synthese 17; 1, 1967. Katz J. J. (1966), dt. Philosophie der Sprache. 1969. Lenneberg E. H. (1967), dt. Biologische Grundlagen der Sprache. 1972. McNeill D., The acquisition of language. 1970. Piatelli-Palmarini M., Hrsg., Language and learning. The debate between J. Piaget and N. Chomsky. 1980. Putnam H., The innateness hypothesis and explanatory models in linguistics. Synthese 17; 1, 1967. Seiffert H., Information und Interesse. ³1971. Slobin D. (1971), dt. Einführung in die Psycholinguistik. 1974. Ders., Cognitive prerequisites for the development of grammar. In: Ferguson Ch. Slobin D., Studies of child language development. 1973.

Spracherwerbstheorien. Erklärungen bzw. Modelle des →Spracherwerbs, die sich im wesentlichen durch nativistische oder milieutheoretische (auch biogenetische, rationalistische oder empiristische, behavioristische, lerntheoretische) Vorstellungen von »Begabung« begründen lassen, die ihrerseits im Rahmen empiristischer und rationalistischer Anschauungen in der Philosophie zu sehen sind. Für die Anhänger der empiristischen Hypothese stammt alles Wissen aus der Erfahrung, die Sprache ist eine zufällige, von allen »angeborenen« Fähigkeiten relativ unabhängige Konstruktion, die als Netzwerk von *habits* durch Konditionierung, Verstärkung, Assoziation und Generalisierung auf der Grundlage elementarer Datenverarbeitungsprozeduren erlernt wird. Die Kritik an der nativistischen Hypothese etwa Chomskys und Lennebergs weist vor allem auf die ungenügende Berücksichtigung von Milieufaktoren hin. Dagegen kann Chomsky zeigen, daß die Vernachlässigung des Anteils, den das Kind selbst beim Spracherwerb hat, nur zu oberflächlichen Erklärungen führt, da der Begriff der Generalisierung fast alles einschließt, was dabei von Interesse ist (Rezension von Skinners ›Verbal behavior‹). Eingeschränkt ist auch die Rolle der Imitation zu sehen. Grégoire u. a., Menyuk und Bloom weisen nach, daß Konditionierung nicht der Hauptfaktor beim Spracherwerb ist. Lerntheorien können den Erwerb der Grammatik nicht hinreichend erklären. Das Kind scheint die aufgenommenen Daten einer Kategorisierung und Hypothesenbildung zu unterwerfen. Die Schnelligkeit des Erwerbs grammatischer Grundstrukturen scheint auf gewisse artspezifisch-menschliche angeborene sprachliche Universalien zu verweisen (vgl. →Spracherwerbsmechanismus). Große individuelle Unterschiede bei Lallaktivität, Sprachbeginn, Dauer des Einwortsatzstadiums, im Umfang des Wortschatzes, die gewaltige Leistung des Spracherwerbs mit den überraschenden Lernfortschritten legen die Annahme biogenetischer Vorprogrammierung nahe; soziolinguistische Untersuchungen im Bereich ›Sprache und soziale Schicht‹ dagegen verweisen auf Abhängigkeiten vom spezifischen Milieu.

Eine genauere Analyse der zum S. behaupteten theoretischen Positionen zeigt, daß die Diskussion sich durch den Ansatz der polaren Ge-

gensätzlichkeit von Nativismus und Empirismus nicht erfassen läßt, denn neben dem sogenannten Sprachnativismus (s. auch →nativistische Hypothese) wird ein kognitiver Nativismus vertreten, der *vor* der Sprache liegende kognitive Universalien als angeboren annimmt. Auf ontogenetisch orientierter und sozialisationsbezogener Seite ergibt sich eine bemerkenswerte Differenzierung durch die konstruktivistische und kulturhistorische Schule Lurijas, Leont'evs u. a. im Anschluß an Vygtoskij einerseits und die konstruktivistische und biogenetisch orientierte Schule Piagets andererseits, so daß, im ganzen gesehen, (neo)behavioristische bzw. ethologische Konzeptionen eher als vermittelnde erscheinen. Staats z. B. beantwortet die Frage, ob das Verhalten durch die Umgebung determiniert sei oder ob weitgehend ererbte Persönlichkeitsmerkmale das Verhalten determinieren, in dem Sinne, daß der Mensch sehr früh beginnt, extrem komplexe Verhaltensrepertoires zu erlernen. Die erlernten persönlichen Repertoires helfen dann zu determinieren, was das Individuum erfährt, was es lernt und wie es sich verhält. Das erlernte Sprachrepertoire beginnt schon früh zu determinieren, welche Erfahrungen das Individuum macht und wie es sich verhält, denn ist eine grammatische Regel einmal erworben, wird das Sprachverhalten des Individuums durch den Regelmechanismus gesteuert.

Als zentrales Problem einer S. ist die Frage nach dem Zusammenhang zwischen sprachlicher und kognitiver Entwicklung zu betrachten. Vertreten werden folgende Positionen:

- voneinander unabhängige sprachliche und kognitive Entwicklung (Chomsky u. a.),
- genetisch und funktional sprachabhängige kognitive Entwicklung (Behaviorismus),
- genetische und funktionale Autonomie der kognitiven Entwicklung (Piaget u. a.; vgl. →Kognitionshypothese),
- ethnologischer sprachlicher Determinismus (vgl. →Sapir-Whorf-Hypothese, linguistischer Determinismus),
- schicht- oder klassenspezifischer Determinismus (B. Bernstein u.a .),
- dialektische Einheit von sprachlicher und kognitiver Entwicklung mit Priorität der sprachlichen Entwicklung,
- dialektische Einheit von sprachlicher und kognitiver Entwicklung mit Priorität der kognitiven Entwicklung,
- tätigkeits- bzw. handlungsabhängige sprachliche und kognitive Entwicklung mit sprachlichem Instrumentalismus (Galperin),
- semiotische (bzw. triadische) Einheit von sprachlicher und kognitiver Entwicklung.

Als Stufenmodelle bzw. Phaseneinteilungen des Spracherwerbs werden neben der schon von Stern/Stern angegebenen Einteilung (vgl.

→Spracherwerb) für möglich gehalten: 1) Erwerb der mündlichen Sprache, Erwerb der schriftlichen Sprache. 2) Das erste Wort, die erste Frage, der erste Oberbegriff. 3) Appellatives Sprechen, expressives Sprechen, repräsentatives Sprechen. 4) Nichtverbale Reaktionen (Lächeln, Weinen, Heben des Arms usw.), verbale Reaktionen (z. B. ›mama‹ usw.), Befolgen verbaler Anweisungen Erwachsener (2.–4. Lj.), Kontrolle des eigenen äußeren Verhaltens durch Sprechen (5. Lj.), Kontrolle des inneren Verhaltens durch Sprechen (6. Lj.), Entwicklung des verbal-assoziativen Verhaltens (6.–8. Lj.), Erinnerungen in Phrasen und Sätzen (7.–8. Lj.), Hierarchiebildung im Assoziationsverhalten durch Entwicklung von Oberbegriffen (7.–10. Lj.). Andere Einteilungskriterien sind durch die spezifisch semantische Entwicklung gegeben (vgl. →Bedeutungserlernung; auch Halliday, 1975: *Learning how to mean*). Eine Phasierung des Spracherwerbsprozesses nach den vom Kind in Anspruch genommenen Sprachfunktionen stellt Halliday (1973) vor (vgl. →Sprachfunktionen).
Praktisch bedeutsame Aufgaben einer S. wären verläßliche Antworten auf die Fragen, welche Faktoren den Spracherwerb fördern oder behindern, ob und wie soziale Differenzierungen sich auf den Verlauf und auf die Eigenart des Spracherwerbs auswirken und ob ein Zusammenhang zwischen Sprachfähigkeit und Intelligenz nachgewiesen werden kann.
Vgl. →Bedeutungserlernung, Spracherwerbsmechanismus, nativistische Hypothese, universale Grammatik 2), Kognitionshypothese, Mutter-Kind-Interaktion, interaktionale Kompetenz.

Brack U. B., Spracherwerb und Imitationslernen. 1977. Chomsky N., dt. Linguistik und Philosophie. In: Grewendorf G. Meggle G., Hrsg., Linguistik und Philosophie. 1974. Die Neueren Sprachen (DNS) 2, 1976: Psycholinguistik und Fremdsprachenerwerb. Furth G. H., dt. Intelligenz und Erkennen. Die Grundlagen der genetischen Erkenntnistheorie Piagets. 1976. Gadamer H. G. Vogler P., Hrsg., Biologische Anthropologie. 2. 1972. Geier M. u. a., Sprachbewußtsein. 1979. Lenneberg E. H., dt. Biologische Grundlagen der Sprache. 1972. Leont'ev A. N., dt. Probleme der Entwicklung des Psychischen. 1973. Lewandowski Th., Spracherwerb und kognitive Entwicklung. In: Augst G., Hrsg., Spracherwerb von 6 bis 16. 1978. McNeill D., dt. Über Theorien des Spracherwerbs. In: Eichler W. Hofer A., Hrsg., Spracherwerb und linguistische Theorien. 1974. Osgood Ch. E., Wie entstehen Sätze? In: Leuninger H. u. a., Hrsg., Linguistik und Psychologie. 1. 1974. Piaget J., dt. Einführung in die genetische Erkenntnistheorie. 1973. Piatelli-Palmarini M., Hrsg., Language and learning. The debate between J. Piaget and N. Chomsky. 1980. Sinclair-de-Zwart H., dt. Psychologie der Sprachentwicklung. Dies., Der Übergang vom sensomotorischen Verhalten zur symbolischen Tätigkeit. In: Leuninger H. u. a., Hrsg., 1974. Bd. 2. Slobin D. I., dt. Kognitive Voraussetzungen der Sprachentwicklung. In: Leuninger H. u. a., Hrsg., Bd. 2. 1974.

Sprachfähigkeit →Kompetenz, langage

Sprachfunktionen [language functions, fonctions du langage, funkcii jazyka]. Nach Jakobson die emotive, conative bzw. appellative, referentielle, metasprachliche, phatische (Kontakt herstellende) und poetische Funktion der Sprache. Ammer und Kainz trennen in primäre und sekundäre bzw. obligatorische und fakultative Funktionen. Die kommunikative Funktion der Sprache ist für Leont'ev (dt. 1971) vor allem eine Funktion der Verhaltensregulierung, die er in die individuell-regulative, die kollektiv-regulative und die selbstregulative Funktion aufgliedert. Im weiteren erkennt er neben der erkenntnistheoretischen national-kulturelle, nominative (benennende), expressive und ästhetische Funktionen der Sprache. Aus soziolinguistischer Sicht erscheint Sprache als Kommunikationsmittel, Mittel zur Handlungsorientierung und -koordinierung, Erfahrungsspeicher, Medium der Bewußtseinsbildung und des operativen Denkens, schließlich als Medium sozialer Zuordnung (Ammon 1973, S. 20ff.).
Unter Berücksichtigung sprachlich-funktionaler und sozialhistorischer Gesichtspunkte gelangt Halliday (1973, 1975) zu einer Reihe von S., die für den frühen Spracherwerb des Kindes, aber auch für die spätere Entwicklung charakteristisch sind, u. zw. die *instrumentale* S., mit deren Hilfe das Kind seine materiellen Bedürfnisse befriedigt, die *regulatorische* oder verhaltenssteuernde bzw. die ›Tu, was ich dir sage‹-Funktion, die *interaktionale* S., die der Verständigung und der Etablierung sozialer Beziehungen dient, die *personale* S., die zur Bildung der Ich-Identität und des Ich-Bewußtseins notwendig ist, die *heuristische* S., mit Hilfe derer das Kind die Umwelt analysieren und verstehen lernt, die *imaginative* S., die das Kind befähigt, sich seine eigene ›Welt‹ zu gestalten. Die *repräsentative* S. als Mittel, etwas über die ›Dinge‹ mitzuteilen, erlangt beim Reifeprozeß des Kindes erst relativ spät Bedeutung; sie ist das Sprachmodell für Erwachsene (vgl. →repräsentative Sprachfunktion).
D. Hymes (1968) unterscheidet als Funktionen bzw. Funktionstypen des Sprechens die *expressive* bzw. *emotive*, die *direktive* oder *pragmatisch-appellative*, die *poetische*, die *kontaktive*, die *metasprachliche*, die *referentielle* und die *kontextuell-situative* Funktion (dt. 1972).
W. Busse (1975) diskutiert kritisch das Organonmodell K. Bühlers und das Modell der Funktionen bei R. Jakobson. Die wesentliche Funktion der Sprache wird im Anschluß an E. Coseriu in ihrer Zeicheneigenschaft gesehen. Die finale Funktion der Sprache besteht im

Schaffen von Bedeutungen; die Finalität der Sprache hat einen kognitiven bzw. gnoseologischen und einen intersubjektiven Aspekt.
Nach F. Kainz lassen die einzelnen S. sich auf den gemeinsamen Nenner ›bedeutungserfülltes, nennendes und darstellendes Zeichen‹ bringen.
Vgl. →Organonmodell, Kommunikationsfunktion der Sprache, regulative Sprachfunktion.

Ammer K., Einführung in die Sprachwissenschaft. 1. 1958. Ammon U., Probleme der Soziolinguistik. 1973. Britton J., Language and language learning. 1972; dt. Die sprachliche Entwicklung in Kindheit und Jugend. 1973. Busse W., Funktionen und Funktion der Sprache. In: Schlieben-Lange B., Hrsg., Sprachtheorie. 1975. Coseriu E., Der Mensch und seine Sprache. In: Ders., Sprache – Strukturen und Funktionen. 1970. Halliday M. A. K., dt. Sprachstruktur und Sprachfunktionen. In: Lyons J., Hrsg., Neue Perspektiven in der Linguistik. 1974. Explorations in the functions of language. 1973; dt. Beiträge zur funktionalen Sprachbetrachtung. 1975. Learning how to mean. 1975. Hebel F. u. a., Sprache in Situationen. 1976. Hymes D., dt. Die Ethnographie des Sprechens. In: Holzer H. Steinbacher K., Hrsg., Sprache und Gesellschaft. 1972. Jakobson R., dt. Linguistik und Poetik. In: Ihwe J., Hrsg., Literaturwissenschaft und Linguistik. II/1. 1971. Kainz F., Psychologie der Sprache. Bde 1.–4. 1967. Leont'ev A. A., dt. Sprache, Sprechen, Sprechtätigkeit. 1971. Schober O., Hrsg., Funktionen der Sprache. 1974. v. Ziegesar D., Sprachfunktionen und Sprechakte im Fremdsprachenunterricht. LB 36; 1975. Die kognitive Funktion im Fremdsprachenunterricht. LB 41; 1976. Die expressive Sprachfunktion im Fremdsprachenunterricht der Sekundarstufe I. LB 48; 1977.

Sprachgebilde. Bei Bühler (im Sinne Saussures) das Sprachgut einer bestimmten Sprachgemeinschaft, etwas objektiv Gegebenes. S. sind »platonisch gesprochen ideenartige Gegenstände, sie sind logistisch gesprochen Klassen von Klassen wie die Zahlen oder Gegenstände einer höheren Formalisierungsstufe des wissenschaftlichen Denkens« ([2]1965, S. 60).
Vgl. →langue, Sprache, Kommunikation.

Bühler K., Die Axiomatik der Sprachwissenschaften (1933). 1969. Sprachtheorie (1934). [2]1965. Trubetzkoy N. S., Grundzüge der Phonologie (1939). [4]1967.

Sprachgebrauch. Auch: Sprachverwendung. Der aktuelle Gebrauch oder die variable und kontextabhängige Verwendung der Sprache in sozialen Situationen. Das Ausnutzen im Sprachsystem vorhandener Mittel und Möglichkeiten zu kommunikativen Absichten, Zielen und Wirkungen. Nach Hjelmslev (1968, S. 47f.) setzt der S. den Sprachbau bzw. das Sprachsystem voraus, und eine Sprache bleibt dieselbe, solange das Sprachsystem dasselbe ist. Ein und dieselbe Sprache kann verschiedenem S. unterworfen werden. – Nach Chomsky hängen Fortschritte in der Erforschung des S. von Fortschritten in der Analyse der Kompetenz ab.

Nach Morris kann man von einem Zeichen Z sagen, daß es zum Zweck *y* vom Organismus *s* gebraucht wird, wenn *y* ein bestimmtes Ziel von *s* ist und wenn *s* ein Zeichen produziert, das als Mittel zur Erreichung von *y* dient (1973, S. 179). Ein Zeichen ist adäquat, wenn sein Gebrauch bei einer bestimmten Gelegenheit ein Ziel erreicht oder das Erreichen eines bestimmten Ziels erleichtert. Die vier allgemeinsten Formen oder Typen des Zeichengebrauchs sind *informativer* Z., *valuativer* Z. (Auswahl bzw. Bevorzugung von Objekten oder Verhalten), *inzitiver* Z. (Anregung von Reaktionsfolgen oder Reaktionsweisen) und *systemischer* Z. (Organisation des gesamten Verhaltens).

Habermas (1966/1971) unterscheidet innerhalb des elaborierten Kodes (s. auch →schichtenspezifischer Sprachgebrauch) den *analytischen* S. (die einfachere und festgelegtere Form, die sich lediglich zur Rekonstruktion und Beschreibung sachlogischer Zusammenhänge im Sinne formallogischer Korrektheit eignet) und den *reflexiven* S. (mit der Möglichkeit der Distanzierung von →sozialen Rollen). Die Umgangssprache ermöglicht Selbstreflexivität; sie kann ihre eigene Metasprache sein.

Die Analyse des S. im Zusammenhang seiner Voraussetzungen und Bedingungen läßt erkennen, daß S. durch das Zusammenwirken von sprachlichem und enzyklopädischem Wissen und einer ganzen Reihe interaktionaler Fähigkeiten zustande kommt. Beim Gebrauch der Sprache interagieren mehrere Kenntnissysteme, u. zw. das sprachliche Wissen, das kognitiv-enzyklopädische Wissen und das kommunikativ-interaktionale Wissen.

Vgl. →langue und parole, Kompetenz und Performanz; kommunikative Kompetenz, reflexiver Sprachgebrauch; Kontextabhängigkeit, Sprachspiel, Gebrauchstheorie der Bedeutung.

Black M., dt. Sprache. 1974. Habermas J., Vorbereitende Bemerkungen zu einer Theorie der kommunikativen Kompetenz. In: Habermas/Luhmann, Theorie der Gesellschaft oder Sozialtechnologie. 1971. Hartmann P., Bemerkungen zu einer Typologie der Sprachverwendung. In: Brettschneider G. Lehmann Chr., Wege zur Universalienforschung (Festschr. H. Seiler). 1980. Hartig M. Binnick R. I., Grammatik und Sprachgebrauch. 1978. Hjelmslev L., dt. Prolegomena zu einer Sprachtheorie. 1974. Lewis D., dt. Konventionen. Eine sprachphilosophische Abhandlung. 1975. Morris Ch. W., dt. Zeichen, Sprache und Verhalten. 1973/1981. – Sprachsystem und Sprachgebrauch. 1. 2. 1974/1975 (Festschr. H. Moser. Sprache der Geg. 33, 34).

Sprachgefühl [linguistic instinct, sens linguistique, jazykovoe čut'ë]. Die →Intuition des Sprechers, seine →Kompetenz, das naive bzw. unreflektierte Urteil des *natürlichen* Sprechers über die Richtigkeit des Sprachgebrauchs, das auf der Grundlage einer allgemeinen, aber auch spezifischer (soziolektaler, dialektaler usw.) Sprachnormen zustande kommt; eine Form des Wissens, die vor der Ausformung der Worte da ist (»Wenn du mich nicht fragst, weiß ich es; wenn du mich fragst, weiß ich es nicht« – Augustinus; nach Hörmann 1967, S. 351). Sprechen erfolgt nicht aufgrund des Wissens grammatischer Regeln, sondern durch das S. – ein unterschwelliges Wissen, das durch Einüben von Regulativschemata aufgebaut wird (Kainz). Bei Hjelmslev (1968, S. 56) ist S. der gesamte Umfang der (kollektiven) Vorstellungen, die sich an das äußere Bild der Bezeichnungen und an ihre gewohnheitsmäßigen Verbindungen knüpfen – ein noch unerforschtes psychologisches Phänomen.

Eppert F., Wie findet man einen Zugang zum Signifikat von ›Sprachgefühl‹? Muttersprache 1, 1976. Gauger H.-M. u. a., Sprachgefühl? 1982 (Preisschrift der Dt. Akademie für Sprache und Dichtung). Gipper H., Sprachgefühl, Introspektion und Intuition. Zur Rehabilitierung umstrittener Begriffe in der Sprachwissenschaft. WW 24; 4, 1976. Hjelmslev L., dt. Die Sprache. 1968. Kainz F., Über das Sprachgefühl. 1944. Psychologie der Sprache. Bd. 4. [2]1962. Knobloch J., Das Sprachgefühl, ein vernachlässigter Begriff. In: Brettschneider G. Lehmann Chr., Hrsg., Wege zur Universalienforschung (Festschr. H. Seiler). 1980. Sapir E. (1921), dt. Die Sprache. 1961. Staiger M., Über das Sprachgefühl. Praxis des neusprachl. Unterrichts 3, 1956.

Sprachgemeinschaft [speech community/linguistic community, communauté linguistique]. Eine Gruppe von Menschen, die dasselbe System von Sprachsignalen benutzen, die also mit Hilfe bestimmter sprachlicher Mittel interagieren (L. Bloomfield). Die Gesamtheit der (muttersprachlichen) Sprecher einer Sprache. Dabei ist die Sprache den Individuen als eigenständige Macht mit relativer Autonomie vorgegeben. Als »soziales Objektivgebilde« fundiert die Sprache die Gemeinschaft, und die Gemeinschaft begründet die Sprache (Vierkandt).

Nach Gumperz (1962) ist eine S. eine einsprachige oder mehrsprachige soziale Gruppe, die durch die Häufigkeit sozialer Interaktionsmuster zusammengehalten wird und durch schwache kommunikative Verbindungen von den sie umgebenden Kommunikationsbereichen abgegrenzt ist. Solche S. können durch kleine Gruppen mit persönlichen Kontakten gebildet werden, aber auch weite Gebiete umfassen *(Nationalsprachen)*.

Fishman (dt. 1975, S. 32 ff.) beschreibt eine S. als »eine Gruppe, deren

Mitglieder mindestens eine einzige Sprachvarietät und die Regeln für deren angemessenen Gebrauch gemeinsam haben«. Selbst kleine S. im Sinne geschlossener Interaktionsnetzwerke weisen in der Regel funktional differenzierte verbale Repertoires auf. – Damit ist die S. nicht durch dieselbe Sprache bestimmt, sondern durch die Intensität ihres kommunikativen Netzwerks und durch ihre symbolische Integration. Das sprachliche Repertoire einer S. spiegelt im allgemeinen ihr Rollenrepertoire wider, und S. mit einem größeren Sprachrepertoire weisen auch ein größeres Rollenrepertoire auf. S. lassen sich charakterisieren durch die Merkmale Interaktionsgrundlage, symbolisch-integrative Basis, Umfang des Repertoires, Zugang zum Repertoire, Trennung innerhalb des Repertoires.
Vgl. →Sprachvariation, Soziolinguistik.

Bloomfield L., Language (1933). 1973. Fishman J. A., dt. Soziologie der Sprache. 1975. Gumperz J. J., Types of linguistic communities. Anthropological Linguistics 4; 1, 1962. Abgedr. in: Fishman J. A., Readings in the sociology of language. 1968. Gumperz J. J. Hymes D., Hrsg., Directions in sociolinguistics. The ethnography of communication. 1972. Kloss H., Über einige Terminologie-Probleme der interlingualen Soziolinguistik. DS 5; 1977. Romaine S., What is a speech community? Belfast Working Papers in Language and Linguistics 4, 1980.

Sprachgeographie [linguistic geography, géographie linguistique, lingvističeskaja geografija]. Areallinguistik, Teilgebiet der Linguistik, Zweig der →Dialektologie, der die räumliche (geographische, areale) Verbreitung von sprachlichen (lautlichen, grammatischen, lexikalischen, syntaktischen, onomastisch-toponomastischen) Erscheinungen untersucht und diese kartographisch fixiert (vgl. →Isoglossen, Sprachatlas), so daß Übereinstimmungen und Unterschiede zwischen räumlich angrenzenden oder sich überlagernden Systemen und Teilsystemen sichtbar werden. Die jeweilige Ausdehnung und Schichtung sprachlicher Phänomene ermöglicht Einblicke in sprachliche Prozesse (vgl. auch →Sprachplanung). – Die S. des ausgehenden 19. Jh. hat die Ansicht der →Junggrammatiker über den Status der Lautgesetze widerlegt; sie hat den Einfluß des Verkehrs bei der räumlichen Ausbreitung dialektaler Merkmale gezeigt und die soziale Funktion der Sprache bewußt gemacht.
Vgl. →Areallinguistik, Wortgeographie.

Afendras E. A., Diffusionsprozesse der Sprache: Vorhersage und Planung. In: Kjolseth/Sack, Hrsg., Zur Soziologie der Sprache. 1971. Agricola E. u. a., Hrsg., Die dt. Sprache. 1. 1969. Alvar M., Teorija lingüistica de las regiones. 1975. Borodina M. A., Lingvističeskaja geografija. In: Teoretičeskie problemy sovetskogo jazykoznanija (ANSSSR). 1968. Coseriu E., dt. Die Sprachgeographie. [2]1979. Dauzat A., La géographie linguistique. 1922. Gluth K., Sprachgeographie und Soziolinguistik. GermL 3/4; 1976. Goosens J., Strukturelle Sprachgeographie. Einführung in Methodik und Ergebnisse. 1969. Areallinguistik. In: Lexikon der germ. Linguistik. 1973. Hard G., Zur Mundartgeographie. 1966. Hildebrandt R., Der Beitrag der Sprachgeographie zur Sprachgeschichtsforschung. In: Besch W. u. a., Hrsg., Sprachgeschichte. 1. Halbbd. 1984. Schrijnen J., Essai de bibliographie de géographie linguistique générale. 1933. Žirmunskij V. M., Nekotorye problemy lingvističeskoj geografii. VJa 4, 1954. Kirk J. M. u. a., Hrsg., Studies in linguistic geography. 1985.

Sprachgeschichte [language history, histoire de la langue, istorija jazyka]. Nach Bach ([8]1965, S. 17)

die Zusammenfassung der Ergebnisse der verschiedenen unter geschichtlichen Gesichtspunkten bearbeiteten Einzelfelder der Wissenschaft von der dt. Sprache und der Versuch einer Deutung der Gesamtentwicklung nach den in ihr wirksamen Kräften.

Dazu gehören historische Grammatik, Wortforschung, Wortgeschichte, Stilgeschichte, Geschichte der Verskunst. Die Sprache erweist sich jeweils als an die Gesellschaft gebunden; ihre Entwicklung muß vornehmlich unter historisch-geographischen, historisch-soziologischen und historisch-psychologischen Aspekten studiert werden. Für Tschirch (1., 1966, S. 13) ist S. Paläontologie des menschlichen Geistes bzw. Anthropologie, und Aufgabe des Sprachhistorikers ist es,

die Veränderung der Sprache ... in der Zeit auf die Veränderungen im Verhältnis des Menschen zu seiner Umgebung ..., auf sein jeweiliges Weltbild, auf sein dauernd sich wandelndes Lebensverständnis zurückzuführen.

Nach v. Polenz (1978, S. 6f.) fragt S. nach der historischen Stellung der Sprache in der Gesamtkultur der jeweiligen Sprechergruppe. Die Sprachgeschichtsschreibung wählt

die für die Entwicklung einer Sprache wesentlichen Erscheinungen des Sprachwandels aus und sucht auch nach ihren möglichen außersprachlichen Ursachen oder Wirkungen, sei es im politischen, sozialen, wirtschaftlichen, religiösen oder geistesgeschichtlichen Bereich, sei es mit der Frage nach dem Verhältnis zwischen Sprache und Schrift, zwischen Sprachgemeinschaft und Sprachraum oder nach dem Einfluß von fremden Sprachen.

Für v. Polenz (1984, S. 4, 6) gehört zur S. die kritische Darstellung alter Sprachideologien mit ihren jeweiligen Wirkungen auf die sprachlichen Normen. Es entspreche auch der Dynamik des modernen Geschichtsbegriffs, wenn z. B. Sonderegger (1979) methodisch die Konfrontation u. a. zwischen den Teilsystemen der gesprochenen und der geschriebenen Sprache, zwischen Sprachschichten und Gruppensprachen, zwischen Produzenten und Rezipienten von Texten fordert. Wenn Sprache in der S. als Voraussetzung und Medium der kulturel-

len Entwicklung gelten soll, dann darf sie nicht primär bzw. nur als Werkzeug der Verständigung betrachtet werden, sondern wesentlich auch als Erkenntnismittel im Sinne Humboldts (Gipper 1984). Im Zusammenhang von S. und politischer Geschichte lassen sich als konstitutive Sprachspiele erkennen das regulative, instrumentale, integrative und informativ-persuasive. Diese sollen als Ordnungsbegriffe sprachliche und politische Wirklichkeit erfassen helfen (Grünert 1984).
S. auch →Sprachwandel.

Bach A., Geschichte der dt. Sprache. [9]1970. Besch W. Reichmann O. Sonderegger St., Hrsg., Sprachgeschichte. 1. Halbbd. 1984. Boretzky N., Einführung in die historische Linguistik. 1977. Eggers H., Dt. Sprachgeschichte. 1.–4. 1963–1977. Ders., Dt. Sprache im 20. Jh. 1973. Frings Th., Grundlegung einer Geschichte der dt. Sprache. [3]1957. Gipper H., Die Sprache als Voraussetzung und Medium der kulturellen Entwicklung. In: Besch W. u. a., Hrsg., 1984. Grimm J., Geschichte der dt. Sprache. [4]1880. Grünert H., Dt. Sprachgeschichte und politische Geschichte in ihrer Verflechtung. In: Besch W. u. a., Hrsg., 1984. Guchmann M. M., dt. Der Weg zur dt. Nationalsprache. 1/2. 1964/1969. Lehmann W. P., Einführung in die historischen Linguistik. 1969. Moser H., Dt. Sprachgeschichte. [6]1969. Moskalskaja O. I., Dt. Sprachgeschichte. 1977. v. Polenz P., Geschichte der dt. Sprache. [9]1978. Ders., Die Geschichtlichkeit der Sprache und der Geschichtsbegriff der Sprachwissenschaft. In: Besch W. u. a., Hrsg., 1984. Schildt J., Abriß der Geschichte der dt. Sprache. [2]1981. Sonderegger St., Grundzüge dt. Sprachgeschichte. 1. 1979. Stötzel G., Das Bild der Sprachgeschichte in dt. Sprachlehrbüchern. In: Besch W. u. a., Hrsg., 1984. Tschirch F., Geschichte der dt. Sprache. 1/2. [3]1983/[2]1975.

Sprachhandeln. Auch: »sprachliches Handeln«. Realisierung von →Intentionen oder pragmatisch-semantischen Konzepten als zentrale Aktivität bzw. Komponente des sozialen Handelns oder gesellschaftlichen Gesamtverhaltens; die Produktion, Rezeption und Verarbeitung von Texten, die soziale kommunikativ-sprachliche Tätigkeit des Menschen; der pragmatische Aspekt des sprachlichen Zeichens, die Grundlage einer Zeichentheorie. Der Begriff des S. verweist auf die Erforschung der faktischen Erscheinungsweisen der Sprache in der alltäglichen Praxis unter Berücksichtigung der Menschen, die diese Praxis ausüben, im Gegensatz zu einer strukturalistischen und systemimmanenten Analyse der Sprache, bei der von ihrem Gebrauch konsequent abstrahiert wird. Methodisch lassen Phänomen und Begriff des S. sich thematisieren durch Erweiterung des sog. systemlinguistischen Sprachbegriffs um (referenz)semantische und (sozial)pragmatische Komponenten, durch Auffassung des Kommunikationsprozesses als eines dynamischen Systems, wobei Performanzfaktoren berücksichtigt werden können, schließlich durch Ausgehen von einem allgemeinen Handlungsbegriff, der sich am soziologischen Handlungsbegriff (Durkheim [1895], Weber, Parsons, Parsons und Bales, G. H. Mead, A. L. Strauß) und am Verhaltensbegriff der Ethologie (die die behavioristischen Beschränkungen überwunden hat) sowie etwa an der Philosophie Wittgensteins zu orientieren hätte.

Eine Theorie des S., die zwischen sprachlichen und nichtsprachlichen Handlungsweisen nicht trennt,

> a unified theory, a unified set of terms, and a unified methodology which can start from any kind of complex human activity, with various sub-types of activity included, and analyse without sharp theoretical or methodological discontinuities (1954 I.1.1)

postulierte Pike im Anschluß an Hjelmslev, Morris, Levi-Strauss u. a. Er nahm an, daß verbale und nicht-verbale Handlungen/Verhaltensweisen zu einer gemeinsamen Schicht gehören, deren funktionale *slots*/ Leerstellen durch verschiedene (sprachliche und nichtsprachliche) Füllerklassen oder Substitutions-Klassen (s. auch →slot and filler) realisiert werden können, wobei grundlegende Gemeinsamkeiten von Sozialstruktur und Sprachstruktur erkennbar werden müßten.

S. J. Schmidt folgert, daß es bei analoger Strukturierung und Rationalitätsweise von sprachlichen und nichtsprachlichen Handlungen möglich ist, von einer Handlungsebene auf die andere zu wechseln und eine Handlungssorte zur Gliederung, Erläuterung und Steuerung der anderen zu benutzen. Der Sprache komme dabei allerdings eine Sonderstellung zu, da sie auf ihrer Ebene auch reflexive Besprechungen ermöglicht, variabler und weniger aufwandsintensiv ist (1969, S. 72). Das Sprachsystem faßt er auf »als eine Handlungsmatrix, deren Strukturen durch Rekurrenz stabilisiert sind«. Wie bei Pike enthält diese Matrix Funktionsstellen *(slots)*, die durch Variablenklassen *(filler classes)* gefüllt werden können (1972, S. 85; s. auch bei Stempel, Hrsg., 1971, S. 40f., 198f.). Nach dem Hinweis, daß sich nun eine Sprachbetrachtung durchsetzt, die die anthropologischen und soziologischen Determinanten der Sprache, ihre Eigenschaft »als sozialbedingte Verhaltensform mit informativer, performativer und emotiver Kontaktfolge« berücksichtigt, erkennt Schmidt (in: Ruckẗäschel A., Hrsg., 1972, S. 82f.) Sprache (phänomenologisch primär) als Lebensform bzw. System von sozial stabilisierten Regeln, die sich beim Aufbau sozial verbindlicher Erwartungsschemata auswirken. Sprachformen erscheinen »als sinnkonstitutive Handlungsschemata oder Handlungsmatrizen«, als »reflexiv gebrauchbare, formal strukturierte Verfahren der Konstitution sinnvoller Wirklichkeit« im Sinne Humboldts.

Die Untersuchung der Sprache als Komponente des sozialen Han-

delns hat auch Malinowski (1923) gefordert. Sodhi (1953, S. 7) weist darauf hin, daß es kaum eine menschliche Handlung geben dürfte, die nicht durch Urteile eingeleitet, begleitet oder nachträglich begründet würde.
Vgl. →Sprachhandlung, Sprechen, Sprechakt; Handeln, Handlung, Handlungstheorien; Pragmatik; Sprechtätigkeit.

Brenner M., Hrsg., The structure of social action. 1980. Eibl-Eibesfeldt I., Grundriß der vergleichenden Verhaltensforschung. [5]1978. Frese J., Sprechen als Metapher für Handeln. In: Gadamer G., Hrsg., Das Problem der Sprache. 1967. Gehlen A., Der Mensch. [9]1971. Heeschen V., Überlegungen zum Begriff ›sprachliches Handeln‹. ZGL 4. 3, 1976. Johach H. u. a., Hrsg., Handlungstheorie. 1978. Malinowski B., The problem of meaning in primitive languages. In: Ogden Ch. K. Richards J. A., The meaning of meaning. 1923. Miller G. A. u. a., dt. Strategien des Handelns. 1973. Mittelstraß J., Hrsg., Methodenprobleme der Wissenschaften vom gesellschaftlichen Handeln. 1979. Pike K. L., Language as a unified theory of the structure of human behavior. 1.–3. 1967. [2]1971. Rehbein J., Handlungstheorien. Studium Linguistik 7. 1979. Ders., Komplexes Handeln. Elemente zur Handlungstheorie der Sprache. 1977. Saße G. Turk H., Hrsg., Handeln, Sprechen und Erkennen. Zur Theorie und Praxis der Pragmatik. 1978. Switalla B., Zu handlungslogischen Implikationen linguistischer Aussagen. In: Sitta H. Brinker K., Hrsg., Studien zur Texttheorie und zur dt. Grammatik. 1973 (Sprache der Gegenwart, Bd. 30). Viereck W., Hrsg., Sprachliches Handeln – soziales Verhalten. 1976. Werbick H., Handlungstheorien. 1978.

Sprachhandlung. Sprachliche →Äußerung im Sinne von Äußerungsvollzug als Handlung des Sprechers, mit der er sich in der Regel an einen (bzw. mehrere) Hörer wendet. Im Rahmen seiner Explikation des Verständnisses Wittgensteins von Wortgebrauch und →Wortbedeutung spricht v. Kutschera (1971) von S., da Wörter und Sätze gesprochen, gehört, gelesen und geschrieben werden, sie also primär *Handlungen* sind, denen gegenüber Wörter und Sätze als Objekte bzw. Resultate solcher S. aufgefaßt werden müssen. Eine S. besteht nicht nur im Produzieren von Lautfolgen oder graphischen Zeichen, sondern »in dem Ganzen, das wir tun, wenn wir die entsprechenden Wörter oder Sätze äußern« (S. 254). Bedeutungstheoretisch relevant ist, daß S. (z. B. »Entschuldigung!«, »Mach die Tür zu!«, »Dieses Bild ist schön«) nicht *für etwas stehen,* sondern Formen von etwas *sind.* Ein Behauptungssatz z. B. »steht nicht *für,* sondern er *ist* eine solche Bestimmung«.
Bei Wunderlich (1976, S. 22ff.) sind S. *Sprechakte,* bei denen der Zusammenhang von Sprachbewußtsein und gesellschaftlichen Prozessen berücksichtigt wird. S. ersetzen materielle Handlungen, bereiten zukünftige materielle Handlungen vor, klären vergangene Handlungen

auf, leiten zu Handlungen an und stellen soziale Fakten her. Beim Handlungsaspekt der Sprache ist herauszuarbeiten, welche allgemeinen Merkmale von Handlungen auch für S. gelten, dabei aber u. U. zu modifizieren sind. S. erfolgen in einem komplexen Handlungsraum; es werden, wie bei allgemeinen Handlungen, bestimmte Handlungsstadien durchlaufen, und es läßt sich eine bestimmte Ebenengliederung feststellen.
Für Rosengren (1979, S. 188ff.) konstituiert sich eine S. aus Handlungsbedeutung und propositionalem Gehalt (vgl. Katz 1977). Die S. hat ein Ziel oder einen Zweck, der nicht mit der Handlung selbst identisch ist. Das Gelingen der S. ist nicht mit dem Erreichen des Ziels identisch, und zu unterscheiden ist zwischen der S. und ihren Voraussetzungen und Implikationen.
In den Grundzügen (Heidolph u. a. 1981) wird die Frage gestellt, ob die Charakterisierung des Handlungstyps einer Äußerung Aufgabe der Grammatik sein kann oder ob dies durch eine selbständige Theorie der Sprechhandlungen zu leisten ist.
Vgl. →Sprachhandeln, Sprechakt, Handlung; Sprechhandlung.

Allwood J., On the analysis of communicative action. Theoretical Linguistics 8; 1978. Burkhardt A. Henne H., Wie man einen Handlungsbegriff sinnvoll konstituiert. ZGL 12; 3, 1984. Harras G., Zur Möglichkeit einer Integration von Sprechakten in ein allgemeines Handlungskonzept. ZGL 5; 1977. Heidolph K. E. u. a., Grundzüge einer dt. Grammatik. 1981. Katz J. J., Propositional structure and illocutionary force. 1977. v. Kutschera F., Sprachphilosophie. 1971. [2]1975. Rosengren I., Die Sprachhandlung als Mittel zum Zweck. In: Dies., Hrsg., Sprache und Pragmatik. 1979 (Lunder germ. Forschungen, Bd. 48). Wunderlich D., Studien zur Sprechakttheorie. 1976.

Sprachinhalt. Auch: (mutter)sprachlicher Inhalt. Allgemein im Sinne von *Inhalt* und *Wortinhalt.* Bei Weisgerber die geistige Seite der Sprache; bei Glinz »geistige Größen eigenen Rechts, die zwar von Sprachkörpern getragen werden, aber nicht durch diese Sprachkörper determiniert sind« (1965, S. 12). Ein S. »lebt im strengen Sinne nur in der Gesamtheit der Menschen, die ihn verstehen und anerkennen«, aber auch (im weiteren Sinne) in der Gesamtheit von Texten. – Engel (1967) sieht als letztes und eigentliches Ziel linguistischer Untersuchung die Erforschung der S.; ihm ist jedoch »grundsätzlich suspekt«, was »weithin als Sprachinhalt ausgegeben wird«, da logische und psychologische Kategorien Verwirrung stiften (In: Satz und Wort im heutigen Dt., 1967, S. 55).
Vgl. →Inhalt, Wortinhalt, inhaltbezogene Grammatik.

Glinz H., Grundbegriffe und Methoden inhaltbezogener Text- und Sprachanlyse. 1965. Weisgerber L., Grundformen sprachlicher Weltgestaltung. 1963. Grundzüge der inhaltbezogenen Grammatik. ⁴1971. Ders., Schriftenverzeichnis. 1984 (hrsg. von H. Eipper, Münster).

Sprachinhaltsforschung →inhaltbezogene Grammatik, energetische Sprachbetrachtung, sprachliche Zwischenwelt

Sprachkompensatorik. Die Lehre bzw. die Vorstellungen, auch die Programme zur Aufhebung objektiver Benachteiligung von Kindern, die sich mit ihrem eingeschränkten Sprechkode (s. auch →schichtenspezifische Kodes) den gesellschaftlichen Institutionen stellen müssen, innerhalb derer ein erweiterter Kode verwendet wird (vgl. →restringierter Kode, elaborierter Kode); die integrative sprachlich-kognitive Förderung von Kindern, die in ungünstigem, entwicklungshemmendem sozialem Milieu aufwachsen, während der Vorschulzeit und in den ersten Schuljahren; der Abbau von →Sprachbarrieren; Programme zur Förderung kommunikativer Fähigkeiten, zu syntaktisch differenzierter und lexikalisch vielseitiger Verbalisierung, zu exaktbegrifflichem Denken, zu kritischer Wirklichkeitsverarbeitung (»discussing this world« – Robinson 1969). Die Zielsetzungen der S. reichen von der Nennung konkreter Fertigkeiten bis zur Hoffnung auf Überwindung von Klassengegensätzen (z. B. Gahagan/Gahagan). Vielfältig sind Zustimmung und Kritik (vgl. Dittmar 1973); fast immer sind bestimmte pädagogisch-didaktische und letztlich gesellschaftspolitische Einstellungen impliziert.

Im Anschluß an Oevermann ist man sich einig, daß Kinder der Unterschicht trotz retardierter Sprachentwicklung differenzierte kognitive Leistungen vollbringen können (vgl. →*Sprache und Denken*), daß ihre Sprache vom funktionalen Rahmen spezifischer Lebensbedingungen her betrachtet werden muß, in denen sie als angepaßtes Instrument zur adäquaten Problemlösung zu werten ist. Gefordert werden gezielte vorschulische Maßnahmen vom 2. Lj. an, Arbeit in möglichst kleinen Gruppen unter Beteiligung der Eltern vor allem zur Förderung der Integration von Sprachsystem und operativer Intelligenz, kontrollierte Verbalisierung sozialer Interaktionen und individueller Problemlösungsversuche in klassifikatorischen Spielen, Bewältigung wechselnder Kommunikationssituationen usw. Die sprachliche Kommunikation in der Schule muß die Sprache des Unterschichtkindes akzeptieren; die Motivation zum Erwerb elaborierter Sprache soll sich allmählich aus der Erfahrung von Erfolg und Mißerfolg ergeben. Ein funktionaler und nicht-normativer Grammatikunterricht (Syntax und

Semantik, grammatische Regeln) wird die Sicherheit des Sprachgebrauchs erhöhen.
Ein Programm zur S. mit gezielten Übungen zur Ablösung von den situativ-deiktischen Möglichkeiten der Sprechsituation und Konzentration auf den verbalen Kanal, mit vielseitiger kognitiv-verbaler Elaborierung und lexikalisch-syntaktischem Training zur Entwicklung der Begriffsbildung (verbale und operative Intelligenz) bieten u. a. D. und G. Gahagan (dt. ²1973) an. Weitere Ansätze, die Unterricht als Sprach- und Sprechlernsituation, als Rollenspiel und Kommunikationsspiel sowie als vornehmlich sprachlich strukturiertes Problemlösen betrachten *(inquiry training)*, werden erprobt und begleitend getestet.
S. und Sprachelaboration können als Fundamentalkonzept moderner Pädagogik überhaupt gelten, die jedoch Linguistisierung, Semiotisierung und die verabsolutisierende Thematisierung des Lernens (permanentes Lernen, lernen zu lernen) innerhalb institutionalisierter Lernzwänge problematisiert und die Bewußtmachung von Struktur und Funktion unseres Wissens fordert. S. erscheint so als durchaus nicht rein sprachliches Phänomen.
Vgl. →schichtenspezifische Kodes, Sprachbarrieren; emanzipatorischer Sprachunterricht, Defizithypothese, Differenzhypothese.

Dittmar N., Soziolinguistik. 1973. ⁴1980. Gahagan D. und G., Kompensatorische Spracherziehung in der Vor- und Grundschule. 1971. ⁴1976. Haberland H., Defizit und Differenz als linguistische und soziale Kategorien. LB 49; 1977. Zabel H., Hrsg., Sprachbarrieren und Sprachkompensatorik. 1979.

Sprachkompetenz →Kompetenz

Sprachkontakt [language contact, contact de langues, jazykovoj kontakt]. Sprachberührung oder gegenseitiges Aufeinanderwirken von Sprachen aufgrund kommunikativer Interaktionen von Sprechern unterschiedlicher Sprachen unter besonderen geographischen, historisch-politischen, kulturellen und sozialen Gegebenheiten mit erkennbaren Einflüssen von Sprachen aufeinander, die als Sprechgewohnheiten und u. U. bleibende Sprachveränderungen manifest werden. Nach Weinreich (1953, S. 1) handelt es sich bei S. um das zu →Interferenz und →Bilingualismus führende Verhältnis zwischen zwei oder mehreren Sprachen, die von denselben Sprechern abwechselnd benutzt werden, um die Koexistenz zweier oder mehrerer Sprachen bei den gleichen Personen.
Verhältnisse des S. dauern meist längere Zeit an, wobei es zu konver-

genten Entwicklungen kommen kann (Boretzky 1973). Vom S. werden alle Ebenen des Sprachsystems betroffen (Suprasegmentalia, Syntax, Phonemik/Phonetik, Morphemik, Lexik). Integriert wird nach Bellmann (1973) fast ausschließlich auf lexikalischer Ebene; dabei kommt es zu Phonem- und Morphemsubstitution nach dem Muster der eigenen Sprache, zur Adaption an Regelmäßigkeiten der eigenen Sprache (1973, S. 505), z. B. russ. *sovet* →dt. Sowjet: [sav'ẹt] →dt. [zɔvjẹt] mit [s]→[z], [a]→[ɔ], [v']→[vj]. Nach Clyne (1975) jedoch ist die Realität syntaktischer →Transferenz nicht anzuzweifeln; im ganzen lasse sich eine bestimmte Reihenfolge solcher Transferenzen/Entlehnungen feststellen.

Forschungsmethoden zum S. sind systemlinguistisch-kontrastiv und sprachtypologisch, diachronisch (historisch-vergleichend), soziolinguistisch, psycholinguistisch orientiert; als Untersuchungsmethoden werden angewandt Sammlung und Analyse von ›spontanem Tonbandmaterial‹, direkte Befragung, gezielte Tests, teilnehmende Beobachtung (Clyne 1975, S. 62); vgl. auch →Soziolinguistik. Studien zum S. sollten Sprachlehrern Einsichten in die Probleme zweisprachiger Schüler, besonders in deren spezifische Normabweichungen vermitteln.

Vgl. →Entlehnung, Interferenz, Transferenz, Bilingualismus, Sprachwechsel, Substrat, Superstrat.

Bellmann G., Slavoteutonica. Lexikalische Untersuchungen zum slawisch-deutschen Sprachkontakt im Ostmitteldeutschen. 1971. Ders., Slawische Sprachen und dt. Gesamtsprache. In: Lexikon der Germ. Linguistik. 1973. ²1980. Boretzky N., Sprachkontakte. In: Koch W. A., Hrsg., Perspektiven der Linguistik. 1. 1973. Clyne M., Forschungsbericht Sprachkontakt. 1975. Lüllwitz B., Versuch zu einer Systematik lingualer Kontaktphänomene. GermL 1; 6, 1970. Mackey W. J. Ornstein J., Hrsg., Sociolinguistic studies in language contact. 1979. Molony C. u. a., Hrsg., Deutsch im Kontakt mit anderen Sprachen. 1977. Ureland P. St., Hrsg., Sprachkontakte im Nordseegebiet. 1978. Ders., Hrsg., Standardsprache und Dialekte in mehrsprachigen Gebieten Europas. 1979. Oksaar E., Terminologie und Gegenstand der Sprachkontaktforschung. In: Besch W. u. a., Hrsg., Sprachgeschichte. 1. Halbbd. 1984. Oksaar E., Hrsg., Spracherwerb, Sprachkontakt, Sprachkonflikt. 1984.

Sprachkraft. Nach Humboldt schaffen Sprachen, »jede mit der ihr einwohnenden Kraft, das allen gemeinschaftlich vorliegende Gebiet in das Eigenthum des Geistes« um (IV, S. 420). Andererseits entfalten sich in der S. Eigenart und Charakter der spezifischen Kultur und Nationalität. Bei Weisgerber ist S. eine nur dem Menschen zukommende Möglichkeit, ein sinnlich-geistiges Verfahren zur sprachlichen Bewältigung der Wirklichkeit. Die menschliche S. ist zwar in das Ganze

menschlicher Geisteskräfte eingebettet, weist aber dennoch charakteristische Formen der Wirkung auf.
Vgl. →Energeia, energetische Sprachbetrachtung, sprachlicher Zugriff.

Weisgerber L., Grundformen sprachlicher Weltgestaltung. 1963.

Sprachkritik. 1) Philosophische erkenntniskritische S. a) als Analyse der Alltagssprache (s. auch →ordinary language philosophy) im Anschluß an Moore und Wittgenstein, für den Philosophie in erster Linie S. war:

Die Sprache verkleidet den Gedanken (4.002). Die meisten Sätze und Fragen, welche über philosophische Dinge geschrieben worden sind, sind nicht falsch, sondern unsinnig . . . Die meisten Fragen und Sätze der Philosophen beruhen darauf, daß wir unsere Sprachlogik nicht verstehen (4.003). Die Philosophie ist ein Kampf gegen die Verhexung unseres Verstandes durch die Sprache (Phil. U., 109).

b) Als Sprachanalyse mit den Mitteln der →formalen Logik, wie sie von Russell auf breiter Basis angeregt und von Carnap, Goodman, Quine u. a. fortgeführt wurde, die eigentlich nicht Kritik an der Sprache ist, sondern sich gegen eine Philosophie wendet, »die sich von der Sprache vorschreiben läßt, wie sie denken soll« (Patzig [2]1969, S. 11). Nach Frege sind »die Zeichen . . . für das Denken von derselben Bedeutung wie für die Schiffahrt die Erfindung, den Wind zu gebrauchen, um gegen den Wind zu segeln« (Begriffsschrift, [2]1964, S. 107). Die Sprache »erweist sich als mangelhaft, wenn es sich darum handelt, das Denken vor Fehlern zu bewahren«; sie »ist nicht in der Weise durch logische Gesetze beherrscht, daß die Befolgung der Grammatik schon die formale Richtigkeit der Gedankenbewegung verbürgte« (a.a.O., S. 108). Die Sprache deutet die logischen Verhältnisse nur an, drückt sie nicht aus (S. 109). Nach Russell täuscht die Sprache Bestimmtheit, räumliche Abgegrenztheit und Beständigkeit der Gegenstände vor, die diesen in Wirklichkeit nicht zukommen. Die Philosophen haben sich mit den durch die Sprache erzeugten falschen Ansichten auseinanderzusetzen.
U. a. hat v. Weizsäcker betont, daß jede noch so feine Analyse der Umgangssprache ihrerseits auf die Übersetzung in die Umgangssprache angewiesen ist, die sich letztlich doch wieder als Metasprache jeder Metasprache erweist (vgl. →Kalkülsprache, Begriffsschrift).
S. auch →Philosophie der idealen Sprache, sprachanalytische Philosophie.
2) Ideologiekritische S., die von einer sprachlichen Determination

des Denkens ausgeht und annimmt, daß Motivation und Verhalten durch Sprache beeinflußt bzw. gesteuert werden können (die *Macht des Wortes*). Einen besonderen Stellenwert erlangt dann notwendig der öffentliche Sprachgebrauch, der Manipulation durch Sprache betreibt (Herrschaft durch Sprache als moderne Form der Versklavung), der durch verharmlosende Bezeichnungen verschleiert, der bestimmte Wortfelder besetzt usw. (vgl. →Sprachmanipulation, Propagandasprache, persuasive Definition).

3) (Linguistisch begründete) Kritik an erstarrten und möglicherweise unbegründet oder unberechtigt gesetzten Normen, die dem tatsächlichen Sprachgebrauch nicht (mehr) entsprechen und ihn behindern und u. U. zu Kommunikationsstörungen bzw. Normenkonflikten führen können. Eine solche S. postuliert den reflektierten Gebrauch der Sprache vor allem im öffentlich-politischen Bereich; ein Ziel ist die Kultivierung von Normenkonflikten (z. B. *semantischer Kämpfe*) durch linguistisch fundierte Analyse (Wimmer 1983). Vgl. →reflexiver Sprachgebrauch.

4) S. im Sinne von journalistischer Sprach- und Stilkritik.

5) S. im Sinne von →Sprachpurismus und →Sprachpflege.

Vgl. →Sprachpflege, Sprachkultur.

Literatur 2), 3), 4): Betz W., Sprachkritik. Das Wort zwischen Kommunikation und Manipulation. 1975. Beutin W., Sprachkritik, Stilkritik. Eine Einführung. 1976. Deubzer F., Methoden der Sprachkritik. 1980. Falkenberg G., Lügen. Grundzüge einer Theorie sprachlicher Täuschung. 1982. Heringer H. J., Hrsg., Holzfeuer im hölzernen Ofen. Aufsätze zur politischen Sprachkritik. 1982. Hirsch E. Ch., Deutsch für Besserwisser. 1976. Ders., Mehr Deutsch für Besserwisser. 1979. Kaltenbrunner G.-K., Hrsg., Sprache und Herrschaft. 1975. Korn K., Sprache in der verwalteten Welt. 1962. Mauthner F., Beiträge zu einer Kritik der Sprache. 1–3. ³1923. v. Polenz P., Sprachkritik und Sprachnormenkritik. In: Heringer H. J., Hrsg., 1982. Saße G., Sprache und Kritik, Untersuchung zur Sprachkritik der Moderne. 1977. Schneider W., Wörter machen Leute. ²1978. Ders., Deutsch für Profis. Handbuch der Journalistensprache – wie sie ist und wie sie sein könnte. ³1982. Sternberger D. u. a., Aus dem Wörterbuch des Unmenschen. 1970. Wimmer R., Sprachkritik und reflektierter Sprachgebrauch. SuL 14; 1, 1983. Zifonun G., Politische Sprachkultur und Sprachkritik. In: Institut für deutsche Sprache, Hrsg., Aspekte der Sprachkultur. 1984.

Sprachkultur [kul'tura reči/jazyka]. Begriff der Prager Schule und der sowjetischen Sprachwissenschaft. 1) Die Untersuchung und Lenkung/Regulierung der Normen des mündlichen und schriftlichen Sprachgebrauchs auf der Grundlage der als Vorbild geltenden literatursprachlichen Normen auf phonetischer, lexikalisch-phraseologischer und grammatisch-syntaktischer Ebene. 2) Die kultivierte Normativität des mündlichen und schriftlichen Sprachgebrauchs, die Beachtung orthoepischer und orthographischer Normen, der gepflegte und ästhetisch anspruchsvolle Gebrauch lexikalischer und phraseologischer Mittel, grammatischer Formen und syntaktischer Konstruktionen, aber auch die situative Angemessenheit der Rede, die Klarheit und Verständlichkeit des Ausdrucks sowie die Reinheit der Sprache im Hinblick auf Vulgarismen, Dialektismen und Jargonismen, die logische Stringenz des Ausdrucks, die schöpferische Vielfalt der Rede im Hinblick auf Wortschatz und syntaktische Variation.

Nach Juhasz (1984) ist S. die wissenschaftliche Pflege der Literatursprache. Ein kultivierter Gebrauch der Sprache ist das Ergebnis der S. Die Literatursprache ist die kultivierte Form der Nationalsprache in geschriebener und gesprochener Form. Deren Aufrechterhaltung und Entwicklung macht Eingriffe und Pflege erforderlich. Es handelt sich dabei nicht um *Sprachpflege* in verkürztem Sinne als Kampf gegen Fehler, sondern um wissenschaftlich begründete Planung und Förderung eines kreativen Sprachgebrauchs, denn alles, was der Mensch tut, hat eine Kultur.

Die theoretischen Grundlagen der S. in der Prager Schule bilden die Konzeption der elastischen Stabilität der Synchronie (Mathesius) und die Vorstellung von Zentrum und Peripherie (Daneš). Havránek (1932) hatte unter S. die bewußte theoretische Formung der Literatursprache, d. h. die Bemühungen der Linguistik verstanden, die Literatursprache zu vervollkommnen und zu entwickeln, denn die Normen einer Literatursprache sind bewußter und verbindlicher als die einer Volkssprache. In der sowjetischen Linguistik wird S. als Überwindung und Entwicklung verengter Auffassungen von Purismus und Sprachpflege verstanden (s. dazu auch bei Serebrennikow, Hrsg., Bd. 1, 1973).

Vgl. →Sprachpflege, Sprachlenkung, Sprachpurismus, Sprachkritik; Sprachnorm.

Fleischer W. Michel G., Stilistik der dt. Gegenwartssprache. [3]1979. Institut für deutsche Sprache, Hrsg., Aspekte der Sprachkultur. 1984. Ising E., Hrsg., Sprachkultur – warum, wozu? Aufgabe der Sprachkultur in der DDR. 1977. Juhász J., Rezension von Scharnhorst/Ising, Hrsg., 1976, 1982. In: Zs für Germanistik 2, 1984. Kožin A. N., O predmete stilistike. VJa 2, 1982. Mathesius V., Problémy české kultury jazykové. In: Ders., Čeština a obecny jazykozpyt. 1947. Oksaar E., Sprachkultur und mündliche Kommunikation. DV 37; 1, 1985. Ožegov S. I., Očerednye voprosy kultury reči. In: Voprosy kultury reči. 1. 1955. Rozental' D. E. Telenkova M. A., Slovar'-spravočnik lingvističeskich terminov. [2]1976. Scharnhorst J. Ising E., Hrsg., Grundlagen der Sprachkultur. Beiträge der Prager Linguistik zur Sprachtheorie und Sprachpflege. 1. 1976. 2. 1982. Steger H., Über die Würde der alltäglichen Sprache und die Notwendigkeit von Kultursprachen. 1982 (Duden-Beiträge 46). Skvorcov L. I., Teoretičeskie osnovy kul'tury reči. 1980. Vinogradov V. V. Problemy kul'tury reči i nekotorye zadači russkogo jazykoznanija. VJa 3, 1964. Vinokur G. V., Kul'tura jazyka. ²1929. Wimmer R., Hrsg., Sprachkultur. 1985.

Sprachlehrforschung. Nach Bausch (1974) Erforschung des unterrichtlichen Lehrens und Lernens von Erst- und Zweitsprachen, eine sich neu etablierende Disziplin mit multidiziplinärer Theoriebildung. Bei Bonnekamp (1973, S. 183f.) ist S. (in modelltheoretischer Sicht) ein System von Abstraktionen bzw. die Gesamtmenge der Abstraktionen über dem Prozeß der Vermittlung fremdsprachlicher Fähigkeiten, d. h. die neusprachliche Methodik und Didaktik. S. konstituierte sich »aufgrund der gesellschaftlichen Bedeutung des Objektbereichs«, denn »Forschung über das Lehren von Sprachen« ist »unmittelbar mit gesellschaftlichen Bedürfnissen begründbar« (1974, S. 63). Nach Bieritz (in Bausch, Hrsg., 1974), der kritisch die generative Psycholinguistik auf ihre Eignung prüft, aber auch das Konzept der Sprechtätigkeit Leont'evs nach vergleichender Rezeption als lückenhaft und nichtkohärent zurückweist, um einen interaktionistischen Ansatz vorzuschlagen, geht S. integrativ vor und sieht ›Sprache‹ und ›Lehre‹ als sich gegenseitig bedingende Komponenten. S. »hat das Ziel, Sprachlernziele und Sprachlehrstrategien zu beschreiben, die das Sprachlernverhalten der Adressaten ökonomisch steuern« (S. 75); sie hat als Mittlerin zwischen gesellschaftlichen Erfordernissen und den Bedürfnissen der Mitglieder der Gesellschaft Sprachlernziele zu formulieren.
Die S. analysiert Interaktionsformen im Unterricht (Rollenverhalten, Verhaltensschemata, Sprach- und Arbeitsschemata); auf diese Weise soll Planungskompetenz analytisch gewonnen und im Vergleich mit der Theorie weiterentwickelt werden. Das Kernproblem der S. ist nach Hüllen (1974) »die bisher unbefriedigend beschriebene psychische Realität von Sprache«. Dabei seien ungeeignete Begriffe und Klassifizierungen der theoretischen Linguistik und der älteren Psycholinguistik abzuwehren. Die S. übernehme im Rahmen des allgemeinen Unbehagens »an dem die beruflichen Erfordernisse verfehlenden universitären Studium« (a.a.O., S. 25) zunächst die Ziele und Aufgaben von Fremdsprachendidaktik und Curriculumtheorie und weite deren Anwendungsbereich aus. Weder Didaktik noch Curriculumtheorie konnten das Problem des Übergangs von der Theorie zur Praxis bisher befriedigend lösen; wie weit die S. über diese hinausgelangen kann, sei noch nicht abzuschätzen.
Vgl. →Zweitsprachenerwerb, didaktische Grammatik, Sprachdidaktik, Angewandte Linguistik.

Bausch K.-R., Hrsg., Sprachlehrforschung. Lili 13; 1974. Bonnekamp U., Sprachlehrforschung. In: Koch W. A., Hrsg., Perspektiven der Linguistik. 1. 1973. Heindrichs W. u. a., Sprachlehrforschung. Angewandte Linguistik und Fremdsprachendidaktik. 1980. Nolda S., Sprachlehr-/-lernforschung und Erwachsenenbildung. 1984. Baur R. S. Rühl P. G., Analytische Bibliographie zur sowjetischen Sprachlehrforschung (1970–1981). 1982.

Sprachlenkung. Sprachregelung, Einflußnahme auf den öffentlichen Sprachgebrauch (z. B. *Zone, Ostzone, Mitteldeutschland, DDR; Heimatvertriebener – Neubürger, Klassengesellschaft – Konsumgesellschaft*) bis zur systematischen Beeinflussung des Sprachgebrauchs (vgl. →Sprachmanipulation); bewußte und gezielte Bedeutungsbestimmung aufgrund bestimmter Interessen oder Ideologien. Betz (1977) erkennt S. als semantische Lenkung und Lenkung des Menschen durch Sprache mit Hilfe semantischer Strategien und Taktiken, die als psychosemantische subtil und unmerklich erfolgreich sind.

Betz W., Sprachlenkung und Sprachentwicklung. In: Sprache und Wissenschaft. 1960. Moser H., Sprachliche Folgen der politischen Teilung Deutschlands. 1962. Sprache – Freiheit oder Lenkung? 1967. Schöfer E., Die Sprache im Dienst des modernen Staates. STZ 7; 1963. Klaus G., Sprache der Politik. 1971. Betz W., Sprachlenkung und Metaphernstrategie. STZ 63; 1977.

sprachlicher Determinismus →linguistischer Determinismus, Sapir-Whorf-Hypothese

sprachlicher Zugriff. In Weisgerbers →energetischer Sprachbetrachtung der einzelne konkrete Akt der sprachlichen Weltgestaltung, das energetische Gegenstück zum sprachlichen Inhalt, d. h. jedes Wort und jede syntaktische Ganzheit in leistungbezogener Sicht. Die geistige Leistung des s. Z. ist in der sprachlichen Anverwandlung der Wirklichkeit beschlossen (Worten der Welt).
Vgl. →Inhalt, inhaltbezogene Grammatik, Energeia.

Weisgerber L., Grundzüge der inhaltbezogenen Grammatik. ^{4}1971. (S. auch →energetische Sprachbetrachtung.)

sprachliches Feld. Bei Weisgerber (^{4}1971, S. 100) »ein Ausschnitt aus der sprachlichen Zwischenwelt, der durch die Ganzheit einer in organischer Gliederung zusammenwirkenden Gruppe von Sprachzeichen aufgebaut wird«. Zum Erkennen und Bewußtmachen der →sprachlichen Zwischenwelt müssen wir uns vorwiegend mit den Gesetzen des s. F. befassen. Der Begriff des s. F. umfaßt sowohl den des →Wortfeldes als auch den des →syntaktischen Feldes.
Vgl. auch →Feld, Feldtheorie.

Ducháček O., Über verschiedene Typen sprachlicher Felder und die Bedeutung ihrer Erforschung (1968). In: Schmidt L., Hrsg., 1973. Gipper H., Sprachliche Felder. In: Duden. Grammatik der dt. Gegenwartsprache. [4]1984. Hoberg R., Die Lehre vom sprachlichen Feld. 1970. Weisgerber L., Grundzüge der inhaltbezogenen Grammatik. [4]1971. Ders., Die Sprachfelder in der geistigen Erschließung der Welt (1954). Abgedr. in: Schmidt L., Hrsg., Wortfeldforschung. 1973.

sprachliches Handeln →Sprachhandeln

sprachliches Relativitätsprinzip →linguistisches Relativitätsprinzip

sprachliches Weltbild [linguistic view of the world]. Ein zentraler Begriff der inhaltlich orientierten Sprachwissenschaft (→inhaltbezogene Grammatik), bei Weisgerber der ganze Bereich der →sprachlichen Weltansicht Humboldts,

> die Fülle der Ergebnisse geistiger Art, die in jeder Sprache gegenwärtig sind, die ... einen geistigen Kosmos erscheinen lassen, dessen Vorhandensein ebenso ungeahnt wie folgenschwer ist ([4]1971, S. 33)

und das energetische Moment der Humboldtschen →inneren Sprachform, die Wirkung der formenden Kraft, die »dem Sein ... in einer jeden Sprache zu einem Bewußtsein verhilft« (a.a.O.). Das s. W. hat im Leben einer Sprachgemeinschaft eine eigentümliche Daseinsweise; es wird von ihr getragen und immer wieder neu verwirklicht und ist ihr zugleich als Macht übergeordnet und dem einzelnen je vorgegeben; es ist

> die ganze in einer Muttersprache wirksame gerichtete Energie, in der sich die geistige Anverwandlung der Welt durch die Sprachgemeinschaft vollzieht (1956/57, S. 67).

Gipper (1972) weist darauf hin, daß das Vorhandensein eines unbewußt vorgegebenen s. W. eine objektive Gegebenheit ist, die jedem den Zugang zur erfahrbaren Welt eröffnet, »die Bedingung der Möglichkeit der Konzeption bewußt gedachter Weltbilder«. Das s. W. dürfe nicht mit dem ptolemäischen, kopernikanischen, newtonschen, einsteinschen, d. h. dem ›wissenschaftlichen Weltbild‹ gleichgesetzt werden, aber auch nicht mit dem Begriff der ›Weltanschauung‹, der »eine bestimmte Grundhaltung und Überzeugung, die sich ein Mensch aufgrund persönlicher Erfahrung und Reflexion gebildet hat«, meint (S. 16).

Gipper H., Muttersprachliches und wissenschaftliches Weltbild. Sprachforum 2. 1956. Gibt es ein sprachliches Relativitätsprinzip? 1972. Heintz G., Die These vom Weltbild der Sprache. DU 22; 1, 1970. Kandler G., Die ›Lücke‹ im sprachl. Weltbild. In: Festschr. L. Weisgerber. 1959. Koschmieder E., Sprache und Weltbild. BSI 3, 1964. Öhmann S., Wortinhalt und Weltbild. 1951. Seidel E., Sprachwissenschaft, Weltbild, Philosophie. DU (Ost) 11; 1958. Thyssen J., Die Sprache als Energeia und das Weltbild der Sprache. Eine kritische Betrachtung zu L. Weisgerbers Sprachphilosophie. Lexis 3; 2, 1953. Weisgerber L., Vom Weltbild der dt. Sprache. 1953/54. Die Erforschung der Sprachzugriffe. 1. Grundlinien einer inhaltbezogenen Grammatik. WW 7; 1956/57. Grundzüge der inhaltbezogenen Grammatik. [4]1971. Albrecht E., Bestimmt die Sprache unser Weltbild? 1972.

sprachliches Zeichen →Zeichen

sprachliche Weltansicht. Nach Humboldt ist Sprache

> kein bloßes Verständigungsmittel, sondern der Abdruck des Geistes und der Weltansicht der Redenden (VI, 23).

Die Meinung, Sprache leiste nicht mehr, als die wahrgenommenen Gegenstände an sich zu bezeichnen, ist weit davon entfernt, ihren tiefen und vollen Gehalt zu begreifen. In Bildung und Gebrauch der Sprache geht die Art und Weise der subjektiven Wahrnehmung ein. Das Wort

> entsteht ja aus dieser Wahrnehmung, und ist nicht ein Abdruck des Gegenstandes an sich, sondern des von diesem in der Seele erzeugten Bildes (VI, 179).

Gedanke und Wort sind gegenseitig voneinander abhängig. Da leuchte es ein,

> daß die Sprachen nicht eigentlich Mittel sind, die schon erkannte Wahrheit darzustellen, sondern weit mehr, die vorher unerkannte zu entdecken. Ihre Verschiedenheit ist nicht eine von Schällen und Zeichen, sondern eine Verschiedenheit der Weltansicht selbst (IV, 28).

Der Mensch lebt mit den Gegenständen, so wie er sie in seiner Sprache hat, und sein Empfinden und Handeln hängt von seinen Vorstellungen ab:

> Durch denselben Act, vermöge welches der Mensch die Sprache aus sich heraus spinnt, spinnt er sich in dieselbe ein, und jede Sprache zieht um die Nation, welcher sie angehört, einen Kreis, aus dem es nur insofern herauszutreten möglich ist, als man zugleich in den Kreis einer anderen Sprache hinübertritt (VI, 181).

Vgl. →sprachliches Weltbild, sprachliche Zwischenwelt, linguistisches Relativitätsprinzip.

v. Humboldt W., Werke in fünf Bänden. Bd. 3. Schriften zur Sprachphilosophie. [3]1969.

sprachliche Zwischenwelt. Bei Weisgerber die gedanklich-sprachliche Ordnung, die Kategorisierung bzw. Zusammenordnung, nach der eine Sprachgemeinschaft ›Wirklichkeit‹ hat. Bei Humboldt ist die Sprache nicht bloß ein Austauschungsmittel zu gegenseitigem Verständnis, sondern eine wahre Welt . . ., welche der Geist zwischen sich und die Gegenstände durch die innere Arbeit seiner Kraft setzen muß (VII, 176).

Die Sprache heftet, »vermittelnd zwischen dem Menschen und den äußren Gegenständen eine Gedankenwelt an Töne« (V, 110).
Nach Gipper (1972) geht es beim Begriff der s. Z. nicht um das Postulat einer realitätsunabhängigen idealistischen Gedankenwelt zwischen Mensch und Wirklichkeit,

sondern vielmehr um die nachprüfbare Tatsache, daß der Sprecher, der sich selbstverständlich mit seiner Sprache unmittelbar bei den Dingen zu befinden glaubt, dennoch – unbewußt – die vorgegebene Begriffswelt der verfügbaren Sprachinhalte unausgesetzt zwischen sich und die Gegenstände schalten muß, weil ohne deren Vermittlung die Dinge geistig nicht zu haben sind (S. 47).

Mit dem Begriff ›s. Z.‹ werde nicht der Wechselbezug von Mensch und Welt und nicht die Existenz außersprachlicher Gegebenheiten in Frage gestellt.
Vgl. →sprachliche Weltansicht, sprachliches Weltbild; linguistischer Determinismus, linguistisches Relativitätsprinzip, Sapir-Whorf-Hypothese.

Gipper H., Gibt es ein sprachliches Relativitätsprinzip? 1972. Helbig G., Geschichte der neueren Sprachwissenschaft. ²1973. Weisgerber L., Grundzüge der inhaltbezogenen Grammatik. ⁴1971. Weisgerber L., Schriftenverzeichnis. 1984 (Von K. Dutz; hrsg. von H. Gipper, Studium Sprachwissenschaft 8, Münster.)

Sprachmagie →Tabuwort

Sprachmanipulation. Beeinflussung, Meinungsbildung, Steuerung des Verhaltens aufgrund (meist) unbewußter Motivationsbildung durch beschönigende oder verschleiernde, in bestimmter Weise interpretierende und emotionalisierende Versprachlichung von Sachverhalten, die auch mit der Selektion und Kombination von Informationen aus einem vorhandenen Nachrichtenrepertoire im Interesse einer Gruppe verbunden sein kann. S. ist in der Regel sowohl Manipulation der Sprache als auch Manipulation durch Sprache (vgl. →Sprachlenkung). Sprachliche Äußerungen können wirklich existierende Zusammenhänge verdecken oder eine veränderte Deutung und Bewertung nahelegen, Stimmungen, intensive positive oder negative Einstellungen gegenüber bestimmten Personen, Gruppen, Ereignissen oder Waren erzeugen (vgl. →Persuasion, persuasive Definition, Werbesprache, Euphemismus). Die Möglichkeit zu verstärkter S. ist durch die fortschreitende Arbeitsteilung und die damit verbundene Einengung des Handlungs- und Wissenskreises im primären bzw. produktiven Bereich und den durch →Massenkommunikation erweiterten Informationsraum für jeden einzelnen gegeben, in dem Realitätserfahrung durch Realitätsinterpretation ersetzt werden kann. Ist die geschickte Versprachlichung noch durch kybernetische und tiefenpsychologische Erkenntnisse sowie durch Ergebnisse der Massenkommunikationsforschung gestützt (vgl. →Rhetorik), die Langzeitwirkungen und komplex-mehrschichtige Effekte experimentell nachweisen kann, so erweist sich S. als kaum noch überschaubares Netz von verdeckten Handlungsanweisungen. Nach Klaus (⁴1968, S. 47) betreibt jede Klasse und vor allem jede Partei auf ihre Art Pragmatik, »indem sie eine ihren Interessen dienende politische Sprachregelung anstrebt. Bestimmte Worte ... müssen zum allgemeinen Sprachgut werden, dann gewinnen sie selbst eine politisch und ideologisch organisierende Funktion«. S. läßt sich auf allen Ebenen der Sprache nachweisen, auf der Wortebene durch Schlagwörter, Schlüsselwörter, Klischees und *Wortkosmetik* (vgl. →persuasive Definition, denotative Bedeutung, konnotative Bedeutung), auf Satzebene durch die Einführung fiktiver Subjekte *(Die allgemeine/öffentliche Meinung, das Kriegsgeschehen, die gesellschaftliche Entwicklung),* durch Leerformeln, Stereotype; auf Textebene durch bestimmte →Redestrategien und Argumentationsstrategien, durch geeignete Rhetorik. Die Analyse der S. deckt manipulatorische Strukturen vor ihrem referenzsemantischen Hintergrund und in ihrem Handlungszusammenhang auf, untersucht Information unter dem Aspekt ihres Interesses, beobachtet Wirkungen durch operationales Umgehen mit Texten (vgl. →Textanalyse, Textinterpretation). Es scheint, daß die modernen Massenmedien mit Hilfe von Motivforschung und semantischer Lenkung in der Lage sind, das Verhalten, das Vorstellen und die Wahl der Wünsche tiefgehend zu beeinflussen. Vgl. →Propagandasprache, Werbesprache.

Arens K., Manipulation. ²1973. Badura B., Sprachbarrieren. 1971. Badura/Gloy, Hrsg., Soziologie der Kommunikation. 1972. Betz W., Verändert Sprache die Welt? Semantik, Politik und Manipulation. 1977. Dieckmann W., Sprache in der Politik. 1969. Information oder Überredung? 1964. Dubiel H., Sprachsoziologische Bemerkungen zu einer bildungspolitischen These. STZ 38; 1971. Eberhard F., Sprachmanipulation. In: Engelmann B. u. a., Hrsg., Anspruch auf Wahrheit. 1981. Frese J., Politisches Sprechen. In: Rucktäschel A., Hrsg., Sprache und Gesellschaft. 1972. Klaus G., Die Macht des Wortes. ⁴1968. Sprache der Politik. 1971. Klute W., Text und Tendenz. Informationen und Übungen für defensives Lesen. 1972. Korn K., Sprache in der verwalteten Welt. 1959. Moser H., Sprache – Freiheit oder Lenkung? 1967. Rucktäschel A., Hrsg., Sprache und Gesellschaft. 1972. Schneider W., Wörter machen Leute. ²1978. Seiffert H., Information über die Information. ³1971. Wolff G., Zum

Thema Sprachmanipulation. DU 27; 2. 1974. Zoll R., Hrsg., Manipulation der Meinungsbildung. 1971.

Sprachnorm. 1) Das Regelsystem einer Sprache, das aus vorliegenden Äußerungen zu erschließen ist, über das alle Mitglieder einer Sprachgemeinschaft verfügen (vgl. →langue, Kompetenz). 2) Der allgemein übliche Gebrauch sprachlicher Mittel, die Gesamtheit überindividueller Regeln/Reglementierungen/Vorschriften/Grundsätze/Muster, die den individuellen Sprachgebrauch verbindlich ordnen. S. werden manifest als orthoepische, orthographische, grammatische und syntaktische, lexikalisch-semantische, semantisch-pragmatische, rhetorische und stilistische Normen. Für →geschriebene Sprache herrscht allgemein stärkeres Normbewußtsein als für →gesprochene Sprache. Durch Festlegung des Bedeutungsinhalts und des Umfangs von Wörtern und Begriffen kann ein hohes Maß von Eindeutigkeit erreicht werden. Die Bestimmung gesellschaftlich relevanter Termini erweist sich dabei als ideologieabhängig (vgl. →Sprachlenkung, Sprachmanipulation, Sprachkritik 3).

Für die Linguistik bedeutet die Gewinnung von S. eine der Sprachwirklichkeit angemessene, situativen Sprachgebrauch berücksichtigende quantitative (häufigkeitsstatistische) Beschreibung der Sprache in ihrer kommunikativen Funktion, bei der wertende Urteile (richtig – falsch, gut – schlecht) durch deskriptive (gebräuchlich – weniger gebräuchlich) ersetzt sind. S. werden nicht als präskriptive oder metasprachliche Idealnormen gesehen, sondern als Regularitäten (auf der Ebene der →langue oder der parole), die in ihrer Funktionalität nicht fehlerhaft sein können, wenn sie allgemein sind. Die Koexistenz konkurrierender Formen sollte toleriert, Tendenzen zur Durchsetzung bestimmter ausgewählter Normen sollten als von u. U. elitär-gruppenhaften Vorstellungen ausgehend auch hinsichtlich ihrer gesellschaftlichen Implikationen offengelegt werden. Abweichungen von der (hochsprachlichen) S. sind dann keine Verstöße gegen irgendwie geltende *Gesetze.* In der dt. Gegenwartssprache werden z. B. *trotz* mit Gen. oder Dat., *wegen* mit Gen. oder Dat., *wie* oder *als* mit dem Komparativ, *trotzdem* und *obwohl* als konzessive Konjunktionen nebeneinander gebraucht. Es sollte auch die kommunikativ-funktionale Selbstregulierung der Sprache berücksichtigt sein:

> Die Sprache bedarf nämlich gar keiner globalen Eingriffe. Sie enthält als primäres Zeichensystem einen Rückkopplungs-Mechanismus, der unter wechselnden gesellschaftlichen Bedingungen die notwendige Anpassung der Sprache an neue Kommunikationsbedürfnisse von selber bewerkstelligt (Weinrich, in Akzente 4, 1969).

Beim Schreiben von Grammatiken kommt der Linguist ohne S. nicht aus, die ja auch den existentiellen Interessen des sich an Normen orientierenden sozial Handelnden entsprechen. Dabei erweist die »Struktur« (die Grammatik bzw. die Syntax) der Sprache sich als weit weniger flexibel als →Wortschatz und →Stilistik.
In der neueren Diskussion zu Begriff und Erscheinungsweise der sprachlichen Norm wird der (meist soziologisch verstandene) Begriff der Norm mit dem Begriff der sprachlichen Regel gleichgesetzt, indem etwa regelhafte situative Erwartenserwartungen im Sinne Luhmanns sowie Normen sozialen Handelns und sprachliche Regularitäten als spezifische Typen oder Arten von Norm aufgefaßt werden. Dabei wird sowohl die Analyse von der als S. verstandenen Sprachstruktur und Sprachsemantik her auf soziale Normen des Handelns hin gefordert als auch die Tragfähigkeit der (u. a. von D. Hymes formulierten) Ausgangshypothese der Soziolinguistik behauptet, daß Sprachstruktur die Sozialstruktur reflektiere bzw. daß der Zugang zur Sprachstruktur von der Sozialstruktur her zu gewinnen sei. Besondere Aufmerksamkeit gilt der Distanzierung von Normen, der Durchbrechung von Normen und der Neukonstituierung von (sozial symmetrischen) Normen.
P. Hartmann (1976), der Normativität der Sprache als Regularitätsgebundenheit versteht, erkennt die Normendiskussion in der Linguistik als Tendenz zu pragmatischer und soziolinguistischer Ausweitung des Interessenbereichs der Linguistik bzw. als Schritt zu ihrer dritten oder *finalen* Phase, innerhalb derer möglichst viele Bereiche aktiven Sprachgebrauchs (der sich in zunehmendem Maße als aufschlußreicher Forschungsgegenstand erweist) und aktiver Reflexion auf diese Bereiche berücksichtigt werden sollen (S. 29). Sprache funktioniere über die Einhaltung von Normen, und diese verweisen auf die gesellschaftliche Bedingtheit der Sprache. Hat man die konstitutiven Bedingungen von Kommunikation festgelegt, dann kann man – nachdem das Verhältnis von *Norm, Regel* und *Regularität* im allgemeinen geklärt ist – sprachlich repräsentierte Normativität genauer verstehen; von da aus wären die einzelnen Erscheinungsformen und Ebenen aller Normen festzustellen und zu analysieren. Eine allgemeiner orientierte Sehweise der Sprache wird deren Normiertheitscharakter anerkennen und bis in den Sprachverwendungsbereich hinein verlängern; sie wird aber auch die Möglichkeit der Distanzierung als Bewußtheit des Sprachbenutzers im Hinblick auf individuelle Kreativität und im Hinblick auf die Gefahren sprachgebundener Generalisierung berücksichtigen, da es sich u. U. als lebenswichtig erweisen kann, auch einmal Politik gegen die Sprache zu machen, wenn es sich um durch Sprach-

handhabung bewerkstelligte manipulative und Verhaltensbahnen festlegende Beeinflussung handelt.
Bei E. Coseriu ([2]1971) erscheint die Ebene der S. als Instanz zwischen *langue* und *parole,* d. h. zwischen dem abstrakten Sprachsystem funktioneller Invarianten einerseits und dem je individuellen und konkreten Sprechen andererseits, als System der normalen oder ›obligatorischen‹ Realisierungen, als Gesamtheit geläufiger Modelle und Strukturen, die in der Rede wiedererzeugt werden; zwischen soziale Norm und konkretes Sprechen können individuelle Normen treten. Das System der Sprache ist ein System von Möglichkeiten, eine Gesamtheit eher von Freiheiten als von Auflagen, die von der Norm eingeschränkt werden. Bei einem synchron existenten System bzw. Sprachzustand können verschiedene Normen unterschieden werden. Sprachwandel ist in erster Linie eine vom System her mögliche Auflehnung gegen die Norm, eine Bestätigung der Freiheit des Ausdrucks des Individuums gegenüber den Auflagen der gesellschaftlichen und kulturellen Norm (s. auch →System und Norm).
Vgl. →Sprachvariation, Sprachwandel.

Augst G., Sprachnorm und Sprachwandel. 1977. Bergmann Ch., Zum Normbegriff in der Linguistik. DU 30; 1977. Coseriu E., dt. System, Norm und Rede. In: Ders., Sprache – Strukturen und Funktionen. [2]1971. Deutsche Akademie für Sprache und Dichtung, Hrsg., Der öffentliche Sprachgebrauch. 1–3. 1980/1981/1982. Gloy K., Sprachnormen I. 1975. Gloy K. Presch G., Hrsg., Sprachnormen III. 1976. Hartmann P., Norm und Sprachbegriff. Zur Normdiskussion in der Linguistik. In: Gloy K. Presch G., Hrsg., 1976. Hermann W., Situation und Norm. 1976. Kirstein B., Das sprachliche Normenproblem der ›emanzipatorischen Pragmadidaktik‹. LuD 36; 1978. Kleineidam H., Zum Problem der Sprachnorm in Linguistik und Fremdsprachenunterricht. LuD 24; 1975. Knoop U., Sprachnorm und Verstehen. Muttersprache 85; 1975. Kolde G., Sprachnormen und erfolgreiches Sprachhandeln. ZGL 3, 1975. Lewis D., dt. Konventionen. 1975. Lotzmann G., Hrsg., Sprach- und Sprechnormen. 1974. Luhmann N., Rechtssoziologie. 1. 1972. Oelmüller W., Hrsg., Materialien zur Normendiskussion. 1.–3. 1977–1979. Presch G. Gloy K., Hrsg., Sprachnormen II. 1976. Pütz H. H., Sprachbrauch, Sprachnorm und Sprachsystem. LuD 25; 1976. Serebrennikow B. A. u. a., dt. Allgemeine Sprachwissenschaft. 1. 1973. Ezawa K., Sprachsystem und Sprechnorm. Studien zur Coseriuschen Sprachtheorie. 1985.

Sprachnormung [language standardization]. Vereinheitlichung des Sprachgebrauchs durch nationale und internationale Institutionen vor allem im Bereich der Naturwissenschaft und Technik, die sich besonders auf die →Terminologie (die Fachbegriffe und deren Begriffssysteme) konzentriert und die Bildung neuer Termini standardisiert.
Vgl. →Terminologielehre, Sprachnorm, Sprachplanung, Sprachlenkung.

Beier E., Wege und Grenzen der Sprachnormung in der Technik. 1960. Ray P. S., Language standardization. 1963. Wüster E., Internationale Sprachnormung in der Technik. 1931. ³1970. Schippan Th., Einführung in die Semasiologie. ²1975. Bausch K.-H. u. a., Fachsprachen. Terminologie, Struktur, Normung. 1976.

Sprachökonomie [language economy, économie de la langue/principe de l'économie linguistique, ėkonomija v jazyke]. 1) Im Sinne von Zipf (vgl. →Zipfsches Gesetz) das statistische Gleichgewicht der Sprache als ökonomischer »Kompromiß aus notwendiger Differenziertheit und notwendiger Massenbegrenztheit« (Herrmann, 1972, S. 100). 2) Im Sinne von Effizienz das Prinzip des geringsten Kraftaufwandes, das sich z. B. darin äußert, daß ein- und zweisilbige Wörter die häufigsten, mehrsilbige die weit weniger häufigeren sind; das Bemühen, mit einem Minimum sprachlichen Aufwands ein Maximum an kommunikativem Effekt zu erzielen (Schippan 1972, S. 161); Streben, die Verständigungsabsicht mit möglichst geringem Kraftaufwand zu erreichen (W. Schmidt ⁷1972, S. 162), das sich u. a. gegenüber Ausweitungstendenzen im Wortschatz auswirkt: die eigentlich notwendige Neubildung unterbleibt, und bereits vorhandene Wortformen übernehmen (zusätzlich) die neue Bedeutung (eine der Quellen von →Homonymie oder →Polysemie). – Als allgemeines (Effizienz)Prinzip der Sprachentwicklung erscheint die S. bei Martinet, der sprachliche Entwicklung sieht

> als gelenkt durch die ständige Antinomie zwischen den Kommunikationsbedürfnissen des Menschen und seiner Tendenz, seine geistige und körperliche Tätigkeit auf ein Minimum zu beschränken (1963, S. 164).

Das Verhältnis zwischen der aufgewandten Energie und der übermittelten Informationsmenge wird zur Proportionalität neigen:

> Wenn man spricht, um sich verständlich zu machen, verausgabt man sich nur, soweit das Gesagte ›anzukommen‹ scheint (S. 167).

Nach Moser (1971) ist diese Ansicht einseitig abgestellt auf den *homo faber* bzw. die Gebrauchssprache. Für die Sprachentwicklung sei entscheidend der ›Neuerungen erstrebende Mensch‹. Unter S. wird verstanden das Streben bewußter und unbewußter und teilbewußter Art,

- sprachliche Mittel einzusparen und dadurch bei der sprachlichen Betätigung den physischen und geistigen Kraftaufwand zu verringern,
- diesen auch bei Ausbau der sprachlichen Mittel möglichst klein zu halten,
- die Leistungsfähigkeit, die Effizienz der sprachlichen Mittel zu erhöhen,
- die regionalen und sozialen Normverschiedenheiten auszugleichen und dadurch den Kommunikationsbedürfnissen besser gerecht zu werden (S. 92).

Moser unterscheidet als Haupttypen der S. 1. systembezogene Ö., 2. informationsbezogene Ö., 3. Ö. mit Bezug auf regionale und soziale Geltung des hochsprachlichen Systems (S. 93 ff.).
Koenrads (1953) hatte zwischen S. und *efficiency* unterschieden und als Kategorien angesetzt: Vereinfachung, Systematisierung, Kürzung, Verdeutlichung. Nach Admoni (dt. 1971) ist das Prinzip der S. bei sehr vielen Prozessen sprachlicher Entwicklung wirksam; es ist jedoch nicht das entscheidende. Das Prinzip der S. ist in bestimmten strukturellen Tendenzen zu beobachten.

Admoni W. G., dt. Grundlagen der Grammatiktheorie. 1971. Budagov R. A., Problemy razvitija jazyka. 1965. Herrmann Th., Einf. in die Psychologie. 5. Sprache. 1972. Horn W., Sprachkörper und Sprachfunktion. ²1923. Jespersen O., Die Sprache. Ihre Natur, Entwicklung und Entstehung. 1925. Koenrads W. H. A., Studien über sprachökonomische Entwicklungen im Dt. 1953. Martinet A., Économie des changements phonétiques. Traité de phonologie diachronique. 1955. Ders., dt. Grundzüge der allg. Sprachwissenschaft. 1963. Moser H., Probleme der sprachlichen Ökonomie im heutigen dt. Satz. In: Studien zur Syntax des heutigen Dt. Sprache der Geg. 6. 1970. Typen sprachlicher Ökonomie im heutigen Dt. Sprache der Geg. 13. 1971. Budagov R. A., Opredeljaet li princip ėkonomii razvitie i funkcionirovanie jazyka? VJa 1, 1972. Ronneberger-Sibold E., Sprachverwendung – Sprachsystem: Ökonomie und Wandel. 1980.

Sprachpathologie →Patholinguistik, Neurolinguistik, Aphasie, Sprachstörungen

Sprachpflege. Ein problematischer, historisch belasteter Begriff, der als konnotativ stark aufgeladener Begriff kontrovers interpretiert, tabuisiert, aber auch bewußt mit ganz bestimmten Merkmalen ausgestattet wird, um als *Schlag*-Wort gebraucht zu werden. Der Begriff der S. ist geeignet, die soziolinguistische Diskussion um sprachliche Normen und Varietäten (neu) zu beleben. »S.« ist in einem Wort- und Begriffsfeld zu sehen, das gebildet wird durch die Ausdrücke Sprachlenkung, Sprachreinigung/Sprachpurismus, Sprachregelung, Sprachnormierung, Sprachkultur, Sprachkritik, Sprachpolitik; »S.« evoziert aber auch ›Sprachbewußtsein‹, ›Sprachgefühl‹, ›Sprachkompetenz‹.
Als Ziele und Aufgaben von S. werden in neueren Stellungnahmen genannt

- Festsetzung und Durchsetzung sprachlicher Normen,
- Verbesserung des Sprachgebrauchs bzw. der gute, richtige Sprachgebrauch,
- Sicherung von Verständigung und Verständlichkeit,
- situationsgerechte Nutzung sprachlicher Mittel,
- Entwicklung des Sprachbewußtseins.

Unterschieden wird zwischen puristischer S. (z. B. Fremdwortbekämpfung), beratender, lenkender und ideologischer S. (Grosse 1979). Bei Konzeptionen zur S. sollte gefragt werden können, wer S. betreibt und mit welchen Zielen, welche Bereiche der Sprache und des Sprachgebrauchs durch S. erfaßt werden sollen, an welche Adressaten gedacht wird, wo welche Sprachbedürfnisse vorhanden sind usw.
Das Problem oder die Fraglichkeit einer S. liegt allererst in der Entscheidung, ob bzw. wieweit man bereit ist, eine allgemein verbindliche und allgemeinverständliche Standardsprache zu akzeptieren und einen bestimmten Sprachgebrauch für vorbildlich, wünschenswert usw. zu erklären. Offensichtlich ist S. kein rein fachlinguistisches Problem, sondern eher ein gesellschaftliches. Es scheint, daß Linguisten sich gegenüber Bemühungen zur S. distanziert verhalten (mit welchen Gründen auch immer). Es ist aber nicht unwahrscheinlich, daß in der Gesellschaft in dieser Hinsicht ein großer (pragmatischer) Bedarf besteht.
Vgl. →Sprachnorm, Sprachkultur, Sprachkritik, Sprachlenkung.

Glinz H., Was ist wichtig in Sprache und Sprachpflege? Muttersprache 86; 1976. Greule A., Theorie und Praxis der germanistischen Sprachpflege. Muttersprache 92; 1982. Gröschel B., Sprachnorm, Sprachplanung, Sprachpflege. Bibliographie theoretischer Arbeiten aus Linguistik und Nachbarwissenschaften. 1982 (Münster: Studium Sprachwissenschaft, Bd. 6). Grosse S., Vorschläge zur Förderung der Kommunikationsfähigkeit oder: Eine Lanze für die ›Sprachpflege‹. In: Löffler H. u. a., Hrsg., Standard und Dialekt. 1979 (Festschr. H. Rupp). Kolde G., Sprachpflege als angewandte Sprachwissenschaft. Der Sprachdienst 24; 1980. Meisel J. M., Sprachnorm in Linguistik und ›Sprachpflege‹. LB 13; 1971. Moser H., Sprache – Freiheit oder Lenkung? Zum Verhältnis von Sprachnorm, Sprachwandel, Sprachpflege. 1967 (Duden-Beiträge 25). Nüssler O., Über die Unmöglichkeit, die Sprache zu pflegen. ZDL 50; 1983. v. Polenz P., Sprachnormung und Sprachentwicklung im neueren Deutsch. DU 16; 1964. Ders., Sprachnorm, Sprachnormung, Sprachnormenkritik. LB 17; 1972. Roth K.-H., Positionen der Sprachpflege in historischer Sicht. In: Besch W. u. a., Hrsg., Sprachgeschichte. 1. Halbbd. 1984. Wunderlich D. Meisel J. M., Hrsg., Sprachpflege und Sprachpolitik. 1977. (Vgl. auch →Sprachkritik.)

Sprachphilosophie. Die Bemühungen, die Sprache bzw. die sprachliche Tätigkeit in ihrer Gesamtheit zu erfassen, ihre konstitutive Bedeutung für Mensch und Gesellschaft, Erfahren und Handeln, Denken und Erkennen zu erhellen. Dazu gehören die Frage des →Sprachursprungs, das Problem der Symbolbildung bzw. der Konstitution des sprachlichen Zeichens, das des Verhältnisses von Sprache und Wirklichkeit, die Frage nach dem Wesen der Bedeutung und der Bezeichnung, nach den konstitutiven Elementen von →Kommunikation und →Information.

Nach Apel (1963) wird im 20. Jh. die Sprache

> nicht mehr lediglich als Gegenstand der Philosophie behandelt, sondern erstmals ... als Bedingung der Möglichkeit von Philosophie ins Auge gefaßt ..., sie ist, wie nach Kants Auftreten die Erkenntniskritik, an die Stelle der Ontologie getreten (S. 22).

Patzig ([2]1969) möchte im Gegensatz zur Meinung, das Hauptproblem der Gegenwartsphilosophie sei das Problem der Gesellschaft, in der radikalen Besinnung auf die Sprache einen Grundzug der Philosophie der Gegenwart sehen. Der Ausspruch Wittgensteins *Die Grenzen meiner Sprache bedeuten die Grenzen meiner Welt* schlage »den Grundton an, auf den die Philosophie unserer Zeit gestimmt ist« (S. 10). Wenn Sprache als System normierter Sprechgewohnheiten auf der Grundlage der Signalfunktion erkannt ist, führt diese Erkenntnis zur Entmythologisierung der S.:

> Die Ausdrücke der Sprache sind nicht Zeichen für Dinge, sondern sie bilden ein System von Verweisungszusammenhängen, innerhalb dessen sich unsere menschliche Weise, zu sein und zu handeln, entfalten kann (S. 27).

Nach Fodor und Katz mußten der Positivismus und die Philosophie der Alltagssprache (→ordinary language philosophy) in die Irre gehen, weil sie »Theorien und Methoden der Sprachwissenschaft nicht zur Grundlage des Philosophierens über Sprache gemacht haben« (Kursbuch 5, 1966, S. 153). Für Katz (dt. 1970) ist die spezifische Aufgabe der S. die Erforschung der Beziehung von Form und Inhalt von Sprache und Form und Inhalt von Konzeptualisierung und die Aufstellung von Hypothesen über die Struktur der begrifflichen Erkenntnis. Diese (weite) Konzeption von S. beziehe die unterschiedlichen Ansichten von Plato und Aristoteles, Descartes, Locke, Hume, Russell, Wittgenstein, Carnap, Austin und anderen ein. v. Kutschera (1971) untersucht Funktion und Leistung der Sprache in den Problemkreisen a) grammatische Gliederung und Synthese von Ausdrükken, b) Bedeutung, c) Sprache und Erfahrung.

Nach Heintel (1972) wird der Begriff ›S.‹ gebraucht 1) im Sinne einer speziellen philosophischen Disziplin (wie z. B. Naturphilosophie, Rechtsphilosophie), 2) als Bezeichnung für die sprachanalytische Philosophie, 3) als Begriff für die moderne Philosophie, die wesentliche Leitfragen der Fundamentalphilosophie durch Reflexion auf Sprache neu formuliert.

Vgl. →sprachanalytische Philosophie, Philosophie der idealen Sprache, Sprachkritik; wahrheitskonditionale Semantik.

Albrecht E., Sprache und Philosophie. 1975. Apel K.-O., Sprache und Wahrheit in der gegenwärtigen Situation der Philosophie. In: Philosophische Rundschau 7; 3/4, 1959. Die Idee der Sprache in der Tradition des Humanismus von Dante bis Vico. Archiv f. Begriffsgeschichte 8; 1963. Ders., Hrsg., Sprachpragmatik und Philosophie. 1976. Black M., dt. Sprache. 1974. Cassirer E., Philosophie der symbolischen Formen. 1. Die Sprache. [5]1972. 1970. Coseriu E., Die Geschichte der Sprachphilosophie von der Antike bis zur Gegenwart. Eine Übersicht. Teil 1: Von der Antike bis Leibniz. 1969. Teil 2: Von Leibniz bis Rousseau. 1972. Dittmann J. u. a., Gegenstand und Wahrheit. Sprachphilosophische und wissenschaftstheoretische Grundlagen der Linguistik. 1976. Gerhardt M., Hrsg., Linguistik und Sprachphilosophie. 1974. Grewendorf G. Meggle G., Linguistik und Sprachphilosophie. 1974. Hartnack J., Wittgenstein und die Moderne Philosophie. 1968. Heintel E., Einführung in die Sprachphilosophie. 1972. Herder J. G., Sprachphilosophische Schriften (hrsg. von E. Heintel). 1960. Hönigswald R., Philosophie und Sprache (1927). 1970 (Darmstadt). v. Humboldt W., Werke in fünf Bänden (hrsg. von A. Flitner und K. Giel). Bd. 3. Schriften zur Sprachphilosophie. 1963. Jäger L., Erkenntnistheoretische Grundfragen der Linguistik. 1979. Katz J. J., dt. Philosophie der Sprache. 1970. v. Kutschera F., Sprachphilosophie. [2]1975. Linsky L., Hrsg., Semantics and the philosophy of language. 1969. Lohmann J., Philosophie und Sprachwissenschaft. 1965. Munitz M. K. Unger P. K., Hrsg., Semantics and philosophy. 1974. Patzig G., Die Sprache, philosophisch befragt. [2]1969. Rosenberg J. F., Hrsg., Philosophy of language. 1969. Schaff A., dt. Sprache und Erkenntnis. 1974. Schilpp P. A., Hrsg., The philosophy of Bertrand Russell. 1951. Simon J., Hrsg., Aspekte und Probleme der Sprachphilosophie. 1974. Stegmüller W., Hauptströmungen der Gegenwartsphilosophie. 1. [6]1975. Stenzel J., Philosophie der Sprache (1934). 1964 (Darmstadt). Sukale M., Hrsg., Moderne Sprachphilosophie. 1976. Tugendhat E., Vorlesungen zur Einführung in die sprachanalytische Philosophie. 1976. Vološinov V. N., Marxismus und Sprachphilosophie. 1975. Wein H., Sprachphilosophie der Gegenwart. 1963. Weise F. O., Sprachphilosophie der Gegenwart. 1963. Wittgenstein L., Tractatus logico-philosophicus (1921). [5]1968. Philosophische Untersuchungen (1958). 1971. Zimmermann J., Wittgensteins sprachphilosophische Hermeneutik. 1975. Hennigfeld J., Die Sprachphilosophie des 20. Jh. 1980.

Sprachplanung. Nach Fishman (1971) »die organisierte Suche nach Lösungen für Sprachprobleme, die sich typischerweise auf der nationalen Ebene stellen«. Für die →Sprachsoziologie sollten Verfahren und Folgen der S. zentral sein. Es kann sich handeln um Probleme der Kodewahl (offizielle Politik der an der Macht befindlichen Gruppe), der Stabilisierung eines ausgewählten Kodes, der Verfeinerung und Differenzierung eines Kodes, der Kultivierung eines Kodes (Neustupny 1970). Wenig entwickelte Sprach- und Schriftgemeinschaften müssen mehr *offizielle* S. treiben, stärker entwickelte können die planmäßige Kultivierung der Sprache fördern. Ein funktionierendes Vorhersagemodell des →Sprachwandels (aufgrund soziodemographischer Daten) kann zum wirkungsvollen Instrument der S. werden; in diesem Sinne sind auch gezielte Innovationen einleitbar und überprüfbar (Afendras). U. a. machen die Behörden in Südafrika, Indien und in Israel große Anstrengungen, um mit eigenen Terminologien vom Engl. unabhängig zu werden (Wüster 1974).

Afendras E. A., Diffusionsprozesse der Sprache: Vorhersage und Planung. In: Kjolseth/Sack, Hrsg., Zur Soziologie der Sprache. 1971. Dešeriev J. D., Die sowjetische Methodologie, Theorie und Praxis der Planung und Prognostizierung der sprachlichen Entwicklung. In: Kjolseth/Sack, 1971. Fishman J. A., in: Kjolseth/Sack, 1971. Haugen E., Language conflict and language planning. 1966. Tauli V., Introduction to a theory of language planning. 1968. Wüster E., Die allgemeine Terminologielehre. Linguistics 119; 1, 1974. Dešeriev Ju. D. Protčenko I. F., Problemy jazykovogo razvitija v. SSSR. VJa 6, 1972. Coulmas F., Hrsg., Linguistic minorities and literacy. Language policy issues in developing countries. 1984. Ders., Sprache und Staat. 1985.

Sprachpragmatik. 1) Im Sinne von Pragmatik. 2) Sprachphilosophie K.-O. Apels. S. →transzendentale Sprachpragmatik.

Sprachproduktion [speech production/speech generation, production de la parole, proizvodstvo reči/poroždenie reči]. Sprechtätigkeit oder sprachliches Handeln, das Erzeugen von Sätzen oder Texten, Sprechen und Schreiben; die Art und Weise, in der sprachliche Äußerungen vom menschlichen Organismus produziert werden, der Vorgang der →Kodierung. Es kann sich handeln um die Reproduktion einer exogenen Vorlage (Mitsprechen, Nachsprechen, Abschreiben, Diktatschreiben) oder um die Produktion eines endogenen Entwurfs, die (willkürliche) Versprachlichung emotiver und/oder kognitiver Prozesse (Weigl, in: Eichler/Hofer, Hrsg., 1974, S. 110).
Während die systemlinguistische Analyse bereits produzierte bzw. geäußerte Sätze und Texte zu ihrem Gegenstand macht und eine →generative Grammatik die möglichen (grammatischen und akzeptablen) Sätze einer Sprache automatentheoretisch aufzählt, will die Psycholinguistik Sprechtätigkeit bzw. sprachliches Handeln als Aktivität des Sprechers und als Komponente seines Gesamtverhaltens erfassen und deren neurophysiologische sowie psychologisch-kognitive Voraussetzungen aufdecken. Linguistische bzw. grammatische Einheiten sind Einheiten einer als Modell zu verstehenden System- bzw. Kompetenzgrammatik, die keine Grammatik der →Performanz bzw. des aktuellen Sprachhandelns und keine Grammatik des Sprechers darstellt.
Als Manifestation komplizierter physiologischer Prozesse betrachtet die S. Lenneberg (1967, dt. 1972, S. 99–156). Beim Sprechen sind Muskeln der thorakalen und abdominalen Wände, des Nackens, des Gesichts, des Kehlkopfs, des Pharynx und der Mundhöhle, im ganzen über 100 zentral gesteuerte muskuläre Einheiten beteiligt; in jeder

Sekunde laufen mehrere Hundert Muskelereignisse ab, und in einer Unterhaltungsminute gibt es zehn- bis fünfzehntausend muskuläre Ereignisse, Prozesse, die sich vorprogrammiert und unbewußt-automatisch vollziehen (s. auch →Sprechtempo). Aus der hohen Geschwindigkeit der in der Zeit ablaufenden Artikulationen, die als komplexe motorische Konfigurationen aufzufassen sind, und deren neuraler Steuerung ergeben sich in einem sequentiellen Kettenmodell (vgl. →stochastischer Prozeß, Markov-Prozeß) Erklärungsschwierigkeiten, da dieses die Fähigkeit des Sprechers zur Antizipation späterer Ereignisse nicht zu erklären vermag. Sprechereignisse können durch sequentielle Assoziationen nicht gesteuert werden; schon eine einfache Folge von Sprachlauten erfordert artikulatorische Vorausplanung, »einen hierarchischen Plan . . ., der Ereignisse nicht als Reaktion auf frühere Ereignisse auswählt, sondern hinsichtlich der Integration aller Elemente in Einheiten von der Dauer einiger Sekunden« (Lenneberg, dt. 1972, S. 131). Höhere syntaktische Elemente, die Satzteile, können nicht ohne Kenntnis des Satzplans geordnet werden, die Abfolge der Morpheme wiederum nicht ohne Kenntnis der Satzteile usw. Im Modell des zentralen Plans mit hierarchischer Dominanz entspricht die Abfolge der S. dem allgemeinen Ordnungs- und Organisationsprinzip motorischer Verhaltensmuster (Lashley 1951).

Für Miller, Galanter, Pribram (1960) ist S. wie jede zerebrale Aktivität organisiert. Wenn wir einen Satz zu äußern beginnen, wissen wir, was wir sagen werden bzw. sagen wollen. Auf dem Motorplan operiert der *grammar plan,* der durch eine Hierarchie grammatischer Formations- und Transformationsregeln strukturiert wird; ein Plan organisiert das sprachliche Verhalten strategisch und taktisch.

Laver (1970, S. 62) erkennt als Hauptfunktionen beim S.-prozeß 1) *ideation process,* 2) *storage,* 3) *planning/programming,* 4) *articulation,* 5) *monitoring.* Rjabova (1967) stellt ein auf Daten der Aphasieforschung basierendes Schema in sechs Schritten mit auditiver Rückkopplung vor: 1) Schema der Äußerung im Bereich der inneren Sprache, 2) Selektion von Wortbedeutungen, 3) grammatische Strukturierung, 4) Selektion von Wortlautungen, 5) Motorprogramm der Äußerung, 6) Selektion von Artikulationen. Bei Leont'ev (1969) und Leont'ev/Rjabova (1970) wird ein S.-modell mit 5 Phasen begründet: 1) Motivation, 2) Intention bzw. Einstellung *(ustanovka),* 3) innere Programmierung, 4) semantische, grammatisch-syntaktische, artikulatorisch-akustische Realisierung, 5) Phonation bzw. lautliche Realisierung.

Nach Osgood (1971) fungiert als vorsprachliche Kategorie das sowohl dem perzeptuellen als auch dem sprachlichen System vor- und übergeordnete nicht-sprachliche kognitive System; dieses erklärt Erzeugung und Verstehen von Sätzen, da vorsprachliches perzeptuell-motorisches Verhalten viele (wenn nicht alle) Charakteristika sprachlichen Verhaltens (d. h. Bedeutung und Struktur) besitzt und beiden auf einer bestimmten Ebene ein semantisches Repräsentationssystem sowie eine Menge syntaktischer Regeln gemeinsam sind. Präsuppositionen werden als nichtsprachliche kognitive Phänomene aufgefaßt, als situative perzeptuelle Zeichen (Wahrnehmungszeichen, wie z. B. APFEL, FLASCHE, BALL). Sie sind Sprechern und Hörern gemeinsam; nicht-sprachliche kognitive Prozesse sagen Form und Inhalt des Satzes voraus (dt., S. 138). Es geht Osgood um die nichtsprachlichen Antezedenten, die bei der S. involviert sind (dt., S. 168). Es ist zu fragen, wieweit diese nicht schon immer sprachlich mitkonstituiert sind. Für Osgood liegen die Ursprünge symbolischer Mediationsprozesse (vgl. →Mediationstheorie der Bedeutung) in nicht-sprachlichen, perzeptuo-motorischen Verhaltensweisen; seine Verhaltenstheorie nimmt als angeborene Fähigkeiten Tendenzen an,

- auf der Basis gemeinsamer Bestimmung, qualitativer sensorischer Similarität, sensorischer Proximität und Konturvollständigkeit der Kontinuität perzeptuelle Entitäten einzuführen,
- perzeptuell-motorisches und sprachliches Verhalten hierarchisch zu organisieren,
- Einheiten auf jeder Ebene komponentiell zu organisieren und zu differenzieren.

Sprachliche Systeme entwickeln sich innerhalb der Beschränkungen der kognitiven Fähigkeiten des Menschen.
Vgl. →Satzproduktion, Textproduktion.

Butterworth B., Hrsg., Language production. 1: Speech and talk. 1980. Herrmann Th., Sprechen und Situation. 1982. Lashley K. S., The Problem of serial order in behavior (1951). In: Saporta S., Hrsg., Psycholinguistics. 1961. Laver J., dt. Die Hervorbringung der Rede. In: Lyons J., Hrsg., Neue Perspektiven in der Linguistik. 1975. Lenneberg E. H., dt. Biologische Grundlagen der Sprache. 1972. Leont'ev A. A., Psicholingvističeskie edinicy i poroždenie rečevogo vyskazyvanija. 1969. MacNeilage P. F., Hrsg., The production of speech. 1983. Miller G. u. a., dt. Pläne und Strukturen des Verhaltens. 1973. Osgood Ch. E., dt. Wie entstehen Sätze? In: Leuninger H. u. a., Hrsg., Linguistik und Psychologie. Bd. 1. 1974. Simon J., Hrsg., Spoken language generation and understanding. 1980. Žinkin N. I., Mechanisms of speech. 1968. Fry D. B., The physics of speech. 1979. Lindblom B., On the teleological nature of speech processes. Speech Communication 2; 1983.

Sprachpsychologie. Die Erforschung wesentlicher Aspekte der Sprache bzw. des sprachlichen Verhaltens (psychologische Voraussetzungen der Sprachfähigkeit, Sprachursprung, Spracherwerb, Sprache und Kognition, Sprachstörungen, Sprechverhalten usw.) mit psychologischen Methoden. Der heutige Entwicklungsstand erlaubt die Einordnung sprachpsychologischer Bemühungen in den interdisziplinären Bereich der →Psycholinguistik.

Sprachpurismus. Sprachreinigung, Sprachreinheit, die Vermeidung bzw. Ausmerzung von Fremdwörtern; in weiterem Sinne die Abneigung gegenüber sprachlichen Neuerungen jeder Art (z. B. bestimmte Restriktionen in der Wortbildung); eine bestimmte Einstellung zu Wert und Entwicklung der eigenen Sprache, die im Zusammenhang mit nationalistischen Tendenzen steht, aber auch Anzeichen eines sich entwickelnden sprachlichen (und politischen) Selbstbewußtseins sein kann. Vgl. →Sprachnorm, Sprachvariation, Sprachkultur, Sprachpflege.

v. Polenz P., Sprachpurismus im Nationalsozialismus. In: Germanistik – eine deutsche Wissenschaft. 1967. Pollak W., Die sprachliche Normproblematik in linguistischer, soziologischer und didaktischer Sicht. LuD 13; 1973. Kirkness A., Zur Sprachreinigung im Deutschen 1789–1871. 1975. Ders., Das Phänomen des Purismus in der Geschichte des Deutschen. In: Besch W. u. a., Hrsg., Sprachgeschichte. 1. Halbbd. 1984.

Sprachrezeption [speech reception (speech recognition, speech perception), reception de la parole, vosprijatie reči (raspoznavanie reči, rečevosprijatie)]. Auch: Spracherkennung, Sprachwahrnehmung und Sprachverstehen als einheitlicher Prozeß, d. h. das Aufnehmen, Verarbeiten und Verstehen von Sprache bzw. sprachlichen Äußerungen. Der Hörer oder Leser hat Sprache wahrgenommen und verstanden, wenn er den Inhalt von Wortketten je nach Umständen wörtlich oder mit eigenen Worten sinngemäß wiedergeben kann (s. auch →Dekodierung).

Nach Deese (1970) findet Sprachverstehen statt, wenn der Hörer/Leser eine sprachliche oder perzeptuelle Information mit einer konzeptuellen Kategorie in Einklang bringen kann. (Der ursprüngliche Gedanke, der eine sprachliche Interpretation erzeugt hat, war selbst nicht-sprachlicher Art.) Für Fodor (Cognition 1; 1, 1972) beinhaltet S. (wie auch Sprachproduktion) die Übersetzung von der natürlichen Sprache in den im Sinne des Augustinus als weitgehend angeboren aufgefaßten inneren Kode des über verschiedene sensorische Kanäle (visuelle, auditive, haptische, sprachliche usw.) Daten empfangenden zentralen Informationsverarbeitungssystems (kybernetisches Compiler-Modell). Nach Olson (1970) beeinflussen Situation und Interesse

der Beteiligten die S. Die Perzeption einer Äußerung liefert Information über das intendierte Bezugsobjekt und über die Alternativen, von denen es unterschieden werden muß. Die perzipierte Äußerung, die verbale Instruktion, restrukturiert die Wahrnehmung.
Philipp Wegener (Untersuchungen über die Grundlagen des Sprachlebens, 1885) unterschied für das Sprachverstehen die Situation der Anschauung, die Situation der Erinnerung, die Situation des Bewußtseins (Interessen usw.), die in die allgemeine Kultursituation (herrschende Ideen, Weltanschauungen usw.) einzubetten sind. Das Verständnis sprachlicher Äußerungen richte sich nach der möglichen Beziehbarkeit von Vorstellungen aufeinander; die Verbindungs- und Beziehungsweisen müsse der Hörer erst konstruieren, da die Worte an sich dieselben nicht bezeichnen, und die richtige Konstruktion ist nur aufgrund der Kenntnis der realen Verhältnisse möglich, die wir durch Erfahrung gewonnen haben (vgl. bei Arens ²1969, S. 376–385).
Für die Erklärung des S.-Vorgangs haben mehrere Modelle Bedeutung. Nach der akustischen Theorie vergleichen wir zur Identifizierung der einzelnen Lautsegmente diese mit unseren Lautvorstellungen, um sie kettenweise auf die nächsthöhere Ebene zu überschreiben usw. – Die Information über ein Phonem ist jedoch nicht in einem Sprachlaut enthalten, sondern auf mehrere ›Segmente‹ verteilt; die Lautübergänge enthalten oft mehr Information als die stationären Elemente, die physikalischen Eigenschaften eines Phonems hängen von der phonetischen Position ab (vgl. dazu einführend Leont'ev. A. A., dt. 1974). Nach der Motortheorie der Sprachwahrnehmung wird S. bewirkt, indem sensorische Signale motorische Aktivitäten des Perzipierenden hervorrufen, d. h. daß die Parameter des Sprechstroms in seinem funktionalen Sprech-Hör-System modelliert werden. Das motorische Prinzip muß unter bestimmten Umständen als fakultativ gelten (vgl. Weigl 1964, Sokolow A. N., dt. 1967, Weigl/Bierwisch 1972); es ist prinzipiell mit einer Analyse-durch-Synthese-Konzeption vereinbar (vgl. auch →Lesen). Nach dem Modell *analysis by synthesis* (Halle/Stevens 1964, Chomsky 1964, Stevens/Halle 1967) enthält ein S.-Mechanismus mehrere Blöcke mit Regeln zur Sprachproduktion und Regeln zur Korrelierung der Erzeugungsresultate mit den Eingangssignalen. Der Hörer beginnt also mit einer Vermutung über den Input; er bildet eine Hypothese. Auf deren Grundlage erzeugt er interne Vergleichssignale, bis ein befriedigender Zustand erreicht ist.
Eine Abfolge von 7 nahezu parallel verlaufenden Schritten stellt Fry (1970, S. 51f.) zusammen:

- Der akustische Dekodiermechanismus arbeitet mit einem Komplex von *cues* der einlaufenden akustischen Information.
- Die Kenntnis phonologischer Restriktionen wird mit der akustischen Information verglichen.
- Probabilistische Hypothesen.
- Morphem-Segmentierung der Phonemkette.
- Anwendung von (wahrscheinlichen) Morphem-Restriktionen (gebundene und freie Morpheme).
- Wort-Formationen.
- Bildung von Wortsequenzen nach syntaktischen und semantischen Regeln.

S. auch →Sprachverstehen, Hörverstehen, Satzverarbeitung, Textverarbeitung; Verstehen.

Bever T. G., The integrated study of language behavior. In: Morton J., Hrsg., Biological and social factors in psycholinguistics. 1971. Friederici A. D., Repräsentation und Verarbeitung von lexikalischer und syntaktischer Information. LB 85; 1983. Fry D. B., dt. Sprachaufnahme und Wahrnehmung. In: Lyons J., Hrsg., Neue Perspektiven in der Linguistik. 1975. Lenneberg E. H., dt. Biologische Grundlagen der Sprache. 1972. Levelt W. J. M. Flores d'Arcais G. B., Hrsg., Studies in the perception of language. 1978. Miller G. A. Johnson-Laird P. N., Language and perception. 1976. Arbib M. u. a., Neural models of language processes. 1982. Groeben N. Scheele B., Produktion und Rezeption von Ironie. Pragmalinguistische Beschreibung und psycholinguistische Erklärungshypothesen. 1984.

Sprachschichtung. Die Gliederung einer Sprache in Literatursprache, Hochsprache, Standardsprache, Umgangssprache, Halbmundart, Mundart, in Gemeinsprache, Fachsprachen, Sondersprachen, in Soziolekte und Idiolekte, auch in geschriebene Sprache und gesprochene Sprache. Die einzelnen Sprachschichten zeichnen sich neben phonetisch-phonologischen Besonderheiten vor allem durch einen je spezifischen Wortschatz, aber auch durch syntaktische Charakteristika aus. In der konkret-situativen Sprachverwendung können Sprachschichten als Stilschichten bzw. funktionale Stile mit bestimmter Wortselektion und intentionaler Anwendung spezifischer Redewendungen erscheinen.

Vgl. →Literatursprache, Standardsprache, Umgangssprache, Dialekt, Fachsprachen, Sondersprachen, Soziolekt, Idiolekt, funktionale Stile.

Bichel U., Problem und Begriff der Umgangssprache in der germanistischen Forschung. 1973. Brinkmann H., Hochsprache und Mundart. WW 6, 1955. Engel U., Sprachkreise und Sprachschichten, Stilbereiche. Muttersprache 72; 1962. Henzen W., Schriftsprache und Mundarten. Ein Überblick über ihr Verhältnis und ihre Zwischenstufen im Deutschen. ^{2}1954. Hammarström G., Zur soziolektalen und dialektalen Funktion der Sprache. ZMaF 34; 1967. Moser H., Mittlere Sprachschichten als Quellen der dt. Hochsprache. Eine historisch-soziologische Betrachtung. 1955. Mundart und Hochsprache im neuzeitlichen Deutsch. DU 8; 2, 1956. Umgangssprache. ZMF 27; 1960.

Sprachsoziologie [sociology of language, sociologie du langage, sociologičeskaja lingvistika]. 1) Im Sinne von →Soziolinguistik »one of several recent approaches to the patterned co-variation of language and society« (Fishman 1968, S. 5). 2) »Ein neuer und umfassender Ansatz zur Analyse von Sprache und Gesellschaft . . ., ein integrierter, interdisziplinärer, methodenpluralistischer und Mehrebenen-Ansatz zur Untersuchung von natürlichem, in Sequenzen ablaufendem Sprachverhalten in sozialen Zusammenhängen« (Kjolseth, in Kjolseth/Sack, Hrsg., 1971, S. 21), der in allgemeinerer Weise und (wohl) stärker von der Soziologie her die Verschränkung von Sprachstruktur und Gesellschaftsstruktur angeht. Der Begriff der S. bringt dann zum Ausdruck, daß der Bereich des Sozialen umfassender ist als der des Sprachlichen und daß Soziales bzw. Sozialverhalten immer den notwendigen Kontext für Sprachliches bzw. Sprachverhalten darstellt (Fishman 1968, S. 6ff.).

Die begriffliche und inhaltlich-aspekthafte sowie u. U. auch methodologische Trennung von Soziolinguistik mit stärker linguistischem Interesse und S. mit betontem soziologischem Interesse (vgl. Große/Neubert 1970, S. 3f.) scheint u. a. Dittmar (1971) bei der angestrebten Interdisziplinarität wenig sinnvoll. Faktisch werden beide Termini für gleiche Intentionen gebraucht (vgl. auch die Bibliographien bei Kjolseth/Sack, Hrsg., 1971, S. 351ff. und bei Dittmar 1973, S. 313ff.).

Vgl. →Soziolinguistik.

Fishman J. A., The sociology of language. In: Ders., Hrsg., Readings in the sociology of language. 1968. Ders., Hrsg., Advances in the sociology of language 1/2. 1971/1972. Kjolseth R. Sack F., Hrsg., Zur Soziologie der Sprache. 1971.

Sprachspiel. Verwendungsform von Sprache; Sprechen der Sprache als Teil einer Tätigkeit oder Lebensform. Nach Wittgenstein gibt es unzählige Arten von Sätzen, d. h. unzählige Verwendungsarten von Zeichen, Worten, Sätzen bzw. Typen von Sprache oder Sprachspielen, z. B.

- Befehlen und nach Befehlen handeln,
- Beschreiben eines Gegenstandes,
- Berichten, Darstellen, eine Geschichte erfinden,
- einen Witz machen,
- Bitten, Danken, Fluchen, Grüßen, Beten (1953, 23).

In seinen Phil. U. ist Wittgenstein bemüht, Sprache im pragmatischen Kontext zu untersuchen und Bedeutung durch den jeweiligen Gebrauch bzw. Verwendungskontext zu erklären (vgl. →Gebrauchstheorie der Bedeutung), d. h., daß sprachliche Äußerungen bzw. Sprechakte im Zusammenhang von sprachlichem Verhalten und dem Handlungskontext der jeweils gegebenen Situation gesehen werden, die konstituiert wird durch die Äußerungen des Sprechers und seine nichtsprachlichen Handlungen, durch die Äußerungen des Dialogpartners und dessen außersprachliche Handlungen, durch die Umstände der Situation, von denen der Sprachgebrauch in bezug auf Wortwahl usw. abhängig ist.

Während Wittgensteins Sprachauffassung des *Tractatus* um die Abbildfunktion der Sprache und die Problematik von Sprache und Wirklichkeit sowie um den Strukturbegriff kreiste, erscheint in den *Philosophischen Untersuchungen* Sprache selbst als das zuerst Gegebene bzw. als Konstitutionssystem von Welt und als Ausdruck originärer Lebensform (Wuchterl, 1969, S. 110). Sprache wird nicht mehr als ideales und kalkülisierbares Zeichensystem, sondern als Alltagssprache mit einer Vielfalt von Funktionen gesehen. Der operationistische und zugleich formalistische Spielgedanke soll das Bedeutungsproblem einer Klärung näher bringen: Bedeutung erlangt ein Zeichen nicht durch das Sprechen begleitende (geheimnisvolle) mentale Akte des Bewußtseins, sondern durch seine Verwendung im Gesamtzusammenhang eines S. Dabei sind die Akte des Sprechens und des Denkens als identische Tätigkeiten aufzufassen, und als konstitutiv für die Bedeutung eines Ausdrucks erweist sich die allgemeine Sprachsituation. Ein S. wird durch die *Regelhaftigkeit* des Gebrauchs oder die *Grammatik* der Wörter möglich. Nach Wittgenstein ist es unnötig und zugleich irreführend, hinter der Sprache einen geistigen Mechanismus anzunehmen, da das in einem S. gesprochene Wort seine Bedeutung im regelhaften Gebrauch erhält; auch das Verstehen wird sprachlich realisiert und nicht innerlich (als Tätigkeit des Geistes) vollzogen.

Im ganzen erscheint Wittgensteins Begriff des S. 1) als primitives Sprachmodell und Modell des Spracherwerbs bzw. des sprachlichen Trainings, 2) als sprachliche Tätigkeit im praktischen Funktionszusammenhang und 3) als Gesamtheit der sprachlichen Tätigkeiten, die Lebensform und Welt konstituieren (Wuchterl, 1969).

Braunroth M. u. a., Ansätze und Aufgaben der linguistischen Pragmatik. 1975. Stegmüller W., Hauptströmungen der Gegenwartsphilosophie. [6]1976. Terricabras J.-M., L. Wittgenstein. Kommentar und Interpretation. 1978. Wittgenstein L., Philosophische Untersuchungen. In: Schriften, Bd. 1, 1960. Das Blaue Buch. Schriften, Bd. 5, 1970. Wuchterl K., Struktur und Sprachspiel bei Wittgenstein. 1969. Zabeeh F., On language games and forms of life. In: Klemke E. D., Hrsg., Essays on Wittgenstein. 1971.

Sprachstadium →Sprachzustand

Sprachstandsanalyse. Analyse des Sprachkönnens, des erreichten sprachlichen Entwicklungsstandes; die Gesamtheit diagnostischer Verfahren zur Feststellung und Einschätzung sprachlicher Leistungen (vgl. →Sprachtest); die Analyse der verschiedenen individuellen Sprachleistungen als Grundlage für gezielte Sprachförderung bzw. sinnvolle Kompetenzerweiterung. Kritisch dazu im Hinblick auf die jeweilige Situation, die vorgegebenen schulischen Gebrauchsnormen, evtl. nicht berücksichtigte gruppenspezifische Merkmale, auf die Eigenart gesprochener gegenüber geschriebener Sprache vgl. bei B. Weisgerber (1974, S. 119ff.). S. →Sprachtest, empirische Sprachdidaktik.

Messelken H., Empirische Sprachdidaktik. 1971. Weisgerber B., Theorie der Sprachdidaktik. 1974. Stötzel G., Zum Problem des Erlernens von Bedeutungen. LuD 19; 1974. Ingenkamp K., Pädagogische Diagnostik. 1975. Kasielke E., Zur Diagnose des sprachlichen Entwicklungsstandes bei Vorschulkindern. Zs. f. Psych. 1/2. 1967. Klauer K. J., Hrsg., Handbuch der Pädagogischen Diagnostik. Bde. 1–4. 1978. Tewes U. Thurner F., Testbatterie grammatische Kompetenz. 1977.

Sprachstatistik. Die quantitative/wahrscheinlichkeitsstatistische Erforschung der Sprache, relative Frequenzberechnungen, Häufigkeitspyramiden des Wortschatzes.
Vgl. →Häufigkeitswörterbuch, TTR-Wert, Markov-Prozeß, mathematische Linguistik.

Arens H., Verborgene Ordnung. Die Beziehungen zwischen Satzlänge und Wortlänge in dt. Erzählprosa vom Barock bis heute. 1965. Billermeier G. Krallmann D., Bibliographie zur statistischen Linguistik. 1969. Ellegard A., A stat. method for determining authorship. 1962. Guiraud P., Les caractères statistiques du vocabulaire. 1959. Bibliographie critique de la statistique linguistique. 1954. Problèmes et méthodes de la statistique linguistique. 1959. Hartmann R., Bedeutung und Entwicklung der Häufigkeitsforschung. BSI 4, 1964. Heger K., Zu den Methoden und Möglichkeiten einer quantitativen Linguistik. ZRPh 80; 1964. Meier H., Dt. Sprachstatistik. ²1967. Mihm A., Sprachstatistische Kriterien zur Tauglichkeit von Lesebüchern. LuD 14; 1973. Müller Ch., Initiation à la statistique linguistique. 1968. Ulvestad B., dt. Statistik und Sprachbeschreibung. In: Moser H., Hrsg., Das Ringen um eine neue dt. Grammatik. ²1969.

Sprachstörungen [disorders of language]. Störungen der Sprachproduktion und/oder der Sprachrezeption bzw. der Sprachwahrnehmung. Für Hofstätter (Psychologie, 1975, S. 294) ergibt sich aus dem Schema der Kommunikation eine Einteilung der S. in *Störungen peripherer Natur* (Artikulationsstörungen, Dysarthrie, Anarthrie; Störung der sensorischen Zeichenauffassung) und *Störungen zentraler Natur* (gestörte Kodierung – motorische Aphasie; gestörte Dekodierung – sensorische Aphasie). Fellmann (1973) klassifiziert nach *Störungen des Sprechens* (Dyslalien – anatomisch bedingten Störungen der Sprechorgane; neuronal bedingte Dysarthrien – Störungen der innervatorischen Steuerung der Artikulation (neurale, bulbäre, extrapyramidale, zerebelläre oder ataktische, kortikale)), *Störungen der Sprache* (aphasische Störungen, u. zw. motorische, sensorische und amnestische), *Störungen bei hirnorganischem Abbau* (allgemeiner Verfall der intellektuellen und sprachlichen Leistungsfähigkeit) und *psychotisch bedingten Störungen.*

Eine stark ausdifferenzierte Systematisierung der S. bieten Heese/Wegener, Hrsg., Bd. 3, 1967, Sp. 3396ff. im Anschluß an Kainz, Jussen und Heese. Sie unterscheiden *Sprachstörungen* (Störungen des Sprachaufbaus und des Sprachvermögens sowie Sprachverlust: expressive, rezeptive, amnestische, semantisch-dysphatische Aphasie), *Redestörungen* (Störungen des geordneten Redeflusses), *Sprechstörungen* (Störungen in der Verwirklichung lautlicher Sprechnormen), *Stimmstörungen* (Aphonie und Dysphonie).

Knura (1974) systematisiert vom Standpunkt der Sprachheilpädagogik nach 1) *Störungen* der Sprachentwicklung durch Verursachung im sozial-kommunikativen, im impressiven, expressiven, zentralen Bereich (Sprachproduktion und Sprechrezeption, Sprachwahrnehmung, Sprachverarbeitung): funktionelles oder organisches Stammeln, Dysgrammatismus, Legasthenie bzw. Lese-Rechtschreib-Schwäche. 2) *Früh- und späterworbene Störungen der Sprache:* verbale auditive Agnosie (Verhinderung des Sprachverstehens), verbale visuelle Agnosie (Beeinträchtigung der →Sprachwahrnehmung (Spracherkennung und Sprachverarbeitung)), verbale Apraxie (Störungen beim Speichern und Produzieren von Sprachbewegungsmustern bei normalem Sinnverständnis), motorische und sensorische Aphasie, Dysphasie; expressive Sprachstörungen (Dysarthrien – Störungen des Sprechens durch Beeinträchtigungen der zerebralen Zentren und des Innervationsapparats, Dysglossien – Artikulationsstörungen bei organischen Veränderungen der äußeren Sprechorgane), Stimmstörungen, reaktive Störungen bzw. Sprachneurosen (Stottern, Poltern), psychoneurotische und psychopathische Kommunikationsstörungen.

Nach Führing u. a. lassen sich zusammenfassen als *motorische Störungen* partielles, multiples und universelles Stammeln (Fehlen von Lauten oder Ersatz von Lauten durch falsche bzw. ungebräuchliche Bildungen), Stottern (Unterbrechung des Redeflusses durch Fehlkoordination der Atmungs-, Stimm- und Artikulationsmuskulatur), Poltern

(Überhasten des Sprechens, Koordinationsstörung von Denk- und Sprechabläufen) mit Lautvertauschung, Lautwiederholung, Lautvorwegnahme, Wortzusammenziehung (z. B. Die Soldaten musizierten die Straße). Als *kommunikative Kontaktstörungen* erscheinen Agrammatismus (Unvermögen, einem richtig konzipierten Sachverhalt die übliche grammatische Form zu geben – ein Syndrom aus grammatischen, syntaktischen und semantischen Fehlleistungen), verzögerte Sprachentwicklung im lautlichen Bereich (Fehlen oder ungenügende Beherrschung der Lautgruppen k, g (auch deren Ersatz durch t, d), s, z, sch, palatales ch [ç], r, pl, bl, kl, spr usw.), im lexikalischen Bereich sowie der sog. Autismus (soziale Isolierung, Desinteresse an der Umgebung).

In unkonventioneller Weise teilt Lenneberg (1967, dt. 1972) Aphasien im weiteren Sinne ein in 1) *rezeptive Störungen* (Unfähigkeit, gesprochene Sprache zu erkennen und zu verstehen mit Verschlechterung der Lesefähigkeit und oft gesteigertem Redefluß), 2) *expressive Störungen,* u. zw. a) gehemmter Redefluß, b) gesteigerter Redefluß, c) semantische Störungen, d) Wortfindungsschwierigkeiten, e) paraphasische Störungen (Erzeugung von Nonsense-Wörtern) mit Agrammatismus, f) Fixierung an Ausdrücke (Perseverationen), 3) *Störungen des Sprechvorgangs,* u. zw. a) Irrtümer in der Ordnung (Lautverwechslung, Morphemverwechslung, Wortverwechslung, Antizipation von Phrasen), b) Dysarthrien (Behinderungen der Artikulation), c) Diskoordinationen im artikulatorischen Apparat, d) Dysphonien, 4) *Alexie* (Störung bzw. Verlust der Lesefähigkeit), *Agraphie* (Störung bzw. Verlust der Schreibfähigkeit).

Nach Lenneberg läßt sich bei allen Formen der Aphasie feststellen,

> daß der Patient die Sprache nicht wirklich ›verloren‹ hat; d. h. er ist nicht auf eine Stufe ohne Sprache zurückgefallen ... Gewöhnlich können wir nachweisen, daß ein Aphasiker noch manche Sätze versteht, manche Wörter wiedererkennt oder im Grunde weiß, wie Sprache funktioniert ... Im buchstäblichen Sinne sind die Sprachfertigkeiten des Patienten bloß überlagert (S. 253).

Der Patient suche nicht, bestimmte lexikalische oder grammatische Lücken zu schließen; es zeige sich eindeutig, »daß bestimmte grundlegende physiologische Prozesse, die mit der Aktivierung, Kontrolle oder Erzeugung der Sprache zusammenhängen, gestört sind« (S. 253f.). Das Wesen der Sprache erschließe sich nicht der Untersuchung isolierter physikalisch-anatomischer Details. Die Möglichkeit der transkortikalen Integration, die von Reifung abhängende funktionelle Lokalisation, die bisher bekannten Tatsachen von der Rolle der Assoziationszentren lassen es nicht zu, die Entstehung der Sprache als

artspezifischen Faseraufbau oder als Folge topographischer Beziehungen zu erklären. Die Dimension der Sprachstruktur scheint eine Dimension (hierarchischer) zeitlicher Steuerung zu sein (S. 267f.); vgl. →Sprachproduktion. Die meisten aphasischen Symptome können als Störung der zeitlichen Integration aufgefaßt werden. Prozesse der Spracherzeugung sind nicht regional begrenzt; sie scheinen »auf subkortikalen, hoch zentralisierten Integrationsmechanismen und zum Teil auf der Interaktion von Aktivitäten in den rostralen Ebenen« zu basieren (S. 273).
Weigl und Bierwisch (1972) meinen, »daß die Aphasie in einer Störung verschiedener Komponenten des Systems von Performanzleistungen besteht« (in Eichler/Hofer, Hrsg., 1974, S. 442). Wenn totale Aphasie in eine Phase partieller Intaktheit verschiedener Sprachfunktionen übergehe, könne »mindestens in diesen Fällen . . . die zugrunde liegende Kompetenz nicht ausgelöscht gewesen sein«. Ältere Arbeiten vermittelten den Eindruck, Aphasie beruhe auf partiellem Verlust der linguistischen Kompetenz, d. h. auf einer Reduktion der Langzeitspeicherung der Sprache. Man müsse diese jedoch eher als eine Störung des Zugangs zur Kompetenz auffassen, nicht als einen Verlust der Kompetenz selbst. S. auch →Aphasie, Kompetenz.

Allhoff D., Hrsg., Mündliche Kommunikation. Störungen und Therapie. 1983. Atzesberger M., Sprachaufbau, Sprachbehinderungen, pädagogische Hilfen. 1978. Böhme G., Therapie der Sprach-, Sprech- und Stimmstörungen. 1980. Fellmann A., Sprachabbau. In: Lexikon der Germ. Linguistik. 1973. [2]1980. Franke U., Logopädisches Handlexikon. 1978. Führing M. Lettmayer O., Die Sprachfehler des Kindes und ihre Beseitigung. [7]1978. Grohnfeldt M., Störungen der Sprachentwicklung. 1982. Gundermann H., Die Behandlung der gestörten Sprechstimme. 1977. Heese/Wegener, Hrsg., Enzyklopädisches Wörterbuch der Sonderpädagogik. 1.–3. 1967. Knura G. Neumann B., Pädagogik der Sprachbehinderten. 1980. Lenneberg E. H., dt. Biologische Grundlagen der Sprache. 1972. Luchsinger R. Arnold G., Handbuch der Stimm- und Sprachheilkunde. 1/2. [3]1970. Wirth G., Stimmstörungen. 1979.

Sprachstruktur [language structure, structure de la langue, struktura jazyka]. 1) Der grammatische Bau einer Sprache oder der Sprachbau. 2) Ein allgemein anerkanntes (wissenschaftslogisches) Konstrukt, das es ermöglicht, über die linguistische Beschreibung der unmittelbar zu beobachtenden sprachlichen Fakten hinauszugehen und die der Beobachtung nicht unmittelbar zugänglichen (Tiefen)Beziehungen zu erforschen und aufzuweisen. Nach Hjelmslev ist die S. das Netz innerer Abhängigkeiten und Beziehungen, die das Wesen der Sprache kennzeichnen. Saussure hatte erklärt, die Sprachwissenschaft wirke auf dem Grenzgebiet, wo Elemente von zweierlei Natur sich verbinden; diese Verbindung schafft eine Form, keine Substanz ([2]1967, S. 134).

Dabei ist die Gegenüberstellung (→Opposition) alles. In der Sprache gibt es keine einfachen Einheiten; jede entsteht durch »ein Ineinandergreifen von Beziehungen«; Sprache ist »eine Algebra, die nur komplexe Termini enthält«; überall herrscht in ihr das »beziehungsreiche Gleichgewicht von Gliedern, die sich gegenseitig bedingen« (S. 146).
Bei Šaumjan (dt. 1971, S. 42f.) ist S.

das Netz der sprachlichen Beziehungen, die sich auf die Dynamik der Synchronie beziehen.

Der Begriff der S. zielt auf die dynamischen Tiefenbeziehungen in der Sprache; die Quasi-Struktur der Sprache ist dagegen das Netz von Beziehungen, die sich auf die Statik der →Synchronie beziehen.
Vgl. →Struktur, Strukturalismus, Ebene der Sprachstruktur; Sprachsystem.

Greenberg J. H., Structure and function in language. In: Ders., Essays in linguistics. 1975. Hartmann P., Begriff und Vorkommen von Struktur in der Sprache. 1964 (Festschr. J. Trier). Hjelmslev L., Die morphologische Struktur. Ders., Die strukturale Analyse der Sprache. In: Ders., Aufsätze zur Sprachwissenschaft. 1974 (hrsg. von E. Barth). Kolšanskij G. V., Kommunikative Funktion und Struktur der Sprache. 1985. Šaumjan S., dt. Strukturale Linguistik. 1971.

Sprachsystem [language system, système de la langue, jazykovaja sistema]. Der komplexe Funktionszusammenhang sprachlicher Elemente verschiedener Ebenen; Sprache als irgendwie geordnetes (strukturiertes) Ganzes, das aus sich selbst zu erklären ist. Nach Saussure erzeugen Lautverschiedenheiten, die mit unterschiedlichen Vorstellungen verbunden sind, ein System von sprachlichen →Werten bzw. das S. Die Sprache ist ein System, das nur seine Ordnung zuläßt,

ein System von bloßen Werten, das von nichts anderem als dem augenblicklichen Zustand seiner Glieder bestimmt wird . . . (S. 15), dessen Teile in ihrer synchronischen Wechselbeziehung betrachtet werden können und müssen (S. 103).

Allgemein wird das Verdienst Saussures, nach der atomistischen Einstellung der →Junggrammatiker bzw. der bloßen Listung sprachlicher Erscheinungen ohne Aufweis ihrer Wechselbeziehungen den Systemgedanken in die Sprachbetrachtung eingeführt zu haben, hervorgehoben. U. a. hat jedoch Reid (1959) auf die ständige Entwicklung der Sprache hingewiesen und die Frage gestellt, ob Sprache in irgendeinem Augenblick je ein einziges System sei. Eine Sprache sei immer nur

auf dem Wege zum System (vgl. bei Arens [2]1969, S. 734). Nach Hokkett (1967) führt die Auffassung von der Systemhaftigkeit der Sprache dazu, daß ihre wichtigsten Eigenschaften nicht erfaßt werden. Isačenko vertritt die Ansicht, daß noch niemand ohne Vergewaltigung der sprachlichen Tatsachen »das System einer konkreten Sprache oder gar das System der Sprache *ad oculos* demonstriert« habe. Methodologisch könne das S. Endpunkt oder Ziel, nicht jedoch Ausgangspunkt oder Axiom der Sprachwissenschaft sein (1956, S. 328). Nach Gipper (1969) stellt Sprache ein Miteinander verschiedener Subsysteme dar (phonologisches, morphologisches, syntaktisches S.), »ein mit historischen Zufälligkeiten belastetes Regelgefüge, das durch Offenheit und Modifizierbarkeit gekennzeichnet ist« (S. 273). S. sind eher dynamisch-selbstregulierende bzw. selbstorganisierende Systeme im kybernetischen Sinne.
Sprache als offenes, d. h. mit seiner sozialen Umgebung in ständigem Austausch befindliches System zeigt diese Offenheit vor allem im Wortschatz, der empfindlich auf alle Veränderungen in Politik, Kultur, Wirtschaft, Technik usw. reagiert. Aus soziolinguistischer Sicht ist das S. nicht homogen, denn innerhalb einer *Sprachgemeinschaft* existieren Varietäten oder Subsysteme (s. auch →Sprachvariation).
Vgl. →System, Struktur; langue, langue und parole.

Admoni W., Variationsmöglichkeiten des grammatischen Systems. In: Koller E. Moser H., Hrsg., Studien zur dt. Grammatik. 1985 (Festschr. J. Erben). Arens H., Sprachwissenschaft. [2]1969. Bierwisch M., Struktur und Funktion von Varianten im Sprachsystem. In: Motsch W., Hrsg., Kontexte der Grammatiktheorie. 1978 (Studia Grammatica XXII). Bondarko A. V., Opyt lingvističeskoj interpretacii sootnošenija sistemy i sredy. VJa 1, 1985. Coseriu E., Synchronie, Diachronie und Geschichte. 1974. Erben J., Sprachgeschichte als Systemgeschichte. In: Sprachwandel und Sprachgeschichtsschreibung im Dt. 1977 (Sprache der Geg., Bd. 41). Isačenko A. V., Hat sich die Phonologie überlebt? ZfPh 9; 1956. Quasthoff U., Was ist Sprachsystem? Sprachtheoretische Überlegungen zum Verhältnis von Sprache und Sprechen. In: Dies., Hrsg., Sprachstruktur und Sozialstruktur. 1978. Solncev V. M., Jazyk kak sistemno-strukturnoe obrazovanie. [2]1978. Harnisch R. M. Farmer A. K., Pragmatics and the modularity of the linguistic system. Lingua 63; 1984.

Sprachtabu →Tabuwort

Sprachteilhaber →natürlicher Sprecher, Informant

Sprachtest. Verfahren zur Untersuchung und zur quantifizierbaren Beschreibung einer spezifischen oder mehrerer verschiedener abgrenzbarer sprachlicher Leistungen, das über die Diagnose- und Kon-

trollmöglichkeiten traditioneller Aufgabenstellungen (Aufsatz, Diktat, Übersetzung usw.) hinausgeht. S. können *diagnostisch* oder *prognostisch* sein; sie beziehen sich auf ein definiertes Untersuchungsziel (Lernziel) und sollen (als standardisierte Tests voll, als informelle zum Teil) den Kriterien der *Objektivität* (Beurteilungsobjektivität, Durchführungsobj., Auswertungsobj., Interpretationsobj.), *Validität* (Gültigkeit durch wirkliche Erfassung des zu messenden Bereichs) und *Reliabilität* (Zuverlässigkeit, Konsistenz, Wiederholbarkeit) genügen. S. sollen auch *normierbar, ökonomisch* und *vergleichbar* sein.
Stärker als bei anderen Tests muß die Situation standardisiert sein, aber auch die Tatsache berücksichtigt werden, daß Sprachverhalten in besonderem Maße situativ gesteuert ist. Der Adressat beeinflußt immer die sprachliche Leistung; Kinder bilden, wenn sie mit Erwachsenen sprechen, entweder relativ längere Sätze oder reagieren betont einsilbig (vgl. die Untersuchungen von Labov im Rahmen der →Soziolinguistik). Das sprachliche Gesamtniveau läßt sich nur mit Testbatterien ermitteln (z. B. Descoeudres [1921] mit 9 Subtests und insgesamt 103 Aufgaben; Williams [1937] mit Artikulation, Wortgebrauch, Satzlänge, Satzvollständigkeit, Satzkomplexität, $Wortschatz_1$, $Wortschatz_2$). Einen modernen Imitations-, Verständnis- und Produktionstest legen Fraser u. a. (1963) vor. Sehr früh schon reflektierten S. die bedeutend höheren sprachlichen Leistungen von Kindern aus ökonomisch besser gestellten und bildungsintensiveren Familien (vgl. Descoeudres 1921).
Vgl. →Sprachstandsanalyse, empirische Sprachdidaktik.

Anger H. u. a., Verständiges Lesen. 1965. Brickenkamp R., Handbuch psychologischer und pädagogischer Tests. 1975. Davies A., Hrsg., Language testing symposium. A psycholinguistic approach. 1968. Descoeudres A., Le développement de l'enfant de deux à sept ans. 1921. Eichler W., Sprach- und Verhaltensdiagnostik für Lehrer. 1977. Gaude P. Teschner W., Objektivierte Leistungsmessung in der Schule. 1970. Hetzer H. Reindorf B., Sprachentwicklung und soziales Milieu. Zs f. angew. Psych. 29; 1927. Ingenkamp K., Pädagogische Diagnostik. 1975. Klauer K. J., Hrsg., Handbuch der päd. Diagnostik. Bd. 2. 1978. Pynsent R. B., Objektive Tests im Englischunterricht der Schule und Universität. 1972. Samtleben E. u. a., Leseverständnistest. 1969. Schoppe K. J., Verbaler Kreativitätstest. Handanweisung. 1975. Schröter H., Leistungsmessung und Schülerbeurteilung. 1974. Valette R., Tests im Fremdsprachenunterricht. 1971. Bolton S., Die Gütebestimmung kommunikativer Tests. 1984.

Sprachtheorie [theory of language/linguistic theory, théorie du langage/théorie linguistique, teorija jazyka]. (Bei aller Verschiedenheit der Ansichten und Ansätze) eine über die →Grammatiktheorie nicht

nur additiv hinausgehende Theoriebildung, die allgemeine anthropologische, soziologische, psychologische, sprachverwendungs- und handlungsorientierte, synchrone und diachrone sowie allgemeine wissenschaftstheoretische Komponenten zu integrieren hat. Für Agricola u. a. (1970) bildet die Grammatiktheorie nur ein wesentliches Teilstück einer S., zu der gehören müssen ein Modell der Sprachentwicklung, eine Theorie der Spracherlernung und des Verständigungsaktes sowie eine Theorie der Beziehung von Sprache und Gesellschaft. Für eine solche (umfassende) S. fehlen zur Zeit jedoch wesentliche soziologische und psychologische Erkenntnisse. Bei Katz (dt. 1970) ist S. a) die Theorie über das Wesen von Sprachbeschreibungen bzw. ein Modell der Sprachbeschreibungsmodelle, b) eine Formulierung der Universalien in der Sprache bzw. eine Spezifizierung der invarianten Charakteristika natürlicher Sprachen. Nach Lieb (1970) ist die S. Teil der →Semiotik und zugleich allgemein-theoretische Komponente der Sprachwissenschaft, die kommunikationstheoretischer Fundierung bedarf. Aus soziolinguistischer und pragmalinguistischer Sicht ist Sprache als sprachlich-soziales Handeln an eine allgemeine Handlungs- bzw. Verhaltenstheorie zu binden. In neueren Diskussionen wird eine sowohl handlungstheoretisch und verstehenstheoretisch fundierte als auch wissenschaftstheoretisch reflektierte S. gefordert, die die weite Sphäre des aktuellen Sprachgebrauchs zu erfassen gestattet; abgelehnt wird die Reduktion der S. auf methodologische Rechtfertigung von Teiltheorien oder auf die Angabe eines zur Analyse von Sprache brauchbaren Instrumentariums (vgl. Freundlich, 1970).
Die Analyse des Begriffs ›S.‹ einerseits und die Durchsicht der angebotenen Hypothesen und Konstruktionen andererseits zeigt, daß es sich meist um Teiltheorien (Phonologie/Phonetik, Morphologie/Wortbildung, Syntax, Semantik, Text*theorie*) oder aspekthaft ansetzende Theorien (Strukturalismus, Valenz- oder Dependenztheorie, generative Grammatiken, Montague-Grammatik, ethnologische und kulturanthropologische Ansätze, soziolinguistische Hypothesen und Programme, psycholinguistische Modellbildungen, Spracherwerbstheorien usw.) handelt, die bis zu einem gewissen Grade strengeren Ansprüchen explizit oder implizit genügen; nicht selten bleibt es beim Theorie*anspruch*. Die Ausschnitthaftigkeit und Vorläufigkeit von als S. verstandenen linguistischen Teiltheorien wird durchaus bewußt; der Verpflichtung zu weitergehender Theoriebildung entgeht man jedoch mit Hilfe von Hinweisen etwa der Art, daß das Erarbeitete als Teil einer kognitiven Psychologie zu verstehen oder als in eine umfassendere Zeichentheorie bzw. Kommunikationstheorie eingebettet zu denken

sei. Manches sprachtheoretisch noch nicht Greifbare scheint im Bereich logischer oder soziologischer Handlungstheorien einer angemessenen Behandlung und Klärung zuführbar. Nicht wenige meinen sich durch die Annahme und die methodische Umsetzung bestimmter (sprach)philosophischer Vorgaben auch sprachtheoretisch legitimiert; Wittgensteins Sprachspielkonzeption und die Methode der sprachanalytischen Philosophie sind in dieser Hinsicht besonders wirksam geworden (vgl. →Sprachspiel, sprachanalytische Philosophie).
Heintel (1972) analysiert, daß in der sprachphilosophischen Literatur der Begriff ›S.‹ 1) für den Gesamtbereich der Beschäftigung mit Sprache gebraucht wird und in diesem Sinne alle einzelwissenschaftliche und philosophische Beschäftigung mit Sprache einschließt, 2) für Bemühungen steht, die sich von der Philosophie distanzieren und beanspruchen, allgemeinste Grundlagen der Sprachwissenschaft sowie einen allgemeinen und für die Einzelwissenschaften brauchbaren Begriff von Sprache angeben zu können, 3) für je spezielle Zusammenhänge in einem eigens definierten Sinn verwendet werden kann (S. 101).
W. Oesterreicher (1975) unterscheidet mehrere Verwendungstypen des Begriffs ›S.‹. ›Sprachtheorie‹ erscheint

- als grundlegender Bezugspunkt für an der Sprache philosophierende Richtungen (z. B. die S. Humboldts, die Theorie der Sprache bei Wittgenstein);
- als Sprachkonzeption der großen philosophischen Denkweisen (idealistische, behavioristische, pragmatistische, marxistische S.);
- als theoretisch-methodologische Ansätze von Sprachauffassungen bei bestimmten Autoren oder in bestimmten Einzelwissenschaften (die S. Freuds, F. de Saussures, N. Chomskys, psychoanalytische, strukturelle, transformationelle S.);
- als Sprachauffassung, die für bestimmte Beschreibungsverfahren vorauszusetzen ist;
- als Bezeichnung für bestimmte methodische Verfahren und beschreibungstheoretische Angaben;
- als Forschungsintention, die das Wesen und die Struktur der Sprache, die essentiellen Züge ihrer Organisation und ihre mannigfaltigen Leistungen erarbeitet (bzw. zu erarbeiten hätte) und damit für die philosophische Anthropologie und die Gesellschaftstheorie, die Phänomenologie usw. im Hinblick auf bewußtseinstheoretische und handlungstheoretische Probleme bedeutsam wird.

Oesterreicher setzt sich für die von Lieb (1970) vorgeschlagene Unterscheidung von *Theorie der Sprachwissenschaft* (Theorie der Spracherforschung bzw. Methodologie der Sprachwissenschaft und Theorie der Sprachbeschreibung) und *Theorie der Sprache* bzw. *Sprachtheorie* ein. Eine (regulative) Theorie der Sprache macht Angaben über

Eigenschaften und Merkmale der Sprache, äußert sich zu Natur und Wesen der Sprache, expliziert einen (bzw. *den*) Begriff von Sprache. Sie zielt auf das Wesentliche der Sprache schlechthin, orientiert sich an einer philosophischen Konstitutionsanalyse der Sprache, bringt die verschiedenen Dimensionen der Sprache zur Darstellung und gibt eine die Esoterik der Sprachphilosophie überwindende Gegenstandsbestimmung der Sprache, indem sie die unterschiedlichen Bestimmungen der Sprache in einen einheitlichen, aber dialektisch-spannungsreichen Begriff von Sprache faßt. Zur Charakteristik eines solchen Sprachbegriffs wären als Gesichtspunkte anzusetzen: Sprache als Zeichensystem und soziales Phänomen, als Wissensform und Instrument der Mitteilung, als schöpferische Tätigkeit und sinnlich-geistiges Phänomen; zu berücksichtigen seien die Linearität und Systematizität, die Materialität und Bedeutungshaftigkeit, die Bewußtseinshaftigkeit, der Handlungscharakter und die Varietät der Sprache.
Den unausschöpflichen Reichtum der Sprache an mannigfaltigen Werten und Aspekten, ihre Untrennbarkeit vom Menschen und seinem Tun, Denken, Fühlen, Streben und Wollen und ihre Funktion als Voraussetzung für jede menschliche Gesellschaft betonte L. Hjelmslev (1943, engl. ²1961, dt. 1974). Bislang jedoch sei Sprache immer nur Mittel, nicht Gegenstand der Erkenntnis gewesen. Um eine Linguistik aufzubauen, dürfe man Sprache nicht als Konglomerat von außersprachlichen Phänomenen auffassen, sondern als »ein in sich ruhendes Ganzheitsgebilde, eine Struktur sui generis« (S. 9). Voraussetzung einer solchen Wissenschaft von der Sprache sei eine Sprachtheorie, die nicht mit Sprachphilosophie verwechselt werden dürfe, die herrschender Forschungspraxis philosophische Begründung verleiht und als sprachphilosophische Betrachtung meist subjektive Spekulation bleibt.
Eine formale S. muß eine Konstanz suchen, die nicht in einer außersprachlichen Wirklichkeit liegt, sondern »eine Konstanz, die die Sprache zur Sprache macht« (S. 12). Eine Theorie soll auf keinen anderen Voraussetzungen aufbauen als auf die vom Gegenstand notwendig geforderten; sie muß zu Resultaten führen, die mit den Erfahrungsdaten übereinstimmen. Auf diese Weise erscheint Theorie mit Methodologie und Empirie konfrontiert:

> Die Beschreibung soll widerspruchsfrei, erschöpfend und so einfach wie möglich sein. Die Forderung nach Widerspruchsfreiheit ist der Forderung nach erschöpfender Beschreibung übergeordnet. Die Forderung nach erschöpfender Beschreibung ist der Forderung nach Einfachheit übergeordnet (dt. 1974, S. 15).

Ausgangspunkt für eine S. ist die natürliche Umgangssprache. Indem die S. zunächst alle sprachtranszendenten Gesichtspunkte vermeidet und die Konstanz, das System und die interne Struktur der Sprache sucht, grenzt sie ihren Gegenstandsbereich auf Kosten von Nuance und konkreter Wirklichkeit ein; die Eingrenzung erweist sich jedoch als gerechtfertigt, »wenn sie später eine vollständige und widerspruchsfreie Erweiterung der Perspektive durch eine Projektion der entdeckten Struktur auf benachbarte Phänomene erlaubt« (S. 25). In einem höheren Sinne als in der bisherigen Sprachwissenschaft erlange die Sprache so eine Schlüsselposition in der Erkenntnis. Die S. erkennt nicht nur das Sprachsystem in seinem Bau und seinem Gebrauch, »sondern auch den Menschen und die menschliche Gesellschaft hinter der Sprache und den gesamten Bereich der menschlichen Erkenntnis durch die Sprache« (S. 122).

Vgl. →Sprachphilosophie, Sprache; generative Transformationsgrammatik, Adäquatheitsebenen.

Andresen H., Der Erklärungsgehalt linguistischer Theorien. 1974. Apel K.-O., Noam Chomskys Sprachtheorie und die Philosophie der Gegenwart. Eine wissenschaftstheoretische Fallstudie. In: Gerhardt M., Hrsg., Linguistik und Sprachphilosophie. 1974. Aschenberg H., Phänomenologische Philosophie und Sprache. Grundzüge der Sprachtheorien von Husserl, Pos und Merleau-Ponty. 1977. Barth E., Zur Sprachtheorie von Louis Hjelmslev. In: Hjelmslev L., Aufsätze zur Sprachwissenschaft (hrsg. von E. Barth). 1974. Bartsch R. Vennemann Th., Grundzüge der Sprachtheorie. 1982. Bense E., Die Beurteilung linguistischer Theorien. 1978. Bierbach Chr., Sprache als ›fait social‹. Die linguistische Theorie F. de Saussures und ihr Verhältnis zu den positiven Sozialwissenschaften. 1978. Bühler K., Sprachtheorie. ²1965. Finke P., Grundlagen einer linguistischen Theorie. 1979. Freundlich R., Sprachtheorie. 1970. Heintel E., Einführung in die Sprachphilosophie. 1972. Hjelmslev L., Prolegomena zu einer Sprachtheorie. 1974. Katz J. J., Philosophie der Sprache. 1970. Lieb H.-H., Sprachstadium und Sprachsystem. Umrisse einer Sprachtheorie. 1970. Oesterreicher W., Sprachtheorie. Zur Problematik der Verwendung eines Terminus. In: Schlieben-Lange B., Hrsg., Sprachtheorie. 1975. Itkonen E., Causality in linguistic theory. 1984. Newmeyer F. J. Linguistic theory in America. 1980. Kürschner W. Vogt R., Hrsg., Sprachtheorie, Pragmatik, Interdisziplinäres. Akten . . . Bd. 2. 1985.

Sprachtypologie. Klassifikation der natürlichen Sprachen aufgrund bestimmter Merkmale (die also davon abhängt, welche Züge der Struktur man zu den entscheidenden macht – Hjelmslev, dt. 1968, S. 107), z. B. aufgrund der Struktur des Wortes, nach der sich der →isolierende, agglutinierende, flektierende und polysynthetische Sprachbau feststellen ließ (Schlegel, v. Humboldt); »die Bestimmung allgemeiner linguistischer Kategorien als Basis für die Klassifizierung von Sprachen nach Typen unabhängig von ihrer historischen Entste-

hung« (Dressler 1973, S. 470). Nach Revzin (1967) befaßt die strukturelle S. sich mit der Untersuchung metasprachlicher Modelle, und ihre Hauptmethode ist die Modellierung. Als Ziele einer allgemeinen S. betrachten Altmann/Lehfeldt (1973) den Aufbau eines Ordnungssystems für die natürlichen Sprachen aufgrund ihrer globalen Ähnlichkeit und die Aufdeckung des Konstruktionsmechanismus der Sprachen, d. h. den Aufbau eines Beziehungssystems oder Netzes, an dem man die offensichtlichen, aber auch die latenten Mechanismen der jeweiligen Sprache ablesen kann (S. 15).
Unter historischem Aspekt lassen sich unterscheiden

- die morphologische Typologie (Schlegel, v. Humboldt);
- die acht Haupttypen des Sprachbaus von Finck (1910) nach den Prinzipien Wortaufbau und Satzbildung: *isolierende* (wurzelisolierend – Chinesisch, stammisolierend – Samoanisch), *kombinierende* (anreihend – Subiya, agglutinierend/subordinierend – Türkisch, einverleibend/inkorporierend – Grönländisch), *flektierende* (stammflektierend – Griechisch, wurzelflektierend – Arabisch, gruppenflektierend – Georgisch);
- das typologische Schema von E. Sapir mit den Kriterien *fundamentaler Typ, bevorzugte Technik* und *Synthesegrad.* Sapir nennt vier Gruppen von Begriffen, die mit grammatischen Mitteln zum Ausdruck gelangen (grundlegende, abgeleitete, konkrete relationale, abstrakte relationale). Aus ihnen erhält er vier Grundtypen des Sprachbaus, die nach der jeweils bevorzugten Technik weiter differenziert werden;
- quantifizierende Ansätze, z. B. Greenberg 1954/1960 mit typologischen Indices als Quotienten der Häufigkeiten und einer Klassifikationsbasis von fünf Parametern und Altmann/Lehfeldt (1973), die Prinzipien einer biologischen numerischen Taxonomie zur Anwendung bringen;
- die konstrukt-orientierte Typologie von Skalička (1966) mit Idealtypen als Bündeln von aufeinander abgestimmten Erscheinungen bzw. abstrakten Modellen, die als agglutinierende, flektierende, isolierende, polysynthetische und introflektierende auf einer typologischen Tafel als Flächen dargestellt werden;
- die Wortstellungstypologie von Greenberg aufgrund der jeweiligen Anordnung von Adjektiv und Nomen im Anschluß an Tesnière (1959) nach der Methode der induktiven Generalisierung und dem Ergebnis implikativer Universalien.

Seit der (legendären) Konferenz von Dobbs Ferry (1961) gehen S. und *Universalienforschung* ineinander über. Für beide ist die induktiv-vergleichende Methode konstitutiv. Sie lassen sich als allgemeinvergleichende Sprachwissenschaft zusammenfassen, im Gegensatz zur historisch-vergleichenden Sprachwissenschaft oder *Komparatistik* (Lehmann 1984, S. 38ff.).

Altmann G. Lehfeldt W., Allgemeine Sprachtypologie. 1973. Brettschneider G., Sprachtypologie und linguistische Universalienforschung. Studium Linguistik 8/9; 1980. Coseriu E., Über die Sprachtypologie W. v. Humboldts. In: Hösle J. Eitel W., Hrsg., Beiträge zur vgl. Literaturgeschichte. 1972. Ders.,

Kriterien für die Sprachtypologie. 1979. Dressler W., Sprachtypologie. In: Althaus H. P. u. a., Hrsg., Lexikon der Germ. Linguistik. 1973. ²1980. Finck N., Die Haupttypen des Sprachbaus (1909). 1965. Haarmann H., Grundzüge der Sprachtypologie. Methodik, Empirie und Systematik der Sprachen Europas. 1976. Greenberg J. H., Language typology. A historical and analytical overview. 1974. v. Humboldt W., Über die Verschiedenheit des menschlichen Sprachbaus und ihren Einfluß auf die geistige Entwicklung des Menschengeschlechts (1836). In: Schriften zur Sprachphilosophie, Bd. 3 (hrsg. von A. Flitner und K. Giel). 1972. Ineichen G., Allgemeine Sprachtypologie. 1979. Klimov G. A., Tipologija jazykov aktivnogo stroja. 1977. Lehmann Chr., Der Relativsatz. 1984. Lehmann W. P., Hrsg., Syntactic typology: studies in the phenomenology of language. 1978. Mallison G. Blake B., Language typology. 1981. Meier G. F., Methodologische Probleme der linguistischen Typologie. ZPSK 31; 1978. Revzin I. I., Modeli jazyka i tipologija slavjanskich jazykov. 1967. Sapir E., dt. Die Sprache (1921). 1961. Skalička V., Ein typologisches Konstrukt. TLP 2; 1966. Ders., Typologische Studien. 1979. Voegelin C. F. und F. M., Classification and index of the world's languages. 1977.

Sprachuniversalien →Universalien

Sprachunterricht. Auch: Spracherziehung, Sprachbildung. Unterrichtliche Bemühungen zur Entfaltung der (mündlichen und schriftlichen) →kommunikativen Kompetenz, bei denen Sprache als strukturiertes Zeichen- und Handlungssystem, aber auch als Sprachverwendungssystem in seinen vielfältigen Beziehungen zu je aktuellen Sprechsituationen aufgefaßt wird. Sprache erscheint dabei nicht so sehr als eigener Gegenstand der Betrachtung, sondern mehr als Medium von Kommunikation bzw. sozialer Interaktion vom Standpunkt ihrer Benutzer. Gegenüber diesem Aspekt haben →Reflexion über Sprache und →Grammatikunterricht dienende Funktion.

Nach Baumgärtner (Betrifft: Erziehung 10, 1973) gehört der S. in den Bereich der Erziehung zum sozialen Handeln. Sprache ist nicht nur Medium analytisch-kognitiver Prozesse, sondern gleichzeitig Mittel reflexiver Kommunikation über soziale Bedingungen und der Interpretation eigener wie fremder Intentionen (S. 15f.). Bei situativer Motivierung tritt im S. die Sprechhandlung selbst in den Vordergrund. Dem S. werden als Ziele gesetzt

- kritische Distanz gegenüber sprachlichen Erscheinungen,
- möglichst logische Durchdringung von Sprache durch Bewußtmachung des sprachlichen Zeichensystems (Kühlwein 1973, S. 103ff.),
- Durchschauen der Gesetze verbaler Kommunikation,
- Einsicht in Kommunikationssperren und Befähigung zu ihrer Verringerung,
- Erkennen und Handhaben der Mechanismen verbaler Einflußnahme,
- Kennen und Anwenden der Grundprinzipien semantischer Analyse und Sprachkritik (Menzel 1972),
- Aufdecken der eigenen sprachlich-geistigen Voraussetzungen und damit

Eröffnen der Möglichkeit zu Emanzipation und Kritikfähigkeit (Weisgerber 1974).

Nach Weisgerber (1974) sind Grundlage, Begründung und Motivation des S. in der existentiellen Angewiesenheit des Kindes auf Sprache in ihrer wirklichkeitserschließenden, wirklichkeitsverändernden und kommunikativen Funktion zu sehen.
S. auch →emanzipatorischer Sprachunterricht, Reflexion über Sprache, Sprachdidaktik.

Besch W. u. a., Hrsg., Dialekt: Hochsprache kontrastiv. Sprachhefte für den Deutschunterricht. 1976ff. Braunroth M. Krauss H., Hrsg., Sprachunterricht. Theorien und Modelle. 1979. Grünert H., Sprachwissenschaft und Sprachunterricht. LuD 11, 1972. Heringer H.-J., Kommunikativer Unterricht. Ein Programm. LuD 19; 1974. Lewandowski Th., Mündliche Kommunikation: Entwicklung der kommunikativen Kompetenz und sprachliches Handeln. In: Boueke D., Hrsg., Deutschunterricht in der Diskussion. Forschungsberichte. 1. ²1979. Roeder R. M. Schümer G., Unterricht als Sprachlernsituation. 1976. Schwenk H., Zur Theorie des Sprachunterrichts im Fach Dt. LuD 11; 1973. Weisgerber B., Hrsg., Sprachunterricht in der Grundschule. 1973. Wilkending W., Sprachunterricht. In: Lexikon der germ. Linguistik. ²1980. Wolfrum E., Hrsg., Taschenbuch des Deutschunterrichts. ²1976. Wilkins D. A., dt. Linguistik im Sprachunterricht. 1976.

Sprachverarbeitung →Satzverarbeitung, Textverarbeitung

Sprachursprung [language origin, origine du langage, proischoždenie jazyka]. Das Problem der Entstehung bzw. der Genese der Sprache. Bekannte Erklärungsansätze sind die (stoische) ›Theorie‹ der Klangdarstellung oder Lautnachahmung (onomatopoetischer Ansatz), die (epikureische) ›Theorie‹ des emotionalen Ausdrucks (interjektionaler Ansatz) und die Theorie der Lautgesten, die die Appellfunktion der Sprache im Vordergrund sieht, sowie die (rationalistische) Theorie des sozialen Kontrakts. Auf die wichtige Funktion des gemeinsamen Handelns für die Entstehung der Sprache haben Noiré (1877), Voßler (1923), Jespersen (1925), Gehlen (1950) hingewiesen. Aus marxistischer Sicht ist der S. im Zusammenhang mit der Entstehung des Bedürfnisses zu rational-intellektualer Kommunikation im Rahmen der gesellschaftlichen Produktionstätigkeit zu sehen (für Marx ist die Sprache so alt wie das Bewußtsein). Nach Luckmann (1973, S. 4, 7) ist nicht viel gewonnen, wenn das Problem der Zeichenkonstitution und die ›Tiefenstruktur‹ bzw. die angeborene Zeichenfähigkeit des Menschen auf einen biologischen Zusammenhang abgeschoben oder wenn im Sinne eines Pansemiotismus (Barthes, Eco) soziale Zeichensysteme mit gesellschaftlichen Sinnstrukturen gleichgesetzt werden. Es

gehe um den kausal-funktionalen »Zusammenhang von Gesellschaftsstruktur, sozialem Handeln und kommunikativen Akten«. Ein soziologischer Ansatz müsse der zentralen Bedeutung der Sprache als dem »Hauptsystem gesellschaftlicher Bewußtseinsformung, Wirklichkeitsvermittlung und Handlungsstrukturierung gerecht werden« – ein Problem, das Luckmann durch phänomenologische Konstitutionsanalyse zu erhellen sucht.
Für Gipper (1972) ist die Frage nach dem S. prinzipiell beantwortbar. Mit dem Prozeß der Menschwerdung seien auch Ursprung und Entstehung der Sprache eng verknüpft. Im Laufe einer langwierigen Entwicklung, die man nur als einen kybernetischen bzw. dialektischen Prozeß begreifen könne,

werden . . . die für die Sprache wichtigen Partien des Großhirns, die sogenannten Sprachzentren ausgebildet; sie schaffen die Voraussetzung für die Speicherung und den Gebrauch eines funktionstüchtigen Zeichensystems (S. 167).

Nach Lang (1969) ist das Humboldtsche Paradoxon

Der Mensch ist nur Mensch durch Sprache; um aber die Sprache zu erfinden, müßte er schon Mensch seyn

unter der Fragestellung zu sehen, wie sich die Sprache am Menschen und der Mensch sich an der Sprache entwickelt hat. Der ganze Komplex sei einzubetten in die Entwicklung des Menschen als Primatentier und seinen Aufstieg aus den Hominiden und einzuordnen in die Entfaltung des Menschen als eines sozialen Wesens. Sapir scheint im Zusammenhang mit dem S. der kommunikative Aspekt der Sprache überbewertet; Sprache sei in erster Linie die Aktualisierung der Neigung, Wirklichkeit symbolisch zu sehen (vgl. dazu Langer, dt. 1965). Lenneberg (dt. 1972) gibt eine kritische Darstellung von Theorien, die eine geradlinige Evolution der Sprache (aus der tierischen Kommunikation) mit nur quantitativen Veränderungen bzw. stufenweisem Wachstum annehmen (Kontinuitätsthese) und schlägt eine Diskontinuitätstheorie der Sprachevolution vor, in der sog. tiefe Transformationen (d. h. Transformationen molekularer Strukturen) Bedeutung haben. Stammbäume und Zwillingsstudien scheinen die Vermutung nahezulegen, »daß genetische Übermittlung für die Sprachgewandtheit relevant ist« (S. 325). Im ganzen lasse die biologische Geschichte der Sprache sich durch Vergleiche mit tierischer Kommunikation nicht enthüllen. Methodisch seien solche Vergleiche bedenklich, wenn bei pragmatischer Grundlage die phylogenetische Beziehung des Tiers zum Menschen außer acht bleibt. Einer biologischen Betrachtungsweise widerspricht es nicht, Sprache als einzigartiges Verhalten anzu-

sehen. Das gegenwärtige Sprachvermögen könne auf artspezifische Veränderungen im genetischen Material zurückgehen (S. 324). – Neuere Erkenntnisse lassen vermuten, daß Sprache ihren Ursprung in einem System von Gesten hat, das erst später in Systeme von Lauten transformiert wurde.
Vgl. →zweifache Gliederung der Sprache, Spracherwerbsmechanismus.

Borst A., Der Turmbau von Babel. 1.–3. 1957 ff. Gipper H., Gibt es ein sprachliches Relativitätsprinzip? 1972. Herder J. G., Abhandlung über den Ursprung der Sprache. 1772. Neu hrsg. 1966. Lang W., Probleme der allg. Sprachtheorie. 1969. Langer S. (1942), dt. Philosophie auf neuen Wegen. Das Symbol im Denken, im Ritus und in der Kunst. 1965. Lenneberg E. H., dt. Biologische Grundlagen der Sprache. 1972. Lieberman P., On the origins of language. 1975. Lock A., Action, gesture and symbol: the emergence of language. 1978. Luckmann Th., Aspekte einer Theorie der Sozialkommunikation. In: Lexikon der Germ. Linguistik. ²1980. Lyons J., dt. Die Sprache. 1983. Révész G., Ursprung und Vorgeschichte der Sprache. 1946. Rosenkranz B., Der Ursprung der Sprache. 1962. ²1971. Rossi E., Die Entstehung der Sprache und des menschlichen Geistes. 1961. Schwidetzky I., Hrsg., Über die Evolution der Sprache. 1973. Stam J. H., Inquiries into the origin of language. The fate of a question. 1977. Westcott R. D., Hrsg., Language origins. 1974. Hewes G. W., Language origins. A bibliography. Teil 1 (A–K). Teil 2 (L–Z). 1975. Bickerton D., Roots of language. 1981. Brain B., The sociogenesis of language and human conduct. 1983.

Sprachvariation. Die sprachliche Variation oder Vielfalt im Bereich einer Sprachgemeinschaft; die in einer Sprachgemeinschaft verwendeten situations-, schichten- und gruppenspezifischen sowie funktionalen Varietäten. In der Regel werden im Rahmen einer auch sehr begrenzten Sprachgemeinschaft neben der Standard-Varietät mehrere Varianten gebraucht. Die sprachliche Variation innerhalb einer Gemeinschaft ist ein Untersuchungsgebiet der Soziolinguistik. Als Einflußgrößen der Variation sind Schicht, Alter und Geschlecht, Situation, Beruf und Einkommen, Religion und Ausbildung zu betrachten, d. h., daß Varietäten oft gebunden sind an sozialen Status, Alter, Geschlecht usw.
Die Variationslinguistik lehnt für ihre Gegenstandsbildung die Homogenitätskonzeption Chomskys ab; sie geht vom Prinzip der Heterogenität aus und, im Sinne einer Abwehr des Systembegriffs, vom Prinzip des sprachlichen (Übergangs)Kontinuums, da die Grenzen zwischen den Varietäten meist als diffus zu erkennen sind. Nach D. Hymes ist die kommunikative Kompetenz eines Sprechers in der Weise heterogen, daß er verschiedene Varianten oder ›Subsysteme‹ in unterschiedlicher Weise aktiv und/oder passiv beherrscht.

S. kann auf phonetisch-phonologischer, auf lexikalisch-semantischer und auf grammatisch-syntaktischer Ebene beobachtet und beschrieben werden. Dabei ist nach Klein (1974) jede einzelne Varietät genau zu beschreiben; es ist der Zusammenhang zwischen den einzelnen Varietäten darzustellen, und es sind die Varietäten zu außersprachlichen Faktoren in Bezug zu setzen. Gegenstand der Linguistik ist dann weder ein virtuelles einheitliches Sprachsystem, noch die individuelle Fähigkeit des je einzelnen Sprechers, sondern ein *System* bzw. Kontinuum sprachlicher Varietäten, deren Gebrauch sich mit außersprachlichen Faktoren in Zusammenhang bringen läßt. Neben funktionalen Varianten (Umgangssprache gesprochen, geschrieben, Fachsprachen) lassen sich situativ-interaktionale, regionale/dialektale, soziolektale und mediale Varianten beobachten.
Nach Weydt/Schlieben-Lange (1981) lehnen die Vertreter von Variationsgrammatiken, die Sprache bzw. Sprachgebrauch adäquater beschreiben wollen, das Konzept der homogenen Sprachgemeinschaft wegen der Variantenvielfalt in natürlichen Sprachen ab; sie arbeiten empirisch und mit statistisch-probabilistischen Methoden. Klein und Klein/Dittmar halten es für möglich, das Regelsystem einer (historischen) Sprache in den Dimensionen von Raum, soziale Schicht, Zeit und Situation (diatopisch, diastratisch usw.) zu erfassen. Dabei werden Regeln mit Wahrscheinlichkeiten zwischen Eins und Null befolgt. Trotz vieler interessanter Aspekte stelle eine solche Variationsgrammatik keinen Fortschritt in der Sprachbeschreibung dar, wenn es nicht gelinge, die Vorteile einer quantitativen Varietätengrammatik mit den Einsichten des Strukturalismus zu verbinden (es werden u. a. bei Labov in der Phonologie und in der Semantik noch substantialistische und atomistische Positionen des 19. Jh. eingenommen). Dazu gehören auch klare Unterscheidungen methodologischer Art, z. B. die Differenzierung zwischen linguistischen Aussagen und Aussagen über Sprache und Sprachgebrauch. Nach der Überwindung der reinen Synchronie in der Variationslinguistik durch Einbeziehung der Diachronie bei Labov sollten die vorliegenden substanzorientierten Untersuchungen durch funktionale Gesichtspunkte ergänzt werden.
Vgl. →Soziolinguistik, Diglossie, Soziolekt; Kreolistik, Pidgin.

Bailey Ch.-J. N., Variation and linguistic theory. 1973. Bausch K.-H., Mehrsprachigkeit in der Stadtregion. 1982. Besch W. Mattheier K., Bericht über das Forschungsprojekt ›Sprachvariation und Sprachwandel in gesprochener Sprache‹. In: Bielefeld H. U. u. a., Hrsg., Soziolinguistik und Empirie. 1977. Berruto G., The description of linguistic variation. Italian contributions to a sociolinguistic theory. LB 90; 1984. Dressler W., Inhärente Variation und Variable Regel: Zur Relativierung eines amerikanischen soziolinguistischen Konzepts.

In: Schaff A., Hrsg., Soziolinguistik. 1976. Fasold R. W. Shuy R. W., Hrsg., Studies in language variation. 1977. Hartig M., Die Struktur der Sprachvariation im Verhältnis zur sozialen Interaktion. ZDL 44; 1977. Hartung W., Sprachliche Varianten und ihre Systematisierbarkeit. Ling. Studien 60; 1979. Kay P. McDaniel C., On the logic of variable rules. Language in Society; 1979. Klein W., Variation in der Sprache. 1974. Mihm A., Zur Entstehung neuer Sprachvarietäten. ZGL 10; 3, 1982. Nabrings K., Sprachliche Varietäten. 1981. Romaine S., The status of sociological models and categories in explaining language variation. LB 90; 1984. Sankoff D., Hrsg., Linguistic variation. Models and methods. 1978. Sankoff D. Labov W., On the uses of variable rules. Language in Society 8; 1979. Scheutz H., Sprachvariation als methodologisches Problem einer soziolinguistisch orientierten Dialektologie. In: Stein O. u. a., Hrsg., Sprache, Text, Geschichte. 1980. Schierfer P., Funktionale Sprachvarianten. 1977. Wildgen W., Differentielle Linguistik. Entwurf eines Modells zur Beschreibung und Messung semantischer und pragmatischer Variation. 1977. Weydt H. Schlieben-Lange B., Wie realistisch sind Variationsgrammatiken? In: Geckeler H. u. a., Hrsg., Logos Semantikos. Studia linguistica in honorem E. Coseriu. Bd. 5/1. 1981.

Sprachverhalten [language behavior, jazykovoe povedenie]. 1) Im Sinne von Skinners Begriff des *verbal behavior* als Sprachverhalten/Sprechverhalten, wobei ›Sprache‹ im Rahmen eines komplizierten S-R-Modells als Verbalverhalten aufgelöst und (vage) als ein Verhalten bestimmt erscheint, das durch die Vermittlung anderer Personen verstärkt wird. 2) Meist synonym mit →Sprachhandeln.

Bennett J., Linguistic behaviour. 1976. Dixon T. R. Horton D. L., Hrsg., Verbal behavior and general behavior theory. 1968. Eibl-Eibesfeldt I., Grundriß der vergleichenden Verhaltensforschung – Ethologie. 1967. Ekman P. von Friesen W., The repertoire of nonverbal behavior: categories, origins, usage, coding. Semiotica 1, 1969. Goffman E., dt. Interaktionsrituale. Über Verhalten in direkter Kommunikation. 1971. Herrlitz W., Hrsg., Sprache als soziales Verhalten. 1973. Herrmann Th., Einführung in die Psychologie. 5. Sprache. 1972. Mead G. H., dt. Geist, Identität und Gesellschaft. 1968. Philosophie der Sozietät. 1969. Skinner B. F., Verbal behavior. 1957. Rez. N. Chomsky, in Lg 35; 1, 1959; abgedr. Fodor/Katz, Hrsg., The structure of language. 1964.

Sprachverlust →Aphasie, Sprachstörungen

Sprachverstehen. Eine kommunikative Fähigkeit, die auf der Fähigkeit aufbaut, sprachliche Elemente zu erkennen und zu unterscheiden und ihnen regelhaft Bedeutungen zuzuordnen, eine Reihe von Elementen zu speichern und nach semantisch-syntaktischen Regeln Zusammenhänge zu (re)konstruieren (vgl. →Textverstehen, Verstehen, Sprachwahrnehmung). Dabei spielt die Wahrscheinlichkeitsstruktur der Sprache eine wichtige Rolle, aber auch persönliche Einstellungen, Erwartungen, Absichten und Interessen. Das Verstehen →gesprochener Sprache kann sich auf andere Mittel und Hilfen stützen (Kinesik, Mimik, Gestik, Intonation u. a. situative Gegebenheiten) als das →geschriebener Sprache. Allgemein setzt der Prozeß des S. die Sinnstrukturiertheit gesprochener und geschriebener Sprache voraus; auf deren Grundlage entwickeln sich vor- und rückgreifende Verstehensabläufe, die mit Wahrnehmungsabläufen korrelieren.

Nach Kainz (IV, S. 175f.) kommt das Verständnis von Texten durch aktive Denkleistungen, durch die »gleichsinnige Nachkonstruktion der Gedanken eines Autors« zustande. Vertrautheit mit den Wortgestalten und den Wortgruppen verleihe dem Prozeß des S. aktiven Charakter und hebe ihn über das Zusammensetzen von Einzelelementen hinaus. S. impliziert, daß das Verstehen von Wortbedeutungen hier und jetzt in konkreter Situation erfolgt, d. h. daß Sprecher und Hörer nicht nur über die konventionelle Bedeutung, sondern auch über den speziellen Sinn eines Wortes verfügen müssen (vgl. bei Kainz, a.a.O., S. 177).

Die Information eines Satzes darf die Kapazität des Bewußtseins nicht überschreiten, da Superzeichenbildung (vgl. →Superisation) nur bei gleichzeitiger Präsenz von Zeichen erfolgen kann. Im *Kurzzeitgedächtnis* müssen Anfang und Ende von Sätzen gleichzeitig bewußt sein können, wenn ein Text bei einmaligem Lesen verstanden werden soll (vgl. →Satztiefe; auch Porzigs Bestimmung des Satzes als eines Rede- oder Textstücks, innerhalb dessen »die Zeit aufgehoben ist«, da alle Glieder als gleichzeitig geäußert gelten (Das Wunder der Sprache. [5]1971, S. 113)). – Um aber Anfang und Ende von Sätzen erkennen zu können, muß man schon etwas verstanden haben.

Beim Leselernprozeß stellt die Fähigkeit des Satzlesens im Vergleich zu der des Wortlesens und der des auditiven Verstehens bzw. Hörverstehens einen Neuerwerb auf der Grundlage der entsprechenden semantisch-syntaktischen Regeln dar. Sinngemäßes Erfassen von Zusammenhängen wird durch manifeste oder latente Artikulation erleichtert (vgl. →inneres Sprechen). In der Lernphase werden Verstehensleistungen nur durch »Umkodierung der schriftlichen in die eigene lautsprachliche Mitteilung« möglich; erst allmählich kommt es zu Reduktion und Automatisierung (Weigl (1973), 1974, S. 136f.). S. auch →Sprachrezeption, Lesen, Verstehen, Hörverstehen, Textverstehen; Kohärenz, indirekter Sprechakt.

Coulmas F., Rezeptives Sprachverhalten. Eine theoretische Studie über Faktoren des sprachlichen Verstehensprozesses. 1977. Flores d'Arcais G. Jarvella R. J., Hrsg., The process of language understanding. 1983. Massaro D. W., Understanding language. An information processing analysis of speech perception, reading und psycholinguistics. 1975. Müller K., Rahmenanalyse des Dialogs, Aspekte des S. in Alltagssituationen. 1984. Wettler M., Sprache, Gedächtnis. Verstehen. 1980.

Sprachverwandtschaft [language relationship, parenté des langues, rodstvo jazykov]. 1) Typologische S. (vgl. →Sprachtypologie). 2) Genealogische oder →genetische S., die Existenz regulärer Entsprechungen auf verschiedenen Ebenen zwischen Sprachen mit gemeinsamer Ursprungssprache/Herkunftssprache/Grundsprache; Beziehung zwischen Sprachen, die eine sog. Sprachfamilie bilden, z. B. die germanischen, romanischen, slavischen Sprachen (= indogermanische/indoeuropäische Sprachen). 3) Kulturelle S. durch Sprachenkontakt/Sprachmischung.
Vgl. →Komparatistik, Indogermanistik, Sprachkontakt.

Finck F. N., Die Sprachstämme des Erdkreises. [3]1923. Ivanov V. F., Die genealogische Klassifikation der Sprachen und der Begriff der Sprachverwandtschaft. 1956. Meillet A. Cohen M., Les langues du monde. [2]1955.

Sprachverwendung →Sprachgebrauch, Performanz, parole

Sprachwahrnehmung [speech perception, vosprijatie reči]. Der Prozeß der Informationsgewinnung aus visuell und/oder akustisch gegebenem sprachlichen Material; der Prozeß vom Auffassen sprachlicher Signale *(cues)* bis zu ihrer Diskrimination und Erkennung *(recognition, raspoznavanie),* der →Sprachverstehen einleitet; die auf Empfindungen folgende nächsthöhere Ebene der Informationserfassung, eine Stufe akustischer Datenverarbeitung und sensorischer Abstraktion, ein analytisch-synthetischer Vorgang, die Funktion der Übertragung sensorischer Verallgemeinerungen auf intellektuelle (Žinkin u. a. 1975). Der kognitive Prozeß des Verstehens, Einstellungen, Interessen, emotionale Haltungen, sprachliches System-Wissen und internalisierte Wahrscheinlichkeitsstrukturen beeinflussen die Wahrnehmung, die als aktiver kognitiver Prozeß aufzufassen ist, in dem gewonnene Information kategorisiert wird; die Synthese erfolgt dabei nach dem Sinn des Ganzen.
Die →Dekodierung gesprochener Sprache beginnt mit der Aufnahme und Verarbeitung sensorischer Eindrücke, die in den Lautwellen des Sprechkontinuums enthalten sind; akustische Eindrücke können durch visuelle Eindrücke aus Kontext und Situation unterstützt werden. Bei der akustischen Informationsaufnahme wird die gewonnene Information mit der beim Sprecher vorhandenen linguistischen und statistischen Information verglichen und in durch Lernprozesse kon-

stituierte antizipatorische Netze eingeordnet. S. ist eine Form des ›Erkennens‹ von Strukturen, ein Perzipieren und Kategorisieren sprachlicher Laute und Lautfolgen auf der Grundlage voraufgegangener (sensorischer und kognitiver) Erfahrung: der Hörer perzipiert Laute im Sprechstrom, indem er sie mit den interdependenten und distinkten phonologischen Einheiten seines Sprachsystems in Beziehung setzt. Lauterkennung bzw. die Unterscheidung relevanter Phonemkategorien erfordert Selektion aus einer gegebenen Menge akustischer Information (s. auch →Laut). Die Identifikation eines Lauts geht nach Fry (1970) nicht als unmittelbare Wahl einer Kategorie vor sich; der Laut wird mit Hilfe akustischer Erkennungssignale oder *cues* bestimmten Untermengen zugeordnet. Wichtige (relative, nicht absolute) *cues* sind nach Fry (1970)

- die Distribution akustischer Energie im Lautkontinuum (Position und Anzahl der Energiegipfel – vgl. →Formant),
- die Variation in der gesamten Lautintensität,
- die Periodizität (Vokale, Halbvokale, Liquide und Nasale sind periodisch; stimmlose Konsonanten sind aperiodisch),
- der Zeitfaktor.

Für die Erkennung von Vokalen sind die Frequenz- und Intensitätsrelationen der ersten beiden Energiegipfel im Spektrum von entscheidendem Signalwert. Das Differenzierungsvermögen von Sprechern ist an den Grenzen des Phonemspektrums besser ausgebildet als in dessen Zentrum.

Die Suche nach akustischen Merkmalen, die linguistische Basisinformationen enthalten und von denen Wahrnehmen und Erkennen abhängen, ist von Liberman u. a., auch von Čistovič u. a. durchgeführt worden. Versuche zur Laut- und Sprachsynthese *(pattern playback, synthesizing)* schufen eine neue Grundlage. Spezielle Ergebnisse legten den Schluß nahe

that speech is perceived by reference to articulation – that is, that the articulary movements and their sensory effects mediate between the acoustic stimulus and the event we call perception . . .

that we overtly mimic the incoming speech sounds and then respond to the proprioceptive and tactile stimuli that are produced by our own articulatory movements (Liberman 1957, in Saporta S., Hrsg., 1961, S. 150). Vgl. →Motor-Theorie der Sprachwahrnehmung, Mediation, Mediationstheorie der Bedeutung.

Beim →Lesen erfolgt S. durch Abtasten der Gestalt und Informationsselektion. Es muß nicht die Gesamtgestalt abgetastet werden (Sondenmethode von Steinbuch); zur Erkennung genügt ein Teil der in der Gesamtgestalt enthaltenen Information, d. h. daß Buchstaben in ihren

Erkennungskriterien ein Überangebot enthalten. Nach Küpfmüller (1954), Erismann (1968) sind im Dt. etwa zwei Drittel aller Buchstaben redundant. Der Leser nimmt nur das für das Wiedererkennen und Identifizieren Notwendige wahr. S. wird von Sinnerwartungen beeinflußt, die sich bei zusammenhängendem Text auf eine ganze Anzahl von Parametern stützen können (Weigl 1973). Bei der Wahrnehmung gesprochener Sprache werden nicht alle Phoneme, die der Sender artikuliert, identifiziert. Bei Systemgebilden ist die wahrnehmungssteuernde gespeicherte Gestalt redundant, so daß das Ganze an einer begrenzten Anzahl von Elementen erkannt werden kann. Der Hörer meint jedoch, alle Phoneme gehört zu haben, weil er sie im Kopf hat (Žinkin u. a. 1975, S. 57).
Vgl. →Sprachrezeption, Hörverstehen; Phonetik.

Fry D. B., Sprachaufnahme und Wahrnehmung. In: Lyons J., dt. Neue Perspektiven in der Linguistik. 1975. Neisser U., dt. Kognitive Psychologie. 1974. Ders., Kognition und Wirklichkeit. 1979. Weigl E., Zur Schriftsprache und ihrem Erwerb. In: Probleme und Ergebnisse der Psychologie 43; 1973. Žinkin N. I., Über die Wahrnehmung der gesprochenen Sprache. Linguistics 148; 1975. Zwirner E. Richter H., Gesprochene Sprache. Probleme ihrer strukturalistischen Untersuchung. 1966. Lindner G., Hören und Verstehen. Phonetische Grundlagen der auditiven Lautsprachperzeption. 1977. Voss B., Slips of the ear. Investigations into the speech perception behaviour of German speakers of English. 1984.

Sprachwandel [linguistic change/language change, changement linguistique, jazykovoe izmenenie]. Die Vielfalt der ständig verlaufenden Prozesse der Umgestaltung, des Verlusts und der Neubildung sprachlicher Elemente, d. h. die lexikalischen, morphologischen, phonologisch-phonetischen und syntaktischen Veränderungen einer Sprache. Als am leichtesten veränderlich zeigt sich der Wortbestand; er reflektiert die Wandlungen bzw. die neuen Kommunikationsbedürfnisse des gesellschaftlichen Lebens unmittelbar. Dabei bleibt der Grundwortschatz jedoch im wesentlichen erhalten, und die lexikalischen Veränderungen bleiben auf die Entwicklung des grammatischen Systems ohne direkten Einfluß, so daß Grundwortschatz und Grammatik die Kontinuität einer Sprache im fortwährenden Wandel sichern. Nach Martinet soll der Linguist sich des entscheidenden Einflusses der sozialen Struktur bei der Entwicklung der Sprache bewußt sein; methodische Strenge könne er jedoch nur durch Beschränkung auf die sprachlichen Spuren außersprachlicher Einflüsse zu erreichen hoffen (1963, S. 163f.).
Im Mechanismus des S. sind externe, soziolinguistische Faktoren und systeminterne Faktoren auf systematische Weise miteinander ver-

schränkt (Labov). S. ist ein universales, kontinuierliches und bis zu einem gewissen Grade regelhaftes Phänomen. S. vollzieht sich im wesentlichen langfristig und für den Sprecher/Hörer unbewußt.
H. Lüdtke (1980, S. 249) nimmt an, daß dem S. – als Menge tatsächlicher Ereignisse – als Ursachen zugrunde liegen eine angelegte Variabilität in einem vorgegebenen Rahmen und das in Kommunikationsakten wirksame Optimierungsstreben. Jede Theorie des S. müsse auch berücksichtigen, daß Sprache die Brücke zwischen Bio- und Soziosphäre bildet.
Vgl. →Sprachgeschichte, Diachronie, Synchronie und Diachronie; Lautwandel, Entlehnung, Sprachkontakt; Indogermanistik, Komparatistik, Junggrammatiker.

Admoni W., Die Entwicklungstendenzen des dt. Satzbaus von heute. 1973. Augst G., Sprachnorm und Sprachwandel. 1977. Blount B. G. Sanches M., Hrsg., Sociocultural dimensions of language change. 1977. Bynon Th., Historische Linguistik. 1981. Cherubim D., Hrsg., Sprachwandel. Reader zur diachronischen Sprachwissenschaft. 1975. Coseriu E., dt. Synchronie, Diachronie und Geschichte. Das Problem des Sprachwandels. 1974. Christie W. M., A stratificational view of linguistic change. 1977. Dinser G., Hrsg., Zur Theorie der Sprachveränderung. 1974. Gal S., Language shift. 1978. Labov W., Zum Mechanismus des Sprachwandels. In: Cherubim D., Hrsg., 1975. Guchmann M. M., Istoričeskaja tipologija i problema diachroničeskich konstant. 1981. Li Ch. N., Hrsg., Mechanisms of syntactic change. 1977. Lightfoot D. W., Principles of diachronic syntax. 1979. Lüdtke H., Hrsg., Kommunikationstheoretische Grundlagen des Sprachwandels. 1980. Martinet A., dt. Grundzüge der allgemeinen Sprachwissenschaft. 1963. Moser H., Hrsg., Sprachwandel und Sprachgeschichtsschreibung im Dt. 1977 (Sprache der Gegenwart, Bd. 41). Oksaar E., Zum Prozeß des Sprachwandels: Dimensionen sozialer und linguistischer Variation. In: Sprachwandel und Sprachgeschichtsschreibung im Dt. 1977. Keller R., Zur Theorie sprachlichen Wandels. ZGL 10. 1, 1982. Lenerz J., Syntaktischer Wandel und Grammatiktheorie. 1984.

Sprachwechsel [code-switching, changement de code, peremena koda]. Nach Clyne »Umstellung von einer Sprache zur anderen ... innerhalb eines Satzes oder Textes« (1975, S. 191; vgl. →Bilingualismus, Sprachkontakt). S. erfolgt, wenn Kontext oder Situation es erfordern, auch zwischen Sprachvarianten und Sprachschichten (→Dialekt, Soziolekt, funktionale Stile) für die Dauer eines Wortes, eines Satzes, eines Textstücks, eines Sprechakts; S. kann durch ein (neues) Thema, durch ein bestimmtes Rollenverhältnis bzw. Rollenverständnis bedingt sein; S. kann auch als (literarisches) Stilmittel gewählt werden. Clyne stellte *Auslösewörter* fest und unterschied zwischen S. nach dem Auslösewort und S. vor dem Auslösewort (antizipierende Auslösung). S. kann untersucht werden unter den Gesichtspunkten der Funktionalität (Jakobson, Hymes), der auslösenden Faktoren (Gumperz) und der Spachvariation (Sankoff 1971). Als Funktionen des S. unterscheidet Hasselmo (1974) expressiv-emotionale, phatische, stilistische, die Gruppenzugehörigkeit ein- und ausschließende (s. bei Clyne 1975, S. 115ff.).

Die Fähigkeit zu intentions- und situationsangemessenem S. im Sinne eines Kode-Wechsels oder Stilwechsels ist auch ein sprachdidaktisches Problem (vgl. →interaktionale Kompetenz, kommunikative Kompetenz).

S. auch →schichtenspezifische Kodes, elaborierter Kode, restringierter Kode, Situativität sprachlichen Handelns, Intentionalität sprachlichen Handelns.

Clyne M., Forschungsbericht Sprachkontakt. 1975. Hasselmo N., Code switching and the modes of speaking. In: Gilbert G. G., Texas studies in bilingualism. 1970. Code switching as ordered selection. In: Firchow E. u. a., Studies for E. Haugen. 1972. Amerikavenska. 1974. Oksaar E., Interferenzerscheinungen als Stilmittel. In: Lange/Roloff, Hrsg., Dichtung, Sprache, Gesellschaft. 1970. Stolt B., Die Sprachmischung in Luthers Tischreden. Studien zum Problem der Zweisprachigkeit. 1964. Ure J., Code-switching and mixed speech in the register systems of developing languages. Assoc. intern. de ling. appliquée 3, 1972.

Sprachzustand [état de langue, sostojanie jazyka]. Eine Phase bzw. ein Stadium in der Geschichte einer Sprache, ein Querschnitt aus ihrer Geschichte. Bei Saussure ist S. die Gesamtheit von Besonderheiten einer Sprache, die während eines Zeitabschnitts innerhalb eines zu bestimmenden Raumes gleich geblieben sind, »nicht ein Punkt, sondern ein mehr oder weniger langer Zeitraum, währenddessen die Summe der eingetretenen Umgestaltungen äußerst gering ist« (S. 121). Die Untersuchung eines S. muß von geringfügigen Veränderungen absehen, denn die Sprache läßt sich weder beschreiben noch in ihren Normen erfassen, wenn man sich nicht auf den Standpunkt eines gewissen Zustands stellt (S. 96).

Nach Coseriu muß ein S. nicht absolut synchronisch sein. Fakten der →Diachronie sind in der →Synchronie immer ko-präsent (Hineinreichen der Diachronie in die Synchronie):

> Ein synchronischer Sprachzustand schließt immer seine Geschichte mit ein, denn in ihm sind jeweils auch diachronische Fakten enthalten, die den Sprechern als solche bekannt sind und die das Funktionieren einer Sprache beeinflussen können (1973, S. 34).

Das dynamische und funktional-kommunikative Gleichgewicht des S. wird durch die Potentialität des sprachlichen Systems und die Variabilität der sprachlichen Norm gesichert (Koduchov 1974, S. 186).

Eine philologische Untersuchung der Quellen mit einem auf dem Konzept des Sprachstadiums aufbauenden sprachtheoretischen Ansatz s. bei Lieb (1970).
Vgl. →Synchronie und Diachronie, Sprachwandel.

Coseriu E., Structure lexicale et enseignement du vocabulaire. 1966. Probleme der strukturellen Semantik. 1973. Godel R., Les sources manuscrites du cours linguistique générale de F. de Saussure. 1957. Koduchov V. I., Obščee jazykoznanie. 1974. Lieb H.-H., Sprachstadium und Sprachsystem. 1970. de Saussure F., dt. Grundfragen der allgemeinen Sprachwissenschaft. ^{2}1967.

Sprechakt [speech act, acte de parole, rečevoj akt/akt reči]. Segment der Rede, situativ-intentionale und bedeutungsvolle artikulatorisch-akustische Einheit, die Sprecher und Hörer in einer bestimmten Situation durch für beide gleiche Bedeutungen verbindet. Ein S. liegt jedesmal vor, wenn ein Mensch zu einem anderen etwas sagt (Trubetzkoy). Ein Prozeß, in dessen Verlauf sprachliches Material produziert wird (Zinder, Andreev). Akt der Bedeutungsverleihung oder sinnverleihender Akt (im Sinne Husserls) im Gegensatz zu *Sprachgebilde* innerhalb des Vierfelderschemas (Bühler 1934). Der individuelle kommunikative Gebrauch der Sprache als untrennbare Einheit von Sprechen und Hören bzw. Schreiben und Verstehen.
Bei Searle, der von der Hypothese ausgeht, daß Sprache bzw. Sprechen als regelgeleitetes intentionales Verhalten und Sprachtheorie als Teil einer Handlungstheorie aufzufassen sind, sind S. »die grundlegenden oder kleinsten Einheiten der sprachlichen Kommunikation«, genauer: »die Produktion oder Hervorbringung eines Satzzeichens unter bestimmten Bedingungen« (S. 30). Als Grundeinheit der Kommunikation erscheint nicht das Symbol (Wort oder Satz), sondern die intentionale Produktion oder Hervorbringung des Symbols in ihrem Vollzug: »Das Zeichen als Mitteilung aufzufassen bedeutet, es als produziertes oder hervorgebrachtes Zeichen aufzufassen« (a.a.O.). S., die mit der Äußerung eines Satzes vollzogen werden, bilden eine Funktion der Bedeutung des Satzes. Wenn der Sprecher aufrichtig spricht (wenn er *sagt,* was er *meint*), ist im Prinzip jeder S. durch Sätze eindeutig bestimmbar, so daß die Bedeutung von Sätzen sich mit der Bedeutung von S. deckt. Bei einem S. werden *gleichzeitig* die Teilakte der Äußerung von Wörtern (Äußerungsakte), der Referenz und Prädikation (propositionale Akte), des Behauptens, Fragens, Befehlens, Versprechens usw. (illokutionäre Akte) vollzogen. Im Anschluß an Austin werden mit ›perlokutionären Akten‹ die Wirkungen illokutio-

närer Akte auf Handlungen, Anschauungen usw. des Hörers bezeichnet. – Austin hatte als Komponenten der Lokution bzw. des lokutionären oder lokutiven Aktes (Was dazu gehört, wenn einer eine Äußerung tut) ausgegliedert den

- phonetischen Akt (die Handlung, gewisse Geräusche zu äußern),
- phatischen Akt (Geräusche von bestimmter Gestalt mit einem bestimmten Vokabular in einer bestimmten grammatischen Konstruktion),
- rhetischen Akt (die Handlung der Bedeutungsfestlegung bzw. Referenz und der Prädikation),
- illokutiven Akt (die Art des Vollzugs einer Sprechhandlung als Fragen, Informieren usw.),
- perlokutiven Akt (Wirkungen auf die Gefühle, Gedanken oder Handlungen des Hörers). Vgl. Austin, dt. 1972, S. 117.

Bei S. werden immer bestimmte Voraussetzungen/Präsuppositionen gemacht. Nach Habermas erzeugen wir mit Hilfe von S. die allgemeinen Bedingungen für die Situierung von Sätzen, die Strukturen der →Sprechsituation: »Ein S. erzeugt die Bedingungen dafür, daß ein Satz in einer Äußerung verwendet werden kann; aber gleichzeitig hat er selbst die Form eines Satzes« (1971, S. 103). Ein S. ist aus einem (u. U. nur implizierten) performativen Satz und einem Satz propositionalen Gehalts (→Proposition) zusammengesetzt. Unter dem Aspekt der *essential rule* oder des pragmatischen Sinns werden als Klassen von S., die zu den →pragmatischen Universalien gehören, unterschieden (S. 111 ff.)

- Kommunikativa (die den pragmatischen Sinn der Rede explizieren),
- Konstativa (die den kognitiven Sinn explizieren),
- Repräsentativa (die den Sinn von Intentionen, Einstellungen, Expressionen des Sprechers explizieren),
- Regulativa (die den Sinn des Verhältnisses zwischen Sprecher und Hörer explizieren).

Jakobson ([2]1966) unterscheidet beim S. die Faktoren Sender, Empfänger, Kontext, Kode, Kontakt, Nachricht.
Vgl. auch →indirekter Sprechakt, Sprechakttheorie, illokutiver Akt, lokutiver Akt, perlokutiver Akt.

Andreev N. D. Zinder L. R., On the notion of speech act, speech, speech probability, and language. Linguistics 4, 1964 (O ponjatijach rečevogo akta, reči, rečevoj verojatnosti i jazyka. VJa 3, 1963). Austin J. L., How to do things with words (1962); dt. Zur Theorie der Sprechakte. 1972. Bühler K., Die Axiomatik der Sprachwissenschaften (1933). 1969. Ehrich V. Saile G., Über nichtdirekte Sprechakte. In: Wunderlich D., Hrsg., Linguistische Pragmatik. 1972. Furberg M., Locutionary and illocutionary acts – a main theme in J. L. Austin's philosophy. 1963. Habermas/Luhmann, Theorie der Gesellschaft oder Sozialtechnologie. 1971. Jakobson R., Linguistics and poetics. In: Sebeok Th. A., Hrsg., Style in language. [2]1966. Kanngießer S., Aspekte zur Semantik und

Pragmatik. LB 24, 1973. Searle J. R., Meaning and speech acts. Phil. rev. 71; 1962. What is a speech act? In: Black M., Hrsg., Philosophy in America. 1963. Speech acts. 1969; dt. Sprechakte. 1971. Wunderlich D., Pragmatik, Sprechsituation, Deixis. In: Lili 1, 1971. Sadock J. M., Toward a theory of speech acts. 1974. Streeck J., Sprechakttheorie ... LuD 24; 1975. Ders., Speech acts in interaction. A critique of Searle. Discourse Processes 3; 1980. Ossner J., Konvention und Strategie. 1985.

Sprechakttheorie. Bei der S. handelt es sich um eine von der Philosophie der Alltagssprache ausgehende Anregung (vgl. →sprachanalytische Philosophie, ordinary language philosophy), daß beim Sprechen bzw. mit dem Sprechen kommunikative Handlungen ausgeführt, d. h. daß nicht *Sätze* gesprochen, sondern *Äußerungen* gemacht werden. Der Gedanke, der über den Beschreibungsbereich einer rein systematischen Satzsemantik hinausgeht, ist besonders von Austin und Searle entwickelt worden: ein Sprechakt ist die kleinste und zugleich grundlegende Einheit der sprachlichen Kommunikation (vgl. →Sprechakt, illokutiver Akt, lokutiver Akt, perlokutiver Akt).
Methodisch war man von Verben bzw. Sätzen ausgegangen, die zugleich Handlungen darstellen, z. B. *Hiermit taufe ich ..., Ich verspreche dir* usw. Zentrale Bedeutung erlangte die Illokution bzw. der illokutive Teilakt der Sprechhandlung, der die Sprechintention (auch: die semantische Intention) zum Ausdruck bringt. Dabei zeigt sich, daß ein Satz mit einem bestimmten propositionalen Gehalt in unterschiedlicher kommunikativer Absicht geäußert werden kann, d. h. man kann mit ihm etwas *sagen* und etwas *meinen* bzw. zu verstehen geben (z. B. *Das ist heute wieder ein schöner Tag, Hast du noch mehr Neuigkeiten auf Lager?*). Die S. ist daher wiederholt als semantisch zentrierte Illokutionstheorie bezeichnet worden, die von der sprachlichen Bedeutung eines Satzes ausgeht und den Sprechakt als Funktion des geäußerten Satzes betrachtet bzw. danach fragt, durch welche Regeln Satzbedeutungen Handlungscharakter erlangen.
J. L. Austin erhob in expliziter Form die Forderung nach einer Beschreibung sprachlicher Handlungen bzw. nach einer Erfassung dessen, was wir tun, wenn wir sprechen, und nach einer neuen Theorie, »die vollständig und allgemein darlegt, was man tut, wenn man etwas sagt« (1958; dt. in Bubner, Hrsg., Sprache und Analysis. 1968, S. 153). Austin vertrat die Meinung, daß illokutive Akte konventionell geregelt sind, perlokutive dagegen nicht. Als Klassen von Sprechakten unterschied er

- verdiktive Äußerungen (Urteilen, Schätzen, Bewerten),
- exerzitive Äußerungen (Erkennen, Anweisen, Warnen),

- kommissive Äußerungen (Versprechen, Absichterklären),
- konduktive Äußerungen (Beglückwünschen, Empfehlen, Sichentschuldigen),
- expositive Äußerungen (Angaben der Funktion einer Äußerung in einem Gespräch bzw. in einer Situation).

Nachhaltiger aber war der Einfluß, der vom Entwurf einer S. Searles ausging. Searle unterscheidet beim Sprechakt als Teilakte den *Äußerungsakt,* den *propositionalen Akt,* durch den etwas ausgesagt und auf etwas Bezug genommen wird, sowie den *illokutiven Akt* oder die Sprechintention; der *perlokutive Akt* wird im Anschluß an Austin erwähnt, dann aber weitgehend außer acht gelassen. Zur Analyse, Beschreibung und Klassifikation von Sprechakten als regelgeleitetem Verhalten werden als Regeltypen angegeben

- Regeln des propositionalen Gehalts,
- Einleitungsregeln,
- Aufrichtigkeitsregeln,
- wesentliche Regel (die den Kern des Sprechakts enthält).

Von grundlegender Bedeutung ist Searles Unterscheidung von regulativen und konstitutiven Regeln: regulative Regeln bestimmen Formen des Verhaltens, die schon bestehen und die durch sie nur modifiziert werden; konstitutive Regeln schaffen solche Verhaltensweisen erst. In diesem Sinne ist für Searle die semantische Struktur einer Sprache eine auf Konventionen beruhende Realisierung zugrundeliegender konstitutiver Regeln; Sprechakte werden vollzogen, indem Ausdrücke in Übereinstimmung mit konstitutiven Regeln geäußert werden (1971, S. 59). Intentionalität kann Bedeutung nicht ersetzen; der illokutive Akt muß als Funktion der Satzbedeutung verstanden werden, denn die Intentionalität kann Wort- und Satzbedeutungen nicht erklären (vgl. dazu auch M. Bierwisch, in Grewendorf, Hrsg., 1979). Die Absicht eines Sprechers ist erreicht, wenn der Hörer den Satz versteht, d. h. wenn er (in Verbindung von Intention und Konvention) dessen Bedeutung erkennt. Zu den notwendigen und hinreichenden semantischen und pragmatischen Bedingungen für das Äußern eines Satzes als eines (erfolgreichen) Sprechakts macht Searle detaillierte Angaben (vgl. dt. 1971, S. 88ff.). Das Problem von Intention und Konvention, von Wittgenstein in dem Sinne behandelt, daß Intentionen Konventionen nicht außer Kraft setzen können, von Strawson (dt. in Schirn, Hrsg., 1974) gegenüber Austin und Searle kritischer und differenzierter gesehen, wird von Grice unter dem Gesichtspunkt des allgemeineren Prinzips rationalen Verhaltens und der kommunikativen Bedingung des Sprecher- oder Redewechsels im Zusammenhang finaler

Kommunikation diskutiert: der Sinn einer Äußerung wird nicht durch Konventionen determiniert, sondern durch konversationelle Implikaturen.

Themen und Probleme der S. im Anschluß an Austin und Searle sind u. a. die Bedingungen bzw. Regeln für das Gelingen eines Sprechakts *(felicity conditions)* bei Austin und dessen *Theorie der Fehlschläge,* die Beschreibung illokutiver Akte hinsichtlich ihrer sprachlichen Indikatoren, der vernachlässigte perlokutive Akt, die Abgrenzung illokutiver und perlokutiver Akte, direkte und indirekte Sprechakte, die Sequenzierung von Sprechakten.

Durchaus im Sinne von Searle versteht D. Wunderlich (1976) die S. als semantische und pragmatische Erweiterung der Theorie der Bedeutung in natürlichen Sprachen; dabei befaßt die Semantik sich mit der Bedeutung von vom Kontext abstrahierten Sätzen, während die Pragmatik die Bedeutung von Sätzen in Kontexten untersucht. Als die drei wichtigsten illokutiven Typen nennt Wunderlich den direktiven Typ (Aufforderung), den erotetischen Typ (Frage) und den repräsentativen Typ (Behauptung).

Insgesamt werden von Wunderlich für die Erarbeitung einer sprachwissenschaftlichen S. die Fragen als tragend betrachtet, 1) wie die innere Struktur der Sprechakte ist, 2) welche sprachlichen Formen bzw. Prozeduren der Realisierung von Sprechakten dienen, 3) welche Abfolge- bzw. Sequenzierungsbedingungen für Sprechakte gelten. Die jeweilige Wirklichkeit wird im Sprechakt durch den propositionalen Gehalt oder durch nominale Elemente thematisiert; die Illokution bringt zum Ausdruck, in welcher interaktionellen Funktion die angegebene Wirklichkeit thematisiert erscheint. Das Gelingen eines Sprechakts ist nicht mit seinem Erfolgreichsein zu verwechseln: Wie erfolgreich ein Sprechakt ist, zeigt sich an der Reaktion, am Verstehen und Akzeptieren durch den Adressaten in der sich entwickelnden Interaktion. Zu den pragmatischen Faktoren von Sprechakten gehören die *Einstellungen* der Teilnehmer, d. h. ihre Interessen, Präferenzen, Fähigkeiten, ihre kognitiven oder emotionalen Zustände; diese gehen als pragmatische Präsuppositionen in die Äußerungen ein oder ergeben sich als Konsequenzen aus den Äußerungen (S. 26ff.).

Stetter (in L. Jäger, Hrsg., 1979) scheint die S., die bei der Erzeugung von Sprechakten von Regeln ausgeht, die konstitutiv für Sprachbeherrschung sind, und die die kommunikative Kompetenz von Sprechern als Naturanlage konstruiert, unter dem Vorurteil einer szientifischen Methodologie nur noch ein pures verdinglichtes Objekt wahrzunehmen. Die *Theorie der illokutiven Akte* als Explikation der pragmatischen Dimension des Zeichengebrauchs zu interpretieren bedeute, den wahren Sachverhalt auf den Kopf zu stellen, da im Modell der S. die traditionellen Dimensionen der Syntax und Semantik im propositionalen Akt, der sprachunabhängig gegebene Sachverhalte voraussetzt, konserviert werden. Die S. erweise sich so »als verkappte Syntax-Theorie, die vollständig in der Tradition des apragmatischen Grammatik-Begriffs steht, damit aber das von Kant, Peirce und Wittgenstein in der Dimension der Urteilskraft ausgemachte innovatorische Moment subjektiver Zeichensynthesis nicht zu erfassen vermag« (S. 62). Eine hermeneutisch reflektierte Linguistik fragt nach den sprachlichen Grundkategorien, die das Bewußtsein ausbildet; in diesen organisiert es seine Rede, und durch sie *versteht* es in Reflexion auf die Bedingungen der Konstitution von Sinn.

Die Klassifikation der Sprechakte in *Repräsentativa, Direktiva, Kommissiva, Expressiva* und *Deklarativa* nach den Hauptkriterien des illokutiven Zwecks, der Anpassungsrichtung und des psychischen Zustands bei Searle (1975) diskutiert Ballmer (1979); er bezweifelt die Möglichkeit einer Sprechaktklassifikation und hält eine Klassifikation als lohnendes Ziel für fraglich. Als vielversprechender wird die Entwicklung einer angemessen interpretierten Bedeutungsrepräsentationssprache mit anschließender Überprüfung der Möglichkeit einer Klassifikation betrachtet (S. 253).

Grewendorf (1979) unterstreicht, daß dank der philosophischen S. sich in der Linguistik die Erkenntnis durchgesetzt hat, daß sprachliche Äußerungen in Situationen als Handlungen zu interpretieren sind. Die sprachtheoretischen Konsequenzen werden jedoch in unterschiedlicher Weise gezogen, da man einerseits an einer engeren, sich auf Sätze beschränkenden, bedeutungstheoretischen Konzeption festhält, andererseits aber die semantisch-pragmatische Auffassung vertritt, daß es zur Bedeutung von Sätzen gehören müsse, daß man mit ihnen Sprechhandlungen vollziehen kann (Sprachtheorie als eigenständiger Komplex gegenüber einer Theorie der sozialen Interaktion: Sprachtheorie als Teilbereich einer allgemeinen Handlungstheorie). Die Problematik verdichtet sich in der Frage nach dem Zusammenhang zwischen dem Vollzug illokutiver Akte und der Bedeutung der verwendeten sprachlichen Mittel, in dem Sinne, was unter der Bedeutung eines sprachlichen Ausdrucks im Unterschied zu seiner illokutiven Rolle zu verstehen sei und in welchem Maße es von der Bedeutung eines Ausdrucks abhänge, welchen illokutiven Akt man mit dem Äußern des Ausdrucks vollziehen kann (S. 7ff.). – Nach Katz (1977) ist die S. ein hybrides Gebilde, denn sie gehöre teils in die Semantik, teils in die

Pragmatik hinein (s. auch →Äußerungsbedeutung, indirekter Sprechakt).
Vgl. →Semantik, Semantik und Pragmatik, Pragmatik.

Apel K.-O., Sprechakttheorie und transzendentale Sprachpragmatik zur Frage ethischer Normen. In: Ders., Hrsg., Sprachpragmatik und Philosophie. 1976. Sprechakttheorie und Begründung ethischer Normen. In: Lorenz K., Hrsg., Konstruktionen versus Positionen. Beiträge zur Diskussion um die Konstruktive Wissenschaftstheorie. 1978. Austin J. L., dt. Zur Theorie der Sprechakte. 1972. Ballmer Th. T., Probleme der Klassifikation von Sprechakten. In: Grewendorf G., Hrsg., 1979. Braunroth M. u. a., Ansätze und Aufgaben der linguistischen Pragmatik. 1975. Cole P. Morgan J. L., Hrsg., Syntax and semantics. Bd. 3: Speech acts. 1975. Grewendorf G., Hrsg., Sprechakttheorie und Semantik. 1979. Grice H. P., Logic and conversation. In: Davidson D. Harman G., Hrsg., The logic of grammar. 1975. Utterer's meaning and intentions. Philosophical review 78; 1969. Harras G., Zur Möglichkeit einer Integration von Sprechakten in ein allgemeines Handlungskonzept. ZGL 5; 3, 1977. Henne H., Sprachpragmatik. 1975. Jäger L., Hrsg., Erkenntnistheoretische Grundfragen der Linguistik. 1979. Katz J. J., Propositional structure and illocutionary force: A study of the contribution of sentence meanings to speech acts. 1977. Lewis D., dt. Konventionen. 1975. Meyer-Hermann R., Direkter und indirekter Sprechakt. DS 1, 1976. Sadock J. M., Toward a linguistic theory of speech acts. 1974 (Rez. Leech G., in JL 13; 1, 1974). v. Savigny E., Die Philosophie der normalen Sprache. 1974. Schirn M., Hrsg., Sprechhandlung, Existenz, Wahrheit. Hauptthemen der sprachanalytischen Philosophie. 1974. Searle J. R., Speech acts. 1969; dt. 1971. A taxonomy of illocutionary acts. In: Gunderson K., Hrsg., Language, mind, and knowledge. 1975. Streeck J., Sprachliches Handeln und sprachliche Verständigung. Argumente wider den semantischen Absolutismus der Sprechakttheorie. LB 56; 1978. Vandenweghe W. van de Welde M., Hrsg., Bedeutung, Sprechakte und Texte. 1979. Verschueren J., Speech act theory. A provisional bibliography with a terminological guide. 1976. Wunderlich D., Studien zur Sprechakttheorie. 1976. Sprechakttheorie und Diskursanalyse. In: Apel K.-O., Hrsg., Sprachpragmatik und Philosophie. 1976. Bremerich-Voss A., Zur Kritik der Sprechakttheorie. Austin und Searle. 1981. Meibauer J., Sprechakttheorie. Probleme und Entwicklungen in der neueren Forschung. DS 13; 1985.

Sprechakttypen. Typen oder Klassen, in die *illokutive* Typen eingeteilt werden, u. zw. die Repräsentativa/Assertiva, Direktiva, Kommissiva, Expressiva und Deklarativa. Die S. charakterisieren das Interaktionsverhältnis zwischen Sprecher und Hörer in bezug auf eine *Proposition* vom Standpunkt des Sprechers.
Vgl. →Sprechakttheorie, Sprechakt.

Ballmer Th., Probleme der Klassifikation von Sprechakten. In: Grewendorf G., Hrsg., Sprechakttheorie und Semantik. 1979. Ballmer Th. Brennenstuhl W., Speech act classification. 1981. Searle J. R., dt. Eine Taxonomie illokutionärer Akte. In: Ders., Ausdruck und Bedeutung. 1982.

Sprechen [speech, parole, discours, reč']. 1) Produktion sinnhaltiger/bedeutungsvoller Lautfolgen (Lautkontinuum, Sprechkontinuum), ein komplizierter physiologischer Vorgang der Artikulation, bei dem das neurale Steuerungssystem des Sprechers die jeweils zu produzierenden Laute antizipiert (vgl. [k] vor »Kuß« und »Kiste«) und die Lautproduktion durch Hören kontrolliert und korrigiert. 2) »S.« als Opposition zu »Sprache« im Sinne von →langue, d. h. als Sprachgebrauch oder Anwendung des Sprachsystems (vgl. →parole, Performanz), die aktuelle Tätigkeit des Sprechers zur Übermittlung von Information, als Aufforderung zum Handeln usw. (S. ist Nachrichten übermitteln, Sprache ist ein Kode – Hymes 1961). 3) Die energetische Betrachtung der Sprache:

Die Sprache in ihrem wirklichen Wesen aufgefaßt, ist etwas beständig und in jedem Augenblicke Vorübergehendes. Selbst ihre Erhaltung durch die Schrift ist immer nur eine unvollständige, mumienhafte Aufbewahrung, die es doch erst wieder bedarf, daß man dabei den lebendigen Vortrag zu versinnlichen sucht. Sie selbst ist kein Werk (Ergon), sondern eine Thätigkeit (Energeia) . . . Sie ist nemlich die sich ewig wiederholende Arbeit des Geistes, den articulierten Laut zum Ausdruck des Gedankens fähig zu machen. Unmittelbar und streng genommen, ist dies die Definition des jedesmaligen Sprechens; aber im wahren und wesentlichen Sinne kann man auch nur gleichsam die Totalität dieses Sprechens als die Sprache ansehen (Humboldt VII, 45 f.).

4) S. als Handeln (»Das menschliche Sprechen ist eine Art, ein Modus des Handelns« – K. Bühler, Axiomatik, 1933) bzw. als intentionales Verhalten eine spezifisch menschliche Tätigkeit. S. ist stets partnerbezogenes und bedeutungsvolles Handeln, der Vollzug eines kommunikativen Handlungsspiels, ein geregeltes soziales Handeln in Kontexten und Situationen (Sozialität und Kommunikativität des S. – S. J. Schmidt, in Rucktäschel, Hrsg., 1972, S. 87). S. ist »eine (höchst komplexe) Form regelgeleiteten Verhaltens« (Searle, dt. 1971, S. 24, 29). S. heißt, in Übereinstimmung mit Regeln Akte vollziehen (a.a.O., S. 38). S. ist ebenso wie Sprache regelhaft und funktioniert als System; als soziale Aktivität ist es auch durch Regeln beschreibbar.
Vgl. →Sprechakt, Sprechhandlung; Sprachproduktion; Regel.

Fairbanks G. Pronovost W., An experimental study of the pitch characteristics of the voice during the expression of emotion. Speech monographs 6; 1939. Frese J., Sprechen als Metapher für Handeln. In: Gadamer H. G., Hrsg., Das Problem der Sprache. 1967. Fry D. B., Speech reception and perception. In: Lyons J., Hrsg., New horizons in linguistics. 1970. Gardiner A., The theory of speech and language. 1951. Herrmann Th., Einführung in die Psychologie. 5. Sprache. 1972. Hymes D. H., The ethnography of speaking. In: Fishman J. A., Hrsg., Readings in the sociology of language. 1968; dt. in: Holzer/Steinbacher, Hrsg., Sprache und Gesellschaft. 1972. de Laguna G. A., Speech: its function and development. ²1953. Lenneberg E. H., dt. Biologische Grundlagen der

Sprache. 1972. Laver J., The production of speech. In: Lyons J., Hrsg., New horizons. 1970. Stern Cl. und W., Die Kindersprache. [4]1965. Žinkin N. I., Mechanizmy reči. 1958. Penfield W., The nature of speech. In: Feindel W., Hrsg., Memory, learning and language. 1960. Galliker M., Müssen wir uns auf das Sprechen vorbereiten? Ein genetisch-praktischer Ansatz der Psycholinguistik auf der Grundlage von Wittgenstein. 1977. Kavanagh J. F. Cutting J. E., Hrsg., The role of speech in language. 1975. Simon G. Straßner E., Hrsg., Sprechen-Denken-Praxis. 1977.

Sprechereignis [speech event]. Kommunikatives Ereignis, Aktivität oder Aspekt von Aktivitäten, die direkt durch Regeln für den Sprachgebrauch gesteuert werden. Ein S. kann aus einem einzigen →Sprechakt bestehen, umfaßt jedoch meist mehrere, z. B. eine Unterhaltung bei einer Party (ein dabei erzählter Witz ist ein Sprechakt). Ein Typ von S. kann in verschiedenen Situationskontexten vorkommen. Für die Unterscheidung von S.-varianten sind die Kategorien ›Zweck‹ und ›Ergebnis‹ wichtig. S. bilden ein System. Die konstituierenden Faktoren des S. sind Sender, Empfänger, Nachrichtenform, Kanal, Kode, Thema/Gegenstand, Kontext (Szene, Situation), denen sieben korrespondierende Funktionen des →Sprechens zugeordnet werden können. S. auch →Sprechsituation.

Hymes D., The ethnography of speaking. In: Fishman J. A., Hrsg., Readings in the sociology of language. 1968; dt. Teilübersetzung in: Holzer/Steinbacher, Hrsg., Sprache und Gesellschaft. 1972. Models of the interaction of language and social setting. In: McNamara J., Hrsg., Journal of soc. issues 23; 2, 1967; dt. in: Kochan D. C., Hrsg., Sprache und kommunikative Kompetenz. 1973.

Sprechersignale. Kommunikative Signale des Sprechers in Alltagsdialogen, die, indem sie auf die Partnerbeziehung referieren, dialogsteuernde bzw. dialogerhaltende Funktion erlangen, z. B. *nicht wahr?, nicht?, weißt du?, verstehst du?, oder nicht?* am Ende einer Äußerung. S. erstreben Vergewisserung, Zustimmung usw. Durch S. werden Gespräche gegliedert/segmentiert. Relevant sind auch entsprechende nonverbale Signale.
Vgl. →Hörersignale, Gespräch.

Rath R., Kommunikationspraxis. 1979.

Sprecherwechsel [turn taking]. Übergang der Rede vom Sprecher zum Hörer in unterschiedlichen Formen, u. zw. in geregelter Weise, im Anschluß an simultanes Sprechen oder nach Unterbrechung. Rath (1979) unterscheidet S. nach Aufforderung und S. durch Selbstwahl mit verschiedenen Formen der *Worteroberung* (Unterbrechungsstrategien). Vgl. →Gesprächsanalyse.

Henne H. Rehbock H., Einführung in die Gesprächsanalyse. ²1982. Rath R., Kommunikationspraxis. 1979. Streeck J., Konversationsanalyse. Ein Reparaturversuch. ZS 2; 1, 1983.

Sprechhandlung. Sprechen als Handlungsvollzug. Akt sprachlicher Äußerung, die aktuelle Rede des Sprechers. Spezifische Komponente menschlichen bzw. sozialen Handelns als zielgesteuerter Tätigkeit (vgl. →Sprechakt, Sprechereignis, Sprechtätigkeit), die im Rahmen einer Theorie der S. als Teil einer Theorie menschlichen Handelns zu verankern wäre (Bühler 1933, 1934). Nach Schnelle (1973, S. 273 ff.) sind S. Handlungen, auf die die grundlegenden Aspekte der Theorie der Handlung anwendbar sein müssen. Eine einfache S. ((1) Peter ist ein Meter fünfundneunzig groß) enthält als explizite Teilhandlungen

- die Bewegung der Sprechwerkzeuge,
- das Erzeugen von Sprechgeräuschen,
- das Äußern des Satzes (1),
- den Bezug auf die Person Peter,
- die Prädikation (Zusprechen einer bestimmten Eigenschaft),
- den Bezug auf einen Sachverhalt,
- die Behauptung des Sachverhalts;

als implizite Teilhandlungen bestimmte Voraussetzungen/Präsuppositionen und Implikationen. Für S. gelten die Prinzipien der Intentionalität und Konventionalität.
Vgl. →Sprechakt, Sprachhandlung.

Bühler K., Die Axiomatik der Sprachwissenschaft (1933). 1969. Sprachtheorie (1934). ²1965. Dittmann J., Sprechhandlungstheorie und Tempusgrammatik. 1976. Grünbaum A. A., Sprache als Handlung. 1932. Harras G., Handlungssprache und Sprechhandlung. Eine Einführung in die handlungstheoretischen Grundlagen. 1983. Heidrich C. H., Intentionale Analyse von Sprechhandlungen. 1977. Herrmann Th., Sprechhandlungspläne als handlungstheoretische Konstrukte. In: Lenk H., Hrsg., Handlungstheorien interdisziplinär. Bd. 1. 1980. Von Kempski J., Der Aufbau der Erfahrung und das Handeln. In: Brechungen. Kritische Versuche zur Philosophie der Gegenwart. 1964. Leist A., Zur Intentionalität von Sprechhandlungen. In: Wunderlich D., Hrsg., Linguistische Pragmatik. 1972. Maas U., Sprechen und Handeln. STZ 41, 1972. Sprachliches Handeln I. II. In: Funkkolleg Sprache. Bd. 2. 1973. Maas U. Wunderlich D., Pragmatik und sprachliches Handeln. 1972. Schnelle H., Sprachphilosophie und Linguistik. 1973. Schwemmer O., Philosophie der Praxis. 1971. Wunderlich D., Zur Konventionalität von Sprechhandlungen. In: Ders., Hrsg., Linguistische Pragmatik. 1972.

Sprechmelodie [speech melody, mélodie du discours, melodika reči]. *Intonation* bzw. →Satzintonation. Nach v. Essen der *Phrasierungsbogen,* »der sinnhaft zusammengehörige Redeabschnitte zu einer Einheit zusammenfaßt« (⁴1966, S. 200). Die kleinste sprechmelodische Einheit wird als Motiv bezeichnet. Maßgebend für die Erfassung melodischer Verläufe sind »Führtöne« (Sievers 1912). Oft auftretende und oft nachgeahmte S. können in einer →Sprachgemeinschaft stereotyp und damit zur Norm werden, wodurch sie weniger expressive und mehr darstellende Funktion erfüllen, d. h. phonologische Relevanz erlangen. Im Dt. werden als Grundformen melodischer Gestaltung der *terminale,* der *progrediente* und der *interrogative* Typus angesetzt. Durch Verlagerung des melodischen Schwerpunkts wird Sinnänderung bewirkt (vgl. Ich habe alle Sonderdrucke *durch*gelesen o. a.). S. →Intonation, Intonationsmuster, Intonem.

v. Essen O., Allgemeine und angewandte Phonetik. [5]1979.

Sprechnorm →Orthoepie

Sprechpause [speech pause, arrêt dans le discours, pauza v razgovore]. Pause bzw. Verzögerung *(hesitation)* im Sprechkontinuum. Sprechruhe nach Beendigung denkinhaltlich abgeschlossener Äußerungen. Die Dauer der S. wird durch die geistig-seelischen Anforderungen mitbestimmt: »Je komplizierter der logische Prozeß, desto ausgedehnter pflegt die Pause zu werden« (v. Essen, [5]1979, S. 220); Gefühlsregungen können längend, aber auch kürzend wirken. Die S. ist von der *Zäsur* zu unterscheiden, die nicht Sprech-Ruhe ist, sondern bewußt-intentionale Spannung mit Einwirkungswillen. Nach Goldman-Eisler (1964) nehmen die S. etwa 40–50 % der Sprechzeit ein; das Sprechtempo wird zu 90 % durch S. geregelt. In der S. erfolgen syntaktisch-lexikalische Selektion und →verbale Planung. In S. im Sinne von Verzögerungspausen wird nach dem treffenden Ausdruck gesucht (Drommel 1974).
Die Auffassung, daß S. (Verzögerungspausen) Prozessen der (inneren) verbalen Planung dienen bzw. für diese notwendig sind, hat sich nicht bestätigen lassen. Eine direkte Beziehung zwischen S. verschiedenen Typs (Anfang, Satzmitte, Satzgrenze) sowie verschiedenen Verzögerungsphänomenen und Effektivität der Sprechproduktion im Sinne besserer Kohärenz besteht nach Rochester u. a. (1977) nicht. Ineffektiv scheinen sich vor allem längere Initialpausen auszuwirken. S. als kürzere Unterbrechungen der Rede werden oft *überhört* bzw. überhaupt nicht wahrgenommen. – In der Analyse der →gesprochenen Sprache wird u. a. zwischen gefüllten und ungefüllten S. unterschieden. S. werden oft als Mittel der Aufmerksamkeitssteuerung eingesetzt.
Vgl. →Pause, Schweigen.

Butterworth B. L., Hesitation und semantic planning in speech. Journ. of Psychol. Research 4; 1975. van Caspel P. P. J., Experimenten op Experimentelen. 1955. Drommel R., Probleme, Methoden und Ergebnisse der Pausenforschung. 1974 (IP Köln, Berichte 2.) v. Essen O., Allgemeine und angewandte Phonetik. [5]1979. Goldman-Eisler F., Hesitation and information in speech. In: Cherry C., Hrsg., Information theory. 1961. Dies., Pauses, clauses, sentences. Language and Speech 15; 1972. Hörmann H., Psychologie der Sprache. [2]1977. Labov W., Sociolinguistic patterns. 1973. Lindsey J. R., Producing simple utterances: How far ahead do we plan? Cognitive Psychology 7; 1, 1975. Rochester S. R. u. a., Hesitation as cues to failures in coherence. A study of the thought-disordered speaker. In: Rosenberg Sh., Hrsg., Sentence production. 1977. Weinrich H., Phonologie der Sprechpause. In: Ders., Sprache in Texten. 1976.

Sprechsituation [speech situation, situation d'énonciation/contexte social du langage, rečevaja situacija]. 1) Der pragmatische Kontext einer Äußerung, die (situativ-kontextuellen) Bedingungen, unter denen eine Äußerung produziert und verstanden wird, die personalen (Herkunft, Einstellung, Intention, Emotion usw.), temporalen, lokalen Faktoren einer sprachlichen →Interaktion; »die Gesamtheit innerer und äußerer Voraussetzungen, die dazu führen, daß der Sprecher gerade diese Worte gerade in dieser Weise und gerade in diesem Augenblick spricht« (Drach, S. 13). 2) Die Gesamtheit (die verbalen und nicht-verbalen Komponenten) einer sprachlichen Interaktion.
Für Weinrich (1964) ist die S. Schnittfläche zweier Ordnungen: in der S. »begegnen sich Sprache und Welt« (S. 24). Das Person- und das Tempusmorphem des finiten Verbs (mit ›Zeit‹ hat ›Tempus‹ nichts zu tun – [1966, S. 49]), schließlich auch das sog. *Assertionsmorphem* (ein →Nullmorphem, das implizit ›ja‹ bedeutet) beziehen das Verb und damit die Rede auf die S. in ihrer elementaren Gestalt als Kommunikationsmodell. Nach Wunderlich (1971) soll die →Pragmatik (als Theorie des Gesamtbereichs linguistischer Erscheinungen) auch die Bedingungen aufzeigen, denen die Erzeugung von »Ketten sprachlicher Signale« in bestimmten S. genügen muß, und die Voraussetzungen benennen, die durch eine S. für sinnvolle Äußerungen gegeben sein müssen. Die Fähigkeit des Sprechers zur Bildung wohlgeformter Äußerungen ist abhängig von bzw. eng verflochten mit der Fähigkeit, die Komponenten einer vorliegenden S. zu erkennen (vgl. →Spracherwerb). Die sprachliche Kompetenz ist so das Vermögen von Sprechern und Hörern, »sich in (idealisiert gedachten) S. verständlich zu artikulieren bzw. das Artikulierte zu verstehen« (S. 175). Jede S. enthält die Äußerung und eine mit ihr etablierte Interrelation/Interaktion von Sp und Hö. Insgesamt lasse jede S. sich auffassen als 9-tupel: $\langle$Sp, Hö, s, l + w, Äuß, Inh, Vorauss, Int, Rel$\rangle$

(Sp = Sprecher, Hö = Angesprochener, s = Sprechzeit, 1 + w = Ort und Wahrnehmungsraum, Äuß = phonologisch-syntaktische Seite der Äußerung, Inh = kognitiver Inhalt, Voraus = Voraussetzungen (Wissen und Fähigkeiten des Sprechers, seine Annahmen über W. und F. des Hörers, Annahmen über den Wahrnehmungsraum des Hörers, soziale Beziehung zwischen Sp und Hö, Verständnis der vorangegangenen Äußerungen), Int = Intention, Rel = etablierte Interrelation zwischen S und H).

Im Rahmen der →Soziolinguistik erkennt Hymes (1967) Situationen (Kampf, Jagd, Mahlzeit, Liebesleben), die als Kontexte in die Aufstellung von Sprechregeln als Aspekte der Situierung eingehen, im Gegensatz zu den →Sprechereignissen jedoch durch diese Regeln nicht ganz beherrscht werden (dt. S. 95).
Im Sinne des Freiburger Ansatzes zur Untersuchung gesprochener Sprache erscheint die S. als intervenierende Variable zwischen Schichtzugehörigkeit und Sprachverwendung (vgl. →Redekonstellation).
S. auch →Situation, Sprechereignis.

Bayer K., Sprechen und Situation. [2]1984. Brinkmann H., Die dt. Sprache. [2]1971. Bühler K., Sprachtheorie. [2]1965. Drach E., Grundgedanken der dt. Satzlehre (1937). [4]1963. Kummer W., Sprechsituationen, Satztyp und Aussagecharakter. BLI 14; 1968. Sprechsituation, Aussagesystem und die Erzählsituationen des Romans. Lili 5, 1972. Leont'ev A. A., Slovo v rečevoj dejatel'nosti. 1965. Ders., dt. Sprache, Sprechen, Sprechtätigkeit. 1971. Maas U., Grammatische Kategorien und Sprechsituation. In: v. Stechow A., Hrsg., Beiträge zur generativen Grammatik. 1971. Roeder P. M., Kompensatorische Spracherziehung. Unterrichten als Sprachlernsituation. Muttersprache 80; 9/10, 1970. Ross J. R., On declarative sentences. 1968. Sadock J. M., Hypersentences. 1968. Sternberg Y., A typology of verbal communicative situation as a basis for analysing cultural deprivation. In: Educational review 22; 2, 1970. Weinrich H., Tempus. Besprochene und erzählte Welt. 1964. Linguistik der Lüge. 1966. Wunderlich D., Pragmatik, Sprechsituation, Deixis. Lili 1; 1/2, 1971. Deutrich K. H. Schank G., Situationsspezifischer Einsatz sprachlicher Mittel. DU 25; 1973.

Sprechtätigkeit [rečevaja dejatel'nost']. 1) Im Sinne von *langage,* d. h. Sprache als gesellschaftliches Produkt der Sprachfähigkeit und die Gesamtheit aller Bedingungen, um diese Fähigkeit in der Sprachgemeinschaft zu realisieren. 2) Im Sinne von *Sprechen* als Handeln oder Prozeß. 3) Bei A. A. Leont'ev eine Form theoretischer, auf Erkenntnis gerichteter Tätigkeit, ein System von Sprechhandlungen, die zu einer Tätigkeit gehören, die spezifische Komponente der menschlichen Gesamttätigkeit; eine interdisziplinäre, der ›Sprache‹ (→langue) und dem ›Sprechen‹ (→parole) übergeordnete Kategorie, die auf der Grundlage einer materialistischen (antidualistischen, nicht-behavioristischen) Psychologie als Tätigkeitstheorie angesetzt ist und Sprache als vom Menschen nicht abgelöste, typisch menschlichen Handlungsformen zugrundeliegende psychische Tätigkeit erscheinen läßt, in dem Sinne, daß eine Strukturbeschreibung erst aus einer Funktionsbeschreibung abzuleiten ist. Leont'ev will von der Analyse des Textes als vergegenständlichter Tätigkeit, »die sich in geronnenen Sprachgebilden manifestiert hat, zu dieser Tätigkeit selbst kommen, zu ihrer Struktur«, die kein Spiegelbild des Sprachsystems ist (1971). Die objektkonstituierende Kategorie der S. umfaßt die Komponenten ›Sprache als Gegenstand‹, ›Sprache als Prozeß‹ und ›Sprache als Fähigkeit‹; in ihr haben diese reales Sein (die Dichotomie langue–parole entspreche nicht modernen Erfordernissen). Der Kommunikationsprozeß darf nicht auf die Übertragung kodierter Nachrichten reduziert werden, sondern ist tätigkeitsbezogen und gesellschaftsbezogen zu betrachten, d. h. unter den Aspekten von *Motivation, Ziel* und *Vollzug.* S. ist dann die Einheit von Kommunikation und Generalisierung/Verallgemeinerung (= Darstellung bzw. Widerspiegelung der Wirklichkeit), in der mehrere Funktionen der Sprache realisiert werden, wobei erst im Prozeß der S. die reale gesellschaftliche Funktion der Sprache aufgedeckt wird. Dagegen bleibe eine rein linguistische Betrachtung von Zeichen oder Zeichensystemen ohne Bindung an eine Tätigkeitstheorie/Handlungstheorie ohne Perspektive. Vgl. →Psycholinguistik, Sprachproduktion, Sprachhandeln.

Dormagen H., Sprechtätigkeit und Gesellschaft. LB 43; 1976. Judin E. G., Dejatel' nost' kak opisatel'nyj princip i predmet issledovanija. Voprosy Filosofii 5, 1976. Langner M., Rezeption der Tätigkeitstheorie und der Sprechtätigkeitstheorie in der Bundesrepublik Deutschland. DS 12; 4, 1984. Leont'ev A. A., Slovo v rečevoj dejatel'nosti. 1966. Jazyk, reč, rečevaja dejatel'nost'. 1969. dt. Sprache, Sprechen, Sprechtätigkeit. 1971. dt. Psycholinguistik und Sprachunterricht. 1974. Psicholingvističeskie edinicy . . . 1969. Osnovy teorii rečevoj dejatel'nosti. 1974. Leont'ev A. N., dt. Tätigkeit, Bewußtsein, Persönlichkeit. 1979. Leont'ev A. A. u. a., dt. Grundfragen einer Theorie der sprachlichen Tätigkeit. 1984.

Sprechtempo [speech tempo, tempo de parler, temp reči]. Zahl der produzierten Lauteinheiten pro Zeiteinheit. Einschließlich der →Sprechpausen/Verzögerungen (hesitation phenomena) werden im Engl. etwa 200 Silben pro Minute, kurzzeitig bis zu 500 Silben pro Minute gesprochen. Rundfunksprecher produzieren um 14 Phoneme pro Sekunde. Die Teilabläufe bei der Lautproduktion werden weitestgehend automatisch durchgeführt. v. Essen (1949) sieht einen objektiven Maßstab bei der Messung der tatsächlich gebildeten Laute pro Sekunde unter Abzug der →Sprechpausen gegeben. Die richtige Einschätzung des S. ist jedoch erst bei Berücksichtigung dessen möglich,

wieviele Laute der Sprecher in der Zeit bei deutlichem Sprechen hätte bilden können (fiktive und effektive Lautzahl – Hildebrandt 1963). Das S. ist stark von der Sprechsituation abhängig. Die Untersuchung von Sinnabschnitten zeigt, daß der Sprecher sich in seinem S. vom gedanklichen Gehalt und der Gefühlswertigkeit führen läßt, »er zögert, dehnt, beschleunigt, hastet, je nach der augenblicklichen Vorstellungsabfolge und Gefühlserregung« (v. Essen [4]1966, S. 210). S. ist mehr als Artikulationsgeschwindigkeit, es ist der Spiegel der Denk- und Gefühlsabläufe, der Ausdruck innerer Bewegung. Das S. steigt an, wenn der Sprecher überzeugen will. Sprecher variieren das S. in der Weise, daß Neues und für den Partner Wichtiges langsamer gesprochen wird.
Vgl. →Sprechen, Sprechpause.

v. Essen O., Sprechtempo als Ausdruck psychischen Geschehens. ZfPh 3, 1949. Allgemeine und angewandte Phonetik. [5]1979. Herrmann Th., Einführung in die Psychologie. 5. Sprache. 1972. Lenneberg E. H., dt. Biologische Grundlagen der Sprache. 1972. Lindner G., Einführung in die experimentelle Phonetik. 1969.

Sprichwort [proverb, proverbe, poslovica]. Nach Seiler (1922) sind S. »im Volk umlaufende Sprüche von lehrhaftem Charakter und einer über die gewöhnliche Rede gehobenen Form«. Es handelt sich um feste Wortverbindungen, die aus vollständigen bzw. formal und inhaltlich abgeschlossenen Sätzen bestehen, die bestimmte Erfahrungen, Meinungen oder Anschauungen darstellen und durch sowohl unveränderten als auch häufigen Gebrauch Gemeingut einer Sprachgemeinschaft geworden sind, z. B. *Es ist nicht alles Gold, was glänzt. Lügen haben kurze Beine. Ohne Fleiß kein Preis.* Die kommunikative Funktion von S. besteht im Stützen oder Unterstreichen der eigenen Meinung; Argumentationen können im S. kulminieren oder durch ein S. abgeschlossen werden. Die inhaltliche Funktion von S. kann explizierend oder verhüllend, präzisierend oder verallgemeinernd sein. Die Verwendungshäufigkeit von S. ist textsortenabhängig.
Die inhaltliche Geschlossenheit des S., das sinnliche Erfahrung und gegenständliches Denken verallgemeinert, kann als Abgrenzungskriterium gegenüber den sprichwörtlichen Redensarten gelten, die syntaktisch noch eingebettet werden müssen, z. B. *etwas auf die leichte Schulter nehmen, jemanden am Gängelband führen.* Dagegen ist der Übergang zur Sentenz, zum geflügelten Wort, zum Epigramm usw. fließend.
Vgl. →Redensart, Phraseologie, Stereotyp.

Daniels K., Neue Aspekte zum Thema Phraseologie in der gegenwärtigen Sprachforschung. Muttersprache 86; 4, 1976. Zur Konstituierung des Lernbereichs ›Reflexion über Sprache‹ am Beispiel ›sprachliche Schematismen‹. In: Boueke D., Hrsg., Deutschunterricht in der Diskussion. Bd. 1. [2]1979. Jolles A., Einfache Formen. [2]1956. Mieder W., Das Sprichwort in unserer Zeit. 1975. International bibliography of explanatory essays on individual proverbs and proverbial expressions. 1977. Ergebnisse der Sprichwortforschung. 1977. Peukes G., Untersuchungen zum Sprichwort im Deutschen. Semantik, Syntax, Typen. 1977. Röhrich L., Lexikon der sprichwörtlichen Redensarten. 1976. Röhrich L. Mieder W., Sprichwort. 1977. Schmidt W., Deutsche Sprachkunde. [7]1972. Seiler F., Deutsche Sprichwörterkunde (1922). 1967. Wander K. F. W., Deutsches Sprichwörter-Lexikon. Bde. 1–5 (1867–1880). 1964.

Spurentheorie [trace theory]. Auch Spurentheorie der Umstellungsregeln. In einer neueren Version der generativen Transformationsgrammatik N. Chomskys eine Theorie der semantischen Interpretation von abstrakten Oberflächenstrukturen bzw. *S-Strukturen.* Wenn eine Transformation eine Phrase P von der Position X auf die Position Y umstellt, so läßt sie an der Position X eine durch P gebundene *Spur* bzw. leere Kategorie zurück (Chomsky 1977, S. 117), d. h. daß Umstellung bzw. *Bewegung* die Kategorie entleert, aber nicht tilgt. S-Strukturen enthalten somit Spuren, die man sich als durch eine Bewegungsregel eingeführte gebundene Variable vorstellen kann. S-Strukturen mit Spuren sind angemessene Kandidaten für die semantische Interpretation (Chomsky 1981, S. 148ff.).
Vgl. →Oberflächenstruktur, S-Struktur.

Chomsky N., dt. Reflexionen über die Sprache. 1977. Ders., Regeln und Repräsentationen. 1981. Culicover P. W. u. a., Hrsg., Formal syntax. 1977. Lightfoot D., Trace theory and explanation. In: Syntax and semantics, Bd. 13. 1980. Pullum G. K. Borsley R. D., Comments on the two central claims of ›trace theory‹. Linguistics 18; 1980.

S-Struktur. In der generativen Transformationsgrammatik (rev. erw. Standardtheorie) eine Ebene der Ableitung, die durch Anwendung der Transformation auf die von der Basis erzeugte D-Struktur entsteht. Die S. ist die Ansatzebene für die semantische Interpretation; sie ist abstrakter als die →Oberflächenstruktur.

Stamm →Wortstamm

Stammbaumtheorie. Theorie A. Schleichers (1861) über die genetische Verwandtschaft der idg./indoeurop. Sprachen im Bezug zur idg. Ursprache. Im Stammbaumschema stellt die senkrechte Dimension die Zeit, die waagerechte den abstrakten räumlichen Abstand dar. Als

Alternative zur S. schlug Schleichers Schüler J. Schmidt 1872 die →Wellentheorie vor.
Vgl. →Indogermanistik, Junggrammatiker.

Bynon Th., Historische Linguistik. 1981. Höfler O., Stammbaumtheorie, Wellentheorie. PBB(T) 77; 1955/56. Schleicher A., Compendium der vgl. Grammatik der idg. Sprachen. 1861.

Standardsprache [standard language]. Auch: Hochsprache, Nationalsprache, Landessprache. Die historisch legitimierte und institutionalisierte überregionale Verkehrssprache einer Sprachgemeinschaft, die Umgangssprache(n) und Dialekte überlagert und durch Normen des korrekten mündlichen und schriftlichen Gebrauchs festgelegt und tradiert wird. Als am weitesten verbreitetes öffentliches Verständigungsmittel wird die S. in Schulen vermittelt und begünstigt den sozialen Aufstieg; sie ist gegenüber den →Dialekten und →Soziolekten das abstraktere und sozial übergreifende Kommunikationsmittel. Für Jäger ist S. »die Sprache, die im Sprachverkehr der oberen und mittleren sozialen Schichten verwendet wird«. Steger bezeichnet die S., sozial gesehen, als »Dialekt der Gebildeten«.
Vgl. →Sprachschichtung, Sprachnorm; Umgangssprache.

Dittmar N., Soziolinguistik. ⁴1980. Funkkolleg Sprache. 2. 1973. Garvin P., The standard language problem – concepts and methods. In: Hymes D., Hrsg., Language in culture and society. 1964. Glinz H., Dt. Standardsprache der Gegenwart. In: Lexikon der Germ. Linguistik. ²1980. Haas W., Hrsg., Standard languages, spoken and written. 1981. Jäger S., Standardsprache. In: Lex. der Germ. Ling. 1973. ²1980.

Stellungsfelder →Vorfeld des Satzes, Mittelfeld, Nachfeld des Satzes

Stereotyp. 1) Aus habitualisierten Gewohnheiten und Urteilen hervorgegangene Überzeugung (mit bestimmten Norm- und Wertvorstellungen) von Personen, Personengruppen oder Gegenständen, Beurteilungsschema; nach Lippman eine vorgefaßte Meinung über Attribute der Außenwelt, die unsere Erfahrungen und Erwartungen organisiert und der Gedankenökonomie dient. Nach Schaff (dt. ²1969) ist das S. eine gedanklich-pragmatische Kategorie, die sich auf menschliches Handeln bezieht (im Unterschied zum →Begriff als gedanklich-logischer Kategorie); es entsteht, wenn es um Wertungen, um den Willen und Gefühle geht; es ist Träger des emotionalen Verhältnisses zur Welt. Das S. wird meist als S. nicht bewußt, so daß es »um so mächtiger seine Wirkung tut, je mehr es im Bewußtsein des Menschen mit dem *Begriff* in eins verschmilzt« (S. 109).

2) Bei H. Putnam das sprachliche Bedeutungswissen, die mit einem Wort gegebenen Bedeutungsassoziationen, z. B. *Wald:* Bäume, Förster, Wild usw.

Schaff A., dt. Essays über die Philosophie der Sprache. [2]1969. Putnam H., Meaning, reference and stereotypes. In: Guenthner F. Guenthner-Reutter M., Hrsg., Meaning and translation. 1978. Quasthoff U., Soziales Vorurteil und Kommunikation. Eine sprachwissenschaftliche Analyse des Stereotyps. 1973. Dies., The use of stereotype in everyday argument. Journal of Pragmatics 2, 1978. Fink K. J., Das semantische Differential zur Untersuchung nationaler Stereotypen. STZ 56; 1975. Schwarze Chr., Stereotyp und lexikalische Bedeutung. Studium Linguistik 13; 1982. Tanaka Y., A study of national stereotypes. In: Triandis H. C., Hrsg., The analysis of subjective culture. 1972. Wenzel A., Stereotype in gesprochener Sprache. 1978. Wunderlich D., Arbeitsbuch Semantik. 1980.

Stil. Auch: Stilart, Sprachstil. Die Art und Weise des Schreibens, die Art des mündlichen und schriftlichen Ausdrucks, eine distinkte Sprachvariante, ein sprachliches Subsystem mit eigentümlicher Lexik und Phraseologie; das Gesamt von mehr oder weniger auffälligen Eigenheiten des sprachlichen Ausdrucks. Bei Riesel

die historisch veränderliche, funktional und expressiv bedingte Verwendungsweise der Sprache auf einem bestimmten Gebiet menschlicher Tätigkeit, objektiv verwirklicht durch eine zweckentsprechend ausgewählte Gesamtheit lexikalischer, grammatischer und phonetischer Mittel (nach Agricola u. a. 2. 1970, S. 1016).

Sprachstil ist bei Riesel (1954)

die spezifische funktionale Verwendungsweise der allgemein zu Gebote stehenden Sprachmittel (S. 7).

Kriterium der S.-Klassifikation ist

die Einteilung nach der spezifischen Funktion, die das betreffende Ausdruckssystem im gesellschaftlichen (schriftlichen oder mündlichen) Verkehr erfüllt (S. 9).

Bei Winter (1967) ist eine Stilart »gekennzeichnet durch Selektionen, die in bestimmter, wiederkehrender Weise unter den nichtobligatorischen Erscheinungen der Sprache wahrgenommen werden . . .«.

(A style may be said to be characterized by a pattern of recurrent selections from the inventory of optional features of a language.)

Die zentralen Begriffe sind Wiederkehr der Auswahl und Optionalität der Elemente (S. 223).
Eine Zusammenstellung von Definitionen und eine Einführung in die Problemlage s. bei Sowinski (1973) und Sanders (1973). Einblick in die Forschungslage gibt Riffaterre (dt. 1973).
Vgl. →Stilistik, Stilanalyse.

Hannappel H. Herold Th., Sprach- und Stilnormen in der Schule. SuL 16; 1, 1985. (s. auch →Stilistik, Stilanalyse.)

Stilanalyse. Untersuchung von Texten hinsichtlich ihrer spezifischen Selektion sprachlicher Mittel sowie die Klassifikation und Beurteilung dieser Mittel; die Feststellung und Beschreibung der stilistischen Eigenarten eines Textes, das Erkennen ihrer Textfunktion und Textwirkung. Die S. kann sich auf den phonetisch-phonologischen und prosodisch-suprasegmentalen, den syntaktisch-grammatischen, den semantisch-lexikalischen, den pragmatischen (Sender – Empfänger – Zeichen) oder den pragmatisch-referentiellen (Darstellung der ›Wirklichkeit‹) Aspekt beziehen, aber auch alle Aspekte umfassen; sie kann sich auf den Stil einer Sprache, einer Epoche, eines Autors, eines Werks, einer Gattung, eine Textsorte, eines Einzeltextes richten, sie kann besondere Stilphänomene (z. B. den *Bewußtseinsstrom,* die *erlebte Rede (represented speech, style indirect libre)),* Spezifika auf der Ebene der →parole, aber auch auf der der →langue intendieren, entweder paradigmatische oder syntagmatische Beziehungen stärker berücksichtigen, sie kann thematische und gehaltliche Fragen ausklammern oder mit einschließen. S. erweist sich immer als abhängig von den unterschiedlichen Auffassungen von Stil und Stilistik (rhetorische Funktions- und Wirkungsanalyse, Wirkungsanalyse im Rahmen einer Gehalt und Gestalt aufeinander beziehenden werkimmanenten Interpretation (Staiger, Kayser u. a.), (tiefen)psychologisch begründete Analyse unterschiedlicher Textsorten mit dem Versuch, Beziehungen des subjektiven Verstehens zwischen Text und Leser herzustellen (L. Spitzer), Untersuchung funktionaler Stile im Anschluß an die Prager Linguistik, formale Stilistik im Sinne des russ. Formalismus.
Exzeptionalen S. stellt Sowinski (1973) eine extensive und exemplarische Analyse gegenüber, die bei Beschränkung auf kleinere Textpartien das je Eigenartige und Charakteristische des Ganzen erfassen soll:

> Die Kennzeichnung des zu untersuchenden Textes nach der Art, Länge und Struktur der Sätze, der bevorzugten Form der grammatisch-syntaktischen Mittel (Satzbaupläne, Satzformen, Verbformen, Tempora und Modi, Worttypen und Wortarten usw.), nach Klang, Rhythmus und Textgliederung, nach Lexik, Bilderwahl und stilistischen Figuren führt zu einer nahezu vollständigen Charakterisierung der jeweiligen Sprachverwendung (S. 360).

Methoden der S. sind auch von bestimmten Auffassungen zur Syntax und Semantik, von der jeweiligen Theorie der Textkonstitution abhängig (Konzeption der Abweichungen und ›Überraschungen‹, Transformations-, und Substitutionsansatz, Konzept textkonstitutiver

(denotativer und konnotativer) semantischer Netze, wahrscheinlichkeitsstatistischer Zugang, strukturalistischer Binarismus).
Riffaterre entscheidet sich gegenüber dem Versuch, von den Absichten des Autors auszugehen, »um dann zu beobachten, wie sie im Text verwirklicht werden« (dt. 1973, S. 39), für die Zwischenschaltung des (dekodierenden) Lesers, da dieser die Zielscheibe des Autors ist; seiner Wahrnehmung gilt es sich zu bedienen, »um die stilistischen Fakten im literarischen Text zu lokalisieren« (S. 40). Das Problem bestehe dann darin, aus den subjektiven Reaktionen des Entschlüsselers objektive Daten zur Bildung von Konstanten zu gewinnen; dies sei u. a. durch die Vernachlässigung des Inhalts von Werturteilen möglich.
Im Kommunikationsmodell läßt Stil sich im weitesten Sinn als intentional gesteuerte, adressatenspezifische Selektion sprachlicher Möglichkeiten auffassen (s. dazu Sanders 1973, S. 69ff.; Ullmann, dt. 1972, S. 149ff.); S. hätte dann wahlweise an unterschiedlichen Aspekten der Kommunikation anzusetzen und diese u. U. zu integrieren.
Zu statistischen, psychologischen, funktionalen Methoden sowie zur S. nach ›Schlüsselwörtern‹ s. bei Ullmann, a.a.O., S. 136ff.
Vgl. →Stilistik.

Pieper U., Über die Aussagekraft statistischer Methoden für die linguistische Stilanalyse. 1979. Spillner B., Hrsg., Methoden der Stilanalyse. 1984. (s. auch →Stilistik.)

Stilistik. Teildisziplin der Linguistik an der Grenze zur Literaturwissenschaft, die Wissenschaft vom Sprachstil (Stiltheorie, Stilforschung), die die unterschiedlichen Gattungs-, Gruppen- und Individualstile sowie funktionalen Stile erforscht; linguistische Teildisziplin, die die affektiv-expressiven Elemente der Sprache untersucht. Bally unterschied die allgemeine S., die S. der Einzelsprache, die individuelle S., die S. eines Autors bzw. der Sprache eines Redners, die S. der gesprochenen Sprache; sein Ziel bestand wesentlich in der Begründung einer deskriptiven S. (im Unterschied zur älteren normativen S.). Bemerkenswerte Ergebnisse konnte die Phonostilistik aufweisen (Expressivität, Artikulation, Akzentuierung; Eigenschaften, die anzeigen, wer spricht, in welchem Ton gesprochen wird, über welchen Gegenstand Kommunikation erfolgt). Mathematische Methoden sind durch Winter, Eggers, Doležel und besonders Fucks angewandt worden. – Die praktische S. (Stilkunde) lehrt die funktionale Spezialisierung der (mündlichen und schriftlichen) sprachlichen Mittel nach den je verschiedenen Bedingungen der Kommunikation, ihren

zweckdienlichen Einsatz und ihre intentional-expressive Angemessenheit.
Vgl. →Stil, Stilanalyse.

Epstein E. L., Language and style. 1978. Fleischer W. Michel G., Stilistik der dt. Gegenwartssprache. 1975. Hatzfeld H., Hrsg., Romanistische Stilforschung. 1975. Koïn A. N., O predmete stilistiki. VJa 2, 1982. Riesel E., Abriß der dt. Stilistik. 1954. Dies., Der Stil der dt. Alltagsrede. 1970. Riffaterre M., dt. Strukturale Stilistik. 1973. Sanders W., Linguistische Stiltheorie. Linguistische Stilistik. 1977. Sandig B., Stilistik. 1978. Schneider W., Stilistische dt. Grammatik. [5]1969. Sowinski B., Deutsche Stilistik. 1973. Ullmann St., dt. Sprache und Stil. 1972. Winter W., Stil als linguistisches Problem. In: Satz und Wort im heutigen Deutsch. 1967 (Sprache der Geg., Bd. 1). Zimmer R., Stilanalyse. 1978.

Stimulus und Response →Behaviorismus, Sprachverhalten, Mediationstheorie(n) der Bedeutung, Mediation

stochastischer Prozeß. Eine durch eine Informationsquelle erzeugte Folge von Zeichen, in der das Auftreten der einzelnen Zeichen durch gewisse Wahrscheinlichkeiten bedingt ist.

Wählt eine Quelle beim Formen einer Nachricht Zeichen für Zeichen aus und berücksichtigt sie dabei die Auftretenswahrscheinlichkeiten der Zeichen, so entsteht als Signal eine stochastische Zeichenfolge. Die Informationsquelle ist theoretisch anzusehen als st. P. und entsprechend mathematisch zu behandeln (Flechtner [5]1970, S. 132).

Vgl. →Markov-Prozeß, Sprachproduktion.

Anschütz A., Kybernetik kurz und bündig. 1967. Cox D. R. Lewis P. A. W., The statistical analysis of series of events. 1966. Doob J. L., Stochastic processes. 1953. Flechtner H.-J., Grundbegriffe der Kybernetik. [5]1970. Rosenblatt M., Random processes. 1962. Miller G. A. Selfridge J. A., Verbal context and the recall of meaningful material. Am. journ. psych. 63; 1951. Treisman A. M., Verbal responses and contextual constraints in language. JVLVB 4; 2, 1965.

Stoffname →Kontinuativum

Strategie. Die Art und Weise des Verfügens über Regeln. Eine mehr oder weniger bestimmte Art des Suchens bei der Lösung einer Aufgabe; die Tendenz, sich an eine bestimmte Lösungsmethode zu halten.
Vgl. →Gesprächsstrategie, Redestrategien, verbale Strategie.

Burger E., Einführung in die Theorie der Spiele. 1959. Heringer H.-J. u. a., Einführung in die Praktische Semantik. 1977. Schelling T. C., The strategy of conflict. 1960. Ossner J., Konvention und Strategie. Die Interpretation von Äußerungen im Rahmen einer Sprechakttheorie. 1985.

Stratifikationsgrammatik. Schichtengrammatik oder Ebenengrammatik Lambs, die auf der Grundlage glossematischer Vorstellungen und nach Erfordernissen der →automatischen Übersetzung entwickelt wurde. Die Sprache wird als System von hohem Komplexheitsgrad betrachtet, das auf mehreren, hierarchisch angeordneten Ebenen oder *strata* funktioniert, die miteinander in wechselseitiger Beziehung stehen und als Subsysteme *(stratal systems)* analysiert werden. Eine S. besteht aus der semologischen Komponente mit dem hypersemologischen und semologischen Stratum, der grammatischen Komponente mit dem lexematischen und morphologischen Stratum und der phonologischen Komponente mit dem phonologischen und hypophonologischen Stratum. Die oberste Ebene ist die semantische, die unterste die phonetische. Auf jeder Ebene fungieren taktische Regeln (Semotaktik, Lexotaktik, Morphotaktik, Phonotaktik). Die Strata sind untereinander durch Realisationsregeln verbunden. – Lambs Ziel ist, durch deskriptive Analyse ein Modell der Sprachfunktion zu erarbeiten. Ausgangspunkt ist dabei die zu kommunizierende Bedeutung. Die Darstellungsform bzw. Notation von Ergebnissen der S. in komplexkomplizierten Diagrammen bzw. Netzen bereitet Rezeptionsschwierigkeiten.

Benneth D. C., English prepositions. A stratificational approach. 1968. Fleming I., S. theory. An annotated bibliography. Journ. of Engl. ling. 3, 1969. Hockett Ch. F., Language, mathematics and linguistics. 1967 (auch in Current trends. 3. 1966). Lamb S., Outline of s. grammar (1962). 1966. Lockwood D. G., Introduction to s. linguistics. 1972. Makkai A., Hrsg., Readings in s. linguistics. 1969. Robins R. H., dt. Ideen- und Problemgeschichte der Sprachwissenschaft. 1973. Snook R., A stratificational approach to contrastive analysis. In: Nickel G., Hrsg., Papers on contrastive linguistics. 1971. Schreyer R., Stratifikationsgrammatik. 1977.

Struktur (*struo – structum; structura:* Bau, Bauart). 1) Gestalt, Ganzheit als tektonische Eigentümlichkeit von Wahrnehmungsinhalten (Krueger); Anordnung psychischer Gegebenheiten, die durch erlebbare Beziehungen regelhaft miteinander verbunden sind (Dilthey). 2) Bau, Bauart, Anordnung (auch: →pattern). 3) Die Menge der Beziehungen zwischen den Gegenständen eines Systems (Funkkolleg Sprache); die Gesamtheit der Relationen eines Systems, die Menge der die Elemente eines Systems miteinander verknüpfenden Relationen; das Beziehungsnetz zwischen den Elementen eines Systems; die Art und Weise, in der die Elemente eines Systems zueinander stehen.
Hjelmslev (1958, 1959) bestimmte S. als »autonome Ganzheit innerer Abhängigkeiten« *(une entité autonome de dépendances internes).* ›S.‹ bildet den Gegensatz zur einfachen Verbindung von Elementen und bezeichnet ein

Ganzes . . ., das sich aus gleichartigen Phänomenen zusammensetzt, wobei jedes von den anderen abhängt und nur in der Beziehung zu ihnen das sein kann, was es ist (= Theorie der Formen).

Die Idee der Form muß man

›nach dem Modell eines Systems‹ verstehen, ›in dem man einzelne Teile nicht wegnehmen oder hinzufügen kann, ohne die anderen zu verändern oder eine allgemeine Umgruppierung herbeizuführen‹ (1973, S. 254f.).

Nach Wunderlich (1971) wird der S.-Begriff gebraucht im Sinne von a) nicht chaotisch oder amorph, sondern gegliedert; Ordnung, Regularität, Abhängigkeit; b) heuristische Annahme von Zusammenhängen, die zur Entwicklung von Entdeckungs- oder Auffindungsprozeduren dieser Zusammenhänge führt; c) Gliedern, Ordnen; Klassifizierung von Erfahrungen, Schemabildung, Theoriebildung. – Die Behandlung und präzise Formulierung von Strukturuntersuchungen bildet das Kerngebiet der modernen Mathematik (Bourbaki).
Die S. eines Gegenstandes kann nicht unabhängig von der Funktion des Gegenstandes in Prozessen gesehen werden, denn unterschiedliche Strukturen können z. B. gleiche Funktionen erfüllen.
Vgl. →Sprachstruktur; s. auch →System, Sprachsystem; Strukturalismus.

Ammer K. Meier G. F., Bedeutung und Struktur. Zeichen und System der Sprache. 3. 1966. Bourbaki N., Elements of mathematics. Theory of sets. 1968. Bühl W. L., Hrsg., Funktion und Struktur. 1975. Carnap F., Der logische Aufbau der Welt. Scheinprobleme in der Philosophie. 1928. [2]1961. Daraus: Strukturbeschreibungen, Kursbuch 5, 1966. Dilthey W., Ideen über eine beschreibende und zergliedernde Psychologie. 1894. Eco U., Einführung in die Semiotik. 1972/1984. Geier M. u. a., Sprache als Struktur. 1976. Hjelmslev L., in: Naumann H., Hrsg., Der moderne Strukturbegriff. 1973. Hockett Ch. F., A note on ›structure‹. IJAL 14, 1948; abgedr. Joos M., Hrsg., Readings I. [4]1968. Hill A. A., Introduction to linguistic structures. 1958. Juilland A., Outline of a general theory of structural relations. 1961. Kolšanskij G. V., Logika i struktura jazyka. 1965. Kröber G., Die Kategorie ›Struktur‹ und der kategorische Strukturalismus. Dt. Zs f. Philosophie 16; 11, 1968. Krueger F., Der Strukturbegriff in der Psych. [2]1931. Kuryłowicz J., Les structures fondamentales de la langue. In: Esquisses ling. 1960. Wunderlich D., Terminologie des Strukturbegriffs. In: Ihwe J., Hrsg., Literaturwissenschaft und Linguistik. I. 1971.

Strukturalismus. Auch: strukturale Linguistik, strukturelle Sprachwissenschaft; linguistischer S. Nach Hjelmslev (1959, dt. 1973) »die Gesamtheit von Untersuchungen . . ., die auf der Hypothese aufbauen, daß es wissenschaftlich legitim ist, die Sprache als eine Struktur [bzw. als System] zu beschreiben« (S. 255). Die historisch-vergleichende Sprachwissenschaft (→Komparatistik) habe die *disiecta membra* der

Sprache studiert, was eine Erfassung der Sprache als Totalität nicht ermöglicht; auch habe man die historischen, die physischen, physiologischen, psychologischen, soziologischen und logischen Aspekte der Sprache erforscht, nicht die Sprache selbst. Die Linguistik muß Sprache nicht als Konglomerat nichtsprachlicher Phänomene erfassen, sondern als autonome Totalität und Struktur *sui generis.* Hjelmslev war der (berechtigten) Überzeugung, im Sinne Saussures zu denken, in dessen Auffassung von Linguistik die Begriffe *System* bzw. *langue,* Form bzw. *Struktur* und *Synchronie* den Kern bildeten (vgl. auch →Sprachsystem, Sprachstruktur). Nach Bierwisch (1966) macht der S. als theoretisch fundierte Erfahrungswissenschaft die Sprache selbst, u. zw. sowohl die Einzelsprache als auch die Gesamtheit der Sprachen zum »Gegenstand einer systematischen und empirisch prüfbaren Theorie« (S. 77). Den divergierenden Gesichtspunkten strukturalistischer Strömungen (vgl. →Glossematik, Prager Schule, taxonomischer Strukturalismus, Deskriptivismus, Distributionalismus) ist gemeinsam,

daß menschliche Äußerungen und Verhaltensweisen nicht als isolierte Einzelerscheinungen betrachtet werden, sondern vor dem Hintergrund eines systematischen Zusammenhangs, der ihre Struktur bestimmt (S. 78).

Die Methodologie des S. hat Erkenntnisse der formalen Logik, der Semiotik, der Verhaltensforschung, der Psychologie und der Mathematik integriert; andererseits hat die strukturelle Denkweise auf Anthropologie, Poetik und Ästhetik eingewirkt.
Nach Coseriu (1967/68) ist der S. das größte Ereignis in der allgemeinen Sprachwissenschaft unseres Jh. und deren wichtigster Beitrag. Als Geburtsstunde des S. ist das Jahr 1928 zu betrachten, als Jakobson, Trubetzkoy und Karcevskij auf dem 1. Int. Linguistenkongreß die These 22 zur Phonologie veröffentlichten (Actes, 1929, S. 33). Die Leistungen des S. seien nicht unkritisch zu übernehmen, sondern historisch zu verstehen und dialektisch (im positiven Sinne) zu überwinden. Die generative Transformationsgrammatik könne den S. nicht einfach ›ersetzen‹ (1967/68, S. 11).
S. auch →Struktur, Sprachstruktur.

Bierwisch M., Strukturalismus. Geschichte, Probleme und Methoden. Kursbuch 5, 1966 und in: Ihwe J., Hrsg., Literaturwissenschaft und Linguistik I. 1971. Cassirer E., Structuralism in modern linguistics. Word 1955. Christmann H. H., Strukturelle Sprachwissenschaft. Grundlagen und Entwicklung. Romanistisches Jb 1958. Coseriu E., Einführung in die strukturelle Linguistik. 1967/68. Fietz L., Funktionaler Strukturalismus. 1976. Hansen K., Wege und Ziele des Strukturalismus. ZfAA 4, 1958. Hjelmslev L., Prolegomena zu einer Sprachtheorie. 1974. Ders., dt. Für eine strukturale Semantik. In: Naumann

H., Hrsg., Der moderne Strukturbegriff. 1973. Die strukturelle Linguistik. In: Ders., Aufsätze zur Sprachwissenschaft. 1974. Holenstein E., Jakobson und Husserl. Ein Beitrag zur Genealogie des Strukturalismus. In: Parret H., Hrsg., History of linguistic thought and contemporary linguistics. 1976. Motsch W., Zur Kritik des sprachwiss. Strukturalismus. 1974. Pettit P., The concept of structuralism. A critical analysis. 1975. Ružička R., Hrsg., Probleme der strukturellen Grammatik und Semantik. 1968. Šaumjan S. K., O suščnosti strukturnoj lingvistiki. VJa 3, 1956. Wunderlich D., Empirischer oder rationaler S. STZ 25; 1968. Wahl F., Hrsg., Einführung in den Strukturalismus. 1973. Anders G., Der Wechsel von struktureller zu generativer Linguistik: Historiographie- und Begründungsprobleme in der Sprachwissenschaft. 1984.

Strukturbaum →Baumgraph

strukturelle Bedeutung. Auch: grammatische oder syntaktische Bedeutung bzw. Beziehungsbedeutung. Bei Fries u. a. im Gegensatz zur →lexikalischen Bedeutung die durch syntagmatische/syntaktische Beziehungen und ihre Morphologie zum Ausdruck gebrachte Bedeutung. Fries unterscheidet die Bedeutung von grammatischen Elementen, von →grammatischen Funktionen und von Satzarten. Die Satzbedeutung setzt sich aus den lexikalischen Bedeutungen (den Wörtern) und den s. B. zusammen. Die s. B. läßt sich durch *sinnlose* Sätze (vgl. →Grammatikalität) veranschaulichen, z. B. *Die Loller lollten mit Lollen.* S. auch →grammatische Bedeutung, Beziehungsbedeutungen.

Strukturwörter [structural words, mots de structure]. Wörter, die zum Grundwortschatz (vgl. →Grunddeutsch, Häufigkeitswörterbuch) einer Sprache gehören und ein geschlossenes Inventar von geringer Menge und hoher Frequenz bilden; sie üben grammatisch-syntaktische Funktionen aus (Artikel, Präpositionen, Konjunktionen, Pronomen). Die S. werden oft den *Inhaltswörtern* gegenübergestellt.
Vgl. →Funktionswörter, Grundwortschatz.

Oehler H., Grundwortschatz Deutsch. 1966ff. Hornby A. S., The teaching of structural words and sentence patterns. 1966/1978.

Subjazenz-Prinzip [subjacency condition]. In neueren Versionen der generativen Transformationsgrammatik ein Prinzip, das die Anwendungsmöglichkeit von Transformationen einschränkt. Transformationen dürfen nur innerhalb eines Zyklus oder in unmittelbar adjazenten Zyklen operieren, d. h. daß Wh-Pronomina nicht mehr als über einen Knoten hinweg *bewegt* werden. Das S.-P. erweist sich als Prinzip, das eine Vielzahl von Strukturen und Regularitäten einheitlich erfaßt.

Chomsky N., Conditions on transformations (1973). In: Ders., Essays on form and interpretation. 1977. Fanselow G. Felix S., Noam Chomsky. Grammatik als System kognitiver Repräsentationen. SuL 15; 2, 1984.

Subjekt [subject, sujet, poldežaščee]. (*subiectum* < ὑποχείμενον). Der Satzgegenstand. 1) In der →traditionellen Grammatik das aus einem Wort oder einer Wortgruppe im Nominativ bestehende Hauptglied des als zweigliedrig aufgefaßten Satzes, das – grammatisch das Prädikat bestimmend – einen Gegenstand konkreter oder abstrakter Art bezeichnet, auf den sich die im Prädikat enthaltene Aussage bezieht (vgl. →Prädikation, Satzglied). Neben dem offenen unterscheidet man das verdeckte S. (z. B. lat. *amo; veni, vidi, vici;* russ. *ljublju*). Bei →unpersönlichen Verben, wie *rignida, pluit*, wird der Kontext bzw. die Situation als S. interpretiert, beim Typ *Es regnet* spricht man von formalem, strukturellem oder auch von ∅-Subjekt.

Die Analyse des S.-Begriffs zeigt, daß er auf unterschiedlichen Ebenen gebraucht wird: Neben der formal-syntaktischen Auffassung, die nach morphologischen Kriterien unter Ablehnung inhaltlich-referentieller Bezüge von Fries durch fünf strukturelle Bedeutungen präzisiert wurde, stehen ontologische Konzeptionen (reale Quelle oder Ursprung einer Handlung; Wesen oder Ding, das Träger der Aussage ist), semantische (das, wovon etwas ausgesagt wird) und psychologisch-kommunikative Interpretationen (die Vorstellung, die zuerst im Bewußtsein auftaucht und das größere psychologische Gewicht hat; das Bekannte [vgl. →Thema, Thema und Rhema, Thema und Kommentar]). Logisches und grammatisches S. fallen oft nicht zusammen; z. B. ist im Satz *Dem Glücklichen schlägt keine Stunde* das logische S. (im Gegensatz zum grammatischen S. *keine Stunde*) *dem Glücklichen*, denn ihm gilt die Aussage (vgl. auch *Lob erwartet den erfolgreichen Redner*).

2) In der modernen Logik (vgl. →formale Logik) erscheint das traditionelle S. als →Argument des logischen Prädikats, wobei es seine erstrangige Position gegenüber den anderen Argumenten verliert, z. B. *Hans liebt Grete:* R (x, y) oder x R y (vgl. →Relationsurteil).

3) In der Dependenzgrammatik ist das S. ein Aktant, eine Ergänzung, ein Mitspieler des Verbs neben anderen (z. B. Objekten). In Ansätzen zu einer neuen dt. Grammatik ist das S. die Grundgröße, die erste Ergänzung, die Ergänzung im Nominativ, der erste Mitspieler des Verbs (Erben, Glinz, Engel). S. auch →Prädikat-Argument-Struktur.

Die Sonderstellung des S. im Satz lehnte Tesnière aus strukturellen Erwägungen ab: Die Flexionsendung des Prädikats (z. B. schläf-t,

schlaf-en) sei Teil des Subjekts. Das Subjekt brauche auch nicht immer vorhanden zu sein. Das Verb umfasse Subjekt und Objekt, die sich *strukturell* völlig gleichen. Die Frage nach der semantischen Leistung des S. beantwortete Fillmore im Rahmen der →Kasusgrammatik negativ. Das morphosyntaktisch besonders ausgezeichnete S. kann in der semantischen Tiefenstruktur Agens, Patiens, Rezipient, Dativ oder Instrument sein. So gesehen, seien die verschiedenen →Tiefenkasus gleichrangig.
Vgl. →Subjekt und Prädikat, Satzglied, grammatische Funktion.

Abraham W., Hrsg., Kasustheorie. 1971. Ders., Hrsg., Satzglieder im Deutschen. 1982. Brockhaus K., Subjekt und Prädikat in Grammatik und Logik. LB 1; 1969. Engel U., Die dt. Satzbaupläne. WW 6, 1970. Erben J., Dt. Grammatik. 1968. Frege G., Funktion, Begriff, Bedeutung. Hrsg. G. Patzig. 1966. Fries Ch. C., The structure of English. [4]1963. Glinz H., Der dt. Satz. [4]1965. Dt. Syntax. 1967. Fourquet J., Zur Sonderstellung des Subjekts. WW 26; 4, 1976. Johansen H., Zum traditionellen Gebrauch des Wortes »Subjekt«. In: Abraham, Hrsg., 1982. Li Ch. N., Hrsg., Subject and topic. 1976. Marty P., Über die Scheidung von grammatischem, logischem und psychologischem Subjekt resp. Prädikat. Archiv für systematische Philosophie 3, 1897. Paul H., Prinzipien der Sprachgeschichte, [6]1960. Reis M., Zum Subjektbegriff im Deutschen. In: Abraham, Hrsg., 1982. Schmidt F., Logik der Syntax. 1959. Serebrennikow B. A., Hrsg., Allgemeine Sprachwissenschaft. Bd. 2: Die innere Struktur der Sprache. 1975. Bátori I. S., Die Grammatik aus der Sicht kognitiver Prozesse. 1981.

Subjekt und Prädikat [subject and predicate, podležaščee i skazuemoe]. Nach traditioneller Auffassung die in korrelativer Beziehung zueinander stehenden satzkonstitutiven Einheiten. Die Begriffe ›S. und P.‹ stammen aus der Aristotelischen Logik, der die Theorie der Prädikationskategorien zugrunde liegt (Substanz und Akzidenzien, d. h. Quantität, Qualität, Relation, Ort, Zeit, Lage, Haben, Tun und Leiden). Es ist nicht auszuschließen, daß diese spezifische Konzeption, die Substanzen (Personen, Tiere, Dinge) als Täter oder Erleidende sieht, die mit bestimmten Eigenschaften ausgestattet sind und in Raum und Zeit existieren, sprachlich mit-determiniert ist. Boethius übersetzte ὑποκείμενον und κατηγορούμενον mit *subiectum* und *praedicatum:* subiectum est, quod praedicatio suscipit dictionem, praedicatum vero est, quod dicitur de subiecto. Seit dem Spätmittelalter wurden ›S.‹ und ›P.‹ auch in der Grammatik verwendet. Ein Grundsatz traditioneller und einiger moderner Syntaxtheorien ist, daß jeder (Aussage)Satz aus S. und P. besteht, die durch weitere Satzglieder expandiert werden können (Attribut, Objekt, adverbiale Bestimmung). Es muß also etwas da sein, das genannt, bezeichnet, erwähnt wird, damit darüber eine Aussage gemacht werden kann (vgl. →Prädikation). Bei Aristo-

teles war das Begriffspaar insofern mehrschichtig angelegt, als es Sein, Denken und Sprechen zugleich umgreifen sollte. Auch in modernen Grammatiken werden formalsyntaktische, inhaltlich-referentielle und ontologische Interpretationen als gesonderte Aspekte nicht präzise unterschieden (vgl. auch Brockhaus, LB 1; 1969, Stötzel 1970). Ausdrucks- und Inhaltsebene werden vermengt, oder es wird versucht, Syntax und Semantik scharf voneinander zu trennen. Deskriptivistische Ansätze waren bemüht, S. u. P. auf Wortkategorien oder Formklassen zu reduzieren (s. →Nominalphrase, Verbalphrase).
Vgl. →prädikative Beziehung, Satzanalyse; Subjekt, Subjekt-Prädikat-Schema.

Chomsky N., dt. Aspekte der Syntax-Theorie. 1969. Geach R. T., Subject and predicate. Mind 59; 1950. Harweg R., Subjekt und Prädikat. Fol. ling. 5; 3/4, 1971. Heringer H.-J., Theorie der dt. Syntax. [2]1973. Levkovitz R. W., Subject and predicate in underlying syntactic structure. Glossa 2; 1, 1968. Paul H., Prinzipien der Sprachgeschichte. [6]1960. Sandmann M., Subject and predicate. 1954. Weisgerber L., Grundzüge der inhaltbezogenen Grammatik. [4]1971. Strawson P. F., Subject and predicate in logic and grammar. 1974. Panfilov V. Z., dt. Wechselbeziehungen zwischen Sprache und Denken. 1974. (S. auch →Subjekt.)

Subjektanhebung [subject-raising]. Eine Transformation in der →generativen Semantik, die das Subjekt eines eingebetteten Satzes zu einem Glied des Hauptsatzes macht bzw. ein Subjekt unter den nächsthöheren S-Knoten bringt.
Vgl. →Prädikatanhebung.

Funkkolleg Sprache. 1. 2. Eine Einführung in die moderne Linguistik. 1973 (Fischer).

subjektloser Satz. Auch: unpersönlicher Satz [impersonal sentence, bezličnoe predloženie]. Satz vom Typ *Es wird gelacht/getanzt, Mich dürstet, Mir graut* usw., vor allem die Konstruktion mit unpersönlichem Verb *(rignida, pluit, il pleut, it rains, es regnet;* russ. *svetaet, morozilo),* durch die Naturphänomene zum Ausdruck gebracht werden. Das strukturelle *es/it/il* kann zwar formal als Subjekt aufgefaßt werden, nicht jedoch referentiell (da es nicht für bestimmte Objekte/→Designate steht). Jespersen (1937) unterschied den verbalen Eingliedsatz (V), die Formen lat. *cantat* (S^{o} V), *cantus* {SV}, *canta, cantemus* {SV}.– Die grammatisch-syntaktische und semantisch-syntaktische Einordnung und Bewertung der s. S., auch ihre tiefenstrukturelle Interpretation, ist vielfältig und umstritten, nicht selten auch widersprüchlich und spekulativ.
Vgl. →Impersonalia.

Brinkmann H., Die dt. Sprache. [2]1971. Galkina-Fedoruk E. M., Bezličnye predloženija v sovremennom russkom jazyke. 1958. Jespersen O., Analytic syntax (1937). 1969. Regula M., Grundlegung und Grundprobleme der Syntax. 1951. Renicke H., Grundlegung der nhd. Grammatik. 1961. Ružička R., O transformacionnom opisanii tak nazyvaemych bezličnych predloženij v sovremennom russkom literaturnom jazyke. VJa 3, 1963. Schmidt W., Grundfragen der dt. Grammatik. [4]1973. Admoni W., Es handelt sich um es. Zur gegenwärtigen Lage in der Grammatiktheorie. WW 26; 4, 1976.

Subjekt-Prädikat-Beziehung →prädikative Beziehung

Subjekt-Prädikat-Schema. Das allgemeine Aussage- bzw. Interpretationsschema der indoeuropäischen Sprachen, die Struktur der meisten (einfachen) Sätze. Einem Gegenstand oder einem Eigennamen wird ein →Prädikat (Eigenschaft, Beziehung, Zustand, Handlung) zugesprochen. Ereignisse und Sachverhalte werden nach dem S-P-Schema interpretiert, z. B. auch *Der Wind weht, Das Meer tobt, Die Brücke wölbt sich über das Tal.* Die moderne Logik hat sich von diesem Schema gelöst (vgl. →Funktion, Argument, Prädikat; Prädikat-Argument-Struktur). S. auch →Agens-Aktio-Schema; Verb, Verbgrammatik.

Hayakawa S. J., dt. Sprache im Denken und Handeln. [4]1971. Korzybski A., Science and sanity. An introduction to non-Aristotelian systems and General semantics. 1933. v. Kutschera F., Sprachphilosophie. [2]1975. Schaff A., Einführung in die Semantik. 1969.

Subjektsatz. *Gliedsatz* oder Nebensatz, der als Subjekt eines komplexen Satzes fungiert, z. B. *Wer wagt,* gewinnt.

Subjektsphäre. Der Subjektsbereich oder die Substantivgruppe in der Funktion des Subjekts mit der attributiven Beziehung; sie steht (im dt. Satz) in syntaktischer Polarität zur Prädikatsphäre bzw. der Verbgruppe (W. Schmidt). Bei Brinkmann ([2]1971) die Sphäre des Substantivs im Gegensatz zur Sphäre des Verbs; bei Admoni (1982) die Gruppe des Substantivs im Gegensatz zur Gruppe des Verbs.

Admoni W., Der dt. Sprachbau. [4]1982. Brinkmann H., Die dt. Sprache. [2]1971. Schmidt W., Grundfragen der dt. Grammatik. [4]1973.

Subkategorisierung. Auch: Subklassifizierung. Die Untergliederung lexikalischer Kategorien (N, V, Adj) in Unterklassen, um das syntaktische Verhalten der jeweiligen lexikalischen Einheiten beschreiben zu können, d. h. das Beschränkungsproblem bei der Erzeugung von Sätzen zu lösen. Die Generierung ungrammatischer Sätze kann auf diese

Weise verhindert werden, z. B. **Er ist nach Hause geblieben, *Das Haus wohnt in der Familie.* Die strikte S. berücksichtigt nur den kategorialen Kontext, z. B. **Der Knabe fand* (———#).
Vgl. →Selektionsbeschränkungen, syntaktische Merkmale, semantische Merkmale.

Bach E., Subcategories in transformational grammars. In: Lunt H. G., Hrsg., Proceedings. 1964. Bechert J. u. a., Einführung in die gen. Transformationsgrammatik. 1970. Chomsky N., dt. Aspekte. 1969. Fillmore Ch., The case for case. 1968; dt. in: Abraham W., Hrsg., Kasustheorie. 1971. Seiler H., Probleme der Verb-Subkategorisierung mit Bezug auf Bestimmungen des Ortes und der Zeit. Lingua 20; 1968.

Subkode. Soziolinguistische Sprachvariante bzw. Subnorm, die als gruppen- oder schichtenspezifisches Sprachverhalten manifest wird.
Vgl. →subkulturelle Sprachvarianten, schichtenspezifischer Sprachgebrauch.

subkulturelle Sprachvarianten. Subkulturelle oder gruppenspezifische Sprachkodes, die in subkulturellen gruppeninternen Interaktionen wirksam sind und als bisher noch unzulänglich erforschte Störfaktoren bei innergesellschaftlicher Kommunikation zwischen Angehörigen unterschiedlicher Gruppierung bzw. Schichtzugehörigkeit manifest werden. Innerhalb einer gleichsprachigen oder einsprachigen Gesellschaft kann es erhebliche Sprachunterschiede geben, indem Teilgruppen gleiche lexikalische Einheiten mit unterschiedlicher (denotativer und/oder konnotativer) Bedeutung verwenden. Äußerlich gleiche Sprachvarianten können verschiedene (Gruppen)Ideologien repräsentieren.
Vgl. →Soziolekt, Soziolinguistik, Sprachvariation, Sprachgemeinschaft.

Deutscher I., Die Sprache in der subkulturellen und in der interkulturellen Forschung. In: Kjolseth/Sack, Hrsg., Zur Soziologie der Sprache. 1971. Polsky N., Hustlers, beats, and others. 1967.

Subordination [subordination, podčinenie]. Unterordnung. Typ syntaktischer Beziehungen, eine binäre Relation (im Unterschied zur →Koordination, die eine Verknüpfung ist), eine nichtsymmetrische, nichtreversible Relation (Peškovskij); relationale Ungleichheit der zueinander in Beziehung stehenden syntaktischen Einheiten, die Dominanz der einen über die andere, die aus der Unumkehrbarkeit der Beziehungen resultiert (→Kongruenz, Rektion); einfache Abhängigkeit ohne formale Kennzeichnung. S. liegt vor, wenn die Funktion des

hinzugefügten Elements bei keinem im selben Rahmen schon vorhandenen Element auftritt, z. B. *la poussière de la route,* les chiens mangent *la soupe* (Martinet). Im →komplexen Satz können die Teilsätze sich gegenseitig unterordnen, z. B. *Wenn er kommt, erhält er ein Geschenk/Kommt er, erhält er ein Geschenk.*
Vgl. →syntaktische Beziehung, Hypotaxe, Gliedsatz.

Apresjan Ju. D., dt. Ideen und Methoden. ²1972. Martinet A., dt. Grundzüge der allg. Sprachwissenschaft. 1963. Peškovskij A. M., Russkij sintaksis v naučnom osveščenii. ⁷1956.

Subordinationsindex. Meist der Quotient aus den abhängigen Nebensätzen und der Anzahl der finiten Verben zur Messung der syntaktischen Komplexität als Index für die Sprachentwicklung nach dem 3. Lj. (vgl. →Spracherwerb). Bei Loban (1964) werden die Nebensatztypen nach der Konstruktionsschwierigkeit gewichtet. Eine Reihe von Untersuchungen zeigt deutliche Unterschiede hinsichtlich der →sozialen Schicht (vgl. →schichtenspezifische Kodes) bei adverbialen und relativischen Gliedsätzen. Kritik s. bei Dittmar, Soziolinguistik, 1973 (⁴1980).

Deutsch M. u. a., Communication and information in the elementary school classroom. 1964. Loban W. D., Language ability: Grades seven, eight and nine. 1964. Oevermann U., Sprache und soziale Herkunft. 1967. Schichtenspezifische Formen des Sprachverhaltens. In: Roth H., Hrsg., Begabung und Lernen. ⁵1970. Templin M. C., Certain language skills in children. 1957.

Substantiv. Auch: *Nomen.* Hauptwort oder Gegenstandswort. S. →Wortarten.

Substantivierung →Nominalisierung

Substanz. Gegensatz zu *Form/Struktur.* Bei Saussure und Hjelmslev ist ›S.‹ im Hinblick auf Sprache im Gegensatz zu ›Form‹ nur negativ bestimmt. Die novatorisch-programmatische These Saussures, Sprache sei eine Form und keine Substanz, ist von Hjelmslev konsequent weiterverfolgt worden (vgl. →Glossematik). Ob Saussure ein implizites Verständnis von lautlicher und vor allem inhaltlicher S. als vager und undifferenzierter Masse von Vorstellungen, aus der in den einzelnen Sprachen durch die Zeichenfunktion/Zeichenkonstitution Bedeutungen gebildet werden (²1967, S. 131 ff.), zuzusprechen ist, läßt sich aufgrund des *Cours* nicht entscheiden (vgl. dazu Lyons, dt. 1971, S. 58; Stötzel, in LuD 16, S. 296). Die Vertreter der →Prager Schule betonen, daß (strukturelle) Beziehungen und die Träger dieser Beziehungen korrelative Begriffe sind und daß Relationen nur durch die Eigenschaften ihrer Träger hindurch zu erfassen sind. In diesem Sinne unterscheidet z. B. Admoni zwischen Beziehungssystem und Gestaltungssystem.

Admoni W., dt. Grundlagen der Grammatiktheorie. 1971. Hjelmslev L., dt. Prolegomena zu einer Sprachtheorie. 1974.

Substanz des Ausdrucks →Ausdrucksform und Ausdruckssubstanz

Substanz und Akzidenz. Stoff und Form, das wesenhaft Bestehende, Selbständige im Gegensatz zum Unselbständigen, das als Eigenschaft nur durch das Selbständige Bestand hat, das Unveränderliche gegenüber den veränderlichen Eigenschaften. Die Unterscheidung von S.u.A. liegt der Kategorientafel des Aristoteles zugrunde: Die physische Welt bestehe aus Dingen/Wesen/Substanzen, denen bestimmte Eigenschaften *(accidentia)* zuzusprechen sind, u. zw. Quantität, Qualität, Relation, Ort, Zeit, Tätigkeit, Lage, Leiden, Habitus. Die Unterscheidung hat sich neben der Annahme, daß »die Struktur der Sprache ein Niederschlag der Struktur der Welt sei, und zwar insofern, als Wörter Dinge gemäß ihrer Seinsart als Substanzen oder Akzidentien bezeichnen« (Lyons, dt. 1971, S. 275), auf die Einteilung der Wortarten in der →traditionellen Grammatik, aber auch auf die Analyse des Satzes nach →Subjekt und Prädikat ausgewirkt.

Cassirer E., Substanzbegriff und Funktionsbegriff. 1910. Lyons J., dt. Einführung in die moderne Linguistik. 1971. ^{5}1980.

Substitut. Eine Form, die für eine andere Form in eine bestimmte →Position eingesetzt wird (auch: das Substituens gegenüber dem Substituendum), z. B. *Der Vater* schläft. *Er*... (vgl. →syntagmatische Substitution), *Der Kanzler/Er/Der Politiker*... (vgl. →Substitution, Ersatzprobe).

Substitution. 1) Ersetzung eines Elements einer sprachlichen Kette durch ein anderes Element (→Ersatzprobe), eine linguistische Operation auf der paradigmatischen Achse (→Paradigmatik). Das ersetzte bzw. zu ersetzende Element wird *Substituendum,* das ersetzende *Substituens* genannt (vgl. →Substitut). Nach Harris (1946) ist die S. die Grundoperation der deskriptiven Linguistik, sie dient der Identifizierung, Segmentierung und Klassifizierung, d. h. der Ermittlung der in Opposition zueinander stehenden Einheiten einer Sprache (s. auch →Minimalpaar). Bei Bloomfield sind S. eine Klasse grammatischer

Formen, innerhalb derer eine Form das Substitut für die anderen sein kann, z. B. *he/John/poor John/a policeman/the man I saw yesterday*. In der strukturellen Semantik ist eine S. die Ersetzung unterschiedlicher oder synonymer sprachlicher Einheiten in derselben Umgebung zur Ermittlung von Bedeutungskomponenten bzw. →semantischen Merkmalen, auch zu stilistischen Beobachtungen (vgl. →Leerstellentest).
2) Bei Hjelmslev wechselseitige Beziehung auf der Ausdrucksebene, Beziehung zwischen zwei Elementen des →Signifikanten: die S. eines Elements durch ein anderes bewirkt (im Gegensatz zur →Kommutation) keine Veränderung auf der inhaltlichen Ebene; es handelt sich um Varianten oder →Allophone.
3) Formallogisch ist eine S. von Variablen in einem Ausdruck zulässig, »wenn alle isomorphen Variablen dieses Ausdrucks substituiert werden durch Ausdrücke, die a) untereinander isomorph sind und b) zu derselben syntaktischen Kategorie gehören wie die Variablen« (Bocheński/Menne, Grundriß der Logistik, 1962, S. 18). S. auch →intensionaler Kontext.
Vgl. →Operationen; s. auch →syntagmatische Substitution.

Coseriu E., Textlinguistik. 1981. Harris Z. S., From morpheme to utterance. Lg. 22; 1946. In: Joos M., Hrsg., Readings in linguistics I. [4]1968. Structural linguistics. 1951. [7]1966. Swadesh M., The phonemic principle. In: Joos M., Hrsg., Readings. I. [4]1968. Wotjak G., Untersuchungen zur Struktur der Bedeutung. 1971.

Substitutionstheorie →syntagmatische Substitution

Substrat. Beim Sprachenkontakt oder bei der Sprachmischung (s. auch →Bilingualismus, Interferenz) die ursprüngliche Sprache oder die Eingeborenensprache, die bestimmte Spuren in der aufgezwungenen bzw. übernommenen Sprache hinterlassen hat; die feststellbaren Einflüsse der überlagerten Sprache in der diese überlagernden (s. auch →Superstrat).

Kontzi R., Hrsg., Substrate und Superstrate in den romanischen Sprachen. 1982. Martinet A., Économie des changements phonétiques. 1955. Reformatskij A. A., Vvedenie v jazykovedenie. [4]1967. de Sivers F., Kontakte, Konvergenzen, Divergenzen. In: Martinet A., Hrsg., dt. Linguistik. 1973. v. Wartburg W., Die Ausgliederung der romanischen Sprachräume. ZRPh 56; 1936. Weinreich U., dt. Sprachen im Kontakt. 1977. Žirmunskij V. M., Nacional'nyj jazyk i social'nye dialekty. 1936. Coseriu E., Hervas und das Substrat. Studii si ćercetari linvistice 29; 5, 1978.

Subvokalisation →inneres Sprechen

Suffigierung. Die Anfügung von →Suffixen an den Stamm bzw. die Wurzel eines Wortes als wort- oder formenbildender Prozeß.

Suffix. Zusatzsilbe, *Nachsilbe,* Wortbildungsmorphem; ein mit dem Wortstamm verbundenes Affix (vgl. →Suffigierung); eine →gebundene Form bzw. ein nicht frei vorkommendes Morphem, das an ein Stammorphem oder einen Morphemkomplex angefügt wird und der Wortbildung *(Ableitung)* sowie der Bildung von Flexionsformen dient (vgl. →Flexion). Zu unterscheiden sind Substantiv-S. (*-el, -er, -heit- -keit, -ling, -nis* usw.), Adjektiv-S. (*-ig, -lich, -bar, -sam* usw.), Halbsuffixe, produktive S. (vgl. →produktive Form). S.-Erweiterung liegt vor bei *bürg-er-lich, Obr-ig-keit, absond-er-lich.*
Vgl. →Wortbildung, Affix.

Erben J., Einführung in die Wortbildungslehre. [2]1983. Fleischer W., Wortbildung der dt. Gegenwartssprache. [4]1975. Henzen W., Dt. Wortbildung. [3]1965. Stein G., Zur Typologie der Suffixentstehung. IF 75; 1970.

Superisation. Auch: Superierung, Superzeichenbildung. »Fähigkeit, Elemente des Repertoires zu kombinieren und aus diesen Kombinationen neue Informationseinheiten zu bilden« (v. Cube [3]1971, S. 168); Fähigkeit, Einzelheiten zu strukturieren oder das Wesentliche eines Sachverhalts zu erkennen, Klassen, Komplexe oder Konfigurationen zu bilden. Dabei entsteht ein hierarchisch höheres Zeichen mit neuem Objekt- und Interpretantenbezug. Die S. ist konstitutiv für den Übergang von Buchstaben/Graphemen bzw. Phonemen zu Wörtern, Sätzen und Texten, für Vorgänge bei der Wahrnehmung, des Lernens und des Denkens. S. auch →Superzeichen, Sprachverstehen.

v. Cube F., Kybernetische Grundlagen des Lernens und Lehrens. [3]1971. Frank H., Kybernetische Grundlagen der Pädagogik. 1. [2]1969.

Supernym →Hyperonym

Superstrat (W. v. Wartburg). Spuren einer von außen eingeführten Sprache (Zuwanderer, Invasoren) in der Sprache der Alteingesessenen (im Unterschied zum *Adstrat* als fremdsprachlichem Einfluß aufgrund von Sprachnachbarschaft).
S. →Substrat.

Superzeichen [super-sign, super signe]. Ein komplexes oder *ganzheitlich* strukturiertes Zeichen, eine *Gestalt,* ein Zeichen höherer Ordnung, das aus Zeichen niederer Ordnung bzw. aus elementaren Zei-

chen besteht und durch *Superisation* gebildet wird, z. B. das aus Phonemen/Graphemen zusammengesetzte Wort, der aus Untereinheiten konstituierte →Text. Ein S. kann ein S.-*Ikon,* ein S.-*Index* oder ein S.-*Symbol* sein.
Vgl. →Superisation; Semiotik.

Suppletivformen. Auch: Suppletivwesen, Suppletiverscheinung (*supplēo* nachfüllen, wieder vollzählig machen). Paradigmatische Zusammenfassung von Wörtern verschiedenen Stammes (bzw. verschiedener Wurzel) aufgrund gemeinsamer lexikalischer Bedeutung; Zusammenschluß wurzelverschiedener Wörter zu einem Flexionsparadigma, z. B. der Formen *bin, bist* (< *bhu), *ist, sind* (< *es), *war, gewesen* (<*wes) zum →Paradigma des ›verbum substantivum‹ *sein.* Vgl. lat. *sum – fui; fero – tuli – latum;* engl. *go – went;* russ. *idu – šel, brat' – vzjat', čelovek – ljudi.* Auch: *bonus – melior, bon – meilleur, gut – besser, good – better, chorošij – lučšij.* Offensichtlich handelt es sich um wurzelverschiedene Formen, die von späterer Systematik aufeinander bezogen wurden. Amerikanische Eingeborenensprachen z. B. differenzieren die Tätigkeiten des Essens, Schlagens, Brechens usw. zu einer Fülle konkreter Einzeltätigkeiten aus (nach Osthoff in individualisierender Weise; vgl. auch die Differenzierungen von *Schnee* in Eskimosprachen). Auf frühen Stufen des Idg. traten S. häufiger auf.

Cassirer E., Philosophie der symbolischen Formen. 1. [5]1972. Osthoff H., Vom Suppletivwesen der indogermanischen Sprachen. 1900. Tschirch F., Geschichte der dt. Sprache. 1. [3]1983. Mańczak W., La nature du supplétivisme. Linguistics 28; 1966. Werner O., Suppletivwesen durch Lautwandel. In: Drachmann G., Hrsg., Akten . . . 1977.

suprasegmentale Merkmale. Auch: suprasegmentales Phonem [suprasegmental phoneme]. Merkmale, die Einheiten betreffen, die größer als lautliche →Segmente sind, Erscheinungen, die durch Segmentierung nicht erfaßt werden, die nicht der Gliederung in Phoneme entsprechen, die sich auf mehrere Lauteinheiten beziehen, indem sie diese überlagern. Es handelt sich um Eigenschaften wie Dauer, Tonhöhe, Schalldruck und bestimmte spektrale Charakteristika. Die diskreten s. M. bilden Prosodeme, die kontinuierlichen Kontureme (Heike 1969).
Vgl. →Intonation, Prosodem.

Antonsen E. H., Suprasegmentals in German. Lg 42; 1966. v. Essen O., Grundzüge der nhd. Satzintonation. [2]1964. Heike G., Suprasegmentale Merkmale der Stadtkölner Mundart. Phonetica 8, 1962. Suprasegmentale Analyse. 1969. Hill A. A., Suprasegmentals, prosodies, prosodemes. Lg 37; 4,

1961. Jakobson R., Die Betonung und ihre Rolle in der Wort- und Syntagmaphonologie. TCLP 4, 1931. Karcevskij S., Sur la phonologie de la phrase. TCLP 4, 1931. Lehiste I., Suprasegmentals. 1970. Pilch H., Phonemtheorie. 1. ³1974. Anderson J., Suprasegmental dependencies. 1984.

Symbol (σύμβολον = Erkennungszeichen, Kennzeichen). In der Semiotik von Peirce und Morris im Unterschied zum →Ikon und →Index ein Zeichen, das sein Objekt gemäß Übereinkunft (bzw. Konvention, s. auch →Arbitrarität des sprachlichen Zeichen) repräsentiert, das aufgrund willkürlicher Verbindung zwischen Zeichenkörper und Begriff/Gegenstandsvorstellung funktioniert. – In Wirklichkeit ist die Unterscheidung zwischen gegenständlicher Ähnlichkeit *(Ikon)*, erlebter Kontiguität *(Index)* und institutionalisierter Kontiguität (= S.) schlecht aufrecht zu erhalten, da schon im ikonischen Bereich die (pragmatische) Konvention das Verständnis regelt (vgl. die verschiedenen Verkehrs- und Hinweiszeichen). Alle sprachlichen Zeichen sind S. (vgl. aber auch →Onomatopöie, Lautsymbolik).
Vgl. → Konventionalität der Sprache.

Bates E. u. a., The emergence of symbols. 1979. Goodman N., dt. Sprachen der Kunst. Ein Ansatz zu einer Symboltheorie. 1973.

Symbolfeld. Bei K. Bühler das Umfeld, in dem die sprachlichen Symbole bzw. sprachlichen Zeichen angeordnet sind – ein zweiter Feldbegriff (neben dem *Zeigfeld)*, der die Relation schärfer erfassen soll, die zwischen den syntaktischen und den lexikalischen Momenten der Sprache besteht. Unterschieden wird zwischen nichtsprachlichem und sprachlichem S., wobei ersteres das komplexe Phänomen des sprachlichen S. erhellen soll. Einbezogen werden textkonstitutive Faktoren (Anaphora) und kontextuelle Momente.

Bühler K., Sprachtheorie. ²1965.

Symbolfunktion →semiotische Funktion

symbolische Interaktion. Sprechen als kommunikatives Handeln, wobei als kommunikativ bzw. symbolisch *Interaktionen* zu betrachten sind, denen ein Zeichensystem (vgl. auch →Semiotik) zugrunde liegt. Vgl. →symbolische Kommunikation, soziale Interaktion, Sprechen, Sprechhandlung, Sprachhandeln, Sprachverhalten.

Kallmeyer W. u. a., Lektürekolleg zur Textlinguistik. Bd. 1. 1974. Steinert H., Hrsg., Symbolische Interaktion. Arbeiten zu einer reflexiven Soziologie. 1973.

symbolische Kommunikation. Im Sinne von Mead ein sozialer Prozeß, der durch erlernte (d. h. bedeutungstragende oder signifikante und nicht durch instinktive/natürliche/paralinguistische) Symbole gesteuert wird, bei dem der Inhalt der →Kommunikation durch Sender und Empfänger bestimmt wird. S. K. beinhaltet Rollen-Übernahme. Vgl. →symbolischer Interaktionismus.

Rose A. M. (1962), dt. Systematische Zusammenfassung der Theorie der symbolischen Interaktion. In: Hartmann H., Hrsg., Moderne amerikanische Soziologie. 1967.

symbolischer Interaktionismus [symbolic interactionism]. Als Ergänzung zu neobehavioristischen und allgemein-verhaltenspsychologischen Ansätzen eine pragmatisch fundierte (vgl. →Gebrauchstheorie der Bedeutung) sozialpsychologische Theorie der spezifisch menschlichen Eigenschaften, die im Anschluß an Mead (nach Rose 1962) davon ausgeht, daß

- der Mensch nicht nur in einer natürlichen, sondern auch in einer symbolischen Umwelt lebt, in der er durch Symbole andere als die ihn selbst stimulierenden Reize bei seinen Kommunikationspartnern auslösen kann,
- der Mensch in symbolischer Kommunikation eine Vielfalt von Bedeutungen und Wörtern und damit Verhaltensweisen anderer erlernen kann,
- Symbole oft in komplexen Bündeln auftreten,
- Denken die Prüfung möglicher symbolischer Lösungen und zukünftiger Handlungsabläufe ist.

Gesellschaft besteht als Netzwerk von miteinander in →Interaktion befindlichen Individuen und aufeinander bezogenen, Interaktion steuernden Bedeutungen und Werten vor jedem einzelnen Menschen. Der einzelne erlernt die bestehenden Verhaltenserfordernisse, was, im ganzen, jedoch keinen kulturellen Determinismus bedeutet.
Als Quellen des s. I. sind die Schriften Cooleys, Deweys, Baldwins, Simmels und Max Webers zu betrachten. Die Ansichten Meads finden sich bei neueren Vertretern des s. I. in vielfältiger Abwandlung (vgl. auch →soziale Rolle, Rollentheorie). S. auch →Interaktion.

Arbeitsgruppe Bielefelder Soziologen. Hrsg., Alltagswissen, Interaktion und gesellschaftliche Wirklichkeit 1 + 2. [5]1981. Badura B., Sprachbarrieren. Zur Soziologie der Kommunikation. 1971. Bales R. F., Interaction process analysis. 1950. Blumer H., Symbolic interactionism: Perspective and method. 1969. Deutscher I., Die Sprache in der subkulturellen und in der interkulturellen Forschung. In: Kjolseth/Sack, Hrsg., Zur Soziologie der Sprache. 1971. Mead G. H., Mind, self and society. 1934; dt. 1968. Strauss A., Hrsg., The social psychology of G. H. Mead. 1956. Rose A. M., A systematic summary of symbolic interaction theory. In: Ders., Hrsg., Human behavior and social processes. 1962. Dt. in: Hartmann H., Hrsg., Moderne amerikanische Soziologie. 1967. Steinert H., Das Handlungsmodell des symbolischen Interaktionismus.

In: Lenk H., Hrsg., Handlungstheorien – interdisziplinär. Bd. 4. 1977. Stryker Sh., Die Theorie des symbolischen Interaktionsmus. In: Auwärter M. u. a., Hrsg., Seminar: Kommunikation, Interaktion, Identität. ²1977.

Synchronie. Bei Saussure ein Sprachzustand (im Gegensatz zu einer Entwicklungsphase der Sprache), der Querschnitt (im Unterschied zum Längsschnitt), der jeweils gegebene Zustand eines *Schachspiels* (Schachspielmetapher); die Wissenschaft von den Sprachzuständen, die der →Diachronie übergeordnet ist, weil sie für die meisten Sprecher die wahre und einzige Realität darstellt. Die S.

befaßt sich mit logischen und psychologischen Verhältnissen, die zwischen gleichzeitigen Gliedern, die ein System bilden, bestehen, so wie sie von einem und demselben Kollektivbewußtsein wahrgenommen werden (dt. Grundfragen, ²1967, S. 119).

Vgl. →Sprachsystem, Sprachstruktur; Synchronie und Diachronie; Sprachzustand.

Synchronie und Diachronie. Bei Saussure nach der Unterscheidung von →langue und parole die zweite methodologisch wichtige ›Gabelung‹ der Sprachwissenschaft: der Zustand des grammatischen Systems und seine Entwicklung, Sprachbeschreibung und Sprachgeschichte. Nach Coseriu ist der Sprachzustand nie absolut synchron. In der S. ist die D. gegenwärtig, in jeder Sprache gibt es auch außerhalb der literarischen Tradition zu jedem Zeitpunkt diachrone Unterschiede: Formen/Ausdrücke, die man noch verwendet, und solche, die einige zu verwenden beginnen (Koexistenz oder Kopräsenz diachroner Unterschiede – Coseriu 1974, S. 23ff.). Für Admoni (dt. 1971) sind S.u.D. untrennbar miteinander verbunden. Ihre (sinnvolle und zweckmäßige) Gegenüberstellung bleibe immer bedingt, da Zustand und Dynamik im Sprachgebrauch eine Einheit bilden. Kanngießer (1972) will die simultane Präsenz von synchr. und diachr. Prozessen im Rahmen eines Koexistenzmodells erfassen (S. 138). Synchr. und diachr. Aspekte alternieren nicht, sondern verhalten sich zueinander komplementär; sie können kohärent wahrgenommen werden und erfassen den gleichen Objektbereich unter verschiedenen Explanationsaspekten.
Die diachrone Analyse setzt die synchrone voraus. Trubetzkoy, Jakobson und Karcevskij stellten 1928 fest, daß phonologische Methoden sowohl auf die S. als auch die D. anwendbar sind. – Auf den notwendig dynamischen Charakter des Synchronie-Begriffs ist wiederholt hingewiesen worden (z. B. Šaumjan, Heike).
Vgl. →Diachronie, Synchronie, Sprachwandel.

Admoni W., Grundlagen der Grammatiktheorie. 1971. Baumgärtner K., Synchronie und Diachronie in der Sprachstruktur. Faktum oder Idealisierung? In: Sprache – Gegenwart und Geschichte. Probleme der Synchronie und Diachronie. 1970 (Sprache der Gegenwart, Bd. 5). Coseriu E., Sincronía, Diachronía e Historia. El problema del cambio lingüístico. 1958/1969; dt. Synchronie, Diachronie und Geschichte. Das Problem des Sprachwandels. 1974. Heike G., Sprachliche Kommunikation und linguistische Analyse. 1969. Kanngießer S., Aspekte der synchronen und diachronen Linguistik. 1972. Koerner E. F. K., A note on transformational-generative grammar and the Saussurean dichotomy of synchrony vs diachrony. LB 13; 1971. Li Ch. N., Synchrony vs. diachrony in language structure. Lg 51; 4, 1975. Sommerfeldt A., Diachronic and synchronic aspects of language. 1962. v. Wartburg W., Das Ineinandergreifen von deskriptiver und historischer Sprachwissenschaft. 1931. Betrachtungen über die Verhältnisse von historischer und deskriptiver Sprachwissenschaft. 1939. Žirmunskij V. M., O sinchronii i diachronii v jazykoznanii. VJa 5, 1958. O sootmošenii sinchronnogo analiza i istoričeskogo izučenija jazyka. 1960.

synkategorematischer Ausdruck. Ausdruck, der für sich allein keine Bedeutung besitzt; unselbständiger Ausdruck, der erst zusammen mit selbständigen Ausdrücken einen bedeutungsvollen Ausdruck bildet. Vgl. →Synsemantikon, kategorematischer Ausdruck.

Synonyme (συνώνυμος: gleichnamig, gleichbedeutend). Bedeutungsähnliche bzw. sinnverwandte Wörter, die in ihrem begrifflichen Kern mehr oder weniger übereinstimmen und in bestimmten Kontexten wechselweise verwendet bzw. füreinander eingesetzt werden können; dabei bleiben sekundäre Bedeutungsmerkmale stilistischer, emotiver u. a. Art erhalten, z. B. *gehen, wandern, spazieren, schreiten, schlendern* usw.

Bei Gauger (1961, S. 173) sind S. »Wörter, die ähnliche Bedeutungen haben, und die Synonymität ist das zwischen ihnen bestehende Verhältnis von Ähnlichkeit und Diversität«. Durchgehende Austauschbarkeit bzw. Bedeutungsgleichheit besteht bei S. nur hinsichtlich ihrer →denotativen Bedeutung, nicht in ihrer →Konnotation. Allgemein wird die Ansicht vertreten, daß es im Sprachsystem keine strikt bedeutungsgleichen Wörter gibt. – S. sind das wichtigste Hilfsmittel der Bedeutungserklärung in der Lexikographie (s. auch →Wörterbuch).

S. bilden im Wortschatz einer Sprache Reihungen und S.-Gruppen mit Grund- und Leit-S. bzw. *Archilexemen,* die gegenüber anderen, peripheren S. das Zentrum oder die paradigmatische Dominante der Gruppe darstellen (s. auch →Wortfeld).

Im alltäglichen Sprachgebrauch werden S. bedeutungsnuancierend,

oft aber auch ohne jeden Unterschied verwendet. Nicht selten werden *andere* Ausdrücke gewählt, um Wiederholungen zu vermeiden.
Vgl. →Synonymie, Synonymenwörterbuch.

Agricola E. u. a., Hrsg., Die dt. Sprache. Bd. 2/1970. Gauger H.-M., Die Wörter und ihr Kontext. Ein Beitrag zu den Synonymen. In: Ders., Sprachbewußtsein und Sprachwissenschaft. 1976. Geckeler H., Strukturelle Semantik und Wortfeldtheorie. 1971. Duden. Die Grammatik. ^{4}1984. Reuning K., dt. Die Feldtheorie (1941). In: Schmidt L., Hrsg., Wortfeldforschung. 1973. Wiegand H. E., Synonyme in den großen alphabetischen Wörterbüchern der dt. Gegenwartssprache. In: Festschr. L. Saltveit. 1983. (S. auch →Synonymie.)

Synonymenwörterbuch. Auch: Wortauswahlwörterbuch, Wb. sinn- und sachverwandter Ausdrücke. Ein Wörterbuch, dessen Artikel aufgrund von Bedeutungsähnlichkeit bzw. Sinnverwandtschaft und/oder Sachverwandtschaft zusammengestellt sind, z. B. *Freundin, Gefährtin, Bekannte, Geliebte, Flamme, Liebchen* usw.; *Haus, Eigenheim, Villa, Gebäude, Bauwerk, Bau* usw. Es lassen sich alphabetisch angeordnete und begrifflich-systematisch gegliederte S. unterscheiden (s. auch →Begriffswörterbuch). Vom Standpunkt des Artikelaufbaus gibt es *distinktive* oder semantisch vergleichende und *kumulative* S., die keine differenzierenden Bedeutungsangaben enthalten (Hausmann 1977, Kühn 1984).
S. sind Hilfsmittel bei der Textproduktion; sie erleichtern eine treffende, nuancierende Wortwahl. Vergleiche zwischen Ausdrucks- oder Bezeichnungsalternativen ermöglichen die kritische Beurteilung eines Textes durch den Leser.
Vgl. →Synonyme, Synonymie; Wörterbuch.

Hausmann F.-J., Einführung in die neufrz. Wörterbücher. 1977. Kühn P., Gegenwartsbezogene Synonymenwörterbücher des Dt.: Aufbau und Konzeption. Lexicographica 1. 1984. Ders., »Wegweiser zum treffenden Ausdruck« oder gibt es sinnvollere Zielsetzungen für S.? WW 1, 1985.
Bailly R., Dictionnaire des synonymes de la langue française. 1971. Buck C. D., A dictionary of selected synonyms in the principal Indo-European languages. 1949. Bulitta E. u. H., Wörterbuch der Synonyme und Antonyme. 1983. Duden. Vergleichendes Synonymwörterbuch (P. Grebe u. W. Müller). 1964. Duden. Sinn- und sachverwandte Wörter. Wörterbuch der treffenden Ausdrücke. 1972. Görner H. Kempcke G., Synonymwörterbuch. Sinnverwandte Ausdrücke der dt. Sprache. ^{5}1978. Hübner F., Wie sagt man noch? Bedeutungsähnliche, sinnverwandte, gleichsetzbare Wörter. 1984. Klein H. W. Friedrich W., Englische Synonymik. ^{4}1974. Kleineidam H. Gottschalk W., Französische Synonymik. ^{6}1974. Müller W., Die richtige Wortwahl. Ein vergleichendes Wb sinnverwandter Ausdrücke. 1977. Peltzer K. von Normann R., Das treffende Wort. Wb sinnverwandter Ausdrücke. ^{18}1981. Radzuweit S. Spalier M., Knaurs Lexikon der sinnverwandten Wörter. 1982.

Synonymie. Semantische Relation zwischen lexikalischen Einheiten einer Sprache, eine paradigmatische semantische Beziehung, semantische Äquivalenz: Bedeutungsidentität von Wörtern (als totale, absolute S. bzw. S. im engeren Sinne) oder Bedeutungsähnlichkeit von Wörtern (als S. im weiteren Sinne). Nach allgemeiner Auffassung kommt totale S. mit der Bedingung der Ersetzbarkeit in allen Kontexten bei Erhalt der denotativen (auch: begrifflichen, kognitiven) und der konnotativen (emotiven, stilistischen) Bedeutung nur selten oder gar nicht vor. S. wird daher in der Regel als Bedeutungsähnlichkeit aufgefaßt. Es gelten dabei die Bedingungen der Zugehörigkeit der lexikalischen Einheiten zum gleichen Sprachsystem, ihre Verwendbarkeit in der gleichen syntaktischen Position/Umgebung, die Gemeinsamkeit ihres denotativen Kerns bei Unterschieden in den konnotativen bzw. stilistischen Merkmalen. Als operationales Kriterium gilt die Ersetzbarkeit in bestimmten Kontexten.
Eine Präzisierung von »S.« ergibt sich mit Hilfe des Ansatzes semantischer Merkmale oder Seme (s. auch →Komponentenanalyse). Nach P. Kühn (1979, S. 84) besteht in einem (onomasiologischen) Paradigma zwischen zwei Lexemen a und b die Beziehung der S., »wenn ihre Sem-Summen identische symbolfunktionale aber differierende signal- bzw. symptomfunktionale Seme aufweisen«, z. B. Mein Vater kauft die Wurst beim *Schlachter/Metzger/Fleischer/Selcher/Wurster.* J. Lyons bestimmt S. über die bilaterale Implikation oder semantische Äquivalenz von Sätzen: Wenn ein Satz S_1 einen Satz S_2 impliziert und wenn auch die Umkehrung gilt, dann sind S_1 und S_2 äquivalent. Haben beide Sätze die gleiche syntaktische Struktur und unterscheiden sie sich nur durch die Lexeme a und b, dann sind a und b synonym (1971, S. 460; vgl. auch Brekle 1972, S. 88, 91f., Wiegand/Wolski 1980). – Die Relation der S. ist konstitutiv für die Anlage onomasiologischer Paradigmen und Wörterbücher und für die Bedeutungserklärung semasiologischer Wörterbücher mit Hilfe lexikalischer Paraphrasen (vgl. →Wörterbuch).
Die Beziehung der S. läßt sich – entsprechend – auch auf Sätze anwenden. Nach Quine wird die S.-Beziehung beim Begriff des →analytischen Satzes vorausgesetzt. Wenn ein Begriff des Sinns gegeben ist, kann man S. aus den Beziehungen zwischen Ausdrücken erklären; wenn, umgekehrt, die Beziehung der S. gegeben ist, kann man »Sinn« als Klasse aller der mit diesem Ausdruck synonymen Ausdrücke bestimmen. Der übliche Begriff der S. ist aber unscharf und eher von komparativer (mehr oder weniger) als von klassifikatorischer Art (entweder–oder). Zwischen Sätzen besteht meist keine Bedeutungs-

gleichheit, sondern nur Bedeutungsähnlichkeit. Die Bestimmung der S. durch das Substitutionskriterium schließlich führe in einen Zirkel, denn um über die Ersetzbarkeit von Sätzen zu entscheiden, muß man wissen, ob sie synonym sind (vgl. dazu v. Kutschera ²1975, S. 100ff.). – Carnap sah im Intensionsbegriff eine Möglichkeit, S. zu rekonstruieren.
Vgl. →Synonyme, Synonymenwörterbuch.

Agricola E., Semantische Relationen im Text und im System. 1969. ³1975. Bickmann H.-J., Synonymie und Sprachverwendung. Verfahren zur Ermittlung von Synonymenklassen als kontextbeschränkten Äquivalenzklassen. 1978. Brekle H. E., Semantik. 1972. ³1982. Carnap R., Meaning and synonymy in natural languages. Phil. Studies 7, 1955; dt. in: Bedeutung und Notwendigkeit. 1972. Auch in: Sinnreich J., Hrsg., Zur Philosophie der idealen Sprache. 1972. Gauger H.-M., Über die Anfänge der frz. Synonymik und das Problem der Synonymie. 1961. Harris R., Synonymy and linguistic analysis. 1973. Kühn P., Der Grundwortschatz. 1979. v. Kutschera F., Sprachphilosophie. ²1975. Lyons J., Einführung in die moderne Linguistik. ⁵1980. Quine W. v. O., The two dogmas of empiricism. In: Ders., From a logical point of view. ²1961; dt. in: Sinnreich J., Hrsg., 1972. Ders., dt. Wort und Gegenstand. 1980. Schippan Th., Lexikologie der dt. Gegenwartssprache. 1984. Söll L., Synonymie und Bedeutungsgleichheit. GRM 47; NF 16; 1966. Ujomov A. I., Problema sinonimov i sovremennaja logika. In: Logikogrammatičeskie očerki. 1961. Wiegand H. E., Synonymie und ihre Bedeutung in der einsprachigen Lexikographie. In: Probleme der Lexikologie und Lexikographie. 1976 (Sprache der Gegenwart, Bd. 39). Wiegand H. E. Wolski W., Lexikalische Semantik. In: Althaus H. P. u. a., Hrsg., Lexikon der Germ. Linguistik. ²1980.

Synsemantikon. Logisch auch: synkategorematischer Ausdruck. (Potentielle) Bedeutungsträger (Wörter, Morpheme), die nur in der Zusammensetzung oder Kombination mit anderen Bedeutungsträgern bzw. voll bedeutsamen Wörtern (vgl. →Autosemantikon) Bedeutung erlangen, z. B. *-er* in *Lehr-er,* d. h. Suffixe, Präfixe, Partikel (Marty). Bei Erben (1961ff.) sind Synsemantika

›inhaltsarme Formwörter . . ., die erst der Bezug auf ein Gemeintes, in Kontext oder Sprechsituation Enthaltenes gehaltvoll werden läßt‹ z. B. *er, jemand, dieser;* ›größenbezügliche Formwörter mit situationsbestimmtem Funktionswert‹ (⁶1963, S. 144).

Im weiteren Sinne lassen sich grundsätzlich alle lexikalischen und syntaktischen Einheiten als synsemantisch charakterisieren, da sie erst im sprachlichen und außersprachlichen Kontext (Redezusammenhang, Voraussetzung usw.) ihre gültige (referentielle) Bedeutung erhalten.
Vgl. →Funktionswörter, Strukturwörter, gebundene Form.

Erben J., Dt. Grammatik. Ein Abriss. ¹²1980. Marty A., Satz und Wort. 1950. Katz J. J., dt. Philosophie der Sprache. 1969.

Syntagma. ~ Wortgruppe, Wortverbindung. Bei Saussure eine Verkettung von Wörtern, eine Kombination oder Anreihung von Wörtern, z. B. *ab-reißen, für uns, ein langes Leben,* die, wenn sie nach festen Regeln gebildet ist bzw. ein regelmäßiges Muster darstellt, zur →langue gehört; »un signe dont le signifiant se décompose en segments significatives« (Godel 1969 S. 116); Einheiten auf der Ebene zwischen Wort und Satz, Teilsätze oder Wortfolgen, die einem einzelnen Wort grammatisch gleichwertig sind und über kein eigenes Subjekt und Prädikat verfügen; Einheiten, die bestimmte →Positionen im Satz füllen bzw. einnehmen; eine Konstruktion oder Struktur, deren Glieder sich zueinander wie Bestimmendes (determinans) und Bestimmtes (determinatum) verhalten, z. B. *Wohn-zimmer, Eitel-keit; dummer Junge, ein Haus bauen.*
Vgl. →autonomes Syntagma, prädikatives Syntagma, Syntagmatik; Syntagmem (K. L. Pike).

Lyons J., Einführung in die moderne Linguistik. [5]1980. Godel R., Questions concernant le syntagme. CFS 25; 1969. Martinet A., dt. Grundzüge der allgemeinen Sprachwissenschaft. 1963. Syntagme et synthème. La linguistique 2, 1967. Wahrig G., The syntagma as a fundamental unit of lexicon entries. ZDL 36; 1969. Rothkegel A., Feste Syntagmen. Grundlagen, Strukturbeschreibung und automatische Analyse. 1973.

Syntagmatik. Die Analyse sprachlicher Einheiten in ihrem gleichzeitigen Vorhandensein in der linearen Kette des Redestroms bzw. des Sprechkontinuums, der Bereich der zwischen Einheiten einer Äußerung bestehenden Beziehungen, im Gegensatz zur →Paradigmatik (der Beziehungen zwischen Einheiten, die sich in einer Redekette gegenseitig ausschließen, zwischen denen man für die Besetzung einer →Position wählen muß); die Lehre von der Kombination der Wörter zu Syntagmen/Wortgruppen.
Vgl. →syntagmatische Beziehungen, Syntagma, syntagmatische Anschließbarkeit.

Syntagmatik und Paradigmatik. Das Zusammenwirken bzw. Ineinanderspielen der syntagmatischen und der assoziativen/paradigmatischen Beziehungen im aktuellen Satz. Nach Saussure existiert gleichzeitig mit dem horizontalen Band der Anreihung oder →Syntagmatik auch die Achse der →Paradigmatik, d. h. im Unterbewußtsein sind eine oder mehrere assoziative Reihen vorhanden (*ab-reißen →abbrechen/abschneiden* usw., *reißen/zerreißen/entreißen* usw.). Das Syntagma *schnell-er* befindet sich im Kreuzungspunkt der Reihen *schnell/schneller* usw. und *rascher/weiter* usw.; eine Vorstellung ruft

»nicht eine Form hervor, sondern ein ganzes latentes System« ([2]1967, S. 155), die Zusammenordnung im Raum wirkt an der Schaffung assoziativer Zuordnungen mit. – In der Redesequenz, d. h. beim Aufbau der Syntagmatik werden bei der immer neu erfolgenden Selektion von Einheiten für bestimmte Satzpositionen die paradigmatischen Verhältnisse wirksam. Der Auffindung der Beziehungen zwischen S. und P. dient die →Kommutation.

Coseriu E., Textlinguistik. Eine Einführung. 1981. Diersch H., Verben der Fortbewegung in der dt. Sprache der Gegenwart. Eine Untersuchung zu syntagmatischen und paradigmatischen Beziehungen des Wortinhaltes. 1968. Riesel E., Stilistische Bedeutung und stilistischer Ausdruckswert des Wortes als paradigmatische und syntagmatische Kategorie. DaF 6, 1967.

syntagmatische Anschließbarkeit. Die Verwendungsmöglichkeiten eines Wortes im Kontext; das Vertextungspotential eines Lexems; die Fähigkeit eines →Lexems, mit anderen Lexemen textkonstitutive Verbindungen bzw. Solidaritätsbeziehungen einzugehen (vgl. →Solidarität). Jede Vertextung eines Lexems ist eine Realisierung seiner s. A.; sie ist als abhängig von den →semantischen Merkmalen des Lexems zu betrachten, die die *Bandbreite* seiner Verwendungsmöglichkeiten ausmachen. Neben solcher semantischen s. A. kann man auch von syntaktischer A. (z. B. →Valenz) und pragmatischer A. sprechen (Kallmeyer u. a. 1, 1974).
Von der Wittgensteinschen Frage ausgehend, wie wir die Bedeutung eines Wortes gelernt haben (s. →Wortbedeutung), folgerte S. J. Schmidt (1969, S. 99), daß »ein Wort nur dadurch, daß es in einem größeren, mehrfach strukturierten Zusammenhang eine Funktionsstelle besitzt, eine Bedeutung . . . erhält«. Wörter ohne Kontext sind nach H. Weinrich hauptsächlich Erwartungsinstruktionen. Damit werde die Kategorie der *Anschließbarkeit* fundamental für die Erklärung der Bedeutungsleistung isolierter Wörter. S. auch →semantische Kongruenz, wesenhafte Bedeutungsbeziehungen, Kollokation, Kompatibilität, Textisotopie, Textsemantik.

Kallmeyer W. u. a., Lektürekolleg zur Textlinguistik. 1. 2. 1974. Schmidt S. J., Bedeutung und Begriff. 1969. Weinrich H., Linguistik der Lüge. 1966.

syntagmatische Assoziationen. Formal nicht-identische (d. h. heterogene Wortklassen erfassende) Assoziationen im Wort-Assoziations-Test, die assoziativ-kombinatorische Verknüpfung von Wörtern, wie sie in kommunikativ geäußerten Sätzen auftritt, z. B. *Tisch – sitzen/arbeiten/essen* usw., der u. U. Übergangswahrscheinlichkeiten zwischen Wörtern der Umgangssprache zugrunde liegen (vgl. →Markov-Pro-

zeß). Bei Kindern früher Entwicklungsstufe und bei Angehörigen der Unterschicht überwiegen s. A., d. h., daß die Sprecher sich in geringem Ausmaß von den wahrscheinlichen bzw. üblichen Wortverbindungen lösen können (Sprachhülsen, Gemeinplätze, Schablonen). S. A. erscheinen so als Ausschnitte aus häufig gesprochenen Sätzen der Umgangssprache.
Vgl. →syntagmatische Beziehungen, paradigmatische Assoziationen; syntagmatisch-paradigmatischer Wechsel.

Deese J., The structure of association in language and thought. 1965. Slobin D., dt. Einführung in die Psycholinguistik. 1974. Entwisle D. R., Word associations of young children. 1966.

syntagmatische Beziehungen [syntagmatic relations, relations/rapports syntagmatiques, sintagmatičeskie otnošenija]. Nach Saussure, im Gegensatz zu den →paradigmatischen Beziehungen, die Beziehungen, die auf dem linearen Charakter der Sprache beruhen, die Anreihungsbeziehungen (in einer Anreihung bzw. Kette erhält jedes Glied seinen Wert durch den Gegensatz zum voraufgehenden und zum folgenden Glied); Beziehungen zwischen Einheiten, die in einem Kontext gemeinsam vorkommen, die kombinatorischen Regularitäten, z. B. *der + gute + Vater + schläft*. S. B. sind nicht reine Anreihungsbeziehungen oder Nacheinanderrelationen (z. B. Er *kehrte* erst am späten Abend nach Hause *zurück*); vgl. →diskontinuierliche Konstituenten, Konstituentenanalyse.
S. auch →syntagmatische Assoziationen, Syntagma, Syntagmatik.

Mitchel T. F., Syntagmatic relations in linguistic analysis. In: Transactions of the Phil. Soc. 1958. Prieto L. J., Rapport paradigmatique et rapport syntagmatique sur le plan du contenu. In: Omagiu lui Jordan. 1958.

syntagmatische Substitution. Ersetzung eines sprachlichen Ausdrucks durch einen anderen an aufeinanderfolgenden Stellen innerhalb eines Textes; »das sprachliche Verfahren der Bildung eines Textes aus Sätzen«; eine Beziehung, bei der die ersetzenden Ausdrücke in der linearen Dimension des Textes verschiedene Stellen einnehmen (Harweg 1971, S. 124). Im Gegensatz zur paradigmatischen →Substitution stehen der ersetzte Ausdruck (= substituendum) und der ersetzende Ausdruck (= substituens) nacheinander im Text, z. B. Dreimal kamen *die Außenminister* zusammen. Zum Ende der dritten Sitzung faßten *sie* den Beschluß . . . (Vgl. auch *viele Menschen – diese, alle Männer – sie*). Der ersetzende nimmt den ersetzten Ausdruck wieder auf und konstituiert damit einen Textzusammenhang; zwischen beiden Ausdrücken besteht Bezeichnungsidentität, Koreferenz oder Referenzidentität.

»Text« wird (*textimmanent* oder *emisch* [Pike]) »als Folge von Sätzen, die im Sinne s. S. miteinander verbunden sind«, definiert (Replik 2, 1968, S. 8). Die wichtigsten Typen s. S. in Harwegs ausdifferenzierter Klassifikation sind die Identitäts-S., die Similaritäts-S. und die Kontiguitäts-S.
Vgl. →Pro-Form, Pronominalisierung, Wiederaufnahme.

Harweg R., Pronomina und Textkonstitution. 1968. Textologische Analyse einer Zeitungsnachricht. Replik 2, 1968. Die textologische Rolle der Betonung. In: Stempel W.-D., Hrsg., Beiträge zur Textlinguistik. 1971. Nichttexte, Rudimentärtexte, wohlgeformte Texte. Fol. Ling. 7; 1975. Substitutional text linguistics. In: Dressler W., Hrsg., Current trends in text linguistics. 1978.

syntagmatisches Wortfeld →syntaktisches Feld, lexikalische Solidarität, Kompatibilität, semantische Kongruenz

syntagmatisch-paradigmatischer Wechsel. Wechsel des Assoziationstyps vom Typ der vorwiegend syntagmatischen Assoziation *(essen–Brot, weich–Kissen)* zum Typ der paradigmatischen Assoziation (*Brot – Kuchen, weich–hart* usw.) bei Kindern im 7./8. Lebensjahr. Syntagmatische Assoziationen stellen meist Satzvervollständigungen bzw. Handlungszusammenhänge dar. Mit dem Alter nimmt die Tendenz zum Assoziieren innerhalb der gleichen Wortklasse/des gleichen Paradigmas zu.
Vgl. →syntagmatische Assoziationen, paradigmatische Assoziationen; Wortassoziationen, Assoziation.

Entwisle D. R., Word associations of young children. 1966.

Syntagmem. Auch: Hypertagmem, Konstruktion. In Pike's →Tagmemik »a potential string of tagmemes, whose manifesting sequence of morphemes fills a grammatical slot« (Elson/Pickett 1962, S. 59). »A grammatical string (of . . . tagmemes) with identifying-contrastive features that structurally distinguish it from other grammatical strings« (Longacre 1960, S. 64), »a functionally contrastive string on a given level« (Longacre 1965, S. 70).
Vgl. →Tagmem, slot, Kette.

Cook W. A., Introduction to tagmemic analysis. 1969. Huddlestone R., The syntagmeme. IJAL 37; 1, 1971. S. auch →Tagmemik, Tagmem.

Syntaktik. In der allgemeinen →Semiotik von Morris das Teilgebiet, das (von Semantik und Pragmatik abstrahierend) sich nur mit den Zeichen und ihren Verknüpfungen sowie den Beziehungen der Zeichen

untereinander befaßt und die Bedingungen untersucht, die die Struktur von Symbolketten bestimmen.
Vgl. →Syntax.

Morris Ch. W., Foundations of the theory of signs. 1938; dt. Grundlagen der Zeichentheorie. 1972. [2]1975.

syntaktische Beziehungen. 1) Die korrelative Subjekt-Prädikat-Beziehung (vgl. auch →prädikative Beziehung, Interdependenz), die attributive Beziehung, die Objektbeziehung (vgl. →Rektion, Objekt), die adverbiale Beziehung.
2) Die grammatischen Funktionen Subjekt-von, Objekt-von usw.
3) Die Dependenzbeziehung (vgl. →Aktant, Mitspieler, Ergänzung).
Vgl. →Satzanalyse; Syntagmatik, syntagmatische Beziehungen.

Bazell Ch. E., Syntactic relations and linguistic typology. CFS 8; 1949. Chomsky N., Categories and relations in syntactic theory. In: Zeichen und System der Sprache. 4. 1970. Seiler H., Semantic information in grammar: The problem of syntactic relations. Semiotica 2; 1970. Welke K., Zur Abbildung grundlegender syntaktischer Relationen in der generativen Grammatik. Biuletyn Fonograficzny 8, 1967.

syntaktische Funktion. 1) Die funktionale Interpretation der Satzgliedbegriffe Prädikat, Subjekt, Objekt. 2) Die →grammatischen Funktionen (Prädikat-von, Subjekt-von, Objekt-von).
Vgl. →syntaktische Beziehungen.

syntaktische Komponente. Die grundlegende der drei Hauptkomponenten in Chomskys →generativer T.-Grammatik, die eine infinite Menge von abstrakten formalen Objekten mit allen Informationen erzeugt, die für die Interpretation eines gegebenen Satzes notwendig sind, u. zw. für jeden Satz eine →Tiefenstruktur oder D-Struktur und eine S-Struktur. Die s. K. ist die *generative source* der Grammatik (Katz); die beiden anderen Komponenten sind interpretativ.
Vgl. →Basis 2).

Chomsky N., dt. Aspekte der Syntax-Theorie. 1969. Ders., Regeln und Repräsentationen. 1981. Katz J. J., dt. Philosophie der Sprache. 1970. Radford A., Transformational syntax. 1982.

syntaktische Konnexität. (Innerer) syntaktischer Zusammenhang. Bei Ajdukiewicz die Bedingungen, unter denen ein aus (sinnvollen) Wörtern zusammengesetztes Wortgefüge einen sinnvollen Ausdruck bzw. Satz bildet. Vgl. →Kategorialgrammatik.

Ajdukiewicz K., Die syntaktische Konnexität. Studia philosophica 1, 1935. Hiorth F., Zur formalen Charakterisierung des Satzes. 1962. Lambek J., The mathematics of sentence structure. American math. monthly 65; 3, 1958.

syntaktische Mehrdeutigkeit →Ambiguität

syntaktisches Feld. 1) Bei Porzig im Gegensatz zum (paradigmatischen) Wortfeld die Beziehungen, die im Satz bzw. in der aktuellen Rede bei der Kombination der Wörter wirksam sind, die »Art von inhaltlichen Beziehungen zwischen Wörtern«, die »für den Bau der Rede besonders wichtig (ist), weil sie die sinnvolle Verknüpfung der Wörter im Satz ermöglicht« (^{5}1971, S. 124). Vgl. →wesenhafte Bedeutungsbeziehungen, semantisch-syntaktischer Hof, semantische Kongruenz. 2) Bei Weisgerber etwa der Bereich der Befehls- oder Wunschsätze mit den inhaltlichen Eigentümlichkeiten der einzelnen Befehls- und Wunschformen (^{4}1971, S. 387f.).

Porzig W., Das Wunder der Sprache. ^{5}1971. Weisgerber L., Grundzüge der inhaltbezogenen Grammatik. ^{4}1971.

syntaktisches Merkmal [syntactic feature, trait syntaxique, sintakičeskij priznak]. Merkmal, das das syntaktische Verhalten lexikalischer Einheiten spezifiziert, z. B. *Tier* [– Abstrakt, – Konkret, + Belebt, – Human]. Bechert u. a. (1970, S. 63) weisen darauf hin, daß es sich eigentlich um →semantische Merkmale handele, die jedoch als s. M. betrachtet werden, »solange sie direkt in die Beschreibung der syntaktischen Regularitäten eingehen«. Sinnvoll wäre es, von semantico-/semasio-syntaktischen M. zu sprechen. – Chomsky (1965, dt. 1969, S. 105) hatte festgestellt, daß man nicht von vornherein sagen dürfe, »syntaktische und semantische Erwägungen könnten grundsätzlich voneinander geschieden werden«. McCawley (1968) schlägt vor, nur von →semantischen Merkmalen zu sprechen; scheinbare s. M. seien immer semantisch motiviert.
Vgl. →Syntax und Semantik, Subkategorisierung, Selektionsbeschränkungen.

Corbett G. G., Syntactic features. JL 17; 1981.

syntaktisches Minimum. Der auf seine zur grammatischen Wohlgeformtheit notwendigen Formen reduzierte Satz.
Vgl. →Abstrichmethode, Kernsatz, Ergänzung.

syntaktisches Schema. Das Schema, das als leere Form der eigentlichen Formulierung einer Antwort vorhergeht. Nach Bühlers Analyse

des Sprechdenkens (1934, [2]1965, S. 252 ff.) wählen wir, wenn wir einen schwierigen Gedanken ausdrücken wollen, erst die *Satzform* oder den *Operationsplan* zum Ausdruck des Gedankens. Das Sprechdenken sowie jedes kognitive Operieren mit Gegenstandssymbolen bedarf eines Symbolfeldes genauso wie der Maler der Malfläche, der Kartograph seines Liniennetzes.
Vgl. →Satzplan, Satzmodell, Satztyp, Satzbauplan, verbale Planung.

Bühler K., Sprachtheorie. [2]1965.

Syntax (σύνταξις: Anordnung, Regelung, Organisation, Verhältnis).
1) Teilgebiet der Semiotik, das sich – abstrahierend von Semantik und Pragmatik – mit der Anordnung und den Beziehungen der Zeichen untereinander befaßt (auch: Syntaktik).
2) Lehre von der Funktion der Wortklassen oder Wortarten bzw. Wortverbindungen/Syntagmen im Satz; Teil der Grammatik, der die Zusammenordnung der Elemente regelt (Engel); Lehre von den Regularitäten des Satzes, insbesondere die Aufdeckung und Beschreibung seiner konstitutiven Beziehungen, der syntaktisch-semantischen Relationen; Lehre von den Syntagmen, Sätzen und Texten als den Gruppierungen von →Monemen. Bei Chomsky (1957) ist S. »the study of the principles and processes by which sentences are constructed in particular languages« (S. 11). Nach Admoni ([4]1982) befaßt die S. sich

mit dem Aufbau der zusammenhängenden Rede, wie sie im Kommunikationsprozeß auftritt, also mit dem Satz, der Haupteinheit dieses Prozesses, mit den Wortgruppen und mit den Formmitteln, die zur Bildung der Sätze und Wortgruppen dienen (S. 211).

Bei Weinrich (1966) ist S.

Satzlehre, insofern sie alles zum Gegenstand hat, was eine sprachliche Äußerung zum Satz macht. Das ist in seiner tiefsten Schicht identisch mit dem, was ein Verb finit macht (S. 48 f.).

Brinkmann (1967) stellt den Anspruch,

daß die S. sich nicht allein mit dem Satz, sondern auch mit der Rede als übergreifender Erscheinung zu befassen habe. Die überlieferte S. endet bei der Satzstufe, obwohl natürlich immer gegenwärtig war, daß Sätze in höhere Einheiten eintreten können (S. 74).

In funktionaler Sicht (Brinkmann [2]1971, Admoni [4]1982, Erben [12]1980) ist S. ein Verfahren zur kommunikativ angemessenen Organisation komplexer Sachverhalte.

Für die S. sind die Leistungen der einzelnen Wortformen und Wortar-

ten beim Aufbau des Satzes, ihre Beziehungen zum Satzganzen und ihre wechselseitigen Beziehungen von Interesse. Sieht man den Satz nicht nur als formale Struktur, sondern auch seine kommunikative und kognitiv-operative Leistung, so verlangt das komplexe Verhältnis zwischen morphologisch-syntaktischen, lexikalisch-semantischen und intonatorischen Faktoren einschließlich der →Wortstellung Berücksichtigung. Wesentlich für die S. ist die Erarbeitung von Methoden zur →Satzanalyse, eines Inventars von →Satzmodellen und →Satzgliedern.
Bloomfield trieb im Rahmen der postulierten Ausklammerung der Bedeutungsproblematik syntaktische Forschung unter dem Gesichtspunkt der Anordnung, der Modulation (Intonation, Pausen usw.) und der Selektion von Formklassen. Der Satz wurde – wie die syntaktische Konstruktion – nach morphologischen Kriterien behandelt und seine innere Organisation mit morphologischer Terminologie beschrieben (vgl. →endozentrische Konstruktion, exozentrische K.). Die traditionellen Satzgliedbegriffe wurden durch die morphologische Oberflächenkategorie der →unmittelbaren Konstituenten ersetzt (vgl. auch →Konstituentenanalyse), deren präzise Fassung und befriedigende Beschreibung sich dann als schwierig erwies. Unter dem Aspekt gleicher Analysemethoden gerieten Wort, Wortklasse, Wortgruppe und Satz auf eine Stufe. Für Harris war der Satz eine bloße Benennung für die häufigste Struktur von Äußerungen. Auch in der weiteren Entwicklung (u. a. Trager und Smith) blieb die *Bedeutung* bei der syntaktischen Analyse (konsequent) ausgeschlossen. Nach Achmanova/Mikaèljan (1963) zeigte sich das Unvermögen des *Deskriptivismus,* die Struktur von Sätzen zu erfassen, bei Fries, der nach Ablehnung aller traditionellen Kategorien im Grunde wieder zum Konzept der Satzglieder gelangte. – Eine Bereicherung der deskriptiven S. brachte Pikes →Tagmemik.
Nach Lashley (1951) ist die S. den verwendeten Wörtern und den zum Ausdruck gebrachten Ideen nicht inhärent; sie ist eine verallgemeinerte Schablone für die je spezifischen Sprechhandlungen (vgl. →pattern). – Für die S. sind als Ausdrucksmittel relevant die Wortklasseneinteilung der Wörter, die Wortstellung bzw. Abfolge der Einheiten, die Flexion oder die funktionsgleichen Partikel, die Intonation (W. Klein, 1984). Die Relevanz von →Präsuppositionen für die syntaktische Beschreibung hat M. Reis (1977) problematisiert. Vgl. →Syntax und Semantik, syntaktische Komponente, syntaktische Beziehungen, syntagmatische Beziehungen, Syntagmatik; logische Syntax.

Abraham W., Hrsg., Erklärende Syntax des Dt. 1985. Achmanova O. S. Mikaėljan G. B., Sovremennye sintaksičeskie teorii. 1963. The theory of syntax in modern linguistics. 1969. Admoni W., Der deutsche Sprachbau. [4]1982. Brinkmann H., Die dt. Sprache. [2]1971. Bartsch R. u. a., Einführung in die Syntax. 1977. Engel U., Syntax der dt. Gegenwartssprache. [2]1982. Glinz H., Dt. Syntax. [3]1970. Heringer H. J., Theorie der dt. Syntax. [2]1973. Ders., Dt. Syntax. [2]1972. Heringer H. J. u. a., Syntax. 1980. Hundsnurscher F., Syntax. In: Althaus H. P. u. a., Hrsg., Lexikon der Germ. Linguistik. [2]1980. Klein W., Zweitspracherwerb. 1984. Reis M., Präsuppositionen und Syntax. 1977. Ries J., Was ist Syntax? (1927). 1967. Weinrich H., Linguistik der Lüge. 1966. Fisiak J., Hrsg., Historical syntax. 1984. Givón T., Syntax. A functional-typological introduction. 1. 1984.

Syntax und Semantik. Im Sinne von Zeichenaußenseite oder *Ausdruck* und Zeichen-*Inhalt* verweist der Zusammenhang von Sy und Se auf eine Zweieinheit als konstitutive Eigenschaft sprachlicher Zeichen.

Die Möglichkeit und Notwendigkeit sowie die Art und Weise, Syntax und Semantik aufeinander zu beziehen; der Zusammenhang zwischen dem syntaktischen und dem semantischen Aufbau von Ausdrücken bzw. der Zusammenhang zwischen der syntaktischen und der semantischen Struktur von Sätzen. Die Frage nach dem Zusammenhang von Sy und Se setzt die Möglichkeit voraus, die Syntax bzw. die Form von Ausdrücken unabhängig von ihrem Inhalt zu bestimmen und zu betrachten (asemantische oder *autonome* Syntax). Wie weit aber eine formale Syntax für die Beschreibung natürlicher Sprachen möglich und sinnvoll ist, muß als strittig gelten. Es läßt sich auch die erklärte Unterscheidung, Syntax befasse sich mit dem grammatisch korrekten Aufbau von Sätzen bzw. mit ihrer Grammatikalität, die Semantik von Sätzen dagegen mit dem Aufbau ihrer Bedeutung, in einer solchen Form für natürliche Sprachen nicht aufrecht erhalten.

Die Frage des Zusammenhangs von Sy und Se ist ein Problem explizit angelegter neuerer Grammatiken. In einer Grammatik traditioneller Art kann es ausreichen, wenn davon ausgegangen wird, daß man mit der syntaktischen Struktur auch (in einer angebbaren Weise) die semantische erfaßt bzw. daß eine formal-strukturelle Bestimmung ohne Berücksichtigung der Semantik grundsätzlich nicht möglich ist und daß dabei, nicht selten, sogar pragmatische Aspekte zu berücksichtigen sind.

In neueren Grammatiktheorien lassen sich als Möglichkeiten oder Positionen, den Zusammenhang von Sy und Se zu behandeln, folgende Modelle erkennen:

1) In der generativen Transformationsgrammatik N. Chomskys wurde

als Ebene für den Ansatz der semantischen Interpretation von Sätzen zunächst die Tiefenstruktur betrachtet. Sie galt für den Aufbau von semantischen Satzrepräsentationen als am besten geeignet. Sie sollte alle syntaktischen Informationen enthalten, die für die (indirekte) semantische Interpretation von Sätzen notwendig sind. Für Chomsky (1957) ist Grammatik autonom und bedeutungsunabhängig. Im Zuge der Revision der Standardtheorie (Chomsky 1965) wurde als Ansatzebene für die semantische Interpretation die S-Struktur (im Sinne einer abstrakten Oberflächenstruktur) gewählt; an der endgültigen semantischen Interpretation ist auch die konkrete Oberflächenstruktur beteiligt (Filterwirkung; vgl. →interpretative Semantik, Oberflächenstruktur).

2) Nach der Auffassung der *generativen Semantik* kann eine autonome syntaktische Tiefenstruktur nicht angesetzt werden. Zugrundezulegen sind semantische Repräsentationen, die sich transformationell bzw. über Ableitungsbeschränkungen auf Oberflächenstrukturen beziehen lassen.

3) In Kategorialgrammatiken und in der Grammatik von R. Montague sind Sy und Se als strukturgleich konzipiert. Jeder syntaktischen Operation wird (bei der Ableitung) eine semantische zugeordnet, d. h. daß jeder Schritt beim Aufbau eines komplexen Ausdrucks semantisch gedeutet wird; der Aufbau der Syntax erfolgt parallel zum Aufbau der Semantik, die die Wahrheitsbedingungen angibt. Montague baut nicht, wie Chomsky, die Semantik auf der Syntax auf; er verzichtet beim Aufbau der Semantik auch nicht auf Wahrheitsbedingungen. Die Parallelität syntaktischer und semantischer Kategorien erscheint so als Eigenschaft einer formalen Grammatik, die die natürliche Sprache beschreiben bzw. rekonstruieren soll. Nach Montague (1972, S. 35) lassen sich Sy und Se natürlicher Sprachen in einer Theorie zusammenfassen.

4) Vor allem im deutschen Sprachraum hat sich die Auffassung verbreitet (wenn nicht sogar durchgesetzt), daß eine engere Verbindung von Sy und Se durch Satzgrammatiken darstellbar ist, die auf dem Prinzip der Valenz/Dependenz beruhen. Engel (1972) z. B. sieht in einer dependenziellen Verbgrammatik die Se weitgehend in die Sy integriert. Die Anzahl der Argumente des Prädikats sei semantisch bestimmt, denn man könne eher von einer gedanklichen als von einer syntaktischen Vollständigkeit sprechen. Die semantische Komplexität eines Satzes spiegelt sich allerdings weder einfach noch eindeutig in seiner syntaktischen Struktur wider, und hinter einer formal einfachen Syntax steht meist eine Vielzahl semantischer Möglichkeiten. Nach

Helbig (1976) sind bei der Beschreibung von semantischer und syntaktischer Valenz die Ebenen klar zu unterscheiden, da sonst zur semantischen Beschreibung Begriffe verwendet werden könnten, die zu syntaktisch und zu oberflächenorientiert-impressionistisch sind (s. auch →Prädikat-Argument-Struktur, Proposition, Valenz, Operator-Operand-Beziehung).
Vgl. →Satzbedeutung, Syntax, Semantik; semantische Syntax, Satzsemantik.

Bartsch R. Vennemann Th., Grundzüge der Sprachtheorie. 1983. Chomsky N., Syntactic structures. 1957. [7]1968. Davies E. C., On the semantics of syntax. 1979. Ebeling C. L., Syntax and semantics. A taxonomic approach. 1978. Eisenberg P., Oberflächenstruktur und logische Struktur. Untersuchungen zur Syntax und Semantik des dt. Prädikatadjektivs. 1976. Engel U., Bemerkungen zur Dependenzgrammatik. In: Neue Grammatiktheorien und ihre Anwendung auf das heutige Deutsch. 1972 (Sprache der Gegenwart, Bd. 20). Engelkamp J., Psycholinguistik. 1974. Ders., Satz und Bedeutung. 1976. Frey G., Formalstruktur und natürliche Sprache. In: Simon J., Hrsg., Aspekte und Probleme der Sprachphilosophie. 1974. Hartmann P., Syntax und Bedeutung. 1964. Helbig G., Zur Valenz verschiedener Wortklassen. DaF 3, 1976. Menzel P., Semantics und syntax in complementation. 1975. Moskal'skaja O. I., Problemy semantičeskogo modelirovanija v sintaksise. VJa 6, 1973. Padučeva E. V., O semantike sintaksisa. 1974. Püschel U., Semantisch-syntaktische Relationen. 1975. Schnelle H., Syntax und Semantik. Wo stehen wir heute? LB 63; 1979. Seuren P., Autonomous vs semantic syntax. FL 8; 1972. Ullmer-Ehrich V., Zur Syntax und Semantik von Substantivierungen im Dt. 1977. Vennemann Th. Jacobs J., Sprache und Grammatik. 1982. Weinreich U., dt. Erkundungen zur Theorie der Semantik. 1970. Miller J., Semantics and syntax. Parallels and connections. 1985.

Synthese (σύνθεσις = Zusammensetzung). 1) Die Erzeugung oder Generierung sprachlicher Ketten (vgl. →generative Grammatik). 2) Die Bildung richtiger Sätze aufgrund syntaktischer und/oder semantischer Informationen (vgl. →Algorithmus).
S. auch →Analyse-durch-Synthese-Prozeß.

Apresjan Ju. D., dt. Ideen und Methoden. [3]1972. Šaumjan S., dt. Strukturale Linguistik. 1971.

synthetischer Satz. Ein Satz, der nicht aufgrund seiner (von Tatsachen unabhängigen) Bedeutung wahr oder falsch sein kann. Erfahrungsurteil, dessen Wahrheit auf empirischen Fakten beruht.
Vgl. →analytischer Satz.

synthetischer Sprachbau. Ein Sprachbau mit der Tendenz, die grammatisch-syntaktischen Beziehungen innerhalb des Wortes bzw. am Wort selbst zum Ausdruck zu bringen, u. zw. durch innere Flexion,

→Affigierung, Reduplikation. Die lexikalische Bedeutung wird mit der strukturellen Bedeutung synthetisiert (z. B. verweist *filium* auf einen bestimmten Inhalt, zugleich aber auf die Merkmale Subst. im Sing., Akk., direktes Objekt mit entsprechender syntaktischer Integration). Auch im Dt. herrscht (wie in anderen europäischen Sprachen) die Tendenz zum →analytischen Sprachbau, d. h. zum Ausdruck syntaktischer Relationen durch Umschreibung. Vgl. →flektierender Sprachbau, agglutinierender Sprachbau; Sprachtypologie.

Lyons J., dt. Einf. in die moderne Linguistik. [5]1980. Reformatskij A. A., Vvedenie v jazykovedenie. [4]1967. Schmidt W., Grundfragen der dt. Grammatik. [4]1973.

System (σύστημα: Zusammensetzung, Zusammenstellung, Vereinigung, geordnetes Ganzes, Anordnung von Teilen zu einem Ganzen; in der Stoa Aufbau und Gefüge des Kosmos). Eine geordnete Gesamtheit von Objekten und Beziehungen zwischen Objekten und ihren Merkmalen; eine Menge von Objekten zusammen mit den Relationen zwischen den Objekten und ihren Eigenschaften (Hall/Fagen); dynamische organisierte Ganzheit, deren Teile untereinander in Beziehungen stehen, und die als Ganzes sowohl mit anderen Ganzen als auch mit ihrer Umwelt durch zahlreiche Beziehungen verflochten ist (Flechtner 1970, S. 10ff.); eine nichtleere Menge von Objekten, eine Klasse oder ein Bereich von Objekten, zwischen denen gewisse Relationen bestehen (Kleene). Gegenstände bzw. Bereiche werden *als S. betrachtet.*

Unterschieden werden *determinierte* S., deren Teilkomponenten in voraussagbarer Weise aufeinander wirken, *probabilistische* S., die keine streng detaillierten Aussagen zulassen, natürliche, künstliche u. a. S. sowie *geschlossene* und *offene* S. Offene S. tauschen mit ihrer Umwelt Stoffe, Energie und Information aus. Menschliche Interaktionen sind als offene S. zu betrachten; ihre Merkmale sind Ganzheit, Rückkopplung, Äquifinalität (bestimmte Ziele oder Endzustände können bei unterschiedlichen Anfangszuständen erreicht werden). Von (kybernetischem) Interesse sind *selbstregulierende* und *selbstorganisierende* S.

Luhmann (1971, S. 10ff.) unterscheidet in der Entwicklung des S.-Begriffs vier Etappen, die seine Prozeß- und Funktionsorientierung charakterisieren:

1) S. als rein interne Ordnung der Beziehungen von Teilen zueinander und zum Ganzen ohne jeden Bezug auf die Umwelt;
2) S. als Gleichgewichtssystem, das Umweltstörungen kompensiert oder nicht kompensiert;

3) S. als grenzerhaltende und bestandserhaltende Kombination von Prozessen; selektive Steuerung von Austauschprozessen und Interpendenz von S. und Umwelt;
4) kybernetische S.-Theorie, die weniger komplexe S. vor dem Hintergrund der übermäßig komplexen Umwelt betrachtet, wobei S. der Reduktion von Komplexität dienen.

Vgl. →Sprachsystem, Systemtheorie; Struktur.

Diemer A., Wissenschaftsbegriff. Historische und systematische Untersuchungen. 1970. Flechtner H.-J., Grundbegriffe der Kybernetik. [5]1970. Hall A. D. Fagen R. E., Definition of system. In: Buckley W., Hrsg., Modern system research for the behavioral scientist. 1968. Luhmann N., Moderne Systemtheorien als Form gesamtgesellschaftlicher Analyse. In: Habermas J. Luhmann N., Theorie der Gesellschaft oder Sozialtechnologie? 1971. Parsons T., The social system. 1957. Watzlawick P. u. a., Menschliche Kommunikation. [3]1972.

System und Norm. Nach Coseriu eine für die →Semantik und die strukturelle →Lexikologie wesentliche Unterscheidung:

Die Norm enthält die üblichen, normalen, traditionellen, nicht unbedingt funktionellen Unterschiede der Technik der Rede. Das System dagegen enthält alles, was objektiv funktionell (distinktiv) ist. Das System ist also die Summe der Oppositionstrukturen einer Sprache, während die Norm die Sprache als *soziale Institution* kennzeichnet (1973, S. 44).

Die N. ist die »Gesamtheit der traditionellen Realisierungen«, das System ist die »Gesamtheit der möglichen Realisierungen«.
Vgl. →Norm 2), Sprachnorm.

Coseriu E., Sistema, norma y habla. In: Teoría del lenguaje y lingüistica general. 1962. Probleme der strukturellen Semantik. 1973.

systemische Grammatik (Auch: Skalen- und Kategoriengrammatik, *scale and category grammar*). Beschreibungs- und Theorieansatz M. A. K. Hallidays, der die Kontext- und Situationstheorie der Bedeutung von Firth, Aspekte der Stratifikationsgrammatik Lambs, der Tagmemik Pikes und des Prager Sprachfunktionalismus (vgl. auch →funktionale Satzperspektive) integriert, um eine Sprachbeschreibung zu entwickeln, die den Sprachgebrauch des einzelnen Sprechers im Zusammenhang mit seinen persönlichen, sozialen und kulturellen Bedürfnissen in der Gesellschaft erfaßt. Eine wesentliche Rolle spielt dabei der Situationskontext als Verbindung zwischen Sprache und sozialer Wirklichkeit: die sprachliche Form wird durch Grammatik und Wortschatz konstituiert; die Bedeutung einer Äußerung ist durch Bezüge zwischen Grammatik und Lexik sowie durch bestimmte Komponenten der Sprechsituation gegeben. Der Systembegriff Hallidays umfaßt auch die Tiefengrammatik bzw. Tiefenstruktur von Sätzen/Äußerungen. Systeme erscheinen als Netzwerke von geordneten Selektionsmöglichkeiten des Sprechers, bei denen jede folgende Wahl zu größerer Spezifizierung (auf der *Delikatheits-* bzw. *Feinheits*skala) führt (z. B. 1. Wahl des Hauptsatzes, 2. Wahl von Aussagesatz, Aufforderungssatz oder Fragesatz, 3. Form des Fragesatzes usw.). Die s. G. hat u. a. wichtige Beiträge zur Analyse der Textsemantik geleistet.

Berry M., An introduction to systemic linguistics. 1/2. 1975/1977. Halliday M. A. K., Categories of the theory of grammar. Word 17; 1961. Ders., Functional diversity in language. Fl 9; 1970. A course in spoken English: intonation. 1970. Ders., dt. Sprachstruktur und Sprachfunktion. In: Lyons J., Hrsg., Neue Perspektiven in der Linguistik. 1975. Halliday M. A. K. Hasan R., Cohesion in English. 1976. Hudson R. A., English complex sentences. An introduction to systemic grammar. 1971. Halliday M. A. K., An introduction to functional grammar. 1985.

Systemlinguistik. Linguistik des Sprach*systems,* die ihre Erkenntnisinteressen auf die Analyse der Sprache als eines regelgeleiteten Systems richtet und z. B. Sätze als grammatisch wohlgeformte, situations- und kontextunabhängige Strukturen betrachtet (auch: *Kompetenz*-Linguistik). Die Kritik an der S. hebt hervor, daß es darum gehen müsse, Sprache als situationsbedingtes, intentionales und effektives Handeln im Rahmen sozial-kommunikativer und pragmatischer Bezüge zu erfassen. Die Kritik an der S. leitete in den 70er Jahren die sog. pragmatische Wende ein.
Vgl. →Pragmatik, Sprechakttheorie, Soziolinguistik, Psycholinguistik, Textlinguistik; kommunikative Kompetenz, Kompetenz und Performanz.

Stötzel G., Ist Lyons noch modern? LuD 16; 1973.

Systemtheorie. Theorie der Systeme, Kerngebiet der allgemeinen Kybernetik; Untersuchung der den verschiedenen Systemen zugrunde liegenden Gemeinsamkeiten oder →Isomorphien; »die Formulierung und Ableitung jener Prinzipien, die für Systeme im allgemeinen gelten« (Bertalanffy), die Theorie wirklicher und möglicher Systeme, die Klassifizierung von Systemen, die Untersuchung der Beziehungen zwischen (Sub)Systemen, die Konzeption von Systemordnungen oder Systemhierarchien, Systemen von Systemen, Allsystemen. Im kybernetischen Sinne ist S. »das Auffinden der allgemeinen und formalen Gesetzmäßigkeiten, nach denen das Verhalten von Systemen schlechthin (Eiweißstoffe, Fette, Kohlehydrate, Organismen, Menschen, Menschengruppen) gesteuert und geregelt wird« (Flechtner 1970).
Vgl. →System, Isomorphie.

v. Bertalanffy L., Biophysik des Fließgleichgewichts. Einführung in die Physik offener Systeme und ihre Anwendung in der Biologie. 1953. Ders., Gesetz und Zufall. Systemtheorie und Selektion. In: Koestler A., Hrsg., Das neue Menschenbild. 1970. Ders., General systems theory. ²1971. Lenk H. Ropohl G., Hrsg., Systemtheorie als Wissenschaftsprogramm. 1978. Wuchterl K., Methoden der Gegenwartsphilosophie. 1977. Schweizer H., Sprache und Systemtheorie. 1979.

Systemzwang. *Zwang* bzw. Tendenz zur →Analogiebildung in der →Sprachgeschichte bzw. beim →Sprachwandel.

Szene →Rahmen, Skript

Tabuwort [taboo word, mot tabou, slovo-tabu] (tabu: polynesisch). Auch: Worttabu, Tabu, Sprachtabu. Sprachliche Geheimhaltung, Vermeidung von Wörtern aus abergläubischen Gründen. Ein Wort oder ein Name (meist aus dem religiösen und intimen, aber auch existentiell unmittelbar relevanten Bereich), die in einer Sprachgemeinschaft nur unter besonderen Bedingungen gebraucht werden dürfen; ein Wort, das man nicht leichtfertig aussprechen darf; ein Wort, dessen Bedeutung/Referent/Designat umschrieben oder mit einem veränderten Signifikanten versehen wird, z. B. ›pfui Teufel‹ →*pfui Deichsel.* Ersatz- oder Deckausdrücke bzw. Hüllwörter liegen vor in *Sackerment, Sapperment, Sackerlot* für ›Sakrament‹, *verflixt* für ›verflucht‹, *der Gottseibeiuns, der Leibhaftige, der Schwarze* usw. für ›Teufel‹, *parbleu, morbleu* für ›Dieu‹.
T. sind keine allgemein menschlichen Erscheinungen, sie sind an bestimmte Gemeinschaften und Epochen gebunden; sie können auch gruppenspezifisch sein. Zugrunde liegen ihnen ein magischer Begriffsrealismus, der Wörter und Namen mit dem von ihnen Bedeuteten/Bezeichneten gleichsetzt, die Vorstellung von der magischen Kraft des Wortes, dessen Aussprechen Veränderungen in der Welt hervorrufen kann, die Scheu vor dem unberührbar Heiligen und die Angst vor dem Bösen, Bedrohlichen, Gefährlichen.
Vgl. auch →Euphemismus.

Bonfante G., Étude sur le tabou dans les langues indo-européennes. Mélanges Bally. 1939. Cook J., Journal of captain Cook's last voyage to the pacific. 2. 1781. Emeneau M. B., Taboos on animal names. Lg 24; 1948. Frazer J. G., The golden bough. 2. Taboos and the perils of the soul. ³1955. Freud S., Totem und Tabu. 1913. Guérios R. F. M., Tabus lingüísticos. 1956. Havers W., Neuere Literatur zum Sprachtabu. Sb der Ak. der Wiss. Wien. Phil.-hist. Kl. 223; 5, 1946. Hertzler J. O., A sociology of language. 1965. Hjelmslev L., dt. Die Sprache. 1968. Leach E., dt. Anthropologische Aspekte der Sprache:

Tierkategorien und Schimpfwörter. In: Lenneberg E. H., Hrsg., Neue Perspektiven in der Erforschung der Sprache. 1972.

Tagma. In der →Tagmemik eine *etische* Einheit, die erste Annäherung an das →Tagmem 3) in der Analyse. Gleiche T. werden als Allotagmen zu Tagmemen zusammengefaßt, u. zw. T., die sich nur formal unterscheiden, aber dieselbe funktionelle Bedeutung haben und die gleiche Position in der Konstruktion einnehmen, T., die sich nur in der Bedeutung unterscheiden, T., die sich nur hinsichtlich der →Position unterscheiden (Positionsvarianten). T. (und Allotagmen) verhalten sich zu Tagmemen wie *Morphe* (→Allomorphe) zu *Morphemen.*

Cook W. A., Introduction to tagmemic analysis. 1971.

Tagmem [tagmeme]. 1) Bei Bloomfield (1933) die kleinste bedeutungstragende Einheit der grammatischen Form, deren Bedeutung Episemem genannt wird (S. 166). Ein T. kann aus mehr als einem →Taxem bestehen. 2) Bei Zierer (1965) die äußere Form des Grammems, der minimalen sprachlichen Einheit auf grammatischer Ebene, deren Bedeutung das Episem ist. 3) Bei Pike (vgl. →Tagmemik) eine komplexe Einheit aus Funktion und Form, ein korrelativer bzw. relationaler Begriff, eine Funktion-Form-Korrelation, im als Rahmen bzw. typisches Strukturmuster aufgefaßten Satz die Korrelation von Füllstelle (→slot) und den in diese einsetzbaren Füllelementen *(filler),* »the correlation of a grammatical function, or slot, with the class mutually substitutable items that fill that slot« (Elson/Pickett 1962, S. 57). Je nach der Konstruktion können T. *obligatorisch* oder *fakultativ, nuklear* oder *peripher* sein, in fester oder veränderlicher Position vorkommen. Das T. als Einheit des Systems bzw. *emische* Einheit kann durch ein oder mehrere *Allotagmen* repräsentiert sein. Tagmeme bilden →Syntagmeme.
S. auch →Tagma.

Pike K. L., On tagmemes née grammemes. IJAL 24; 1958. Zierer E., Minimum linguistic units. ZPSK 18; 1965. Pike K. L. und E. G., Text and tagmeme. 1983.

Tagmemik [tagmemics]. Eine von K. L. Pike in den 50er Jahren begründete Sprach- und Grammatiktheorie, die sprachliches und nichtsprachliches Verhalten zu integrieren sucht und von komplexen verbal-nichtverbalen Verhaltenseinheiten oder *Behavioremen* ausgeht, die als strukturierende Leerstellen oder *slots* mit entsprechenden Füllungen aufgefaßt werden (z. B. Fußballspiel, Mahlzeiten, Sonntagsmesse). In der Hierarchie füllen Wörter Leerstellen in Syntagmen, Teilsätze in zusammengesetzten Sätzen, Sätze in Paragraphen/Kapi-

teln, Kapitel in Texten. Die Unterscheidung von →Tiefenstruktur und →Oberflächenstruktur ist durch die Annahme der korrelativen Verbindung aller Ebenen unter vorwiegend funktionalem Aspekt ersetzt. Die komplexen Beziehungen zwischen den linguistischen Einheiten werden in einer Matrix dargestellt, die *n* Dimensionen enthält. Angesetzt sind die Bereiche der Lexik (kontrastierende semantische Eigenschaften – *feature mode*), Grammatik/Syntax *(distribution mode),* Phonologie *(manifestation mode).* Die Sprache funktioniert aufgrund von *particle* (konkretes sprachliches Faktum), *wave* (Prozeß der Kombination), *field* (Beziehungen in der Sprache).
Der methodische Kern der T. besteht in der Unterscheidung zwischen *emischen* Einheiten als Einheiten der Struktur und *etischen* Einheiten als beobachtbaren Daten. Das *Tagmem* als Einheit von Struktur und Funktion ermöglicht eine stärkere Beachtung der Funktion ohne Vernachlässigung der formalen Analyse. Dabei ist »Funktion« die Rolle einer Einheit im Rahmen der nächsthöheren Einheit. Von Bedeutung bleiben Entdeckungsprozeduren bei der Feldforschung (Die T. ist auf eine ganze Reihe z. T. unbekannter Sprachen Mittel- und Südamerikas angewandt worden). In freierer Handhabung lassen sie jedoch Intuition und Kreativität zu und verlangen die Einbeziehung der Bedeutung. Ihre Verifikation erfolgt in einem generativen Mechanismus mit vier Schritten.
Pikes Bemühen, die Linguistik in eine allgemeine Theorie des Verhaltens zu integrieren, führte zur Überschreitung der Satz-, aber auch der Textgrenze, indem verbales und nicht-verbales Verhalten als in gleicher Weise strukturiert aufgefaßt wurde (z. B. die Funktion einer Predigt im Rahmen einer nächsthöheren Einheit); *Uttereme* als verbale Behavioreme funktionieren innerhalb komplexer Behavioreme. Es ist dann konsequent, wenn Pike nicht nur grammatische Ebenen zueinander in Beziehung setzt (Tagmem – Syntagmem usw.), sondern auch grammatische Funktionen mit Rollen in Situationen (Agens, Ziel usw.) im Sinne der →Tiefenkasus von Fillmore. – Die Bedeutung der T. für ein textlinguistisches Modell diskutieren Gülich/Raible.
In der Sprachdidaktik ist die T. durch ihre Auffassung des Satzes als Kette mit bestimmten *Positionen* bzw. als Rahmen *(frame)* mit Leerstellen *(slots)* oder als *Funktionsraster* bekannt geworden (vgl. →pattern, Pattern-Praxis).
S. auch →Tagma, Tagmem.

Bee D. L., Neo-tagmemics. An integrated approach to linguistic analysis and description. 1974. Brend R. M., Hrsg., Advances in tagmemics. 1974. Brend R. M. Pike K. L., Hrsg., Tagmemics 1: Aspects of the field. 1976. 2: Theoretical discussion. 1976. Cook W. A., Introduction to tagmemic analysis. 1969/1971. Elson B. Pickett V. B., An introduction to morphology and syntax. 1962. Fichtner E. G., English and German syntax. A contrastive analysis on generative tagmemic principles. 1979. Gülich E. Raible W., Linguistische Textmodelle. 1977. Longacre R. E., String constituent analysis. Lg 36; 1960. Ders., Grammar discovery procedures. 1964. Some fundamental insights of tagmemics. Lg 41; 1965. Hierarchy in language. In: Garvin P. L., Hrsg., Method in linguistics. 1970. Pike K. L., Language in relation to a unified theory of human behavior (1954–1960). 1.–3. 1967. ²1971. Ders., On describing languages. 1975. Postal P., Constituent structure. 1967. Robins R. H., Ideen- und Problemgeschichte der Sprachwissenschaft. 1973. Seiler H., Das Paradigma in alter und neuer Sicht. Kratylos 11; 1966.

tag question. Auch: *tag, tag sentence.* Im Engl. eine Konstruktion, die aus einem Aussagesatz und einem reduzierten Fragesatz, dem *tag,* besteht, z. B. Bill is coming, isn't he / is he / right / eh? (König 1977, S 45 ff.). *Tags* werden auch an Imperative angeschlossen, z. B. *Come here, will you?* Die Funktion der t.q. ist im Zusammenhang mit bestimmten Intonationsmustern zu analysieren.

König E., Form und Funktion. Eine funktionale Betrachtung ausgewählter Bereiche des Engl. 1977.

Tätigkeitstheorie →Sprechtätigkeit

Tautologie. 1) Rhetorik: Bezeichnung ein und desselben Begriffs, Gedankens oder Sachverhalts durch zwei oder mehrere gleichbedeutende oder bedeutungsähnliche Ausdrücke (meist in festen Wortverbindungen), z. B. *weißer Schimmel, voll und ganz, einzig und allein, auf immer und ewig* usw. mit dem Ziel der Steigerung des Ausdrucks und der stärkeren Eindringlichkeit. 2) Klassische Logik: Im Sinne von *Zirkeldefinition*, in der dasselbe mit anderen Worten gesagt oder ein Begriff durch sich selbst definiert wird. 3) Aussagenlogik: Aussagenverknüpfung bzw. Formel oder komplexer Ausdruck, der bei beliebiger wahrheitsfunktionaler Belegung seiner Teilaussagen den Wert ›wahr‹ annimmt; ein Satz, der allein aufgrund seiner syntaktischen Form wahr ist, z. B. $p \vee \sim p$. Die Wahrheitsmenge einer T. ist die Menge aller möglichen Welten oder die *Allmenge.* Durch bestimmte Regeln können aus bekannten T. weitere abgeleitet werden. Die Untersuchung von T. bzw. Formeln oder Verknüpfungen, deren Wahrheit unabhängig ist von der Wahrheit ihrer Teilaussagen, ist zentrale Aufgabe der mathematischen Logik. Der Begriff der T. wurde durch Wittgenstein in die formale Logik eingeführt; in der ebenfalls von ihm eingeführten Me-

thode der Wahrheitstafel (Matrizenmethode) ist eine T. der Werteverlauf der immer wahren Ausdrücke.
Vgl. →Aussagenlogik.

Allwood J. u. a., Logic in linguistics. 1983. Hermes H., Einführung in die mathematische Logik. 1963. Sinowjew A. Wessel H., Logische Sprachregeln. 1975. Wittgenstein L., Tractatus logico-philosophicus (1922). [8]1971.

Taxem [taxeme]. Bei Bloomfield (1933) »a simple feature of grammatical arrangement«, »a grammatical feature« (S. 166), das in der Grammatik die Rolle spielt, die das Phonem im Lexikon innehat. Ein T. für sich allein ist abstrakt und ohne Bedeutung. *Run!* enthält zwei T., die spezifische Intonation und das selektive Merkmal der infiniten Form; beide bilden eine *tactic form.* Es gibt 4 Typen des T., *order* (die Anordnung der Morpheme oder Wörter), *modulation (stress, pitch), phonetic modification, selection* (Verb, Adj. usw.).

Bloomfield L., Language (1933). 1973.

Taxonomie [taxonomy]. Die Wissenschaft von der Klassifikation; die Systematik, das Klassifikationsschema eines Fachgebiets, das Inventar von Gesetzen und Prinzipien, die einen Objektbereich klassifizieren und systematisieren.
Vgl. →taxonomischer Strukturalismus.

taxonomischer Strukturalismus [taxonomic linguistics]. Auch: Taxonomismus, Taxonomik. Der klassische amerikanische Strukturalismus, der, fußend auf den Arbeiten von Boas und Sapir, von Bloomfield begründet und von Bloch, Trager, Fries, Gleason, Hockett und Harris entwickelt wurde und für ein halbes Jahrhundert die amerikanische Sprachwissenschaft schlechthin repräsentierte. Der t. S. wurde beeinflußt durch die amerikanische Anthropologie und →Ethnolinguistik (Erforschung der Indianersprachen), den Behaviorismus (vgl. auch →Antimentalismus), den Saussureschen →Strukturalismus. Methodologisch kann der t. S. induktiv-analytisch bzw. empiristisch genannt werden, da er sich auf die (oft liebevoll-konkretistische und einzelsprachlich isolierte) Beschreibung vorhandener Texte (vgl. →Korpus) konzentrierte und sich auf die Analyse von →Oberflächenstrukturen beschränkte. Unter immer konsequenterem Ausschluß der Bedeutung (bzw. der Befolgung des Postulats, Bedeutung nur durch ihre formalen Signale hindurch zu erfassen) analysierten →Entdeckungsprozeduren das Material durch →Identifizierung und →Segmentierung. Ziel der Analyse war die Klassifikation der im Korpus segmen-

tierten Einheiten aufgrund ihrer →Distribution (*the setting up of elements, and the statement of the distribution of these elements relative to each other* – Harris).
Nach Chomsky (dt. 1969, S. 75, 77, 80) ist der t. S. empiristisch in der Annahme, daß eine Sprachtheorie aus einer Menge von Entdeckungsprozeduren bestehe, die aufgrund eines Korpus von Beobachtungsdaten die Grammatik einer Sprache determinieren. Die im t. S. studierten Methoden können jedoch aus inneren Gründen nicht zu einem Grammatiksystem führen, das für den Sprecher angenommen werden muß. Die Auffassungen des t. S. von der Sprachstruktur sind unangemessen; Kenntnis von dieser könne nicht durch Segmentierung, Klassifizierung, Substitution, slot-and-filler-Technik entstehen. Für Katz (dt. Philosophie. 1970, S. 228) haben die induktiven Techniken des Datensammelns als Methode zur mechanischen Entdeckung sich immer als »betrüblicher Fehlschlag« erwiesen, »weil ihnen ohne die generellen Definitionen der grammatischen Eigenschaften, die sie in speziellen Fällen identifizieren sollten, der begriffliche Apparat für ihre Aufgabe fehlte«. De Camp (in: Klein/Wunderlich, Hrsg., 1972, S. 246f.) hält den t. S. grundsätzlich nicht für Fragestellungen geeignet, die Soziolinguisten erforschen wollen. Der *common core*-Ansatz von Hockett z. B. »verwies jegliche linguistische Diversität, als wäre sie freie Variation, in den Bereich der Unbestimmbarkeit«. Auch Tragers und Smiths *overall-Pattern* und Weinreichs *Diasysteme* beschrieben nicht »die funktionalen Entsprechungen analoger Merkmale in verschiedenen Dialekten«.
Vgl. →Deskriptivismus, Distributionalismus, Entdeckungsprozeduren, Adäquatheitsebenen; Sprachvariation.

Bense E. u. a., Hrsg., Beschreibungsmethoden des amerikanischen Strukturalismus. 1976. Bloch B. Trager G. L., Outline of linguistic analysis. 1942. Bloomfield L., Language (1933). 1973. Ders., A set of postulates for the science of language. Lg. 2; 1926. Abgedr. in: Joos M., Hrsg., Readings I. 4 1968. Chomsky N., Current issues in linguistic theory. In: Fodor J. A. Katz J. J., Hrsg., The structure of language. 1964. Ders., dt. Aspekte der Syntax-Theorie. 1969. Gleason H. A., An introduction to descriptive linguistics (1955). 1970. Harris Z. S., Structural linguistics. 8 1969. Hockett Ch. F., A course in modern linguistics (1958). 3 1960. Jakobson R., Aufsätze zur Linguistik und Poetik. 1974. Motsch W., Zur Kritik des sprachwissenschaftlichen Strukturalismus. 1974. Nickel G., Geschichte und Leistung des taxonomischen Strukturalismus. ZDL 1969. Postal P. M., Constituent structure. 1964. Sapir E., dt. Die Sprache. 2 1972.

telegraphische Sprache [telegraphic speech]. Auch: t. Rede, Telegrammsprache, Telegrammstil. Kindliche Sprache bzw. kindlicher

Sprechstil in einer bestimmten Phase des Spracherwerbs, u. zw. in der Zeit des Übergangs vom Einwortsatz zum Mehrwortsatz. Die t. S. ist durch selektiv-verkürzende Nachahmung der Erwachsenensprache gekennzeichnet, z. B. *Das Kind kommt ins Bett → Kind Bett.* Gesprochen werden die betonten bzw. hervorgehobenen Wörter, die in der Regel sog. Inhaltswörter sind; ausgelassen werden Artikel, Präpositionen, Hilfsverben usw. Die Tendenz oder Finalität der t. S. wird im Erhalt des Inhalts bei Verlust der Grammatik gesehen. Das Problem für den Erwachsenen ist, daß die Aussageintention des Kindes der t. S. allein nicht zu entnehmen ist.
Vgl. →Einwortsatz, P/O-Grammatik; Mutter-Kind-Interaktion, Spracherwerb.

Brown R., A first language. The early stages. 1973. Brown R. Bellugi U., Three processes in the child's acquisition of syntax. Harvard Educ. Review 34; 1964. Dt. in: Bühler H. Mühle G., Hrsg., Sprachentwicklungspsychologie. 1974. Brown R. Fraser C., The acquisition of syntax. In: Cofer C. Musgrave B., Hrsg., Verbal behavior and learning: problems and processes. 1963. Szagun G., Sprachentwicklung beim Kind. [2]1983.

temporale Logik. Zeitlogik, chronologische Logik, Logik der temporalen Modalitäten. Zweig der formalen Logik (als Sonderfall der topologischen Logik), in der die Wahrheitswerte von Sätzen/Propositionen in Abhängigkeit von Zeitparametern untersucht werden. Es sind zeitlich definite und zeitlich indefinite Aussagen zu unterscheiden. Probleme stellen die kontext- bzw. positionsabhängigen temporal indefiniten Aussagen. Bei diesen ist *Rt* ein Operator der zeitlichen Realisierung mit der Variable *t* über einen vorgegebenen Zeitenbereich (Rescher/Urquhart 1971). Die neueren Grundlagen der t. L. stammen von A. N. Prior (1957).
Vgl. →Tempus, Temporalität.

Bäuerle R., Tempus, Zeitreferenz und temporale Logik (Bibliographie). LB 49; 1977. Prior A. N., Time and modality. 1957. Rescher N. Urquhart A., Temporal logic. 1971. Stegmüller W., Hauptströmungen der Gegenwartsphilosophie. Bd. 2. 1975.

Temporalität. Die zeitliche Kennzeichnung und die Charakterisierung der Art und Weise des Verlaufs von Ereignissen/Handlungen oder des Bestehens von Sachverhalten durch die Kategorien *Tempus, Aspekt, Aktionsart.* Bei der Darstellung des Zeitbezugs (T. im engeren Sinne) interagieren Adverbien (*gestern, morgen, jetzt* usw.), Präpositionalausdrücke (*am Morgen, nach dem Frühstück, am Abend* usw.) und Tempusmarkierungen in komplexer Weise. Dabei zeigt sich, daß

Tempus eine deiktische Kategorie par excellence ist (Klein 1984). T. kann (u. a. beim Erzählen oder Berichten) auch durch das Prinzip der natürlichen Abfolge zum Ausdruck gebracht werden (s. dazu →Ikonismus).
Vgl. →Tempus, Aspekt, Aktionsart; Deixis, deiktische Ausdrücke.

Klein, W., Zweitspracherwerb. 1984. (S. dazu →Tempus.)

Tempus [tense, temps, vremja]. Grammatische Kategorie des Verbs, im Dt. mit den Formen des Präs., Prät., Perf., Plusqu., Fut I, Fut II, durch die eine Beziehung zwischen dem Zeitpunkt der Rede und dem zum Ausdruck gebrachten Geschehen oder Sein (bzw. Handlung/Vorgang/Sachverhalt) gesetzt wird als Gleichzeitigkeit, Vorzeitigkeit oder Nachzeitigkeit.
In ihrem Gebrauch bzw. bei ihrer Situierung in der Rede haben die Tempora relationalen Charakter (Sprechzeit, Aktzeit – Wunderlich 1970). Das Tempus stellt das Geschehen aus der zeitlichen Perspektive des Sprechers dar (W. Schmidt, Grundfragen ^{4}1973), d. h. daß die Tempora in der Weise *deiktisch* sind, daß sie ihre Funktion oder Bedeutung erst in einem konkreten Sprechakt zu einem bestimmten Zeitpunkt relativ zu einem Geschehen oder Handeln erlangen, das – aus der Sicht des Sprechers – vergangen oder abgeschlossen, gleichzeitig oder gegenwärtig, noch nicht begonnen oder zukünftig sein kann (Duden ^{4}1984).
Nach Admoni (^{4}1982) ist das T. eine der wichtigsten kommunikativ-pragmatischen Kategorien des dt. Sprachbaus, da es das Verb (und damit den Satz) mit dem aktuellen Sprechakt verbindet. Die Untersuchung des T.-Gebrauchs zeigt, daß neben den zeitlichen Bezügen modale Komponenten zum Ausdruck gelangen und auch solche, die die Art des Vollzugs charakterisieren. Im ganzen erweist die funktionale Pragmatik des T. sich als überaus komplex. Das Präs. z. B. als die meistgebrauchte T.-Form *(Haupttempus, Nulltempus, Grundtempus, Normalstufe)* wird sowohl zeitindifferent oder allgemein als auch auf Vergangenes und Zukünftiges bezogen verwendet; es nimmt auch modale Bedeutung an. Dabei kann die genaue Bestimmung seiner Funktion/Bedeutung erst im syntagmatischen und paradigmatischen Kontext erfolgen (Kombination mit Zeitadverbien, Opposition zu anderen Tempora und weitere Faktoren).
Bei Dionysios Thrax sind für das Griech. als T. unterschieden: Gegenwart/Präsens, Vergangenheit/Präteritum, Zukunft/Futur, vollendete Gegenwart/Perfekt, vollendete Vergangenheit/Plusquamper-

fekt, Aorist (ἀόριστος: unbestimmt; ~ Vergangenheit mit ingressiver oder effektiver Aktionsart).
Vgl. →grammatische Kategorie, grammatische Bedeutung; Temporalität.

Bäuerle R., Tempus, Zeitreferenz und temporale Logik (Bibliographie). LB 49; 1977. Ders., Temporale Deixis, temporale Frage. 1979. Baumgärtner K. Wunderlich D., Ansatz zu einer Semantik des dt. Tempussystems. 1969 (Beiheft WW 20: Der Begriff Tempus – eine Ansichtssache?). Brons-Albert R., Kommentierte Bibliographie zur Tempus-Problematik. 1978 (KLAGE Nr. 3). Dies., Die Bezeichnung von Zukünftigem im Dt. 1982. Bull W. E., Time, tense and the verb. ³1968. Dittmann J., Sprechhandlungstheorie und Tempusgrammatik. Futurformen und Zukunftsbezug in der gesprochenen dt. Standardsprache. 1976. Gelhaus H., Das Futur in ausgewählten Texten der geschriebenen Sprache der Gegenwart. Studien zum Tempussystem. 1975. Gelhaus H. Latzel S., Studien zum Tempusgebrauch im Dt. 1974. Grewendorf G., Zur Pragmatik der Tempora im Dt. DS 10; 1982. Ders., Besitzt die dt. Sprache ein Präsens? In: Stickel G., Hrsg., Pragmatik in der Grammatik. 1984 (Sprache der Gegenwart, Bd. 60). Kiparsky P., Tense and mood in Indo-European syntax. FL 4; 1968. Kroeger H., Zeitbewußtsein und Tempusgebrauch im Dt. 1977. Lakoff R., Tense and its relation to participants. Lg 46; 1970. Latzel S., Die dt. Tempora Perfekt und Präteritum. Eine Darstellung mit Bezug auf die Erfordernisse des Faches DaF. 1977. Markus M., Tempus und Aspekt. Zur Funktion von Präsens, Präteritum und Perfekt im Englischen und Deutschen. 1977. Rohrer Chr., Hrsg., Time, tense, and quantifiers. 1980. Steube A., Temporale Bedeutung im Dt. 1980. Tedeschi T. Zaenen A., Hrsg., Tense and aspect. 1981 (Syntax and semantics, Bd. 14). Weinrich H., Tempus. ²1971. ³1977. Wunderlich D., Tempus und Zeitreferenz im Dt. 1970.

Term. Grundbegriff, Grundausdruck eines Systems, dessen Teile nicht wieder Ausdrücke des Systems sein können; Grundterme und abgeleitete T. (z. B. *Köln, Der Dom von Köln*); eine funktionale Kategorie (neben dem Satz), die kleinste sprachliche Einheit, der durch semantische Interpretation ein Objekt zugewiesen werden kann (Kummer 1973). Hiorth (1962) bestimmt ›T.‹ als sprachlichen Ausdruck, der gewöhnlich kürzer ist als ein Satz, der nicht wahr oder falsch sein kann und im allgemeinen keinen Ausruf, keine Aufforderung, Behauptung usw. zum Ausdruck bringt (S. 59, Anm. 1). In der →Prädikatenlogik wird ›T.‹ gebraucht für die Individuenkonstanten/Individuenausdrükke/Eigennamen, die Variablen x, y, z, die Prädikatsymbole F (x), F (x, y) und für die mit dem →Jota-Operator gebildeten Ausdrücke, z. B. *Der amtierende Dekan des Fachbereichs* (ιxF(x)).
Vgl. →Kennzeichnung.

Terminologie. 1) Der Fachwortschatz, die spezifische Lexik eines Wissenschaftsgebiets; die Gesamtheit der Termini eines Fach- oder Sachgebiets, die einen besonderen Bereich im Lexikon einer Sprache bildet. 2) Die Lehre von den Termini eines Faches. Vgl. →Terminus, Terminologielehre.

Bausch K.-H. u. a., Hrsg., Fachsprachen – Terminologie. Struktur. Normung. 1976. Hartmann R., The language of linguistics. Reflections on linguistic terminology. 1973. Körner K.-H., Das Problem der linguistischen Terminologie. RJb 19; 1968. Lehmann D., Hrsg., Sprachwissenschaft und Terminologiearbeit. 1977. Lehnert M., Zur Terminologie in der Sprachwissenschaft. ZfAA 18; 1970. Rössler G., Der Stand der Vorarbeiten zum KLEW. Linguistische Terminologie im europäischen Vergleich. LB 59; 1979.

Terminologielehre. Auch: allgemeine T. oder terminologische Grundsatzlehre, Theorie bzw. interdisziplinäre Wissenschaft von der →Terminologie, eine linguistisch-pragmatische Disziplin, die sich um die den einzelnen Fachterminologien gemeinsamen Prinzipien und Gesetzmäßigkeiten bemüht und eine sinnvolle Begriffs- bzw. Sprachnormung anstrebt (E. Wüster). Die T. geht von Begriffen bzw. von Wörtern aus, denen ein Begriff als Bedeutung zugeordnet ist; der spontan entstandenen Ist-Norm wird die Soll-Norm der fachlichen Hochsprache entgegengesetzt, die sich erfahrungsgemäß rasch zur internationalen Ist-Norm entwickelt. Dabei hat die Schreibform Vorrang vor der Lautform. Empfohlen wird bei der Anlage von Fachwörterbüchern die (fach)systematische Anordnung, bei der einzelsprachlichen Normung von Termini der Mittelweg zwischen angemessener Übersetzung und internationaler Gültigkeit. Die Terminologiearbeit ist in hohem Maße interdisziplinär, da sie die enge Zusammenarbeit besonders von Linguistik, formaler Logik, Informatik und der jeweiligen Sachwissenschaft verlangt. Seit 1971 besteht in Wien das Internationale Informationszentrum für Terminologie (Infoterm).
Vgl. →Sprachnormung, Begriff, Terminus, Begriffssystem, Lexikographie.

Felber H. u. a., Hrsg., Terminologie als angewandte Sprachwissenschaft. 1979 (Gedenkschrift E. Wüster). Wüster E., Internationale Sprachnormung in der Technik (1931). ^{3}1970. Die terminologische Sprachbehandlung. 1953. Die Struktur der sprachlichen Begriffswelt und ihre Darstellung in Wörterbüchern. 1959. Begriffs- und Themaklassifikationen. Unterschiede in ihrem Wesen und ihrer Anwendung. 1971. Die allgemeine Terminologielehre – ein Grenzgebiet zwischen Sprachwissenschaft, Logik, Ontologie Informatik und den Sachwissenschaften. Linguistics 119; 1, 1974. Einführung in die allgemeine Terminologielehre und terminologische Lexikographie. 1979.

Terminus [term, terme, termin]. Fachwort, Fachausdruck; ein Begriff oder ein zusammengesetzter Ausdruck, dessen Bedeutung bzw. Gebrauch eindeutig festgelegt/definiert ist; ein spezieller, in seiner besonderen Bedeutung/Bezeichnung eingegrenzter, möglichst eindeutiger und interlingualer Ausdruck, der immer im systemhaften Zusammenhang einer bestimmten →Terminologie vorkommt, der seine notwendige Eindeutigkeit sichert (Reformatskij [4]1967). Die Eindeutigkeit der Bedeutung des T. ist, im Gegensatz zum normalen Wort, kontextunabhängig (vgl. →lexikalische Bedeutung); er kann auch isoliert gebraucht werden. Wenn ein Wort zum T. wird, spezialisiert und verengt sich seine (bisherige) Bedeutung, es tritt (in der neuen Bedeutung) aus den bisherigen semantischen Beziehungen heraus (vgl. →Feld, Wortfeld).

T. werden gebildet 1) aus Wörtern der Umgangssprache (z. B. ›Wort‹, ›Silbe‹, ›Satz‹, ›Text‹), wobei nicht selten Metaphorisierung oder Metonymisierung beteiligt sind; altes und neues Wort sind dann →Homonyme, und Gefahren ergeben sich, wenn nicht beachtet wird, daß der so gebildete T. der →Metasprache angehört (ein ›Formativ‹ dient als *Wort* und als *Terminus* gewissermaßen zwei Herren); 2) durch Übernahme von Fremdwörtern, 3) durch Schaffung von (meist griech. oder lat. oder griech.-lat.) Kunstwörtern. – Oft werden T. aus anderen Fachbereichen übernommen (z. B. bei Pike: ›Partikel‹ *(particle)*, ›Welle‹ *(wave)*, ›Feld‹ *(field))*; dabei entstehen leicht breite Zonen der Unbestimmtheit oder schlichte Mißverständnisse. In der Linguistik werden systematische Zusammenhänge durch die Unterscheidung von Analyseebenen angedeutet, wie z. B. *Phon, Allophon, Phonem; Morph, Allomorph, Morphem; Tagma, Allotagma, Tagmem.*

Termini werden durch Definition im Rahmen einer Fachsystematik festgelegt oder im Rahmen einer Theorie bestimmt. Ein Verkennen dieser Tatsache kann zu endlosen und unentscheidbaren Auseinandersetzungen über Grundbegriffe einer Disziplin führen (Bierwisch, Studia Grammatica I).

In der Gegenwartssprache finden ständig Übernahmen von T. in die Standardsprache und auch in die Umgangssprache statt. Dort gelten sie als *schwere Wörter;* sie können auch allmählich ihre definitiv-begriffliche Schärfe, Eindeutigkeit und Komplexität verlieren.

Vgl. →Begriff, Begriffsbildung, Fachsprachen; Definition, Terminologielehre; Wortbedeutung.

Bloomfield L., A set of postulates for the science of language. Lg 2; 1926. Abgedr. in: Joos M., Hrsg., Readings in linguistics I. [4]1968. Fleischer W., Zur linguistischen Charakterisierung des Terminus in Natur- und Gesellschaftswissenschaften. DaF 4; 1973. Kandelaki T. A., Semantika i motivirovannost' terminov. 1977. v. Kutschera F., Grundfragen der Erkenntnistheorie. 1982. Reformatskij A. A., Vvedenie. [4]1967. Schippan Th., Lexikologie der dt.

Gegenwartssprache. 1984. Sinowjew A. Wessel H., Logische Sprachregeln. Eine Einführung in die Logik. 1975.

Text [(lat. *textus:* Gewebe, Geflecht <*texere;* griech. τέκτων) text/discourse, texte/discours, tekst]. Wenn man spricht oder schreibt, um jemandem etwas mitzuteilen, produziert man Texte. Alles, was man (sinnvoll) sagt oder schreibt, ist ein T. oder ein Teil eines T. Ein T. ist eine funktionale und finale, aber auch eine traditionsbedingte Einheit (Coseriu 1981). Es gibt dialogische und monologische, gesprochene und geschriebene T. Intuitiv kann man unter einem T. als alltäglich erfahrbarer Gegebenheit eine Folge von Sätzen/Äußerungen verstehen, die thematisch und in ihren Bedeutungen sinnvoll zusammenhängen und einen erkennbaren Anfang und ein Ende haben. Man möchte an einem solchen T. eine kommunikative Funktion erkennen, und man will ihn einer bestimmten Sorte bzw. einem Typ von T. zuordnen können.

In der Glossematik ist der *unbegrenzte* T. die Gesamtheit der von einer Sprache vorliegenden Äußerungen; ein begrenzter T. oder eine Teilmenge des *texte infini* ist eine ganzheitliche sprachliche Kette als Gegenstand der Analyse. Durch Katalyse und Analyse wird aus ihr das System gewonnen (Hjelmslev, *Prolegomena*).

Der T. ist Ausgangseinheit und Gegenstand der Textlinguistik. Er wird oft als sprachliche Einheit gesehen, die nicht mehr Bestandteil hierarchisch höherer sprachlicher Einheiten ist. Nach P. Hartmann (1972) läßt sich als T. alles bezeichnen, was an beobachtbarer geäußerter Sprache vorliegt. S. J. Schmidt (1971) bezeichnete die Zuwendung zum T. als phänomenaler und analytischer Ausgangseinheit der Linguistik als Zuwendung zur sozialen Realität der Sprache. Der T.-Begriff reflektiere das Faktum, daß Sprache nur gebunden und bedeutungsvoll vorkomme, und das Interesse am T. als primärem sprachlichen Datum gründe sich vor allem auf semantische Überlegungen (a.a.O., S. 37ff.).

Bei Versuchen einer genaueren Bestimmung des T.-Begriffs treten die bei der Übernahme alltagssprachlicher Begriffe bekannten Probleme auf (vgl. →Wort, Satz). Andererseits kommen bei unterschiedlichen Bestimmungen verschiedenartige Zugänge und Erkenntnisinteressen zum Ausdruck. Unfertigkeit und relative Offenheit von Ausgangsbegriffen ist zudem bei sich entwickelnden Disziplinen nicht selten; es sind Merkmale, die deren Entfaltung nicht behindern (vgl. →Begriff, Begriffsbildung).

Bemühungen um Explikation des T.-Begriffs lassen sich einteilen in

1) *intuitiv-alltagssprachliche:* Sprache als Äußerung und Mitteilung, Komplexeste Ebene des Sprachlichen, Alles, was an Sprache vorkommt (P. Hartmann);
2) *allgemein-fundierende:* Originäres sprachliches Zeichen, Die allgemeine Form, in der man sich sprachlich äußern kann, Vorkommensrealität der Sprache (Hartmann 1984), Oberste und unabhängigste sprachliche Einheit (Dressler);
3) *sprach- oder textinterne:* »Ein durch ununterbrochene pronominale Verkettung konstituiertes Nacheinander sprachlicher Einheiten« (Harweg, Pronomina, S. 148), »Eine kohärente Folge von Sätzen, wie sie in der sprachlichen Kommunikation Verwendung finden« (Isenberg 1970, S. 1), »Eine kohärente Folge von sprachlichen Zeichen ..., die nicht in eine andere (umfassendere) sprachliche Einheit eingebettet ist« (Brinker 1979, S. 3), Kohärente Folge von Sätzen mit gemeinsamer Koreferenz usw.;
4) *sprach- oder textexterne:* »Eine als Ganzes fungierende Folge gesprochener und geschriebener sprachlicher Elemente, die auf der Grundlage eines beliebigen (meist außerlinguistischen) Kriteriums als ›Text‹ ausgewiesen ist (Petöfi, in Lili 5, 1972, S. 31);
5) *betont sprachgebrauchsbezogene:* Repräsentationen der Verwendung von Sprachsystemen, aktualisierte Sprache, zu kommunikativer Aktion gebrauchte Sprache (Hartmann 1971), Art und Weise, in der Sprachverwendung sich abspielt (Hartmann 1984), Äußerungsmenge in Funktion (S. J. Schmidt);
6) *kommunikativ-pragmatische* (handlungstheoretische, sprechaktorientierte): Intentional gebildete, abgeschlossene Spracheinheit, die nach den Regeln der Grammatik gebildet ist (Dressler 1972), In einem Kommunikationsakt verwendete Zeichen, Funktionaler Bestandteil eines kommunikativen Handlungsspiels, Thematisch orientierter Kommunikationsakt, Manifestation sprachlichen Handelns (S. J. Schmidt), Kommunikativ sinnvolle Menge von Äußerungen usw.
Daneben gibt es systemtheoretisch-funktionale (U. Oomen) und psychologisch-prozedurale T.-Auffassungen (de Beaugrande/Dressler 1981). Insgesamt werden zur Explikation des T.-Begriffs als Merkmale verwendet a) Eigenständigkeit bzw. Nicht-Einbettung, b) makrostrukturelle und mikrostrukturelle Komplexität, c) Kohäsion und Verkettung, d) semantische Kohärenz, e) thematische Konsistenz, f) kommunikative Intentionalität und Funktionalität, g) Zugehörigkeit zu einer Textsorte (Zu T.-Bestimmungen mit Hilfe mehrerer Aspekte vgl. Weinrich ²1971, Moskal'skaja 1984).
Eine Polarisierung unterschiedlicher T.-Auffassungen zeigt sich in der

Gegenüberstellung *textinterner* (transphrastischer, propositionaler) Konzeptionen und (programmatischer) *handlungsorientierter,* kommunikativer Konzeptionen. Beide Auffassungen werden als Alternativen, aber auch als miteinander verträgliche Möglichkeiten gesehen (vgl. Viehweger 1980).
Zwischen *text* und *discourse* im Sinne von *Satz* und *Äußerung* unterscheidet van Dijk. Zu beobachten ist die Tendenz, T.-e als objektsprachliche Phänomene der Sprachverwendung zu betrachten, d. h. als Existenzweisen der Sprache, die nicht als Systeme gespeichert, aber faktisch erfahrbar sind (z. B. Hartmann 1984). T. erscheinen als Produkte textbildender Prozesse intentionaler, kognitiver und sprachlicher Art, d. h. als Produkte von Voraussetzungen und Bedingungen, die nicht nur syntaktische und semantische, sondern auch pragmatische sind. Rein linguistisch sind T. keine wohlbestimmten Einheiten (Berruto 1979); die Einheit, Geschlossenheit und Ganzheit eines T. ist linguistisch nicht faßbar. Das, was T. charakterisiert, ist vor allem von semantischer und pragmatischer und letztendlich interdisziplinärer Art (van Dijk, Textwissenschaft, 1980, S. 171).
Vgl. →Textualität, Textsorten, Textlinguistik, Texttheorie, Textwissenschaft; Satz und Text, Text und Satz; Rede.

de Beaugrande R., Text, discourse and process. 1980. Berruto G., A sociolinguistic view on text-linguistics. In: Petöfi J. S., Hrsg., 1979. Brinker K., Zum Textbegriff in der heutigen Linguistik. In: Sitta H. Brinker K., Hrsg., Studien zur Texttheorie und zur dt. Grammatik. 1973 (Sprache der Geg., Bd. 30). Chrapčenko M. B., Tekst i ego svojstva. VJa 2, 1985. Dressler W., Einführung in die Textlinguistik. 1972. Gal'perin I. R., Tekst kak ob-ekt lingvističeskogo issledovanija. 1981. Hartmann P., Texte als linguistisches Objekt. In: Stempel W.-D., Hrsg., Beiträge zur Textlinguistik. 1971. Ders., Konsequenzen textbezogener Arbeitsweisen. WW 34; 4, 1984. Hasan R., On the notion of text. In: Petöfi J., Hrsg., 1979. Moskal'skaja O. I., dt. Textgrammatik. 1984. Oomen U., Texts and sentences. In: Petöfi J. S., Hrsg., 1979. Petöfi J. S., Hrsg., Text vs. sentence. Basic questions of text linguistics. 1/2. 1979. Raible W., Zum Textbegriff und zur Textlinguistik. In: Petöfi J. S., Hrsg., 1979. Schmidt S. J., Text und Geschichte als Fundierungskategorien. In: Stempel W.-D., Hrsg., 1971. Viehweger D., Methodologische Probleme der Textlinguistik. Zs für Germanistik 1, 1980. Weinrich H., Tempus. Besprochene und erzählte Welt. [2]1971. [3]1977. Žinkin N. I., Reč' kak provodnik informacii. 1982.

Text und Satz. Die Frage, ob Sätze in dem Sinne textkonstitutiv sind wie Satzglieder (oder Wortgruppen und Wörter) für Sätze bzw. ob es zwischen T. u. S. bestimmte strukturelle Gemeinsamkeiten gibt, aber auch die Frage nach den allgemeinen Beziehungen zwischen der Einheit ›T.‹ und der Einheit ›S.‹.
Über der Ebene des Satzes gibt es keine sprachliche Ebene, die Sätzen

Positionen im syntagmatischen Sinne eröffnet (Figge 1971). Nach Halliday/Hasan (1976) unterscheidet sich der T. vom S. nicht quantitativ, sondern qualitativ: *Textkohärenz* hängt nicht von der (grammatischen) Struktur ab; Text ist keine grammatische, sondern eine semantische Einheit, die als ganze auf einen außersprachlichen Kontext bezogen wird (S. 2, 7, 293).
Zwischen grundlegenden System-Sätzen als Konstrukten (›dekontextualisierte Äußerungssignale‹) und Text-Sätzen als kontextabhängigen Äußerungssignalen, die in bestimmten Texten vorkommen können, unterscheidet Lyons (1977; dt. 1983, S. 235ff.). Die Argumente für eine Textgrammatik, die grammatische Einheiten/Strukturen oberhalb der Satzebene animmt, scheinen ihm wenig überzeugend. – Das für die Textbildung grundlegende Verfahren ist die pronominale Wiederaufnahme im Zwischensatzbereich; das für die Satzbildung grundlegende Verfahren ist die Prädikation. T. u. S. sind fundamental unterschiedliche Gebilde. Texte können keine ›riesigen Satzverbindungen‹ sein (Harweg 1979); eine solche ›Reduktionsthese‹ des Textes ist falsch (van Dijk 1979).
Vgl. →Satz und Text.

van Dijk T. A., New developments and problems in textlinguistics. In: Petöfi J. S., Hrsg., 1979. Figge U., Syntagmatik, Distribution und Text. In: Stempel W.-D., Hrsg., Beiträge zur Textlinguistik. 1971. Halliday M. A. K. Hasan R., Cohesion in English. 1976. Harweg R., Satzgrenzen und Satzabstände und das Verhältnis zwischen Satz- und Textlinguistik. In: Petöfi J. S., Hrsg., Text vs. sentence. 1/2. 1979. Isenberg H., Text vs. Satz. In: Daneš F. Viehweger D., Hrsg., Probleme der Textgrammatik II. 1977. Lang E., Über einige Schwierigkeiten beim Postulieren einer Textgrammatik. In: Kiefer F. Ruwet N., Hrsg., Generative grammar in Europe. 1973. Lyons J. (1977), dt. Semantik. Bd. 2. 1983. van de Velde R., Text und Satz in einer entwicklungsfähigen Linguistik. In: Petöfi J. S., Hrsg., 1979.

Textanalyse [text/discourse analysis]. 1) In der *Glossematik* die Analyse des *infiniten Textes* als Prozeß und Existenzform der Sprache mit dem Ziel der Erfassung der *langue* bzw. des Systems, das dem Text zugrunde liegt (vgl. →Text).
2) Strukturalistische T. mit den Grundtechniken der Segmentierung und Klassifizierung, Substitution und Transformation als Erweiterung der grammatischen Analyse über die Satzgrenze hinaus bei Z. S. Harris (s. auch →Entdeckungsprozedur, taxonomischer Strukturalismus). Nach M. Bierwischs kritischer Analyse handelt es sich dabei nicht um die konsequente Anwendung formaler Kriterien, sondern um einen heuristischen Prozeß, bei dem Intuition, aber auch Versuch und Irrtum eine Rolle spielen. Das Ergebnis der Prozeduren zeige auch nicht,

wie ein (kohärenter) Text von einer zusammenhanglosen Satzfolge unterschieden werden kann.
3) Pragmatische T. mit dem Ziel, die Intentionen und Konzeptionen des Textautors zu erfassen, die Wirkungen eines Textes zu charakterisieren, seine Informationsstruktur zu erkennen, Beeinflussungen aufzudecken usw. (Informationsanalyse, Intentions- und Wirkungsanalyse, Strukturanalyse). Die linguistische T. ist ein komplexes Verfahren, dessen Gegenstand durch die syntaktische, semantisch-thematische und pragmatische Ganzheit eines Textes als Repräsentanten einer Textsorte gebildet wird (informative, narrative, normative, didaktische, belehrende, darstellende, werbend-appellative, kommentierend-kritische, persönliche u. a. Textsorten).
Vorgeschlagen wurde u. a., von der Analyse der Informationsstruktur eines Textes zu den konstitutiven sprachlichen Mitteln überzugehen, strengere Prozeduren anzustreben, die von der Semantik des Textes ausgehen, die qualitative Analyse mit der quantitativen zu verbinden usw. Es sollen sprachliche Elemente identifiziert werden, die die Absicht eines Textproduzenten als bewußte Wahl zwischen verschiedenen Möglichkeiten des sprachlichen Ausdrucks charakterisieren, so daß dessen manipulative Absicht als systematische Verzerrung der Wirklichkeitskenntnis faßbar wird (S. J. Schmidt). Die T. kann sich an der Lasswell-Formel orientieren (*Who says what in which channel to whom with what effect* – in: Bryson L., Hrsg., The communication of ideas. 1948, S. 37); für unterschiedliche Zielsetzungen ist die Formel modifiziert oder erweitert worden.
Auf *Wortebene* sind bei der T. Leitbegriffe/Schlüsselwörter zu erkennen und die sie umgebenden und miteinander verflochtenen semantischen Netze/Wortnetze zusammenzustellen. Es werden dann bestimmte Isotopieketten sichtbar. Es lassen sich Wortbedeutungen identifizieren, die in ihrer Denotation vage und in ihrer Konnotation intensiv getönt bzw. aufgeladen sind (s. auch →Leerformel). Man kann dann nach der Motivation eines solchen Wortgebrauchs fragen.
Auf *Satzebene* kann man nach Stereotypen, Schablonen u. a. suchen, wobei indirekte Aussagen/Sprechakte, Anspielungen, Unterstellungen bei Voraussetzung einer bestimmten Präsuppositionsstruktur, ironische Äußerungen, Aussagen mit konversationellen Implikaturen usw. von besonderem Interesse sind. Auf der *Ebene des Gesamttextes* sind zu analysieren Textfunktion(en), Textgliederung, Textstrukturen (Makrostrukturen, Mikrostrukturen, spezifische narrative Schemata), Textstrategien, Argumentationsfiguren, Anwendungen von Erkenntnissen der modernen Rhetorik bzw. Kommunikationsforschung (vgl.

→Massenkommunikation), bestimmte Verfahren der Werbesprache, Hintergrundsideologien (Information und Interesse) sowie eine Reihe anderer Erscheinungen.

T. sollte die je unterschiedliche Weise des Rezipierens und Textverstehens absichern und sie nachprüfbar bzw. rekonstruierbar machen. Von Interesse kann dabei sein, die eigene Rezeptionssituation, die eigenen epistemischen Bedingungen und Präferenzen mitzureflektieren (vgl. →reflexiver Sprachgebrauch). Eine weitergehende Analyse kann auch die Frage nach dem Realitätsgehalt und der Wirklichkeitskonstitution des Textes, seine expliziten und impliziten Voraussetzungen sowie mögliche und wahrscheinliche Folgerungen/Konsequenzen einbeziehen, ehe eine Bewertung des Textes unter einem bestimmten oder mehreren Aspekten versucht wird.

Vgl. →Interpretation, Textverstehen, Lesen, Verstehen; Schreiben; Textstruktur, Textgliederung, Textbegrenzung, Textstrategien; Erzählung; Werbesprache, Zeitungssprache, Propagandasprache; Gesprächsanalyse.

1) Hjelmslev L., dt. Prolegomena zu einer Sprachtheorie. 1974. 2) Bierwisch M., Rezension zu Z. S. Harris »Discourse analysis reprints«. Linguistics 13; 1965. Abgedr. in: Ihwe J., Hrsg., Literaturwissenschaft und Linguistik. 1. 1971. Harris Z. S., Discourse analysis. Lg 28; 1952. Ders., Discourse analysis: a sample text. Lg 28; 1952. 3) Agricola E., Textstruktur, Textanalyse, Informationskern. 1979. Glinz H., Textanalyse und Verstehenstheorie I. 1973. II. 1978. Groeben N., Leserpsychologie: Textverständnis – Textverständlichkeit. 1982. Gülich E. u. a., Linguistische Textanalyse. Überlegungen zur Gliederung von Texten. 1974. Kallweit H., Transformation des Textverständnisses. Überlegungen zu einer pragmatischen Theorie von Erzähltexten. 1978. Kniffka H., Soziolinguistik und empirische Textanalyse. Schlagzeilen und Leadformulierung in amerikanischen Tageszeitungen. 1980. Merten K., Inhaltsanalyse. Einführung in Theorie, Methode und Praxis. 1983. Oomen U., New models and methods in text analysis. 1971. Plett H. F., Textwissenschaft und Textanalyse. 1975. Scherner M., Sprache als Text. Ansätze zu einer sprachwissenschaftlich begründeten Theorie des Textverstehens. 1984. Stocker K., Praxis der Arbeit mit Texten. Zur Behandlung von Texten der Gebrauchs- und Alltagssprache. [3]1977. Titzmann W., Strukturale Textanalyse. Theorie und Praxis der Interpretation. 1977. Brinker K., Linguistische Textanalyse. Eine Einführung in ihre Grundbegriffe und Methoden. 1985.

Textanfang. Kommunikationssteuerndes Signal, das die Erwartung auf bestimmte Textformen und Textinhalte einstellt. Der T. ist *kataphorisch* oder vorwärtsverweisend. Die Erwartung auf Textfortsetzung bildet die Grundlage für thematische und semantische Erwartungen, z. B. *Es war einmal ein Mädchen* ... Kataphorisch sind Überschriften/Titel, der bestimmte Artikel am T. usw.

Nach R. Harweg ist ein T. durch das Fehlen formaler *substituentia*

gegeben (ersetzende oder wiederaufnehmende Ausdrücke); ein eindeutiger T. enthält nur *substituenda* (zu ersetzende Ausdrücke). Pronomina können in Verbindung mit Zeiggesten potentielle T.s-elemente sein (vgl. →syntagmatische Substitution).
Der T. bestimmt die *Isotopie*-Ebene, die Erwartungs- und Verstehensebene.
Vgl. →Textbegrenzung, Textende, Textgliederung; Texterwartung, Erwartung.

Dressler W., Einführung in die Textlinguistik. 1972. Harweg R., Textanfänge in geschriebener und gesprochener Sprache. Orbis 27; 1968. Ders., Die textologische Rolle der Betonung. In: Stempel W.-D., Hrsg., Beiträge zur Textlinguistik. 1971. Schmidt S. J., Text und Geschichte als Fundierungskategorien. In: Stempel, Hrsg., 1971.

Textbasis. In der Textgrammatik von J. S. Petöfi eine tiefere Struktur, eine nicht-lineare semantische Anordnung mit *Text-Omega* und textlexematischen Repräsentationen. – Wenn man als *Text* eine Folge verbundener bzw. zusammenhängender Sätze einer (natürlichen) Sprache bezeichnet, dann kann man die T. als die Bedeutung des Textes betrachten. Diese besteht aus einer Sequenz von *Propositionen;* die Propositionen sind konzeptuelle Prädikat-Argument-Strukturen (W. Kintsch 1982, S. 290ff.). Bei van Dijk wird die T. durch eine Reihe von Propositionen dargestellt. Um einen Text (pragmatisch angemessen) zu verstehen, rekonstruiert man kognitiv die explizite T., d. h. daß in der impliziten T. nur das enthalten ist, was wirklich ausgesprochen wird, und nicht all das, was der Hörer aufgrund von Kontext und Situation schon weiß (1980, S. 31ff.).
Vgl. →Textbedeutung, Texttiefenstruktur, Textthema, Textproduktion.

van Dijk T. A., Some aspects of text grammars. 1972. Ders., Textwissenschaft. 1980. Kintsch W., dt. Gedächtnis und Kognition. 1982. Petöfi J. S., Transformationsgrammatiken und eine ko-textuelle Texttheorie. 1971. Ders., Die Struktur der TeSWeST. Aspekte der pragmatisch-semantischen Interpretation von objektsprachlichen Texten. In: Neubauer F., Hrsg., Coherence in natural language texts. 1979.

Textbedeutung. Auch: der *Sinn* eines Textes. 1) Die Repräsentation der T. mit Hilfe von Modellen der Textsemantik; das Explikandum einer Texttheorie oder Textgrammatik. 2) Die (Re)Konstruktion der T. durch den Hörer/Leser im Rahmen einer textorientierten und/oder prozeduralen Semantik.
Nach H. Weinrich ist die Bedeutung der Wörter im Text von der Bedeutung isolierter Wörter grundverschieden, denn der Sprecher hat,

während er sich der Wortbedeutungen bedient, eine *Meinung*. Diese ist nicht, wie die isolierte Wortbedeutung, weitgespannt, sondern eng umgrenzt, nicht vage, sondern sehr präzise, nicht sozial, sondern individuell, nicht abstrakt, sondern konkret, d. h. daß der Satz mit dem weiteren Kontext und der ihn umgebenden Situation die Bedeutung auf die Meinung eingrenzt. Der Kontext stellt die Bedeutung fest: »Die Wörter des Textes begrenzen sich gegenseitig und schränken sich ein, und zwar um so wirksamer, je vollständiger der Text ist« (1966, S. 23). Ein Text »vermittelt mehr als einen Haufen von Bedeutungen . . ., er gibt zur Summe der Wörter die *Determination* hinzu . . ., er nimmt von der Summe der Bedeutungen einiges (das meiste) weg und setzt damit einen *Sinn*« (S. 24). Der Sinn oder die Meinung eines Textes ist somit das Ergebnis aus dem Plus der Bedeutungen und dem Minus der Determinationen.
Das Verstehen eines Textes endet nicht mit dem Bestimmen der einzelnen Satzbedeutungen durch den Hörer/Leser; die Satzbedeutungen müssen in umfassendere Einheiten integriert werden. Es entsteht eine Repräsentation des wesentlichen Textgehalts (Textkern), der von der Bedeutung der einzelnen Sätze völlig verschieden ist (Kintsch 1982, S. 280ff.). Dabei *determiniert* die *Intention* des Rezipienten die Auswahl der Spuren in der Verarbeitung der jeweiligen Satzbedeutung. Bei der (Re)Konstruktion einer T. produziert man eine *Textbasis* und reproduziert damit bis zu einem gewissen Grade die vom Sprecher/Schreiber intendierte T. In diesem Prozeß spielen *Folgerungen* oder *Inferenzen* und Schemata oder *Rahmen* als kognitive und wissensbezogene Komponenten der T. eine wichtige Rolle.
Vgl. →Textsemantik, Textverstehen, Texterwartung, Textverarbeitung, Textthema.

de Beaugrande R.-A. Dressler W. U., Einführung in die Textlinguistik. 1981. Kintsch W., dt. Gedächtnis und Kognition. 1982. Weinrich H., Linguistik der Lüge. 1966.

Textbegrenzung. Auch: *Textdelimitation.* Die Festlegung/Feststellung von Anfang und Ende eines Textes mit Hilfe textinterner oder *emischer* und textexterner oder *etischer* Kriterien. Die T. kann als Manifestation von Intention und Erwartung betrachtet werden; sie hängt eng mit der Textgliederung und Textstruktur zusammen. T. setzen einen absoluten oder relativen, die Wahrnehmung umorientierenden Textanfang und ein intendiertes bzw. erwartetes Textende voraus (Jauss, in Stempel, Hrsg., 1971, S. 205f.). Der Text als unzerlegbares Signal besitzt auch eine durch T. gegebene ganzheitliche »Textbedeu-

tung« (z. B. »ein Roman sein«, »ein Gebet sein« usw.), die mit Hilfe bestimmter Merkmale identifiziert wird (Lotman 1972, S. 84f.). Gegenüber transphrastischen Ansätzen wird oft kritisch vermerkt, daß sie die T. nach unten in grammatischen Begriffen angeben (Satzfolge, Satzpaar, Satzzusammenhang usw.), die T. nach oben dagegen mit Hilfe literarischer (Gattungs)Kategorien oder überhaupt nicht.
Vgl. →Textanfang, Textende, Textgliederung.

Greimas A. J., dt. Strukturale Semantik. 1972. Lotman Ju. M., dt. Die Struktur literarischer Texte. 1972. Oomen U., Systemtheorie der Texte. Fol. Ling. 5; 1972. Abgedr. in: Kallmeyer W. u. a., Lektürekolleg. 2. 1974. Stempel W.-D., Hrsg., Beiträge zur Textlinguistik. 1971.

Texteinheiten. Einheiten, die von der Ganzheit eines Textes her festgestellt werden können, komplexe syntaktisch-semantische oder teilthematische Einheiten der Textstruktur. T. sind *Teiltexte* oder Subsysteme im Gesamtsystem des Textes, die von der kommunikativen Funktion des Textes bzw. Textprozesses aus zu bestimmen sind (Oomen 1972, Schmidt ²1976). T. sind funktionelle Teile im Zusammenhang des Gesamttextes, die größer sind als Sätze. Sie begründen die Makrostruktur des Textes.
Vgl. →Textstruktur, Textgliederung; Absatz, Paragraph.

Gülich E. Raible W., Textsorten-Probleme. In: Linguistische Probleme der Textanalyse. 1975 (Sprache der Gegenwart, Bd. 35). Palek B., Where next in text-linguistics? In: Petöfi J. S., Hrsg., Text vs. sentence. 1/2. 1979. Silman T., dt. Probleme der Textlinguistik. 1974. Schmidt S. J., Texttheorie. ²1976.

Textende. Wesentlich durch Intention und Erwartung bestimmtes textinternes und/oder textexternes Signal für den Abschluß eines gesprochenen oder geschriebenen Textes. Am T. sollen durch den Textanfang geweckte Texterwartungen erfüllt sein. In mündlicher Kommunikation gelten Formeln, wie z. B. *Das wär's, So* usw. als Schlußsignale. Ein Schlußsatz darf keine kataphorischen Elemente enthalten, da diese nicht links- sondern rechtsseitig an den Kontext gebunden sind. Von Bedeutung sind neben der Anfangs- und der Schlußintonation auch Pausen (s. dazu auch →Schweigen).
Vgl. →Textanfang, Textbegrenzung.

Dressler W., Einführung in die Textlinguistik. 1972. Harweg R., Pronomina und Textkonstitution. 1968.

Texterwartung. Erwartungen, die textextern oder textintern am Anfang eines Textes geweckt werden und durch die Fortsetzung des Textes sowohl erfüllt als auch verändert werden können (vgl. →Textan-

fang). Bei der T. spielen Erfahrungen in der realen Welt eine Rolle, die meist als *Rahmen* zur Verfügung stehen, ebenso die jeweilige Textsorte u. a. Faktoren.
Vgl. →Erwartung, Informativität, Rahmen, Lesen; Textverstehen.

de Beaugrande R.-A. Dressler W. U., Einführung in die Textlinguistik. 1981.

Textexemplar. Der verbale Anteil einer kommunikativen Interaktion, der im Rahmen einer Redekonstellation von einem oder mehreren erzeugte Text. Die Grenzen eines T. werden durch Eintritt oder Zerfall einer Redekonstellation gebildet.
Vgl. →Redekonstellation.

Funkkolleg Sprache. 2. 1973.

Textfunktion. Die Intention eines Textes, wie der Empfänger sie verstehen soll; die in einem Text zum Ausdruck gelangende kommunikative Absicht (Große 1976); die illokutive Funktion eines Textaktes, die Art und Weise der Informationsvermittlung. Das Konzept der T. ist eine Basiskategorie der kommunikativ begründeten Textlinguistik (Textualitätskriterium, Differenzierungskriterium für Textsorten).
K. Brinker (1983) unterscheidet im Anschluß an Searles Illokutionstypologie (s. auch →Sprechakttypen) und Große (1976) als T.-en im Sinne genereller illokutiver Kategorien die Informationsfunktion, Appellfunktion, Obligationsfunktion (Vertrag, Vereinbarung usw.), Kontaktfunktion, Deklarationsfunktion (Beurkundung, Bevollmächtigung usw.). Dabei ist die T. die Kategorie, der der *dominierende* Sprechhandlungstyp zuzuordnen ist. Die T. kann *direkt,* aber auch *indirekt* signalisiert sein.
Isenberg (1976) charakterisiert *Text* mit Hilfe der Merkmale ›gesellschaftliche Legitimität und *kommunikative Funktionalität*‹, ›Intentionalität und Situativität‹, ›Wohlkomponiertheit und Wohlgeformtheit‹, ›Semantizität und Grammatikalität‹. Für Oomen (1972) ist die kommunikative Funktion von zusammenhängenden Äußerungen das Kriterium für Textualität, denn Texte konstituieren sich aufgrund der kommunikativen Funktion (s. auch →Kommunikationsfunktion der Sprache).
Vgl. →Sprechakttypen; Text, Textualität.

Brinker K., Textfunktionen. Ansätze zu ihrer Beschreibung. ZGL 11; 1983. Fietz L., Funktionaler Strukturalismus. Grundlegung eines Modells zur Beschreibung von Text und Textfunktion. 1976. Große E. U., Text und Kommunikation. Eine linguistische Einführung in die Funktionen der Texte. 1976. Isenberg H., Einige Grundbegriffe für eine linguistische Texttheorie. In: Daneš

F. Viehweger D., Hrsg., Probleme der Textgrammatik. 1976. Oomen U., Systemtheorie der Texte. Fol. Ling. 5; 1972. Abgedr. in: Kallmeyer W. u. a., Lektürekolleg zur Textlinguistik. 2. 1974.

Textgemeinschaft. Bei Harweg eine mit einem bestimmten Text koextensive Gemeinschaft aus Produzenten und (bei mündlichen Texten) aktuellen oder (bei schriftlichen Texten) potentiellen Rezipienten dieses Textes, die »auf der Gemeinsamkeit des rechtsläufig, d. h. gegen das Ende des Textes hin sukzessiv fortschreitenden Aufbaus der Kenntnis dieses Textes beruht« (S. 70). Eine koextensive Gemeinschaft wird gebildet, wenn die Rezipienten von Fortsetzungssätzen – wie der Produzent – auch die vorangegangenen Sätze (oder deren →Paraphrase, z. B. in Fortsetzungsromanen) kennen. Harweg unterscheidet texttypologisch Kleinraumtexte und Großraumtexte. Die T. ist direkte Bedingung für die →Texttiefenstruktur.
Vgl. →Sprachgemeinschaft.

Harweg R., Grammatik und Textkonstitution als sprachsoziologische Probleme. In: Sprache und Gesellschaft. Sprache der Gegenwart 13. 1971.

Textgliederung. Die inhaltliche und/oder funktionale Strukturierung eines (Gesamt)Textes in Abschnitte, Absätze oder Teiltexte bzw. *Texteinheiten;* die Identifikation von Makrostrukturen und Mikrostrukturen im Rahmen von Makrostrukturen.
Für Teiltexte von Erzählungen, für die eine chronologische Abfolge der Teiltext-Denotate konstitutiv ist, geben Gülich/Raible (1975, S. 172f.) eine Hierarchie von textsortenspezifischen Gliederungsmerkmalen an mit 1) metanarrativen Sätzen und Substitutionen auf Abstraktions- und Metaebene, 2) Tempuswechsel vom Typ Präsens – Präteritum, 3) Veränderung in der Personenkonstellation, 4) Zeit- und Ortsbestimmungen, 5) Renominalisierung (Wiederaufnahme einer pronominalisierten Person durch Eigennamen oder Nomen + best. Artikel). Dabei gelten 1) und 2) für den Rahmen, 3) bis 5) für die Binnenerzählung.
Bei Moskal'skaja (1984) ist eine wichtige Einheit zur Binnengliederung von Texten der *Mikrotext* als thematische, kommunikative und strukturell-grammatische Einheit. Die Abgrenzung des Mikrotextes erfolgt durch den Übergang von einem Teilthema zu einem anderen durch Unterbrechung der thematischen Progression oder der Pronominalisierungskette und/oder durch prosodische Signale. Das entscheidende Kriterium ist der Wechsel des Teil- oder Mikrothemas, das seine Geschlossenheit durch Referenzidentität, situative Implikatio-

nen, Leit- oder Stützwörter oder durch Entfaltung eines Hyperonyms erhält.
Bei der Analyse von Gesprächen bildet der →Sprecherwechsel eine Art Grobgliederung des Textes. Die einzelnen Sprecherbeiträge weisen eine Binnengliederung auf, die durch Thema/Inhalt, lexikalisch-syntaktische Mittel für Positionsmarkierungen und ›Gelenkstellen‹ (Steuer- und Reaktionssignale), durch prosodische Mittel (Akzent, Tonhöhenverlauf) und Sprechpausen signalisiert werden (Rath 1979, S. 72ff.).
Vgl. →Texteinheit, Textstruktur.

Gülich E., Makrosyntax der Gliederungssignale im gesprochenen Französisch. 1970. Gülich E. Raible W., Textsorten-Probleme. In: Linguistische Probleme der Textanalyse. 1975 (Sprache der Geg., Bd. 35). Heger K., Monem, Wort, Satz und Text. ²1976. Henne H. Rehbock H., Einführung in die Gesprächsanalyse. ²1982. Moskal'skaja O. I., dt. Textgrammatik. 1984. Rath R., Kommunikationspraxis. 1979.

Textgrammatik [text grammar]. Eine Grammatik, die die Domäne des Satzes überschreitet und damit gegenüber einer Satzgrammatik eine höhere Stufe der Sprachbeschreibung darstellt; ihr Gegenstand ist die Erfassung der Regularitäten, Rekurrenzen und Distributionen, die Text konstituieren; ihr Ziel ist die (grammatische) Explikation von *Textkohärenz* und Textkonsistenz. Dabei scheint die Einbeziehung textthematischer Momente und textpragmatischer Faktoren unabweisbar.
T. intendiert die Beschreibung der syntaktisch-semantischen Relationen zwischen Sätzen, d. h. den Aufweis von spezifischen, satzüberschreitend wirksamen lexikalischen Mitteln (*allerdings, zwar* usw.), von syntagmatischen Substitutionen (R. Harweg), Tempuszusammenhängen (Tempusgruppen, Tempusübergänge – H. Weinrich) und Vertextungstypen (Isenberg), von Dialog- und Frage-Antwort-Strukturen sowie von Argumentationsstrukturen und prosodischen Mitteln. Zu berücksichtigen sind (pragmatische) Präsuppositionen, die →thematische Progression im Textrahmen und bestimmte koreferentielle Bedingungen. Dabei ist zur Zeit strittig, ob es sich um eigentlich satzsyntaktische Mechanismen handelt, die textgrammatisch interpretiert bzw. auf die Textebene projiziert werden, oder ob es genuin vom Text als Ausgangseinheit her konzipierbare Regularitäten sind. Die Konzeption einer eigenständigen T. setzt u. a. voraus, daß zwischen »Satz« und »Text« hinreichend klare Unterscheidungen möglich sind (vgl. →Satz und Text, Text und Satz).
Dem materialreicheren Ansatz einer T. ›von unten‹ (bzw. vom Satz

zum Text), der vom Text her lediglich kontrolliert und u. U. korrigiert wird (H. Weinrich), steht der programmatische Ansatz gegenüber, der die Segmentierung des Textes in seine Beschreibungseinheiten vom Text als Ganzem her (von seinen Funktionen, Handlungscharakteristika usw.) zu gewinnen sucht (s. auch →Texttheorie). – Ursprünglich von der generativen Transformationsgrammatik angeregte formale T. haben u. a. Probleme der Repräsentation und der Verarbeitung von sprachlichem *und* enzyklopädischem Wissen zu lösen.
Vgl. →Transphrastik, syntagmatische Substitution, Pronominalisierung, Pro-Form, Textverweis, Textphorik, Vertextungstypen, Wiederaufnahme, Kohäsion; Satzverflechtung, Satzzusammenhang.

Daneš F. Viehweger K., Hrsg., Probleme der Textgrammatik. 1976. Dies., Probleme der Textgrammatik II. 1977 (Studia Grammatica XVIII). Dascal M. Margalit A., A new revolution in linguistics? Text grammars vs. sentence-grammars. Theoretical linguistics 1; 1/2, 1974. van Dijk T. A., Aspekte einer Textgrammatik. In: Dressler W., Hrsg., Textlinguistik. 1978. Ders., Connectives in text grammar and text logic. In: van Dijk T. A. Petöfi J. S., Hrsg., Grammars and descriptions. 1977. Harweg R., Stilistik und Textgrammatik. Lili 5; 1972. Küper Ch., Textgrammatik oder Texttheorie? ZDL 45; 1978. Morgenthaler E., Kommunikationsorientierte Textgrammatik. 1980. Moskal'skaja O. I., dt. Textgrammatik. 1984. Petöfi J. S., Transformationsgrammatiken und eine ko-textuelle Texttheorie. 1971. Petöfi J. S. Rieser H., Hrsg., Studies in text grammer. 1974. Rieser H., On the development of text grammar. In: Dressler W., Hrsg., Current trends in text linguistics. 1978. Schecker M. Wunderli P., Hrsg., Textgrammatik. Probleme der Textualität. 1975. Sowinski B., Textlinguistik. 1983. Weinrich H., Textgrammatik der frz. Sprache. 1982. Wirrer J., Hrsg., Textgrammatische Konzepte und Empirie. 1977. Longacre R. E., The grammar of discourse. 1983.

Texthaftigkeit. Auch: *Textualität.* Strukturiertheit, Ganzheitlichkeit und (relative) Geschlossenheit als Merkmale von *Text,* der sich nicht einfach als Abfolge von Sätzen oder Satzpaaren auffassen läßt. Im Gegensatz zu statischen Modellen gestattet z. B. die systemtheoretische Analyse, Merkmale von Texten als Merkmale des Textablaufs zu interpretieren und Texte als Prozesse darzustellen.
Vgl. →Textualität.

Gülich E. Raible W., Textmodelle. 1977. Oomen U., Systemtheorie der Texte. Fol. Ling. 5; 1/2, 1972. Abgedr. in: Kallmeyer W. u. a., Lektürekolleg zur Textlinguistik. 2. 1974. Weinrich H., Übergang in der Linguistik. In: Ders., Sprache in Texten. 1976.

Textinterpretation →Interpretation, Textverstehen, Textverarbeitung

Textisotopie [isotopie du discours]. Textkonsistenz; textkonstitutive semantische Einheit eines Textes aufgrund von wiederholtem Auftreten von Wörtern bzw. lexikalischen Einheiten mit gleichen semantischen Merkmalen, die eine Istopiekette oder ein Wortnetz (Leitwörter, Schlüsselwörter) bilden. Vgl. →Isotopie, semantische Isotopie.

Textkohärenz (lat. *cohaerentia:* Zusammenhang). Textkonstitutiver (Bedeutungs)Zusammenhang von Satzsequenzen. Satzfolgen werden als kohärent bzw. zusammenhängend aufgefaßt, wenn sie semantisch-syntaktisch und/oder thematisch miteinander verbunden sind. *Text* ist eine kohärente Folge von Sätzen (Isenberg), eine sinnvolle (d. h. kohärente und konsistente) Abfolge sprachlicher Zeichen (Weinrich), eine thematisch kohärente Äußerungsmenge mit erkennbarer kommunikativer Funktion (S. J. Schmidt). Die Spezifikation der Bedingungen, unter denen Satzfolgen als kohärent erscheinen, ist zentrale Aufgabe der Textlinguistik (Brinker).
Neben syntaktischer T. wurden semantische und pragmatische T. beschrieben. Es hat sich gezeigt, daß die Bildung von T. auch von der Kenntnis einer bestimmten *Welt* bzw. von einem bestimmten *Wissen* abhängig ist.
Vgl. →Kohärenz, Kohäsion, Inferenz; Texttiefenstruktur, Thema und Rhema.

Brinker K., Aufgaben und Methoden der Textlinguistik. WW 21; 4, 1971. Ders., Zur Gegenstandsbestimmung und Aufgabenstellung der Textlinguistik. In: Petöfi J. S., Hrsg., Text vs sentence. 1/2. 1979. Dressler W., Einführung in die Textlinguistik. 1972. Lundquist L., La cohérence textuelle: syntaxique, sémantique, pragmatique. 1980. Schmidt S. J., Texttheorie. ²1976. Tannen D., Hrsg., Coherence in spoken and written discourse. 1984.

Textkonnexion. Der Bezug von Textkonstituenten aufeinander und zu Elementen der Situation, der durch Anordnung/Reihenfolge, Kongruenz u. a. Bedingungen realisiert werden kann. Bei der Sequenz *Ein Mann – Er* z. B. enthält die Pro-Form *Er* die Konnexionsanweisung, diese auf *ein Mann* zu beziehen. Konnexion wird in neueren Arbeiten als Konzept semantischer und pragmatischer Art aufgefaßt, das als Netz von Propositionen (in der Tiefenstruktur) dargestellt wird. T. dient der Herstellung von Kohärenz.
Vgl. →Textkohärenz, Kohärenz, Kohäsion, Textverweis, Konnexion.

Bosch P., Agreement and anaphora. 1983. van Dijk T. A., Text and context. 1977. Kallmeyer W. u. a., Lektürekolleg zur Textlinguistik. 1. ³1980.

Textkonstitution →Textualität, Texthaftigkeit, Textkohärenz

Textkritik. Die philologische Untersuchung der Überlieferung eines Werkes, in Zweifelsfällen oder bei Fehlen des Originals die Rekonstruktion der ursprünglichen Fassung. In den 80er Jahren des 19. Jh. wurden neue Methoden durch Lachmann entwickelt (Ausgaben ahd. und mhd. Werke mit kritischem Apparat). Bei neueren Werken richtet sich das Interesse der T. u. a. auf Handschriften, Erstdrucke und den (kritischen) Vergleich.

Kirchner J., Germanistische Handschriftenpraxis. 1950. Martens G. Zeller H., Hrsg., Texte und Varianten. 1978. Witkowski E., Textkritik und Editionstechnik neuerer Schriftwerke. 1924. Zs für deutsche Philologie, Sonderband 101: Probleme neugermanistischer Edition. 1982.

Textlinguistik [text linguistics, linguistique textuelle, lingvistika teksta]. Die Untersuchung von Texten mit linguistischen und interdisziplinären Methoden. Linguistische Teildisziplin, deren primären Gegenstand Texte bilden und deren Aufgabe in der Beschreibung der Konstitution von Texten, in der Angabe von allgemeinen Prinzipien des Textaufbaus und insbesondere in der Spezifizierung der Bedingungen besteht, unter denen *Textkohärenz* entsteht.
Für die Etablierung der (relativ jungen) Disziplin T. gibt es theoretische, empirische und angewandt-interdisziplinäre Begründungen (van Dijk 1979, S. 506ff.). Nach P. Hartmann (1984) ist die Hinwendung der Linguistik zu Textfragen eine Hinwendung zur Realität der Sprache, eine Form realistischer Sprachforschung. Die Erkenntnisinteressen der T. richten sich auf die Frage der Textkonstitution, d. h. auf Verfahren der Kohärenzbildung, Strategien der Vertextung, der Bildung von Makro- und Mikrostrukturen des Textes, der Textgliederung also, auf Funktionen von Texten und Möglichkeiten der Unterscheidung von Textsorten.
Als Richtungen bzw. Tendenzen textlinguistischer Forschung lassen sich unterscheiden 1) eine transphrastische oder die Satzgrenze überschreitende T. mit der Blickrichtung vom Satz zum Text (vgl. →Transphrastik, Satzverflechung, Vertextungstypen), 2) Textgrammatiken als Entwicklungen der generativen Transformationsgrammatik mit semantisch-logischer Fundierung und (inzwischen) komplexen pragmatischen Erweiterungen, 3) eine pragmatisch und kommunikativ fundierte, handlungs- und sprechaktorientierte T., die sich z. T. als jeder T. vorgeordnete *Texttheorie* begreift oder, noch weiter ausholend, sich als Linguistik der Kommunikation, ihrer Voraussetzungen, Bedingungen und Organisationsformen definiert, 4) eine kognitionspsychologisch ansetzende und grundsätzlich interdisziplinär angelegte

T., die a) als *prozedurale* T. *Text* als kybernetisches System unter dem Gesichtspunkt von Problemlösungsverfahren bestimmt, Phänomene der Textkonstitution im Zusammenhang von *Textproduktion* und *Textrezeption* beschreibt und zur Beschreibung und Erklärung Repräsentationstechniken der →künstlichen Intelligenz verwendet oder b) als *Textwissenschaft* mit grammatischer Fundierung und pragmatischer Weiterung Anwendungsmöglichkeiten und Kooperationen in einer Reihe praxisrelevanter Bereiche anstrebt (van Dijk).

Auf die Notwendigkeit, bei der Untersuchung von Texten auch das einzubeziehen, was nicht mehr in der Sprache selbst liegt, weist Hartmann (1984) hin. Eine solche Interdisziplinarität habe Konsequenzen für die Gegenstands- und Methodenbildung der Linguistik. Eine T., die die Bedingungen und Prozesse der Textbildung berücksichtigt, muß ihren Gegenstand mehrdimensional konzipieren. Neben unverzichtbare analytisch-reduktive Methoden treten dann notwendig solche, die sich auf die Finalität von Texten richten.

Ein Irrweg ist nach Coseriu (1981) die Auffassung von T. als allgemeiner Linguistik auf der Grundlage der als universal bestimmten Textkategorie (Linguistik als Textlinguistik). Eine Form der Textgrammatik auf der Ebene der einzelsprachlichen Strukturierung stellt die transphrastische Grammatik dar. Die eigentliche T. erkennt Texte auf der autonomen Ebene des Sprachlichen bzw. auf der Ebene der Sprache überhaupt – oder auf der Ebene der die Einzelsprachen transzendierenden universalen Möglichkeiten.

Vgl. →Text, Textualität; Textgrammatik, Textwissenschaft, Texttheorie; Gesprächsanalyse.

de Beaugrande R.-A. Dressler W. U., Einführung in die Textlinguistik. 1981. Brinker K., Aufgaben und Methoden der Textlinguistik. WW 21; 1971. Ders., Zur Gegenstandsbestimmung und Aufgabenstellung der Textlinguistik. In: Petöfi J. S., Hrsg., Text vs sentence. Basic questions of text linguistics. 1/2. 1979. Textfunktionen. ZGL 11. 1983. Brinkmann H., Die dt. Sprache. [2]1971. Coseriu E., Textlinguistik. 1981. Coulthard M., An introduction to discourse analysis. [2]1978. van Dijk T. A., New developments and problems in textlinguistics. In: Petöfi J. S., Hrsg., 1979. Dressler W. U., Hrsg., Current trends in text linguistics. 1978. Ders., Hrsg., Textlinguistik. 1978. Fries U., Textlinguistik. LuD 7; 1971. Ders., Studien zur Textlinguistik. 1975. Gülich E. Raible W., Linguistische Textmodelle. 1977. Hartmann P., Konsequenzen textbezogener Arbeitsweisen für die Linguistik. WW 34; 4, 1984. Jelitte H., Hrsg., Sowjetrussische Textlinguistik. 1/2. 1976. Kallmeyer W. u. a., Lektürekolleg zur Textlinguistik. 1/2. [3]1980/1974. Kalverkämpfer H., Orientierung zur Textlinguistik. 1981. Scherner M., Sprache als Text. 1984. Sowinski B., Textlinguistik. 1983. Viehweger D., Methodologische Probleme der Textlinguistik. Zs für Germanistik 1, 1980. van Dijk T. A., Hrsg., Handbook of discourse analysis. Bd. 1. 1985. Krenn H. u. a., Hrsg., Sprache und Text. 1984.

Textpartitur. Von H. Weinrich vorgeschlagene (heuristische) Methode zur Analyse und Bestimmung von Texten – eine textbezogene und syntaktisch fundierte Alternative zur Analyse des Satzes nach Wortarten und Satzgliedern, die Erfassung der textbildenden Verkettungen zwischen den einzelnen Sätzen eines Textes. Die T. ist eine Matrix, die in einer oberen Spalte den von links nach rechts mit Hilfe eines Nummernkodes eingetragenen Text und darunter die Zeilen bzw. Parameter A bis N mit syntaktischen Kategorien enthält.
Die T. orientiert sich an den Verben der einzelnen Sätze nach den Vorstellungen der Dependenzgrammatik. Die Zeilen erhalten binäre Bewertungen hinsichtlich der Kategorien Affirmation – Negation, Sing. – Plur., monovalent – bivalent, Aktiv – Passiv, Vollverb – Kopula, best. Artikel – unbest. Artikel usw. Ziel der Methode ist es, »eine linguistische Teiltheorie ... so auf die Empirie eines beliebigen Textes zu projizieren, daß für verschiedene Parameter Textualitätswerte ermittelt werden können« (1972, S. 162). Die T. bildet die Grundlage für die Textübergangspartitur, die Übergänge von Verb (+ Kontext) zu Verb (+ Kontext) beschreibt. Für die leistungsfähige individuelle Textinterpretation ist allerdings die Verbindung einer syntaktischen und semantischen T. notwendig.
Nach Gülich/Raible (1977) sollten textsemantische und satzsemantische Kriterien Vorrang erhalten vor textsyntaktischen und satzsyntaktischen.
Vgl. →Textkohärenz; Transphrastik, Textgrammatik.

Gülich E. Raible W., Linguistische Textmodelle. 1977. Sowinski B., Textlinguistik. 1983. Weinrich H., Die Textpartitur als heuristische Methode. DU 24; 1972. Abgedr. in: Ders., Sprache in Texten. 1976. Thesen zur Textsorten-Linguistik. In: Gülich E. Raible W., Hrsg., Textsorten. 1972.

Textphorik. Die Funktion sprachlicher Einheiten eines Textes, auf andere Einheiten des Textes zu verweisen. Zu unterscheiden sind als Verweisungsrichtungen 1) die *anaphorische* oder rückwärts gerichtete Verweisung auf im Text voraufgegangene Formen, z. B. durch Personalpronomina, Demonstrativa, Possessiva, Adverbien und 2) die *kataphorische* oder (von links nach rechts) vorwärts gerichtete Verweisung auf noch kommende Formen, z. B. am Textanfang: *Seine Ankunft verbreitete lähmendes Entsetzen.*
Vgl. →Textverweis.

Kallmeyer W. u. a., Lektürekolleg zur Textlinguistik. 1/2. ³1980/1974.

Textpragmatik. Die Beziehungen eines Textes zu Autor und Empfänger; der Zweck oder die Funktion sowie die Intentionalität eines Tex-

tes, seine Akzeptabilität und Angemessenheit, seine Voraussetzungen und Wirkungen, seine situationsspezifischen Bedingungen. – Bei der textgrammatischen und textsemantischen Analyse und Beschreibung der *Kohärenz* entstehen Probleme des Textverstehens im Zusammenhang von sprachlichem und enzyklopädischem Wissen, von kognitiven Strategien usw. Andererseits bildet T. die Grundlage für texttheoretische Ansätze, die Text als intentionale kommunikative Handlung auffassen. Textpragmatisch fundiert ist auch eine interdisziplinäre *prozedurale Textlinguistik,* die Text als kybernetisches System zwischen Textproduktion und Textrezeption beschreibt (de Beaugrande/Dressler 1981).
Vgl. →Pragmatik, Textgrammatik, Textsemantik, Texttheorie, Textwissenschaft.

Breuer D., Einführung in die pragmatische Texttheorie. 1974. van Dijk T. A., Text and context. Explorations in the semantics and pragmatics of discourse. 1977. Ders., Studies in the pragmatics of discourse. 1980. Eco U., Texts and encyclopedia. In: Petöfi J. S., Hrsg., Text vs sentence. 1/2. 1979. Koch W. u. a., Ein pragmatisch orientiertes Textanalysenprogramm. In: Rosengren I., Hrsg., Sprache und Pragmatik. 1981. Nikula H., Ebenen des Textes und ihre wechselseitigen Beziehungen: syntaktische Reihenfolgebeziehung und semantisch-pragmatische Interpretation. In: Rosengren I., Hrsg., Sprache und Pragmatik. 1983. Petöfi J. S., Einige Grundfragen der pragmatisch-semantischen Interpretation von Texten. In: Ballmer Th. Kindt W., Hrsg., Zum Thema Sprache und Logik. 1980. Viehweger D., Pragmatische Voraussetzungen, deskriptive und kommunikative Explizität von Texten. In: Rosengren I., Hrsg., Sprache und Pragmatik. 1979.

Textproduktion. Auch: Texterzeugung, Textsynthese: die Wahl eines Textthemas gemäß der Textintention und die Bildung eines thematisch-semantischen Programms mit einem Komplex gegliederter Unterthemen sowie die Entfaltung und Realisierung des Programms über verschiedene Ebenen bis zur linearen Oberflächenstruktur. (Der Sprecher/Schreiber weiß, was und wozu, aber auch, zumindest ansatzweise, wie er etwas sagen/schreiben will.) Meist wird der Vorgang der T. als rückgekoppelter, dynamisch-offener Prozeß dargestellt, der den Weg vom Auftreten einer Intention zu ihrer kognitiven Entwicklung und sprachlichen Gestaltung modelliert. Z. B. präsentieren de Beaugrande/Dressler ein sequentiell angeordnetes und simultan funktionierendes Modell, das auch als verkürztes durch Ineinanderschieben der Phasen gedacht werden kann. Es enthält die Phasen Absicht und Planung, Ideenerzeugung, Suche nach gespeichertem Wissen, Konzeptbildung und Suche nach sprachlichen Mitteln, sprachliche Synthese der Oberflächenform.

Nach Lotman (1972, S. 421) ist der erste Schritt bei der T. die Erzeugung eines Systems, weil Information nicht möglich sei, wo keine Struktur vorliege. Ingarden (1931, [3]1965, S. 154) hatte beschrieben, daß bei der T. das Primäre die Konzeption des Ganzen sei; sie bestimme die Ausgestaltung und Aufeinanderfolge der einzelnen Sätze. Das Ganze eines Werkes jedoch entwickele sich erst durch die Festlegung der einzelnen Sätze und entferne sich dabei mehr oder weniger vom ursprünglich geplanten. (Vgl. auch die Schrift H. v. Kleists über die Verfertigung der Gedanken während des Redens.)
Vgl. →Sprachproduktion, Schreiben, Sprechen.

de Beaugrande R., Text production. 1984. de Beaugrande R.-A. Dressler W. U., Einführung in die Textlinguistik. 1981. Flower L. Hayes J. R., A process modell of composition. 1979. Ingarden R., Das literarische Kunstwerk. [3]1965. Kintsch W. van Dijk T. A., Toward a model of text comprehension and production. Psych. Review 85; 1978.

Textrezeption. Das Wahrnehmen, Verarbeiten und Verstehen von Texten als Prozeß der Informationsverarbeitung, der in Modellen dargestellt wird, die z. B. im Rahmen der →künstlichen Intelligenz überprüft werden können. Prozeßmodelle der T. als einfache Umkehrungen von Modellen der Textproduktion sind in neueren Arbeiten problematisiert worden.
Vgl. →Textverstehen, Interpretation, Lesen, Verstehen; Sprachverstehen, Sprachrezeption.

Textsemantik. Die Beschreibung der (semantischen) Kohärenz eines Textes, die Darstellung seiner Bedeutungsstruktur mit ihren semantischen Relationen; der Aufweis der Isotopieketten eines Textes; die Repräsentation der semantischen Struktur eines Textes u. a. in semantischen Netzwerken mit Hilfe propositionaler Konfigurationen.
Nach H. Weinrich (1966) ist die traditionelle Wort-Semantik durch eine T. zu ergänzen. E. Coseriu nimmt für Texte eine besondere Inhaltsebene als Ebene des Sinns an, die nicht mit der Inhaltsebene von Sätzen zusammenfällt, denn ein Text besteht »ebensowenig aus Sätzen, wie ein Satz aus Wörtern« (in Gülich/Raible, 1972, S. 138).
Bei de Beaugrande/Dressler (1981) erhält ein Text Sinn, wenn es eine *Sinnkontinuität* innerhalb des *Wissens* gibt, die durch die Signale/Ausdrücke des Textes aktiviert wird. Sinnkontinuität ist die Grundlage der *Kohärenz,* die als Konfiguration von Konzepten/Begriffen mit gegenseitigen Relationen dargestellt werden kann. Für Metzeltin/Jaksche (1983) sind die elementaren Bausteine von Texten Begriffe (Eigenschaften, Zustände, Prozesse; räumliche Situierung; Wahrscheinlich-

keiten; Konnexionen usw.). Die T. entsteht nicht als Summe von Begriffen, sondern als Kombinationsstruktur von Begriffen. Zwischen Einzelbegriffen und T. werden immer wieder vorkommende Konstruktionseinheiten angenommen – Konstrukte, die, im Gegensatz zu den üblichen propositionalen Repräsentationen, objektbezogen aufgebaut werden und eine Reihe von Angaben a) bis h) enthalten.
Vgl. →Textbedeutung, Textverstehen, Textverarbeitung; semantische Repräsentation, semantisches Netzwerk.

de Beaugrande R.-A. Dressler W. U., Einführung in die Textlinguistik. 1981. Coseriu E., Textlinguistik. 1981. Ders., Sprachtheorie und allgemeine Sprachwissenschaft. 1975. Dressler W., Einführung in die Textlinguistik. 1972. Gülich E. Raible W., Textmodelle. 1977. Hörmann H., Meinen und Verstehen. 1976. Kegel G. Saile G., Analyseverfahren zur Textsemantik. 1975. Kintsch W., dt. Gedächtnis und Kognition. 1982. Metzeltin M. Jaksche H., Textsemantik. Ein Modell zur Analyse von Texten. 1983. Schank R., Conceptual information processing. 1975. Weinrich H., Linguistik der Lüge. 1966. Seuren P., Discourse semantics. 1985.

Textsorten [text types]. Klassen von Texten; Mengen von Texten mit bestimmten Eigenschaften, Texttypen. Jeder gegebene Text *(Textvorkommen)* sollte einer T. zugeordnet werden können. Als Erscheinungsformen von Texten ergeben sich intuitiv

Argumentation, Brief, Diskussion, familiäres Gespräch, Gebrauchsanweisung, Gerätebeschreibung, Interview, Predigt, Reklame, Rezept, Rundfunknachricht, Stellenausschreibung, Stellungnahme, Telegramm, Telefongespräch, Vorlesung, Wetterbericht, Zeitungsnachricht.

Vortheoretisch wären Einteilungen in Texte als

fiktionale, ästhetische, literarische, narrative, expositorische oder gebrauchssprachliche, juristische, protokollarische, wissenschaftliche, religiöse u. a.

Dabei gehen, wie Gülich/Raible (1972, S. 2) feststellen, schon in den praxisbezogenen und vortheoretischen Begriff der T. unterschiedliche Vorverständnisse ein, wenn dieser z. B. sehr eng, sehr weit oder bewußt vage formuliert wird (z. B. »narrative Struktur«).
Bei der Differenzierung von T. wird nach textinternen bzw. textinhärenten oder nach textexternen Kriterien vorgegangen, oder es wird versucht, textinterne und textexterne Merkmale einander zuzuordnen. So möchten z. B. Rieser und Petöfi durch Kombination textgrammatischer Kriterien zu T. gelangen, und H. Weinrich weist syntaktisch-semantische Merkmale aus seiner Konzeption der Textpartitur als textsortenrelevant nach. S. J. Schmidt dagegen lehnt textinterne Kriterien ab und geht von typischen Sprachhandlungssorten aus. Nach Dressler (1972) kann nur eine Textpragmatik, die soziologische und

kulturhistorische Fakten einbezieht, die Grundlage für eine Typologie der Texte liefern.
Gülich/Raible (1975) wollen T. als Einheiten des Systems mit inhärenten Merkmalen charakterisieren, Textvorkommen als Realisierungen von T. dagegen mit textinternen und textexternen Merkmalen. Die textinternen Merkmale können durch das Sprachsystem spezifiziert werden, die textexternen durch die Faktoren Sprecher/Hörer, Intention, Sachverhalt, Situation, Monolog/Dialog.
Allgemein zeichnet sich die Tendenz ab, die T.-differenzierung pragmatisch zu fundieren (Situationstypologie, Typologie von kommunikativen Absichten/Illokutionen): Bestimmte Absichten sollen unter bestimmten situativen Bedingungen durch zu spezifizierende T. realisiert werden können. Beim Konzept des Redekonstellationstyps von H. Steger u. a. (1974) wird angenommen, daß sich auf dessen Grundlage unterschiedliche T. ausgrenzen lassen, z. B. die T. Vortrag, Bericht, Erzählung, Interview usw.
T.-klassifikationen in aufsteigender Linie droht letztendlich die Gefahr diffuser Komplexität; Klassifikationen in absteigender Linie können sich in immer kleineren Unterteilungen verirren. Eine praxisangemessene T.-einteilung könnte aber von großem Nutzen für Textproduzenten und Textrezipienten sein, da Sorten und Typen (Gattungen usw.) erwartbare Hilfen zur Reduktion von Komplexität darstellen. Sie wirken (vor)strukturierend und bilden mit ihrer Normativität Orientierungen für Sprecher/Schreiber und Hörer/Leser.
Vgl. →Texttypologie, Redekonstellation, Redearten.

Conrady K.-O. u. a., Hrsg., Textsorten und literarische Gattungen. 1983. Dimter M., Textklassenkonzepte heutiger Alltagssprache. Kommunikationssituation, Textfunktion und Textinhalt als Kategorien alltagssprachlicher Textklassifikation. 1981. Ermert K., Briefsorten. Untersuchungen zur Theorie und Empirie der Textklassifikation. 1979. Frier W., Linguistische Aspekte des Textsortenproblems. In: Frier W. Labroisse G., Hrsg., Grundfragen der Textwissenschaft. 1979. Glinz H., Textanalyse und Verstehenstheorie. 1. 1973. Gülich E. Raible W., Hrsg., Textsorten. 1972. Dies., Textsorten-Probleme. In: Linguistische Probleme der Textanalyse. 1975 (Sprache der Geg., Bd. 35). Hausenblas K., On the characterization and classification of discourses. TLP 1; 1964. Kalverkämper H., Gattungen, Textsorten, Fachsprachen. Textpragmatische Überlegungen zur Klassifikation. In: Hess-Lüttich E., Hrsg., Textproduktion, Textrezeption. 1983 (Angewandte Linguistik, Bd. 3). Netzer G., Textsorten. LuD 10; 1972. Sandig B., Zur Differenzierung gebrauchssprachlicher Textsorten im Dt. In: Gülich/Raible, Hrsg.. 1972. Sitta H., Kritische Überlegungen zur Textsortenlehre. In: Sitta H. Brinker K., Hrsg., Studien zur Texttheorie und zur dt. Grammatik. 1973 (Festschr. H. Glinz). Schwitalla J., Was sind Gebrauchstexte? DS 4; 1976. Steger H., Sprachgeschichte als Geschichte der Textsorten/Texttypen und ihrer kommunikativen Bezugsbereiche. In:

Besch W. u. a., Hrsg., Sprachgeschichte. 1. Halbbd. 1984. Weinrich H., Thesen zur Textsorten-Linguistik. In: Gülich/Raible, Hrsg., 1972. Lux F., Text. Situation, Textsorte. 1981.

Textstrategien. Verfahren, mit Hilfe derer beim Leser bestimmte Wirkungen erzeugt werden sollen. Als T., die mit *Vorprogrammen* rechnen, die beim Leser existent sind, beschreibt Fietz (1976) die Strategien a) der Normbestätigung, b) der Umwertung, Legitimierung und Tabuierung, d. h. der Weiterübertragung von verfestigten Norm- und Wertvorstellungen auf neue Vorstellungsbereiche, c) der Aufwertung (z. B. in der Werbung), d) der Umstrukturierung von Vorprogrammen, e) der Infragestellung oder Auflösung von Vorprogrammen.
Vgl. →Gesprächsstrategien, Redestrategien.

Fietz L., Funktionaler Strukturalismus. Grundlegung eines Modells zur Beschreibung von Text und Textfunktion. 1976.

Textstruktur. Die innere Organisation, die syntaktischen und lexikalisch-semantischen Verknüpfungsrelationen eines Textes, seine *Mikrostruktur* oder lokale Struktur sowie die thematische Gliederung eines Textes (*Makrostruktur* oder globale Struktur). T.-en konstituieren die Texthaftigkeit oder Textualität eines Textes. Die T. ist das *System* eines Textes, sein (inneres) Beziehungsnetz, das sich aus der jeweils spezifischen Funktion der Komponenten und ihrem Arrangement ergibt. Als T. kann auch die Ablauf- oder Prozeßstruktur eines Textes betrachtet werden.
Bei van Dijk sollen propositional repräsentierte und auf *Rahmen* der alltäglichen Erfahrung bezogene semantische und pragmatische Makro-Strukturen es ermöglichen, das Textthema und die Textbedeutung zu spezifizieren. Sie scheinen als *Pläne* auch eine Rolle bei der Textproduktion und bei der Textverarbeitung zu spielen. Ähnlich wichtig sind schematische *Superstrukturen* (Erzählung, Argumentation usw.), die eine organisierende Funktion für das Langzeitgedächtnis haben.
Vgl. →Textgliederung, Texteinheiten, Textbegrenzung, thematische Progression; Textanalyse, Textisotopie.

Brandt M. u. a., Der Einfluß der kommunikativen Strategie auf die Textstruktur – dargestellt am Beispiel eines Geschäftsbriefes. In: Rosengren I., Hrsg., Sprache und Pragmatik. 1983 (Lunder germ. Forschungen, Bd. 52). van Dijk T. A., Macrostructures. An interdisciplinary study of global structures in discourse, cognitions and interaction. 1980. Ders., Textwissenschaft. 1980. Gülich E. Raible W., Linguistische Textmodelle. 1977. Kallmeyer W. u. a., Lektürekolleg zur Textlinguistik. 1.³1980. Kintsch W., Memory for prose. In: Cofer C. N., Hrsg., The structure of human memory. 1976. Lotman Ju. M., dt. Die

Struktur literarischer Texte. 1972. Referovskaja E. A., Lingvističeskie issledovanija struktury teksta. 1983. Viehweger D., Semantische Merkmale und Textstruktur. In: Daneš F. Viehweger D., Hrsg., Probleme der Textgrammatik II. 1977 (Studia Grammatica XVIII). Phillips M., Aspects of text structure. An investigation of the lexical organization of text. 1985.

Textthema. Die inhaltliche Abstraktion und Kondensation, eine Art reduzierter Paraphrase als Leitgedanke oder der Informationskern eines Textes; der Kern der textsemantischen Basis, der u. a. dadurch *Textkohärenz* bewirkt bzw. einen Textzusammenhang stiftet, daß er beim Hörer oder Leser Erwartungen weckt. Die Nennung eines T. aktiviert beim Rezipienten bestimmte Schemata oder →Rahmen. Die Erzeugung bzw. Produktion eines Textes besteht in der Ausgliederung und Entfaltung des T. Dabei kann es zur Abwandlung, Erweiterung usw. des T. kommen.
Vgl. →Textbedeutung, Textbasis, Texttiefenstruktur; Textproduktion.

Agricola E., Vom Text zum Thema. In: Daneš F. Viehweger D., Probleme der Textgrammatik. 1976. van Dijk T. A., Text and context. 1977. Dressler W., Einführung in die Textlinguistik. 1972. Silman T., Probleme der Textlinguistik. 1974.

Texttheorie. 1) Komplex angelegte *Textgrammatik* (z. B. Petöfi, Isenberg). 2) Kommunikativ begründete, sprachhandlungs- und sprechaktorientierte Textlinguistik, deren Gegenstand nicht der Text als abstraktes (System)Konstrukt bildet, sondern der *Text-in-Funktion,* d. h. der Text als intentionale und thematische Einheit mit seiner kontextuellen und situativen Einbettung. Die Theorie- und Modellbildung einer solchen T. orientiert sich – mit jeweils unterschiedlicher Gewichtung – an kommunikationswissenschaftlichen Modellen, an allgemeinen oder speziellen Handlungstheorien oder an der Sprechakttheorie von Austin und Searle.
Vgl. →Textlinguistik, Textgrammatik, Textwissenschaft; Text.

Gülich E. Raible W., Linguistische Textmodelle. 1977. Isenberg H., Einige Grundbegriffe für eine linguistische Texttheorie. In: Daneš F. Viehweger D., Hrsg., Probleme der Textgrammatik. 1976. Kummer W., Grundlagen der Texttheorie. 1975. Schmidt S. J., Texttheorie. [2]1976. Weydt H., Sprechakt, Satz und Text. In: Rosengren I., Hrsg., Sprache und Pragmatik. 1981 (Lunder germ. Forschungen, Bd. 50).

Texttiefenstruktur. Die Textbasis. Ein aus der generativen Transformationsgrammatik übernommenes Konstrukt, um an der Oberfläche des Textes explizit nicht vorhandene Textkonnexionen als semanti-

sche oder thematische *Kohärenz* erfassen zu können; die thematisch-semantische Basis eines Textes. Bei van Dijk ist die T. ein globaler Rahmen, ein Plan, der semantischen Repräsentationen zugrunde liegt, oder der Plan, der die Entwicklung des Textes bestimmt. Die T. ist eine abstrakte Paraphrase bzw. die abstrakte logische Struktur des Textes, die man sich als von thematischer und thematisch-semantischer Art vorstellen muß. Die Annahme einer T. wird u. a. durch das Faktum der Kohärenz von Texten und die Möglichkeit thematischer und titelartiger Kurzfassung von Texten gestützt (vgl. →Textthema).
Bei W. Kintsch wird die Bedeutung eines ganzen Textes durch propositionale Textbasen mit Prädikat-Argument-Struktur repräsentiert, die durch Wiederholung von Argumenten miteinander verknüpft sind. Eine solche Strukturtheorie des Textes gibt die Möglichkeit, etwas über die Verarbeitung des Textes zu sagen.
Vgl. →Textsemantik, Textverarbeitung, Kohärenz, Textkohärenz, semantisches Netzwerk.

Bock M., Wort-, Satz-, Textverarbeitung. 1978. van Dijk T. A., Text and context. 1977. Fietz L., Funktionaler Strukturalismus. Grundlegung eines Modells zur Beschreibung von Text und Textfunktion. 1976. Kintsch W., Memory representations of text. In: Solso R. L., Hrsg., Information processing and cognition. 1975. Ders., dt. Gedächtnis und Kognition. 1982. Schmidt S. J., Texttheorie. 1973. ²1976.

Texttypologie. Aufstellung von Texttypen; Klassifikation von Texten nach bestimmten Kriterien. Eine T. kann die empirische Basis für die Angabe allgemeiner Textmerkmale, die *Textualität* begründen, darstellen. Davon ausgehend, daß bei der Übersetzung Prinzipien und Methoden für bestimmte Texttypen feststellbar sind, unterscheidet K. Reiss den inhaltsbezogenen, formbetonten, appellbetonten und audio-medialen Texttyp. Werlich differenziert *Texttyp* weiter nach Textform, Textformvariante und Textexemplar. Seine fünf idealen Texttypen sind: Deskription, Narration, Exposition, Argumentation, Instruktion.
Vgl. →Textsorten, Redekonstellation.

Harweg R., Textlinguistik. In: Koch W. A., Hrsg., Perspektiven der Linguistik. Bd. 2. 1974. Reiss K., Texttyp und Übersetzungsmethode. 1976. Werlich E., Typologie der Texte. 1975. Zimmermann K., Erkundung zur Texttypologie. 1978.

Textualität [textuality]. Texthaftigkeit; allgemeine Eigenschaft von Texten, ihre thematische Strukturiertheit und semantische Organisation. Bei de Beaugrande/Dressler (1981) muß ein Text als *kommuni-*

kative Okkurrenz sieben Kriterien der T. erfüllen: *Kohäsion* (als Art und Weise der Verbindung von Oberflächenkomponenten), *Kohärenz* (als Konstellationen und Relationen von Konzepten, die dem Oberflächentext zugrunde liegen, und als Ergebnis kognitiver Prozesse), *Intentionalität* (als Einstellung des Textproduzenten), *Akzeptabilität* (als Eigenschaft des Textes im Zusammenhang mit der Erwartung und der Fähigkeit zur Inferenzziehung von Rezipienten), *Informativität, Situationalität, Intertextualität.*

Bei S. J. Schmidt (1973) verweist der Begriff der T. auf den die Linguistik transzendierenden Status des Textbegriffs, auf die Einbettung von Texten in komplexe kommunikative Handlungsspiele oder sozio-kommunikative Manifestationen. Denn der Begriff des Textes lasse sich nicht mit rein linguistischen Mitteln bestimmen, weil Texte keine rein sprachlichen Phänomene sind (S. 42). Nach E. Coseriu transzendieren die Regeln, die für die Organisation von Texten oberhalb der Satzgrenze gelten, die Einzelsprachen.

Vgl. →Text, Texthaftigkeit, Textfunktion, Texttheorie; Textsemantik.

de Beaugrande R.-A. Dressler W. U., Einführung in die Textlinguistik. 1981. Schecker M. Wunderli P., Hrsg., Textgrammatik. Probleme der Textualität. 1975. Schmidt S. J., Texttheorie. 1973. ²1976. Weinrich H., Textgrammatik der frz. Sprache. 1982. Ders., Sprache in Texten. 1976.

Textverarbeitung [*text processing*]. Ein Prozeß der Informationsverarbeitung: das Verstehen, Behalten und Erinnern von Texten; das Zusammenfassen, Vergleichen und Kommentieren von Texten; der Erwerb und die Neustrukturierung von *Wissen* sowie das Lösen von Problemen mit Hilfe textueller Information. Bei der Untersuchung der T. handelt es sich um die interdisziplinäre Erforschung informationsverarbeitender Prozesse durch Psycholinguistik, kognitive Psychologie, pädagogische Psychologie und Kognitionswissenschaft *(cognitive science)* sowie künstliche Intelligenz.

Die T. (des Lesers) ist ein zielgerichteter und konstruktiver, kognitiver und semantisch orientierter Prozeß, bei dem Vorwissen (u. a. in der Form von Schemata oder *Rahmen*), Situation und Kontext eine Rolle spielen. Die konstruktive Aktivität des Textverarbeiters wird evident beim Ziehen von Inferenzen, im Selektieren, Konkretisieren, Generalisieren, Erweitern, Zusammenfassen usw. von Textinhalten.

Die T. geht von *lokalen* und *globalen* Strukturen aus, die bei der ›Aufnahme‹ im Kurzzeitgedächtnis gebildet werden (Konnexions- und Kohärenzrelationen zwischen Propositionen und Elementen von Pro-

positionen, thematische Relationen). Dabei wird die neue Information mit schon vorhandener verglichen und nach dem Zyklusprinzip interpretiert. Bei höheren mentalen Prozessen des Verstehens wirken sich Superstrukturen aus (Kintsch, van Dijk).
Wienold (1974) nennt für die T. von Erzähltexten als Operationen oder ›Beziehungen zwischen einem Ausgangstext und einem Resultattext‹ Referentialisieren, Paraphrasieren, Kondensieren, metatextuell Beschreiben, Bewerten, Begründen.
Vgl. →Lesen, Textverstehen, Sprachrezeption; kognitive Psychologie, künstliche Intelligenz; Interpretation, semantisches Netzwerk.

Allen St. Petöfi J. S., Hrsg., Aspects of automatized text processing. 1979. Burghardt W. Hölker K., Text processing. 1978. van Dijk T. A., Textwissenschaft. Eine interdisziplinäre Einführung. 1980. van Dijk T. A. Kintsch W., Cognitive psychology and discourse. In: Dressler W., Hrsg., Current trends in text linguistics. 1978. Freedle R. O., Hrsg., Cognitive processes in comprehension. 1977. Kintsch W., dt. Gedächtnis und Kognition. 1982. Lindsay P. H. Norman D. A., Human information processing. 1977. Mandl H., Hrsg., Zur Psychologie der Textverarbeitung. 1981. Wienold G., Vorüberlegungen zur Rolle des Konzepts der Textverarbeitung beim Aufbau einer empirischen Sprachtheorie. In: Rieser H. Wienold G., Vorüberlegungen . . . 1974. Wirrer J., Natürliche Textverarbeitung. LuD 27; 1976. Krüger R., Textverarbeitung. Historische und aktuelle Aspekte eines Fachworts. Muttersprache 94; 1983/1984. Wulf H. J., Textverarbeitung. Eine Bibliographie zur empirischen Erforschung der Rezeption sprachlicher Texte. 1980. (S. auch →Satzverarbeitung.)

Textverständlichkeit →Verständlichkeit, Lesbarkeit

Textverstehen [text comprehension]. Nach Ingarden (1931, ³1965) erfassen wir den Text als ganzen durch das Verstehen der einzelnen Sätze; sie sind das Zugrundeliegende, das zuerst vorliegen muß, damit das Ganze sich konstitutiert. Das Werk ist das Abhängige, das sich aus dem gesamten Sinngehalt und aus der Anordnung der einzelnen Sätze ergibt. Der Sinngehalt der Sätze jedoch wird nicht ausschließlich durch die Wortbedeutungen bestimmt, sondern oft durch die Sinngehalte anderer Sätze (S. 154f.).
Nach Coseriu (1971) ist die Texterwartung nicht nur syntagmatisch, sondern zugleich paradigmatisch: Sie zielt auf die Globalität des Textes, und man versteht den Anfang eines Textes weiter und besser, wenn man ihn zuende gelesen hat. Nach Iser besteht der Prozeß des T. im ständigen Ausgleich von *surprise* und *frustration*. Der Leser muß die Anschlußstelle suchen und die Unbestimmtheitsstellen/Leerstellen füllen. Vom Ende her ergibt sich eine andere Erwartungskette, als sie der Anfang bereitzuhalten schien.

Eine Voraussetzung für das T. ist der Aufbau einer kontingenten Ebene durch semantische *Isotopie* (Greimas). Das T. wird gesteuert durch unmittelbar gegebene Textsegmente, durch den Vor- und Folgetext, die Situation und den allgemeinen Texthorizont sowie durch den jeweiligen Erfahrungs- und Wissensspeicher (Scherner). Kognitive Schemata oder *Rahmen* können erklären, wie ein an der Oberfläche nicht kohärenter Text als sinnvoll rezipiert wird. Andererseits expliziert jeder Text nur einen Teil des Gemeinten; manches wird vorausgesetzt, anderes wird impliziert, und vieles ergibt sich durch Folgerung. Nicht selten werden Erwartungen auf den Text projiziert, die er nicht erfüllt. Das (subjektive) Erlebnis des T. kann sich gewohnheitsgemäß einstellen, wenn bestimmte Reiz- oder Signalwörter, bekannte Wendungen usw. erscheinen.
Vgl. →Textverarbeitung, Interpretation, Lesen, Verstehen; Kohärenz.

Coseriu E., Textlinguistik. Eine Einführung. 1980. van Dijk T. A. Kintsch W., Strategies of discourse comprehension. 1983. Hoppe-Graff S., Verstehen als kognitiver Prozeß. Psychologische Ansätze und Beiträge zum Textverstehen. Lili 14; 1984. Ingarden R., Das literarische Kunstwerk. ^{3}1965. Iser W., Der implizite Leser. 1972. Ders., Der Akt des Lesens. 1976. Rollinger C.-R., Hrsg., Probleme des (Text-)Verstehens. Ansätze der Künstlichen Intelligenz. 1984. Scherner M., Theorie und Technik des Textverstehens. 1974. Ders., Sprache als Text. Ansätze zu einer sprachwissenschaftlich begründeten Theorie des Textverstehens. 1984. Stempel W.-D., Hrsg., Beiträge zur Textlinguistik. 1971. Winograd T., What does it mean to understand language? Cognitive Science 4, 1980. (S. auch →Verstehen.)

Textverweis. Auch: situationsunabhängige oder textinterne Referenz, Textkonnexion. Textkonstitutive Bezugnahme auf in einen Text eingeführte oder einzuführende Gegenstände oder Sachverhalte: Wenn in einen Text Objekte eingeführt sind, kann man sich auf sie durch *anaphorische* Mittel rückbeziehen (Links- oder Rückwärtsverweisung); man kann auf noch Einzuführendes *(kataphorisch)* vorausverweisen (Rechts- oder Vorwärtsverweisung). Die Grundlage des T. ist Referenzidentität in bezug auf ein einzelnes Objekt, z. B. *Picasso – der Maler – er – der alte Mann – der berühmte Spanier,* oder in bezug auf eine Objektmenge, z. B. *einige Männer – sie – die Eindringlinge* usw. – Als eine dialogische Form des T. kann die *Ellipse* betrachtet werden. Typen von Verweisrelationen sind nach Meyer-Hermann (1975) lexematische Identität von Substantiven, lexematische Identität vom Typ *Er ist liebenswürdig – Seine Liebenswürdigkeit,* Synonymie, die Klassifikation, die Kategorisierung und die Klassifikation auf höherer Ebene.

Vgl. →Anapher, Katapher, Textphorik, Textkonnexion; Wiederaufnahme, Pro-Form, Isotopie.

Dedering H.-M., Wortbildung und Text. ZGL 11; 1983. Kallmeyer W., Verweisung im Text. DU 24; 4, 1972. Kallmeyer W. u. a., Lektürekolleg zur Textlinguistik. Bd. 1. 1974. [3]1980. Meyer-Hermann R., Zur Textgrammatik der Verweisformen im Frz. In: Schecker M. Wunderli P., Hrsg., Textgrammatik. Probleme der Textualität. 1975. Wunderlich D., Referenzsemantik. In: Funkkolleg Sprache. Bd. 2. 1973.

Textwelt. Die Sinnkontinuität innerhalb eines Textes, die durch die rezipierende Aktivität des Hörers/Lesers rekonstruiert oder (individuell) neu konstruiert wird. T.-en können von realer oder von fiktiver Art sein. Vgl. →Interpretation, Lesen, Textverstehen.

Textwissenschaft. Bei van Dijk die interdisziplinäre Erforschung von Texten, die Anwendung textlinguistischer, psychologischer und soziologischer Möglichkeiten bei der Untersuchung von Texten und deren Gebrauch. Dabei schließt die Konzeption von ›Textlinguistik‹ die Berücksichtigung von Stilistik, Rhetorik, Erzähltheorie und Argumentationstheorie ein. Es geht um die Produktion und das Verstehen von *Texten-in-Kommunikation,* um Strategien des Wissenserwerbs und der Meinungsbildung und um eine Reihe anderer Fragen, bei deren Beantwortung die Textlinguistik sich als Bindeglied zwischen Linguistik und Sozialwissenschaften erweisen könnte. Als fruchtbar hat sich z. B. eine textgrammatische Grundlage bei Forschungen im Rahmen der →kognitiven Psychologie und der →künstlichen Intelligenz erwiesen. Vgl. →Textlinguistik, Textverarbeitung.

van Dijk T. A., New developments and problems in textlinguistics. In: Petöfi J. S., Hrsg., Text vs sentence. 1/2. 1979. Ders., Textwissenschaft. Eine interdisziplinäre Einführung. 1980.

Thema *[topic].* In der Thema-Rhema-Gliederung der Mitteilung bzw. der Äußerung der (kommunikative) Ausgangspunkt, die Basis zur Entfaltung des Mitteilungsgehalts des Satzes: das Bekannte oder das durch Situation oder Kontext Gegebene; der Teil der Äußerung, der weniger Information enthält als das *Rhema.* T. ist das, worüber etwas mitgeteilt wird, und auch das, was aus Kontext und Situation ableitbar ist; Rhema ist das, was über das Thema mitgeteilt wird, was aus Kontext und Situation nicht ableitbar ist – die neue Information (Daneš 1970, 1976).
Vgl. →Thema und Rhema, thematische Progression, Topikalisierung.

Thema und Rhema (Termini von Ammann 1928). Auch: *topic* und *comment* (Topic-Comment-Articulation), Thema-Rhema-Gliederung (TRG) bzw. Topik-Fokus-Gliederung des Satzes/der Äußerung. Aktuelle Satzgliederung, Mitteilungsperspektive – ein besonders von der Prager Schule entwickeltes Prinzip der kommunikativ-pragmatischen Gliederung des Satzes als Versuch, Regularitäten der Satzgliedfolge im Rahmen von Erfahrungskontext, Situations- und Sprachkontext zu erklären. T. u. R. sind zwei komplementäre Mitteilungsfunktionen: Fast in jeder Äußerung kann man unterscheiden zwischen dem, worüber etwas mitgeteilt wird (Thema), und dem, was darüber mitgeteilt wird (Rhema).

Bei K. Boost hat die Satzeinleitung für den Verlauf des Satzes die Bedeutung des Themas. Dessen Setzung erzeugt eine Spannung, die durch das Rhema (= alles, was dem Thema folgt, die eigentliche Mitteilung, das Neumitzuteilende, der höchste Mitteilungswert) gelöst wird. Vom jeweiligen Grad ausgehend, in dem ein Satzglied die Kommunikation vorantreibt, erkennt Firbas das Satzglied mit dem geringsten Grad an kommunikativer Dynamik *(communicative dynamism)* als T., das mit dem höchsten Grad als R.; zwischen beiden Polen *(theme proper, rheme proper)* ergibt sich ein Übergangsfeld von *rest of theme, transition (proper), rest of rheme.* Als operationales Kriterium zur Bestimmung von Stufen der Aussagedynamik wird von Sgall (1982, S. 71) der Fragetest angegeben: Wenn ein gegebener Satz als Antwort auf eine Frage aufgefaßt werden kann, ist es möglich, Fragen festzulegen, die in verschiedenen Situationen mit dem Satz zu beantworten sind. Satzglieder, die in jeder Frage enthalten sind, sind thematisch; solche, die in keiner Frage vorkommen, sind rhematisch.

Nach Beneš (1973) faßt die Prager Schule die TRG als eine Organisation und Hierarchie von semantischen Einheiten nach ihrem *Mitteilungswert* auf (S. 44). Mit ihrer Hilfe konstituiert sich der *kommunikative Sinn* einer Äußerung, indem nämlich ein Rhema auf ein Thema bezogen wird. Die TRG ist eine Universalie, die durch Intonation und Wortstellung (o. a. sprachspezifische Mittel) signalisiert wird. Die Hierarchie der TRG ergibt sich aus der Grundschicht (sprachspezifischer Ausdruck semantischer Kategorien), der Zweitschicht (Umwandlung merkmalloser Varianten in merkmalhafte: Thematisierung) und der Drittschicht (Rhematisierung).

T. u. R. einer Äußerung sind nicht identisch mit der Subjekt-Prädikat-Struktur von Sätzen. Die Frage, wie thematische und rhematische Elemente bei der Analyse zu erkennen sind, stellt sich vor allem dann, wenn Explizitheit gewünscht wird. Sprecher/Hörer scheinen T. u. R.

(mehr oder weniger) intuitiv zu identifizieren (Gülich/Raible 1977). Nach Lötscher (1984, S. 125ff.) haben Sprecher in Alltagskommunikationen Intuitionen darüber, was Gesprächsgegenstand und was eine Aussage über diesen ist: Ein Satzglied wird zum Thema einer Äußerung, wenn es im Rahmen einer *Problemstellung* eine bereits festgelegte Konstante bezeichnet; Rhema ist dann der Teil der Äußerung, der die Lücke in der Problemformel spezifiziert. – Zwischen *bekannt: nicht bekannt* und *nicht neu: neu* unterscheiden Heidolph u. a. (1981, S. 726ff.).

S. auch →Thema, thematische Progression, funktionale Satzperspektive.

Adjémian Ch., Theme, rheme and word order. Historiographia Linguistica 5; 3, 1978. Ammann H., Die menschliche Rede. 2.: Der Satz (1928). 1962. [4]1974. Bartsch R., Topik-Fokus-Struktur und kategoriale Syntax. In: Ehrich V. Finke P., Hrsg., Beiträge zur Grammatik und Pragmatik. 1975. Beneš E., Thema-Rhema-Gliederung und Textlinguistik. In: Sitta H. Brinker K., Hrsg., Studien zur Texttheorie und zur dt. Grammatik. 1973 (Sprache der Gegenwart, Bd. 30). Boguslawski A., Problems of the thematic-rhematic structure of sentences. 1977. Boost K., Neue Untersuchungen zum Wesen und zur Struktur des dt. Satzes. [2]1957. Dahl Ö., Hrsg., Topic and comment, contextual boundness and focus. 1974. van Dijk T. A., Text and context. 1977. Drach E., Grundgedanken der dt. Satzlehre. [4]1963. Firbas J., On defining the theme in functional sentence analysis. TLP 1; 1964. Ders., A note on transition proper in functional sentence analysis. PhP; 1965. Fries U., Textlinguistik. LuD 7; 1971. Gundel J. K., The role of topic and comment in linguistic theory. 1977. Heidolph K. E. u. a., Grundzüge einer dt. Grammatik. 1981. Li Ch. N., Hrsg., Subject and topic. 1976. Lötscher A., Satzgliedstellung und funktionale Satzperspektive. In: Stikkel G., Hrsg., Pragmatik in der Grammatik. 1984 (Sprache der Geg., Bd. 60). Scherner M., Sprache als Text. 1984. Sgall P., Towards a formal definition of focus and topic. Prague Bull. of Math. 31/32, 1979. Ders., Wortfolge und Fokus im Dt. In: Abraham W., Hrsg., Satzglieder im Dt. 1982. Sgall P. u. a., Topic, focus and generative semantics. 1973. Vennemann Th., Topics, sentence accent, ellipsis. In: Keenan E. L., Hrsg., Formal semantics of natural language. 1975. Weiss D., Topic und ein seltsamer Comment. LB 36; 1975. (S. auch →funktionale Satzperspektive, thematische Progression.)

thematische Progression. Bei F. Daneš ein Vorschlag, die Thema-Rhema-Gliederung des Satzes auf Texte zu übertragen: Eine geordnete Sequenz von Themen als Erscheinung der Textstruktur, ein Komplex von thematischen Relationen, der – in der Blickrichtung vom Satz zum Text – das Gerüst des Textaufbaus bildet. Die thematische Struktur des Textes besteht u. a. in der Konnexität der Themen (1970, S. 74). Unterschieden werden fünf Typen der t. P.:

1) Einfache lineare Progression: Das Rhema (= die neue Information) eines Satzes wird zum Thema des Nachfolgesatzes, z. B. Ich habe *einen Hund. Er* heißt Rex.

2) Durchlaufendes Thema, z. B. *Mein Hund* heißt Rex. *Er* ist ein Pudel. *Ihn* übertrifft kein anderer Hund an Klugheit.
3) Progression mit abgeleiteten Themen, z. B. (im Anschluß an 2)): *Sein Schwanz* ist kurz. *Das Fell* ist schwarz.
4) Entwicklung eines gespaltenen Rhemas, z. B. Wir trafen *zwei Männer. Der eine . . ., der andere . . .*
5) Die Progression mit einem thematischen Sprung.
Vgl. →Thema und Rhema, funktionale Satzperspektive.

Brinker K., Aufgaben und Methoden der Textlinguistik. WW 21; 4, 1971. Daneš F., Zur linguistischen Analyse der Textstruktur. Fol. Ling. 4; 1970. Ders., Hrsg., Papers on functional sentence perspective. 1974. Zur semantischen und thematischen Struktur des Kommunikats. In: Daneš F. Viehweger D., Hrsg., Probleme der Textgrammatik. 1976 (Studia Grammatica XI). van Dijk T. A., Some aspects of text grammars. 1972. Gülich E. Raible W., Linguistische Textmodelle. 1977. Halliday M. A. K., Notes on transitivity and theme in English. JL 3; 1967. Moskal'skaja O. I., dt. Textgrammatik. 1984.

Themazeichen. Themavokal oder T.-konsonant als Flexionsklassenanzeiger bei (einfachen) idg. Wörtern, die in ihrer überwiegenden Zahl *Wurzel,* T. und *Flexionsendung* aufwiesen; das lautliche Element zwischen Wurzel und Flexionsendung, z. B. λογ-ο-ς, mens-*a*-m, man-*u*-s, pat-*r*-em; themalos oder athematisch: urb-s, lex (< leg-s), got. naht-s, baurg-s.

Sowinski B., Germanistik. 1: Sprachwissenschaft. [2]1974. Tschirch F., Geschichte der dt. Sprache. 1. [2]1971.

Thesaurus (griech. > lat. *thesaurus:* Schatz; Verzeichnis aller Wörter einer Sprache: Thesaurus linguae Latinae. 1894ff., Thesaurus linguae Graecae, neue Ausg. 1955ff.). – Wörterbuch, das die lexikalischen Einheiten einer Sprache systematisch anordnet. Rogets T. (1852) gibt ansatzweise eine Gliederung des Wortschatzes nach →semantischen Merkmalen. Er enthält 1000 Begriffe, die in sechs Klassen geordnet sind.
Nach Agricola (1968, 1969) sollen die Einheiten eines sprachlichen T. nicht nach extralinguistischen Gesichtspunkten in eine logisch-begriffliche Ordnung gebracht werden; als Grundlage müssen die innersprachlichen (semantisch-lexikalischen und grammatisch-syntaktischen) Gegebenheiten dienen. Der *operative* T. ordnet korrekten syntaktischen Strukturen konkrete Bedeutungseinheiten zu. – Als Arrangement von Wörtern auf assoziativer Grundlage dient der T. in der Dokumentationstheorie der Informationsauffindung *(information retrieval).*

Vgl. →Begriffssystem, Begriffswörterbuch, onomasiologisches Wörterbuch, Wörterbuch.

Agricola E., Modell eines operativen sprachlichen Thesaurus. In: Probleme der strukturellen Grammatik und Semantik. 1968. Semantische Relationen im Text und im System. 1969. Olesch R., Thesaurus linguae Dravaenopolabicae. 1–3. 1983/1985. Roget P. M., Thesaurus of English words and phrases. Classified and arranged so as to facilitate the expression of ideas and assist in literary composition. 1852. ³1962.

Tiefengrammatik. Bei Wittgenstein gibt die T. im Gegensatz zur Oberflächengrammatik, die nur die Flexion und die Distribution bzw. Anordnung von lexikalischen Einheiten beschreibt, die Regeln an, die verschiedenen Sprachspielen inhärent sind und die als Gebrauchsregeln in Handlungskontexten zu verstehen sind.
Vgl. →Oberflächengrammatik, Sprachspiel.

Tiefenhypothese →Satztiefe

Tiefenkasus. In Fillmores →Kasusgrammatik die semantisch-syntaktisch und verbzentriert aufgefaßten Kasus in der Tiefenstruktur, u. zw. *Agentiv, Instrumental, Dativ, Faktitiv, Lokativ, Objektiv* bzw. bei Fillmore (1969) *Agens, Konter-Agens, Objekt, Resultat, Instrument, Ursprung, Ziel, Erleider (experiencer).* Dabei wird nicht von der Kasusform ausgegangen, sondern von semantischen Konzepten, die syntaktisch unterschiedlich repräsentiert sein können (z. B. *Er warf den Ball* (= Agens), *Er erhielt einen Schlag* (= Patiens), *Er erhielt einen Brief* (= Adressat)), d. h. daß die herkömmlichen Kasus nur Oberflächenkasus sind und daß einem T. mehrere Oberflächenkasus entsprechen können.
Helbig (1976) hält es für möglich, daß bei diesem durchaus entwicklungsfähigen Ansatz durch die T. »etwas verselbständigt und in die nominale Umgebung des Prädikats verlegt wird, was in den semantischen Merkmalen des Verbs schon angelegt und von der Semantik des Verbs entscheidend determiniert ist« (S. 102). U. a. gebe es Schwierigkeiten bei der Abgrenzung der einzelnen T.
Diskutiert werden Bestimmung, Differenzierung und Anzahl der T., ihre Bestimmung durch Analyseoperationen, das Verhältnis der T. zu den Satzgliedern u. a. Fragen.
Vgl. →Kasusgrammatik, Kasusrahmen; Rahmen.

Fillmore Ch. J., Subjects, speakers and roles. In: Davidson D. Harman G., Semantics of natural language. 1972. Helbig G., Valenz, Semantik und Satzmodelle. DaF 2, 1976. Ders., Zum Status der Valenz und der semantischen Kasus.

DaF 16; 1979. Ders. u. a., Probleme der Bedeutung und Kombinierbarkeit im Dt. 1977. Rosengren I., Status und Funktion der tiefenstrukturellen Kasus. In: Helbig G., Hrsg., Beiträge zu Problemen der Satzglieder. 1978.

Tiefenstruktur [deep structure, structure profonde, glubinnaja struktura]. In der generativen Transformationsgrammatik (in der sog. Standardtheorie) die von der Basiskomponente erzeugte Struktur eines Satzes, seine Anfangs-P-Marker. Diese Anfangsstruktur bildet die Grundlage der (syntaktischen) Ableitung. Im Hinblick auf eine (indirekte) semantische Interpretation wurde gefordert, daß die T. alle Informationen enthalten sollte, die zur Bestimmung der Bedeutung von Sätzen notwendig sind. Die T. ist mit der Oberflächenstruktur durch Transformationen verbunden. Chomsky bestimmte die T. seinerzeit als mentale, formale oder abstrakte Struktur, die auf die Bedeutung bezogen ist, als Struktur, die die semantische Interpretation von Sätzen determiniert, als unterschiedlich organisiertes System von Propositionen und als abstrakte zugrundeliegende Form.
Als Eingabe in den Transformationsteil enthält die T. a) die grammatischen Grundrelationen oder -funktionen (Subjekt-von, Objekt-von usw.), b) die Zuordnung der lexikalischen Einheiten zu den entsprechenden Kategorien, c) die Selektionsbeschränkungen und Kookkurrenzrelationen (Lakoff 1968 u. a.). Aus der kritischen Sicht der →generativen Semantik, im Rahmen derer rein semantisch motivierte, prädikatenlogisch spezifizierte T. vorgeschlagen wurden (direkte Interpretation), kommen bei der interpretativen Version von T. nicht zum Ausdruck: die logische Struktur des Satzes, der Inhalt des Satzes, die möglichen Verwendungen des Satzes und seine möglichen Verwendungskontexte (vgl. Abraham, in Lakoff 1971, S. XIIIff.).
Das Konzept der T. ist vor allem hinsichtlich seiner Funktion bei der semantischen Interpretation von Sätzen wiederholt diskutiert und modifiziert worden. Chomsky (1975, dt. 1977) bedauert, daß der Ausdruck »T.« sich für viele insofern als irreführend erwiesen hat, als er im (nicht-technischen) Sinne von *tief* und *wichtig/bedeutsam, universal,* von *tiefer Bedeutung* usw. verstanden wurde. Bei Chomsky (1982) sind D-Strukturen (»deep structures«) durch Regeln der Basis erzeugte Repräsentationen der grammatischen Funktionen (Subjekt, Objekt usw.), die mit Thema-Rollen (θ-Rollen oder *Argumenten*) verknüpft sind und lexikalisch gefüllt werden. Durch Anwendung der Regel *Bewege Alpha* wird eine D-Struktur in eine (abstrakte) S-Struktur überführt. Zwei interpretative Teilkomponenten (phonetische Form, logische Form) bilden die S-Struktur auf die Oberflächenstruk-

tur ab. Von entscheidender Bedeutung für die semantische Interpretation ist die S-Struktur.
U. a. hatte Wittgenstein wiederholt von *Tiefengrammatik* gesprochen. Chomsky rekurrierte auf die »Grammaire générale et raisonnée« von Port Royal und verwies auf Humboldts Begriff der *inneren Sprachform.* Ohne Frage weckt der Begriff der *Tiefen*struktur Vorstellungen vom Schichtenaufbau der Welt mit ihren Seinsregionen, auch tiefenpsychologische Assoziationen von Unbewußtem, von einem der Beobachtung nicht zugänglichen Netz struktureller Beziehungen usw.
Vgl. →Oberflächenstruktur, Transformation.

Chomsky N., Deep structure, surface structure and semantic interpretation. 1969/1971. Dt. in: Kiefer F., Hrsg., Semantik und generative Grammatik. 1. 1972. Ders., dt. Reflexionen über die Sprache. 1977. dt. Regeln und Repräsentationen. 1981. Lectures on government and binding. 1981. Some concepts and consequences of the theory of government and binding. 1982. Jackendoff R. S., Semantic interpretation in generative grammar. 1972. Lakoff G., Instrumental adverbs and the concept of deep structure. Fl 4; 1968. Ders., dt. Linguistik und natürliche Logik. 1971. McCawley J. D., A program for logic. In: Davidson D. Harman G., Semantics of natural language. 1972. Solncev V. M., Otnositel'no koncepcii glubinnoj struktury. VJa 5, 1976. Weydt H., Noam Chomskys Werk. 1976.

Tier›sprache‹ [animal ›language‹, ›langue‹ des animaux, ›jazyk‹ životnych]. Die semiotische und kommunikative Fähigkeit von Tieren; die Kommunikationssysteme von Tieren (Bienen, Ameisen, Papageien, Raben, Schimpansen, Walen, Delphinen usw.).
Die menschliche Sprache unterscheidet sich von tierischen und allen anderen Kommunikationssystemen durch die nur ihr eigene doppelte Artikulation (*double articulation, duality of patterning* (Hockett)), die ihre Produktivität und Offenheit ermöglicht: Sprachliche Zeichen können als Folgen von distinkten und bedeutungsvollen Einheiten analysiert werden. Eine erste Gliederung ergibt sich durch kleinste Einheiten mit zwei Aspekten, den Morphemen, eine zweite aufgrund kleinster Einheiten mit nur bedeutungsunterscheidender Funktion, den Phonemen (Martinet 1949, 1957; vgl. →zweifache Gliederung der Sprache). Die *Signale* der T. enthalten nur eine Ebene (Form und *Inhalt*); Möglichkeit und Grad ihrer Kombinierbarkeit sind umstritten.
Wesentliche und einzigartige Merkmale der (menschlichen) Sprache sind

- daß sie ein Produkt der Kultur über der Natur ist,
- daß sie ein gesellschaftliches Gebilde ist,
- daß ihr die Möglichkeit zur Reflexivität bzw. Metasprache inhärent ist,

– daß sie Instrument des Denkens, der Abstraktion und Verallgemeinerung ist (Schaff).

Tiere dagegen scheinen lediglich auf Umwelteindrücke zu reagieren oder ein Verlangen auszudrücken (Kainz 1961). Ausdrücke der T. sind artspezifisch und weitgehend angeboren bzw. instinktgebunden. Das Vorhandensein von Kommunikation impliziert nicht das Vorhandensein von Sprache im Sinne menschlicher Sprache. Zu einer Klärung empfiehlt Houston (1972, S. 267) die Fragen:

1) Haben Tiere eine Sprache im selben Sinne wie Menschen; wenn ja, welche?
2) Welche Kriterien können dafür genannt werden, ob ein gegebenes Kommunikationssystem eine Sprache oder nur eine Annäherung an Sprache ist?
3) Welche Charakteristika lassen sich für Tierkommunikation angeben; wie kann diese mit menschlicher Sprache verglichen werden?
4) Gibt es Tierarten, die eine Sprache entwickeln könnten?

Während Lehr- und Lernversuche mit Primaten hinsichtlich der Lautsprache gezeigt haben, daß z. B. Schimpansen wegen der Anatomie ihres Stimmapparats menschliche Sprache grundsätzlich nicht erwerben können, waren Versuche zum Erlernen von Gesten- und Zeichensprachen erfolgreicher *(Washoe, Sarah)*.
Vgl. →Zoosemiotik, zweifache Gliederung der Sprache.

Aitchison J., dt. Der Mensch – das sprechende Wesen. 1982. De Luce J. Wilder H. T., Hrsg., Language in primates. Perspectives and implications. 1983. v. Frisch K., Aus dem Leben der Bienen. 1953. [8]1969. Ders., Symbolik im Reich der Tiere. 1955. Tanzsprache und Orientierung der Bienen. 1965. Hockett Ch. F., The origin of speech. Scientific American 203; 1960. Houston S. H., A survey of psycholinguistics. 1972. Kainz F., Die ›Sprache‹ der Tiere. 1961. Linden E., Apes, men and language. 1976. Premack D. und A. J., The mind of an ape. 1983. Schaff A., dt. Essays über die Philosophie der Sprache. [2]1969. Schnabl M., Sprache und Gehirn. Elemente der Kommunikation. 1972. Schwidetzky I., Hrsg., Über die Evolution der Sprache. 1973. Walker St., Animal thought. 1983. (S. auch →Sprachursprung.)

Tilgung [deletion]. Eine Operation oder Transformation, u. zw. die Entfernung einer Teilkette aus einer vorliegenden Struktur, z. B. $(a+b)_x \rightarrow (a)_x$. Vgl. →Deletion; Spurentheorie, Transformation.

Tonhöhenverlauf. Auch: Frequenzverlauf, Frequenzveränderung beim Sprechen (Die Tonhöhe ist das auditive Korrelat zum akustischen Parameter der Frequenz). S. →Intonation, Intonationsmuster, Satzintonation.

topic →Thema

topic and comment →Thema und Rhema

Topikalisierung (*topic* = Thema; griech. τοπικός: örtlich, thematisch; τόπος: Ort, Thema). Verschiebung eines Satzglieds oder Satzgliedteils in das Vorfeld des Satzes; Bewegung besonders betonter Konstituenten an den Anfang des Satzes; Umstellung von Satzgliedern in die satzeinleitende Position des Aussagesatzes, die durch die *Thema-Rhema-Funktion* bedingt ist. Sprecher entscheiden über die jeweilige Stellungsvariante aufgrund des Mitteilungswerts der jeweiligen Elemente (Gadler 1982). Stark akzentuierte Ausdrücke, »die in sich einheitliche Themainseln sind«, können vor das finite Verb gestellt werden, z. B. *Meiner Tánte hat Màx ein Búch geschenkt* (Lötscher 1984, S. 139ff.). Die Anwendung der T. dient vor allem dem Ausdruck thematischer Strukturen; sie ist ein Mittel zur Verdeutlichung der Textstruktur (neues Thema, neuer Absatz – Lötscher aaO., S. 142f.). Vgl. →Vorfeld des Satzes, Satzgliedstellung, Herausstellung; Thema und Rhema.

Altmann H., Gradpartikeln und Topikalisierung. In: Braunmüller K. Kürschner W., Hrsg., Grammatik. 2. 1976. Beneš E., Die Besetzung der ersten Position im dt. Aussagesatz. In: Moser H., Hrsg., Fragen der strukturellen Syntax und der kontrastiven Grammatik. 1971 (Sprache der Gegenwart, Bd. 17). Gadler H., Zur Serialisierung nominaler Satzglieder im Mittelfeld und zur Topikalisierung. In: Abraham W., Hrsg., Satzglieder im Dt. 1982. Gruber J., Topicalization in child language. FL 3; 1967. Ders., Topicalization revisited. FL 13; 1975. Lötscher A., Satzgliedstellung und funktionale Satzperspektive. In: Stickel G., Hrsg., Pragmatik in der Grammatik. 1984 (Sprache der Geg., Bd. 60).

Toponomastik [toponymy/toponomastics, toponymie, toponimika]. (τόπος: Ort, Stelle, Örtlichkeit). 1) Die Gesamtheit der Ortsbezeichnungen/geographischen Bezeichnungen einer Region (Berge, Hochebenen, Täler, Wüsten, Meere, Meeresbuchten usw.). 2) Ortsnamenkunde, Ortsnamenforschung als Teildisziplin der →Lexikologie. Vgl. →Onomastik.

Agricola E. u. a., Hrsg., Die dt. Sprache. 2. 1970. Bach E., Dt. Namenkunde. Bde. 2.1, 2.2 1954. Bahlow H., Deutschlands geographische Namenwelt. 1965. Kaufmann H., Bildungsweise und Betonung der dt. Ortsnamen. 1959. Ders., Genetivische Ortsnamen. 1961. Rheinhessische Ortsnamen. 1976.

traditionelle Grammatik [traditional grammar, grammaire traditionelle, tradicionnaja grammatika]. Die vorstrukturalistische Grammatik, die ältere →Schulgrammatik, die besonders im Ansatz zur Einteilung der →Wortarten und in der Analyse des Satzes nach dem Subjekt-

Prädikat-Schema von der klassischen oder Aristotelischen Logik und (zum Ende des 19. Jh.) von psychologischen Strömungen (Steinthal, Wundt, Paul) abhängig war. Nach v. Kutschera (1971) ist die t. G.

die Grammatik, wie sie seit den ersten grammatikalischen Unterscheidungen von Protagoras, Platon und Aristoteles in der griechisch-römischen Antike begründet, in Mittelalter und Neuzeit weiter entwickelt worden ist und heute noch an den Schulen gelehrt wird (S. 36).

Lyons hebt hervor, daß die t. G. seit ihren Anfängen eng mit Philosophie und Literatur verbunden war, sich vor allem nach der geschriebenen Sprache richtete und um deren normative Tradierung bemüht war. Im allgemeinen jedoch sei die t. G. wesentlich reicher und vielfältiger, als gemeinhin bekannt ist. Erst in letzter Zeit sehe man den Beitrag der t. G. zur Entwicklung der Sprachwissenschaft differenzierter (1983, S. 43).

Die t. G. gliedert sich in (historische) Lautlehre, Wortlehre und in (die erst zu Beginn unseres Jh. stärker beachtete) Satzlehre sowie in die Lehre von der Wortbildung.

Im Rahmen des amerikanischen und europäischen Strukturalismus und von seiten der generativen Transformationsgrammatik ist sowohl pauschale als auch detaillierte Kritik an der t. G. geübt worden:

- Beschreibung der modernen europäischen Sprachen nach dem Schema bzw. ›Prokrustesbett‹ der lateinischen Grammatik,
- Konzentration auf die Analyse →geschriebener Sprache,
- Vermengung sychronischer und diachronischer Gesichtspunkte,
- Mischung formaler (grammatischer), semantischer und funktionaler Kriterien bei der Sprachbeschreibung, z. B. bei der Klassifizierung der →Wortarten,
- Abhängigkeit von der traditionellen Logik,
- Rückgriff auf die außersprachliche ›Wirklichkeit‹ bei der Definition linguistischer Einheiten,
- Zirkularität bei der Definition wichtiger Grundbegriffe,
- normative Voreingenommenheit gegenüber dem tatsächlichen Sprachgebrauch.

Nach Katz (dt. 1970, S. 98 ff.) bringen t. G. ihre Beobachtungen »ungeformt, unvollständig und mit nur geringer Tendenz zur Systematisierung zum Ausdruck« (wie z. B. die Mechanik vor Newton!). T. G. sind Kataloge von Phänomentypen, die in Form von Paradigmen ohne formellen Kommentar über das Wesen der Phänomene dargeboten werden. Es existiert auch kein Begriff einer Regel, die allgemeine Fakten zum Ausdruck bringen könnte. T. G. sind nicht explizit, d. h. sie wenden sich an die Intelligenz des Lesers und können keine Erklärung der →Kompetenz liefern. Nach Chomsky (1965, dt. 1969) enthalten t. G. zwar eine Menge wertvoller Informationen; sie sind jedoch inso-

fern unzureichend, »als sie viele der grundlegenden Regularitäten der Sprache ... unerklärt lassen« (S. 15). Gegenüber unbegründeter Skepsis zeige sich jedoch, »daß die traditionellen Ansichten im großen und ganzen, so weit sie gehen, grundsätzlich korrekt sind« (S. 242). Eine kontinuierliche Fortentwicklung der Leistungen der t. G. bei kritischer Sicht der Leistungen strukturalistischer Ansätze befürwortet u. a. Admoni (1971, 1982).
Vgl. →Schulgrammatik; Subjekt und Prädikat, prädikative Beziehung, Satzglied, Wortarten.

Admoni W., dt. Grundlagen der Grammatiktheorie. 1971. Ders., Der deutsche Sprachbau. [4]1982. Becker K. F., Organismus der Sprache. 1827. Bernard J. R., A short guide to traditional grammar. 1975. Cherubim D., Grammatische Kategorien. Das Verhältnis von ›traditioneller‹ und ›moderner‹ Sprachwissenschaft. 1976. Chomsky N., dt. Aspekte der Syntax-Theorie. 1969. Jellinek M. H., Geschichte der nhd. Grammatik von den Anfängen bis auf Adelung. 1913/1914. Katz J. J., dt. Philosophie der Sprache. 1970. v. Kutschera F., Sprachphilosophie. 1971. [2]1975. Lyons J., dt. Einführung in die moderne Linguistik. [5]1980. Ders., dt. Die Sprache. 1983. Platz B., Kritisches zur Kritik an der traditionellen Grammatik. WW 27; 2, 1977. Reichenbach H., Elements of symbolic logic. 1947. Robins R. H., dt. Ideen- und Problemgeschichte der Sprachwissenschaft. 1973. Schauwecker L., Die sprachwissenschaftliche Methode. Eine kritische Gegenüberstellung traditioneller und strukturalistischer Linguistik. 1962.

Transferenz. Das Resultat eines Vorgangs der →Interferenz (s. auch →Entlehnung). Nach Clyne (im Anschluß an Weinreich) die »Übernahme von Elementen, Merkmalen und Regeln aus einer anderen Sprache« (S. 16, 192). In weiterer Auffassung umfaßt T. auch solche Erscheinungen bei Einsprachigen, die durch den Sprachkontakt anderer Sprecher zustande gekommen sind, z. B. der Gebrauch lateinischer Termini im Dt. (S. 16). Als Typen der T. können unterschieden werden lexikalische (→Lehnwort, Fremdwort), semantische (z. B. dt. realisieren im Sinne von engl. *realize;* vgl. →Lehnbedeutung, Lehnübersetzung, Lehnübertragung), morphematische (T. gebundener Morpheme), morphologische (T. von Wortbildungsmodellen), phonematische (engl. [θ] → [s]), graphematische, phonische (dt. [h] → [ç], [x], [g]; dt. [l] → [ł]), prosodische, syntaktische und lexikosyntaktische, textematisch-phraseologische, stilistische; T. auf Sprechakt-Ebene, T. auf parasprachlicher Ebene (Proxemik, Kinesik, Augenkontakte; vgl. →Parasprache), T. auf allgemein-kommunikativer Ebene. Die Ursachen der T. können sprachlicher und außersprachlicher Art sein.

Carstensen B., Englisches im Deutschen. Zum Einfluß der engl. Sprache auf das heutige Deutsch. Paderborner Studien 3, 1973/74. Clyne M., Forschungsbericht Sprachkontakt. 1975. Galinsky H., Amerikanisch-deutsche Sprach-

und Literaturbeziehungen. 1972. Oksaar E., Prinzipien und Methoden der sprachlichen Interferenz- und Transferenzforschung. In: Besch W. u. a., Hrsg., Sprachgeschichte. 1. Halbbd. 1984. Weinreich U., Languages in contact. 1953. [7]1970. (S. auch →Sprachkontakt.)

Transform. 1) Ein Ausdruck bzw. ein Satz als Ergebnis der Anwendung von Transformationen. 2) Bei Z. S. Harris die Varianten eines Satzparadigmas, die durch transformationelle Beziehungen miteinander verbunden sind (vgl. →Transformationsanalyse).

Transformation. (Methode zur) Umformung von syntaktischen Konstruktionen oder Sätzen bei (allerdings umstrittenem) Erhalt ihrer Grundbedeutung bzw. ihrer semantischen Information; eine Operation, die eine (Phrasen)Struktur in eine andere überführt, z. B. *Der Student ist strebsam – der strebsame Student, Uwe hat einen Hammer – Uwes Hammer, Er arbeitet dauernd – sein dauerndes Arbeiten, Er kommt – Kommt er?* usw.

1) Bei Harris ist eine T. eine Operation, die Äquivalenzbeziehungen zwischen Sätzen expliziert, die bei Erhalt des Informationsgehalts eine Struktur in eine andere umformt bzw. eine Beziehung zwischen Strukturen, die dieselbe Menge individueller →Kookkurrenzen (Umgebungen oder Vorkommensbedingungen) haben. Zwei Konstruktionen sind Transforme voneinander, wenn sie in Elementenbestand und Vorkommensbedingungen übereinstimmen, z. B. *He met us →His meeting us* (NV v N →N's Ving N), *The kids broke the window →The window was broken by the kids* (N_1 v VN_2→ N_2 v be Ven by N_1). In Harris' Transformationstheorie kommen als unabhängige Operationen vor Permutation, Addition von Konstanten, Tilgung von Konstanten, Tilgung rekonstruierbarer Einheiten, Substitution innerhalb einer Wortgruppe, Adjunktion und Konjunktion (s. dazu bei Katz/Fodor, Hrsg., The structure of language, 1964, S. 159f., Plötz 1971, 1972). Vgl. →Transformationsanalyse.

2) In der generativen Transformationsgrammatik N. Chomskys u. a. sind T. Operationen bzw. Regeln, die unter definierten Bedingungen Tiefenstrukturen ohne Veränderung der Satzbedeutung in Oberflächenstrukturen überführen, also eine bestimmte Beziehung zwischen Tiefenstrukturen und Oberflächenstrukturen von Sätzen herstellen. Dabei sind Tiefenstrukturen keine Sätze, sondern logisch-semantische Konstrukte, die erst nach Anwendung von T. als Sätze erscheinen; der Begriff der T. erweist sich in diesem Sinne an das Konstrukt der Tiefenstruktur gebunden und umgekehrt. Bei der Notierung von T. werden eine Strukturbeschreibung und eine Angabe der Strukturverände-

rung geliefert. In der neueren Version der gTG (ab 1965) sind alle durch Elemente der Tiefenstruktur bedingten T. obligatorisch; fakultativ sind lediglich die stilistischen T. Die Abfolge der Anwendung einzelner T.-Arten ist festgelegt bzw. nicht beliebig. Arten oder Typen von T. sind Tilgung bzw. Löschung *(deletion)* von rekonstruierbaren Konstituenten, Insertion oder Einsetzung von Konstituenten, Substitution oder Ersatz von Konstituenten mit möglicher Erweiterung bzw. Expansion oder Reduktion, Permutation oder Umstellung von Konstituenten auf der syntagmatischen Achse.
In einer neueren (revidierten) Version der gTG (REST) werden nur noch angesetzt die Adjunktions-T. oder Wh-Bewegung und die Substitutions-T. oder NP-Bewegung. Beide T. werden als Reflexe einer (möglicherweise) universalen Regel *Bewege Alpha* aufgefaßt. Diese T. sind in ihrer Anwendung durch eine Reihe von Prinzipien eingeschränkt. Zu ihnen gehören u. a. das Struktur-Erhaltungs-Prinzip, das Zyklus-Prinzip, das Subjazenz-Prinzip. Die Ausgabe der T.-skomponente bilden *S-Strukturen,* die Spuren enthalten, denn *Bewegung* entleert eine Kategorie, tilgt sie aber nicht.
3) In der →generativen Semantik, bei der eine semantische Basis mit logisch-semantischen Repräsentationen für die Erzeugung von Sätzen angenommen wird (s. auch →semantische Syntax), sind T. Regeln, die deren Beziehung zur morphologisch-syntaktischen Oberflächenstruktur eines Satzes darstellen. T. erscheinen als lokale und globale Ableitungsbeschränkungen, die angeben, wie die komplexe Tiefenstruktur mit der Anordnung der Elemente in der Oberflächenstruktur des Satzes zusammenhängt. Dabei handelt es sich um prälexikalische T., Lexikalisierungs-T., Permutations-T., morphosyntaktische T. als Spezifikationen prädikatenlogischer Mittel.
4) Im →applikativen generativen Modell Šaumjans dienen T. nicht der Generation syntaktischer Strukturen, sondern der Feststellung von Invarianzbeziehungen zwischen Sätzen auf der genotypischen Stufe, deren Aufdeckung sowohl für die Erforschung der tieferliegenden Gesetzmäßigkeiten der Sprachstruktur als auch für die erklärende Kraft des Modells wesentlich ist. T. sind elementare Glieder einer Transformationsreihe. Eine T. ist »die Interapplikation des T-Suboperators an jeder einzelnen Substitution der Glieder des T-Operanden« (Šaumjan S., dt. 1971, S. 262). Vgl.: *Der Autor beendet das Buch, der Autor, der das Buch beendet, das Buch, das vom Autor beendet wird, Das Buch wird vom Autor beendet, die Beendigung des Buches durch den Autor* (vgl. Apresjan, dt. ²1972, S. 218ff.). S. auch →Transformationsfeld.

Die psychologische Relevanz bzw. die psychologische Realität von T. ist umstritten. Umstritten allerdings ist das Konzept der psychologischen Realität selbst im Hinblick auf seinen methodologischen und erkenntnistheoretischen Status (vgl. dazu Kintsch, dt. 1982, Chomsky, dt. 1981).
Vgl. →Transformationsgrammatik, generative Transformationsgrammatik.

Apresjan Ju. D., dt. Ideen und Methoden der modernen strukturellen Linguistik. [2]1972. Bach E., Syntactic theory. 1974. Brockhaus K., Bemerkungen zur generativen Syntax mit Transformationsregeln. LB 8; 1970. Chomsky N., A transformational approach to syntax. In: Fodor J. A. Katz J. J., Hrsg., The structure of language. 1964. Ders., Studies on semantics in generative grammar. 1972 (dt. 1978). Ders., Conditions on transformations. In: Essays on form and interpretation. 1977. Lectures on government and binding. 1981. Ders., dt. Regeln und Repräsentationen. 1981. Ebneter Th., Konditionen und Restriktionen in der generativen Grammatik. 1985. Kintsch W., dt. Gedächtnis und Kognition. 1982. Krenn H., Die grammatische Transformation. 1974. Radford A., Transformational syntax. 1982. Werner O., Transformationen. In: Werner O. Fritz G., Deutsch als Fremdsprache und neuere Linguistik. 1975. (S. auch →Transformationsanalyse, Transformationsgrammatik, generative Transformationsgrammatik.)

Transformationsanalyse. Bei Harris eine Methode, die Sätze bzw. Konstruktionen von gleicher oder ähnlicher Bedeutung mit Hilfe syntaktischer Regeln zueinander in Beziehung setzt. Dabei wird angenommen, daß →Kernsätze als Basis für nach bestimmten Regeln abzuleitende andere Sätze dienen. Die T. kann Beschränkungen der →Konstituentenanalyse überwinden, indem sie *tieferliegende* Beziehungen zwischen Sätzen aufzeigt.
Vgl. →Transformation 1).

Apresjan Ju. D., dt. Ideen und Methoden der modernen strukturellen Linguistik. [2]1972. Harris Z. S., Discourse analysis. Lg 28; 1952 (dt. in: Bense E. u. a., Hrsg., Beschreibungsmethoden des amerikanischen Strukturalismus. 1976). Ders., Co-occurrence and transformation in linguistic structure. Lg 33; 1957. The elementary transformations. 1964. Transformational theory. Lg 41; 1965. Helbig G., Die Transformationslehre bei Harris und bei Chomsky. DaF 1/2, 1966. Plötz S., Operationen in der Linguistik. 1971. Dies., Hrsg., Transformationelle Analyse. Die Transformationstheorie von Z. S. Harris und ihre Entwicklung. 1972.

Transformationsfeld. Im →applikativen generativen Modell eine Menge von →Transformen, die durch die transformationelle Reihe generiert werden; die Menge der Transformations-Unterfelder, die durch Transformations-Suboperatoren des gegebenen T-Operators generiert werden. Vgl. →Transformation 4).

Šaumjan S., dt. Strukturale Linguistik. 1971.

Transformationsgeschichte. Die Abfolge/Reihenfolge der Umwandlungen von Tiefenstrukturen oder D-Strukturen in S-Strukturen. S. auch →Spurentheorie.

Transformationsgrammatik. Eine Grammatik, die zur Sprachbeschreibung und/oder zur Beschreibung der sprachlichen Kompetenz eines Sprechers Transformationen bzw. Transformationsregeln verwendet, um die Abbildung von semantischen Tiefenstrukturen auf morphosyntaktische Oberflächenstrukturen bei der Erzeugung von Sätzen zu erklären. Charakteristisch für eine T. ist der Ansatz von zwei Ebenen für den Prozeß der Spracherzeugung; zwischen beiden besteht die Beziehung der Transformation, die auch als eine (nicht-neutrale) von der Tiefe nach der Oberfläche gerichtete Beziehung aufgefaßt wird.
Vgl. →generative Transformationsgrammatik.

Akmajian H. Heny F., An introduction to the principles of transformational syntax. 1975. Baker C. L., Introduction to generative-transformational syntax. 1978. Bresnan J. W., A realistic transformational grammar. In: Halle M. u. a., Hrsg., Linguistic theory and psychological reality. 1978. Heringer H. J. u. a., Syntax. 1980. Herrmanns F., Die Kalkülisierung der Grammatik. Philologische Untersuchungen zu Ursprung, Entwicklung und Erfolg der sprachwissenschaftlichen Theorien Noam Chomskys. 1977. Hudson R. A., Arguments for a non-transformational grammar. 1976. Jakobson B., Transformation-generative grammar. An introductory survey of its genesis and development. 1977. Leuninger H., Reflexionen über die Universalgrammatik. 1979. Seuren P. A. M., Zwischen Sprache und Denken. 1977. Edmondson J. A., Einführung in die Transformationssyntax des Dt. 1981.

Transformationskomponente. In einem revidierten Modell der generativen Transformationsgrammatik die Komponente, die zwischen D-Strukturen und S-Strukturen vermittelt. Sie verfügt über Transformationsregeln (Wh-Bewegung, NP-Bewegung bzw. Alpha-Bewegung) und eine Reihe allgemeiner Beschränkungen bzw. Transformationsbedingungen *(constraints on transformations).*
Vgl. →Transformation.

Transformationsregeln. Regeltyp in der generativen Transformationsgrammatik, durch den Konfigurationen der Tiefenstruktur (D-Struktur) verändert und in S-Strukturen überführt werden, z. B. die Wh-Bewegung oder die NP-Bewegung. In einer neueren (revidierten) Version der gTG wird die Anwendung von T. durch das →Subjazenz-Prinzip u. a. Bedingungen eingeschränkt.
Vgl. →Transformation, Bewege Alpha.

Block R. L., Revolution und Revision in der generativen Theoriebildung. 1985. Newmeyer F., Linguistic theory in America. 1980. Radford A., Transformational syntax. 1982.

Transitivität (*transitivus:* übergehend). 1) Syntaktisch-semantische Kategorie des Verbs. Eigenschaft von Verben, die einen Objektakkusativ fordern bzw. binden (Objektbezogenheit) und die Passivkonverse ermöglichen, z. B. *schlagen, bauen, sehen.* In einzelnen Grammatiken differieren die Bestimmungen von »transitives Verb«. Bei Hopper/Thompsen (1980) erscheint T. als Eigenschaft des Satzes mit gradueller Gültigkeit und mit 10 T.-smerkmalen (s. auch →Intransitivität). 2) Eigenschaft von Relationen. Eine R. ist transitiv, wenn sie für alle Werte von x, y und z sowohl zwischen x und y als auch zwischen x und z besteht, z. B. »größer als«. Oder: Eine zweistellige Relation ist transitiv, wenn für beliebiges x, y, z aus M gilt: $xRy \wedge yRz \rightarrow xRz$ $((\forall x \forall y \forall z ((R(x, y) \wedge (R(y, z)) \rightarrow R(x, z)))$.
Vgl. →Rektion, Valenz.

Allwood J. u. a., Logic in linguistics. 1983. Hopper P. J. Thompson S. A., Transitivity in grammar and discourse. Lg 56; 1980. Jakobsen W., Transitivity in the Japanese verbal system. 1982. Lyons J., Einführung in die moderne Linguistik. [5]1980. Hopper P. J. Thompson S. A., Hrsg., Studies in transitivity. 1982 (Syntax and semantics, Bd. 15).

Transkription (*transcribo:* umschreiben). Umschrift, Kodierungsnotation. Hilfsmittel zur Herstellung von Transkripten (Aufzeichnungen gesprochener Sprache und visuell wahrgenommenen kommunikativen Verhaltens in sozialer Interaktion). 1) Phonetische T.: Die Fixierung von Äußerungen mit Hilfe eines artikulatorisch-auditiven Bezugssystems von phonetischen Symbolen (enge oder weite T.). 2) Phonematische T.: Darstellung des Redestroms mit seinen phonologisch relevanten Eigenschaften bzw. →distinktiven Merkmalen. 3) Die Aufzeichnung der Daten bei der Gesprächsanalyse (meist aufgrund von Videomaterial) mit Berücksichtigung paraverbaler und nonverbaler Erscheinungen. 4) Die Kodifikation der Körpersprache im Rahmen sozialer Interaktionen nach bestimmten Systemen.
Die T. als empirischer Zugriff zu den →Daten hat, methodologisch gesehen, ihre Position zwischen Beobachtung und Beschreibung, d. h. sie ist schon als solche intuitiv klassifizierend und hypothesengeleitet (s. auch →Beobachtung, Beschreibung).
Vgl. →Lautschrift; s. auch →Körpersprache.

Dittmann J., Hrsg., Arbeiten zur Konversationsanalyse. 1979. Ehlich K. Switalla B., Transkriptionssysteme. Eine exemplarische Übersicht. Studium Linguistik 2, 1976. Frey S., Analyzing face-to-face interaction. A system for the integrated analysis of multiple time-series of nonverbal and verbal behaviour. 1984. Heike G., Phonologie. [2]1982. Kohler K. J., Einführung in die Phonetik des Dt. 1977. Richter H., Grundsätze und System der Transkription. 1973 (IPA(G)). Sperlbaum M., Proben dt. Umgangssprache. 1975. (S. auch →Lautschrift.)

Translation. Eine Art *Transformation,* neben →Konnexion und →Junktion ein Fundamentalbegriff der Syntax Tesnières, die Überführung einer syntaktischen Kategorie in eine andere Kategorie, die zu einem Wechsel der Funktion führt. Die T. geht mit Hilfe von Translativen (unterordnende Konjunktionen, Präpositionen, Partikel usw.) vor sich; sie kann auch ohne grammatische Markierung bleiben. Eine Substantiv-T. liegt vor in *blau – das Blau* des Himmels; ›Adjektiv‹-T. sind z. B. le livre *de Pierre,* le chien *de l'enfant.*

(La translation peut se définir comme le changement de fonction. Elle consiste à donner à un élément une fonction autre que celle qu'il devrait avoir naturellement . . . (1934, S. 227). Dans son essence, la translation consiste . . . à transférer un mot plein d'une catégorie grammaticale dans une autre catégorie grammaticale, c'est-à-dire à transformer une espèce de mot en une autre espèce de mot (1965, S. 364).)

Als Schema-Zeichnung für die T. führte Tesnière ein T-artiges Symbol ein, z. B. d'Alfred:

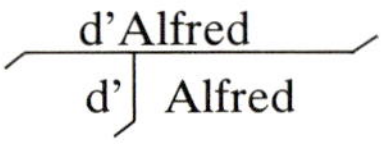

Unterschieden wird zwischen T. ersten und zweiten Grades. Komplexere Strukturen lassen sich als mehrfache T. zweiten Grades darstellen. Eine Präzision des T.-begriffs gibt Heringer (1970) an. Nach R. Baum (1976) besteht die Originalität von Tesnières strukturaler Syntax in der T.-theorie. Durch sie gelinge es Tesnière zu zeigen, wie die Sprache »von endlichen Mitteln unendlichen Gebrauch macht«. S. auch →Translativ 2).

Baum R., Dependenzgrammatik. 1976. Baumgärtner K., Spracherklärung mit den Mitteln der Abhängigkeitsstruktur. BSI 5. 1965. Heringer H. J., Theorie der deutschen Syntax. [2]1973. Tesnière L., Comment construire une syntaxe. BFS 12, 1934. Éléments de syntaxe structurale. [2]1966; dt. Grundzüge der strukturalen Syntax. 1980.

Translativ [translatif]. 1) Kasus der Umwandlung bzw. Veränderung, z. B. im Finn. 2) Bei Tesnière ein Funktionswort mit nur struktureller Bedeutung, das den Wechsel der grammatischen Kategorie ermöglicht. T. sind sog. *leere Wörter* (›*mots vides*‹ *ayant pour fonction de transformer la catégorie des mots pleines* – [2]1966, S. 670, 80). 3) Bei

Heringer »Plereme, die das Verhältnis von Syntagmen im Satz regeln«, bzw. →Plereme mit innensyntaktischer Bedeutung (Theorie, S. 121), u. zw. solche mit nur struktureller, rein *translativer* Bedeutung wie *zu* (. . . zu kommen) und solche mit *informativer* Bedeutung (Präpositionen).

Heringer H.-J., Theorie der dt. Syntax. ²1973. Dt. Syntax. ²1972. Tesnière L., Éléments de syntaxe structurale. ²1966; dt. Grundzüge der strukturalen Syntax. 1980.

Transliteration. Die Umschreibung eines Alphabets in ein anderes, die Repräsentation eines Alphabets durch ein anderes, die buchstabenweise Übertragung eines Textes aus einem anderen Alphabet, z. B. griech. σῆμα – Sema; russ. знак – znak.

Wellisch H., Transcription and transliteration. An annotated bibliography on conversion of scripts. 1975.

Transphrastik (Auch: transphrastische Grammatik, transphrastische Analyse als satzgrenzenüberschreitende Analyse, t. Textlinguistik). Textlinguistischer Ansatz, der, von der Ebene des Satzes ausgehend, den linguistischen Untersuchungsbereich über den isolierten Satz hinaus erweitert und Zusammenhänge zwischen Sätzen (Satzpaaren) als Verflechtungen oder Anknüpfungen beschreibt. Phänomene, die im kategorialen Rahmen von Satzgrammatiken nicht erklärt werden können, sollen durch Ansätze einer *Textgrammatik* erfaßt werden.
Solche sprachspezifischen Fakten sind nach Coseriu (1981) Aufzählungen, die *direkte* und *indirekte Rede, Ellipsen* (verschiedener Art), *Partikeln* bzw. Satzadverbien, *Topikalisierung* als allgemeine Hervorhebung, Pro-*Formen* und *Wiederaufnahmen.* Gegenstand dieser Art von Textlinguistik, die die Regeln beschreibt, die beim Übergang von einem Satz zum anderen befolgt werden, ist der *Text* auf der Ebene der einzelsprachlichen Strukturierung. Die Eigenschaften der grammatischen Strukturierung einer Sprache sind (auf die Ebene des Textes bezogen) die *Subordinierung,* bei der Einheiten höherer Ebene auf einer niederen Ebene funktionieren können, die *Koordinierung* und die (syntagmatische) *Ersetzung.*
Vgl. →Satzverflechtung, Satzzusammenhang, Vertextungstypen; Text, Textlinguistik.

Coseriu E., Textlinguistik. Eine Einführung. ²1981. Isenberg H., Text versus Satz. In: Daneš F. Viehweger D., Hrsg., Probleme der Textgrammatik II. 1977. Lang E., Über einige Schwierigkeiten beim Postulieren einer Textgrammatik. In: Kiefer F. Ruwet N., Hrsg., Generative grammar in Europe. 1973. Moskal'skaja O. I., dt. Textgrammatik. 1984. Viehweger D., Struktur und Funktion nominativer Ketten im Text. In: Motsch W., Hrsg., Kontexte der Grammatiktheorie. 1978 (Studia Grammatica XVIII).

transzendentale Sprachpragmatik. Auch: transzendentale Semiotik. Bei K.-O. Apel der Versuch eines Brückenschlags zwischen der traditionellen Philosophie vor allem im Sinne Kants und der wesentlich semiotisch fundierten sprachanalytischen Philosophie mit Hilfe der *pragmatischen* Semiotik von Ch. S. Peirce. Denn vor dem Hintergrund der t. S. sei eine wechselseitige Kritik von transzendentaler Philosophie und analytischer Wissenschaftslogik u. a. als Szientismus-Kritik möglich. Wie bei Kant nämlich können dem »Tractatus« Wittgensteins zufolge nur *Tatsachen* vorkommen, keine Intentionen und Konventionen, Institutionen und Normen.
Vgl. →transzendentales Sprachspiel.

Apel K.-O., Zur Idee einer transzendentalen Sprachpragmatik. Die Dreistelligkeit der Zeichenrelation und die ›abstractive fallacy‹ in den Grundlagen der klassischen Transzendentalphilosophie und der sprachanalytischen Wissenschaftslogik. In: Simon J., Hrsg., Aspekte und Probleme der Sprachphilosophie. 1974. Ders., Sprechakttheorie und transzendentale Sprachpragmatik zur Frage ethischer Normen. In: Ders., Hrsg., Sprachpragmatik und Philosophie. 1976.

transzendentales Sprachspiel. Bei K.-O. Apel das ideale Sprachspiel einer idealen Kommunikationsgemeinschaft als Kontrollinstanz des Regelbefolgens, des sinnvollen Handelns und Argumentierens. Bei der Unmöglichkeit einer *Privatsprache* (Wittgenstein) ist das t. S. das in jedem faktischen Sprachspiel antizipierte Sprachspiel.
Vgl. →Sprachspiel, Sprache.

Apel K.-O., Die Kommunikationsgemeinschaft als transzendentale Voraussetzung der Sozialwissenschaften. Neue Hefte für Philosophie 2; 1972. Ders., Transformation der Philosophie. 2. 1973.

Trapezmodell →Zeichenmodelle

TTR-Wert [type-token-ratio]. Der Quotient aus der Anzahl der verschiedenen Wörter und der Gesamtzahl der Wörter in einem Text bzw. einer Sprachprobe, die bis zu einem gewissen Grade die Messung des individuellen Wortschatzumfangs und der verbalen Kreativität erlaubt. Zwischen der meßbaren Intelligenz des Verfassers und seinem TTR-W. ist eine enge Beziehung nachweisbar. Schichtenspezifische Unterschiede bestehen nicht so sehr in der Gesamtzahl der produzierten Wörter als hinsichtlich der Anzahl der verschiedenen Wörter (vgl. das Referat von Oevermann, in Roth, Hrsg., ^{5}1970, S. 312).
Vgl. →Häufigkeitswörterbuch.

Carroll J. B., Diversity of vocabulary and the harmonic series law of word-frequency distribution. Psych. Rev. 2; 1938. Hörmann H., Psychologie der Sprache. ²1977. Oevermann U., Schichtenspezifische Formen des Sprachverhaltens und ihr Einfluß auf die kognitiven Prozesse. In: Roth H., Hrsg., Begabung und Lernen. 4. ⁵1970.

Turingmaschine. Mathematisches, theoretisch und methodologisch relevantes Modell einer idealisierten Rechenmaschine zur Formulierung und Präzisierung beliebiger Algorithmen von A. M. Turing (1912–1954); eine abstrakte logische Maschine, ein Typ des theoretischen Automaten, der den Begriffen der Entscheidbarkeit und der Rekursivität äquivalent ist. Bedeutung haben T. als Akzeptoren u. a. für die Theorie der formalen Sprachen erlangt (Erkennung kontextfreier, kontextsensitiver Sprachen).
Vgl. →Algorithmus, Computerlinguistik, Programmiersprache.

Aho A. V. u. a., The design and analysis of computer algorithmus. 1974. Asser G., Berechenbare Wortfunktionen. Zs für math. Logik und Grundl. der Mathematik 6; 1960. Böhling K. H. v. Braunmühl B., Komplexität bei Turingmaschinen. 1974. Hermes H., Aufzählbarkeit, Entscheidbarkeit, Berechenbarkeit. 1961. Hopcroft J. E. Ullmann J. D., Introduction to automata theory, languages and computation. 1979. Trachtenbrot B. A., Wieso können Maschinen rechnen? 1959. Ders., Algorithmen und Rechenautomaten. 1977. Turing A. M., On computable numbers. Proc. of the London Math. Soc. 27; 1936. Ders., Computing machinery and intelligence. Mind 59; 1950.

Typentheorie →semantische Antinomie

typologische Sprachverwandtschaft →genetische Sprachverwandtschaft, Sprachtypologie

Übercharakterisierung →Redundanz

Übersetzung [translation, traduction, perevod]. Die Übertragung von Informationen, die in einem Text erhalten sind, die Wiedergabe des denotativen und konnotativen Gehalts eines Textes (vgl. →denotative, konnotative Bedeutung) mit den Mitteln einer anderen Sprache. Unterschieden wird zwischen wörtlicher und freier oder interlinearer, teilinterlinearer usw. Ü. Eine sog. wörtliche Ü., eine Wort-für-Wort-Übertragung oder Substitution erweist sich als grundsätzlich unmöglich, da jedes Wort grammatisch und semantisch (mit seiner Valenz sowie den Grund- und Nebenbedeutungen) einen bestimmten →Wert in seinem lexikalischen System hat. Durch das semantisch-syntaktische Sinngefüge des Einzelsatzes und dessen transphrastische Bezüge läßt der intendierte Sachverhalt oder Sinngehalt sich in der Regel angemessen wiedergeben. Die Frage der Übersetzbarkeit kann positiv entschieden werden, wenn die sprachliche Gestalt bzw. Struktur selbst nicht thematisiert wird und sie als Weg zu Sachverhalten in ihrer Werkzeug-Funktion erscheint. Wenn im poetisch-ästhetischen Text Sprache als Sprache informationshaltig wird (Lotman), taucht das Problem der Selektion sprachlicher Mittel auf, die nicht nur die Wiedergabe des Informationsgehaltes leisten, sondern auch formale und strukturell-semantische Entsprechungen haben. – Gute Ergebnisse bei der Ü. lassen sich, selbst wenn eine Abbildung von Mikrostrukturen nicht möglich ist, bei hoher Sensibilität für semantisch-syntaktische Bezüge innerhalb von Sätzen und im Rahmen größerer übersatzmäßiger Einheiten sowie bei Berücksichtigung der pragmatischen und allgemeinen kulturellen Bedingungen erzielen. Dabei muß das Bestreben vorhanden sein, das Original sachlich und inhaltlich getreu wiederzugeben, ohne neue Gedanken, Stoffe und Motive einzuführen. Ü. ist dann eine Transformation von Sinngestalten in ein anderes Sprachsystem, ein Neuaufbau von Intendiertem mit anderen sprachlichen Mitteln.

Die Auffassungen von der Ü. haben sich seit Hieronymus (epistulae, I) wiederholt gewandelt, und zu verschiedenen Zeiten waren unterschiedliche Methoden üblich (vgl. die Bibelübersetzungen, z. B. bei Tschirch F., 1200 Jahre dt. Sprache. [2]1969); doch schon der lateinische Übersetzer drückte nicht »ein Wort durch das andere, sondern einen Sinn durch den anderen aus«. Nach Weinrich (1966) sind nicht nur solche Wörter wie *esprit, Gemüt, business* unübersetzbar; im Grunde ist kein Wort übersetzbar.

Aber wir brauchen auch gar keine Wörter zu übersetzen. Wir sollen Sätze und Texte übersetzen. Es macht nichts, daß sich die Wortbedeutungen von einer zur anderen Sprache für gewöhnlich nicht decken. Im Text kommt es sowieso nur auf die Meinungen an, und die kann man passend machen, man braucht nur den Kontext entsprechend einzustellen. Texte sind daher prinzipiell übersetzbar (S. 25).

Hjelmslev (Prolegomena) stellt fest, daß die Reihen *I do not know, je ne sais pas* usw. trotz aller Verschiedenheiten etwas gemeinsam haben, nämlich den Sinn (dän. *mening,* engl. *purport*).

Da ein Ausdruck einer Sprache L_1 im Prinzip durch verschiedene und zugleich ganz unterschiedliche Ausdrücke einer Sprache L_2 wiedergegeben werden kann bzw. sogar wiedergegeben werden muß, ist nach Quine (1960) jeder Ü. eine gewisse Unbestimmtheit inhärent (Quines Prinzip der Unbestimmtheit von Übersetzungen). Nach Schnelle

(1973) unterliegt die linguistische Beschreibung mit Hilfe von Metasprachen (in verschleierter Form) ebenfalls diesem Prinzip.
Nach Wilss (1977) hat der Begriff der Übersetzungsäquivalenz zwischen Ausgangssprache und Zielsprache eine Vielzahl kontradiktorischer Meinungsäußerungen und eine ganze Reihe von Definitionsversuchen ausgelöst. ›Äquivalenz‹ wird u. a. als funktionale Gleichwertigkeit, Invarianz auf der Inhaltsebene, Wirkungsgleichheit, funktionale Invarianz und Intentionsadäquatheit aufgefaßt; unterschiedlich sind die Kriterien, wie und wann Äquivalenz bzw. Identität erreicht sei. Die relative Unbestimmtheit und möglicherweise auch Unbestimmbarkeit des Äquivalenzbegriffs hat nach Wilss teils übersetzerspezifische, teils textspezifische und teils adressatenspezifische Ursachen. Insgesamt sehe die Übersetzungswissenschaft sich bei der Ermittlung expliziter Äquivalenzkriterien vor enorme Schwierigkeiten gestellt. Die Tatsache, daß der Übersetzer immer zwischen mehreren Möglichkeiten der Ü. wählen muß, mache den Ü.-vorgang zu einem Entscheidungsprozeß im Spannungsfeld von Textkonstitution und Textfunktion, Zielvorstellung und hermeneutisch-kognitivem Textverständnis, conativem Differenzierungsvermögen und stilistischer Kreativität (Wilss 1977, S. 181f.). Koller (1979) weist darauf hin, daß der Äquivalenzbegriff der Übersetzungswissenschaft, im Gegensatz zur systemorientierten kontrastiven Linguistik (vgl. →kontrastive Grammatik), auf der Ebene der *parole* liegt: Die Ü.-wissenschaft untersucht die Bedingungen der Äquivalenz und beschreibt die Zuordnungen von Texten L_1 und L_2. Der Begriff der Äquivalenz postuliert zunächst nur eine Beziehung zwischen dem ausgangssprachlichen und dem zielsprachlichen Text, die hinsichtlich ihres Inhalts bzw. ihrer Art und Weise noch zu bestimmen ist. Die Art der Äquivalenz ist durch die Bestimmung des Rahmens und der Bedingungen anzugeben, auf die beim Gebrauch des Äquivalenzbegriffs Bezug genommen wird. Äquivalenz zwischen einem Ausgangstext und einem Zieltext liegt vor, wenn der Zieltext bestimmte Forderungen des Bedingungsrahmens erfüllt. Als Bezugspunkte werden genannt

- der außersprachliche Sachverhalt (inhaltliche Invarianz oder denotative Äquivalenz);
- die konnotativen Bedeutungen bezüglich der Stilschicht, der soziolektalen und geographischen Dimension (konnotative Äquivalenz);
- die sprachlichen Gebrauchsnormen (textnormative Äquivalenz);
- der Empfänger, der den Text verstehen soll (pragmatische oder kommunikative Äquivalenz);

– formalästhetische und individuelle Eigenschaften von Texten (formale oder expressive Äquivalenz).

Eine Ü. kann nicht alle Werte des Ausgangstextes global und unterschiedslos erhalten. Bei seiner Wahl muß der Übersetzer eine durch Textanalyse begründete Hierarchie der zu erhaltenden Werte befolgen (Koller 1979, S. 184ff.).

Vgl. →automatische Übersetzung, Interlinearversion; konfrontative Linguistik, kontrastive Grammatik.

Bausch K.-R. u. a., The science of translation. An analytical bibliography. 1.–3. 1970–1979. Bausch K.-R. Weller F.-R., Hrsg., Übersetzen und Fremdsprachenunterricht. 1981. Catford J. S., A linguistic theory of translation. 1965. Černov V. G., Teorija i praktika sinchronnogo perevoda. 1978. Coseriu E., Falsche und richtige Fragestellungen in der Übersetzungstheorie. In: Grähs L. u. a., Hrsg., 1978. Dressler W., Einführung in die Textlinguistik. 1972. Grähs L. u. a., Hrsg., Theory and practice of translation. 1978. Guenthner F. Guenthner-Reutter M., Hrsg., Meaning and translation. Philosophical and linguistic approaches. 1978. Kapp V., Hrsg., Übersetzer und Dolmetscher. 1974. Koller W., Einführung in die Übersetzungswissenschaft. 1979. Mounin G., dt. Die Übersetzung. Geschichte, Theorie, Anwendung. 1968. Nida E. E., A frame work for the analysis and evaluation of theories of translation. In: Brislin R. W., Hrsg., Translation: applications and research. 1976. Quine W. v. O., Word and object. 1960. Ders., Meaning and translation. In: Fodor/Katz, Hrsg., The structure of language. 1964. Reiss K., Möglichkeiten und Grenzen der Übersetzungskritik. 1971. Dies., Texttyp und Übersetzungsmethode. Der operative Text. 1976. Störig H. J., Hrsg., Das Problem des Übersetzens. [2]1969. Weinrich H., Linguistik der Lüge. 1966. Wilss W., Übersetzungswissenschaft. Probleme und Methoden. 1977. Ders., Hrsg., Übersetzungswissenschaft. 1981. Wilss W. Thome G., Hrsg., Die Theorie des Übersetzens und ihr Aufschlußwert für die Übersetzungs- und Dolmetschdidaktik. 1984 (AILA 1983). Reiss K. Vermeer H. J., Grundlegung einer allgemeinen Translationstheorie. 1984.

Umformungsprobe. Probe oder Operation, die unter Berücksichtigung der Bedeutungsäquivalenz den Ersatz oder die Umschreibung eines Satzes oder Teilsatzes durchführt. S. auch →Transformation, Paraphrase.

Duden. Grammatik der dt. Gegenwartssprache. [4]1984. Glinz H., Deutsche Grammatik I. [3]1970.

Umgangssprache [colloquial speech, razgovornaja reč']. Auch: Alltagssprache, Alltagsrede. Die regional unterschiedliche, vorwiegend gesprochene Form der überregional gültigen Standardsprache, eine Sprachschicht bzw. Sprachvarietät zwischen Mundart und Hochsprache mit diffuser regionaler Verbreitung (regionale Verkehrssprache), ein Ausgleichsprodukt zwischen Mundart und Hochsprache (W. Schmidt 1972, S. 30).

Die U. ist die Sprache der sog. Alltagsrede, d. h., die Sprache des unvorbereitet-spontanen Gesprächs in nicht-offiziellen Situationen. Dabei kann sich eine vertikale (sozialektale) Gliederung mit Signal- bzw. Symptomfunktion zeigen. Für die Untersuchung der U. sind u. a. von Interesse die jeweiligen Normen mit obgliatorischen und fakultativen Merkmalen, die Funktionen und die regionale Begrenzung.
Für die Entstehung, Gliederung und Entwicklung der U. kommt den (Groß)Städten mit ihren Rand- und Ausbreitungsgebieten wesentliche Bedeutung zu.
Vgl. →Alltagssprache, funktionale Stile; Aussprache, gesprochene Sprache; Wortgeographie, Sprachgeographie.

Bichel U., Problem und Begriff der Umgangssprache in der germanistischen Forschung. 1973. Debus F., Stadt-Land-Beziehungen in der Sprachforschung. ZfdPh 79; 1978. Froitzheim C., Artikulationsnormen der Umgangssprache in Köln. 1984. Moser H., Umgangssprache. Überlegungen zu ihren Formen und ihrer Stellung im Sprachganzen. ZMF 27; 1960. Michel G., Sprachliche Existenzformen und Funktionalstile. Überlegungen zur stilistischen Differenzierung der Umgangssprache. ZPSK 33; 1, 1980. Petöfi J. S. u. a., Hrsg., Fachsprache – Umgangssprache. 1975. Pilch H., Das Lautsystem der hochdt. Umgangssprache. ZfM 33; 1966. Russkaja razgovornaja reč'. 1973. Schmidt W., Dt. Sprachkunde. [7]1972.

Umlaut [vowel mutation] (Begriff von J. Grimm). 1) Eine Art der inneren Flexion oder Alternation in den germ. Sprachen. Lautwandel bzw. Vokalwechsel in einer bestimmten hist. Periode. Die Vokalumfärbung oder Palatalisierung in der Tonsilbe unter dem Einfluß eines *i* oder *j* in der unbetonten Folgesilbe, die regressive Assimilation oder Angleichung der (hinteren) Vokale *a, o, u* an *i* oder *j*, z. B. ahd. *gast – gesti, faran – ferit, lamb – lembir, kraft – krefti;* ahd. *scōni,* mhd. *schœne,* nhd. *schön* im Geg. zu ahd. *scōno* (Adv.), mhd. *schône*, nhd. *schon.* Der zuerst bei kurzem *a* auftretende U. im 8./9. Jh., der bei einigen Konsonantenverbindungen (z. B. *naht – nahti*) und unter anderen Bedingungen zunächst nicht durchgeführt wurde, wird als Primär-U. bezeichnet. Der im 12. Jh. auch in diesen Fällen festzustellende U. wird Sekundär-U. genannt.
Phonologisch gesehen, führte der U. als Prozeß des Lautwandels zu kombinatorischen Varianten oder Allophonen, z. B. des [o:], u. zw. zu [o:] vor Vokalen außer *i*, zu [ö:] vor einem *i* der Folgesilbe. Als die Vokale der Folgesilbe (*o* und *i*) durch *e* ersetzt wurden (Neutralisierung, vgl. schœne, schône), kamen [o:] und [ö:] in gleicher Umgebung vor und gerieten in Opposition zueinander (*Phonologisierung* oder Sekundärspaltung bei [o:], Primärspaltung bei [a]).

Die historische U.-regel ist die Grundlage für den häufigen phonologischen Wechsel im Nhd. z. B. *gut – Güte, Gast – Gäste, Wort – wörtlich, Kalb – Kälber* usw. In der Gegenwartssprache ist die U.-regel nicht mehr produktiv (vgl. *ruhig, rosig* usw.); sie ist grammatikalisiert. Ihre Geltung bedarf einer komplexen Beschreibung (Bynon 1981).
2) Das Verhältnis der Alternation zwischen hinteren und den entsprechenden vorderen Vokalen und Diphthongen in morphologisch verwandten Wörtern im Nhd. – Nach Wurzel (1984) ist der dt. U. ein zweckmäßiger morphologischer Marker. Er eignet sich für die Bezeichnung semantisch markierter Kategorien und ist gut kombinierbar mit anderen Markern. Er könnte als idealer *Markiertheitsmarker* fungieren, wenn er nicht, wegen seines phonologischen Erbes, auf hintere Vokale und Diphthonge eingeschränkt wäre (S. 655, 663).
Vgl. →Lautwandel, Vokaldreieck, Assimilation.

Bach E. King R. D., Umlaut in modern German. Glossa 4; 1970. Bynon Th., Historische Linguistik. 1981. Herrlitz W., Historische Phonologie des Dt. Teil I: Vokalismus. 1970. King R., dt. Historische Linguistik und generative Grammatik. 1971. Penzl H., Umlaut and secondary Umlaut in old high German. Lg 25; 1949. Russ C. V. J., Die Entwicklung des Umlauts im Dt. im Spiegel verschiedener linguistischer Theorien. PBB (T) 99; 1977. Wurzel W. U., Was bezeichnet der Umlaut im Deutschen? ZPSK 37; 6, 1984.

Umstellprobe →Verschiebeprobe, Permutation

Unbestimmtheit →vager Begriff

universale Grammatik. 1) Die u. G., die als rationale und apriorische Grammatik allgemeine sprachliche Konstanten und ein System allgemeiner grammatischer Kategorien konstruiert, war ein Anliegen von Philosophen und Sprachanalytikern des Rationalismus. Die universalen Regeln der Sprache und des Sprechens wurden auf universale Regeln des (logischen) Denkens rückbezogen bzw. durch diese erklärt: Wenn die Gesetze des Denkens für alle Menschen gleich sind und es nur eine Logik gibt und die Sprache die Gesetze des Denkens widerspiegelt bzw. die Inhalte des Denkens oder die Gedanken bezeichnet, dann müssen die Regeln der Sprache den Regeln des Denkens entsprechen. S. auch →allgemeine Grammatik.
2) Ein Schema, mit dem sich jede spezielle Grammatik in Einklang befinden muß; ein System invarianter Prinzipien, Bedingungen und Regeln, die biologisch notwendige bzw. genotypische Elemente sind, die als genetisch programmiert, d. h. als im *genetischen Kode* bzw. im ausgereiften Gehirn physikalisch repräsentiert anzunehmen sind und als

phonetische, semantische und strukturelle Eigenschaften aller Sprachen gelten (Chomsky, dt. 1970, 1977, 1981). Das Ziel Chomskys ist u. a., aus der Struktur der Sprache Aufschlüsse über die Beschaffenheit und die Arbeitsweise des menschlichen Geistes zu erhalten.
Chomsky hat sich bemüht, seine Konzeption philosophisch durch den Rückgriff auf die Grammatik von Port Royal zu stützen. Eine zentrale Rolle spielen dabei »angeborene Ideen« (s. auch →nativistische Hypothese). Seinen universalistischen und nativistischen Standpunkt verteidigt Chomsky (1975) mit dem Hinweis, daß eine Theorie der menschlichen Freiheit in rationalistischen Annahmen tiefere Wurzeln vorfinde als in empiristischen Überzeugungen: Die Lehre, daß der menschliche Geist als ontogenetisch plastischer und unstrukturierter ein soziales Produkt sei, verbinde sich oft mit progressivem oder gar revolutionärem sozialen Gedankengut, während Spekulationen hinsichtlich angeborener Eigenschaften leicht einen konservativen und pessimistischen Anstrich erhalten, so daß Reformer und Revolutionäre radikale Umwelttheoretiker werden und Verfechter einer Theorie humanspezifischer Invarianten als Gegner sozialer Veränderungen und als Verteidiger etablierter Privilegien erscheinen. Die These vom leeren, unstrukturierten und plastisch-adaptiven menschlichen Organismus könne aber auch Rechtfertigung für eine allwissende Partei oder eine alles entscheidende Technokratie sein (1975, S. 132ff.).
Vgl. auch →Kerngrammatik, Kompetenz.
3) Die u. G. Montagues besteht aus einer universalen Syntax, einer semantischen Theorie der Bedeutungszuordnung, einer Theorie der semantischen Gegenstände, einer Theorie der Interpretation, einer Theorie der Übersetzung und einem System der intensionalen Logik. Dabei soll die intensionale Semantik einer typenlogischen Sprache den Rahmen für die Analyse natürlicher Sprachen bilden (vgl. dazu auch v. Kutschera 1976). Nach Montague gibt es keinen wesentlichen Unterschied zwischen natürlichen und logischen Sprachen; er hält es für möglich, die Syntax und Semantik von beiden in einer natürlichen und mathematisch präzisierten Theorie parallel aufzubauen.
Vgl. auch →Montague-Grammatik.

1) Arnold A. Lancelot G., Grammaire générale et raisonée ou la Grammaire de Port Royale (1676) – hrsg. von H. E. Brekle, 1966. Beauzée N., Grammaire générale ou exposition raisonnée des éléments nécessaires du langage (1767/1819) – eingel. von H. E. Brekle, 1970. Meiner J. W., Versuch einer an der menschlichen Sprache abgebildeten Vernunftlehre oder philosophische oder allgemeine Sprachlehre (1781) – Neuausgabe von H. E. Brekle, 1971. Mertian I., Allgemeine Sprachkunde (1796) – hrsg. von H. E. Brekle, 1977.

Vater J. S., Versuch einer allgemeinen Sprachlehre (1801) – hrsg. von H. E. Brekle, 1975.
2) Chomsky N., Reflections on language. 1975; dt. Reflexionen über die Sprache. 1977. Ders., dt. Regeln und Repräsentationen. 1981. Fanselow G. Felix S. W., Noam Chomsky. Grammatik als System kognitiver Repräsentationen. SuL 2, 1984. Felix S. W., Das Heranreifen der Universalgrammatik beim Spracherwerb. LB 94; 1984. Smith N. V. Wilson D., Modern linguistics. The results of the Chomskyan revolution. 1979.
3) Montague R. Schnelle H., Universale Grammatik. 1972. Schnelle H., Sprachphilosophie und Linguistik. 1973.

Universalien. Eigenschaften, die jede natürliche Sprache besitzt, Züge oder Merkmale der Sprachstruktur, die allen Sprachen gemeinsam sind, z. B. die Funktion(en) der Sprache im Leben von Gemeinschaften, die Eigenschaften, daß alle Sprachen Ausdruck und Inhalt haben, daß sie eine zweifache Gliederung besitzen und über eine grammatische Organisation verfügen, daß sie Wortarten haben, daß sie dem historischen Wandel unterliegen usw. Nicht alle Eigenschaften der Sprache sind gleichwertig; es gibt Eigenschaften, die andere fundieren bzw. implizieren.
N. Chomsky (dt. 1969) unterschied *substantielle* und *formale* U. Zu ersteren gehören z. B. Jakobsons Theorie der →distinktiven Merkmale als Hypothese über ein begrenztes Inventar phonetischer (akustischer und auditiver) Merkmale und die Annahme bestimmter syntaktischer Kategorien für alle Sprachen; zu letzteren gehören abstraktere oder allgemeinere Bedingungen, z. B. daß die Syntax Transformationsregeln enthalten müsse (vgl. →universale Grammatik).
Bei Greenberg u. a. (1963, S. XIX) sind U. definiert als Aussagen über Sprache, die alle Sprachen in ihren Rahmen einbeziehen; dabei sind U. Aspekte der Sprache, nicht die einer Sprachtheorie. Unterschieden werden, gewissermaßen als Resultat von (induktiven bzw. empirischen) Generalisierungen, sechs Typen von U.: 1) uneingeschränkte U. (z. B. ist in allen Sprachen die Anzahl der Phoneme nicht geringer als 10, jede Sprache hat mindestens zwei Vokale), 2) universelle Implikationen (z. B. wenn eine Sprache den Dual hat, dann auch die Kategorie Plural), 3) beschränkte Äquivalenz im Sinne wechselseitiger Implikationen, 4) statistische U., 5) statistische Korrelationen, 6) universelle Häufigkeitsverteilungen.
Zwischen interlinguistischen, implikativen u. a. Generalisierungen einerseits und U. andererseits unterscheidet H. Seiler im Anschluß an E. Coseriu (1962, 1969): Universale Prinzipien lassen sich nicht durch Erweiterung bzw. Anhäufung von Generalisierungen formulieren; die bloße Inspektion sprachlicher Fakten führt nicht zu U.; Invarianten

kann man nicht auf der Ebene der beobachtbaren Sprachstruktur finden. Der U.-begriff wird auf die Funktion der Sprache im Sinne der Teleonomie (der Ziel- und Zweckgerichtetheit) von Systemen bezogen: Sprache als Kommunikationsmittel dient dem Ziel der Verhaltensregulierung; kommunikative Aufgaben werden mit Hilfe bestimmter sprachlicher Mittel bewältigt. Dabei lassen sich *Prinzipien, Techniken* und *Realisationen* erkennen. U. im Sinne des funktionalen Strukturalismus sind die allen Sprachen gemeinsamen Prinzipien, die allgemeinen Charakteristika der Sprachsysteme, die durch die kommunikative Funktion der Sprache bedingten Gemeinsamkeiten der Sprachen.

Lehmann (1981, 1984) begründet den U.-begriff strukturalistisch, funktional und operational: Wenn man die Kompetenz-Performanz-Dichotomie aufgibt und Prozeßvorstellungen akzeptiert, in denen Sprache als zielgerichtete Tätigkeit erscheint, lassen sich U. als Invarianten der sprachlichen Tätigkeit, als strukturelle Prinzipien oder Operationen, die der sprachlichen Tätigkeit zugrunde liegen, neu formulieren: U. sind Verknüpfungsprinzipien sprachlicher Funktionen mit sprachlichen Strukturen; sie müssen als Lösungen von Aufgaben (Problemlösungsverfahren) konzipiert werden. Beobachtete Gemeinsamkeiten und beobachtete Verschiedenheiten sind dann aus den Funktionen der Sprache abzuleiten bzw. durch diese zu erklären. Die U.-forschung ist eine empirische Disziplin; für sie ist die induktiv-vergleichende Methode konstitutiv. Erkenntnisleitend ist das Prinzip, daß beobachtbare Verteilungen und Gesetzmäßigkeiten in der Verschiedenheit die Konsequenz von etwas sein müssen. Der Vergleich bildet die Basis für den »Sprung auf eine höhere Analyseebene«, die Ebene der sprachlichen Funktionen (Lehmann 1984, S. 39f.).

Nach Coseriu (1975) sind die Arten von U. (begriffliche, essentielle, empirische; selektive, implikative) auch hinsichtlich der sprachlichen Ebene und des Allgemeinheitsgrades (generisch – spezifisch) sowie unter verschiedenen Aspekten zu untersuchen, u. zw. statisch, als sprachliche Tätigkeit, als finale Aktivität. Die dynamischen U. sind finale Prinzipien und Normen der Aktivität, die die Einzelsprachen hervorbringt (S. 135); sie können vielfältige und unterschiedliche Realisationen haben. Die U. darf man nicht in der bezeichneten Wirklichkeit, man muß sie in der sprachlichen Funktion selbst suchen.

Vgl. →zweifache Gliederung der Sprache, Apprehension, Funktion, Universalpragmatik; Sprachtypologie.

Bach E. Harms R. T., Hrsg., Universals in linguistic theory. 1968. Brettschneider G., Sprachtypologie und linguistische Universalienforschung. Studium

Linguistik 8/9. 1980. Brettschneider G. Lehmann Chr., Hrsg., Wege zur Universalienforschung (Festschr. H. Seiler). 1980. Coseriu E., Die sprachlichen (und die anderen) Universalien. In: Schlieben-Lange B., Hrsg., Sprachtheorie. 1975. Dirven R. Radden G., Hrsg., Issues in theory of universal grammar. 1982. Greenberg J. H., Hrsg., Universals of language. 1963/1966. Ders., Language universals. 1966. Ders., Hrsg., Universals of human language. 1–4. 1978. Guchmann M. M., Lingvističeskie universalii i tipologičeskie issledovanija. VJa 4, 1973. Hawkins J. A., Word order universals. 1983. Holenstein E., Motive der Universalienforschung. 1977 (akup Nr. 28). Kanngießer S., Sprachliche Universalien und diachrone Prozesse. In: Apel K.-O., Hrsg., Sprachpragmatik und Philosophie. 1976. Lehmann Chr., Der Relativsatz. 1984. Lieb H. H., Universals of language: quandaries and prospects. FL 12; 1974. Martinet A., Réflexions sur les universaux du langage. Fol. Ling. 1; 1967. Seiler H., Linguistic workshop. Vorarbeiten zu einem Universalienprojekt. 1973. Ders., Hrsg., Language universals. 1978. Ders., Possession as an operational dimension of language. 1983. Seiler H. Lehmann Chr., Hrsg., Apprehension. Teil 1. 1982. Teil 2. 1982. Seiler H. Brettschneider G., Hrsg., Language invariants and mental operations. 1984. Stegmüller W., Das Universalienproblem einst und jetzt. ³1974. Ders., Hrsg., Das Universalien-Problem. 1978.

Universalpragmatik. Nach Habermas die Theorie der →kommunikativen Kompetenz, deren Grundeinheiten elementare Äußerungen sind und deren Aufgabe darin besteht, »das System von Regeln zu rekonstruieren, nach dem kommunikativ kompetente Sprecher aus Sätzen Äußerungen bilden und in andere Äußerungen umformen« (1971, S. 107). Nach K.-O. Apel werden aufgrund der universalen Pragmatik der kommunikativen Kompetenz reflexive Sprachbetrachtung, Sprachrekonstruktion und Sprachwissenschaft ermöglicht.
Vgl. →kommunikative Kompetenz, reflexiver Sprachgebrauch.

Habermas J., Vorbereitende Bemerkungen zu einer Theorie der kommunikativen Kompetenz. In: Habermas/Luhmann, Theorie der Gesellschaft oder Sozialtechnologie. – Was leistet die Systemforschung? 1971. Ders., Was heißt Universalpragmatik? In: Apel K.-O., Sprachpragmatik und Philosophie. 1976. Ders., Theorie des kommunikativen Handelns 1/2. 1981.

unmittelbare Konstituenten [immediate constituents, neposredstvenno sostavljajuščie]. Die zwei Elemente oder Gruppen von Elementen, die im Strukturbaum (vgl. →Baumgraph) von einem gemeinsamen →Knoten direkt dominiert werden, die zusammen eine Einheit höheren Ranges bilden; die zwei Teile/Konstituenten, in die ein Satz bei →binärer Analyse zerlegt werden kann, z. B. *Der Student kauft ein Buch: der Student/kauft ein Buch; Der/Student; kauft/ein Buch; ein/Buch (kauf/t).*
Vgl. →Konstituentenanalyse.

unpersönliches Verb [impersonal verb, verbe impersonnel, bezličnyj glagol]. Ein Verb, das nur mit dem unpersönlichen *es* konstruiert wird, das kein persönliches Subjekt hat (vgl. →subjektloser Satz), z. B. *es regnet, es schneit, es grünt* (Witterungsimpersonalia, Wachstumsverben, Ereignisverben, unpersönliche Wendungen).

Dal I., Kurze dt. Syntax. ²1962. Admoni W., Es handelt sich um es. WW 26; 4, 1976. Duden. Grammatik der dt. Gegenwartssprache. ⁴1984. Pütz H., Über die Syntax der Pronominalform »es« im modernen Dt. ²1984.

Unterrichtssprache. Medium und variables Kommunikationsmittel des Unterrichts mit fachbezogenem und interaktionsbezogenem Aspekt sowie mit einer Reihe von Funktionen, zu denen das Informieren und Anregen/Auffordern, Argumentieren und Bewerten gehören. Neben die allgemeine kommunikative Funktion der Sprache tritt, u. a. bei Prozessen der fachsprachlichen Begriffsbildung, deren heuristische bzw. kognitive Funktion.
U. kann als situationsbedingte und zielgerichtete Art und Weise des Verständigung sichernden Sprachgebrauchs charakterisiert werden, durch den Lernprozesse eingeleitet und entwickelt, aber auch Interaktionsprozesse gesteuert werden. Der Lehrer stellt Fragen und gibt Anweisungen; er akzeptiert und weist zurück; er lobt und tadelt; er vermittelt allgemeine und fachsprachliche Kenntnisse. Die Schüler beantworten Fragen; sie fragen bzw. sprechen aus eigenem Antrieb; sie schweigen und rezipieren oder sind unruhig. Dabei kann es zu Neben-Kommunikationen kommen (Baurmann u. a. 1981).
Nach Bellack u. a. (1974) sind grundlegende Handlungen der U. *Strukturieren* und *Auffordern* als Einleitungen, *Reagieren* und *Fortführen* als Bezugnehmen. Die meisten Sprachhandlungen führt der Lehrer aus. Er spricht am häufigsten, und seine Äußerungen sind die längsten. Die Zahl seiner Beiträge verhält sich zur Gesamtzahl der Schülerbeiträge wie drei zu eins. Dabei verlaufen sachorientierte Diskussionen meist im vom Lehrer vorstrukturierten Rahmen. Sinclair und Coulthard (1977) schlagen die Analyse der U. mit Hilfe eines Schemas vor, das als Kategorien enthält 1) *Akte* (z. B. Fragen, Auffordern/Anregen, Einhelfen, Zusammenfassen, Bewerten usw.), 2) *Schritte* (z. B. Eröffnung durch L, Antwort von S, Reaktion von L), 3) *Äußerungsfolgen,* 4) *Phasen,* 5) *Lektionen.* Bei der systematischen Erforschung der U. tritt neben die kategoriale Analyse die interaktional-gesprächsanalytische Untersuchung mit Berücksichtigung der non-verbalen Komponenten. Die Video-Aufzeichnung macht das oft chaotische Hin und Her der Rede des Wortprotokolls als gegliedert

und zielgerichtet erkennbar, und die (scheinbare) Sprunghaftigkeit der Verständigung verschwindet (Priesemann).
Die U. orientiert sich an den Standard-Normen der Gegenwartssprache, so daß Probleme dialektaler und soziolektaler Art auftreten können. Die tatsächlich gebrauchte U. einer Schulklasse oder Lerngruppe ist dann ein Komplex von Varietäten. Unter dem Aspekt natürlicher gesprochener Sprache sollte die tradierte Forderung an die U. der Schüler, in ganzen Sätzen zu antworten bzw. zu sprechen, überprüft werden, denn die Syntax der →gesprochenen Sprache ist nicht die der →geschriebenen Sprache (s. auch →Ellipse, Anakoluth).
Priesemann (1982) unterscheidet bei der U. zwischen *Ausgangssprache, Verständigungssprache* (Vermittlungs- oder Interaktionsformen) und *Zielsprache.* Strukturmerkmale der U. sind Planung und Rationalität, Ökonomie und Kontrolle, rasche Niveausteigerung und allseitige Verständlichkeit. Die U. ist weder monologisch noch dialogisch im engeren Sinne, sondern eher ein Dialog aller am Unterricht Beteiligten. Pädagogisches Handeln ist weitestgehend auf Sprache angewiesen. Wer erzieht, muß genau, verständlich und dem Augenblick angemessen sprechen können.
Vgl. →Lehrersprache.

Baum R. u. a., Hrsg., Sprache in Unterricht und Forschung. 1979. Baurmann J. u. a., Neben-Kommunikationen. 1981. Bellack A. A. u. a., Die Sprache im Klassenzimmer. 1974. Blume R., Graffiti in Schulen. Linguistische Aspekte informeller schriftlicher Schüleräußerungen. ZGL 8; 2, 1980. Ehlich K., Schulischer Diskurs als Dialog? In: Schröder P. Steger H., Hrsg., Dialogforschung. 1981. Flanders N. A., Analyzing teaching behavior. 1970. Graf P., Die Sprache im Klassenzimmer nach A. Bellack. 1977. Goeppert H. C., Hrsg., Sprachverhalten im Unterricht. 1977. Henne H. Rehbock H., Einführung in die Gesprächsanalyse. [2]1982. Priesemann G., Zur Theorie der Unterrichtssprache. [2]1974. Ders., Unterricht als regelgeleiteter Handlungszusammenhang. In: Deutsche Akademie für Sprache und Dichtung: Schulen für einen guten Sprachgebrauch. 1982 (Der öffentliche Sprachgebrauch, Bd. III). Ramge H., Hrsg., Studien zur sprachlichen Interaktion im Unterricht. 1980. Sinclair J. M. Coulthard R. M., dt. Analyse der Unterrichtssprache. 1977. Switalla B., Sprachliches Handeln im Unterricht. 1977. Tausch R. und A. M., Erziehungspsychologie. 1973.

Uvular (*uvula:* (Hals)Zäpfchen). Zäpfchenlaut. Artikulationsort bzw. -organ zwischen weichem Gaumen *(Velum)* und Rachenraum *(Pharynx),* z. B. für das dt. gerollte [r].

vager Begriff. Auch: unscharfer Ausdruck, vage Bedeutung, Vagheit. Nach Black ein unvermeidbarer Grundzug natürlicher Sprachen, die mit ihren Wortbedeutungen/Begriffen das Kontinuum der natürlichen

Erscheinungen relativ zufällig segmentieren (z. B. wann und wie ist ein Gegenstand noch ein Stuhl oder schon eine Bank oder ein Sessel usw., eine natürliche Gegebenheit ein See oder schon ein Teich usw.).
Ullmann (dt. 1973) gibt als Gründe für die Unschärfe unserer Wörter an

– ihren generischen Charakter (d. h. daß sie nicht Einzeldinge oder Einzelerscheinungen bezeichnen oder bedeuten, sondern Kategorien oder Klassen von Einzeldingen und von Sachverhalten);
– ihren mehrschichtigen Bedeutungsaufbau, der neben dem Denotat auch emotiv-konnotative u. a. Elemente enthält (vgl. →Bedeutung, Wortbedeutung);
– die prinzipielle Unschärfe der außersprachlichen Welt, die keine scharfen und eindeutigen Abgrenzungen erkennen läßt und die das erkennende Subjekt bzw. die sprechende Sprachgemeinschaft erst strukturiert;
– die oft mangelhafte Vertrautheit von Sprachteilhabern mit den durch die Wörter/Begriffe und Aussagen bezeichneten Dingen oder Sachverhalten.

In besonderer Weise tritt das Problem der Vagheit von Ausdrücken im Zusammenhang mit dem Problem der Analyzität von Sätzen auf. Im Hinblick auf die Analyse von Ausdrücken der natürlichen Sprache spricht v. Kutschera (1976) von pragmatischer Vagheit, wenn eine Äußerung zur Verwirklichung einer kommunikativen Absicht nicht ausreicht; semantische Vagheiten dagegen beziehen sich nicht auf *Äußerungen,* sondern auf *Sätze* und Wörter, bei denen in bestimmten Situationen genauere Kriterien fehlen, ob sie einem Gegenstand zukommen oder nicht.
Vgl. →Philosophie der idealen Sprache.

Ballmer T. Pinkal M., Approaching vagueness. 1983. Black M., Vagueness. Language and philosophy. 1949. Ders., dt. Sprache. 1974. Blau U., Die dreiwertige Logik der Sprache. Ihre Syntax, Semantik und Anwendung in der Sprachanalyse. 1978. v. Kutschera F., Einführung in die intensionale Semantik. 1976. Pinkal M., Semantische Vagheit 1. 2. LB 71/72; 1981. Schaff A., dt. Sprache und Erkenntnis . . . 1967. Ullmann St., dt. Semantik. Eine Einführung in die Bedeutungslehre. 1973. Wolski W., Schlechtbestimmtheit und Vagheit. 1980.

Valenz [valence, valence, valentnost'] (*valēo:* stark sein, mächtig sein). Wertigkeit, Wert, Fügewert, Fügungspotenz. Die Eigenschaft vor allem des Verbs und auch des Adjektivs, →Leerstellen um sich zu eröffnen, deren Füllung durch →Ergänzungen bzw. →Aktanten (auch ›Mitspieler‹) den aktuellen Satz ergibt; die Fähigkeit des Verbs und anderer Konstituenten des Satzes, bestimmte Ergänzungen zu fordern, die eine bestimmte semantisch-syntaktische Funktion erfüllen, damit ein vollständiger Satz (bei Bühler ein vollbesetztes Symbolfeld) entsteht; die Ungesättigtheit oder Ergänzungsbedürftigkeit des Verbs und des Ajektivs, ihre Fähigkeit, Ergänzungen wie das Subjekt (E_1), das Objekt (E_2 usw.) an sich zu binden, z. B. E_1 – schläft, E_1 – kauft – E_4, E_1 – gibt – (E_3 (E_4)); (ist) dankbar – E_3 (etwa: dem Arzt). Nach dem Prinzip der V. ergeben sich nullwertige, einwertige, zweiwertige, dreiwertige Verben, bzw. avalente, monovalente, divalente, trivalente und (bei Umschreibungen) tetravalente Verben (Tesnière). Helbig ([2]1973) versteht präzisierend unter *syntaktischer* V.

> die Fähigkeit des Verbs, bestimmte Leerstellen um sich herum zu eröffnen, die durch obligatorische oder fakultative Mitspieler zu besetzen sind (. . . Substantive in verschiedenen Kasus, Präpositionalkasus . . ., Adjektive, Adverbien, Infinitive, Partizipien und Nebensätze – Objekte, Subjekte, Prädikativa und einige Adverbialbestimmungen). Kriterium für diese Zuordnung ist nicht die grammatische Subjekt-Prädikat-Struktur des Satzes, auch nicht der kommunikative Mitteilungsinhalt, sondern allein die syntaktische Notwendigkeit (S. 49).

V. ist das »abstrakte Verhältnis des Verbs zu seinen abhängigen Größen«; Leerstellen sind »die vom Verb obligatorisch oder fakultativ geforderten Stellen, die im Stellenplan des Verbs verankert sind«, Mitspieler sind »diejenigen Glieder, die diese Leerstellen besetzen« (S. 50).

Voraussetzungen für einen formalisierbaren V.-begriff sind nach Helbig 1) die Position des finiten Verbs als des strukturellen Zentrums des Satzes, 2) die Klärung des Problems, welche Satzglieder als →Aktanten im syntaktischen Sinne aufzufassen sind, d. h. um welche Notwendigkeit, Leerstellen zu füllen, es sich handelt, um eine kommunikative, semantische oder strukturelle, 3) die Frage, welche Satzglieder der →traditionellen Grammatik den Rang strukturell notwendiger Glieder haben. Das sind offensichtlich nicht nur Subjekte und Objekte, sondern auch Prädikativa, Präpositionalobjekte, einige Adverbialbestimmungen, Nebensätze und Infinitive. Für ein V.-modell ist auch die Scheidung in obligatorische Aktanten, fakultative Aktanten und freie Angaben wesentlich (S. 36).

Nach Helbig (1976) sollte es nicht mehr zweifelhaft sein, daß es verschiedene Ebenen der Valenz gibt, die weder vermischt noch gleichgesetzt werden dürfen: Durch das Modell der syntaktischen Valenz wird die syntaktische und semantische Umgebung des Valenzträgers mit Hilfe allgemeinster semantischer Merkmale beschrieben, d. h. es werden die Aktanten oder Mitspieler hinsichtlich ihrer Zahl und ihrer Oberflächenkasus charakterisiert. Auf der Ebene der logisch-semantischen V. werden Zahl und Art der Argumente des Verbs in Form von →Tiefenkasus beschrieben. Auf der Ebene der semantischen Komponentenanalyse wird eine semantische Merkmalanalyse des Verbs

und seiner Umgebungen geliefert. Für eine komplexe Beschreibung müssen alle drei Ebenen ineinander integriert werden.
Im ganzen erweise der V.-begriff sich, obwohl er noch uneinheitlich verstanden wird und nicht vollständig geklärt ist, als fruchtbar für die Sprachbeschreibung und den Fremdsprachenunterricht, u. a. unter der Voraussetzung, daß die Sonderstellung des Subjekts aufgegeben wird ([2]1973, S. 49).
Engel (1977) versteht unter ›V.‹ die für Teile von Wortklassen spezifische Form bzw. Art und Weise der Reaktion, z. B. *essen* (+ Akkusativ), *helfen* (+ Dativ), aber auch *Hoffnung* (auf Frieden), *zufrieden* (mit dem Spiel), *gierig* (nach Geld).
Der V.-begriff wurde in moderner Form durch L. Tesnière in die Linguistik eingeführt, der in seiner →Dependenzgrammatik (in Anlehnung an das chemische Atommodell) von der Vorstellung ausging, daß das Verb alle Aktanten im Satz bindet oder dominiert, das Subjekt eingeschlossen. Bei Tesnière scheint es sich um eine intuitive syntaktisch-semantische Auffassung des V.-begriffs zu handeln; es wird nicht immer klar, ob mit einer formalsyntaktischen oder mit einer begrifflich-logischen Kategorie operiert wird.
Das neuere Interesse für den V.-begriff und seine Möglichkeiten im Hinblick auf Sprachbeschreibung ist auch vor dem Hintergrund der Entwicklung der formalen Logik und vor allem im Anschluß an die Arbeiten G. Freges zu sehen. Beim Phänomen der V. scheint es sich um ein semantisches bzw. logisch-semantisches und referentielles Faktum mit bestimmter morphologisch-syntaktischer Ausprägung zu handeln (vgl. dazu auch Stötzel 1970).
Vom Verb ausgehende Satzanalysen als Alternative zur Analyse nach dem Schema der Subjekt-Prädikat-Struktur sind bereits im Mittelalter nachweisbar. Relativ früh bekannt geworden ist die Arbeit von J. W. Meiner (1781), der in seiner ›Philosophischen und allgemeinen Sprachlehre‹ in der Tradition der *grammatica speculativa* des Mittelalters von einer Theorie des Denkens in Sätzen ausging und Verben unterschied, die einen einseitig-unselbständigen Begriff bezeichnen, die einen zweiseitig-unselbständigen oder einen Kausal-Verhältnisbegriff bezeichnen, und solche, die als dreiseitig-unselbständige Prädikate gebraucht werden (vgl. dazu Freges Begriff der ungesättigten Funktion).
Auf A. Grotefends ›Grundzüge einer neuen Satztheorie‹ (1827) hat J. Erben (1978) aufmerksam gemacht. Nach Grotefend kann unter den in einer Satzform enthaltenen Vorstellungen nur eine die bestimmte sein; alle anderen müssen als bestimmende gelten. Die bestimmte

Vorstellung ist die im Verbum finitum enthaltene Vorstellung. Grotefend nennt alle Bestimmungen des Prädikats, außer dem Subjekt, *Inhärenzen* oder *Dependenzen,* und man könne eigentlich auch das Subjekt als Dependenz des Prädikats bezeichnen, da es sich bei diesem um keine spezifische Unterscheidung handele (nach Erben 1978, S. 75f.).
Hockett versuchte, mit Hilfe des V.-begriffs zur Unterscheidung von Oberflächen- und Tiefengrammatik zu gelangen – ein Ansatz, der von K. Welke weiterverfolgt wurde. Im Anschluß an Tesnière (Bühler hatte von Leerstellen und *connotatio* gesprochen) ist die V.-konzeption durch Brinkmann, Erben, Helbig, Engel und Heringer in die deutsche Grammatikforschung eingebracht worden. Wichtige Beiträge stammen von Heger, Baldinger und Stötzel.
Vgl. →obligatorische Fügungspotenz, Valenztheorie, Valenzwörterbuch; Verb, Verbgrammatik; Abhängigkeit, Dependenz, Dependenzgrammatik.

Abraham W., Hrsg., Valence, semantic case and grammatical relations. 1978. Bondzio W., Skizze eines valenzorientierten syntaktischen Modells. Zs für Germanistik 1; 2, 1980. Emons R., Valenzgrammatik für das Englische. Eine Einführung. 1978. Engel U., Syntax der dt. Gegenwartssprache. 1977. ²1982. Erben J., Deutsche Grammatik. Ein Abriss. ¹²1980. Ders., Über ›Kopula‹-Verben und ›verdeckte‹ (kopulalose) Ist-Prädikationen, zugleich ein Beitrag zur Theorie der Valenz und ihrer Geschichte. In: Moser H., Hrsg., Deutsche Sprache: Geschichte und Gegenwart. 1978 (Festschr. F. Maurer). Eroms H.-W., Valenz, Kasus und Präpositionen. 1980. Heger K., Valenz, Diathese und Kasus. ZRPh 82; 1966. Heidolph K. E. u. a., Grundzüge einer dt. Grammatik. 1981. Helbig G., Valenz, Semantik und Satzmodelle. DaF 2, 1976. Helbig G. Schenkel W., Wörterbuch der Valenz und Distribution deutscher Verben. ²1973. Heringer H. J., Theorie der dt. Syntax. ²1973. Koch P., Verb, Valenz, Verfügung. 1981. Kotschi Th., Verbvalenz im Frz. In: Ders., Hrsg., Beiträge zur Linguistik des Frz. 1981. Meiner J. W., Versuch einer an der menschlichen Sprache abgebildeten Vernunftlehre oder Philosophische und allgemeine Sprachlehre (1781). 1971. Pasch R., Zum Status der Valenz. 1977. Schumacher H., Hrsg., Untersuchungen zur Verbvalenz. 1976. Ders., Valenz und Dependenz. Entwicklung und Forschungsstand. 1978. Sommerfeldt K.-E. Schreiber H., Zum Verhältnis von semantischer und syntaktischer Valenz. ZPSK 32; 1979. Stepanowa M. D. Helbig G., Wortarten und das Problem der Valenz in der dt. Gegenwartssprache. 1978. Stötzel G., Ausdrucksseite und Inhaltsseite der Sprache. 1970. Tesnière L., dt. Grundzüge der strukturalen Syntax. 1980. Teubert W., Valenz des Substantivs. 1979. Vater H., Probleme der Verbvalenz. 1978. Ders., Valenz. In: Radden G. Dirven R., Hrsg., Kasusgrammatik und Fremdsprachendidaktik. 1981. Welke K. Meinhard H.-J., Prinzipien einer operativen Valenzgrammatik. Zs für Germanistik 2, 1980. (S. auch →Valenztheorie, Dependenzgrammatik.)

Valenzgrammatik →Dependenzgrammatik, Verbgrammatik

Valenztheorie. Syntaktisch-semantische Theorie des Satzes, die von der Prävalenz und der strukturellen Zentralstellung (bzw. der einflußreichsten Stellung) des Verbs im Satz ausgeht und die Valenzen bzw. Verbindbarkeiten des Verbs und anderer Wortarten im Satz untersucht (vgl. →Valenz). Die V. ist nicht nur eine Theorie über die Stelligkeit oder den Stellenplan von Verben, sondern eine Theorie über Sätze und Satzteile; sie hat auch Auswirkungen auf die Wortbildungsforschung. Das den Satz regierende Verb fordert eine bestimmte Anzahl notwendiger Ergänzungen oder Mitspieler von bestimmter Art (quantitative und qualitative Valenz); freie Umstandsergänzungen oder Angaben können hinzutreten, z. B. *Claudia gab mir gestern ein Buch* (E_1 + gab + E_3 + A + E_4). Die V. gilt als Kern einer Dependenz- oder Abhängigkeitsgrammatik im Anschluß an Tesnière; zwischen den Begriffen der Valenz und der Dependenz wird in unterschiedlicher Weise oder überhaupt nicht unterschieden.
Ein Hauptproblem der V. besteht in der (theoretischen und empirischen) Begründung der satzhierarchischen und nicht-abhängigen Position des Verbs, die eine Alternative zur traditionellen Annahme der satzkonstitutiven Zweigliedrigkeit des Satzes (vgl. →Subjekt und Prädikat) darstellt. Tesnière sprach dem Verb diese Eigenschaft ohne weitere Begründung mit dem Hinweis auf hinter der Erscheinungsform des Satzes liegende Beziehungen zu. H. Glinz dagegen konnte das Verb als Achse oder Strukturmittel des Satzes aufgrund von Stellungsgesetzmäßigkeiten erkennen, die sich bei Anwendung von →Permutationen oder →Verschiebeproben und →Substitutionen bzw. Ersatzproben ergeben (vgl. auch →Zweitstellung des finiten Verbs). Diese (gewissermaßen topologische) Begründung bezieht sich nicht auf dependenzielle Struktur des Satzes, sondern auf dessen konstituenzielle Oberflächenstruktur. J. Erben (1978) stellt fest, daß der Begriff der syntaktischen Valenz den Aufbau des Satzes und das funktionale Zusammenspiel der Wortklassen beschreibbar macht. Mit der Wahl des hierarchische Ordnung stiftenden Verbs oder Aussageworts, das den Aussagekern bildet, »ist die Entscheidung über das grammatische Grundgerüst des Satzes gefallen« ([11]1972, S. 246). Von seiner syntaktischen Wertigkeit bzw. von seiner inhärenten Syntax oder Fähigkeit zur spezifischen Gruppenbildung hänge wesentlich das Satzschema ab; Verbklassen verschiedener syntaktischer Valenz begründen verschiedene syntaktische Grundmodelle oder →Satzbaupläne. Durch Erbens Unterscheidung in quantitative und qualitative Valenz wird jedoch deutlich, daß ›Valenz‹ als syntaktisch-semantisches Phänomen zu begreifen ist.

Nach Heringer besteht zwischen dem Prädikat und dessen valenzbedingten Ergänzungen zwar Interdependenz. Dennoch lasse das Prädikat (Verb, Kopula + Adjektiv, Funktionsverbkonstruktionen) sich als Zentralknoten nachweisen, weil es die Anzahl der Ergänzungen bestimmt und Interdependenzen zu Ergänzungen hat, die untereinander nicht dependent sind (Zu Heringers Bewertungsindex für die dominierende Position des Prädikats vgl. die Kritik von H. Andresen mit dem Vorwurf, daß zur Voraussetzung eines Beweisverfahrens etwas gemacht werde, was dieses erst beweisen soll (1973, S. 52)). Baumgärtner (1970) hält das Postulat der dominierenden Position des Verbs bzw. Prädikats im Satz für überzeugend; empirisch sei diese allerdings nicht nachweisbar und einer exakten Verifikation nicht zugänglich. Trotzdem könne der Gedanke der Prävalenz des Verbs als begründetes und funktionierendes grammatisches Prinzip gelten, zumal im Begriff der Valenz »Prädikatenlogik und immanente Sprachbeschreibung immer direkter aufeinander (stoßen)«. Unter bestimmten Bedingungen lasse sich die einfachste Art der Beschreibung erzielen, wenn die verbalen Lexeme als Zentralknoten der Valenz angesetzt werden (1970, S. 63ff.). Brinker (1977) hält das Prinzip der satzkonstitutiven Wertigkeit des Verbs für ökonomisch und praktisch, da das Verb sich als einziges Element der ersten Segmentierungsstufe erweist, das einseitige und gegenseitige Abhängigkeitsverhältnisse zu mehreren Satzgliedern zugleich begründet (S. 106).

Ein weiteres (bereits empirisches und zugleich zentrales) Problem der V. besteht in der Unterscheidung sinnotwendiger oder obligatorischer Satzglieder oder Ergänzungen und freier Bestimmungen oder Angaben, da die sowohl inhaltlich als auch grammatisch-kategorial unreflektierte Unterscheidung Tesnières nach →Aktanten und →Circonstants sich als nicht praktizierbar erweist (Tesnière setzt die Aktanten als Subjekte und Objekte mit den Funktionen des Substantivs, die Circonstants mit den Adverbien und adverbiellen Bestimmungen gleich, d. h. daß im Satz *Claudia wohnt in Köln* ›in Köln‹ nicht als notwendige Ergänzung, sondern als freie Angabe zu klassifizieren wäre.

Im ganzen wird sichtbar, daß man das Phänomen der Valenz bzw. das Problem, wie ein Prädikat als gesättigtes beschrieben werden kann, mit syntaktischen (und distributionellen) Kriterien nicht hinreichend zu erfassen vermag. Die Beschreibung der Abhängigkeitsstruktur von Sätzen ist für Brinker (1972, 1977) nur vor dem Hintergrund eines semantisch bzw. inhaltssyntaktisch orientierten Valenzmodells möglich, bei dem nicht die grammatische Akzeptabilität, sondern der semantische Wert des Gesamtsatzes die entscheidende Rolle spielt. Im Satz *Hans hat in Werner seinen Freund gesehen* ist ›in Werner‹ *semantemkonstitutiv,* weil seine Eliminierung zu einer Änderung des semantischen Werts des Gesamtsatzes führen würde. Stötzel (1970) hatte aus empirischen Gründen eine Valenzanalyse des Inhalts und des Ausdrucks gefordert. Helbig (1971 – Beiträge) unterschied zwischen den Ebenen der logischen Valenz, der semantischen Valenz und der strukturellen Valenz. In einem späteren Aufsatz (Helbig 1976) wird unterstrichen, daß viele syntaktische Phänomene ohne semantische Basis nur oberflächlich erfaßt werden können. Die Festlegung der syntaktischen Umgebung eines Verbs genüge nicht; die semantischen Merkmale der Umgebung in Verbindung mit den semantischen Merkmalen des Valenzträgers lassen hinter der syntaktischen Valenz die logisch-semantische Valenz sichtbar werden. Dabei stelle sich allerdings die Frage nach dem Zusammenhang beider Ebenen, die keineswegs als isomorph, sondern eher als sich gegenseitig ergänzend anzunehmen sind.

Als Tendenzen neuerer Arbeiten zur V. erkennt Helbig im Anschluß an Stepanova (1973) Bemühungen zur Ausweitung des Valenzbegriffs auf die logisch-semantische Ebene und die Einbeziehung anderer Wortarten in die Valenzkonzeption (Valenz des Substantivs, des Adjektivs, der Adverbien, Präpositionen usw.). Das Problem liege darin, daß weder syntaktische Oberflächen semantisch auf lineare Weise interpretiert, noch semantische Tatbestände syntaktifiziert werden dürften. Es komme darauf an, den Weg von der semantischen Seite her neu zu gehen und dabei zu prüfen, wie Semantisches und Syntaktisches zueinander stehen.

Eine in der V. immer wieder neu auftretende Fragestellung ist das Problem, ob bei sogenannten zusammengesetzten Prädikaten vom Typ *ist klug, ist dankbar* usw. das kopulative Verb allein oder das gesamte Prädikat (*ist* = Kopula, *klug* = prädikatives Adjektiv) als Valenzträger anzusetzen ist (Helbig 1976) bzw. ob das Prädikativum wirklich ein selbständiges Satzglied ist (Erben 1978). Es ist nicht ohne Interesse, daß Helbig gegenüber G. Starke (1973) und Erben gegenüber Starke und G. Seyfert (1976) die Valenzeigenschaft der Kopula mit Hilfe strukturalistisch-paradigmatischer und syntaktischer Argumente verteidigen. Tesnière hatte als verbalen Knoten bzw. Valenzträger ›ist klug‹ angesetzt. Seyfert (1976) vertritt die Ansicht, daß das Prädikativum die Bedeutung des Prädikats begründet, da die →Kopula keine konstante bzw. nur relationale Bedeutung hat (s. auch →Ist-Prädikation).

Vgl. →Valenz, Verb; Ergänzung, Ergänzung und Angabe; Dependenz, Dependenzgrammatik.

Andresen H., Ein methodischer Vorschlag zur Unterscheidung von Ergänzungen und Angaben im Rahmen der Valenztheorie. DS 1; 1973. Arbeitsgruppe Marburg: Aspekte der Valenztheorie. DS 1; 1973. Baumgärtner K., Konstituenz und Dependenz. In: Steger H., Hrsg., Vorschläge für eine strukturale Grammatik des Dt. 1970. Brinker K., Modelle und Methoden der strukturalistischen Syntax. 1977. Erben J., Dt. Grammatik. [12]1980. Götze L., Valenzstrukturen dt. Verben und Adjektive. 1979. Greule A., Hrsg., Valenztheorie und historische Sprachwissenschaft. 1982. Happ H., Grundfragen einer Dependenzgrammatik des Lateinischen. 1976. Ders., Théorie de la valence et enseignement du français. Le français moderne 46; 1978. Helbig G., Zum Status der Valenz und der semantischen Kasus. DaF 16; 1978. Heringer H. J., Theorie der dt. Syntax. [2]1973. Latour B., Zur didaktischen Anwendbarkeit der Valenztheorie. Jahrbuch Deutsch als Fremdsprache 4. 1978. Pape S., Bemerkungen zu einigen Grundbegriffen der Valenztheorie. In: Schumacher H., Hrsg., Untersuchungen zur Verbvalenz. 1976. Pinborg J., Die Entwicklung der Sprachtheorie im Mittelalter. 1967. Projektgruppe Valenztheorie, Hrsg., Konzeption eines Wörterbuchs dt. Verben. 1978. Schmidt P., Gebrauchstheorie der Bedeutung und Valenztheorie. 1985. Seyfert G., Zur Theorie der Verbgrammatik. 1976. Starke G., Satzmodelle mit prädikativem Adjektiv im Dt. DaF 10; 1973. Zifonun G., Über die Unverträglichkeit verschiedener Valenzbegriffe und ihre Verwertbarkeit in semantischen Beschreibungen. ZDL 2, 1972. Schmidt P., Gebrauchstheorie der Bedeutung und Valenztheorie. 1985.

Valenzwörterbuch. Spezieller Typ des Wörterbuchs mit einführenden Erläuterungen und alphabetischer Anordnung der Einträge, z. B. der gebräuchlichsten Verben. Angeboten werden Informationen zur Wertigkeit, zur syntaktischen Kombinierbarkeit und zur morphosyntaktischen Struktur der Kombinationen (Zahl, grammatische Charakteristik, Selektionsmerkmale der Mitspieler).

Engel U. Schumacher H., Kleines Valenzlexikon dt. Verben. [2]1978. Helbig G. Schenkel W., Wörterbuch zur Valenz und Distribution dt. Verben. [6]1982. Kotschi Th., Zu einem neuen Valenzlexikon der frz. Verben. ZRPh 95; 1979. Sommerfeldt K.-E. Schreiber H., Wörterbuch zur Valenz und Distribution der Substantive. [2]1980. Sommerfeldt K.-E. Schreiber H., Wörterbuch zur Valenz und Distribution dt. Adjektive. [3]1983. Zöfgen E., Verbwörterbücher und Verbvalenz im Französischunterricht. LuD 49/50; 1982. Rall D. u. a., Diccionario de valencías verbales. Alemán-Español. 1980.

Varianten →Sprachvariation; →fakultative V., kombinatorische V.

Velarisierung. 1) Im Gegensatz zur →Palatalisierung die Erhärtung von Konsonanten. 2) Die Assimilationserscheinung, daß helle Vokale (e, i usw.) nach velaren Konsonanten verdumpft und gesenkt werden. Vgl. →Assimilation.

Veranlassungsverb →Faktitivum

Verb [verb, verbe, glagol] (lat. *verbum* < ῥῆμα = Rede, Wort, Ausspruch). *Zeitwort, Tätigkeitswort.* Konjugierbare Wortart, die als →finite Verbform Markierungen für die Kategorien Person, Numerus, Tempus, Genus und Modus trägt, einer →Aktionsart angehört und (besonders in den slav. Sprachen) die Kategorie des →Aspekts ausgebildet hat.

Das idg./ieur. V. repräsentiert nach z. T. älterer, vor allem aber neuerer Auffassung die wichtigste Wortart. Das V. verfügt über den größten Formen- und Funktionsreichtum; es ist das satzbildende Wort, der strukturelle Kern, das eigentliche Zentrum des Satzes (Glinz). Das V. spielt im Satz die entscheidende Rolle; es bestimmt kraft seiner →Valenz dessen Struktur. Von der Valenz oder Wertigkeit des V. hängt es ab, wieviele →Ergänzungen im Satz auftreten. V. eröffnen Leerstellen um sich; sie fordern bestimmte →Mitspieler (Erben). Es gibt einwertige V. (_____ schläft), zweiwertige V. (_____ liest _____), dreiwertige V. (_____ schenkt _____ _____), vierwertige V. (*Sie* schüttete *ihm den Wein ins Gesicht*).

Aus psycholinguistischer Sicht (Engelkamp 1974) bestimmt das V. die Rollen, die die Nominalphrasen im Satz spielen, und ihre semantischen Merkmale bzw. allgemeinen Bedeutungen, z. B. »schneiden«: *Agens* (+ Menschlich), *Patiens* (das Brot), *Instrument* (mit dem Messer). Die Rollen bzw. Argumente im Satz sind von der Kenntnis des Verbs her in allgemeiner Form voraussagbar; das Verb impliziert seine Argumente (vgl. →Prädikat-Argument-Struktur, Proposition, Kasusgrammatik). Das V. vermittelt zwischen Wort- und Satzebene (s. auch →Satzbedeutung, Verbgrammatik).

Vgl. →finite Verbform, Zweitstellung des finiten Verbs, Satzklammer, Funktionsverbgefüge; Rektion, Valenz, Valenzwörterbuch; Kopula.

Anderson W. E., Das englische Verb. 1972. Ballmer Th., Struktur des dt. Verbwortschatzes. 1980. Ballmer Th. Brennenstuhl W., Deutsche Verben. 1985. Bierwisch M., Grammatik des dt. Verbs. [5]1967 (Studia Grammatica II). van der Elst G., Verbsemantik. 1982. Erben J., Dt. Grammatik. Ein Abriß. [12]1980. Engelkamp J., Psycholinguistik. 1974. Glinz H., Der deutsche Satz. [4]1965. Naumann F., Die Sinneinheit des Satzes und das idg. Verbum (1929). In: Moser H., Hrsg., Das Ringen um eine neue dt. Grammatik. [2]1969. Schumacher H., Hrsg., Untersuchungen zur Verbvalenz. 1976.

Verbalaspekt →Aspekt

verbale Klammer →Satzklammer, Ausklammerung

verbale Planung. Auch: verbale Planungsstrategie *(verbal planning function).* Nach Miller/Galanter/Pribram ist ein *Plan* ein hierarchischer, die Sequenz von Operationen steuernder Prozeß im Organismus – das, was für einen Computer das Programm ist (vgl. →Algorithmus). Die v. P. erscheint bei Sprachereignissen als organisierendes Prinzip, das den auf mehreren Ebenen zugleich ablaufenden Prozeß der Spracherzeugung erklären soll (motorischer Plan, grammatischer Plan). Der Sprecher weiß das eben Gesagte, aber auch das, was er noch sagen will: »Er entwickelt den Satz nach einem zukünftige Ereignisse vorwegnehmenden Plan« (Hörmann, S. 267). Nach Goldman-Eisler weisen Sprechtempo und Sprechpausen darauf hin, daß während des Sprechens Information nach einer bestimmten v. P. erzeugt wird; Sprechpausen sind die Phasen der v. P. und Selektion.
Vgl. →Sprachproduktion, innere Programmierung; Sprechpause.

Hörmann H., Psychologie der Sprache. ²1970/1977. Miller G. Galanter E. Pribram K., dt. Pläne und Strukturen des Verhaltens. 1973.

Verbalphrase [verbal phrase, syntagme verbal]. Eine Wortgruppe, bzw. ein Syntagma, das aus einem Verb (mit seinem Objekt) besteht, das in der Regel zusammen mit der →Nominalphrase den Satz konstituiert (S →NP + VP).
Vgl. →Phrase, Konstituentenanalyse.

König E. Nickel G., Transformationelle Restriktionen in der Verbalsyntax des Engl. und Dt. In: Moser H., Hrsg., Probleme der kontrastiven Grammatik. 1970. Streadbeck A. L., Generation and transformation of German verb phrases. Linguistics 44; 1968.

Verbgrammatik. Nach U. Engel (1972) eine Grammatik, die den einfachen Verbalsatz (im Gegensatz zu Grammatiken, die den Satz im ersten Schritt nach Subjekt und Prädikat teilen) als Konstrukt aus dem regierenden Verb und den durch das Verb selegierten Objekten erklärt. Dabei erlangt das Verb bzw. die Kategorie des Verbs als strukturelles Zentrum oder als Zentralknoten des Satzes eine Sonderstellung und den Status des einflußreichsten Elements. Die besondere Position des Subjekts, das den gleichen Rang wie die Objekte/Ergänzungen des Verbs erhält, ist aufgehoben: das Verb selegiert die Person- und Numeruskennzeichnungen des Subjekts einerseits sowie Anzahl und Ort der Objekte andererseits.
Eine V. muß nicht notwendig eine →Dependenzgrammatik sein; sie ist auch als Konstituentenstrukturgrammatik möglich (vgl. Heringer ²1973). In einem umfassenderen Sinn können die Grammatiken von H. Glinz, J. Erben und P. Grebe Verbgrammatiken oder zumindest

verborientierte Grammatiken genannt werden; eine Sonderstellung in diesem Rahmen nimmt die ausführlich darstellende Grammatik von H. Brinkmann ein, in der die besondere Position des Subjekts unterstrichen wird. (Zum Gedanken der Prävalenz des Verbs im Satz in der Geschichte der Grammatiktheorie vgl. Stötzel 1970, Pinborg 1967, Baum 1976, Erben 1978.) Die Wahl für eine am Prinzip der →Dependenz orientierte V. kann durch semantische Überlegungen motiviert sein, wenn eine syntaktisch und lexematisch aspektuierte Semantik auf diese Weise in die Syntax integrierbar wird. Dabei wird ›Dependenz‹ nicht als Komplement der Konstituenz aufgefaßt, sondern als deren Alternative (vgl. →Konstituenz und Dependenz). Die als Vorkommensrelation bzw. als wenn-dann-Relation verstandene Dependenz führt zur Erzeugung von Konstrukten, wenn der erste Term gesetzt ist (vgl. auch →generative Dependenzgrammatik).
Wenn ›Dependenz‹ im Anschluß an Baumgärtner als rigorose Verallgemeinerung des Rektionsbegriffs verstanden wird, bei der Linearität und Morphologie außer acht bleiben, erfaßt die Dependenzrelation die Beziehungen zwischen dem Prädikat und seinen Komplementen; ihre Domäne ist die Proposition mit der Prädikation und den Referenzbeziehungen der nominalen Glieder. Dependenzen verbinden Prädikate und Argumente zu Propositionen; gegenüber den syntaktischen Regeln der Konstituenz sind die Regeln der Dependenz semantische Regeln.
Seyfert (1976), der philosophische, logische und linguistische Semantik zu verbinden sucht, nimmt an, daß der Verbbestand einer Sprache alltägliches Problembewußtsein in dem Sinne reflektiert, daß Verben als Urteile in bezug auf bestimmte Problemlagen aufgefaßt werden können. ›Valenz‹ (bzw. Ergänzungs- oder Sättigungsbedürftigkeit des Verbs) erscheine als grammatisch-syntaktischer Reflex auf die gedankliche Erfassung einer Situation oder Problemlage; die Dependenzen des Verbs sind die semantischen oder gedanklichen Ursachen für die mögliche Verbindung von Nominalphrasen mit einem bestimmten Verb. Wesentlicher Bestandteil einer V. sind daher die referentiell zu interpretierenden →Selektionsbeschränkungen. Die Arbeitsgruppe Marburg (1973, S. 39) hatte bei der Frage nach der Motivation von Valenzstrukturen die Möglichkeit erwogen, syntagmatische Regularitäten mit historisch-sozialen Prozessen in Zusammenhang zu bringen, u. zw. in dem Sinne, daß sozial begründete Handlungsweisen und entsprechend ausdifferenzierte sprachliche Subsysteme sich prinzipiell auch in deren syntagmatischen Regularitäten auffinden lassen müßten, da »bestimmte, in einer Sprache aufgrund

der semantischen Kompatibilitätsregeln erlaubte Wortkombinationen konventionalisiert und schließlich als muß- oder darf-nicht-Regularitäten fixiert werden können«.
Vgl. →Valenz, Valenztheorie, Verb, Dependenzgrammatik; Ergänzung und Angabe.

Arbeitsgruppe Marburg: Aspekte der Valenztheorie. DS 1, 1973. Baum R., Dependenzgrammatik. Tesnières Modell der Sprachbeschreibung in wissenschaftsgeschichtlicher und kritischer Sicht. 1976. Baumgärtner K., Konstituenz und Dependenz. In: Steger H., Hrsg., Vorschläge für eine strukturale Grammatik des Deutschen. 1970. Bierwisch M., Grammatik des deutschen Verbs. 1964. Christier H., Kritische Anmerkungen zur Vergleichbarkeit unterschiedlicher Verbbegriffe am Beispiel der Modelle von Helbig/Schenkel und Fillmore. LB 16; 1971. Erben J., Über ›Kopula‹-Verben und ›verdeckte‹ (kopulalose) Ist-Prädikationen, zugleich ein Beitrag zur Theorie der Valenz und ihrer Geschichte. In: Moser H. u. a., Hrsg., Deutsche Sprache: Geschichte und Gegenwart (Festschr. F. Maurer). 1978. Engel U., Bemerkungen zur Dependenzgrammatik. In: Neue Grammatiktheorien und ihre Anwendung auf das heutige Deutsch. 1972 (Sprache der Gegenwart 20). Ders., Verbgrammatik und Wortstellung. Ein Vorschlag zur Formalisierung. DS 6; 1978. Fillmore Ch., Lexical entries for verbs. FL 4, 1968. Heringer H. J., Theorie der deutschen Syntax. [2]1973. Pinborg J., Die Entwicklung der Sprachtheorie im Mittelalter. 1967. Logik und Semantik im Mittelalter. 1972. Seyfert G., Zur Theorie der Verbgrammatik. 1976.

Verbum finitum →finite Verbform

Verbum substantivum. Das Verb *sein (to be, être, est')*. Vgl. →Suppletivformen, Kopula, Ist-Prädikation.

Verfremdung [frz. distorsion, russ. priem ostranenija]. Nach Šklovskij ein überall gegenwärtiges Prinzip der schöpferischen Literatur, nach dem der Dichter sich weigert, die bekannten Gegenstände routinehaft zu erkennen (*Unsere Wahrnehmung der Welt ist ausgezehrt; geblieben ist das bloße Erkennen* – Erlich, dt. S. 195), und das Objekt in die *Sphäre neuer Wahrnehmung* verlegt, es aus seinem gewohnten Zusammenhang reißt. Damit werden Wortklischees und leere Redensarten aufgegeben; schöpferische Deformation zwingt, die Dinge mit wacherem Bewußtsein und schärferer Wahrnehmung aufzunehmen. Als Konsequenz der V. ergibt sich für Dubois u. a. (S. 34), daß poetische Sprache nur sich selbst kommuniziert.
Vgl. →Textstruktur.

Dubois J. u. a., dt. Allgemeine Rhetorik. 1974. Erlich V., dt. Russischer Formalismus. 1964. Šklovskij V., O teorii prozy. [2]1929; dt. Theorie der Prosa. 1966.

vergleichende Sprachwissenschaft. 1) Im Sinne von historisch-vergleichender S. vgl. →genetische Sprachverwandtschaft, Komparatistik, Indogermanistik. 2) Als allgemein-vergleichende S. vgl. →Universalien, Sprachtypologie. S. auch →kontrastive Grammatik.

Verkettung [concatenation, concaténation, cočlenie/sceplenie]. 1) Im Sinne von Satzverknüpfung in der Textlinguistik (vgl. →Satzverflechtung, Satzzusammenhang). 2) a) Die lineare Aneinanderreihung von Zeichen (+, ⌒), die Operation, die zu Ketten führt (vgl. →Ersetzungsregeln, Expansionsregeln), eine eindeutige, asymmetrische, zweistellige Relation, eine Verknüpfung im strengen Sinne der Algebra. b) Die →Kette oder das Verkettungsgebilde, »das Ergebnis der Operationen, die den Ersetzungsregeln entsprechen, welche über das betreffende Vokabular definiert sind« (Bechert u. a. 1970, S. 41). 3) Bei Weinreich die Operation *(linking)* zur Bildung einer ungeordneten Menge (vgl. →cluster).

Bechert J. u. a., Einführung in die generative Transformationsgrammatik. 1970. Curry H. B., Foundations of mathematical logic. 1963. Heringer H.-J., Formale Logik und Grammatik. 1972.

Verkettungstypen. Typen von textkonstitutiven pronominalen Verkettungen und →syntagmatischen Substitutionen. Im Rahmen seiner Phänomenologie der pronominalen Verkettung stellt R. Harweg eine stark untergliederte Klassifikation von V. auf, deren Hauptgruppen durch »Typen zweigliedriger pronominaler Verkettung« und »Typen vielgliedriger pronominaler Verkettung« gebildet werden. Berücksichtigt werden u. a. Fälle wie *ein Postbote: der (dieser) Briefträger; eine Frau: die (diese) Frau; ein Strohhalm: dies Wunderwerk des Baumeisters Natur; ein Hammer: das Werkzeug; München: die Stadt* (ontologisch begründete System-Similaritäts-Substitution); *ein Knabe: er (dieser); A. schläft: B. tut das auch* (homosyntaktischer Substitutionstyp).
Vgl. →Wiederaufnahme, Pro-Form, pronominale Verkettung.

Harweg R., Pronomina und Textkonstitution. 1968. Petöfi J. S., Transformationsgrammatiken und eine ko-textuelle Texttheorie. 1971.

Vernersches Gesetz [Verner's law, zakon Vernera]. Besonderheit bzw. Ausnahmegesetz der 1. →Lautverschiebung, in der die idg./ideur. stammschließenden p, t, k regelmäßig zu f, þ, x verschoben wurden. Dieser Vorgang trat jedoch nur ein, wenn die unmittelbar voraufgehende Silbe den Akzent trug (»Jedes innere þ ist zu ð geworden, außer wenn der auf dem vorausgehenden Vokal stehende Akzent dem entgegenstand« – Saussure, dt. ²1967, S. 174). Dem regelmäßigen *frater* > *brōþar* steht *pater* > *fadar* gegenüber, *nepos* > *nefo* – *septem* > *sibun* (die weitere Verschiebung zum stimmhaften Reibelaut usw. erfolgte, weil der ideur. (dynamische) Wortakzent hinter dem Reibelaut lag). – Verner erklärte das Ausnahmegesetz durch den auf die Akzentgruppe wirkenden höheren Luftdruck. Hentrich (1921) beobachtete auch in heutigen Sprachen ähnliche Vorgänge. v. Essen (1940) konnte die Wirksamkeit des V. G. im modernen Litauisch nachweisen.

v. Essen O., Allgemeine und angew. Phonetik. ⁵1979. Sprachphysische Gesetzmäßigkeiten und ihre Bedeutung für den Lautwandel. IF 1940. Hentrich K., Zum Vernerschen Gesetz. PBB 1921. Roth E., Das Vernersche Gesetz in Forschung und Lehre. 1974. Tschirch F., Geschichte der dt. Sprache. 1. ²1971. Verner K., Eine Ausnahme der ersten Lautverschiebung. KZ 33; 1877.

Verschiebeprobe. Auch: Umstellprobe. →Probe bzw. →Operation, die die Reihenfolge (die lineare Anordnung) von Wörtern bzw. Wortgruppen im Satz verändert. Durch die V. läßt sich die (feste) Zweitstellung der →finiten Verbform (Achsenstellung) im Hauptsatz, ihre Endstellung im Nebensatz und Spitzenstellung im Frage- oder Befehlssatz des Dt. gut veranschaulichen. Glinz verwendete die V. als Verfahren zur Ermittlung von →Satzgliedern mit dem Ergebnis, daß nur solche Einheiten als Satzglieder zu betrachten sind, die im Satz verschoben werden können. Bierwisch (1963) und Neumann (1967) haben gezeigt, daß die V. dazu als alleiniges Kriterium nicht ausreicht. Engel (1970, S. 366, Anm. 17) hält die V. als Methode zur Satzgliedermittlung für ungeeignet.
Vgl. →Permutation, Operationen.

Bierwisch M., Grammatik des dt. Verbs. Studia Grammatica. 2. 1963. Engel U., Die dt. Satzbaupläne. WW 6, 1970. Glinz H., Die innere Form des Dt. ⁴1964. Der dt. Satz. ⁴1965. Neumann W., Rezension: Jung W., Grammatik der dt. Sprache (1966). ZPSK 4, 1967.

Verschlußlaut →Artikulation, artikulatorische Phonetik

Verständigung. Ein Prädikat mit drei Argumentstellen: *A* verständigt sich mit *B* über *X* durch Sprechen; dabei muß die kommunikative Intention von mindestens zwei Personen aufeinander gerichtet sein (Ungeheuer 1974, S. 8ff.). Sprachliche V. setzt voraus, daß der Empfänger die Äußerung des Sprechers/Schreibers als einen Akt des Meinens auffaßt (Hörmann 1981, S. 27f.). V. wird möglich bei Übereinstim-

mung wechselseitiger Erwartungen; dabei kann es zur Entstehung von Erwartungsmustern im Sinne von Konventionen kommen (Lewis).
Vgl. →Kommunikation, Erwartung.

Hörmann H., Einführung in die Psycholinguistik. 1981. Lewis D., dt. Konventionen. 1975. Ungeheuer G., Was heißt Verständigung durch Sprechen? In: Gesprochene Sprache. 1974 (Sprache der Gegenwart, Bd. 26).

Verständlichkeit. Die Stimulanz, Einfachheit und Übersichtlichkeit, Kürze und Prägnanz von Texten. Eigenschaft gesprochener und geschriebener Texte im Hinblick auf bestimmte Hörer oder Leser. Jeder Sprecher/Schreiber geht von Annahmen über seine Adressaten aus und wählt geeignete textorganisierende Formen und sprachliche Mittel, um seine Wirkungsabsichten zu realisieren. V. gibt es nie an sich, denn ein Text ist verständlich für einen Empfänger in einem bestimmen Maße. Dennoch kann man sagen, daß für die V. von Texten Bedeutung haben 1) Motivation (Thema, Aufmachung usw.), 2) Vorwissen, 3) Wortwahl, 4) Sprachstil (offiziell, persönlich), 5) Berücksichtigung sprachlicher Variation, 6) Satzkomplexität, 7) Textgliederung (Übersichtlichkeit, Kohärenz). V. ist nicht durch konsequente Vereinfachung zu gewährleisten, da diese auch als aufdringlich oder langweilig empfunden werden kann, weil sie nicht aktiviert, Interesse und Spannung schafft. – V. als Super-Norm (der Verständigung) läßt sich in der Regel nur durch Befolgen der orthoepischen, orthographischen u. a. Einzelnormen erfüllen.
Vgl. →Lesbarkeit; Werbesprache.

Ballstaedt St. P. u. a., Texte verstehen, Texte gestalten. 1981. Bartsch R. Vennemann Th., Grundzüge der Sprachtheorie. 1983. Deutsche Akademie für Sprache und Dichtung, Hrsg., Der öffentliche Sprachgebrauch. Bd. 1: Die Sprachnorm-Diskussion in Presse, Hörfunk und Fernsehen. 1980. Heringer H. J., Verständlichkeit. Ein genuiner Forschungsbereich der Linguistik. ZGL 7; 1979. Ders., Textverständlichkeit. Leitsätze und Leitfragen. Lili 14; 1984. Schefe P., Zur linguistischen Validität und Konsistenz von Verständlichkeitsformeln. LB 25; 1973. Augst G., Fachsprache, Textverständlichkeit, Textproduktion. DU 35; 1983.

Verstehen [understanding]. Sinnerfassen, Begreifen, etwas in einem Zusammenhang erkennen, es unter etwas Allgemeineres subsumieren, aus sinnlich gegebenen Zeichen ein Inneres erkennen (Dilthey). Nach Ingarden (1968) wird ein Text verstanden, wenn man den Sinn des (gelesenen) Textes denkt: Man entnimmt ihn sozusagen dem Text und verwandelt ihn in die aktuelle Intention seines eigenen Denkaktes, in eine Intention, die mit der im Text vorliegenden Wort- bzw. Satzintention identisch ist (S. 30f.).

Aus syntaktischer Sicht beruht das V. eines Satzes auf dem Erkennen seiner Struktur. Semantisch ist V. das Erkennen und Begreifen eines Sachverhalts oder Sachzusammenhangs. Aus pragmatischer Sicht ist sprachliches V. an die Bedingungen des Handlungsverstehens gebunden. In neueren Handlungstheorien und pragmatischen Bedeutungstheorien kann der Begriff des V. den (mentalistischen, z. T. auch essentialistisch geprägten) Begriff der Bedeutung vertreten. ›V.‹ wird operationistisch bestimmt (Verstanden hat jemand (etwas), wenn er eine geforderte Handlung regelgemäß ausführt, wenn er etwas erklären kann usw.) oder an den Intentionsbegriff gebunden: V. ist das Konstruieren oder Rekonstruieren der Intentionalität des Sprechers/Schreibers (*Intentionalität unter einer Beschreibung* – Anscombe, v. Wright). Intendiertes kann schon vor dem Sprechen verständlich sein (z. B. beim Spracherwerb des Kindes in einem Handlungsrahmen); Intentionalität bei Sprecher und Hörer kann Gesprochenes transparent machen.

Nach v. Humboldt ist die Anregung von außen Anlaß zur Entfaltung des Eigenen. Das V. ist kein spiritualistisches Verpflanzen eines fertigen Gedankens aus einem Kopf in einen anderen, sondern ein schöpferisches Nachgestalten eines Gedankens in Verbindung mit den von außen erhaltenen lautlichen Signalen; Laute schlagen nur die Tasten an und setzen das geistige Instrument in Bewegung. Je nach Wissensumfang, persönlicher Erfahrung und verschiedenen anderen Faktoren verläuft dieser Prozeß individuell auf spezifische Weise: Das V. ist eine Tätigkeit des Verstandes, in der der wahrgenommene Text vollständig verarbeitet und auf bereits gewonnene Erfahrungen bezogen wird. – Aus der Sicht der →kognitiven Psychologie steuert Sprache unser Bewußtsein. Eine Äußerung *enthält* bzw. *vermittelt* keine Information; der Hörer oder Leser *schafft,* durch sprachliche Signale geleitet, Information (vgl. →Hörverstehen, Lesen, Sprachrezeption).

Nach Wittgenstein sind gesprochene und geschriebene Ausdrücke Luftschwingungen oder Tintenmengen auf Papier. Diese toten Gebilde werden bedeutungsvoll, indem ihnen ›Geist eingehaucht‹ wird, d. h. daß Sprecher, Hörer oder Leser mit ihnen geistige Akte verbinden bzw. gedankliche Leistungen vollziehen. Das Bild jedoch, daß Sprechen, Schreiben usw. physische Prozesse darstellen, die von parallelen (privaten) psychischen Prozessen begleitet werden, ist falsch: Da die Grammatik von ›denken‹, ›meinen‹, ›verstehen‹ die gleiche ist wie die von ›gehen‹, ›betrachten‹ usw., läßt uns die Sprache auch hinter ihnen eine körperliche Tätigkeit vermuten, die wir jedoch nicht vorfinden und sie dann als ›geistige Tätigkeit‹ bezeichnen, indem wir sie als eine Art Schattenwelt hinter der Welt des Körperlichen erfinden (Phil. U., 36). Im ganzen jedoch ist das Problem des V. komplex, da es viele Gebrauchsweisen des Wortes *verstehen* gibt. Richtiges V. ist weder beim Lehrenden noch beim Lernenden oder bei einem Dritten zu garantieren:

Wenn man aber sagt: ›Wie soll ich wissen, was er meint, ich sehe ja nur seine Zeichen‹, so sage ich: ›Wie soll er wissen, was er meint, er hat ja auch nur seine Zeichen‹ (Phil. Untersuchungen, 504).

Als Auffassungen bzw. Theorien des V. lassen sich behavioristische, phänomenologische, sprachanalytisch-alltagssprachliche, hermeneutische und handlungstheoretische Konzeptionen unterscheiden (vgl. auch Lay 1973, S. 213ff.). V. wird als *hermeneutischer* bzw. methodologischer und wissenschaftstheoretischer Grundbegriff der Geistes- und Sozialwissenschaften dem Begriff der →Erklärung als Grundbegriff der Naturwissenschaften gegenübergestellt. Dabei erhält der V.-sbegriff die Züge *einmalig/individuell, frei, final-intentional, einfühlend* und der Erklärungsbegriff die Merkmale *allgemein, notwendig, kausal, objektivierend* zugeordnet. Aus wissenschaftslogischer Sicht wird dem V. oft nur eine pragmatisch-heuristische Funktion zuerkannt. Eine neuere Diskussion zur Erklären-Verstehen-Problematik wurde im Rahmen der sprachanalytischen Philosophie u. a. durch v. Wrights Arbeit *Explanation and understanding* (1971; dt. 1974) eingeleitet (s. dazu auch →Handlung, Handlungstheorien, Verstehen und Erklären).

Vgl. →Bedeutung, Interpretation, Textverarbeitung; Erklärung.

Apel K.-O., Das Verstehen. Archiv für Begriffsgeschichte 1. 1955. Ders. u. a., Hrsg., Neue Versuche über Erklären und Verstehen. 1978. Ders., Die Erklären-Verstehen-Kontroverse in transzendentalpragmatischer Sicht. 1979. Aust H., Lesen. Überlegungen zum sprachlichen Verstehen. 1983. Dillon G. L., Language processing and the reading of literature. Towards a model of comprehension. 1978. Hörmann H., Meinen und Verstehen. 1976. v. Humboldt W., Werke in 5 Bänden (hrsg. von A. Flitner und K. Giel). Bd. 3. Schriften zur Sprachphilosophie. [3]1969. Ingarden R., Vom Erkennen des literarischen Kunstwerks. 1968. Lay R., Grundzüge einer komplexen Wissenschaftstheorie. Bd. 2. 1973. Meggle G., Eine kommunikative Handlung verstehen. In: Grewendorf G., Hrsg., Sprechakttheorie und Semantik. 1979. Winch P., The idea of social science. 1958; dt. Die Idee der Sozialwissenschaft und ihr Verhältnis zur Philosophie. 1966. Wittgenstein L., Philosophische Untersuchungen. In: Schriften I. 1960. v. Wright G. H., Erklären und Verstehen. 1974. Ziff P., Understanding understanding. 1972. Dretske K. I., Knowledge and the flow of information. 1983. Engelkamp J., Hrsg., Psychologische Aspekte des Verstehens. 1984.

Verstehen und Erklären. Das alltägliche, mit der Sprache und der normalen Lebenswelt gegebene Verstehen sowie das hermeneutisch geleitete Verstehen und dessen methodische Rekonstruktion als methodologisches Paradigma der Geistes- und Sozialwissenschaften einerseits und das deduktiv-nomologische und auf Kausalität gegründete Paradigma des Erklärens in den Naturwissenschaften andererseits. Beide Paradigmen können sich als durchaus miteinander vereinbar erweisen.

Vgl. →Handlung, Intention, Interpretation; Erklärung; Verstehen.

Hornstein N. Lightfoot D., Hrsg., Explanation in linguistics. 1981. Wuchterl K., Methoden der Gegenwartsphilosophie. 1977.

Vertextungstypen. Begrenzte Anzahl von Typen, nach denen Sätze zu Texten verbunden werden können. Nach Isenberg ist ein endlicher (generativer) Mechanismus anzunehmen, der eine potentiell unendliche Menge von Texten erzeugt. Den V. liegen semantische Beziehungen zwischen (zwei) aufeinander folgenden Sätzen zugrunde. Solche V. sind

1) Thematisierung nicht-neuer Gegenstände (In der Garage stand ein Auto. Der Wagen war frisch lackiert).
2) Kausalanknüpfung (Die Lampe brennt nicht. Die Stromleitung ist unterbrochen).
3) Motivanknüpfung (Hans ist in den Keller gegangen. Er will Kohlen holen).
4) Diagnostische Interpretation (Es hat Frost gegeben. Die Heizungsröhren sind gesprungen).
5) Spezifizierung (Gestern ist ein Unglück geschehen. Peter hat sich den Arm gebrochen).
6) Metasprachliche Einordnung/Metathematisierung (Mein Bruder hat sich einen Anzug gekauft. Peter ist die Treppe heruntergefallen. Meine Tante hat sich den Arm gebrochen. Dies alles erfuhr ich gestern morgen).
7) Temporalanknüpfung (Peter verließ um 3 Uhr das Haus. Dann klingelte es, und ein Mann kam herein).
8) Anknüpfung von Voraussetzungen (Der Junge ist ins Kino gegangen. Irgend jemand hat ihm Geld gegeben).
9) Adversative Kontrastierung (Peter ist ein netter Mensch. Sein Bruder dagegen ist ein Lügner).
10) Frage-Antwort-Korrespondenz (Was hast du gestern abend gemacht? – Ich bin ins Kino gegangen).
11) Vergleich (Peter hat einen langen Mantel. Einen etwas längeren Mantel besitzt sein Bruder).
12) Korrektur von vorerwähnten Aussagen (Hans hat Maria gesehen. – Nein. Peter hat Maria gesehen).

Vgl. →Satzverflechtung, Transphrastik; Text.

Isenberg H., Motivierungen zur Texttheorie. Replik 2, 1968 (Berlin). Überlegungen zur Texttheorie. In: Ihwe J., Hrsg., Literaturwissenschaft und Linguistik. Bd. 1. 1971. Ders. Text versus Satz. In: Daneš F. Viehweger D., Hrsg., Probleme der Textgrammatik II. 1977 (Studia Grammatica XVII).

Verweisformen. Textkonstituierende anaphorische und kataphorische Formen. Vgl. →Anapher, Katapher; Textverweis, Textphorik.

Kallmeyer W. u. a., Lektürekolleg zur Textlinguistik. 1. ³1980.

Vibrant. Schwing- oder Zitterlaut. Laut, der durch Vibration von Lippen, Zungenspitze oder Zäpfchen erzeugt wird, z. B. gerolltes [r].

visible speech [langage visible, vidimaja reč]. Schallsichtverfahren, Sichtbarmachung des akustischen Kontinuums, bei Bell (1864, 1867) durch einfache →Transkription, in den Bell-Laboratorien durch Sonagramme, in anderen Verfahren durch Leuchtschrift usw.; allgemein jedes System, das eindeutig umkehrbare Zuordnungen akustischer Erscheinungen zu visuellen Darstellungen erlaubt. Die verschiedenen Verfahren zur Visualisierung des Sprechkontinuums haben sich als unentbehrliche Hilfsmittel der modernen Phonetik und des Gehörlosenunterrichts erwiesen. Bei geeigneter Darstellung können positive Entsprechungen zwischen →artikulatorischer und akustischer Phonetik gezeigt werden (vgl. dazu einführend bei Werner 1970).
Beim V. S.-Verfahren stellt die waagerechte Koordinate die Zeit und die senkrechte Koordinate die Frequenz dar; die *Intensität* wird durch den Schwärzungsgrad abgebildet. Nach diesem Prinzip ist der Sonagraph entwickelt, der (mit breiten und schmalen Filtern) relativ vollkommene Abbildungen lautsprachlicher Sequenzen liefert. Die Untersuchung des Sprechstroms zeigt nach Lindner (1969, S. 84ff.), daß die Klangstrukturen sich ständig ändern und daß es im natürlichen Fluß keine stationären Segmente gibt. Die einzelnen Segmente gehen ineinander über, so daß die Zuordnung einer Segmentstruktur zu einem *Laut* nur unter bestimmten Bedingungen möglich ist. Die Merkmale eines Lauts erstrecken sich zudem verschieden weit und reichen oft in den Bereich anderer Lautstrukturen hinein (s. auch →Laut, Segment, Koartikulation).
Vgl. →akustische Phonetik, Phonetik.

Bell A. M., Visible speech. Every language universally legible, exactly as spoken. 1864. Visible speech. The science of universal alphabetics for the writing of all languages in one alphabet. 1867. Dieth E., Vademekum. ²1968. Jakobson/Fant/Halle, Preliminaries to speech analysis. ⁴1961. Lindner G., Einführung in die experimentelle Phonetik. 1969. Potter R. G. u. a., Visible speech (1947). 1966. Pulgram E., Introduction to the spectrography of speech. ²1964. Werner O., Einf. in die strukturelle Beschreibung des Dt. 1. 1970.

Vokabular →Wortschatz, Lexikon

Vokal [vowel, voyelle, glasnyj]. *Selbstlaut.* Öffnungslaut; ein Sprachlaut, bei dessen Artikulation der Luftstrom frei die Mund- und Nasenhöhle passiert und die Ansatzräume die Klanggestaltung bewirken. V. sind Silbenträger und damit Träger prosodischer Wortmerkmale (Wortakzent/Satzakzent, Tonhöhe, Quantität). V. können sich mit anderen V. nur sehr eingeschränkt, relativ frei jedoch mit Konsonanten verbinden (distributionelles Kriterium). Nach dem Hebungsgrad der Zunge im Mundraum (niedrig oder tief, mittel, hoch) kann man offene *(a, a:),* halboffene/halbgeschlossene und geschlossene V. *(i, u)* unterscheiden; nach der Hebungs- oder Wölbungsrichtung des vorderen, mittleren oder hinteren Zungenrückens entstehen vordere *(i, e),* zentrale und hintere V. *(u, o):*

i:		ü:				bl			u:
	i	ü						u	
		e:	ö:			ə			o:
			e	ö					o
					ä	a			

Vgl. → artikulatorische Phonetik, Formant, Vokaldreieck.

v. Essen O., Allgemeine und angewandte Phonetik. ^{5}1979. Heike G., Phonologie. ^{2}1982. Kohler K. J., Einführung in die Phonetik des Dt. 1977.

Vokaldreieck [vowel triangle, triangle de voyelles, treugol'nik glasnych]. Ein von Hellwag (1781) aufgestelltes Artikulationsschema der dt. Vokale, das den Artikulationsort der Vokale im Mundraum anzeigt:

(vorne)	i			u	(hinten)
		e	o		
		a			

Das Schema wurde von Bell, Sweet, Vietor u. a. differenziert. Für den Sprachvergleich bzw. Fremdsprachenunterricht werden Vokalvierecke mit dem Bewegungsraum der Zunge angepaßter trapezoider Form gebraucht; ausgegangen wird von (theoretisch angesetzten) Kardinalvokalen.

Vgl. →Vokal, Kardinalvokale.

Bell A. M., The principles of speech and vocal physiology. 1849. Bühler H. u. a., Linguistik I. ²1971. Bünting K.-D., Einf. in die Linguistik. ⁹1981. Dieth E., Vademekum. ²1968. Sowinski B., Germanistik 1. ²1974.

Vokalharmonie [vowel harmony, harmonie vocalique, singarmonizm]. 1) Ausgleichserscheinungen progressiver und regressiver Art im Vokalismus (vgl. →Assimilation). 2) Auch a-Umlaut oder Brechung: Lautveränderungen in germ. und ahd. Zeit, Angleichung/Assimilation des Wurzelvokals an den Vokal der Folgesilbe, die harmonische Abstimmung der Vokale von Wurzel- und Folgesilbe, die nur durch eine dazwischen stehende Nasalverbindung gehindert wurde, der Wechsel von *e* mit *i* und *o* mit *u* in der Wurzel- oder Stammsilbe, z. B. ahd. *nimu, nimis, nimit – nemames, nemet, nemant* ›nehmen‹; lat. *pecus* – ahd. *fihu.* Die V. erklärt sich durch das Prinzip der →Sprachökonomie, durch die Tendenz zur Einsparung von Artikulationsenergie (*i* und *u* werden bei gleicher Höhe des Zungenrückens artikuliert – vgl. →Vokaldreieck). 3) Nicht assimilatorisch bzw. sprechtechnisch wird die V. im Türk. und in einigen afrik. Sprachen interpretiert (z. B. die phonologische Regelung in helle oder dunkle Vokalreihe im Türk. – v. Essen 1979, S. 118ff.).

Dieth E., Vademekum der Phonetik. ²1968. v. Essen O., Allgemeine und angewandte Phonetik. ⁵1979. Schmidt W., Dt. Sprachkunde. ⁷1972. Tschirch F., Geschichte der dt. Sprache. 1. ²1971. Vago R., Hrsg., Issues in vowel harmony. 1981.

Vokalviereck →Vokal, Vokaldreieck

Volksetymologie [folk/popular etymology, etymologie populaire, narodnaja ėtimologija]. Auch: Pseudoetymologie, Fehletymologie. Das Etymologisieren bzw. Erklären eines etymologisch undurchsichtigen oder weniger bekannten Wortes durch ein etymologisch durchsichtiges oder bekanntes Wort ohne Beachtung phonetisch-phonologischer und morphologischer Gesetzmäßigkeiten; die naive Verdeutlichung eines unbekannten oder unklaren Wortes durch teilweise oder ganze Anlehnung an klangähnliche Wörter der eigenen Sprache (Duden 4. ²1966, S. 418). Der Versuch, unbekannte Wörter oder Wortelemente mit irgend etwas Bekanntem zu verknüpfen (Saussure, dt. ²1967, S. 208), z. B. *lînvât* > Leinwand (vât = ›Kleid‹). Vgl. ahd. *hagustalt* ›Hagbesitzer‹ > Hagestolz, *Trottoir* > Trittuar, Feldstuhl (< mhd. *valtstuol,* ahd. *faltistuol*), Friedhof < ahd. *vrīt-hof* »umzäunter Platz«.

Andresen K. G., Über dt. Volksetymologie. ⁷1919. Schmidt W., Dt. Sprachkunde. ⁷1972. Panagl O., Aspekte der Volksetymologie. 1982.

Voraussetzungen →Präsuppositionen, Kommunikationsprozeß

Vorfeld des Satzes. Bei Drach im (Satz)Plan des Hauptsatzes die Stelle vor der →finiten Verbform, die sich nicht von der grammatischen Funktion des Wortkörpers her bestimmen läßt, über die, im Gegenteil, »die Denkfunktion des Wortinhaltes« entscheidet, die Ausdruckstelle für das gefühls- und willensmäßig Hochgetriebene.
Vgl. →Nachfeld des Satzes, Satzplan, Stellungsfelder.

Drach E., Grundgedanken der dt. Satzlehre. [4]1963. Ulvestad B., »Nicht« im Vorfeld. In: Engel U. Grebe P., Hrsg., Sprachsystem und Sprachgebrauch. Bd. 2. 1975 (Sprache der Geg. Bd. 34). van de Velde M., Zur mehrfachen Vorfeldbesetzung im Dt. In: Conte M. E. u. a., Wortstellung und Bedeutung. 1978.

wahrheitskonditionale Semantik. Logische Semantik, Semantik als Analyse der Wahrheitsbedingungen von Sätzen; Versuch der Bedeutungserklärung durch die Angabe von Wahrheitsbedingungen von Sätzen. Bedeutungstheorie, der eine Wahrheitstheorie (als Korrespondenz- oder Adäquationstheorie im Sinne Tarskis) zugrunde liegt: Man kennt die Bedeutung eines Aussagesatzes, wenn man weiß, unter welchen Umständen des Gebrauchs mit ihm eine wahre Aussage gemacht wird bzw. wie Situationen beschaffen sein müssen, wenn Aussagen über sie zutreffen sollen (vgl. auch →Sachverhalt); die Erklärung der Bedeutung eines Satzes besteht in der Angabe seiner Wahrheitsbedingungen.
Davidson (1967) hält es für unglücklich, daß fruchtlose und konfuse Streitereien davon abgehalten haben, den semantischen Wahrheitsbegriff Tarskis als tragfähige Grundlage einer Bedeutungstheorie zu erkennen. Denn die Angabe der Wahrheitsbedingungen eines Satzes ist eine Möglichkeit, die Bedeutung des Satzes aufzuweisen; zu wissen was es heißt, daß ein Satz einer Sprache wahr ist, komme dem Verstehen der betreffenden Sprache gleich (dt. 1976, S. 111). Eine Bedeutungstheorie muß zeigen, daß Sprecher einer natürlichen Sprache Bedeutungen beliebiger Ausdrücke effektiv bestimmen können und, vor allem, wie dies möglich ist. Die Charakterisierung eines Wahrheitsprädikats nach Tarski beschreibe die geforderte Struktur und liefere »ein klares und überprüfbares Kriterium für die angemessene Semantik einer natürlichen Sprache« (aaO., S. 122); die Theorie, die nur die Wahrheit für eine Sprache definiert, komme einer vollständigen Bedeutungstheorie dieser Sprache viel näher, als man zunächst vermuten würde.
Nach D. Lewis (1971) kann man beliebige Sätze einer Sprache kennen

bzw. verstehen, wenn man die Bedingungen kennt, unter denen sie wahr wären; eine Semantik, die Wahrheitsbedingungen nicht einbezieht, könne sich nicht als Semantik ausgeben. Im Rahmen der w. S. lassen sich auch Phrasen und Wörter im Hinblick auf ihren Beitrag zu den Wahrheitsbedingungen von Aussagesätzen charakterisieren (Vennemann/Jacobs 1982). Mit Hilfe einer Theorie von Wahrheitssituationen lassen sich (bis zu einem gewissen Ausmaß) auch Frage- und Aufforderungssätze behandeln. – Wenn in der →modelltheoretischen Semantik die Wahrheit von Sätzen je nach Gegenstandsbereich und Äußerungskontext bestimmt wird, werden die Grenzen zur Pragmatik fließend.

Nach allgemeiner Auffassung gibt es zwischen Wahrheit und Bedeutung einen Zusammenhang, denn die Wahrheit eines Satzes hängt von seiner Bedeutung ab. Von welcher Art dieser Zusammenhang ist und wieviel Licht die Wahrheitsbedingungen eines Satzes auf dessen Bedeutung werfen können, ist allerdings strittig.

Gegenüber dem Argument, die Kenntnis der Bedeutung sei die Kenntnis der Wahrheitsbedingungen, läßt sich zeigen, daß es dabei eigentlich darum geht, was »wahr« bedeutet, nicht was »bedeutet« bedeutet. Man kann z. B. wissen, daß der Satz »Die Borgroben waren alle mimsig« genau dann wahr ist, wenn die Borgroben alle mimsig waren (Tarski-Bedingung), ohne die Bedeutung des Satzes »Die Borgroben waren alle mimsig« zu kennen. Die Bedeutung eines Satzes als Bezugnahme auf Ereignisse hängt eher mit Vorstellungen, mit Glauben und Wissen, Planen und Handeln zusammen (Harman 1976, vgl. auch Putnam 1978).

Die w. S. erfaßt über Wahrheits- und Erfüllungsbedingungen die Übereinstimmung von (Satz)Bedeutungen der natürlichen Sprache und Sachverhalten. Das ist nur ein Aspekt der sprachlichen Bedeutung. Hinzu kommen Aspekte der Gebrauchsbedingungen von Ausdrücken sowie ihr kommunikatives Handlungspotential, so daß »Bedeutung« als mehrdimensionales Konstrukt erscheint (Vennemann/Jacobs 1982, S. 115ff.).

Vgl. →Sachverhalt, Satzbedeutung, logische Semantik, Referenzsemantik; →Intension, Extension; modelltheoretische Semantik.

Bäuerle R. u. a., Hrsg., Semantics from different points of view. 1979. Beeh V., Ansätze zu einer wahrheitswertfunktionalen Semantik. 1973. Davidson D., Truth and meaning. Synthese 17; 1967. Dt. Wahrheit und Bedeutung. In: Sukale M., Hrsg., 1976. Ders., Semantics for natural languages. 1970. Davidson D. Harman G., Hrsg., Semantics of natural language. 1972. Evans G. McDowell J., Hrsg., Meaning and truth. 1976. Harman G., dt. Bedeutungstheorien und Wahrheitstheorien. In: Sukale M., Hrsg., 1976. Kamp H., Semantics vs pragmatics. In: Guenthner F. Schmidt S. J., Hrsg., Formal semantics and pragmatics for natural languages. 1978. Kneale W. C., Propositions and truth in natural languages. Mind 81; 1972. Lyons J., dt. Die Sprache. 1983. Putnam H., Meaning, reference and stereotypes. In: Guenthner F. Guenthner-Reutter M., Hrsg., Meaning and translation. 1978. Quine W. v. O., dt. Philosophie der Logik. 1973. Skirbekk G., Hrsg., Wahrheitstheorien. 1977. Stegmüller W., Das Wahrheitsproblem und die Idee der Semantik. [2]1968. Sukale M., Hrsg., Moderne Sprachphilosophie. 1976. Tarski A., Der Wahrheitsbegriff in den formalisierten Sprachen. Studia Philosophica 1, 1936; abgedr. in: Berka K. Kreiser L., Hrsg., Logik-Texte. [3]1983. Ders. (1944), dt. Die semantische Konzeption der Wahrheit und die Grundlagen der Semantik. In: Sinnreich J., Hrsg., Zur Philosophie der idealen Sprache. 1972. Tugendhat E., Tarskis semantische Definition der Wahrheit und ihre Stellung innerhalb der Geschichte des Wahrheitsproblems im logischen Positivismus. Phil. Rundschau 8; 1960. Vennemann Th. Jacobs J., Sprache und Grammatik. 1982. Wiggins D., On sentence-sense, word-sense, and differences of word-sense. In: Steinberg D. D. Jacobovits L. A., Hrsg., Semantics. 1972.

Wahrheitstafel, Wahrheitswert →Aussagenlogik, wahrheitskonditionale Semantik

Weglaßprobe. Eine →Probe, die Wörter bzw. Wortgruppen eines gegebenen Satzes wegläßt/streicht/tilgt/löscht/reduziert, um das syntaktische Minimum zu ermitteln (Glinz). Die W. spielt in Grammatiken, die sich an der strukturell-semantischen Zentralstellung des Verbs im Satz orientieren, eine wichtige Rolle, da sie die Möglichkeit eröffnet, obligatorische, fakultative und freie Ergänzungen bzw. Angaben zu unterscheiden.
Vgl. →Abstrichmethode, Angabe, Ergänzung, Valenz.

Wellentheorie. Die (sprachgeographische) Hypothese J. Schmidts (1872) zur Erklärung der Ausbreitung und Differenzierung der idg./ieur. Sprachen als eine zu Variationen führende Wellenbewegung von verschiedenen Zentren, »welche sich in konzentrischen, mit der Entfernung vom Mittelpunkte immer schwächer werdenden Ringen ausbreitet« (S. 27) auf der Grundlage von lexikalischen *Isoglossen* nordeur. Sprachen. Die W. beeinflußte u. a. H. Schuchardt (vgl. →Wörter und Sachen). Andere Hypothesen waren die Substrattheorie H. Hirts, die dialektgeographische Hypothese Meillets und die genealogische →Stammbaumtheorie A. Schleichers. S. auch →Indogermanistik.

Bynon Th., Historische Linguistik. 1981. Höfler O., Stammbaumtheorie, Wellentheorie, Entfaltungstheorie. PBB (T) 77; 1955/56. Schmidt J., Die Verwandtschaftsverhältnisse der idg. Sprachen. 1872.

Welthilfssprachen →Interlinguistik

Werbesprache. Sprache, die neben der Information über den jeweiligen Gegenstand der Werbung inhaltliche und formale Stimulations- und Manipulationseffekte enthält, die dem Adressaten meist nicht bewußt werden. Mit Rücksicht auf (tiefen)psychologische Strukturen (Bedürfnisse, Wünsche, Prestigevorstellungen) werden inhaltlich oft vage und mehrdeutige, klanglich und rhythmisch eingängige Sprachgebungen kreiert (Werbeslogans), die ein Produkt intensional charakterisieren und, je nach Adressatengruppe, mehr oder weniger direkt zu bestimmten Entscheidungen motivieren sollen.
Bei der Produktion von W. werden nach Teigeler (1968) beachtet:
1) die sprachlichen Faktoren der Verständlichkeit von Texten a) für den Adressaten (kulturelle Faktoren, soziale Schicht, soziale Gruppe, die jeweils typische Rezeptionssituation), b) beim Text selbst (Worthäufigkeitskriterien, Wortlänge, semantische Zusammenhänge, Satzlänge, Satzart, Satztiefe, die makrotypografische Anordnung und Schrifttyp, der gravierende Unterschied zwischen gesprochener und geschriebener Sprache);
2) die psychologischen Faktoren der sprachlichen Verständlichkeit (kognitive und affektiv-emotionale Variablen und Tendenzen zur selektiven Wahrnehmung; intellektuelle Leistungsfähigkeit, Bildungsniveau, Vorinformationen und Einstellungen/Attitüden).
Bevorzugt werden häufig vorkommende und ontogenetisch früh erworbene Wörter, muttersprachliche Wörter, umgangssprachliche Wörter, konkrete und relativ kurze Wörter. Dabei werden alle Arten von Lesbarkeitstests eingesetzt (vgl. →Lesbarkeit).
Die persuasive Kraft bzw. der Wirkungseffekt der W. (vgl. auch →Persuasion, persuasive Definition) erweist sich als abhängig von a) Glaubwürdigkeit, Prestige, gemeinsamen Gruppenmerkmalen, Verbergen der Beeinflussungsabsicht, Attraktivität, Ausgabe von Genußmitteln, b) emotionalen Appellen, der Reihenfolge der Argumente, von ein- oder zweiseitiger Argumentation, von ›neutralen‹ Informationen, von Argumentationstypen, c) vom sozioökonomischen Status, von der Gruppenzugehörigkeit, der Neigung, Persuasionen zu erliegen, von der kognitiven Dissonanz und dem Zeitraum der Beeinflussung (s. auch →Manipulation, Massenkommunikation).
Die Hauptargumentationstypen der deutschen Werbung sind (nach Haseloff)

– die Plausibilitätsargumentation (Gebrauch von Sprachmustern, die unreflektierte Selbstverständlichkeiten enthalten, in ihrer Evidenz suggestiv

sind, Ungewißheit beseitigen und entgegenstehende Überzeugungen verunsichern. Ins Spiel gelangen damit die sogenannte gute Gewohnheit, zeitunabhängige Erfahrungen, dem gesunden Menschenverstand intuitiv einsichtige Argumente, überzeugende Majoritätsmeinungen, schlechthin Typisches);
- die moralische Argumentation (überzeitliche Werte, Verantwortungsbewußtsein, Appellation an moralische Standards);
- die rationale Argumentation (Ableitung aus Vordersätzen mit der wenn-dann-Figur, statistisch-empirische Belege, Hinweis auf geltendes Recht, Bewertung von Alternativen usw.);
- die taktische Argumentation (verbale Muster, die Ungewißheit beseitigen, den Überzeugungsaufbau und die Meinungsänderung unterstützen, u. zw. Andeutung von möglichen Gegenargumenten, Vorwegnahme und Beantwortung erwartbarer oder schon vorhandener Konkurrenzargumentation, Anführen leicht widerlegbarer Gegenargumente, Relativierung möglicher Gegenargumente durch Aufdecken ihrer Sonderbedingungen).

Die Plausibilitätsargumentation hat nicht den stärksten Wirkungsgrad, wohl aber den größten Wirkungskreis.
Die linguistische und didaktische Analyse der W. erkennt besondere Merkmale in der Wortbildung, u. zw. Wortbildungen mit Aufwertungscharakter (sog. Hochwertwörter, wie *Lord-Extra, Admiral* usw.), bestimmte Kompositabildungen (*ganggenau* (Uhr), *allgäufrisch, gefriergetrocknet, kaufgerecht* usw.), Entkonkretisierungen (Gekauft wird nicht ein Produkt, sondern die Wirkung des Produkts, z. B. *wilde Frische,* Jugend, Eleganz, Attraktivität usw.), euphemistische Bildungen (*Schuhbar, Haarstudio, Kosmetik-Studio, Rasenmäher-Center* usw.), umgangssprachennahe Syntax, Wiederholungen, Alliterationen, Aufforderungs-Behauptungen (*Die gesunde Ernährung beginnt mit ______, Männer nehmen ______, Frauen lieben ______, Mach dir ein paar schöne Stunden* usw.).
Flader (1974) unterscheidet mit dem Instrumentarium der Sprechakttheorie Empfehlungshandlungen, Behauptungshandlungen, Präskriptionshandlungen, Verunsicherungshandlungen, Beurteilungshandlungen, Präsentationshandlungen. In vielen Fällen könne der Werber die unbewußten Erwartungen von Rezipienten bestätigen, indem er in ihnen infantile, mehr oder weniger unbewußte Verhaltensweisen mobilisiere.
S. auch →Ikonismus, Verständlichkeit.

Binder H., Zum Verhältnis von verbaler und visueller Kommunikation in Werbebildern. LuD 6; 1975. Brandt W., Zur Erforschung der Werbesprache. Forschungssituation, neuere Monographien, Aufgaben. ZGL 7; 1979. Dichter E., Strategie im Reich der Wünsche. 1964. Ehmer H., Hrsg., Visuelle Kommunikation. 1971. Feldes R., Das Wort als Werkzeug. 1976. Flader D., Strategien der Werbung. 1974. Früh W., Lesen, Verstehen, Urteilen. 1980. Ganter R.,

Die Sprüchemacher. 1983. Heitz A., Wie argumentiert Werbung? Zur verbalen und imaginalen Konzeption von Werbebotschaften. 1978. Hinrichs U., Einfach praktisch, natürlich. Zur Rolle von Modalwörtern in Werbeslogans. DS 11; 1983. Januschek F., Sprache als Objekt. 1976. Küpper H., Alltagssprache und Werbung. Muttersprache 91; 1981. Lindner R., Das Gefühl von Freiheit und Abenteuer. Ideologie und Praxis der Werbung. 1977. Nöth W., Semiotik. Eine Einführung mit Beispielen für Reklameanalysen. 1975. Nusser P., Hrsg., Anzeigenwerbung. 1975. Packard V., Die geheimen Verführer. 1963. Römer R., Die Sprache der Anzeigenwerbung. [5]1976. Seyffert R., Werbelehre. Theorie und Praxis der Werbung. 1/2. 1966. Sowinski B., Werbeanzeigen und Werbesendungen. 1979. Teigeler P., Verständlichkeit und Wirksamkeit von Sprache und Text. 1968. Langner P. W., Strukturelle Analyse verbal-visueller Textkonstitution in der Anzeigenwerbung. 1985.

Werkzeugcharakter der Sprache →Organonmodell

Wert [valeur]. Der Stellenwert eines sprachlichen Zeichens im Zeichensystem, seine Bedeutung im System. Nach Saussure ist die Sprache ein System von Zeichen, das durch den augenblicklichen Zustand seiner Glieder bestimmt wird. Der Inhalt eines Wortes ist richtig nur durch die Mitwirkung der anderen Wörter bzw. benachbarten Inhalte zu bestimmen. Sein W. ergibt sich aus dem System; die Menge der →Oppositionen, in denen ein Zeichen steht, definiert seinen W. (vgl. frz. *mouton,* engl. *sheep : mutton;* engl. *heaven : sky,* dt. *Himmel* usw.). Vgl. →Sprachsystem, paradigmatische Beziehungen, Wortfeld.

de Saussure F., dt. Grundfragen der allg. Sprachwissenschaft. [2]1967.

Wertigkeit →obligatorische Fügungspotenz, Valenz, Leerstelle

wesenhafte Bedeutungsbeziehungen. Die Beziehungen zwischen Wörtern, die zu einer Redekette verbunden werden können. Mit einem Wort ist das andere *implicite* mitgesetzt, und wesentlich scheint dabei die Aussagefunktion zu sein (Porzig 1934, S. 70, 76), z. B. *greifen – Hand, sehen – Auge, hören – Ohr, fällen – Baum, bellen – Hund, blond – Haar* (Trier 1934: ›prädikative Bedeutungsbeziehungen‹). Bei der Beobachtung Porzigs, daß Wörter in Sätzen mit bestimmten anderen vorkommen, handelt es sich um die (semantische) Fügungspotenz lexikalischer Einheiten, um ihr semantisch-syntaktisches Verhalten. Vgl. →syntaktisches Feld, Bedeutungsfeld, semantisch-syntaktischer Hof, semantische Kongruenz, Kompatibilität, Kollokation, syntagmatische Anschließbarkeit.

Porzig W., Wesenhafte Bedeutungsbeziehungen. PBB 58; 1934. Abgedr. in: Schmidt L., Hrsg., Wortfeldforschung. 1973. Ders., Das Wunder der Sprache. [5]1971.

Widerspiegelungsfunktion der Sprache. 1) Widerspiegelung gesellschaftlicher Bedingungen in der Sprache: Serebrennikow u. a. (dt. 1973) konstatieren, daß die je besondere Lebensweise einer Gesellschaft sich auch in ihrer Sprache spiegele, daß sich also eine Abhängigkeit der Sprachstruktur bzw. des Sprachzustands vom Charakter der ökonomischen Gesellschaftsformation und der Staatsform feststellen lasse. Die grundlegende Existenzform der Sprache im Feudalismus war z. B. ihre Aufsplitterung in räumlich stark begrenzte Dialekte. Die Herausbildung der Nationalstaaten führte zur Entwicklung von Nationalsprachen mit überregionaler Geltung und mit nivellierendem Einfluß auf die territorialen Dialekte einerseits und zur Entstehung sozialer Dialekte bzw. Soziolekte andererseits (soziale Schichtung), zu Fach- und Sondersprachen, die vor allem im Wortschatz, aber auch in der Grammatik erhebliche Differenzierung aufweisen, sowie zum gravierenden Unterschied zwischen gesprochener Sprache und Schriftsprache. In bestimmter Weise finden auch demographische Veränderungen in der Gesellschaft ihren Niederschlag im sprachlichen Verhalten (so z. B. die Nivellierung dialektaler Spezifika in der Umgebung von Großstädten). Einfluß auf die Sprache haben Überbauphänomene (Kultur, Ideologie, Religion usw.).
2) Die Widerspiegelungsfunktion der Sprache in erkenntnistheoretischer Sicht: Vom Standpunkt des dialektischen Materialismus ist die Funktion bzw. der aktive Prozeß der Widerspiegelung der objektiv existierenden Wirklichkeit an das (menschliche) Bewußtsein gebunden. Strukturierte Bewußtseinsinhalte vermitteln als gedankliche Widerspiegelungen von objektiven Sachverhalten zwischen den Sachverhalten und den semantischen und syntaktischen Strukturen der Sprache. Dabei erweisen die gedanklichen Widerspiegelungen sich als nicht an eine bestimmte natürliche Sprache gebunden. Nach Helbig (1976) ist die gedankliche Widerspiegelung eines Sachverhalts die logische Aussage; ihre sprachliche Existenzform ist der Satz. Sachverhalte der Wirklichkeit bilden zwar die Motivationsbasis für sprachliche Strukturen; eine eindeutige Entsprechung kann jedoch nicht angenommen werden. Damit mündet das Problem der Widerspiegelungsfunktion der Sprache bzw. das Problem des Zusammenhangs von Sprache und Wirklichkeit in das komplexe Problem von Sprache und Denken ein. – Eine abstrakte Widerspiegelung von Strukturen der objektiven Realität durch Sprache aufgrund von Isomorphierelationen nimmt G. Klaus an.
Vgl. auch →Soziolinguistik, *Sprache und Wirklichkeit, Sprache und Denken;* Abbildtheorien, Bedeutung.

Albrecht E., Sprache und Philosophie. 1975. Ders., Weltanschauung, Methodologie, Sprache. 1979. Weltanschauung und Erkenntnistheorie in der klassischen bürgerlichen Philosophie. 1981. Helbig G., Valenz, Semantik und Satzmodelle. DaF 2, 1976. Klaus G., Spezielle Erkenntnistheorie. ²1966. Lorenz W. Wotjak G., Zum Verhältnis von Abbild und Bedeutung. 1977. Pasierbsky F., Zur Widerspiegelungsfunktion evidenter und latenter Grammatik am Beispiel des Dt. In: Quasthoff U., Hrsg., Sprachstruktur – Sozialstruktur. 1978. Panfilov V. Z., Filosofskie problemy jazykoznanija. Gnoseologičeskie aspekty. 1977. Pavlov T., Widerspiegelungstheorie. 1973. Rubinstein S. L., Sein und Bewußtsein. ⁷1973. Serebrennikow B. A. u. a., dt. Allgemeine Sprachwissenschaft. 1. 1973.

Wiederaufnahme. Lexikalische Wiederholung im Text; semantische Verkettung von Sätzen, die Textkohärenz bildet, z. B. *Ein Mann . . . Der Mann . . . .* Brinkmann (1971, S. 822, 938) unterscheidet 1) identische Wortwiederholung, 2) synonymische Wiederholung (z. B. *Postbote – Briefträger, Kirche – Bauwerk*), 3) Pronomina (z. B. *er, sein*), 4) dialogische Explikation (z. B. *Wohin fährst du? – Nach Berlin*), 5) Formen, wie *Dieses, Darum, Darüber, So* usw. (z. B. *Darüber* mach' dir keine Sorgen).
Vgl. →syntagmatische Substitution, Pro-Form, Anapher.

Brinkmann H., Die dt. Sprache. ²1971.

Willkürlichkeit des sprachlichen Zeichens →Arbitrarität des sprachlichen Zeichens, Konventionalität der Sprache

Wissen [knowledge]. Zentraler Begriff der →kognitiven Psychologie. Strukturierte Menge/Gesamtheit der verfügbaren (reproduzierbaren, erinnerbaren) Gedächtnisinhalte; die unmittelbaren und mittelbaren bzw. abgeleiteten Kenntnisse. Vorstellungen von der Repräsentation des W. im →Langzeitgedächtnis, von der Struktur und Verarbeitung des W. sind an Modelle gebunden (z. B. Netze von Propositionen und Konzepten). Als Kodierungsformen des W. werden imaginale und symbolisch-sprachliche Formen sowie motorische Programme angenommen. Unterschieden wird zwischen sprachlichem W. universalgrammatischer, phonologischer, syntaktischer, lexikalisch-semantischer und kommunikativ-pragmatischer Art einerseits und Situations-W. sowie allgemeinem (enzyklopädischem) Weltwissen andererseits, das den (notwendigen) Hintergrund für jeden Sprachgebrauch bildet.
Vgl. →Bedeutung und Begriff, Satzbedeutung, Kasusrahmen; internes Lexikon, semantisches Gedächtnis, semantisches Netzwerk; Kohärenz, Sprachrezeption, Textverarbeitung; Repräsentation.

Herrmann Th., Sprechen und Situation. 1982. Hörmann H., Meinen und Verstehen. 1976. Kintsch W., dt. Gedächtnis und Kognition. 1982. Lindsay P. H. Norman D. A., Human information processing. 1977. Dt. Einführung in die Psychologie. 1981. Machlup F., Knowledge: its creation, distribution and economic significance. Bd. 1. 1980. Stemmer N., The roots of knowledge. 1983. Tergan S.-O., Strukturen der Wissensrepräsentation. 1985.

Wissenschaftstheorie (der Linguistik). Teilgebiet der (analytischen) Philosophie *(philosophy of science)* als Wissenschaftslogik oder angewandte Logik und Metatheorie einer Einzelwissenschaft, die auf die Kriterien der Wissenschaft reflektiert und die Voraussetzungen, Grundlagen und Ziele, Methoden, Aussagen und Argumentationsformen der *normalen* Wissenschaft untersucht. Die W. analysiert die Bestimmung von Begriffen, das Aufstellen von Hypothesen, die Beschreibung und Erklärung von Fakten sowie die Konstruktion und die logische Struktur der Theorien einer Wissenschaft. Nach Stegmüller (1973) sind die Daten der W. durch *Sachverhalte* gegeben, die die Einzelwissenschaft betreffen. Die Methoden der W. sind deskriptiv, normativ und rational rekonstruktiv. Die W. rekonstruiert auch die Entwicklung einer Disziplin bzw. ihre Wissenschaftsgeschichte.

Reflexion auf die Kriterien der Wissenschaftlichkeit wird notwendig, wenn eine Wissenschaft sich in einer Krise befindet, weil tradierte Paradigmen nicht mehr tragen oder nicht mehr ausreichen, oder wenn konkurrierende Paradigmen als Alternativen auftreten. Mit dem (allerdings sehr formbaren) Paradigmabegriff Th. Kuhns ist das Verständnis einer wissenschaftlichen Konzeption gegeben, die in einer Forschergemeinschaft als überzeugend und leistungsfähig gilt und ihr als einheitliche theoretische und methodologische Grundlage, als *disziplinäre Matrix* oder normatives *Musterbeispiel* dient. Mit einem Paradigma setzen sich bestimmte kognitive Überzeugungen im Hinblick auf den Gegenstand der Forschung und die Angemessenheit von Methoden durch. – Die sinnvolle Übertragung des P.-begriffs auf die Sozial- und Kulturwissenschaften bildet den Gegenstand intensiver Diskussionen im Zusammenhang von W., Wissenschaftsforschung und Wissenschaftswissenschaft.

Im Sinne Kuhns soll die W. sich nicht auf die Analyse bereits fertiger Theorien beschränken; sie soll deren Entstehungszusammenhang untersuchen und die Forschungstätigkeit selbst als Erzeugung von Erkenntnis thematisieren. Die Rationalität der formalen Logik sei, historisch gesehen, nicht die einzig mögliche Form von Rationalität; es sind verschiedene Formen von Rationalität anzunehmen, die historischer Veränderung unterliegen. Schließlich enthalten alle wissenschaftlichen Theorien konstitutive Elemente, die sich nicht verifizieren lassen.

Nach Wunderlich (1976, S. 2ff.) bedürfen die theoretischen und methodischen Grundlagen der gegenwärtigen Linguistik einer Klärung. Reflexion sei unentbehrlich, wenn es um Orientierungen an Modellen anderer Wissenschaften gehe oder um Anlehnungen an biologische, psychologische, kybernetische u. a. Vorstellungen. Als Aufgaben der W. der Linguistik sind zu betrachten

- die Untersuchung der Entwicklung der Linguistik,
- die Erforschung ihrer Paradigmen und Paradigmenwechsel,
- die Analyse der Systematik von Praxisfeldern und von entsprechenden Teilbereichen der Linguistik;
- die Untersuchung von Prozessen, die aufgrund sozialer Alltagspraxis zu linguistischer Gegenstandsbildung führen.

Finke (in Wunderlich, Hrsg., 1976) sieht als eine Aufgabe der W. die Bestimmung eines praktikablen und nützlichen Empiriebegriffs an. Sätze einer linguistischen Theorie beziehen sich auf die Wirklichkeit, d. h. auf natürliche Sprachen; sie machen über diese signifikante Aussagen; sie enthalten (im Sinne von Carnap) faktische Wahrheiten. Nach Kanngießer (1976) sind im Rahmen der disziplinären Matrix der generativen Transformationsgrammatik, aber auch der linguistischen Pragmatik nur Spracherklärungen vom strukturalen Typ möglich. Deren Grenzen sollen mit Hilfe einer funktionalistischen Sprachtheorie überwunden werden. Lieb (1976) betrachtet die W. im Anschluß an Stegmüller (1973) als rekonstruktive (d. h. nicht nur deskriptive und normative) Disziplin. Er möchte jedoch W. nicht als angewandte Logik konzipieren, sondern als angewandte Wissenschaftswissenschaft (vgl. dazu Mittelstraß 1979, Welter 1979).

Zu den Problemen der gegenwärtigen Linguistik, bei deren Lösung metatheoretische Überlegungen eine Rolle spielen, gehören: Möglichkeiten und Grenzen logischer Rekonstruktion natürlicher Sprache im Rahmen der Linguistik und für linguistische Zielsetzungen, Möglichkeiten und Grenzen der Axiomatisierung linguistischer Theorien, der Übergang vom Satz zum Text in der Textlinguistik, der Zusammenhang von Syntax und Semantik, die Abgrenzung von Semantik und Pragmatik, die sinnvolle Begrenzung einer linguistischen Pragmatik, die theoretische und methodische Konsistenz in der Soziolinguistik, die Reichweiten der deduktiven und der empirisch-induktiven Methode, analytisch-erklärende und hermeneutisch-verstehende Zugänge, handlungstheoretische Fundierungen auf intentionaler Basis.

Vgl. →Methodologie, Sprachtheorie, Pragmatik; Erklärung, Beobachtung, Beschreibung; Handlung, Intention, Intentionalität; Syntax und Semantik, Semantik und Pragmatik; Satz und Text.

Apel K.-O., Die Erklären-Verstehen-Kontroverse in transzendentalpragmatischer Sicht. 1979. Bayertz K., Wissenschaft als historischer Prozeß. Die antipositivistische Wende in der Wissenschaftstheorie. 1980. Ders., Wissenschaftstheorie und Paradigmabegriff. 1981. Breidert W., Wissenschaftstheorie. In: Braun E. Radermacher H., Hrsg., Wissenschaftstheoretisches Lexikon. 1978. Butts R. Hintikka J., Hrsg., Basic problems in methodology and linguistics. 1977. Dittmann J. u. a., Gegenstand und Wahrheit. Sprachphilosophische und wissenschaftstheoretische Grundlagenstudien zur Linguistik. 1976. Diederich W., Hrsg., Theorie der Wissenschaftsgeschichte. 1977. Essler W. K., Wissenschaftstheorie 1–3. 1970–1973. Feyerabend P. K., dt. Wider den Methodenzwang. Skizze einer anarchistischen Erkenntnistheorie. 1976. Finke P., Was die Wissenschaftstheorie von der Linguistik lernen kann. 1977 (OBST Nr. 3). Hornstein N. Lightfoot D., Hrsg., Explanation in linguistics. 1981. Janich P., Hrsg., Wissenschaftstheorie und Wissenschaftsforschung. 1981. Jäger L., Hrsg., Erkenntnistheoretische Grundfragen der Linguistik. 1979. Kuhn Th., dt. Die Struktur wissenschaftlicher Revolutionen. ²1976. Ders., Die Entstehung des Neuen. 1978. Die Kopernikanische Revolution. 1981. v. Kutschera F., Wissenschaftstheorie 1/2. 1972. Lakatos I. Musgrave A., Hrsg., Criticism and the growth of knowledge. 1970; dt. Kritik und Erkenntnisfortschritt. 1974. Leinfellner W., Einführung in die Erkenntnis- und Wissenschaftstheorie. ²1967. Mittelstraß J., Theorie und Empirie der Wissenschaftsforschung. In: Burrichter C., Hrsg., Grundlegung der hist. Wissenschaftsforschung. 1979. Ders., Hrsg., Methodenprobleme der Wissenschaften vom gesellschaftlichen Handeln. 1979. Simon H. A., Models of discovery and other topics in the methods of science. 1977. Stegmüller W., Probleme und Resultate der Wissenschaftstheorie und Analytischen Philosophie. 1–4. 1969–1973. Ströker E., Einführung in die Wissenschaftstheorie. ²1977. Toulmin St., Kritik der kollektiven Vernunft. 1978. Weingartner P., Wissenschaftstheorie I. ²1978. Welter R., Bibliographie zur Selbstthematisierung der Wissenschaft. In: Burrichter C., Hrsg., 1979. Wunderlich D., Hrsg., Wissenschaftstheorie der Linguistik. 1976. – Zs für allgemeine Wissenschaftstheorie. 1970 ff.

Wort [word, mot, slovo]. Ein sprachliches Zeichen, eine Grundeinheit der Sprache und des Spracherwerbs, eine für den natürlichen Sprecher intuitiv gegebene Einheit von Form und Bedeutung. Nach E. Leisi ist das W. das wichtigste Element der Sprache, denn »weder der Laut noch der Satz sind von so großer Bedeutung. Sprechen heißt in erster Linie: Wörter gebrauchen« (1971, S. 9). Nach Gauger (1970) weiß das Bewußtsein, daß es W. gibt; W. sind für das Bewußtsein (intentionale und referierende)

diskrete Einheiten. Es kennt die Wörter, die zu seiner Sprache gehören: es kann sie aussprechen, und es weiß, was sie meinen, ihre Inhalte sind ihm unmittelbar gegeben . . . Dem Bewußtsein erscheint das Wort, nicht die Grammatik, als das sprachliche Grundelement (S. 45 ff.).

Das Wissen, daß es W. gibt, gehört zu den elementaren Alltagserfahrungen des Sprechers: W. sind aus Rede und Text herauslösbare Einheiten; sie lassen sich (als zusammengesetzte und/oder flektierte) zerlegen; man kann sie nach Klassen ordnen; sie benennen, bezeichnen und bedeuten etwas (Schippan 1984, S. 77ff.). Man findet sie, nach Kriterien geordnet, in Wörterbüchern. Das W. ist ein Baustein des Satzes, ein Atom der Syntax.

Das W. als »der kleinste selbständige sprachliche Bedeutungsträger« (W. Schmidt) und als Einheit des Wortschatzes oder Lexikons ist konstitutiver Gegenstand der Lexikologie. Eine befriedigende Definition des W.-begriffs bereitet Schwierigkeiten hinsichtlich a) der Identität des Wortes (Flexionsformen, Suppletivformen), b) der Isolierbarkeit des W. und der Festlegung der W.-grenzen, c) der semantisch-lexikalischen Bestimmung mit Hilfe des Kriteriums ›Selbständigkeit der Bedeutung‹. Der Begriff des W. selbst und seine Bestimmungen scheinen vielen vage und vortheoretisch, problematisch auch im Hinblick auf alle Sprachen. Zwar verfügen diese alle über einen Wortschatz. Dennoch sind strukturelle Stabilität, semantische Autonomie und andere Merkmale des W. in den Sprachen unterschiedlich ausgeprägt. Eine theorienunabhängige Explikation von ›W.‹ ist prinzipiell auch nicht möglich. Sinnvoll könnte dagegen eine Einführung des W.-begriffs im Rahmen einer Sprachtheorie mit Hilfe der axiomatischen bzw. impliziten Definition sein (Bartsch/Vennemann 1983, Vennemann/Jacobs 1982).

Eine ausgewogene Bestimmung des W. versuchte Krámský (1969, S. 67), indem er als Kriterien Bedeutung und Abgrenzbarkeit, Isolierbarkeit und Ersetzbarkeit sowie akustische Identität und Kohäsion berücksichtigte. Als empirischen Gegenstand betrachtete das W. Bünting (Einführung 1971, S. 86). Dessen Eigenschaften sind morphologische Zerlegbarkeit, syntaktische, referentielle und kommunikative Funktionalität. Als Definitionskriterien des W. treten nach Reichmann (1976, S. 4f.) auf: Einheit des Schriftbildes, Hervorhebung durch Akzent, Isolierbarkeit, Substituierbarkeit und Selbständigkeit »im kleinstmöglichen Rahmen«, selbständige und konventionalisierte Bedeutung, Referenzfähigkeit, syntaktische Funktion und Teilhabe an der Satzbedeutung. Der grundlegende Mangel eines ausdrucksseitig gewonnenen W.-begriffs liege im Verzicht auf inhaltliche Kriterien und damit in der Nicht-Berücksichtigung der Darstellungs-, Erkenntnis- und Kommunikationsfunktion der Sprache auf lexikalischer Ebene. Nimmt man eine Unterscheidung in Vollwörter oder Autosemantika und Funktionswörter oder Synsematika vor, so kann man das W.

als bilaterale bzw. durch Ausdruck und Inhalt konstituierte kleinste bedeutungstragende, kognitive und kommunikative Einheit der Sprache bestimmen, »sofern sie als syntagmatisch isolierte Substitutionseinheit einem Sprechpartner ... sprachlich etwas über einen Sachverhalt zu wissen gibt« (Reichmann 1976, S. 9).
Schippan (1984) scheint eine W.-definition nur unter den Voraussetzungen möglich, daß a) unterschieden wird zwischen ›Wort‹ als invariantem Element des Sprachsystems mit der Möglichkeit zur Variantenbildung oder *Wörterbuchwort* einerseits und *Textwort* andererseits, daß b) differenziert wird zwischen autosemantischen und synsemantischen Wörtern und daß c) die Bestimmung des W. auf verschiedenen Ebenen der Sprachstruktur erfolgt. Dabei gelten die ebenenspezifischen Merkmale nicht für alle Wörter auf allen Ebenen. Im Idealfall erweist das Wort sich als Einheit auf phonemisch-graphemischer, morphematischer, syntaktischer und semantischer Ebene: Es steht dann im Schnittpunkt mehrerer Ebenen. Das W. als Element des Systems kann bestimmt werden »als eine Grundeinheit der Sprache, die eine reproduzierbare, eine rekurrente Einheit von Formativ und Inhalt ist, als kleinste relativ selbständige Zuordnungseinheit von Formativ und Bedeutung« (Schippan 1984, S. 88).
Vgl. →Lexem, Wortbedeutung, Wortsemantik, Wortfeld; Wortarten, Wortbildung, Morphologie; Lexikologie, Lexikographie; Wortschatz, Wörterbuch.

Gauger H.-M., Wort und Sprache. 1970. Heger K., Monem, Wort, Satz und Text. [2]1976. Hiorth F., On defining »word«. SL 1, 1958. Hyman L. M., Word demarcation. In: Greenberg J. H. u. a., Hrsg., Universals in human language. 1978. Juilland A. Roceric A., The linguistic concept of word. Analytic bibl. 1972. Dies., The decline of the word. 1975. Krámský J., The word as a linguistic unit. 1969. Mel'čuk I. A., Das Wort. Bd. 1: Zwischen Inhalt und Ausdruck. 1976. Reichmann O., Germanistische Lexikologie. 1976. Ders., Historische Lexikologie. In: Besch W. u. a., Hrsg., Sprachgeschichte. 1. Halbbd. 1984. Schippan Th., Lexikologie der dt. Gegenwartssprache. 1984. Žirmunsky V. M., The word and its boundaries. Linguistics 27; 1966. Kaempfert M., Wort und Wortverwendung. 1984.

Wort und Satz. Die Beziehung zwischen W. u. S.: W. u. S. stehen zueinander nicht in unmittelbarer, sondern in durch Wortgruppe, Konstituente oder Satzglied vermittelter Beziehung (vgl. →Satzanalyse, Satzglied). Andererseits wird das Wort mit seiner *Valenz* als satzbegründend betrachtet (vgl. →Verb, Valenz, Satzsemantik).

Hudson R. A., Word grammar. 1984.

Wortakzent. Auch: Silben- oder Morphemakzent, bei Komposita bzw. Zusammensetzungen ›Kompositionsakzent‹. Betonte Silbe im

Gegensatz zu den unbetonten Silben des Wortes. Konventionalisierte Hervorhebung von Silben durch Lautstärke/Intensität, Tonhöhe, Dauer als Haupt- oder Nebenakzent (Prominenzabstufung). Im Dt. ist der (*etymologische* bzw. *morphologische*) W. regelhaft beschreibbar. Er zeigt die Tendenz zur Betonung der Stammsilbe. Bei genauerer Analyse läßt sich u. a. angeben, daß er in nicht-abgeleiteten und unflektierten Wörtern auf die Paenultima fällt, z. B. lebẹndig, methọdisch, Dirẹktor (vgl. Kohler 1977, S. 191 ff.). Gelegentlich dient der W. der Unterscheidung der Wortbedeutung, z. B. Mọntage – Montạge, ụbersetzen – übersẹtzen, ụnterstellen – unterstẹllen usw. In manchen Sprachen ist der W. abzählbar fest (*delimitativer* Akzent), z. B. im Tschech., Finn. auf der ersten Silbe, im Poln. auf der vorletzten (Paenultima), im Türk. auf der letzten Silbe. Eine Oppositionsbildung in der linearen Kette ist dann nicht möglich. In einigen Sprachen werden die unbetonten Silben reduziert oder verändert gesprochen, z. B. im Russ. (mit *dynamischem* oder *grammatischem* W.).
Vgl. →Akzent, Betonung; Satzakzent.

Fuchs A., Normaler und kontrastiver Akzent. Lingua 38; 1976. Kiparsky R., Über den dt. Akzent. In: Studia Grammatica VII. 1966. Kohler K. J., Einführung in die Phonetik des Dt. 1977. Wängler H.-H., Grundriß einer Phonetik des Dt. ²1967. Wurzel W. U., Der Fremdwortakzent im Deutschen. Linguistics 56; 1970. Ders., Der dt. Wortakzent: Fakten, Regeln, Prinzipien. Ein Beitrag zu einer natürlichen Akzenttheorie. Zs für Germanistik 1; 2, 1980.

Wortarten [parts of speech, parties du discours, časti reči]. Auch: Redeteile *(partes orationis)*. Lexikalisch-grammatische Kategorie, Einteilung bzw. Klassifizierung der Wörter einer Sprache aufgrund bestimmter Kriterien. Die (sich an die Bezeichnungsmodi bzw. allgemeinen Kategorien des Aristoteles anschließende) traditionelle Einteilung gliedert aus: Verben, Nomina oder Substantive, Adjektive, Adverbien, Artikel, Pronomen, Numeralia, Präpositionen, Konjunktionen (Interjektionen). Diese Gliederung folgt morphologischen, semantischen und syntaktischen Merkmalen. Formal ergeben sich flektierte W. (Verb, Substantiv, Adjektiv, Pronomen, Numerale), wobei ersichtlich ist, daß die spezielle Aussonderung der Pronomina und Numeralia allein nach semantischen Kriterien vorgenommen ist (Außerdem gibt es nicht-flektierte Pronomina und Numeralia; auch verhalten sich diese syntaktisch nicht homogen). Nach der syntaktischen Funktion ergeben sich: Adverb, Präposition, Konjunktion und Artikel.
Die Einteilung der W. nach mehreren Kriterien ist wiederholt als inkonsequent kritisiert worden. Aus logischer Sicht scheint v. Kutschera

(1975) eine solche Bestimmung der W. für einen exakten Aufbau der Grammatik nicht brauchbar, weil sie zu vage ist, weil die Wortkategorien nicht disjunkt sind und weil die Einteilung nicht nach einem einheitlichen Gesichtspunkt erfolgt. Die syntaktische Charakterisierung z. B. der unflektierten Partikeln wäre schließlich erst die Leistung einer grammatischen Theorie (S. 208ff.). Für Admoni (1982) liegt der Mangel an einem einheitlichen Kriterium in der Beschaffenheit des Materials begründet, so daß eine mehraspektige Klassifizierung nicht unwissenschaftlich oder subjektiv ist, wenn sie »dem Wesen des Untersuchungsobjekts folgt«. Hauptkriterien für die Bestimmung der W. sind 1) der verallgemeinerte abstrahierte Bedeutungsgehalt, 2) die morphologische Struktur, 3) die syntaktische Funktion (S. 63ff.).
Für Stepanowa/Helbig (1978) erreicht eine *homogene* W.-einteilung nicht ihr Ziel, weil das morphologische Kriterium als durchgehendes Prinzip versagt. Erfolgreicher ist die *heterogene* Klassifizierung nach dem semantischen, syntaktischen und morphologischen Kriterium (S. 41ff.). Eine kommunikativ-sprachökonomische Interpretation der W.-einteilung schlägt Werner (1975) vor.
Die in dt. Grammatiken vorgestellten Einteilungen der W. sind unterschiedlich im Hinblick auf die Anzahl der W. und die angesetzten Kriterien. Der Tendenz, möglichst viele W. auszusondern, steht das Bemühen gegenüber, möglichst wenige Gruppen oder Klassen zu bilden. Dabei jedoch bleiben als Untergruppen alle in der dt. Grammatik vorhandenen W. erhalten; z. T. erscheinen bekannte Wortgattungen anders benannt und neu kombiniert.
Vgl. →Wortschatz, Wort; Verb.

Admoni W., Der deutsche Sprachbau. 41982. Bergenholtz H. Schaeder B., Die Wortarten des Dt. Versuch einer syntaktischen Klassifikation. 1977. Brinkmann H., Die dt. Sprache. 21971. Brøndal V., Les parties du discours (1928). 1948. Helbig G., Hrsg., Beiträge zur Klassifizierung der Wortarten. 1977. Meier G. F., Wortklassen als Basis jeder Grammatiktheorie. Zur Methodologie der Wortklassifikation in den asiatischen und europäischen Sprachen. ZPSK 32; 1979. Schmidt W., Grundfragen der dt. Grammatik. 41973. Stepanowa M. D. Helbig G., Wortarten und das Problem der Valenz in der dt. Gegenwartssprache. 21981. Werner O., Zum Problem der Wortarten. In: Engel U. Grebe P., Hrsg., Sprachsystem und Sprachgebrauch. 1975 (Sprache der Gegenwart, Bd. 34).

Wortartwechsel. Auch: Wortklassenwechsel, implizite Wortableitung, Transposition (Erben) als ökonomisches und durchsichtiges Verfahren der →Wortbildung, z. B. *fahr-en, Fahr-er, Fahr-zeug, befahr-bar* usw.; *treffen – das Treffen.* Vgl. →Konversion 2).

Erben J., Einführung in die dt. Wortbildungslehre. [2]1983. Stepanowa M. D. Helbig G., Wortarten und das Problem der Valenz in der dt. Gegenwartssprache. [2]1981.

Wortassoziationen [word associations, associations des mots, leksičeskie associacii]. Das Reaktionswort oder die Reihe von Reaktionswörtern, die durch ein Reizwort im Wortassoziationsversuch ausgelöst werden; die Beziehungen zwischen Wörtern im Assoziationsversuch, bei dem einer Anzahl von Versuchspersonen eine Wortliste bzw. eine Reihe von Reizwörtern vorgelegt wird, auf die sie antworten/reagieren sollen. Ausgewertet werden Assoziationshäufigkeit, Inhalt und Reaktionszeit. Die Methode der W. wurde zur Untersuchung von Assoziationsgesetzen und von Gesetzmäßigkeiten des Denkens, für psychoanalytische und psychotherapeutische Fragestellungen, auch im Rahmen der forensischen Psychologie zur Tatbestandsdiagnostik (Lügendiagnose, Lügendetektion) angewandt; sie bot durch die Aufstellung von Assoziationsnormen Einblicke in die Wahrscheinlichkeitsstruktur der Sprache und des Sprachgebrauchs, in (historische) Veränderungen von Sprachgewohnheiten, in soziolektale und idiolektale Besonderheiten. – Individuelle Assoziationsfelder bzw. Assoziationsgruppen decken sich nicht mit linguistischen Wortfeldern (!).
Eine Klassifikation von W. in Antonymie, Synonymie, Unterordnung, Gleichordnung, Überordnung, Assonanz, Teil-Ganzes usw. versuchte Miller (1951). Deese (1965) untersuchte Netze von W. bzw. Wortreihen mit assoziativer Bedeutung (s. auch →assoziative Beziehungen, assoziatives Feld). Die grundlegenden Operationen beim Erkennen von Sinnbezügen bzw. von logischen und syntaktischen Beziehungen zwischen Wörtern scheinen Gegenüberstellung und Einordnung zu sein (S. 164). Clark (1970) stellt paradigmatische und syntagmatische Assoziationsregeln zusammen.
Ščur (1971) verweist darauf, daß W. für das assoziierende Individuum gleiche oder ähnliche Funktionen habe, indem sie bestimmte extralinguistische Erscheinungen abbilden bzw. die subjektive Erfahrung des Individuums widerspiegeln, und schlägt eine Klassifikation der W. in *ontologische, empirische* und *rein psychische* vor.
S. auch →Assoziation, assoziative Bedeutung, assoziatives Feld, assoziative Beziehungen; paradigmatische Assoziationen, syntagmatische Assoziationen; Bedeutungsmessung.

Brown R. W. Berko J., Word association and the acquisition of grammar. Child Development 31, 1960. Clark H. H., Wortassoziationen und linguistische Theorie. In: Lyons J., Hrsg., dt. Neue Perspektiven in der Linguistik. 1975. Deese J., On the structure of associative meaning. Psych. Review 69; 1962.

Ders., The structure of associations in language and thought. 1965. Miller G. A., Language and communication. 1951. Ščur G. S., O tipach leksičeskich associacij v jazyke. In: Leont'ev A. A., Hrsg., Semantičeskaja struktura slova. 1971. Tent L., Psychologische Tatbestandsdiagnostik (Spurensymptomatologie, Lügendetektion). In: Undeutsch U., Hrsg., Handbuch der Psychologie. Bd. 11. 1967.

Wortatlas →Wortgeographie, Sprachatlas

Wortbedeutung [word meaning, sens du mot, značenie slova]. Die inhaltliche oder die »innere« Seite des Wortes, die lexikalische Bedeutung, der Wortinhalt; das Bedeutungs-, Bezeichnungs- oder Referenzpotential (Sachbezugspotential) eines (Inhalts)Wortes. Die Bestimmung oder Beschreibung einer W. erfolgt (z. B. in einem einsprachigen →Wörterbuch) durch

- Angabe bedeutungsähnlicher bzw. synonymer und antonymischer Wörter;
- Definition (mit Hilfe von Oberbegriff und spezifischen Merkmalen);
- Angabe von (Satz)Kontexten, in denen das Wort häufig gebraucht wird;
- sachorientierte Beschreibung;
- Angabe der Mikrostruktur der W. durch semantische Merkmale.

H. Paul (1880) unterschied die usuelle oder übliche und die okkasionelle oder nur gelegentliche Bedeutung eines Wortes. Im Anschluß an K. O. Erdmann (1925) wird die W. als gegliedert aufgefaßt: Neben der Hauptbedeutung oder dem begrifflichen Kern (auch: der *denotativen* Bedeutung) eines Wortes sind dessen Nebensinn, d. h. die Begleit- und Nebenvorstellungen, die ein Wort gewohnheitsgemäß und unwillkürlich auslöst, und der Gefühlswert oder Stimmungsgehalt, d. h. alle reaktiven Gefühle und Stimmungen, die es erzeugt, zu berücksichtigen. Sie sind Komponenten der W.; sie bilden einen Kranz von Nebenvorstellungen und Gefühlswerten um den begrifflichen Kern der W., die von Sprecher zu Sprecher verschieden sein können (vgl. →denotative Bedeutung, konnotative Bedeutung, assoziative Bedeutung; Denotation, Konnotation).
W. stehen in semantischen Beziehungen paradigmatischer Art innerhalb von →Wortfeldern. W. verfügen über Potenzen syntagmatischer Art, die ihre Kombinationsmöglichkeiten im Satz regeln. W. sind relativ vage und variabel je nach dem Kontext; sie werden oft in übertragener (metaphorischer, aber auch metonymischer) Bedeutung gebraucht. W. werden nicht als elementare und unzerlegbare semantisch-lexikologische Einheiten betrachtet, sondern als Bündel oder Konfigurationen von syntaktisch-semantischen oder begrifflichen Merkmalen, mit deren Hilfe der (innere) Aufbau von W. rekonstruiert

werden kann (vgl. →Komponentenanalyse, semantisches Merkmal, Merkmalbündel; Semem, Noem).
Die W. ist an das *Wort* als Lautgestalt bzw. morphologische Struktur gebunden. Eine sprachtheoretisch fundierte Charakterisierung der W. erweist sich als von sprachtheoretischen, philosophischen und erkenntnistheoretischen Voraussetzungen abhängig (W. als Referenz, Begriff, Vorstellung/Idee, Konvention/Norm, (verallgemeinertes) Abbild/Widerspiegelung mit unterschiedlicher kognitiver, kommunikativer und sozialwissenschaftlicher Aspektuierung). In W. sind Zielorientierungen und handlungsrelevante Wertungen gespeichert; in ihnen realisiert sich das Bewußtsein. W. bezeichnen nicht nur »Dinge«; sie segmentieren und strukturieren die Wirklichkeit.
Es ist eine Frage, ob man W. und Begriffe, d. h. sprachliches Wissen als Wissen von den W. und dem Wortgebrauch einerseits und sachliches Weltwissen sowie fach(sprach)liches Wissen andererseits voneinander trennen kann. Man sagt, daß man eine W. kennt, wenn man sie sachlich angemessen gebrauchen kann. Dazu aber ist ein Wissen enzyklopädischer Art notwendig. Man müßte also die Trennung zwischen Sprach- und Weltwissen aufgeben. – Eine Frage anderer Art ist, wie W. sich zu →Satzbedeutungen kombinieren lassen.
Vgl. →Bedeutung, Bedeutungstheorien, Bedeutung und Begriff, Bedeutungserlernung; Zeichen, Zeichenmodelle; lexikalische Bedeutung; Wort.

Austin J. L., dt. Die Bedeutung eines Wortes. 1968. Bierwisch M., Basic issues in the development of word-meaning. In: Deutsch W., Hrsg., The child's construction of language. 1981. Čejf U. L., Značenie i struktura slova. 1975. Dowty D. R., Word meaning and Montague grammar. 1979. Eikmeyer H.-J. Rieser H., Words, worlds, and contexts: New approaches in word semantics. 1981. Erdmann K. O., Die Bedeutung eines Wortes. [4]1925. 1966. Levkovskaja K. A., Der Begriff »Wortbedeutung« als Problem der Lexikologie und Lexikographie. ZPSK 27; 1974. Schippan Th., Lexikologie der dt. Gegenwartssprache. 1984. Schmidt W., Lexikalische und aktuelle Bedeutung. Ein Beitrag zur Theorie der Wortbedeutung. 1963. Schwarze Chr., Stereotyp und lexikalische Bedeutung. Studium Linguistik 13; 1982. Strauß G. Zifonun G., Die Semantik schwerer Wörter im Dt. 1/2. 1985. Pulman S. G., Word meaning and belief. 1983.

Wortbildung [word formation, formation des mots, slovoobrazovanie]. Die Bildung von (neuen) Wörtern durch Verbindung von Wurzel- bzw. Stammorphemen mit anderen Wortstämmen oder mit Affixmorphemen nach sprachspezifischen W.-smodellen (als Prozeß und Ergebnis); die Entstehung neuer Wörter aus vorhandenen Wörtern; die Kombination vorhandener Wörter oder Wortstämme miteinander als

Zusammensetzung oder mit besonderen Bildungselementen bzw. Präfixen und Suffixen als Ableitung oder Präfixbildung (W. Fleischer). Als Verfahren der W. ist auch der Wortartwechsel bzw. die →Konversion zu betrachten.

Neben der Syntax ist die W. Ausdruck der sprachlichen Kreativität: Mit einem begrenzten Inventar von Elementen und Regeln läßt sich eine unbegrenzte Menge von neuen Kombinationen erzeugen und der Wortschatz einer Sprache im Sinne kommunikativer Erfordernisse ausbauen. Die Regularitäten der W. haben Überschneidungen mit Syntax, Wortsemantik (Bedeutungsbeziehungen) und mit Strukturen/Prozessen, die durch die Morphologie bzw. Morphonologie erfaßt werden.

Vgl. →Wortbildungslehre, Wortbildungstheorien; Ableitung, Derivation, Komposition, Kompositum, Zusammensetzung. S. auch →Entlehnung, Lehnwort; Abkürzungssprache, Kurzwort.

Augst G., Lexikon zur Wortbildung. Vollständiges Morpheminventar der dt. Sprache. 1–3. 1975. Brekle H. E. Kastovsky D., Hrsg., Perspektiven der Wortbildungsforschung. 1977. Erben J., Einführung in die dt. Wortbildungslehre. 1975. ²1983. Ettinger S., Form und Funktion in der Wortbildung. ²1980. Fleischer W., Wortbildung der dt. Gegenwartssprache. ⁵1983. Gauger H.-M., Durchsichtige Wörter. Zur Theorie der Wortbildung. 1971. Henzen W., Dt. Wortbildung. ³1965. Kühnhold I. Wellmann H., Dt. Wortbildung: Das Verb. 1973. Kühnhold I. Wellmann H., Dt. Wortbildung: Das Adjektiv. 1978. Lipka L. Günther H., Hrsg., Wortbildung. 1981. Motsch W., Der kreative Aspekt der Wortbildung. In: Lipka/Günther, Hrsg., 1981. Stein G., The place of word formation in linguistic description. In: Brekle/Kastovsky, Hrsg., 1977. Stepanova M. D., Slovar' slovoobrazovatel'nych ėlementov nemeckogo jazyka. 1979. Thiele J., Wortbildung der frz. Gegenwartssprache. 1981. Wellmann H., Dt. Worbildung: Das Substantiv. 1975. Holly W., Wortbildung im Dt. (Forschungsbericht). ZGL 13; 1, 1985.

Wortbildungslehre. Die zwischen Lexikologie, Semasiologie und Grammatik anzusetzende Lehre von den Grundsätzen und Verfahren der →Wortbildung, die Erforschung der Gesetzmäßigkeiten der Wortbildung unter synchronem und diachronem Aspekt. Nach Dokulil (1968) konstituiert die W. einen relativ autonomen Bereich. Nach Henzen (³1965, S. 1) verfolgt die W. die verschiedenen Bahnen der Ausbildung des →Wortschatzes, befaßt sich insbesondere mit der »gruppenhaften Entstehung von Wörtern durch gleiche Bildungsmittel« und arbeitet »diejenigen Wortgruppen heraus, die bei der Entwicklung des Wortschatzes besonders fruchtbar sind oder einmal waren«. Die W. untersucht die Gesetzmäßigkeiten bei der Bildung neuer Wörter und beschäftigt sich mit der Analyse der fertigen Wörter (Fleischer 1969, S. 17); sie beschreibt die lexikalische Struktur der Wörter,

d. h. aus welchen lexikalischen →Morphemen die Wörter bestehen und wie diese zur Bildung neuer Wörter kombiniert werden (Funkkolleg Sprache. 1. 1973, S. 449f.).
Vgl. →Wortbildungstheorien.

Dokulil M., in Slovo a slovesnost 29; 1968. Marchand H., The categories and types of present-day English word-formation. [2]1969. Stepanova M. D. Fleischer W., Grundzüge der dt. Wortbildung. 1985. (S. auch →Wortbildung.)

Wortbildungsmodell. Auch: (produktives) Wortbildungsmuster. Strukturmuster, nach dem neue morphologische Konstruktionen bzw. Wörter gebildet werden; eine stabile Struktur mit lexikalisch-kategorialer Bedeutung, die mit verschiedenem lexikalischen Material gefüllt werden kann. Die Modellierung erfaßt mit 13 Grundmodellen und Untermodellen den gesamten Wortschatz einer Sprache, da jedes Wort durch die Struktur des Wortstamms charakterisierbar ist (Stepanova 1973, S. 108ff.).

Günther H., N + N: Untersuchungen zur Produktivität eines dt. Wortbildungstyps. In: Lipka L. Günther H., Hrsg., Wortbildung. 1981. Motsch W., Wortbildungen im einsprachigen Wörterbuch. In: Agricola E. u. a., Hrsg., Wortschatzforschung heute. 1982. Stepanova M. D., dt. Methoden der synchronen Wortschatzanalyse. 1973. (S. auch →Wortbildung, Wortbildungslehre.)

Wortbildungstheorien. Auffassungen über die Position und die Fundierungsmöglichkeiten der Wortbildungslehre zwischen Syntax und Semantik bzw. Lexikologie. Herbermann (1981, S. 49ff.) unterscheidet zwei Hauptarten von W., u. zw. 1) solche, die komplexe Wörter auf vollständige Sätze zurückführen oder von ihnen ableiten, und 2) andere W., die das komplexe Wort als Ableitung von Attributivkonstruktionen betrachten. Deren Dilemma bestehe aber darin, daß die jeweiligen Oberflächenstrukturen oft eine andere Bedeutung haben als die ihnen zugrundegelegte Struktur. Andererseits kann eine semantisch orientierte Erzeugung kaum die morphonologischen *und* semantischen Relationen erfassen, da morphologische Komplexität semantischer Komplexität nicht durchgehend entspricht.

Halle M., Prolegomena to a theory of word-formation. Linguistic Inquiry 4, 1973. Herbermann C.-P., Wort, Basis, Lexem und die Grenze zwischen Lexikon und Grammatik. 1981. Kastovsky D., Wortbildung und Semantik. 1981. Toman J., Wortsyntax. Eine Diskussion ausgewählter Probleme dt. Wortbildung. 1983. Fanselow G., Die Stellung der Wortbildung im System kognitiver Module. LB 96; 1985.

Wörterbuch [dictionary, dictionnaire, slovar']. Ein (oft mehrbändiges) Nachschlagewerk, das eine alphabetische oder systematische Darstellung und Beschreibung des Wortschatzes einer Sprache oder des terminologischen Inventars eines Fachgebiets enthält; die Dokumentation eines Wortschatzes; ein Wortschatzinventar, in dem Wörter (auch Wortstämme, Wortverbindungen und Abkürzungen) nach bestimmten Gesichtspunkten ausgewählt, angeordnet und hinsichtlich ihrer paradigmatischen Bedeutungsstruktur und ihrer syntagmatischen Kombinierbarkeit, aber auch in den verschiedenen Weisen ihres Gebrauchs erklärt, beschrieben oder übersetzt sind (einsprachiges, zweisprachiges W.). Das W. ist eine Form der zweck- und benutzungsorientierten Kodifikation des Wortschatzes oder Teilwortschatzes einer Sprache. Ein allgemeines Gebrauchswörterbuch mit alphabetischer Anordnung soll die Beziehung der Wörter auf das von ihnen Bezeichnete und die Beziehungen der Wörter zueinander allgemeinverständlich darstellen. Nach G. Drosdowski (1977/1984) kann ein W. der dt. Sprache mit 150 000–180 000 Einträgen den →Wortschatz der Gegenwartssprache in seinem Standard und mit seinen sozialen und regionalen Varietäten, aber auch mit Fachwortschatzanteilen, die auf die Allgemeinsprache einwirken, an Hand von Belegen des alltäglichen Sprachgebrauchs erfassen.

Die Funktionen von W. liegen u. a. in ihrer Hilfe bei sprachlichem Verstehen und Verständigen (Wortschatzerweiterung bzw. Füllen von individuellen Wortschatzlücken, semantisches Lernen) und beim Erlernen einer Zweitsprache sowie – bei terminologischen W. – in fachlicher Information. Die Prinzipien der Planung und Erarbeitung sprachlicher W. (z. B. die Orientierung an der Bildungssprache oder an der Umgangssprache) bilden den Gegenstandsbereich der →Lexikographie (Typen von W., Anordnungen des Wortschatzes, Aufbau der W.-artikel, Methoden der Bedeutungserklärung, Benutzer von W. und ihre Interessen, W.-benutzungssituationen (Wiegand)).

Neben den großen Allgemeinwörterbüchern der Gegenwartssprache gibt es orthoepische und orthographische W. (Aussprache- und Rechtschreib-W.), morphologische und rückläufige W., etymologische, gegenwartsbezogene und historische W. Begrifflich oder nach Sachgruppen konzipierte W. gliedern bzw. ordnen den Wortschatz nach →Begriffssystemen; Bedeutungs-W. sind in der Regel alphabetisch geordnet. Arten des alphabetischen (oder semasiologischen) W. sind Stil-W., Fremd-W., idiomatische W., Synonymen-W., Antonymen-W., Valenz-W., Häufigkeits-W. – Zur Erarbeitung einer W.-typologie werden Merkmalklassifikationen vorgeschlagen, mit Hilfe derer sich ein gegebenes W. als Bündel von Merkmalen oder Kriterien darstellen läßt (Henne 1972, 1980, Kühn 1978). Reichmann (1984) führt Matrizen mit insgesamt 30 Kriterien an; zu ihnen gehören die Merkmale *gegenwartsbezogen, geschichtsbezogen* (bezogen auf ein Sprachstadium oder auf mehrere, z. B. Ahd., Mhd., Mnd., Frühnhd.), *synchron* (Funktion des Wortschatzes auf einer bestimmten Zeitebene), *diachron* oder entwicklungsbezogen, *semasiologisch,* d. h. nach lemmatischer Anführung auf den Inhalt/die Bedeutung bezogen, *onomasiologisch,* d. h. von einem Begriff ausgehend bzw. auf ein Sachfeld bezogen, *gesamtsystembezogen, variantenbezogen* (phonemische, graphemische Variation), *dialektbezogen, soziolektbezogen, kommunikationsbezogen, symptomwertbezogen* (Kennzeichnung der Zugehörigkeit des Sprechers zu einer dialektalen, soziolektalen o. a. Gruppe), *syntaxbezogen, wortbildungsbezogen, benutzerbezogen.*

Ein Kernproblem der W.-Arbeit stellt (immer noch) die Diskussion um die Vor- und Nachteile der semasiologischen oder bedeutungstheoretischen und der onomasiologischen oder bezeichnungstheoretischen Konzeption eines W. dar; gesucht wird nach Realisationsformen einer sinnvollen Integration. U. a. fordert Wiegand (1977), das übliche und verbreitete alphabetisch angelegte, semasiologische W. zu einem integrierten W. umzugestalten, indem von jedem Lemma aus ein systematischer Zugriff auf die Wortschatzstruktur im ganzen ermöglicht wird durch Hinweise auf semantisch gleichgeordnete, untergeordnete und übergeordnete Wörter zur Nuancierung, Spezifizierung und Generalisierung des sprachlichen Ausdrucks bei der Sprachproduktion.

Die Schwäche eines rein semasiologischen, alphabetischen W., in dem Lautformen mit Hilfe lexikalischer Paraphrasen u. a. Angaben Bedeutungen zugeordnet werden, liegt in der fehlenden Explikation der begrifflichen, funktionalen und sachgegebenen Vernetzung des Einzelwortes innerhalb des lexikalischen Gesamtsystems. Ein semas. W. enthält keine Hinweise auf die lexikalische Makrostruktur des Wortschatzes. Onomasiologische W. bilden paradigmatische Felder, die durch verwandte Bezeichnungen konstituiert werden. Grammatische Merkmale und stilistische u. a. Eigenschaften werden nicht berücksichtigt. Onom. W. enthalten keine Angaben zur lexikalischen Mikrostruktur. Ein Grundproblem onom. W. besteht zudem in der Auswahl und Begründung einer geeigneten Systematik (philosophisch, naturwissenschaftlich, logisch, volkstümlich, kommunikativ und funktional – vgl. Kühn 1979; s. auch →Begriffssystem, Onomasiologie).

Die Tendenz, semasiologische und onomasiologische Information in einem W.-typ zu vereinigen, d. h. der Versuch, die Angaben zur paradigmatischen und syntagmatischen Dimension eines W.-Lemmas durch weitere Angaben zu seiner lexikalischen Makrostruktur zu ergänzen, wird durch Argumente aus der →kognitiven Psychologie und der →künstlichen Intelligenz gestützt. Wörter bzw. Wortbedeutungen werden in Begriffs- und Handlungszusammenhängen erworben und im →Langzeitgedächtnis als assoziativ verbundene →semantische Netzwerke gespeichert, die paradigmatische, syntagmatische u. a. Strukturierungen aufweisen. Bestimmte Wortkonstellationen bilden →Rahmen, Szenen und →Skripts, die ein ganzheitlich-stereotypes Sprach- und Weltwissen repräsentieren (z. B. Restaurantbesuch, Geburtstagsfeier usw.). Das Auftreten eines Wortes aktiviert *einen ganzen Rahmen* anderer Wörter und damit ein bestimmtes sprachliches Wissen und eine Kenntnis von sich wiederholenden Sachverhalten/Situationen und Funktionsabläufen.

Der Aufbau eines W.-Eintrags in einem größeren einsprachigen (Bedeutungs-)W. läßt sich (schematisch) charakterisieren durch die Positionen

- *Lemma* mit Angaben zu Aussprache, Silbentrennung, Flexion, Wortbildung (z. T. auch Wortgeschichte, Etymologie);
- Bedeutungserklärung a) durch Definition oder lexikalische Paraphrase, d. h. durch Wörter, die eine gleiche oder ähnliche Bedeutung haben bzw. die in vergleichbaren Kontexten gebraucht werden (Synonyme), b) durch Angabe möglicher Kontexte (Syntagmen oder Sätze);
- Angaben von Gebrauchsweisen und Gebrauchsbedingungen stilistischer, phraseologischer, metaphorischer (bildlicher, übertragener), situativ-funktionaler, regionaler, soziolektaler, sondersprachlicher, fachsprachlicher Art (z. B. Jägersprache).

Bei historischen W. kommen Angaben zur Geschichte der Ausdrucksseite und der Inhaltsseite des Lemmas sowie entsprechende Belege hinzu (vgl. Reichmann, 1984). Das Zentrum des W.-Eintrags bildet die Bedeutungserklärung mit Hilfe einer beschreibenden oder logischen Definition oder einer lexikalischen Paraphrase (s. auch →Zirkeldefinition). Dazu kommen Hinweise auf syntagmatische Anschließbarkeiten und mögliche Kontexte. – Eine ›Pragmatik‹ der W.-benutzung im Sinne der Analyse von W.-benutzungssituationen hat H. Wiegand (1977, 1985) angeregt.

Das erste gedruckte W. mit dt. Artikeln erschien 1477 in Köln (s. bei Drosdowski 1968).

Vgl. →Wortschatz.

WÖRTERBÜCHER: Agricola E. u. a., Hrsg., Wörter und Wendungen. Wörterbuch zum dt. Sprachgebrauch. 1968. [8]1977. Brockhaus Wahrig, Deutsches Wörterbuch in sechs Bänden (hrsg. von G. Wahrig u. a.). 1980ff. Duden. Das große Wörterbuch der dt. Sprache in sechs Bänden (hrsg. von G. Drosdowski).

1976–1981. Duden. Aussprachewörterbuch. ^{2}1974. Duden. Stilwörterbuch der dt. Sprache. ^{6}1970. Duden. Sinn- und sachverwandte Wörter und Wendungen. 1972. Grimm J. und W., Deutsches Wörterbuch. 16 in 32 Bd. 1854–1962; Neubearbeitung 1965 ff. Neuausgabe: 1–33. 1984 (dtv). Kempcke L. u. a., Handwörterbuch der dt. Gegenwartssprache. 1/2. 1984. Klappenbach R. Steinitz W., Hrsg., Wörterbuch der dt. Gegenwartssprache. 1–6. 1961–1977. Küpper H., Wörterbuch der dt. Umgangssprache. 1–6. 1963–1970. Paul H., Deutsches Wörterbuch (bearb. von W. Betz). ^{7}1967. ^{8}1981. Röhrich L., Lexikon der sprichwörtlichen Redensarten. 1–4. 1977. Schützeichel R., Althochdeutsches Wörterbuch. ^{3}1981. Trübners deutsches Wörterbuch. 1–8. (hrsg. von A. Götze, W. Mitzka). 1939–1957. Wahrig G., Deutsches Wörterbuch. 1980.
LITERATUR: Agricola E., Ein Modellwörterbuch lexikalisch-semantischer Strukturen. In: Agricola E. u. a., Hrsg., Wortschatzforschung heute. 1982. Ders., Mikro-, Medio- und Makrostrukturen als Informationen im Wörterbuch. In: Schildt J. Viehweger D., Hrsg., 1983. Baldinger K., Alphabetisches oder begrifflich geordnetes Wörterbuch? ZRPh 76; 1960. Cresswell T. J., Usage in dictionaries and dictionaries of usage. 1978. Drosdowksi G., Das dt. Wörterbuch im Wandel der Jahrhunderte. 1. Vom Abrogans zu Gherard von der Schuerens »Theutonista«. In: Geschichte und Leistung des Dudens. 1968. Drosdowski G. u. a., Nachdenken über Wörterbücher. 1977/1984. Harras G., Überlegungen zur Analyse von Artikeln in einsprachigen Wörterbüchern. GermL 5/6; 1977. Henne H. u. a., Hrsg., Interdisziplinäres Wörterbuch in der Diskussion. 1978 (Sprache der Geg., Bd. 45). Kühn P., Deutsche Wörterbücher. Eine systematische Bibliographie. 1978. Ders., Pragmatische und lexikographische Beschreibung phraseologischer Einheiten. GermL 1–3, 1983. Ders., Der Grundwortschatz. 1979. Mentrup W., Gemeinsprache und Fachsprachen. Überlegungen zur Methodik ihrer lexikographischen Erfassung. WW 26; 1976. Ders., Hrsg., Konzepte zur Lexikographie. Studien zur Bedeutungserklärung in einsprachigen Wörterbüchern. 1982. Wörterbuchbenutzungssituationen. In: Festschr. S. Grosse. 1984. Pottier B., dt. Die semantische Definition in den Wörterbüchern (1965). In: Geckeler H., Hrsg., Strukturelle Bedeutungslehre. 1978. Reichmann O., Historische Lexikographie. In: Ders. u. a., Hrsg., Sprachgeschichte. 1. Halbbd. 1984. Rey A., dt. Zur Definition in der Lexikographie (1965). In: Geckeler H., Hrsg., 1978. Schildt J. Viehweger D., Hrsg., Die Lexikographie von heute und das Wörterbuch von morgen. 1983. Wahrig G., Anleitung zur grammatisch-semantischen Beschreibung lexikalischer Einheiten. 1973. Weinrich H., Plädoyer für ein interdisziplinäres Wörterbuch der dt. Sprache. In: Henne H. u. a., Hrsg., 1978. Wiegand H. E., Nachdenken über Wörterbücher: Aktuelle Probleme. In: Drosdowksi G. u. a., 1977. Ders., Einige grundlegende semantisch-pragmatische Aspekte von Wörterbucheinträgen. KBGL 1977. Ders., Lexikographische Praxis vom Standpunkt unterschiedlicher Wörterbuchtypen und Wörterbuchkonzepte. ZGL 6. 1978. Noch immer in der Diskussion: das einsprachige Bedeutungswörterbuch. Zs für Germanistik 1, 1984. Fragen zur Grammatik in Wörterbuchbenutzungsprotokollen. In: Bergenholtz H. Mugdan J., Hrsg., Lexikographie und Grammatik. 1985. Zöfgen E., Definitionswörterbuch kontra Valenzwörterbuch. In: Bergenholtz/Mugdan, Hrsg., 1985. (S. auch →Wortschatz.)

Wörter und Sachen. Sprachwissenschaftliche Richtung zu Beginn unseres Jh., die Sprachgeschichte als Kulturgeschichte auffaßte, die

Sachen und Wörter in ihrer wechselseitigen Abhängigkeit erforschen wollte. Nach Mehringer müssen sprachliche Fakten oder Bezeichnungen in Verbindung mit dem jeweils Bezeichneten (d. h. dem →Referenten) und der allgemeinen Kulturentwicklung studiert werden. Für Schuchardt ist die Sache das Primäre und Feste; das Wort ist an sie geknüpft und bewegt sich um sie herum.
Vgl. →Onomasiologie.

Amirova T. A. u. a., Abriß der Geschichte der Linguistik. 1980. Bynon Th., Historische Linguistik. 1981. Mehringer R., Wörter und Sachen. IF 17; 1904/05. Reichmann O., Historische Lexikologie. In: Besch W. u. a., Hrsg., Sprachgeschichte. 1. Halbbd. 1984. Schmidt-Wiegand R., Neue Ansätze im Bereich »Wörter und Sachen«. In: Wiegelmann G., Hrsg., Geschichte der Alltagskultur. 1980. Schuchardt H., Sachen und Wörter. Anthropos 7; 1912.

Wortfamilie [word family, famille des mots, gneszdo slov]. Gruppe von Wörtern, die von einem Wortstamm abgeleitet sind oder mit Hilfe eines Wortstamms zusammengesetzt werden; Wortgruppe, deren Einheiten im Wurzel- oder Stammorphem übereinstimmen, z. B. *Glück, glücken, glücklich, beglücken* usw.; Gruppe von Lexemen, die genetisch bzw. etymologisch zusammengehören. Der Zusammenhang einer W. erscheint oft nur noch als lautlich begründet, z. B. *erfahren, Erfahrung* < fahren, häßlich < Haß usw.
Vgl. →Etymologie, etymologisches Wörterbuch; Wortbildung, Wortstamm, Wurzel.

Bergmann K., Dt. Wörterbuch mit besonderer Berücksichtigung der Mundarten und Fremdwörter und des kulturgeschichtlichen Inhalts des Sprachschatzes, alphabetisch und nach Wortfamilien geordnet . . . 1923. Liebich B., Die Wortfamilien der lebenden hochdt. Sprache als Grundlage für ein System der Bedeutungslehre (nach Heynes dt. Wörterbuch). 1899. Stieler K., Der Teutschen Sprache Stammbaum und Fortwachs oder Teutscher Sprachschatz (1691); hrsg. von H. Henne, 1968. Stücke G., Dt. Wortsippen. Ein Blick in die Verwandtschaftszusammenhänge des dt. Wortschatzes. 1912. Weisgerber L., Die vier Stufen in der Erforschung der Sprache. 1963. Schmidt W., Dt. Sprachkunde. [7]1972. Bünting K.-D., Einführung in die Linguistik. [9]1981.

Wortfeld [lexical field, champ lexical, leksičeskoe pole]. Begriff von J. Trier (1931). Eine gegliederte Menge bedeutungs- oder sinnverwandter Wörter, ein Feld von bedeutungsähnlichen Wörtern, in dem die Bedeutung jedes Wortes durch die Bedeutung der anderen Wörter begrenzt und bestimmt wird, z. B. *wandern, spazieren, bummeln* usw. im W. »gehen«. Ein W. wird durch paradigmatische lexikalische Beziehungen konstituiert (vgl. →Synonyme, Synonymie; Wert).
Bei E. Coseriu ist ein W. (im Anschluß an W. Porzigs parataktische Felder) ein lexikalisches Paradigma der strukturellen Semantik, »das

durch die Aufteilung eines lexikalischen Inhaltskontinuums« unter verschiedene Wörter entsteht, die durch einfache distinktive Züge in unmittelbarer Opposition zueinander stehen, z. B. *jung – neu – alt* (1978, S. 241) bzw. »die Gesamtheit der durch einen gemeinsamen lexikalischen Feldwert vereinten Lexeme«, den diese durch minimale gegenseitige Oppositionen unterteilen, z. B. *kalt – lauwarm – warm – heiß* (1970, S. 49).

W. bilden ein Ordnungs- und Strukturprinzip des Wortschatzes einer Sprache. W. sind keine Objekt- oder Sachfelder und keine assoziativen Felder; sie fallen auch nicht mit begrifflichen bzw. konzeptuellen Feldern zusammen. Einzelne Sprachen unterscheiden sich in ihren W.; sie strukturieren nicht dieselbe ›Wirklichkeit‹. – Nach Lutzeier repräsentiert die Struktur eines W. das Netz der Beziehungen, die die Elemente des W. untereinander eingehen. Semantische Kriterien des W. sind die Vorgabe eines Aspekts, die Angabe von Namen für Zerlegungsmengen bezüglich der Dimensionen und mit Hilfe von semantischen Relationen zu formulierende Bedingungen. Jedes Element des W. müßte dann innerhalb der Feinstruktur des W. eine eigene Position erhalten (aaO., S. 138).

Vgl. →Feld, Feldtheorie; Bedeutungsfeld, parataktisches Feld, sprachliches F., lexikalisches F., semantisches F., Sinnbezirk; assoziative Bedeutung, Wortassoziationen, semantisches Netzwerk.

Ballweg J., Versuch einer exemplarischen Teilanalyse eines Wortfeldes. DS 4; 1976. Bergenholtz H., Zur Wortfeldterminologie. Muttersprache 85; 1975. Coseriu E., Lexikalische Solidaritäten. Poetica 1, 1967; abgedr. in: Geckeler H., Hrsg., Strukturelle Bedeutungslehre. 1978. Ders., Einführung in die strukturelle Betrachtung des Wortschatzes. 1970. [2]1973. Faust M., Wortfeldstruktur und Wortverwendung. WW 6, 1978. Forsgren K.-A., Wortdefinition und Feldstruktur. 1977. Geckeler H., Strukturelle Semantik und Wortfeldtheorie. 1971. v. Kutschera F., Eine logische Analyse des sprachwiss. Feldbegriffs. In: Heinekamp A., Hrsg., Linguistik und Sprachstudium. 1973. Lutzeier P. R., Wort und Feld. Wortsemantische Fragestellungen mit besonderer Berücksichtigung des Wortfeldbegriffes. 1981. Müller R., Methodologische Probleme der Wortfeldtheorie. In: Festschr. A. Schmidt. 1976. Rosch E., Principles of categorization. In: Rosch E. Lloyd B. B., Hrsg., Cognition and categorization. 1978. Rupp H., Wortfeld und Wortinhalt. Festschr. F. Maurer. 1968. Schmidt L., Hrsg., Wortfeldforschung. Zur Geschichte und Theorie des sprachlichen Feldes. 1973. Ščur G. S., dt. Feldtheorien in der Linguistik. 1977 (Sprache der Geg., Bd. 42). Seiler H., On paradigmatic and syntagmatic similarity. Lingua 18; 1968. Ders., Zur Erforschung des lexikalischen Feldes. In: Moser H., Hrsg., Sprachnorm, Sprachpflege, Sprachkritik. 1968 (Sprache der Geg., Bd. 2). Sladek A., Wortfelder in Verbänden I. 1975. Trier J., Über Wort- und Begriffsfelder (1931); abgedr. in: Schmidt L., Hrsg., 1973. Ders., Altes und Neues vom sprachlichen Feld (1968); abgedr. aaO. Meine drei Ansätze zur Wortforschung. In: Beckers H. Schwarz H., Gedenkschrift für J. Trier. 1975.

Weisgerber L., Vom inhaltlichen Aufbau des dt. Wortschatzes (1939); abgedr. in: Schmidt L., Hrsg., 1973. Ders., Grundzüge der inhaltbezogenen Grammatik. [4]1971. Ziegler J., Gibt es lexikalische Lücken? LB 93; 1984.

Wortfolge →Wortstellung, Satzgliedstellung

Wortforschung. »Die Summe der Bemühungen um die Aufhellung der Entwicklung des Wortschatzes, der Herkunft, Verbreitung und der Bedeutung der Wörter sowie der festgewordenen bildlichen Ausdrükke, der Topoi und festen Wendungen« (Bach, Geschichte der dt. Sprache, [8]1965, S. 17).
Vgl. →Wortgeschichte, Wortgeographie.

Lindquist A., Deutsches Kultur- und Gesellschaftsleben im Spiegel der Sprache. 1955. Schmitt L. E., Hrsg., Deutsche Wortforschung in europäischen Bezügen. 1–5. 1958–1968. (S. auch →Wortgeographie, Wortgeschichte).

Wortgeographie. Die synchronische und diachronische Beschreibung der räumlichen Verbreitung von Wörtern und ihre Interpretation durch kartographische Darstellung. Zu unterscheiden sind nach ihren Methoden die onomasiologische Bezeichnungsgeographie, die eine Begriffskonstanz voraussetzt, und die semasiologische Bedeutungsgeographie, die auf Bezeichnungskonstanz angewiesen ist. Sprachtheoretisch kann man von einer isolationistischen und einer strukturalistischen W. sprechen (Reichmann 1969, S. 67f., 1976, S. 78ff.).
Vgl. →Sprachatlas, Sprachgeographie, Wortforschung.

Barth E., Deutscher Wortatlas 1939–1971. Eine Bibliographie. GermL 1971. Eichhoff J., Wortatlas der dt. Umgangssprache. 1. 2. 1977/1978. Kretschmer P., Wortgeographie der hochdt. Umgangssprache. [2]1969. Mitzka W., Stämme und Landschaften in dt. Wortgeographie. In: Maurer F. Rupp H., Hrsg., Dt. Wortgeschichte. Bd. 2. 1974. Mitzka W. Schmitt L. E., Deutscher Wortatlas. 1–20. 1951–1972. Reichmann O., Deutsche Wortforschung. 1969. Ders., Germanistische Lexikologie. 1976. Wiegand H. E. Harras G., Zur wissenschaftshistorischen Einordnung und linguistischen Beurteilung des Deutschen Wortatlas. GermL 1/2; 1971.

Wortgleichung. Vergleich von Wörtern genetisch verwandter Sprachen zum Nachweis der Art und des Grades ihrer genealogischen Verwandtschaft und zur Untersuchung ihrer typologischen Verwandtschaft, z. B. »Mutter«: aind. *mātár,* griech. μήτηρ, lat. *mater,* ahd. *muoter* usw.
S. auch →lexikalische Gleichungen, Wurzel, Rekonstruktion.

Bynon Th., Historische Linguistik. 1981. Szemerényi O., Einführung in die vergleichende Sprachwissenschaft. [2]1980.

Wortgeschichte. Die Untersuchung und Darstellung der historischen Entwicklung des Wortschatzes in seiner Gesamtheit und in seinen Einzelwörtern. Die W. gliedert sich nach Reichmann (1969) in historische Semasiologie und historische Onomasiologie, kulturhistorisch orientierte Wortforschung, Etymologie und Wortbildungslehre.
S. auch →Sprachgeschichte, Wortforschung, Etymologie.

Augst G., ›Haupt‹ und ›Kopf‹. Eine Wortgeschichte bis 1550. 1970. Maurer F. Rupp H., Hrsg., Dt. Wortgeschichte. 1–3. ³1974–1978. Reichmann, O., Dt. Wortforschung. 1969. Ders., Historische Lexikologie. In: Besch W. u. a., Hrsg., Sprachgeschichte. 1. Halbbd. 1984. Roth K.-H., ›Deutsch‹. Prolegomena zur neueren Wortgeschichte. 1978. Schmidt W., Deutsche Sprachkunde. ⁷1972. Schwarz E., Kurze dt. Wortgeschichte. 1967. Sowinski B., Germanistik 1. ²1974.

Wortgruppe. Syntagma, syntaktische Einheit oder synktaktische Verbindung; eine Wortfügung, die keinen Satz bildet (Admoni). Ihre Geschlossenheit wird durch Stimmführung, Wortstellung und Flexion gesichert, z. B. *die Stadt am Meer, das blaue Kleid – ein blaues Kleid.* Für den dt. Satz typisch sind die Gruppe des Substantivs und die Gruppe des Verbs (Admoni 1982, S. 264 ff.). Substantiv-G., Prädikats-G. und Präpositional-G. sind unmittelbare Konstituenten des Satzes (Heidolph u. a. 1981).
Vgl. →Nominalphrase, Verbalphrase, Konstituentenstruktur.

Admoni W., Der dt. Sprachbau. ⁴1982. Heidolph K. E. u. a., Grundzüge einer dt. Grammatik. 1981.

Worthäufigkeit →Häufigkeitswörterbuch, Grundwortschatz, Funktionswörter, Strukturwörter

Wortinhalt. Bei Weisgerber (1929) der Begriff, der →Inhalt des Wortes, der im Wort untrennbar mit der Lautung verknüpft ist, der von den Nachbarn im →Wortfeld mitbestimmt wird und dadurch seinen (Stellen)Wert erhält. Das Wort ist eine Einheit von Wortform und W.
Vgl. →Inhalt, sprachlicher Inhalt.

Gipper H., Der Inhalt des Wortes und die Gliederung der Sprache. In: Duden. Grammatik der dt. Gegenwartssprache. ⁴1984. Kacnel'son S. D., Soderžanie slova, značenie i oboznačenie. 1965. Leisi E., Der Wortinhalt. Seine Struktur im Dt. und Engl. ⁴1971. Öhmann S., Wortinhalt und Weltbild. Vergleichende und methodologische Studien zur Bedeutungslehre und Wortfeldtheorie. 1951.

Wortklasse. 1) Im Sinne von →Wortart. 2) Bei Coseriu eine Klasse von →Lexemen, die durch ein →Klassem determiniert werden (d. i.

ein unterscheidender Zug, der in einer ganzen Kategorie von Wörtern funktioniert). Zu derselben W. gehören also Lexeme,

bei denen dieselben lexikalischen *oder* grammatischen Kombinationen oder dieselben lexikalischen und grammatischen Kombinationen *zugleich* möglich sind (1970, S. 116).

Bei den Substantiven ergeben sich W. wie »lebende Wesen«, »menschliche Wesen«, »nicht-menschliche Wesen«. Ein →Wortfeld kann ganz zu einer W. gehören, es kann sich im Durchschnitt zweier Klassen befinden, wobei Lexeme entweder getrennt oder unterschiedslos in der einen und in der anderen W. gebraucht werden können.

Coseriu E., Einführung in die strukturelle Betrachtung des Wortschatzes. 1970.

wörtliche Bedeutung. Die kontextneutrale bzw. ideale oder im Sprachsystem angelegte Bedeutung eines Ausdrucks/Satzes im Gegensatz zu seiner →Äußerungsbedeutung. S. auch →indirekter Sprechakt.

Bierwisch M., Wörtliche Bedeutung – eine pragmatische Gretchenfrage. In: Grewendorf G., Hrsg., Sprechakttheorie und Semantik. 1979. Chomsky N., dt. Reflexionen über die Sprache. 1977. Searle J. R., Wörtliche Bedeutung. In: Ders., Ausdruck und Bedeutung. 1982.

Wortnegation. Im Gegensatz zur Verneinung des ganzen Satzes mit Hilfe der Satznegation die Verneinung eines Satzteils/Satzglieds oder eines einzelnen Wortes, z. B. Nicht *ich* habe das gesagt.
Vgl. →Satznegation, Negation.

Wortnische. Auch: semantische Nische (Baldinger), Bedeutungsnische. Ein durch ein →Präfix oder durch ein →Suffix (aufgrund deren höheren semantischen Abstraktionsgrades) gebildete Bedeutungsgruppe/Inhaltsgruppe, z. B. Bäck-*er,* Lehr-*er,* Schneid-*er, be*-herrschen, *be*-rechnen, *be*-messen, *be*-reisen; Lehr-*ling,* Pfleg-*ling,* Prüf-*ling.*
Vgl. →Ableitung.

Baldinger K., Kollektivsuffixe und Kollektivbegriff. 1950. Henzen W., Dt. Wortbildung. ³1965. Inhaltbezogene Wortbildung. In: Herrigs Archiv 194; 1957. Weisgerber L., Grundzüge der inhaltbezogenen Grammatik. ⁴1971.

Wortphonologie. Die Untersuchung der lautlichen Struktur von Wörtern, u. zw. ihrer Grundwortgestalten als Elemente des Sprachsystems gegenüber ihren Realisierungsvarianten als physikalischen *Kontinua.* Als Grundhypothese wird angenommen, daß in einem Sprach*system*

der Bestand an Grundwortgestalten mit Hilfe eines abzählbaren und vermutlich endlichen Vorrats *diskreter* Elemente dargestellt werden kann (Bartsch/Vennemann).
Vgl. →Satzphonologie, Phonologie.

Bartsch R. Vennemann Th., Grundzüge der Sprachtheorie. 1983.

Wortschatz. Auch: *Lexikon,* Lexik. Die Gesamtheit oder der Gesamtbestand der Wörter einer Sprache, ihr lexikalisches Potential, das durch Wörterbücher verschiedener Art erfaßt wird (vgl. →Wörterbuch), ein Schatz von Begriffen, Gedanken, Anschauungen, Ideen und Empfindungen (W. Scherer). Der W. einer Sprache ist ein offenes, d. h. ein quantitativ prinzipiell unbegrenztes und ein qualitativ funktionales und flexibles Inventar von Lexemen, das als strukturiert, intern differenziert und systemartig organisiert aufgefaßt wird (Annahme strukturierter Heterogenität). Der W. befindet sich in ständiger Veränderung, indem er sich der Dynamik kommunikativer und kognitiver Bedürfnisse anpaßt; er ist das beweglichste Teilsystem einer Sprache. (Für das Dt. sind nach Menzerath 300 000–500 000 Wörter anzunehmen; 75 000 Wörter bilden den allgemeingebräuchlichen W. – Drosdowski 1977.) Die Grundeinheit des W. ist das *Wort.* Die Begründung und Planung der Materialsammlung bzw. der Erhebung eines W., die Art und Weise der Zusammenstellung und Anordnung sowie die innere Klassifikation des W. sind Aufgaben der →Lexikographie und der Lexikologie.
Als komplexes und varietätenreiches Teilsystem konstituiert der W. einer Sprache sich seinerseits aus verschiedenen miteinander verbundenen Teilsystemen historischer, regionaler, funktionaler u. a. Art; der W. verfügt über eine Schichtung, eine Gliederung in Bereiche und Funktionen und eine Struktur auf der Grundlage paradigmatischer und syntagmatischer Beziehungen. Im Sinne eines synchronen Schnitts kann man auch vom Kernbereich eines W. als gemein- oder standardsprachlichem W. sprechen, an den sich als für bestimmte Interaktionen typische bzw. konventionalisierte *Register* anlagern: Fach-W. mit terminologischem Zentrum, regionalspezifische oder dialektale W., soziolektale W., gruppenspezifische W. mit abgrenzender und distanzierender sowie solidarisierender und innenstabilisierender Funktion (auch altersspezifische W.), Individual-W. (W. bestimmter Autoren, Texte oder Textsorten). Dabei können sich Schichtungen durch Archaismen und Neologismen, aber auch durch Lexeme mit konnotativen Merkmalen ergeben. Aus historischer Sicht ergäbe sich eine Gliederung des W. nach Erbwörtern, Lehnwörtern und

Fremdwörtern (vgl. H. Eggers, Dt. Sprachgeschichte. 1. 1965, S. 90ff.). Unter funktionalem und pragmatischem Aspekt (Sprache ist final und erfüllt als System bestimmte Funktionen – E. Coseriu) erscheint der W. als Instrument, mit dessen Hilfe Situationen bewältigt und Intentionen realisiert werden (P. Kühn 1979).

Zur Beschreibung des W. ist eine Strukturierung nach dem Ausdruck, nach Ausdruck und Inhalt und nach dem Inhalt möglich (Coseriu 1970). Eine kohärente Strukturierung läßt sich bei den Beziehungen des Inhalts bzw. bei den *lexematischen Strukturen* durchführen (Wortfeld, Modifikation, Entwicklung (= paradigmatisch); Derivation, Solidarität (= syntagmatisch)). Unter inhaltlichem Aspekt gliedert den W. des Deutschen H. Gipper (1984) nach Wortständen, Wortfamilien/Fächerungen, sprachlichen Feldern und festen Sinnkopplungen. Aus funktional-pragmatischer Sicht (Einbettung des Sprechens in soziale Handlungszusammenhänge vs. innerlinguistische Zusammenhänge im Sinne des lexikalischen Strukturalismus) unterscheidet O. Reichmann (1976) bei der Analyse des W. dessen *Darstellungsfunktion* (mit den paradigmatischen und den syntagmatisch-textlichen Relationen), *Erkenntnisfunktion, Kommunikationsfunktion* und *Symptomfunktion* (d. h. die Funktion, die eine bestimmte (soziale) Gruppenzugehörigkeit kennzeichnet).

Weitere Möglichkeiten der Systematisierung und Beschreibung des W. bieten sich an aufgrund der Kriterien

- Distribution der Wörter auf Wortarten (auch die Differenzierung nach Autosemantika, Synsemantika usw.),
- Art der Wortbildung,
- Funktionsbereich und Stilwerte von Wörtern, Wortverbindungen und idiomatischen Ausdrücken,
- Entwicklung (Kreativität und Produktivität) des W. und seiner Teilsysteme,
- epochale bzw. historische Gliederung des W.,
- Gliederung nach Sach- und Gegenstandsbereichen (onomasiologische Begriffssysteme bzw. Paradigmen, u. U. mit anschließender semasiologischer Beschreibung),
- Gebrauchshäufigkeit und Gebrauchswert von Wörtern (vgl. →Grundwortschatz).

Aus handlungsorientierter und prozeduraler Sicht (Sprachproduktion und Sprachrezeption) ist der W. als individueller Sprachbesitz mit einer bestimmten Speicherung oder *Vernetzung* im Langzeitgedächtnis zu betrachten (die Existenzweise des Gesamt-W. einer Sprache ist von kollektiver Art); er bildet eine Grundvoraussetzung für das Erzeugen und Verstehen von Texten bzw. Äußerungen in sozialen Kontexten. Neben den syntagmatischen Relationsnetzen lexikalischer Einheiten,

die als Speicherungen von Sachverhaltszusammenhängen und Handlungserfahrungen gelten können (obligatorische Fügungspotenzen bzw. Kollokations- oder Verknüpfungspotenzen, Valenzen), erlangen deren kohärenzstiftende und isotopiebildende Beziehungen synonymischer, antonymischer, implikativer u. a. Art auf der Ebene des Textes Bedeutung (s. auch →semantisches Gedächtnis, semantisches Netzwerk, internes Lexikon).
Vgl. →Lexikon, Grundwortschatz; Wort, Wörterbuch, Lexikologie, Lexikographie.

Agricola E. u. a., Hrsg., Wortschatzforschung heute. 1982. Coseriu E., Einführung in die strukturelle Betrachtung des Wortschatzes. [2]1973. Ders., Die funktionelle Betrachtung des Wortschatzes. In: Probleme der Lexikologie und Lexikographie. 1976 (Sprache der Gegenwart, Bd. 39). Dornseiff F., Der deutsche Wortschatz nach Sachgruppen (1934). [7]1970. Fleischer W., Aspekte der sprachlichen Benennung. 1984. Gipper H., Die Gliederung des Wortschatzes. In: Duden. Grammatik der deutschen Gegenwartssprache. [4]1984. Henne H. Mentrup W., Hrsg., Wortschatz und Verständigungsprobleme. 1983 (Sprache der Gegenwart, Bd. 57). Heinemann W., Zur kontextuellen Determiniertheit lexikalischer Einheiten. ZPSK 37; 4, 1984. Korhonen J., Zur Integration von Syntax und Semantik bei der Beschreibung des Wortschatzes. ZGL 11.1, 1983. Kühn P., Der Grundwortschatz. 1979. Menzerath P., Die Architektonik des dt. Wortschatzes. 1954. Motsch W., Überlegungen zu den Grundlagen der Erweiterung des Lexikons. In: Růžička R. Motsch W., Hrsg., Untersuchungen zur Semantik. 1983 (Studia Grammatica XXII). Porsch P., Zum Wert der Kategorie »Pragmem« für soziolinguistische Wortschatzanalysen. ZPSK 37; 4, 1984. Reichmann O., Germanistische Lexikologie. 1976. Schippan Th., Lexikologie der dt. Gegenwartssprache. 1984. Schwarze Chr. Wunderlich D., Hrsg., Handbuch der Lexikologie. 1985. Stötzel G., Das Abbild des Wortschatzes. Zur lexikographischen Methode in Deutschland von 1617–1967. Poetica 3; 1970. Abgedr. in: Ders., Schulbezogene Sprachwissenschaft. 1982. Viehweger D. u. a., Probleme der semantischen Analyse. 1977 (Studia Grammatica XV). (S. auch →Lexikographie, Lexikologie, Wörterbuch.)

Wortschatzanalyse. 1) Strukturelle Untersuchung des Wortschatzes aufgrund paradigmatischer und syntagmatischer Beziehungen, nach inhaltlichen und/oder formalen Kriterien (vgl. →Wortfeld, Wortfamilie, lexikalische Solidaritäten, Komponentenanalyse). 2) Untersuchung des Wortschatzes unter den Gesichtspunkten der Vorkommenshäufigkeit und der Gebrauchsnotwendigkeit (vgl. →Grundwortschatz, Disponibilität, Häufigkeitswörterbuch, TTR-Wert, Zipfsches Gesetz, Lesbarkeit). 3) Die quantitative und qualitative Untersuchung des aktiven und passiven Wortschatzes im Verlauf des →Spracherwerbs, die Analyse einzelner Stadien des Wortschatzerwerbs sowie empirische Untersuchungen zu Entwicklung und Wachstumsrhythmus des kindlichen Wortschatzes. Nachdem das Kind an-

fangs nur sehr diffus abgegrenzte und schwach konturierte komplexe situative Gegebenheiten mit einem Wort bezeichnet hat, gelingt es ihm, durch den Erwerb neuer Wörter stärker zu differenzieren und sich allmählich dem (vorgegebenen) semantischen System der Erwachsenensprache anzunähern. Wie weit es dabei sukzessiv eigene semantische Systeme ausbildet, ist nicht einsichtig gemacht worden, da Ansätze im Sinne von Jakobsons phonologischer Hypothese des →Lauterwerbs für den Erwerb semantischer Einheiten (Cohen; Francescato, dt. 1973) nicht überzeugen. Versuche mit →Wortassoziationen deuten allerdings auf eine zumindest antonymische und synonymische Strukturierung. Bei der Frage nach dem Wortverständnis bereitet die entwicklungsspezifische Veränderung der Bedeutungsstruktur weitere Schwierigkeiten (vgl. →Bedeutungserlernung; dazu auch Flavell 1970).
Nach McCarthy (1966, S. 527) wurden Daten gesammelt durch

- altersstufenspezifische Schätzungen des gesamten Wortschatzes,
- wortartenorientierte Analyse von Wortschätzen,
- themenorientierte Analyse von Wortschätzen,
- Vorkommensanalysen bestimmter Wortarten in bestimmten Gesprächstypen,
- Vorkommensanalysen verschiedener Wortarten in Aufsätzen,
- Schätzungen des Gesamtwortschatzes mit Hilfe von Wortassoziationen,
- Schätzungen mit Hilfe von Wortschatztests,
- Messungen der Worthäufigkeit bzw. der Wortfrequenz.

In seinem Überblick stellt Kegel (1974, S. 52ff.) fest, daß über Umfang und Struktur des aktiven und passiven kindlichen Wortschatzes keine präzisen Angaben vorliegen. In Längsschnittstudien an einzelnen Kindern ist eine Fülle von Material erbracht worden, das statistisch jedoch nicht auswertbar ist. Wortschatztests (vgl. →Sprachtest, Sprachstandsanalyse) versuchen, auf der Grundlage repräsentativer Stichproben mit organisierter Auswahl das komplexe Potential des Gesamtwortschatzes zu schätzen bzw. hochzurechnen. Bei aller Relativität der Ergebnisse (besonders hinsichtlich der mehr oder weniger strengen Kriterien für Wortverständnis) ist anzunehmen, daß Kinder mit 2.0 etwa 300, mit 3.0 etwa 1200, mit 4.0 etwa 1700, mit 5.0 etwa 2100 und mit 6.0 etwa 2500 bis 3000 Wörter beherrschen (Nice, Descœudre, Stern/Stern, M. K. Smith, M. E. Smith, Grisby u. a.). Die Wortschatzentwicklung beginnt zwischen 1.6 und 2.0 und steigt bis 6.0 fast linear an (vgl. →Frage).
G. Augst betont, daß das Kind mit 6.0 bereits über eine Reihe von wortbildenden Mechanismen verfügt. Es sei von Interesse, die Zahl der festgestellten Wörter in Relation zu bringen zum Erhebungszeit-

raum, zu den Produktionsmechanismen und zu den zugrundeliegenden Lexemen (freie bzw. autosemantische Morpheme oder Morpheme mit Referenz). Entsprechende Untersuchungen scheinen zu belegen, daß Kinder unter massenkommunikativem Einfluß einen größeren Wortschatz entwickeln als in der ersten Hälfte unseres Jahrhunderts.
Die qualitative Analyse des kindlichen Wortschatzes untersucht dessen innere Organisation, den Anteil der einzelnen Wortarten, die begriffliche Gliederung und die semantische Struktur, die Idiomatik, den Bau komplexer lexikalischer Einheiten und manifest werdende metakommunikative Züge. Vgl. auch →Kindersprache.

Angermaier M., Psycholinguistischer Entwicklungstest. 1974. Augst G., Grundwortschatz und Ideolekt. 1977. Ders., Hrsg., Kinderwort. Der aktive Kinderwortschatz (kurz vor der Einschulung). Nach Sachgebieten, mit alphab. Register. 1984. Bruner J. S. u. a., dt. Studien zur kognitiven Entwicklung. 1971. Kegel G., Sprache und Sprechen des Kindes. 1974. Mussen P. H., Hrsg., Handbook of methods in child development. 1960. Wagner K. R., Die Sprechsprache des Kindes. 1.2. 1974/1975.

Wortsemantik →Wortbedeutung, lexikalische Semantik; Semantik

Wortstamm. Auch: Stamm [base/stem, thème, osnova.]. Stammorphem, *Grundmorphem.* Ein Morphem oder ein Morphemkonstrukt, an das ein Flexionssuffix treten kann; ein Grundstock des Wortes, eine Grundform, die meist durch eine Reihe von Kasus, Modi und Tempora hindurchgeht. Die wortbildenden Morpheme (Formationsmorpheme: Präfixe, Suffixe bzw. Affixe) bilden mit dem Grundmorphem oder der *Wurzel* den W., an den Flexionsendungen oder Relationsmorpheme treten können, z. B. *be-rein-ig*-en, *bereinig*-te. Der W. ist eine Form, die man durch Weglassen der Endung erhält; er ist der gemeinsame Bestandteil, den man durch Vergleichung einer Reihe unter sich verwandter flektierter und unflektierter Wörter erkennt, er ist der Träger der ihnen gemeinsamen lexikalischen Bedeutung (Saussure). S. auch →Wurzel, Basis 1).

Erben J., Dt. Grammatik. Ein Abriß. [12]1980. Henzen J., Dt. Wortbildung. [3]1965. Herbermann C.-P., Wort, Basis, Lexem und die Grenze zwischen Lexikon und Semantik. 1981.

Wortstand. Im Gegensatz zum formalen Ableitungstyp *(-schaft, -lich, be-, ge-, un-)* eine inhaltliche Ordnung, an der formal unterschiedliche Bildungsweisen beteiligt sind, die Gesamtheit der in gleiche inhaltliche Richtung weisenden →Wortnischen, die inhaltliche Gemeinsamkeit von Wortnischen verschiedener Bildung, z. B. die Berufsbezeichnungen (Bäck*er*, Küns*tler*, Haupt*mann*, Dok*tor*, Mon*teur*); Gruppe semantisch zusammengehöriger motivierter Bildungen mit formal unterschiedlicher Ausstattung (Fleischer [4]1975, S. 22).

Fleischer W., Wortbildung der dt. Gegenwartssprache. [4]1975. Weisgerber L., Die sprachliche Gestaltung der Welt. 1962. Grundzüge der inhaltbezogenen Grammatik. [4]1971.

Wortstellung [word order, ordre des mots, porjadok slov]. Auch: Wortfolge in der linearen Redekette, Anordnung der Wörter im Satz; genauer: Satzgliedstellung, die im Deutschen im Prinzip frei, jedoch durch die Stellungsregeln der finiten Verbform eingeschränkt ist (Zweit-, Spitzen- und Endstellung). Im konkreten Sprachgebrauch erweist sich die W./Satzgliedstellung als von vielen Faktoren abhängig.
Die W. erfüllt im Dt. a) grammatische bzw. syntaktische Funktionen, indem sie die Satzarten kennzeichnet (Hauptsatz mit Zweitstellung, Nebensatz mit Endstellung des Verbs; Aussage, Aufforderung, Frage) und den syntaktischen Wert festlegt, z. B. *Der Mann am Tor* sagte mir ... – Der Mann sagte mir *am Tor* ... usw., b) eine strukturell-grammatische Funktion durch die Bildung der →Satzklammer, c) emotionale Funktionen und d) kommunikative bzw. kommunikativ-psychologische Funktionen durch die Kennzeichung von Thema und Rhema, die Berücksichtigung des Kontextzusammenhangs usw. (W. Admoni [4]1982).
Vgl. →Satzgliedstellung, Zweitstellung des finiten Verbs, Stellungsfelder, Satzklammer, Ausklammerung; Herausstellung, Extraposition, Topikalisierung; Thema und Rhema; Ikonismus.

Admoni W., Der dt. Sprachbau. [4]1982. Behaghel O., Deutsche Syntax. 1. 1923. Contreras H., A theory of word order with special reference to Spanish. 1976. Ebert R. P., Historische Syntax des Dt. 1978. Fourquet J., Zur nhd. Wortstellung. In: Moser H., Hrsg., Das Ringen um eine neue dt. Grammatik. [2]1969. Engel U., Verbgrammatik und Wortstellung. DS 2, 1978. Frosch H., Allgemeine Syntaxtheorie und dt. Wortstellung. GermL 2–5; 1978. Gosewitz U., Wort- und Satzgliedstellung. Eine Bibliographie (in Auswahl). GermL 3, 1973. Grewendorf G., Funktionale Satzperspektive und deutsche Wortstellung. LB 66; 1980. Meisel J. M. Pam M. D., Hrsg., Linear order and generative theory. 1979. Reis M., Syntaktische Hauptsatzprivilegien und das Problem der dt. Wortstellung. ZGL 2; 3, 1974. Scaglione A., The theory of German word order from the renaissance to the present. 1981. Ulvestad B., Vorschlag zur strukturellen Beschreibung der dt. Wortstellung. In: Steger H., Hrsg., Vorschläge für eine strukturale Grammatik des Dt. 1970. Tomlin R. S., Basic word order: functional principles. 1985.

Wortstruktur. Der morphologische Bau des Wortes mit Grundmorphem, Präfix und Suffix, z. B. *An-forder-ung, Er-forder-nis* usw.; die Morphemstruktur des Wortes mit Grundmorphem, Wortstamm, Wortbildungsmorphemen, Flexionsmorphemen.
Vgl. →Morphem, Morphologie; Einsilbler.

Admoni W., Der deutsche Sprachbau. [4]1982. Heidolph K. E. u. a., Grundzüge einer dt. Grammatik. 1981. Matthews D. H., Morphology. An introduction to the theory of word-structure. 1974.

Wortverbindung. Im Sinne von →Wortgruppe als syntaktischer Verbindung semantisch vollwertiger Wörter. S. auch →Phraseologismus, idiomatischer Ausdruck.

Wurzel [root, racine, koren']. 1) Ein Konstrukt der deskriptiven Analyse, das Basis- oder Grundmorphem bzw. der Teil der Wortform, der nach Ablösung aller Präfixe, Ableitungs- und Flexionssuffixe verbleibt, z. B. ahd. *geb-ō-m* (= Dat. Plur. von »Gabe«: m = Flexionsendung, ō = stammbildendes Element oder Themavokal, *geb* = W.; vgl. nhd. *zieh-, fahr-, geh-,* die die Basen oder W. von →Wortfamilien bilden). Nach Saussure ([2]1967, S. 222 ff.) ist die W. der Bestandteil (bzw. das Bedeutungselement) des Wortes, der morphologisch nicht weiter auflösbar und allen Wörtern der gleichen Familie gemeinsam ist – bei der synchronen Zerlegung der Bestandteil, in dem der allen verwandten Wörtern gemeinsame Sinn den höchsten Grad der Abstraktheit und Allgemeinheit erreicht. Für das Bewußtsein der Sprechenden sei die W. eine Realität, die im Dt. durch die regelmäßige vokalische →Alternation gefühlsmäßig gestützt wird. (S. auch →Basis 1).
2) Die historisch ursprüngliche Form, auf die ein Wort rückführbar ist, das Ergebnis der lexikalischen Rekonstruktion, z. B. engl. *murder,* dt. *Mord,* uridg. **mrtró* bzw. **mrtó* gehen auf die W. **mr* »sterben« zurück (vgl. lat. *mori* »sterben«, *mors* »Tod«).
3) Eine besondere *Wurzeltheorie* hatte F. Bopp entwickelt, auf deren Grundlage er eine Sprachtypologie vorschlug (Indogermanistik, Komparatistik).

Admoni W., Der dt. Sprachbau. [4]1982. Bopp F., Vergleichende Grammatik des Sanskrit . . . Bd. 1. [3]1868. Bynon Th., Historische Linguistik. 1981. Henzen W., Dt. Wortbildung. [3]1965. de Saussure F., Grundfragen der allg. Sprachwissenschaft. [2]1967. Ders., Mémoire sur le système primitif des voyelles dans les langues indoeuropéennes. 1879.

X-Bar-Syntax [x-bar syntax]. Auch: $\bar{X}$-Syntax und, entsprechend, $\bar{\bar{X}}$ (X-*double-bar*), $\bar{\bar{\bar{X}}}$ (X-*treble-bar*). In der neueren →generativen

Transformationsgrammatik ein System als Modifikation der bisherigen →Phrasenstrukturgrammatik (PSG) im Sinne einer Annäherung an die Bedingungen der natürlichen Sprache. PSG erweisen sich einerseits als zu begrenzt *(constrained)*, weil sie nur lexikalische Kategorien und Phrasenstruktur-Kategorien zulassen und über keine empirisch relevanten Zwischenkategorien verfügen, die größer als ein Wort und kleiner als eine Phrase sind, z. B. *very tall girl.* Eine solche Kategorie kann als Expansion einer lexikalischen Kategorie aufgefaßt werden (etwa $\bar{N}$ zwischen N und NP). Eine Bar-Kategorie, die einer lexikalischen Kategorie X entspricht, ist dann eine Bar-Projektion von X, z. B. (nach Radford (1982, S. 95):

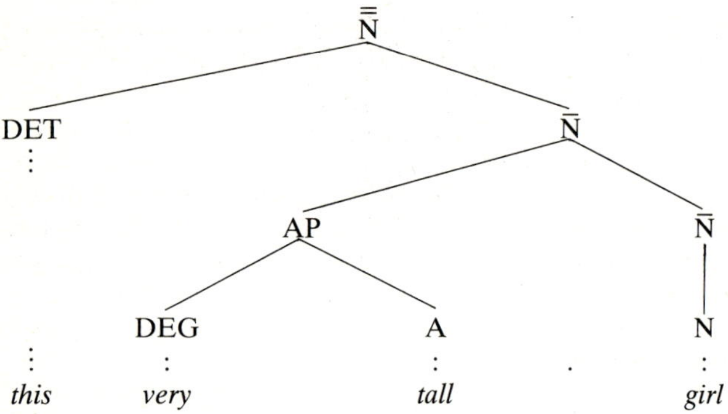

(Der Typ einer Kategorie ist durch die Anzahl der Balken über ihr angegeben, z. B. ist $\bar{\bar{N}}$ äquivalent NP).
PSG erweisen sich andererseits als nicht begrenzt genug in ihrer generativen Kapazität bzw. im Hinblick auf die in ihr möglichen Formationsregeln (z. B. NP → V + VP usw.), denn eine NP z. B. muß als *head* ein N enthalten, so daß XP → … X … bzw. $\bar{\bar{X}} \rightarrow \ldots, \bar{X} \ldots, \ldots \bar{X} \rightarrow \ldots$ X … oder, in allgemeiner Form, $X^n \rightarrow \ldots X^{n-1} \ldots$ (Radford 1982, S. 103). Die durch die X–B.–S. eingeschränkten Basisregeln führen zu D-Strukturen. Diese werden durch (wiederholte) Anwendungen der Regel *Bewege Alpha* in S-Strukturen abgebildet (s. auch → Oberflächenstruktur).

Bresnan J. W., Transformations and categories in syntax. In: Butts R. Hintikka J., Hrsg., Basic problems in methodology and linguistics. 1977. Chomsky N., Studien zu Fragen der Semantik. 1978. Gazdar G., Phrase structure grammar. In: Jacobsen P. Pullum G. K., Hrsg., The nature of syntactic representation. 1982. Gazdar G. u. a., Generalized phrase structure grammar. 1985. Hornstein

N. Lightfoot D., Explanation in linguistics. 1981. Jackendoff R., $\bar{X}$-syntax: a study in phrase structure. 1977. Leuninger H., Reflexionen über die Universalgrammatik. 1979. Radford A., Transformational syntax. 1982.

Zeichen [sign, signe, znak]. 1) Allgemein umgangssprachlich ein Gegenstand, eine visuelle oder akustische Gestalt, ein Etwas, das eine ›Bedeutung‹ hat, das für etwas (einen anderen Gegenstand, eine Bedeutung, eine Nachricht bzw. Information) steht oder diese enthält. Gemeint ist dabei die Zeichengestalt, deren Träger- oder Verweiseigenschaft mit unscharfen Übergängen zum →Signal oder zur →Bedeutung bzw. zum →Sinn (Wer ein Zeichen hört oder sieht, wird dadurch auf etwas anderes verwiesen, wobei ›ein Zeichen sehen‹ und ›etwas als Zeichen sehen‹ nicht dasselbe ist – Flechtner).
2) Das sprachliche Z. als intentional konstituierte unauflösliche Einheit aus Laut und Bedeutung. Nach Saussure ist das sprachliche Z. etwas Doppelseitiges, das aus der Vereinigung zweier Bestandteile hervorgeht; es ist die Verbindung einer *Vorstellung* mit einem →Lautbild (vgl. →Signifikat, Signifikant). Das so definierte sprachliche Z. ist konventionell bzw. *arbiträr* und *linear;* es existiert nicht an sich und für sich, sondern nur im Zusammenhang mit anderen Z., die seinen Wert im System ausmachen (vgl. →Arbitrarität, Linearität des sprachlichen Zeichens, Wert).
Eine Folge von Lauten ist nur dann etwas Sprachliches, wenn sie Träger einer Vorstellung ist, und

> im Bereich der Sprache ist die Vorstellung eine Begleiterscheinung der lautlichen Substanz, wie eine bestimmte Lauterscheinung mit der Vorstellung zusammen sich unmittelbar einstellt (Saussure ²1967, S. 122).

Ohne die Hilfe der Z. wären wir außerstande, »zwei Vorstellungen dauernd und klar auseinander zu halten . . . Es gibt keine von vornherein feststehenden Vorstellungen, und nichts ist bestimmt, ehe die Sprache in Erscheinung tritt« (S. 133). Die Sprache bzw. das sprachliche Z. ist

> vergleichbar mit einem Blatt Papier: das Denken ist die Vorderseite und der Laut die Rückseite; man kann die Vorderseite nicht zerschneiden, ohne zugleich die Rückseite zu zerschneiden; ebenso könnte man in der Sprache weder den Laut vom Gedanken noch den Gedanken vom Laut trennen (S. 134).

Für Hjelmslev ist ein Z. eine Ausdruckseinheit mit einem damit verknüpften Inhalt (dt. 1968). Zwischen Inhalt und Ausdruck besteht Interdependenz. Die Zeichenfunktion konstituiert sich nur durch die gleichzeitige Anwesenheit von Ausdruck und Inhalt; sie ist eine →Solidarität, d. h. Ausdruck und Inhalt setzen einander notwendig voraus:

Ein Ausdruck ist Ausdruck nur dadurch, daß er Ausdruck eines Inhalts ist, und ein Inhalt ist Inhalt nur dadurch, daß er Inhalt eines Ausdrucks ist (Prolegomena, S. 30 – nach Arens ²1969, S. 594).

Durch die Zeichenfunktion existieren ihre beiden Funktive, die Inhaltsform und die Ausdrucksform,

und durch die Inhaltsform und die Ausdrucksform und nur durch sie existieren die Inhaltssubstanz und die Ausdruckssubstanz, die in Erscheinung treten, indem die Form auf den Gedanken [dän. *mening,* engl. *purport*] projiziert wird, so wie ein offenes Netz seinen Schatten wirft auf eine ungeteilte Oberfläche (Arens, S. 597).

Nach Husserl (Log. Untersuchungen. 2., S. 32f.) wird die artikulierte Lautkomplexion bzw. das Schriftzeichen und dgl. erst dadurch zum Wort bzw. zur mitteilenden Rede,

daß der Redende ... ihr in gewissen psychischen Akten einen Sinn verleiht, den er dem Hörenden mitteilen will. Diese Mitteilung wird aber dadurch möglich, daß der Hörende nun auch die Intention des Redenden versteht.

Bei Cassirer (Phil. der symb. Formen. 1. ⁵1972) werden Inhalt und Ausdruck

erst in ihrer wechselseitigen Durchdringung zu dem, was sie sind: die Bedeutung, die sie in ihrer Beziehung zueinander empfangen, tritt zu ihrem Sein nicht bloß äußerlich hinzu, sondern sie ist es, die dies Sein erst konstituiert (S. 125).

Schaff (dt. 1969) weist darauf hin, daß es nach dieser Auffassung keine von den Lauten der Sprache und ebenso keine vom System und der Syntax der Sprache unabhängigen Gedanken gibt. Die Verbindung zwischen Lautung und Bedeutung ist kein assoziatives Band, sondern ein Band *sui generis* (S. 275).
Nach Bierwisch (1966, in Steger, Hrsg., 1970) hat die Auffassung Saussures von der Zweiseitigkeit des Z. zu Versuchen geführt, alle sprachlichen Erscheinungen den Seiten entsprechend zuzuordnen. Bei der Abstraktheit und Komplexität der phonologischen und syntaktischen Struktur und in Anbetracht der Tatsache, daß die Syntax die Bedeutung mitbestimmt, hat diese Verteilung auf zwei Seiten keinen Sinn:

Die Grammatik definiert die Relation zwischen einer unendlichen Menge von Lautstrukturen und einer unendlichen Menge von Bedeutungsstrukturen. Und dieses Verhältnis ist keinesfalls so direkt wie das zwischen den zwei Seiten eines Blatts Papier (S. 37).

Das Verhältnis zwischen →Bezeichnendem und →Bezeichnetem gleicht eher

dem zwischen den Blättern und den Wurzeln eines Baumes, die auch interdependent sind, deren Beziehung aber durch ein kompliziertes System von Verbindungen und Verzweigungen hergestellt wird (S. 38).

3) Z. als Repräsentant von etwas (eines Begriffs, einer Vorstellung, einer Beziehung), ein Gegenstand mit der Eigenschaft, ein *Zeichen von* zu sein – eine zweistellige Relation bzw. die assoziative Verknüpfung von Repräsentant und Vorstellung oder Ding. Nach Frege (Begriffsschrift, 1882) machen Z. uns gegenwärtig, was abwesend, unsichtbar, »vielleicht unsinnlich« ist. Mit Hilfe der Z.

dringen wir Schritt für Schritt in die innere Welt unserer Vorstellungen ein und bewegen uns darin nach Belieben, indem wir das Sinnliche selbst benutzen, um uns von seinem Zwang zu befreien ([2]1966, S. 91f.).

Ohne die Z. würden wir uns

schwerlich zum begrifflichen Denken erheben. Indem wir nämlich verschiedenen, aber ähnlichen Dingen dasselbe Zeichen geben, bezeichnen wir eigentlich nicht mehr das einzelne Ding, sondern das ihnen Gemeinsame, den Begriff. Und diesen gewinnen wir erst dadurch, daß wir ihn bezeichnen; denn da er an sich unanschaulich ist, bedarf er eines anschaulichen Vertreters, um uns erscheinen zu können. So erschließt uns das Sinnliche die Welt des Unsinnlichen (S. 92).

4) Im Sinne von Peirce und Bense etwas, das etwas anderes repräsentiert und von jemandem verstanden wird – eine dreistellige oder triadische Relation, die realisierte Zeichenfunktion (Präsentation, Repräsentation, Kommunikation). Die Z.-Relation besteht aus dem Z. als verbalem, visuellem, akustischem Mittel (M), dem bezeichneten Objekt (O), d. h. dem Gegenstand, Sachverhalt usw. und dem Interpreten (I), d. h. aus dem Mittelbezug, dem Objektbezug und dem Interpretantenbezug: $Z = R\,(M, O, I)$. Die Kombinatorik der Z. wird in der Syntaktik oder →Syntax untersucht, die Beziehung zwischen Z und O (Zeichen-von) erforscht die →Semantik, die Relation Zeichen-für bildet den Gegenstand der →Pragmatik.
Von den zahlreichen Z.-Klassifikationen ist die von Peirce stammende Trichotomie des Objektbezugs des Z. die am meisten bekannte; nach ihr wird zwischen →Ikon, Index und Symbol unterschieden (s. auch →Ikonismus, Ikonizität).
Der Begriff des Z. wirft Probleme hinsichtlich seiner Konstitution und Struktur, seiner Funktion im Zusammenhang von Sprache und Denken, Denken und Wirklichkeit, Sprache und Wirklichkeit, Sprache und Bewußtsein auf. U. a. stehen essentialistische und konzeptualistische Auffassungen des Interpretanten im Sinne eines interpretierenden Bewußtseins (mit Hilfe von Vorstellungen/Begriffen/Konzepten) pragmatistischen und operationistischen Auffassungen gegenüber, die ›Zeichen‹ im Sinne von Zeichenverhalten interpretieren. – Das Z. existiert nicht als beobachtbare körperliche Entität; es ist das Produkt ei-

ner Reihe von Relationen. Eine (tentative) Theorie des Z. scheint auf nicht weiter analysierbare mentale Phänomene zu verweisen. Wir haben es mit einem Z.-*verhalten* zu tun, dessen zugrundeliegende geistige Realität wir wiederum nur mit Hilfe von Z. erreichen können (Eco 1977, S. 166ff.).
Vgl. →Interpretant, Semiose, Semiotik; Bedeutung, Verstehen.

Bense M., Systemtheoretische Erweiterungen des Zeichenbegriffs. Lili 1/2, 1971. Ders., Semiotik. In: Braun E. Radermacher H., Wissenschaftstheoretisches Lexikon. 1978. Ders., Semiotische Prozesse und Systeme. 1975. Bühler K., Sprachtheorie. [2]1965. Eco U., Zeichen. Einführung in einen Begriff und seine Geschichte. 1977. Hartmann P., Zum Begriff des sprachlichen Zeichens. ZPSK 21; 1968. Morris Ch. W., dt. Grundlagen der Zeichentheorie. [2]1975. Ders., dt. Zeichen, Sprache und Verhalten. 1973/1981. Ders., Symbolismus und Realität. 1980. Nöth W., Genese und Arbitraritätsgrade der Zeichentypen. LB 43; 1976. Panfilov V. Z., Filosofskie problemy jazykoznanija. 1977. Peirce Ch. S., Collected papers. 1–8. 1931–1958. Schriften I. II. 1967/1970 (hrsg. von K.-O. Apel). Resnikow L. O., Zeichen, Sprache, Abbild. 1977. de Saussure F., dt. Grundlagen der allgemeinen Sprachwissenschaft. [2]1967. Schaff A., dt. Sprache und Erkenntnis. 1964. Ders. Einführung in die Semantik. 1969. Walther E., Allgemeine Zeichenlehre. 1974. Dies., Die Haupteinteilung der Zeichen. Semiosis 3, 1976. Welby V. L., dt. Sinn, Bedeutung und Interpretation. 1980. Eschbach A., Hrsg., Zeichen über Zeichen über Zeichen. 15 Studien über Ch. W. Morris. 1981. Pelc J., Prolegomena zu einer Definition des Zeichenbegriffs. Zs für Semiotik 3; 1981.

Zeichenfunktion [semiotic aspects of signs]. Der pragmatische, semantische und syntaktische Aspekt des sprachlichen Zeichens. Auch die zeichenkonstitutive Relation $Z = R(M, O, I)$. Dabei ist M = Mittelbezug, O = Objektbezug, I = Interpretantenbezug.
Vgl. →Zeichen, Zeichenmodelle; semiotische Funktion.

Zeichenkette. Auch: sprachliche Kette. Nach Saussure verläuft das →Bezeichnende als Hörbares ausschließlich in der Zeit und ist als Linie meßbar, die Elemente treten nacheinander auf und bilden eine (gesprochene) Kette *(chaîne parlée)*. Nach Hjelmslev bilden Zeichen (die durch ein Ausdruckselement und ein daran geknüpftes Inhaltselement, aber auch durch Zusammenstellungen von Elementen der →Ausdrucksseite und Inhaltsseite konstituiert sein können) Ketten, und die Elemente in jedem Zeichen bilden gleichfalls Ketten, die miteinander verbunden sind. Die Funktion (die Abhängigkeit, der Zusammenhang) zwischen ihnen ist die Verbindung, z. B. $M + a + \beta$.
Vgl. →Linearität des sprachlichen Zeichens, Kette, Verkettung.

Hjelmslev L., dt. Die Sprache. 1968. de Saussure F., dt. Grundfragen. [2]1967.

Zeichenkörper. Der Schall bzw. die Lautsubstanz oder die graphische Substanz des Zeichens, der →Zeichenträger mit seinen variablen und zeichenhaft relevanten bzw. distinktiven Eigenschaften (s. auch →Phonem, Graphem).

Heike G., Phonologie. [2]1982.

Zeichenmodelle. Zur Veranschaulichung und Erklärung von Struktur und Funktion des (sprachlichen) Zeichens sind verschiedene Modelle von unterschiedlichen Standpunkten und unter unterschiedlichen Voraussetzungen erarbeitet worden *(Repräsentation, Interpretation).* Als die bekanntesten und einflußreichsten Z. können gelten

- das bilaterale Z. Saussures mit Lautbild und Begriff/Vorstellung/Konzept (Blattmetapher);
- das triadische Modell von Ogden und Richards mit Lautform, Konzept/Begriff/Vorstellung und Referent (vgl. →semantisches Dreieck);
- das Trapezmodell von K. Heger (vgl. →quantitative Konsubstantialitätsrelation, Signem);
- das *semiotische Dreieck,* das das Zeichen als triadische Relation oder Drittheit *(Thirdness)* im Anschluß an Ch. S. Peirce darstellt. Z = R (M, O, I): Mittelbezug (M), bezeichnetes Objekt (O), interpretierendes Bewußtsein, Interpret oder interpretierendes Zeichen (I).

Bense M., Semiotik. 1967. Brekle H. E., Semantik. Eine Einführung in die sprachwissenschaftliche Bedeutungslehre. [3]1982. Heger K., Monem, Wort, Satz und Text. [2]1976. Henne H. Wiegand H. E., Geometrische Modelle und das Problem der Bedeutung. ZDL 2, 1969. Meredith G. P., Semantics in relation to psychology. Archivum linguisticum 8; 1956. Morris Ch. W., dt. Grundlagen der Zeichentheorie. Ästhetik und Zeichentheorie. [2]1975. Peirce Ch. S., Collected papers. [2]1960. Schifko P., Bedeutungstheorie. Einführung in die linguistische Semantik. 1975. Ullmann St., dt. Grundzüge der Semantik. Die Bedeutung in sprachwissenschaftlicher Sicht. 1967. Walther E., Allgemeine Zeichenlehre. 1974.

Zeichenrepertoire →Kode

Zeichensystem [sign system, système de signes, znakovaja sistema]. Nach Saussure bildet die Sprache ein abstraktes »System von Zeichen, in dem einzig die Verbindung von Sinn und Lautzeichen wesentlich ist«, d. h. sie ist

> ein System von Zeichen, die Ideen ausdrücken, und insofern der Schrift, dem Taubstummenalphabet, symbolischen Riten, Höflichkeitsformen, militärischen Signalen usw. vergleichbar. Nur ist sie das wichtigste dieser Systeme ([2]1967, S. 18f.).

Die Linguistik ist so als Teilbereich der →Semiotik bestimmt. – Für Hjelmslev (dt. 1968, S. 41) ist die Sprache ein System von Ausdrucks-

einheiten mit an diese geknüpften Inhalten (d. s. Wörter oder Zeichen). Nach Leont'ev (dt. 1971, S. 49) muß bei der Modellierung des Zeichensystems Sprache von den Faktoren ausgegangen werden, die die Struktur der (Sprech)Tätigkeit bestimmen, d. h. daß eine rein linguistische Betrachtung des Z., die nicht mit einer Tätigkeitstheorie verbunden wird, perspektivlos ist.
Vgl. →Sprachsystem, System, Zeichen.

Koschmieder E., Die verschiedenen Arten der Zuordnung von Zeichen und Funktion in den Zeichensystemen vom Typus Sprache. ZPSK 6, 1964. Leont'ev A. A., dt. Sprache, Sprechen, Sprechtätigkeit. 1971. Putz H.-H., Das Zeichensystem Sprache. Zur Behandlung zeichentheoretischer Fragestellungen auf der Unterstufe. LuD 14; 1973. Revzina O. G., Über sekundäre modellbildende Zeichensysteme. STZ 38; 1971.

Zeichentheorie →Semiotik

Zeichenträger. Das Signal oder das Medium des Zeichens; das *Mittel* des trirelativen Zeichens, das seh- oder hörbare ›Zeichen‹, auch der Zeichenkörper. Vgl. →Bezeichnendes, Signifikant; semiotisches Dreieck.

Zeigfeld [deictic sphere]. Das hier-jetzt-ich-System der subjektiven Orientierung, die *demonstratio ad oculos,* die Situation, die zusammen mit dem sprachlichen Kontext (vgl. →Symbolfeld) die präzise Interpretation sprachlicher Äußerungen ermöglicht (Bühler ²1965, S. 102, 149).
Vgl. →Deixis, deiktische Ausdrücke.

Bühler K., Sprachtheorie. ²1965.

Zeitungssprache. Auch: Pressesprache. Form des öffentlichen Sprachgebrauchs. Die varietätenreiche Sprache des Journalismus; der journalistische Sprachgebrauch. Je nach Textsorte bzw. Darstellungs- oder Stilform und der Konzeption einer Zeitung können bestimmte sprachliche Spezifika und relativ konstante Stilformen auftreten (Lüger 1983).
Journalistische Darstellungs- oder Stilformen sind (vor dem Hintergrund der Funktionen *Information, Meinungsbildung* und *Unterhaltung*): a) tatsachenbetonte, b) meinungsbetonte und c) phantasiebetonte Formen, u. zw. (a) knapp formulierte *harte* Nachrichten nach dem Schema *was, wer, wann, wo?* mit Nachrichtenkopf und Nachrichtenkörper (das Wichtigste zuerst – Pyramidenform), *leichte* Nachrichten *(soft news)* aus privater bzw. menschlicher Sphäre, Bericht, Meldung,

Feature, Reportage, Interview; (b) Leitartikel, Kommentar, Kolumne, Glosse; (c) Feuilleton mit Kurzgeschichte, Fortsetzungsroman, Theater-, Musik-, Filmkritik.
Die linguistische Analyse sieht die Z. als Indikator für Entwicklungen in der Gegenwartssprache mit der Tendenz zur verkürzten Satzlänge, zum Rückgang von Satzgefügen und zur Zunahme von Einfachsätzen sowie zum →Nominalstil. Lexikalisch auffallend ist die Verwendung immer neuer (aktueller) Bezeichnungen, fachsprachlicher Ausdrücke und Fremdwörter sowie die (Wort)Bildung von Ad-hoc-Zusammensetzungen. Eingehender wurden untersucht die *Bildzeitung* und *Der Spiegel.*
Vgl. →Schlagzeile; Sprachkritik, Sprachmanipulation; Werbesprache.

Alberts J., Massenpresse als Ideologiefabrik am Beispiel »Bild«. 1972. Arntzen H. Noltin W., Hrsg., »Der Spiegel« 28; 1972. – Analyse, Interpretation, Kritik. 1977. Bebermeyer G. und R., Abgewandelte Formeln – sprachlicher Ausdruck unserer Zeit. Muttersprache 87; 1977. Brendel D. Grobe B. E., Journalistisches Grundwissen. 1976. Carstensen B., Spiegel-Wörter, Spiegel-Worte. Zur Sprache eines deutschen Nachrichtenmagazins. 1971. Deutsche Akademie für Sprache und Dichtung: Die Sprachnorm-Diskussion in Presse, Hörfunk und Fernsehen. 1980 (Der öffentliche Sprachgebrauch, Bd. 1). Dovifat E., Zeitungslehre. 1/2. ⁶1967. 1976. Eggers H., Deutsche Sprache im 20. Jh. ²1978. Ders., Dt. Sprachgeschichte. Bd. 4. 1977. Horn W., Kritische Auseinandersetzung mit der Bildzeitung. LuD 41; 1980. Küster R., Militärmetaphorik im Zeitungskommentar. 1978. Lüger H.-H., Sprachstrategien in Zeitungskommentaren. DNS 76; 1977. Ders., Pressesprache. 1983. Mittelberg E., Wortschatz und Syntax der Bildzeitung. 1967. Muckenhaupt M., Text und Bild. 1985. Oberländer H. Reinhard K., Pressesprache. 1971. Pfeil M., Zur sprachlichen Struktur des politischen Leitartikels in dt. Tageszeitungen. 1977. Schönbach K., Trennung von Nachricht und Meinung. 1977. Stötzel G., Konkurrierender Sprachgebrauch in der dt. Presse. WW 6, 1979.

Zero-Form →Nullmorphem

Zielsprache [target language]. Sprache, in die übersetzt wird; die zu erlernende Sprache (L_2) im Gegensatz zur →Ausgangssprache (L_1). Die Bezeichnungen ›Z.‹, →Zweitsprache und ›Fremdsprache‹ werden unfest gebraucht.
Vgl. →Zweitsprachenerwerb, kontrastive Grammatik.

Barkowski H., Kommunikative Grammatik und Deutschlernen mit ausländischen Arbeitern. 1982. Borowsky V. A., Zielsprache Russisch. DNS 2, 1979. Güttinger F., Zielsprache. Theorie und Technik des Übersetzens. 1963. Lewandowski Th. Schriever W., Hrsg., Deutsch als Zielsprache. 1/2. 1978. Steger H., Hrsg., Das Zertifikat Deutsch als Fremdsprache. ²1977. Wierlacher A., Hrsg., Fremdsprache Deutsch. 1/2. 1980. Ders. u. a., Hrsg., Jahrbuch Deutsch als Fremdsprache. 1 ff. 1975 ff. Raasch A., Hrsg., Französisch als Zielsprache. 1981.

Zipfsches Gesetz [loi de Zipf]. Die mehrfach verbesserte (und z. T. umstrittene) Formel, nach der zwischen dem Logarithmus der Verwendungshäufigkeiten und dem Logarithmus der Rangplätze der Verwendungshäufigkeiten von Wörtern eines Textes eine konstante Beziehung besteht (n × Pn = konstant). Die Häufigkeit der Wortverwendung nimmt nicht in gleichen Stufen ab. Die je nächsthäufigen Wörter einer Sprache sinken in der Kurve ihrer Häufigkeitsdifferenz zunächst steil ab, dann wird die Kurve jedoch schnell flacher, der Abfall erweist sich als negativ beschleunigt (seltene Wörter sind fast immer gleich selten). Vom Standpunkt der →Sprachökonomie stellt dieser Sachverhalt einen Kompromiß zwischen kommunikativ notwendiger Differenziertheit und quantitativ notwendiger Begrenzung dar (Herrmann 1972). Die Zipfsche Konstante scheint auch bei Aphasie erhalten zu bleiben.
Vgl. →Häufigkeitswörterbuch.

Billmeyer G., Worthäufigkeitsverteilungen vom Zipfschen Typ, überprüft an dt. Texten. 1969. Herrmann Th., Einführung in die Psychologie. 5. Sprache. 1972. Hörmann H., Psychologie der Sprache. ²1977. Mandelbrot B., Structure formelle des textes et communication. Word 10; 1954. Zipf G. K., Human behavior and the principle of least effort. 1949.

Zirkeldefinition (*circulus vitiosus:* fehlerhafter Kreis). Eine Definition, in der ein zu definierender Begriff *(definiendum)* im definierenden Begriff *(definiens)* vorkommt; eine Definition *idem per idem.* Im Definiendum vorkommende Eigenschaften/Merkmale dürfen nicht im Definiens gebraucht werden, z. B. Eine Schreibmaschine ist eine Maschine zum Schreiben, Ein Philosoph ist ein Mensch, der philosophiert. Eine mittelbare Z. liegt vor, wenn im Definiens vorkommende Merkmale letztendlich doch durch Merkmale bestimmt werden, die im Definiendum schon gegeben waren.
In einsprachigen Wörterbüchern stellt der lexikographische Zirkel die Voraussetzung der (semasiologischen) Bedeutungserklärung dar. Es muß mit ihm nur sinnvoll umgegangen werden, d. h. nicht: *zweifellos* = ohne Zweifel (s. auch →Wörterbuch, Lexikographie).
Vgl. →Definition, implizite Definition.

Drosdowski G. u. a., Nachdenken über Wörterbücher. 1977/1984. Menne A., Einführung in die Methodologie. ²1984. v. Savigny E., Grundkurs im wissenschaftlichen Definieren. ⁵1980.

Zoosemiotik [zoosemiotics]. Begriff seit 1963: Die Untersuchung der intraspezifischen und interspezifischen Tierkommunikation und wesentlicher Komponenten der menschlichen nonverbalen Kommunika-

tion (Th. A. Sebeok). Die Z. kann Gemeinsamkeiten und Unterschiede von menschlicher und tierischer Nachrichtenübertragung erhellen. Erforscht werden die Enkodier- und Dekodierfähigkeiten einzelner Arten, das Funktionieren mehrkanaliger Systeme (z. B. bei Wölfen), die Interpretation von Signalen in unterschiedlichen Kontexten bei bestimmten Arten.
Vgl. →Tiersprache.

Ploog D., Kommunikation in Affengesellschaften und deren Bedeutung für die Verständigungsweisen von Menschen. In: Gadamer H. G. Vogler P., Hrsg., Neue Anthropologie. Bd. 2. 1972. Smith W. J., Zoosemiotics: ethology and the theory of signs. In: Current trends in linguistics. Bd. 12. 1974. Sebeok Th. A., Perspectives in zoosemiotics. 1972. Ders., Hrsg., How animals communicate. 1977. Ders., Zoosemiotics explained. In: Brettschneider G. Lehmann Chr., Hrsg., Wege zur Universalienforschung (Festschr. H. Seiler). 1980.

zugrundeliegende Struktur [underlying structure]. Die in einer →generativen Transformationsgrammatik erzeugte Basiskette bzw. Basisstruktur vor Anwendung der Transformationsregeln, die Ausgangsstruktur *(initial structure)* im Gegensatz zur abgeleiteten Struktur; die (logisch-semantische) *Tiefenstruktur.*
Vgl. →Tiefenstruktur.

Zusammenbildung. Besondere Art der Wortbildung, ein Typ der →Ableitung, bei dem als Basis eine syntaktische Fügung bzw. eine Wortgruppe fungiert, d. h. daß die Z. im Unterschied zur →Zusammensetzung fast immer in ihre syntaktischen Bestandteile aufzulösen ist, z. B. *Eisbrecher (... bricht Eis), Uhrmacher, Buchbinder.* Im einzelnen lassen sich substantivische, adjektivische *(augenfällig),* adverbiale *(halbwegs),* verbale *(übernachten)* Z. unterscheiden. Die Abgrenzung zur Zusammensetzung und zur Ableitung ist nicht immer eindeutig, zumal wenn sowohl diachrone als auch synchrone Kriterien geltend gemacht werden. Nach Henzen sind Z. Wortbildungen, die weder als Zusammensetzungen noch als Ableitungen glatt aufgehen. (Vgl. Bildungen, wie *Schwarz-Hör-er* (Erben) und *Gesetzgeber* (Duden).)

(Lit. →Zusammensetzung, Zusammenrückung.)

zusammengesetzter Satz. Ein *komplexer* Satz mit Gleichordnung der Teilsätze bzw. *Parataxe* oder mit Unterordnung eines Teilsatzes oder mehrfacher Unterordnung bzw. *Hypotaxe* (s. auch →Satzverbindung, Satzgefüge).

Brettschneider G., Zur Typologie komplexer Sätze: Vorüberlegungen. In: Brettschneider G. Lehmann Chr., Hrsg., Wege zur Universalienforschung (Festschr. H. Seiler). 1980.

Zusammenrückung. Art der Wort-Zusammensetzung, →Zusammensetzung im weiteren Sinne, Sonderfall der Z. 1) Bei Henzen ([3]1965) a) Kasuskompositionen, z. B. *Freundeshand, Frauenzimmer, Wörterbuch.* b) Bildungen, die aus einer Wortfolge zur Worteinheit verschmelzen können, z. B. *Edelmann, tiefblau, Herrgott.* c) Flexionslose Bildungen, mechanische Verschmelzungen, z. B. *infolge, insgesamt.* 2) Zusammengesetzte Adverbien mit einer Art kopulativer Bedeutungsverbindung, z. B. *daran, darauf, wodurch* (als Pronominaladverbien); als lexikalisiert sind dagegen zu betrachten u. a. *vorderhand, kurzum, jederzeit* (Duden [4]1984). 3) Bei Fleischer ([4]1975, S. 62) sind Z. »substantivierte Sätze und Wortgruppen, bei denen die zweite unmittelbare Konstituente nicht Wortart (und eventuell Genus) der ganzen Konstruktion bestimmt«, z. B. *Gernegroß, Nimmersatt, Dreikäsehoch, Vaterunser.* 4) Bei Erben (1975) Art der Zusammensetzung, bei der eine syntaktische Gruppe zu einem ›Neuwort‹ bzw. zum Kompositionsglied eines neuen Wortes ›zusammengerückt‹ worden ist, z. B. *Saure-gurken-zeit* (S. 32).
Vgl. →Zusammensetzung.

Erben J., Einführung in die dt. Wortbildungslehre. 1975. [2]1983. Fleischer W., Wortbildung der dt. Gegenwartssprache. [4]1975. Henzen W., Dt. Wortbildung. [3]1965.

Zusammensetzung [composition, composition, složenie]. 1) Die *Komposition,* das neben der →Ableitung im Dt. gebräuchlichste Verfahren zur Wortbildung, das die Konstruktion neuer lexikalischer Einheiten ermöglicht, ein wichtiges sprachökonomisches Verfahren, das Zusammentreten zweier oder mehrerer, sonst auch frei vorkommender Morpheme (= Wörter) zu einem neuen frei vorkommenden Morphemgefüge (z. B. *Haus + Tür: Haustür*), das formal und inhaltlich eine neue Einheit darstellt, bei der der Hauptakzent in der Regel auf dem ersten Kompositionsglied liegt (Bestimmungswort – Grundwort). 2) Das →Kompositum als Ergebnis der Z., die Vereinigung zweier oder mehrerer auch selbständig vorkommender Wörter, die sich formal und inhaltlich von der *Wortverbindung* unterscheidet, eine begriffliche Einheit, die nicht die einfache Summe der Kompositionsglieder darstellt und unlösbar und unumkehrbar ist. Zu unterscheiden sind substantivische, adjektivische, adverbiale, (allerdings umstritten) verbale, echte und unechte, durchsichtige und undurchsichtige Z. Nach den Bedeutungsbeziehungen zwischen den Gliedern wird (im Anschluß an Wilmanns und Paul) differenziert: Determinativkomposita *(Morgenröte, Blumentopf),* Possessiv-K. *(Dickkopf, Schöngeist, Milchgesicht),* Kopulativ-K. *(süßsauer, Strichpunkt).*

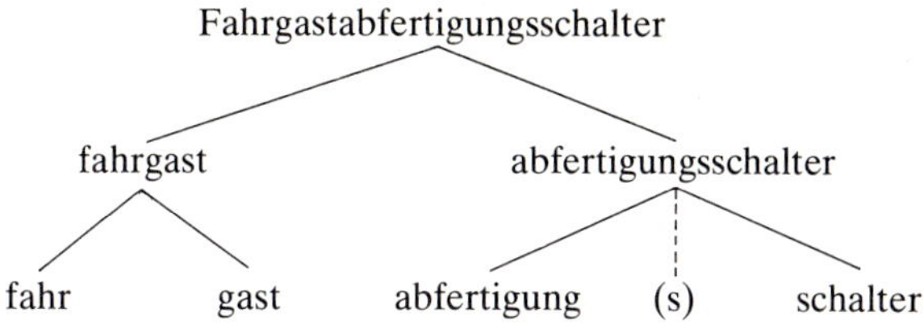

Vgl. →Komposition, Kompositum, Wortbildung; Zusammenrückung, Zusammenbildung.

Agricola E. u. a., Die dt. Sprache. Bd. 1. 1969. Brinkmann H., Die Zusammensetzung im Deutschen. Sprachforum 2; 1956/57. Bergmann R. u. a., Einführung in die dt. Sprachwissenschaft. 1981. Duden. Grammatik der dt. Gegenwartssprache. ^{4}1984. Jeziorski J., Probleme der Bildung und Verwendung von nominalen Zusammensetzungen. DaF 2, 1980. Pavlov V. M., Die substantivische Zusammensetzung im Dt. als syntaktisches Problem. 1972. Schmidt W., Dt. Sprachkunde. ^{7}1972. (S. auch →Komposition, Kompositum, Wortbildung.)

Zuwendgröße →Größe

zweifache Gliederung der Sprache [double articulation]. Bei Martinet die Gliederung der Sprache, die darin besteht, daß zweiseitige oder zeichenhafte Einheiten (die Moneme oder Morpheme) mit Hilfe von einseitigen Einheiten, die keine →Zeichen sind (den Phonemen), gebildet werden. Die erste Gliederung (première articulation) zerlegt die Sprache in eine Folge von Einheiten, die lautliche Form und Bedeutung haben; die zweite Gliederung zerlegt die lautliche Form in eine Folge von Einheiten, deren jede dazu beiträgt, eine Folge von jeder anderen zu unterscheiden, z. B. /veː/ : /zeː/ (Weh : See).

Die z. G. oder *doppelte Artikulation* zeichnet die menschliche Sprache gegenüber anderen ›Sprachen‹ oder Kommunikationssystemen aus, denn mit einigen tausend Einheiten der ersten Gliederung (z. B. *Kopf, ich, Weh, hab* usw.) können wir durch Kombination zu beliebig vielen Sätzen »mehr mitteilen, als mit Hilfe von Millionen verschiedener unartikulierter Schreie möglich wäre« (Martinet 1963, S. 22). Die zweite Gliederung ermöglicht es, mit Hilfe einer kleinen Anzahl distinkter lautlicher Einheiten alle Einheiten der ersten Ebene hervorzubringen (s. auch →Phonem, Phoneminventar).

Vgl. →Dualität der Sprache, Tiersprache.

Hirst D. J., L'intonation et la double articulation du langage. ZPSK 29; 1976. Martinet A., Structural linguistics. In: Kroeber A. L., Hrsg., Anthropology today. 1953. Éléments de linguistique générale. 1960; dt. Grundzüge der allg.

Sprachwissenschaft. 1963. La linguistique synchronique; dt. Synchronische Sprachw. 1968. La double articulation. TCLC 5, 1949. Arbitraire linguistique et double articulation. CFS 15; 1957.

Zweisprachigkeit. Die totale oder partielle Beherrschung zweier Sprachen; die (soziolinguistische) Situation in einer Gemeinschaft, daß ein großer Teil der Bevölkerung zwei verschiedene Sprachen gebraucht. Vgl. →Bilingualismus, Diglossie, Sprachkontakt, Sprachwechsel; Interferenz.

Bynon Th., dt. Historische Linguistik. 1981. Hornby P. A., Hrsg., Bilingualism: Psychological, social, and educational implications. 1977. Oksaar E., Linguistic and pragmatic awareness of monolingual and multilingual children. In: Dale P. S. Ingram D., Child language. An international perspective. 1982.

Zweitsprache [second language]. 1) Im Sinne von (erste) Fremdsprache oder *Zielsprache* im Gegensatz zur *Erstsprache* (L_1) oder Muttersprache. 2) In mehrsprachiger Umgebung eine Sprache L_2 mit besonderen (sozialen) Funktionen.
Vgl. →Bilingualismus, Sprachkontakt, Sprachwechsel; s. auch →Kreolsprachen, Pidgin.

Zweitsprachenerwerb [second language acquisition/learning/development]. Auch: Ziel- oder Fremdsprachenerwerb (im Gegensatz zum *Erst-* oder *Mutter*spracherwerb). Der (durch Sprachunterricht o. ä.) systematisch *gesteuerte* und der *ungesteuerte* oder natürliche (weil in alltäglicher Kommunikation funktional und mit Hilfe nonverbaler Mittel erfolgende) Erwerb einer zweiten Sprache nach Erwerb der ersten Sprache. (Bis etwa zum 10. Lj. hat die Entwicklung der kommunikativen Kompetenz in der Erstsprache einen relativen Abschluß erreicht. Der Z. kann sich dann auf eine Reihe von Mechanismen vor allem interaktionaler, kognitiver und universalgrammatischer Art stützen (Deixis, Kontextabhängigkeit usw.) und braucht diese nicht neu auszubilden.) Die Unterscheidung zwischen gesteuertem und ungesteuertem Z. ist idealtypisch; in der Realität dürfte es sich eher um Mischformen handeln.
Für die Beschreibung und Erklärung des Z. haben als Theorien bzw. Hypothesen Gültigkeit

- die *Identitätshypothese* (auch $L_1 = L_2$-Hypothese), nach der der Z. prinzipiell isomorph bzw. ähnlich verläuft wie der Erstspracherwerb;
- die *Kontrastivhypothese,* nach der die Grund- oder Erstsprache des Lerners den Z. beeinflußt: Ähnlichkeiten zwischen L_1 und L_2 führen zu positivem, Kontraste zu negativem Transfer (vgl. →Interferenz);
- die *Interlanguage-Hypothese* (auch: Interimsprachen-Hypothese, Lerner-

sprachen-H., Theorie der Lernervarietäten), nach der der Z. zwar variabel, aber nicht zufällig, sondern nach einer inneren Systematik verläuft, indem sich aufgrund von Lernstrategien zielorientierte Übergangssysteme im Sinne von Varietätengrammatiken herausbilden;
– die *Pidginisierungshypothese* (vgl. →Pidgin).

Das komplexe und heterogene Bild des (ungesteuerten) Z. versucht W. Klein (1984) durch Reduktion auf sechs Grundgrößen klarer zu gestalten: 1) Sprachvermögen/Sprachfähigkeit, 2) Antrieb/Motivation, 3) Kontakt oder Interaktion bzw. Zugang zu den Daten, 4) Abfolge/Verlaufsstruktur, 5) Tempo des Verlaufs, 6) Endzustand ((völlige) Beherrschung, Fossilierung).
S. auch →Zweitsprache, Zielsprache; vgl. →Spracherwerb; Sprachlehrforschung.

Anderson R. W., Hrsg., New dimensions in second language learning research. 1981. Bausch K. R. Kasper G., Der Zweitsprachenerwerb: Möglichkeiten und Grenzen der großen Hypothesen. LB 64; 1979. Bausch K.-R. Königs F. G., ›Lernt‹ oder ›erwirbt‹ man Fremdsprachen im Unterricht? DNS 12; 4, 1983. Clahsen H. u. a., Deutsch als Zweitsprache. Der Spracherwerb ausländischer Arbeiter. 1983. Felix S. W., Psycholinguistische Aspekte des Zweitsprachererwerbs. 1981. Foppa K., Lernpsychologie, Psychologie und Sprachunterricht. DNS 2, 1976. Klein W., Zweitspracherwerb. Eine Einführung. 1984. Klein W. Weissenborn J., Hrsg., Zweitspracherwerb. Lili 45; 1982. Krashen St. D., Second language acquisition and (second language) learning. 1981. Wierlacher A., Hrsg., Fremdsprache Deutsch. Grundlagen und Verfahren der Germanistik als Fremdsprachenphilologie. 1/2. 1979. Wode H., L_1-Erwerb, L_2-Erwerb und Fremdsprachenunterricht. DNS 5, 1978. Ders., Learning a second language. 1981. Rutherford W. E., Hrsg., Language universals and second language acquisition. 1984.

Zweitstellung des finiten Verbs. Wortstellungsregularität im deutschen Aussagesatz, in dem die finite Verbform immer die zweite Satzposition oder Satzgliedstelle besetzt. Aufdeckung und Nachweis leisten die Permutation oder Umstellprobe (1) und die Substitution oder Austauschprobe/Ersatzprobe (2):

(1)	Am Abend	liest	er	immer		seinen Krimi
	Seinen Krimi	liest	er	immer		am Abend
	Immer	liest	er	seinen	Krimi	am Abend
	usw.					
(2)	Gestern/	war	ich	in		Köln
	Gestern vormittag/	…	…	..		....
	Am gestrigen Tag/	…	…	..		....
	Wie geplant,/	…	…	..		....
	usw.					

Der Fragesatz (Satzfrage) verlangt die Spitzenstellung des Verbs (*Kommst* du ...?); der Nebensatz ist durch die Endstellung des finiten Verbs charakterisiert (..., weil er erst spät und übermüdet nach Hause gekommen *war*).
Vgl. →Satzgliedstellung, Stellungsfelder, Satzplan.

Eichler W. Bünting K.-D., Deutsche Grammatik. [2]1978. Erben J., Deutsche Grammatik. Ein Abriss. [12]1980. Glinz H., Der deutsche Satz. [4]1965. Die innere Form des Deutschen. [6]1973.

Zweiwortsatz. Struktureigenschaft von Äußerungen des Kindes in einer frühen Phase des Spracherwerbs.
Vgl. →P/O-Grammatik, Spracherwerb.

Zwischenwelt →sprachliche Zwischenwelt